FUNDAMENTOS DE CIENCIA DE POLIMEROS

UN TEXTO INTRODUCTORIO

PAUL C. PAINTER
MICHAEL M. COLEMAN
The Pennsylvania State University

traducido por:
M. J. FERNANDEZ-BERRIDI
J. J. IRUIN
Universidad del Pais Vasco / Euskal Herriko Unibertsitatea

CRC Press
Taylor & Francis Group
Boca Raton London New York

CRC Press is an imprint of the
Taylor & Francis Group, an **informa** business

CRC Press
Taylor & Francis Group
6000 Broken Sound Parkway NW, Suite 300
Boca Raton, FL 33487-2742

ISBN 13: 978-1-56676-430-8 (hbk)

Visit the Taylor & Francis Web site at
http://www.taylorandfrancis.com

and the CRC Press Web site at
http://www.crcpress.com

Este es el libro que juramos no escribir nunca tras concluir el anterior. Pero ahora que ya lo hemos escrito y las frustraciones han terminado, lo dedicamos con cariño a nuestros padres, Charles Painter y Ronald Coleman, cuyas existencias han sido mucho más difíciles que las nuestras y que sacrificaron muchas cosas para situarnos en la vida.

LISTADO DE CONTENIDOS

PREFACIO

Si nuestro aguerrido lector decide escribir alguna vez un libro comprobará que tiene que trabajar largo y tendido para expresar y dar forma a su punto de vista sobre un tema, esfuerzo que puede dar como resultado cientos de páginas y cifras que, quizás y si tiene suerte, sólo unos pocos cientos de personas leerán alguna vez. Tras sentirse momentáneamente aliviado por haber concluido el texto, caerá en la cuenta de que, finalmente, tiene que enfrentarse con la abrumadora y desalentadora tarea de escribir un prefacio en el que se supone que debe explicar de qué trata el libro y por qué lo escribió antes que el prefacio. El problema es que uno ya no lo recuerde.

Pero un prefacio tiene su utilidad. Puede dar a los lectores una pincelada del estilo de prosa del autor y una idea de su capacidad para inducir al tedio, permitiéndoles así moderar su previo entusiasmo, bajar la mirada y prepararse para la parte principal del trabajo.

Frank Muir (An Irreverent and Thoroughly Incomplete Social History of Almost Everything)

Y además, generalmente, para cuando el autor ha llegado a este punto ya está cansado y harto de todo este cometido

Cuán inadecuada e indigna elección he hecho de mí mismo para llevar a cabo un trabajo de esta diversidad.

Sir Walter Raleigh

y está incluso empezando a sospechar que las explicaciones que da sobre lo que se supone que sabe sirven, sobre todo, para evidenciar sus propias carencias;

Una persona que publica un libro decide, deliberadamente, aparecer ante el populacho con los pantalones caídos.

Edna St. Vincent Millay

Y lo que es peor, si sus garabatos se han generado en colaboración con algún colega, y a la vez amigo, podría incluso ocurrir que dejaran de hablarse;

Conocí a dos profesores de griego que dejaron de hablarse por tener distintos puntos de vista sobre el pluscuamperfecto de subjuntivo.

Stephen Leacock

Afortunadamente, uno puede anticipar que todo se olvidará tarde o temprano, y que es mejor guardar los desacuerdos para asuntos más vitales;

He visto amigos de toda la vida perder su amistad debido al golf, sólo porque uno jugaba mejor pero el otro contaba mejor.

Stephen Leacock

Lo que realmente ocurre es que, cuando das clases, llegas a estar tan frustado con las deficiencias de los textos de que dispones que decides escribir el tuyo propio. Y esto es lo que nos ocurrió a nosotros. Por supuesto, ahora te das cuenta que los libros que estabas utilizando no eran tan malos, lo único que ocurre es que querías enfatizar o incluir temas que quizás otros encontraron poco interesantes o incluso irrelevantes, pero que para tí eran de sumo interés en relación con lo que querías explicar.

De modo que he aquí nuestro esfuerzo; las partes fundamentales de lo que enseñamos en dos cursos a estudiantes de los últimos años de carrera universitaria y a algunos estudiantes de cursos de doctorado que han venido de otras especialidades a amontonarse en la especialidad de polímeros. Es una introducción y una perspectiva general del tema para lo que hemos utilizado y revisado el material que hemos empleado en nuestras clases durante los últimos diez años. Como con todos los libros de este tipo, el problema es saber lo que hay que suponer como conocimientos previos. Desde luego, daremos por sentado que el alumno ha digerido algunos fundamentos de la química orgánica,

La química orgánica estudia los órganos; la química inorgánica estudia las partes internas de los órganos.

Max Shulman

y tiene suficiente conocimiento de física y química física como para sentirse cómodo con conceptos moleculares básicos;

MOLECULA, n. La parte más pequeña e indivisible de la materia. Se distingue del corpúsculo, también parte más pequeña e indivisible de la materia, por su más cercana similitud al átomo, también la parte más pequeña e indivisible de la materia. Las tres grandes teorías científicas de la estructura del universo son la molecular, la corpuscular y la atómica. Una cuarta afirma, con Haeckel, la condensación o precipitación de la materia a partir del éter, cuya existencia se prueba por dicha condensación o precipitación. La actual tendencia del pensamiento científico está en la teoría de los iones. El ión difiere de la molécula, el corpúsculo y el átomo en que es un ión. Los idiotas mantienen una quinta teoría, pero se duda de que ellos sepan sobre la materia algo más que los demás.

Ambros Bierce
(The Devil's Dictionary)

Sin embargo, tenemos suficiente experiencia como para saber que el alumno medio ha digerido sólo imperfectamente ciertos fundamentos antes de abordar sus estudios de polímeros. Por eso, en nuestras clases y en este libro, intentamos empezar a un nivel sencillo, con repasos breves de lo que debería ser (pero normalmente no es) materia sabida. Por supuesto, no tenemos que extremar tales ayudas y hemos intentado evitar un exceso de explicaciones;

Estoy de pie en el umbral, a punto de entrar en una habitación. No es cosa fácil. En primer lugar tengo que avanzar contra una atmósfera que presiona con la fuerza de catorce libras sobre cada centímetro cuadrado de mi cuerpo. Debo asegurarme de aterrizar sobre una placa que se mueve a veinte millas por segundo alrededor del sol (una fracción de segundo antes o después y la placa se encontraría a millas de distancia). Debo hacer esto mientras estoy colgado de un planeta redondo con la cabeza hacia fuera en el espacio y con un viento de éter que sopla, quién sabe a cuántas millas por segundo, a través de cada intersticio de mi cuerpo. La placa no tiene ninguna solidez substancial. Dar un paso sobre ella es como dar un paso sobre un enjambre de moscas. ¿No me resbalaré? No si llevo a cabo la hazaña de que una mosca me golpée y me lance hacia arriba de nuevo; caigo otra vez y soy empujado hacia arriba, una vez más, por otra mosca y, así, una y otra vez. Puedo esperar que el resultado sea el de que permanezca estable; pero si, por desgracia, me escurriera a través del suelo o fuera lanzado con demasiada violencia hacia el techo, el fenómeno sería, no una violación de las Leyes Naturales, sino una extraña coincidencia. Estas son algunas de las pequeñas dificultades. Debería, realmente, encarar el problema de forma cuatri-dimensional en lo referente a la intersección entre mi línea del mundo y la de la placa. Por tanto, es necesario determinar, de nuevo, en qué dirección va aumentando la entropía del mundo para asegurar que mi paso por el umbral es una entrada y no una salida.

En verdad, resulta más sencillo para un camello pasar por el ojo de una aguja que para un científico pasar por una puerta.

Sir Arthur Eddington
(The Nature of the Physical World)

Teniendo en cuenta esta advertencia, hemos intentado decir lo que, sencillamente, tenemos que decir,

No cites en Latín, di lo que tengas que decir y después siéntate.

Arthur Wellesley
Duke of Wellington

y procediendo de esta forma hemos adoptado un tono deliberadamente coloquial que algunos podrían considerar irritante y poco riguroso;

Esta es la clase de inglés que no puedo tolerar.

Winston Churchill

pero en el análisis final, ésta es la manera en la que nos gusta escribir y al que no le guste que escriba su propio libro.

Febrero 1994

PAUL PAINTER
MIKE COLEMAN

Nota de los traductores

La traducción de este prefacio y del resto del texto contiene algunas licencias que los traductores se han permitido sobre la versión original. Aunque bien pudieran explicarse sobre la base de nuestra corta experiencia en el mundo de la traducción, lo cierto es que la razón última es la libertad que los autores nos concedieron para hacer con el texto lo que nos diera la gana.

San Sebastián, Noviembre 1995

CAPITULO 1

Naturaleza de los Materiales Poliméricos

"He fixed thee mid this dance
of plastic circumstance"
—Robert Browning

A. POLIMEROS Y CIENCIA DE POLIMEROS

Dicho de una manera sencilla, los polímeros son moléculas muy grandes (macromoléculas) que están formadas por unidades menores o monómeros. La ordenación de estas unidades, los diversos tipos de cadenas que pueden ser sintetizados y las formas que pueden adoptar dichas cadenas dan lugar a una clase de materiales que se caracterizan por un enorme e intrigante conjunto de propiedades. Algunas de ellas son exclusivas de los polímeros (por ejemplo, la elasticidad del caucho) y, como veremos, son simplemente una consecuencia de su tamaño y de su estructura tipo cadena.

La ciencia de polímeros es también una disciplina relativamente nueva y se caracteriza por su gran amplitud. Engloba aspectos de química orgánica, química física, química analítica, física (particularmente teorías del estado sólido y disoluciones), ingeniería química y mecánica y, para algunos tipos especiales de polímeros, de ingeniería eléctrica. Por supuesto, no existe una persona que tenga un conocimiento profundo de todos estos campos. La mayoría de los científicos de polímeros consiguen un conocimiento global del tema, que suele ir acompañado de un conocimiento más detallado de un área particular. Este libro es un primer paso hacia lo primero y para dar una idea de la diversidad de esta materia empezaremos con un repaso de algunas de las áreas que vamos a tratar.

Síntesis de polímeros

Muchos científicos de polímeros piensan que no es probable que ningún termoplástico nuevo irrumpa en el mundo como un huracán (es decir, consiguiendo niveles de producción comparables a los del polietileno o poliestireno) pero debería tenerse en cuenta que cosas similares se dijeron en los años 50, justo antes de que el polietileno de alta densidad y el polipropileno isotáctico hicieran su debut (parte de esta terminología será descrita en breve). Hoy en día, hay dos buenas razones, sin embargo, para pensar que esta idea puede ser correcta. En primer lugar, ya se han polimerizado todos los posibles monómeros a considerar; en segundo lugar, la comercialización de un nuevo plástico a gran escala costaría probablemente más de 1 billón de dólares. (*The*

Economist, Mayo 1980). Esto no resultaría atractivo para una industria que está impregnada de la ideología de los Masters en Administración de Empresas que suele contemplar horizontes de seis meses. Afortunadamente, ello no significa que los químicos sintéticos de polímeros estén pasados de moda. Existe un interés considerable en el uso de nuevos catalizadores (por ejemplo, para producir plásticos de uso general a un precio menor), o en la producción de estructuras de cadena mejor definidas para obtener propiedades controladas; en la síntesis de polímeros "especiales", tales como los que poseen cadenas muy compactas y con fuertes atracciones intermoleculares para dar resistencia térmica y mecánica; o de cadenas con estructuras electrónicas deslocalizadas que generen propiedades eléctricas y ópticas peculiares. Estos materiales serían producidos en cantidades menores que los plásticos habituales pero se venderían a un precio mucho mayor. Intentaremos únicamente dar una introducción de este área, por lo que no se encontrará en este libro ninguna discusión avanzada sobre métodos de síntesis. En el capítulo 2 nos limitaremos a dar las bases de la síntesis de polímeros de manera sencilla aunque pensamos que será suficiente para que el lector adquiera los conocimientos esenciales sobre cómo se producen la mayoría de los polímeros comerciales.

Caracterización de polímeros

Lo que un químico *piensa* que ha sintetizado no coincide siempre con el producto que tiene en su tubo de ensayo. Por tanto, existe un campo enorme basado en la caracterización. Este es un área particularmente estimulante en estos días debido a los recientes avances en instrumentación, particularmente aquellos relacionados con el mundo de los ordenadores. Estas técnicas analíticas novedosas no sólo son útiles en el estudio de nuevos materiales, sino también en la respuesta a cuestiones que han intrigado a los científicos de polímeros durante décadas. Por ejemplo, las técnicas espectroscópicas se han empleado para examinar la estructura química "local" y las interacciones en sistemas poliméricos. La microscopía electrónica y otras microscopías y la dispersión de la radiación electromagnética se han aplicado en la caracterización de la estructura global y la morfología; por ejemplo, para conocer cómo los componentes de un sistema se separan en fases dando diversos tipos de estructuras, cómo las cadenas se empaquetan en cristales y la forma que adopta una cadena individual en un entorno particular. Algunas técnicas son tan costosas que se requieren instalaciones a nivel nacional, como es el caso de la radiación sincotrón y la dispersión de neutrones. Nuestro interés en este libro se centra en los puntos básicos y, en particular, discutiremos la medida de pesos moleculares y el empleo de la espectroscopía molecular para caracterizar la estructura de la cadena.

Química Física de polímeros

Paul Flory recibió el Premio Nobel en Química por su trabajo en este área y mencionaremos su nombre a menudo en este libro. La química física de polímeros es un tema que requiere de conocimientos teóricos y de la adecuada capacidad para realizar experimentos cuidadosamente controlados, empleando a menudo los tipos de instrumentos que acabamos de mencionar. (Las áreas de la caracterización y la química física de polímeros se solapan considerablemente y las hemos separado aquí de forma arbitraria para ilustrar los diferentes tipos de cosas que hacen los científicos de polímeros). La forma más sencilla de "entrar" en este tema es consiguiéndose una copia del libro de Flory *Principles of Polymer Chemistry*, que permanece como un clásico después de cuarenta años, y echar un vistazo a los capítulos relacionados con la elasticidad del caucho, la termodinámica de disoluciones, el comportamiento de fase, etc. Este último tema, por ejemplo, continúa teniendo un gran atractivo, y recientemente se ha insistido sobre las mezclas o aleaciones de polímeros y los cristales líquidos poliméricos.

Física de polímeros

La física y la química física de polímeros son disciplinas que se solapan y que, en muchos casos, no es fácil diferenciar. Sin embargo, históricamente, es posible señalar el enorme impacto de los físicos teóricos al final de los 60 y comienzos de los 70. Hasta entonces, la mayor parte de la teoría estaba basada, sobre todo, en la química física clásica pero un número de físicos relevantes (especialmente de Gennes y Edwards) comenzaron a aplicar las teorías modernas de la física estadística a la descripción de moléculas de cadena larga. El resultado ha significado una revolución en la teoría polimérica, lo que no fue asimilado fácilmente por los científicos "tradicionales" de polímeros y que aún hoy en día todavía no lo es.

No obstante, la física de polímeros no está limitada a la teoría. La física experimental continúa centrándose en áreas tales como la conformación de cadena, las propiedades viscoelásticas y de relajación, fenómenos en la interfase, cinéticas de cambios de fase y propiedades eléctricas y piezoeléctricas. En nuestras discusiones sobre la física de polímeros y la química física nos centraremos en la conformación de cadena y en la morfología (estructura), en propiedades térmicas (cristalización, fusión y transición vítrea), propiedades en disolución y determinación del peso molecular.

Ingeniería de polímeros

Por último, pero no por ello menos importante, existe un espacio ingenieril amplio que engloba a la ingeniería química (procesado de los polímeros) y a la ingeniería mecánica (estudios de resistencia de materiales, resistencia a la fatiga, etc.) aplicadas a los materiales poliméricos. Por ejemplo, existe un gran interés en producir fibras de polímeros con una resistencia extremadamente alta. Incluso polímeros "comunes" como el polietileno o polipropileno pueden ser procesados para dar propiedades de "alta tecnología". El truco está en alinear las cadenas tan perfectamente como se pueda, lo que no es fácil. Una vez conseguido esto deben, desde luego, medirse las propiedades mecánicas de estos materiales, lo que implica bastante más que estirar una fibra hasta su rotura. Las propiedades mecánicas de los polímeros se complican por todo tipo de factores (defectos, procesos de relajación, etc.) y este campo es una combinación apasionante de medidas mecánicas, caracterización estructural y teoría. El último capítulo de este libro tratará de las propiedades mecánicas de polímeros.

B. ALGUNAS DEFINICIONES BASICAS. ELEMENTOS DE LA MICROESTRUCTURA DE POLIMEROS

Puede parecer un poco como empezar la casa por el tejado pero antes de considerar la química de la producción de estos materiales describiremos en primer lugar algunas características moleculares básicas de la estructura de la cadena de un polímero . Al ordenar la materia del tema de esta forma quedará claro por qué ciertos métodos de síntesis tienen tanta importancia y cómo la química polimérica puede ser utilizada ahora (en principio) para obtener materiales concretos, diseñados con grupos moleculares específicos y ordenados de la manera elegida.

En muchos textos es también costumbre introducir en este momento diversos esquemas de clasificación. Muchos de estos esquemas son bastante arbitrarios y el tema les acaba superando. De entre todos, existe uno descriptivo que se sigue utilizando de forma general y que divide a los polímeros en *termoplásticos* y *termoestables*. Tal y como sugieren los nombres, el primero fluye o, más precisamente, fluye más fácilmente cuando se le retuerce, empuja o se le estira con un peso, generalmente a temperaturas elevadas. La mayor parte de ellos mantienen su forma a temperatura ambiente pero al ser recalentados pueden adoptar formas diferentes. Los termoestables son como el cemento, fluyen y pueden ser moldeados inicialmente, pero cuando adquieren una forma concreta, generalmente a través de la acción del calor y (frecuentemente) la presión, sufren un proceso llamado "curado". El recalentamiento de una muestra "curada" sólo sirve para degradarla y generalmente estropear el artículo fabricado. Esta diferencia de comportamiento es, desde luego, una consecuencia directa de los diferentes tipos de ordenamiento de las unidades en las cadenas poliméricas (*microestructura* del polímero) y estudiaremos a continuación estas estructuras.

Polímeros lineales, ramificados y reticulados

El tipo de polímero más sencillo es el *homopolímero lineal*; con ello queremos denotar el caso de una cadena que está formada por unidades idénticas (excepto los grupos finales) ordenadas en una secuencia lineal. Si pudiéramos ver dicha cadena en cualquier microscopio parecería, en relación a moléculas pequeñas más o menos esféricas tales como el H_2O, algo así como el hilo enredado de una cometa o de un aparejo de pesca. En el caso de que los polímeros tengan diversos tipos de unidades en la misma cadena reciben el nombre de *copolímeros* y los describiremos con más detalle próximamente.

Un ejemplo de un polímero que puede ser sintetizado en forma de cadena lineal es el polietileno (PE). La figura 1.1 muestra parte de una cadena típica.

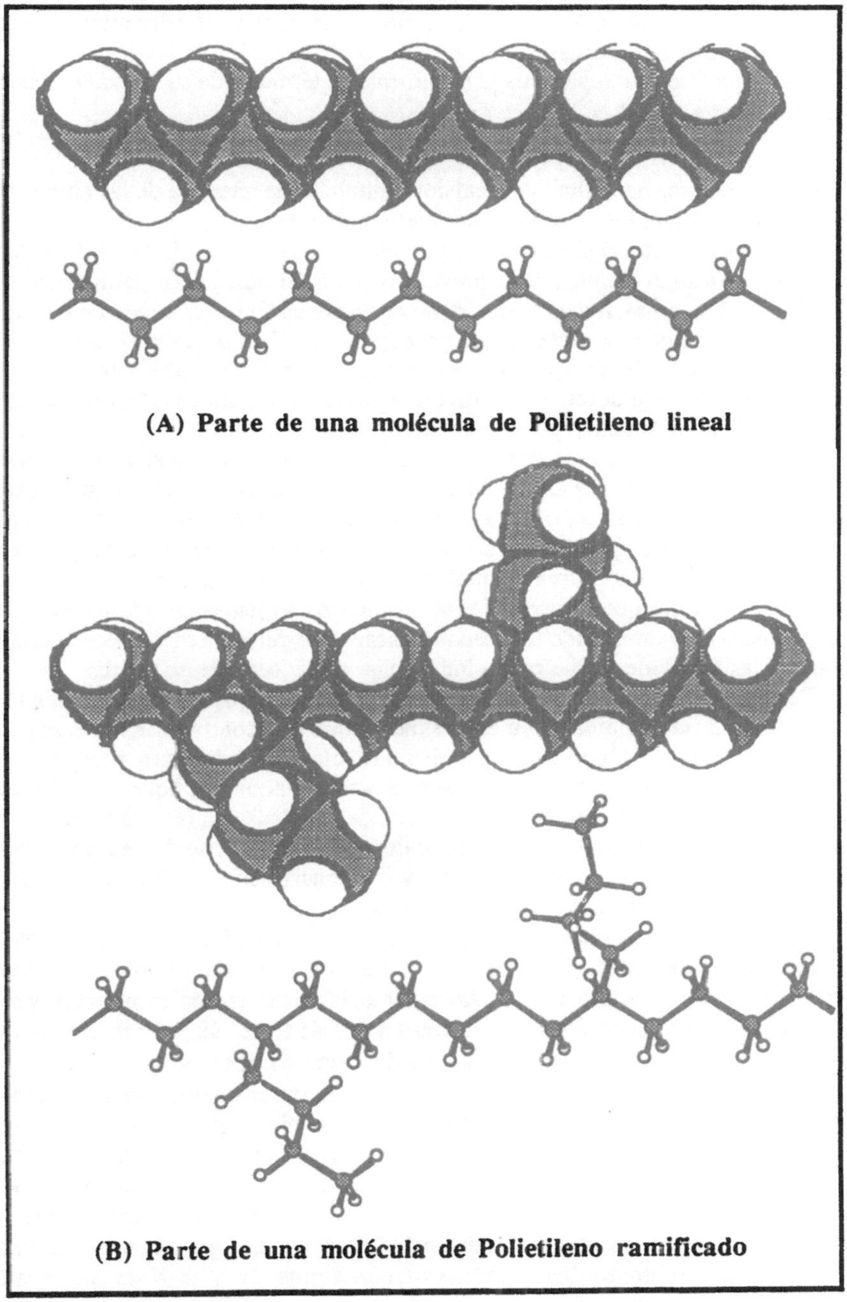

Figura 1.1 *Cadenas de polietilenos según el modelo de "bolas y varillas" y según el modelo espacial.*

Normalmente las muestras comerciales de este polímero son muy largas (tienen un peso molecular elevado), por lo que la figura 1.1 sólo muestra una pequeña parte de dicha cadena.

Dicho polímero se representa generalmente en términos de su *unidad química repetitiva*, como:

$$-(CH_2 - CH_2)_n-$$

donde n puede ser muy alto. Al final del capítulo se da una lista de las unidades químicas repetitivas de unos pocos polímeros comunes.

Cuando se sintetizó el polietileno por vez primera a escala industrial (en los años 30) se utilizó un proceso a presión elevada (el etileno no polimeriza en absoluto a bajas presiones) y por diversas razones (que las consideraremos cuando discutamos la síntesis) se produjeron *polímeros ramificados*. La estructura química de un polietileno ramificado viene dada también en la figura 1.1. Hasta que no se descubrieron diversos procesos catalíticos (al comienzo de los años 50) no se sintetizó polietileno lineal*.

La diferencia en la estructura química entre polietileno lineal y ramificado parece bastante pequeña y localizada en aquellas unidades que forman puntos de ramificación. Dichas diferencias, sin embargo, pueden afectar de manera determinante a sus propiedades. Dado que las cadenas lineales pueden empaquetarse de una forma regular en tres dimensiones, forman una *fase cristalina* (mientras que parte de ellas se mantienen enrolladas en la *fase amorfa*). Un polímero muy ramificado es incapaz de hacer esto debido a que la localización al azar y las longitudes de las ramas impiden un empaquetamiento regular.

Por otra parte, cuando el porcentaje de ramas es pequeño puede existir un cierto grado de cristalinidad pero éste es menor que el encontrado en muestras de polietileno lineal. Debido al ordenamiento regular y, por lo tanto, a un mayor empaquetamiento de las cadenas en las regiones cristalinas, el polietileno lineal recibe normalmente el nombre de polietileno de alta densidad (HDPE), mientras que el material ligeramente ramificado se denomina polietileno de baja densidad (LDPE). (Las muestras muy ramificadas y por consiguiente totalmente amorfas no tienen, hasta el momento, ninguna importancia comercial).

Propiedades tales como la rigidez, resistencia mecánica, claridad óptica, etc. se ven profundamente afectadas por cambios en la cristalinidad que son consecuencia de la ramificación. Obviamente, la cristalización en polímeros es un tema amplio en sí mismo y volveremos a él más tarde. En este momento la idea a retener es el efecto que la estructura de la cadena tiene en sus propiedades y, por tanto, la importancia de poseer una clara comprensión de estos primeros principios y definiciones. Los tipos de ramas cortas al azar descritas hasta ahora no son el único tipo de ramas que se dan. Existen diversas reacciones que dan lugar a ramas de cadena larga y es posible sintetizar polímeros tipo peine o tipo estrella (ilustrados en la figura 1.2). Ciertos tipos de monómeros forman estructuras muy ramificadas al comienzo de la polimerización, lo que se muestra en la figura 1.3, donde los monómeros con forma de Y o X se muestran

* Tanto la historia de estos descubrimientos como la relación entre sus protagonistas son un tema a la vez fascinante y misterioso. Repasaremos parte de esta historia en el capítulo 2 y el lector interesado puede consultar la bibliografía citada al final de dicho capítulo.

combinados para dar lugar a una estructura tridimensional bastante compleja que recibe el nombre de *retículo*. Las moléculas con forma de Y y X son tri o tetrafuncionales (tienen 3 o 4 grupos químicos capaces de reaccionar uno con otro para dar un enlace covalente).

El retículo, donde cada unidad está interconectada a través de diferentes vías tortuosas, sólo se forma a partir de un cierto momento de la reacción y permanece inalterable en el tiempo, mezclado con los monómeros y otras moléculas pequeñas, a menos que la reacción se lleve hasta el final (es decir, que reaccionen todos los grupos funcionales iniciales). Este tipo de retículo es característico de diversos materiales termoestables.

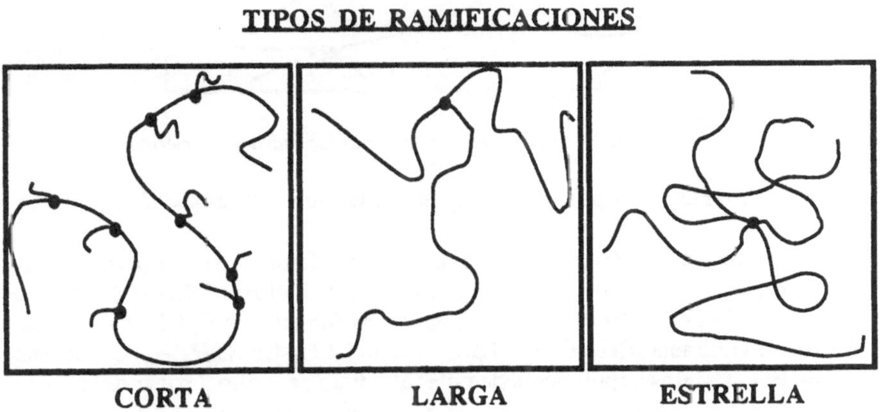

Figura 1.2 *Diagrama esquemático mostrando ramas cortas, largas y ramas tipo estrella.*

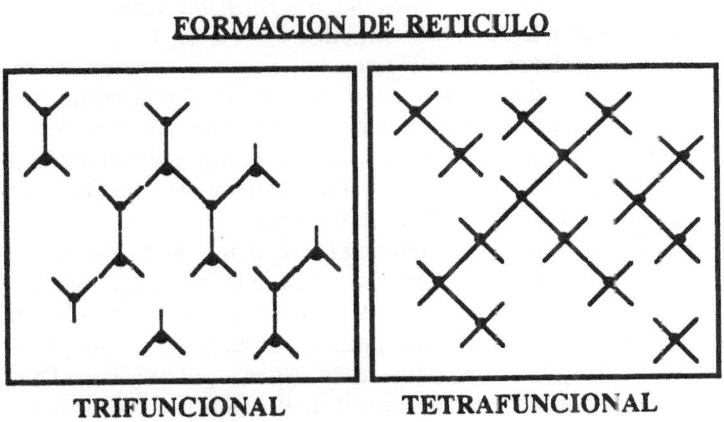

Figura 1.3 *Diagrama esquemático mostrando el desarrollo de las ramas largas y los retículos.*

Siguiendo el viejo dicho según el cual hay más de una manera de despellejar a un gato, los retículos también pueden formarse a partir de cadenas de polímeros lineales tras unirlas químicamente, tal como se muestra en la figura 1.4. Este proceso es la reticulación (o vulcanización) y es crucial a la hora de formar los diversos tipos de materiales elastoméricos. Si todas las cadenas llegaran a estar unidas por dichas reacciones, darían lugar al denominado retículo infinito.

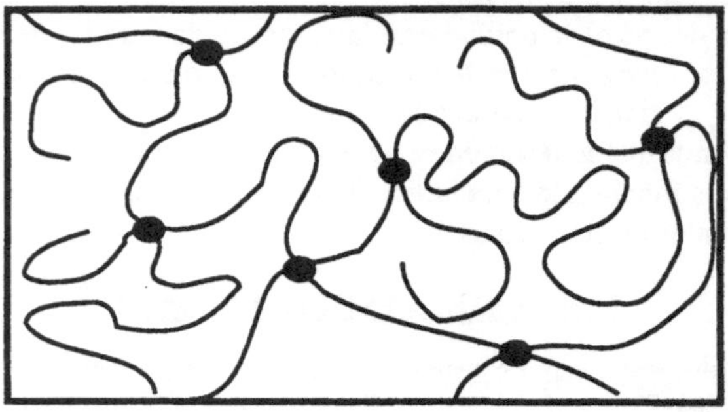

Figura 1.4 Diagrama esquemático de la reticulación de las cadenas poliméricas lineales.

Homopolímeros y copolímeros: ¿Una cuestión semántica?

Los polímeros sintéticos se han nombrado tradicionalmente a partir de sus precursores monoméricos; por ejemplo, el poliacrilonitrilo $[-CH_2\text{-}CHCN\text{-}]_n$ a partir de acrilonitrilo $CH_2{=}CHCN$; el policloruro de vinilideno $[-CH_2\text{-}CCl_2\text{-}]_n$ del cloruro de vinilideno $CH_2{=}CCl_2$; el poliestireno $[-CH_2\text{-}CH(C_6H_5)\text{-}]_n$ del estireno $CH_2{=}CH(C_6H_5)$; los copolímeros de etileno/acetato de vinilo a partir del etileno $CH_2{=}CH_2$ y del acetato de vinilo $CH_2{=}CH(OCOCH_3)$, etc. Como ya se ha reiterado, los polímeros sintetizados a partir de un único monómero se conocen como *homopolímeros* pero, como veremos más tarde, este término puede llevar a conceptos erróneos. El término *copolímero* se usa habitualmente para describir un polímero derivado de dos o más monómeros como es el caso del etileno-co-acetato de vinilo nombrado anteriormente.

Sin embargo, existen muchos polímeros sintetizados a partir de un sólo monómero que pueden describirse mejor como "pseudo-copolímeros". Por ejemplo, antes hemos mencionado que el polietileno puede sintetizarse a partir de etileno a través de diferentes técnicas entre las que se incluyen los métodos de presión elevada, de radicales libres y los métodos catalíticos (Zeigler-Natta y óxidos metálicos). A nivel comercial existe un rango de polietilenos, denominados normalmente en términos de su densidad (baja, media y alta). Entre estos polietilenos existen diferencias importantes en cuanto a sus propiedades físicas y mecánicas que pueden atribuirse, en primera instancia, a variaciones en la microestructura de la cadena polimérica. Durante la polimerización del etileno se incorporan dentro del esqueleto polimérico unidades estructurales distintas a los grupos metileno. Estas irregularidades o defectos estructurales son grupos alquilo sustituidos ($-CH_2CHR$; donde R = metilo, etilo, etc.), que son las ramas de cadena corta descritas anteriormente. Así, si el término homopolímero implica a una cadena polimérica que contiene unidades estructurales idénticas, esto quiere decir que llamar polietilenos a todos los anteriores es sólo una forma imprecisa de describirlos. De hecho, sería mejor hablar de copolímeros de etileno y otras α-olefinas. Es interesante que resaltemos que los copolímeros de etileno y butileno, sintetizados a presión baja usando catalizadores de Zeigler-Natta, han sido introducidos comercialmente y reciben el nombre de "polietilenos lineales de baja densidad" (LLDPE). Aunque pueda parecer algo confuso, existe una cierta lógica al nombrarlos así, como a su análogo polietileno de baja densidad (LDPE). La principal diferencia radica en que se incorporan unidades de ramas cortas, bien por las condiciones de polimerización empleando un único monómero o por la copolimerización deliberada de un segundo comonómero.

Isomería en polímeros

El mero hecho de sintetizar un polímero a partir de un monómero puro, donde todas las moléculas son inicialmente idénticas, no significa que el producto final vaya a consistir en cadenas de unidades ordenadas regularmente. Ya hemos visto que se pueden dar ramificaciones en un polímero tal como el polietileno y si partimos de un monómero asimétrico podemos obtener una variedad de microestructuras que poseen geometrías y estereoisómeros diferentes. Los tipos más importantes son la isomería secuencial, la estereoisomería y la isomería estructural.

Isomería secuencial

Cuando una unidad monomérica se adiciona a una cadena en crecimiento existen formas preferidas para hacerlo. El poliestireno, polimetacrilato de metilo y el policloruro de vinilo son sólo unos pocos ejemplos de polímeros comunes donde la adición se produce casi exclusivamente *cabeza-cola*. Sin embargo, en el caso de varios polímeros específicos, la incorporación de un número importante de unidades estructurales se efectúa "al revés" dando lugar a posiciones *cabeza-cabeza* y *cola-cola*, lo que se conoce como isomería secuencial. Ejemplos clásicos incluyen al polifluoruro de vinilo, polifluoruro de vinilideno, poliisopreno y policloropreno.

En el caso general de un monómero vinílico CH_2=CXY, se define de forma arbitraria como cabeza de la unidad al final CXY mientras que la cola es el final CH_2. Una unidad posterior puede incorporarse a la cadena de dos maneras:

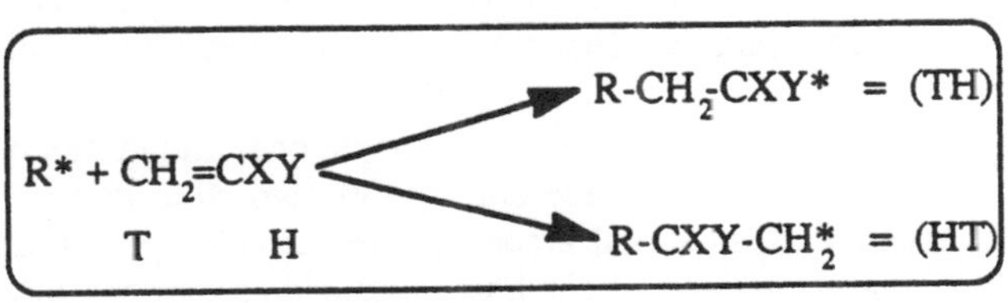

Por conveniencia definiremos la adición "normal" como (TH) y la adición al "revés" como (HT) (H se refiere a cabeza, "head" en inglés y T a cola, "tail"). En el policloruro de vinilo (X = H, Y = Cl), polimetacrilato de metilo (X = CH_3,

Y = $COOCH_3$) o poliestireno (X = H, Y = C_6H_5), por ejemplo, las unidades se ordenan casi exclusivamente de la forma cabeza-cola:

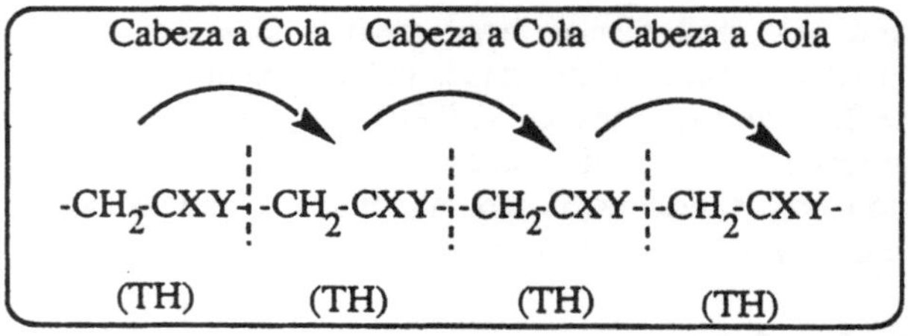

Algunos polímeros, como el polifluoruro de vinilo (X = H, Y = F) o el polifluoruro de vinilideno (X = Y = F), tienen un número importante de unidades incorporadas "al revés" dentro de la cadena, dando lugar a ordenamientos cabeza-cabeza y cola-cola:

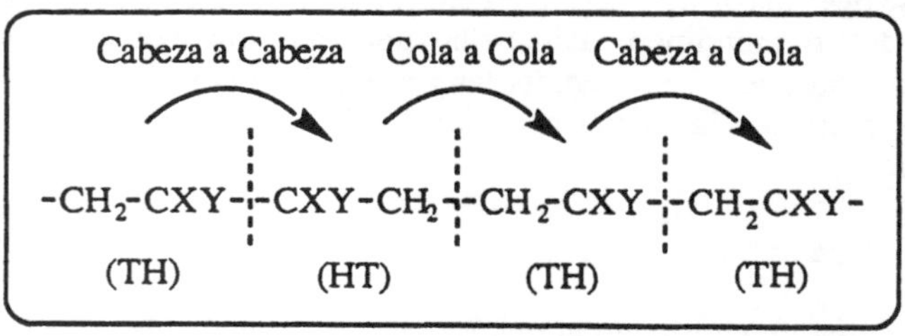

Estereoisomería

Continuando con nuestra discusión sobre polímeros derivados de un único monómero, consideremos ahora otra faceta importante de la microestructura polimérica, denominada *estereoisomería.* La polimerización de un monómero vinílico, CH_2=CHX, donde X puede ser halógeno, alquilo u otra unidad química excepto hidrógeno, da lugar a polímeros con microestructuras que pueden describirse en términos de *tacticidad.* El sustituyente sobre carbonos alternos tiene dos ordenaciones posibles en relación con la cadena y el siguiente grupo X a lo largo de la misma. En un extremo, la unidad monomérica, que contiene un átomo de carbono asimétrico, puede incorporarse a la cadena polimérica de tal manera que cada grupo X sea *meso* al grupo X precedente (es decir, del mismo lado de la cadena extendida - ver figura 1.5). Se suele adjetivar al polímero como *isotáctico.*

A la inversa, en el otro extremo, la adición de una unidad monomérica a la cadena de polímero creciente puede dar un polímero en el que cada grupo X sucesivo sea racémico respecto al precedente (en el lado opuesto de la cadena estirada—ver de nuevo la figura 1.5). Esta ordenación se conoce como polímero *sindiotáctico.* El polipropileno (X=CH_3), por ejemplo, puede ser sintetizado para dar un polipropileno esencialmente isotáctico o sindiotáctico variando las condiciones de polimerización. En la figura 1.6 se ilustran estas estructuras para una cadena de polipropileno *extendida.* (Debido a las repulsiones estéricas, a la cadena isotáctica no le gusta la forma zig-zag y prefiere adoptar la forma de hélice. Estudiaremos estas *conformaciones* más tarde).

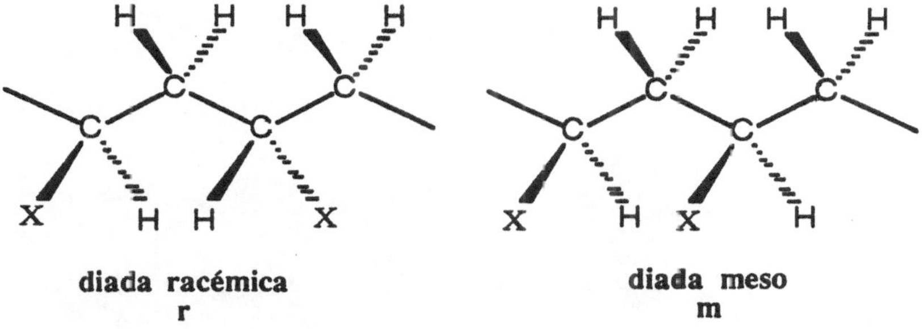

Figura 1.5 Diagrama esquemático mostrando las diadas meso y racémicas.

Entre estos dos extremos se puede dar un número enorme de microestructuras de cadena basadas en distribuciones diferentes de las unidades repetitivas en posiciones meso y racémicas. Si no existe un criterio preferencial en la adición del monómero a la cadena en crecimiento, (por ejemplo, incorporándose al azar con respecto a la estereoquímica de la unidad precedente), entonces se forma un polímero *atáctico*. El poliestireno comercial, usado en la manufactura de vasos de plástico transparente y el polimetacrilato de metilo, o Plexiglas®, son ejemplos de polímeros atácticos que se encuentran comúnmente. En relación con nuestro tema general, también es posible concebir los homopolímeros vinílicos en términos de "copolímeros" en los que se representan los comonómeros por las distribuciones meso y racémica de las unidades estructurales de la cadena polimérica. Este enfoque nos va a resultar útil cuando apliquemos los métodos estadísticos en la descripción de la microestructura en los capítulos 4 y 5.

Isomería estructural. Microestructura de polidienos

Otro ejemplo relevante de la microestructura compleja de una cadena polimérica que puede darse en la polimerización de un único monómero es el de la síntesis de polidienos a partir de dienos conjugados. El isopreno, por ejemplo, puede ser polimerizado a poliisopreno mediante una variedad de técnicas que incluyen la radicalaria, la iónica y la catálisis Zeigler-Natta. La madre Naturaleza también sintetiza poliisoprenos "naturales", Heavea (Caucho Natural) y Gutta Percha, pero utiliza a los árboles en vez de matraces redondos para efectuar la polimerización. La manera en que el isopreno se incorpora a la cadena polimérica en crecimiento depende del método de polimerización y de las condiciones experimentales específicas. Se pueden representar tres ejemplos comunes con la fórmula general:

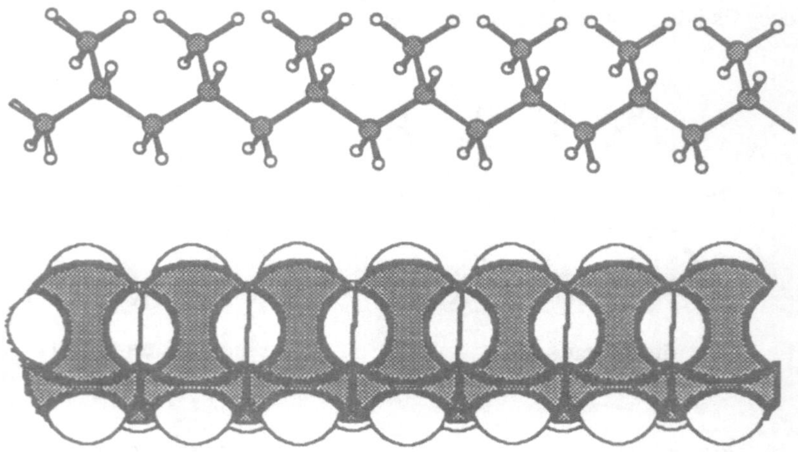

(A) Parte de una molécula de Polipropileno isotáctico

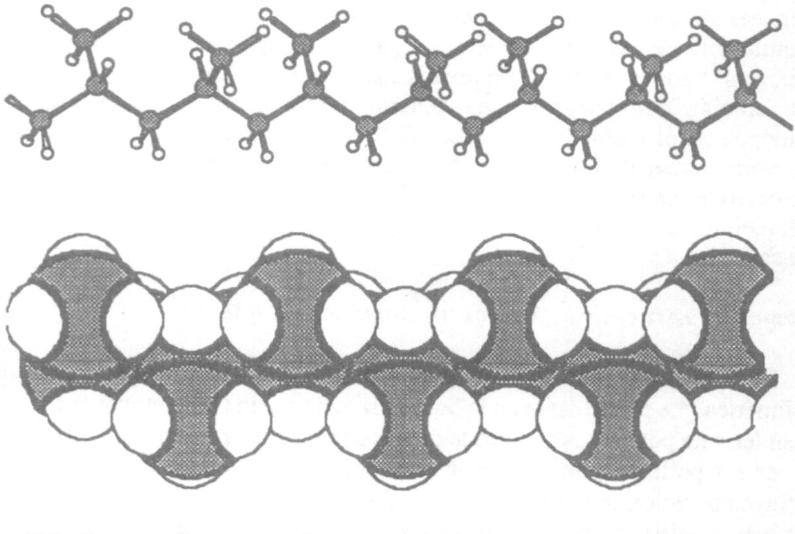

(B) Parte de una molécula de Polipropileno sindiotáctico

Figura 1.6 *Modelos de "bolas y varillas" (vista lateral) y espaciales (vista desde arriba) de polipropilenos isotáctico y sindiotáctico.*

$$\overset{1}{CH_2} = \overset{2}{CX} - \overset{3}{CH} = \overset{4}{CH_2}$$

donde:

X = H	butadieno
$X = CH_3$	isopreno
X = Cl	cloropreno

Hemos numerado los átomos de carbono por razones que pronto se clarificarán. Muchos elastómeros comunes son polidienos y por lo tanto son materiales poliméricos importantes, aunque a menudo los nuevos estudiantes los miren con miedo y aversión debido a que deben aprender algo de nomenclatura a la hora de describir su estructura de cadena. La geometría y los estereoisómeros encontrados en los polidienos son el resultado de la configuración del doble enlace y de que la polimerización se haya realizado por apertura de los dos dobles enlaces del monómero o de sólo uno.

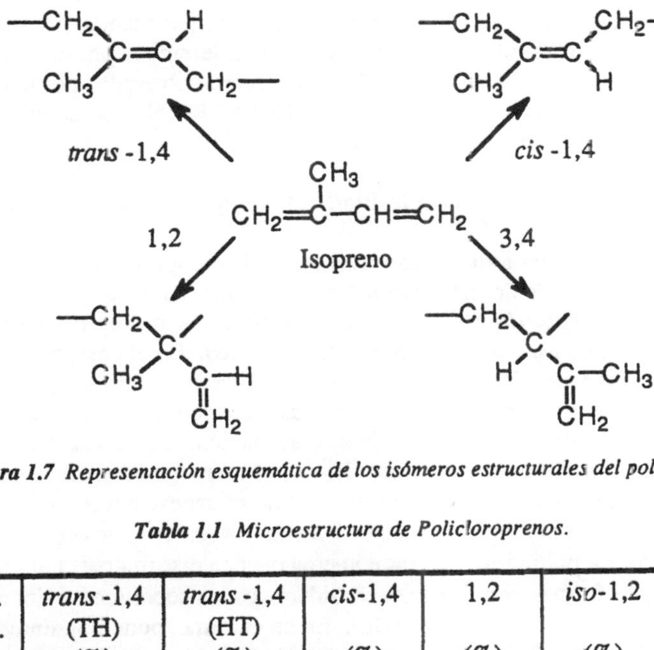

Figura 1.7 *Representación esquemática de los isómeros estructurales del poliisopreno.*

Tabla 1.1 *Microestructura de Policloroprenos.*

Temp. Polim. (°C)	*trans* -1,4 (TH) (%)	*trans* -1,4 (HT) (%)	*cis*-1,4 (%)	1,2 (%)	*iso*-1,2 (%)	3,4 (%)
+40	76,1	13,4	5,2	2,1	1,7	1,5
+20	79,2	11,8	4,1	1,9	1,6	1,4
0	83,6	10,3	3,1	1,2	0,7	1,1
-20	86,4	9,6	1,7	1,1	0,5	0,7
-40	87,7	8,7	1,7	0,8	0,6	0,5

En la figura 1.7 se muestran los cuatro principales isómeros estructurales posibles. Los llamados polímeros 1,4 se forman como consecuencia de enlazar el átomo de carbono 4 de un monómero con el átomo de carbono 1 del siguiente, y así sucesivamente. La disposición de los átomos de carbono sustituidos en relación con el doble enlace en polímeros 1,4 puede ser tanto la configuración *cis* como la *trans*. Los polímeros 1,2 o 3,4 se forman cuando la incorporación a la cadena polimérica se da a través bien del primero o del segundo doble enlace, respectivamente. Estos tienen las mismas propiedades configuracionales que las cadenas poliméricas vinílicas y pueden tener secuencias isotácticas o sindiotácticas.

El caucho natural es prácticamente un *cis*-1,4-poliisopreno puro pero muchos de los elastómeros sintéticos contienen diversas proporciones de los isómeros recientemente descritos. Incluso cuando las condiciones de polimerización dictan que un isómero estructural particular esté fuertemente favorecido, todavía se incorporan algunos de los otros isómeros estructurales. La composición media de las cadenas varía con la temperatura de polimerización, el uso de catalizadores, etc. Si se usan los métodos radicalarios se obtiene una distribución ancha de los cuatro isómeros estructurales que puede variar de forma significativa cambiando la temperatura de polimerización. La isomería estructural no es la única complicación que ocurre en la microestructura de los polidienos, puesto que la isomería secuencial también es habitual. Consideremos, por ejemplo, los resultados que se muestran en la tabla 1.1 y que fueron obtenidos por uno de los autores (el más atractivo) a partir de un análisis de RMN (ver Capítulo 6) de policloroprenos sintetizados a diversas temperaturas*.

Copolímeros "reales". ¿Complejidad adicional o más de lo mismo?

Como hemos mencionado anteriormente, los copolímeros "reales" se sintetizan a partir de dos o más comonómeros. (También se usan los términos *terpolímero* y *tetrapolímero* etc., para describir los polímeros derivados, respectivamente, de tres, cuatro o más comonómeros). En el caso más sencillo, debemos considerar la microestructura de un copolímero, sintetizado por ejemplo a partir de dos monómeros A y B, en términos de la concentración de unidades de A y B incorporadas a la cadena y de su distribución. Sin embargo, debemos recordar que la microestructura real del copolímero puede ser mucho más compleja y que todas las variaciones de la microestructura que hemos considerado para los homopolímeros pueden estar presentes en los copolímeros.

En una cadena polimérica dos monómeros pueden distribuirse en un número bien definido de formas. Por ejemplo, consideremos los copolímeros sintetizados a partir de estireno (St) y butadieno (Bd). En un extremo, podemos sintetizar un *copolímero de bloque* (utilizando la polimerización aniónica "sin terminación" - ver Capítulo 2), lo que se asemejará a $(St)_p$-$(Bd)_q$-$(St)_r$, un copolímero *tribloque* donde p, q y r representan bloques que contienen distinto número de unidades de St o Bd. Estos copolímeros son fabricados comercialmente por la compañía química Shell bajo el nombre comercial de Kraton®, y entran en la categoría general de *elastómeros termoplásticos*.

* M. M. Coleman, D. L. Tabb and E. G. Brame, Jr., *Rubber Chem. Technol.* **50(1)**, 49 (1977).

Los copolímeros de bloque se pueden también conseguir a partir de dos bloques de unidades (*dibloque*), tres (*tribloque*), etc., o incluso de ordenamientos más exóticos tales como copolímeros estrella cuyos brazos son bloques. (La química implicada en la síntesis de dichas cadenas es muy inteligente, y los químicos poliméricos de hoy en día consiguen todo tipo de cosas maravillosas y extrañas). Los copolímeros de *injerto* también pueden contemplarse como un tipo de copolímero de bloque y su importancia ha aumentado a la hora de obtener materiales comercialmente útiles. En este caso, las cadenas de un tipo de unidad (como A) se "injertan" en el esqueleto de una cadena de un tipo de unidad diferente (B) tal como se ilustra en la representación esquemática.

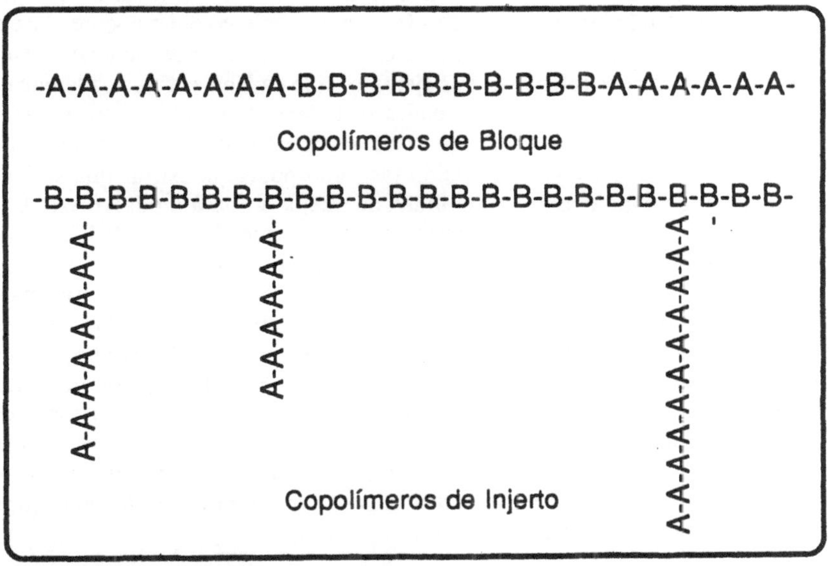

En el otro extremo, es posible sintetizar un copolímero *alternante* de dos monómeros que puede ser representado por $-(AB)_n-$. En este caso, a cada unidad A incorporada en la cadena polimérica le sigue inmediatamente la unidad B y viceversa. Ejemplos destacados de ellos serían los copolímeros de estireno y anhídrido maleico que se sintetizan mediante polimerización radicalaria y que son esencialmente alternantes (ver capítulo 5). (Anótese también que es razonable la consideración de este copolímero como un "homopolímero" poli AB; ¡realmente la cadena polimérica no distingue la diferencia!).

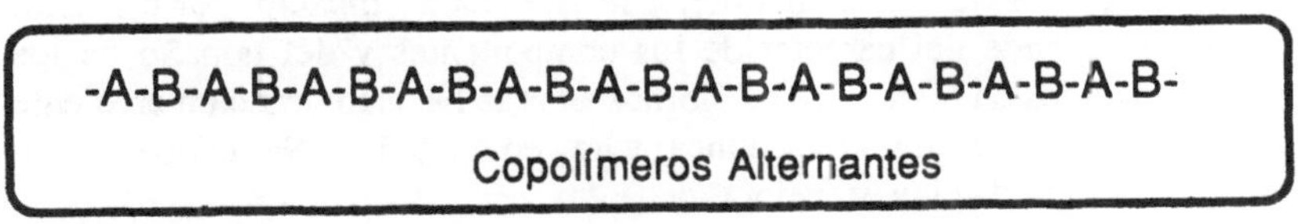

Entre estos dos extremos se encuentran los *copolímeros al azar*, aunque esta definición puede llevar a error y es más adecuado describirlos como copolímeros *estadísticos*. Si la cadena del copolímero consiste exactamente de un 50% de unidades A y un 50% de B y la secuencia de unidades sigue la probabilidad de la estadística de Bernoulli, entonces el copolímero es realmente al azar.

-A-B-B-B-A-A-B-A-B-A-A-A-B-A-B-B-A-B-B-A-A-A-B-

Copolímeros al Azar

Sin embargo, debemos reconocer que los copolímeros al azar no tienen por qué tener necesariamente una composición 50:50 %. A medida que los monómeros se van incorporando a la cadena en crecimiento enteramente al azar, la probabilidad de que se adicione bien la unidad A o B depende exclusivamente de sus concentraciones relativas. Por ejemplo, si la cadena está formada por un 75% de unidades B y un 25% de unidades A, todavía se le puede considerar al azar siempre que las probabilidades de posicionamiento estén ajustadas teniendo en cuenta la diferencia en composición (así, uno podría construir una cadena hipotética suponiendo que la probabilidad de que la primera unidad fuera A es 0,25 y, consiguientemente, la probabilidad de que fuera B 0,75, y así sucesivamente para la segunda, tercera y hasta la última unidad).

Aunque hemos definido tres tipos diferentes de microestructuras para copolímeros, existen obviamente miles de microestructuras intermedias. Así, en la literatura existen términos que describen la microestructura de copolímeros en base a su tendencia alternante o a formar "bloques". Esta descripción no es del todo correcta puesto que es necesario describir la microestructura en términos de la llamada distribución secuencial (generalmente diadas, triadas y secuencias de orden superior). Todos estos extremos los discutiremos en mayor profundidad cuando consideremos la copolimerización pero por ahora debemos tener gran cuidado a la hora de usar la palabra *al azar*.

Mezclas de polímeros

Los copolímeros suelen sintetizarse a menudo con el propósito de obtener propiedades que sean intermedias, superiores o simplemente diferentes de las de los homopolímeros que pueden conseguirse a partir de los mismos monómeros. Otra forma de lograr este propósito es mezclando simplemente los homopolímeros para formar *mezclas*. La mayoría de los polímeros no polares no se mezclan por razones que discutiremos en el capítulo de las disoluciones y mezclas. Tales mezclas *inmiscibles* no son, sin embargo, inútiles. Así, ciertos tipos de mezclas pueden tener una mejor resistencia al impacto, por ejemplo, aunque esto depende del carácter de los componentes y del tamaño de los dominios separados en fases. En los últimos años se ha encontrado un creciente número de sistemas miscibles (fase única) y hoy en día (año 1994) constituye un área de intensa actividad investigadora.

C. PESO MOLECULAR. ALGUNAS OBSERVACIONES INICIALES

Un factor clave en la determinación de las propiedades de un polímero es su longitud de cadena o peso molecular y su distribución. Aunque discutiremos con más detalle la medida del peso molecular en el Capítulo 10, en este momento, sin embargo, necesitamos considerar algunas definiciones básicas ya que nuestra discusión sobre la polimerización implicará relacionar los mecanismos con el *grado de polimerización* (que es igual al número de unidades estructurales en la cadena, otra forma de describir la longitud de la misma).

Consideraremos inicialmente las diferencias entre el peso molecular de un polímero y el de una sustancia de bajo peso molecular. La característica principal de los polímeros sintéticos es que las moléculas individuales no tienen todas el mismo peso existiendo una dispersión del mismo alrededor de un valor medio. [Por el contrario, para un material de bajo peso molecular como el benceno o el agua, *todas* las moléculas son idénticas (ignorando los efectos de los isótopos)]. Se dice que un polímero tiene una *distribución* de pesos moleculares. Veremos que este hecho lleva a definir diferentes *promedios* de peso molecular. Inicialmente esta variedad de promedios puede parecer confusa pero es el resultado de las posibilidades que las matemáticas nos dan a la hora de promediar. Dos de los promedios más empleados son el peso molecular *promedio en número* y el peso molecular *promedio en peso*, definidos como:

Promedio en número:

$$\overline{M}_n = \frac{\sum N_x M_x}{\sum N_x} \qquad (1.1)$$

Promedio en peso:

$$\overline{M}_w = \frac{\sum N_x M_x^2}{\sum N_x M_x} \qquad (1.2)$$

donde M_x es el peso molecular de una molécula correspondiente a un grado de polimerización x (es decir, contiene x unidades monoméricas de peso molecular M_o, con lo que $M_x = x\,M_o$), y N_x es el número total de moléculas de "longitud" x.

Nuestra experiencia nos dice que a los estudiantes les resulta difícil entender inicialmente estas definiciones, por lo que es necesario dedicar un tiempo a discutir los promedios y las distribuciones con mayor detalle y para empezar consideraremos un ejemplo típico que podría tener lugar en el conocido Circo Americano. Imaginemos que un elefante tiene cuatro mosquitos pegados en su trasero. Supongamos que el elefante pesa 10000 libras (como en otros lugares del libro, se notará que los autores son ingleses infiltrados en Estados Unidos) y que los mosquitos tienen un tamaño similar a pájaros pequeños, por ejemplo 1 libra cada uno (el tipo de mosquito que te ataca cuando vas de acampada). ¿Cuál es el peso medio del elefante y los cuatro mosquitos?. El promedio más familiar a todo el mundo es el promedio en número (ecuación 1.1), que se obtiene simplemente sumando los pesos de todas las cosas presentes (elefantes y mosquitos) y dividiendo por el número total de ellas (elefantes y mosquitos). Puesto que hay cuatro mosquitos su peso total será 4 x 1 = 4 libras, que junto con el peso de 10000 del elefante nos da un peso total combinado de 10004 lbs. Este resultado lo podemos obtener empleando la ecuación 1.1:

$$\text{Peso total} = \sum N_x M_x = (4 \times 1) + (1 \times 10000) = 10004 \text{ lbs} \tag{1.3}$$

donde x representa ahora una especie, y es bien un mosquito o un elefante*. El número total de cosas presentes es:

$$\text{Número total} = \sum N_x = (4 + 1) = 5 \tag{1.4}$$

El peso molecular promedio en número, $\overline{M}_n$, es por tanto y aproximadamente 2000 libras.

$$\overline{M}_n = \frac{\sum N_x M_x}{\sum N_x} = \frac{10004}{5} \cong 2000 \tag{1.5}$$

Es claro que el promedio en número se obtiene de "compartir" el peso total de todas las especies presentes de forma igual entre cada una de ellas.

Supongamos, ahora, que un ratón asusta al elefante, que éste sale en estampida y aplasta al pobre animalito. El efecto del peso de los mosquitos, sentados en el trasero del elefante, sería despreciable en el pisotón del elefante. El promedio en peso es un indicador más realista de esta propiedad "mecánica". Un promedio en peso no "cuenta" las especies sólo por su número, sino tiene en consideración su peso total. Así, reemplazamos N_x por W_x, el peso total de cada especie, en la ecuación 1.3. Hay 4 libras de mosquitos y 10000 de elefante, de forma que si "contamos" en términos de peso en vez de número, obtenemos:

$$\sum W_x M_x = (4 \times 1) + (10000 \times 10000) \cong 10^8 \tag{1.6}$$

Ahora, para poder obtener un promedio debemos dividir por el peso total de todo lo presente, de tal forma que nuestro nuevo promedio $\overline{M}_w$, viene dado por:

$$\overline{M}_w = \frac{\sum W_x M_x}{\sum W_x} \cong \frac{10^8}{10004} \cong 10000 \tag{1.7}$$

donde usamos el símbolo ≅ para indicar "aproximadamente igual a" o "del orden de". Claramente, el promedio en peso en este ejemplo está próximo al peso de las especies más grandes, el elefante, y nos da una medida mucho mejor de la capacidad de pisotear que el promedio en número. Observe también que la

---

* Si estuviésemos hablando de cadenas, N_x sería el número de cadenas con x unidades repetitivas.

ecuación 1.7 no se parece a la ecuación 1.2. Sin embargo, son equivalentes puesto que el peso total de todas las especies x presentes es $\Sigma W_x = \Sigma N_x M_x$ y al sustituirlo en la ecuación 1.7 obtenemos el mismo resultado que la ecuación 1.2.

Si esta idea de promediar en peso en vez de en número sigue sin estar clara, intentaremos presentarlo de otra manera. Podemos determinar un promedio en peso por especie multiplicando la fracción de cada especie presente por el peso de cada especie, M_x, y luego sumar todas las especies (es decir, el promedio en peso de cada especie no es más que la suma de las contribuciones fraccionales de cada componente en la mezcla). Podemos determinar la contribución fraccional en número, de tal forma que en nuestro ejemplo absurdo una quinta parte de nuestra muestra es elefante y las cuatro quintas mosquito, por lo que el peso promedio en número es:

$$\overline{M}_n = \sum X_x M_x = \left(\frac{4}{5} \times 1\right) + \left(\frac{1}{5} \times 10000\right) \cong 2000 \tag{1.8}$$

Aquí X_x indica la fracción en número (o fracción molar) que se define como $N_x/\Sigma N_x$.

Si empleamos una fracción en peso, $w_x = W_x/\Sigma W_x$, en vez de la fracción en número, obtenemos:

$$\overline{M}_w = \sum w_x M_x = \left(\frac{4}{10004} \times 1\right) + \left(\frac{10000}{10004} \times 10000\right)$$
$$\cong 10004 \text{ lbs} \tag{1.9}$$

Si el lector sigue sin aclararse, sería más conveniente olvidarse de los promedios y dedicarse a la sociología.

Volviendo a los polímeros, una vez que se haya leído los Capítulos 2, 3 y 4 el lector tendrá claro que la mayoría de los métodos de síntesis conduce a una distribución estadística de los pesos moleculares. Consideremos una muestra en la que, por un fraccionamiento cuidadoso, hayamos conseguido separar las moléculas por tamaños, de tal manera que la primera fracción contenga moléculas con un peso molecular inferior a 10000 g/mol, la segunda contenga moléculas con un peso molecular entre 10000 y 30000 g/mol, la tercera entre 30000 y 50000 g/mol, y así sucesivamente. En esta muestra no hay moléculas con pesos moleculares superiores a 200000 y el número de moles de polímero en cada fracción viene dado en la tabla 1.2. (Se supone que la fracción con un peso molecular entre 10000 y 30000 tiene un valor medio de 20000 g/mol, etc.). Se puede representar el número de moles de cada fracción en función del peso molecular de dicha fracción en forma de un histograma, tal y como se presenta en la figura 1.8. (Obsérvese que las fracciones de polímeros con pesos moleculares inferiores a 50000 o superiores a 150000 g/mol son tan pequeñas que no se han registrado en el gráfico). Empleando los datos de la tabla 1.2 y las ecuaciones 1.1 y 1.2 se pueden calcular los promedios en número y en peso. En la tabla 1.2 se dan las sumas necesarias para el cálculo de $\overline{M}_n$ pero el cálculo de M_w se deja como ejercicio para el lector (la respuesta debe ser del orden de 103000).

Tabla 1.2 Datos de peso molecular.

Fracción	Peso molecular M_x	Número de moles N_x	Peso de la fracción (N_xM_x)
1	0	0,00000	0
2	20000	0,00015	3
3	40000	0,01953	781
4	60000	0,62500	37500
5	80000	5,00000	400000
6	100000	10,00000	1000000
7	120000	5,00000	600000
8	140000	0,62500	87500
9	160000	0,01953	3125
10	180000	0,00015	27
11	200000	0,00000	0

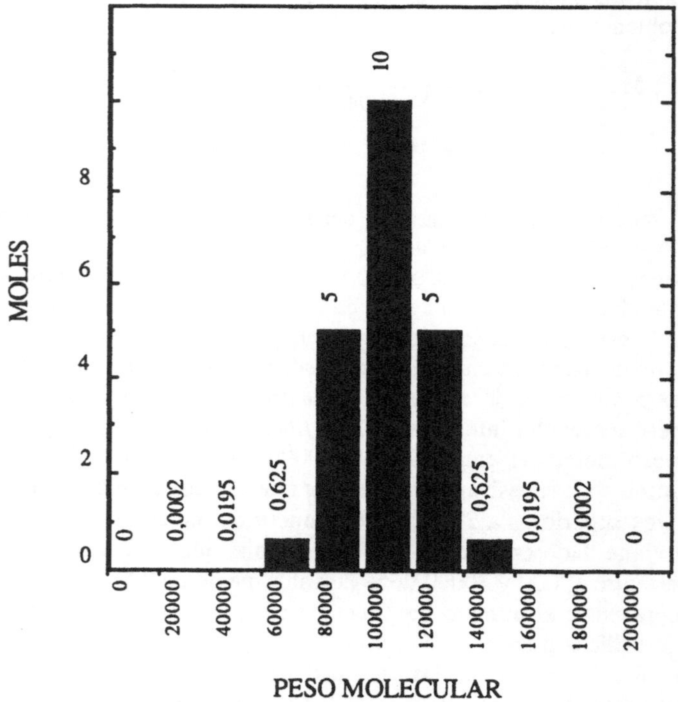

Figura 1.8 Histograma de la distribución de pesos moleculares.

Del anterior análisis es claro que la respuesta que se obtiene puede que no sea muy precisa puesto que hemos separado la muestra en fracciones de una forma grosera ya que cada una de ellas contiene un rango amplio de pesos moleculares. Obviamente, habría sido mucho mejor si hubiéramos podido obtener la distribución como una curva continua o, por lo menos, si ésta pudiera tratarse como continua por ser la separación muy fina.

Posteriormente mostraremos que la técnica llamada cromatografía de exclusión molecular (o permeación en gel) (SEC/GPC) puede aplicarse para tal fin. Sin embargo, en este momento deseamos realizar algunas consideraciones adicionales sobre los promedios y para ello consideraremos a continuación la distribución de la misma muestra separada en fracciones más estrechas, tal y como se ilustra en la figura 1.9.

La mencionada figura representa el número de moles (N_x) de una fracción con un peso molecular particular en función del peso molecular (M_x), y la posición del máximo del pico corresponde *en este caso* al peso molecular promedio en número, $\overline{M}_n$, que es igual a 100000 g/mol. La razón de este comportamiento estriba en que la distribución es simétrica alrededor de esta posición máxima (o expresado de forma más estricta debiéramos hablar de una distribución Gausiana). Hemos calculado el valor de $\overline{M}_n$ como antes, sumando los valores de N_xM_x para todos los puntos mostrados en la figura 1.9 y luego hemos dividido por $\Sigma\ N_x$. Mencionamos esto con el fin de realizar una puntualización adicional sobre *los momentos* de una distribución. Si tomamos cualquier punto de la curva mostrada en la figura 1.9 y multiplicamos el valor de N_x por M_x para este punto, estamos realmente tomando un momento alrededor del origen (recordar los viejos tiempos de la escuela secundaria cuando había que hacer equilibrios sobre la barra o contemplar a dos niños columpiándose en el balancín del parque). El *primer momento* de la distribución como un todo se define como la suma de todos los momentos individuales (es decir, adicionando los valores de N_xM_x para todos los puntos mostrados en la figura 1.9, $\Sigma\ N_xM_x$, y normalizándolos al dividir por $\Sigma\ N_x$). Este, desde luego, es el peso molecular promedio en número, $\overline{M}_n$.

Si en vez de representar una distribución en *número* (número de moles frente a peso molecular) representamos una distribución en peso (el peso del polímero en la fracción x ($W_x = N_xM_x$) frente al peso molecular de los polímeros en esa fracción, M_x) obtenemos la distribución que se muestra en la figura 1.10. Se indica la posición del peso molecular promedio en número, $\overline{M}_n$ = 100000 g/mol, con una línea vertical, que en este caso no pasa a través del máximo del pico. En realidad, la posición del pico de la distribución en peso está desplazada hacia un valor igual a 104500 g/mol (la distribución en este ejemplo sigue siendo simétrica). Esta posición del pico representa el primer momento de la distribución en peso alrededor del origen y es igual a M_w (o, lo que es lo mismo, $\Sigma\ (N_xM_x)M_x\ /\ \Sigma\ N_xM_x$). Así, hemos visto que los promedios en número y en peso no son más que los primeros momentos de sus respectivas distribuciones. Ocurre que cuando se describen las distribuciones, pueden ser útiles momentos de orden superior (segundo momento, tercero, etc.) puesto que describen diversas propiedades de la distribución, tales como su anchura (segundo momento), asimetría (tercer momento) etc.*.

En la ciencia de polímeros es común emplear el cociente entre el promedio en peso y el promedio en número como una medida de la anchura de la distribución en lugar de usar directamente los momentos (que, en cualquier caso, están relacionados con ella). Dicha relación recibe el nombre de *polidispersidad* de la muestra.

$$\text{Polidispersidad} = \frac{\overline{M}_w}{\overline{M}_n} \geq 1 \qquad (1.10)$$

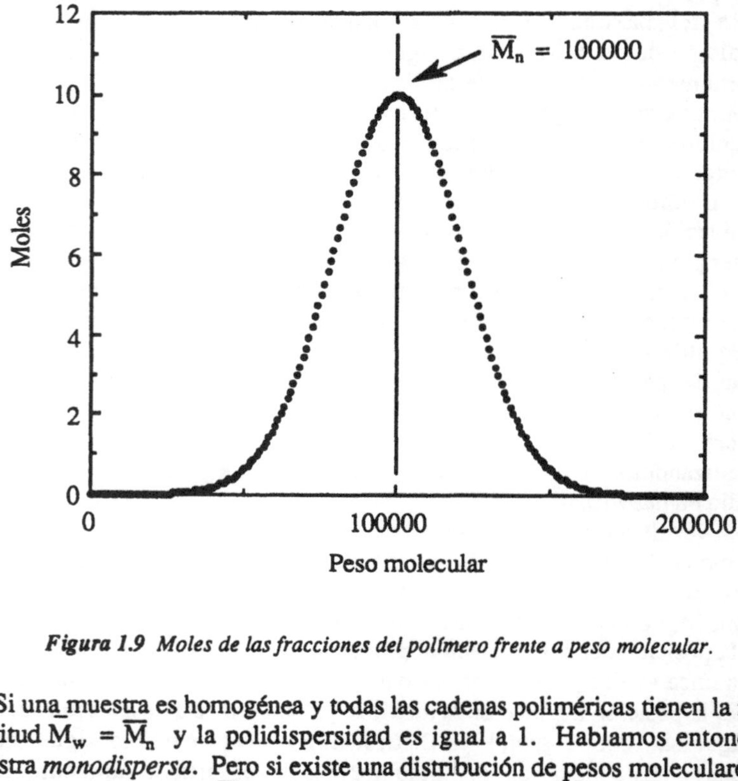

***Figura 1.9** Moles de las fracciones del polímero frente a peso molecular.*

Si una muestra es homogénea y todas las cadenas poliméricas tienen la misma longitud $\overline{M}_w = \overline{M}_n$ y la polidispersidad es igual a 1. Hablamos entonces de muestra *monodispersa*. Pero si existe una distribución de pesos moleculares, $\overline{M}_w$ es siempre mayor que $\overline{M}_n$. Deberemos fijarnos también en que en nuestro ejemplo (figura 1.10) la polidispersidad es realmente muy pequeña (≈ 1,05), aunque las representaciones de la distribución *aparenten ser* bastante anchas. En realidad es muy difícil conseguir distribuciones tan estrechas y muchos polímeros comerciales tienen distribuciones mucho más anchas (con polidispersidades del orden 5-10). Distribuciones muy estrechas suelen obtenerse aplicando una química muy ingeniosa tal y como veremos más tarde en el Capítulo 2.

* Si se profundiza en la estadística se comprobará que estas propiedades están relacionadas con los momentos alrededor de la media, pero en este caso no tiene excesiva importancia.

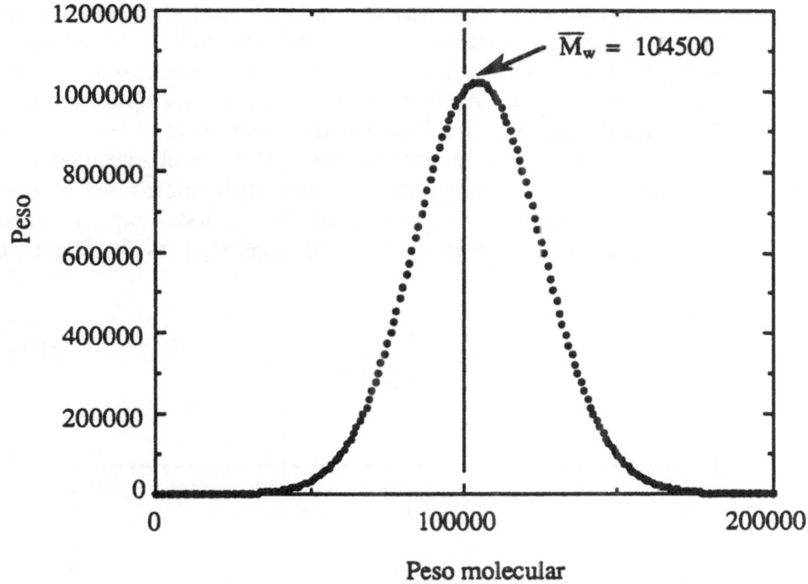

***Figura 1.10** Peso de las fracciones de polímero frente al peso molecular.*

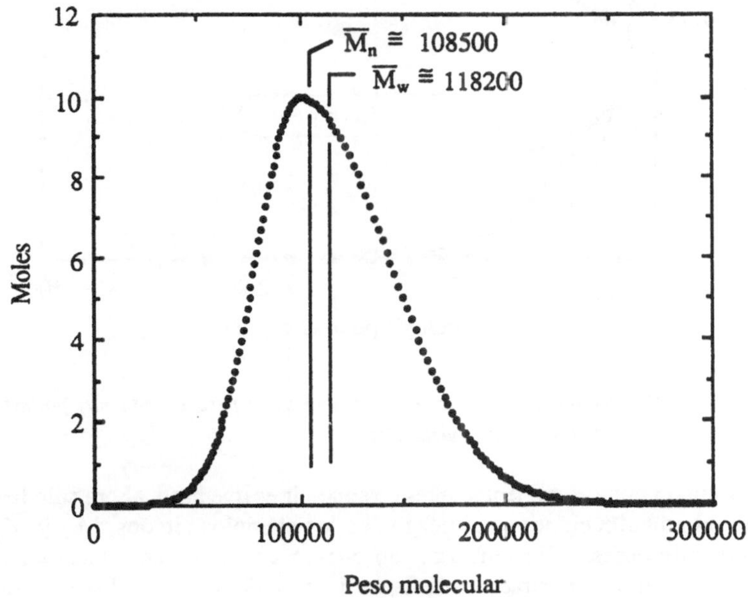

***Figura 1.11** Moles de las fracciones de polímero frente a peso molecular para una distribución asimétrica de pesos moleculares.*

Quedan dos cosas por comentar antes de concluir esta discusión inicial del peso molecular. Primera, nosotros hemos definido dos tipos de pesos moleculares ($\overline{M}_w$ y $\overline{M}_n$); ¿hay más tipos?. Si comparamos las ecuaciones 1.1 y 1.2 nos daremos cuenta que se puede obtener $\overline{M}_w$ de $\overline{M}_n$ multiplicando cada término de los sumandos por M_x. También podemos multiplicar cada término en la expresión de $\overline{M}_w$ por M_x para obtener el llamado peso molecular promedio z, y continuar así para obtener promedios de pesos moleculares de órdenes superiores. La importancia de $\overline{M}_w$, $\overline{M}_n$ y $\overline{M}_z$ es que hay métodos experimentales que dan estos promedios directamente. Describiremos algunos de ellos en el Capítulo 10.

$$\overline{M}_z = \frac{\sum N_x M_x^3}{\sum N_x M_x^2} \tag{1.11}$$

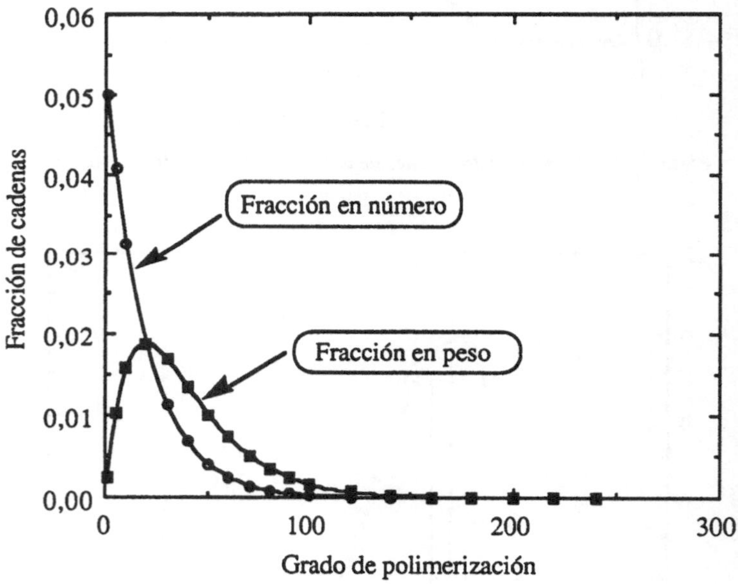

Figura 1.12 Distribución de las fracciones en número y peso de cadenas poliméricas encontradas en una típica reacción de condensación.

El segundo punto a comentar antes de concluir es que hasta ahora sólo hemos considerado distribuciones simétricas y, en los ejemplos citados, $\overline{M}_w$ y $\overline{M}_n$ no son muy diferentes. Sin embargo, en cuanto consideremos distribuciones asimétricas, como la mostrada en la figura 1.11, la diferencia se hace entonces mayor y los valores promedio ($\overline{M}_n$ para la distribución en número, $\overline{M}_w$ para la distribución en peso) ya no corresponden a las posiciones de los máximos. Lo volveremos a ver más tarde cuando discutamos la cinética y la estadística de las polimerizaciones que pueden obtenerse con distribuciones aparentemente inusuales, tales como las que se muestran en la figura 1.12, donde se representan las distribuciones de las fracciones en número y en peso de las cadenas observadas en un cierto momento de una reacción de policondensación.

Análisis de polímeros (¿o cómo sabemos lo que hemos obtenido?)

Uno de los problemas más difíciles e importantes en la ciencia de polímeros es la caracterización de la estructura de una macromolécula. Si las cadenas poliméricas estuvieran formadas por monómeros idénticos, sería suficiente la determinación del peso molecular y la distribución de pesos moleculares para caracterizar la estructura de una cadena. Sin embargo, una cadena polimérica formada por un tipo de unidad sencilla y bien definida es una criatura más rara de lo que uno podría, en principio, imaginar. Conceptualmente, el polímero más sencillo estaría formado por una cadena infinita de unidades repetitivas estructural y configuracionalmente perfectas. Nos podemos aproximar al caso ideal, por ejemplo, en un polietileno (PE) lineal de peso molecular ultra alto. Sin embargo, incluso en este caso el polímero, por necesidad, tiene *grupos finales* (normalmente grupos metilo o vinilo) e inevitablemente hay defectos químicos y estructurales presentes en la cadena como resultado de procesos de oxidación, degradación e incorporación de impurezas. También para la mayoría de polímeros sintéticos, debido a la naturaleza del proceso de polimerización, se dan otras reacciones en competencia tales como la ramificación y diversos tipos de isomería. En este capítulo hemos definido estos tipos de isomería y otros aspectos de la microestructura polimérica pero no hemos mencionado la manera de determinar experimentalmente el número, tipo y distribución de las unidades presentes en las cadenas de una muestra determinada. Este es un problema analítico difícil pero fascinante y lo trataremos más adelante. Concluiremos esta sección señalando que diversos avances en las técnicas espectroscópicas, particularmente en la espectroscopía de resonancia magnética nuclear, han permitido analizar la estructura de la cadena de forma mucho más detallada de lo que era posible incluso hace 10 años, pero aún y así quedan muchos aspectos por aclarar.

D. TEXTOS ADICIONALES

(1) P. J. Flory, *Principles of Polymer Chemistry*, Cornell University Press, Ithaca, New York, 1953.

(2) J. L. Koenig, *Chemical Microstructure of Polymer Chains*, Wiley, New York, 1982.

E. APENDICE: ESTRUCTURAS QUIMICAS DE ALGUNOS POLIMEROS COMUNES

Polímero	Estructura química de la unidad repetitiva
Polietileno (PE)	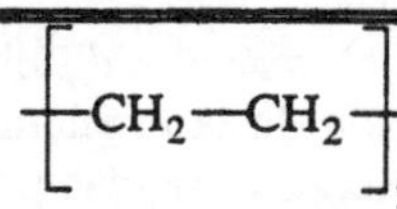
Polipropileno (PP)	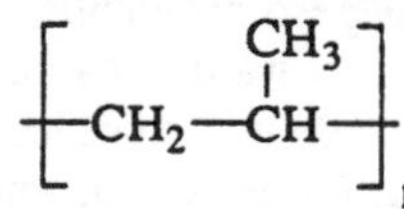
Poliisobutileno (PIB)	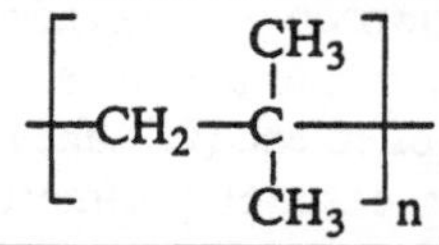
Polibutadieno (PBD)	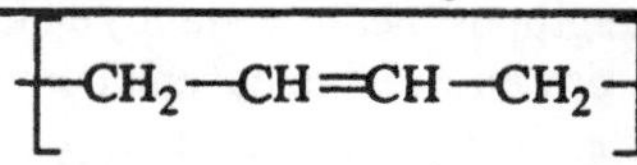
cis-Poliisopreno (Caucho Natural)	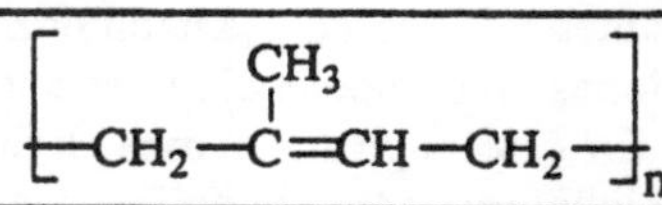
Poliestireno (PS)	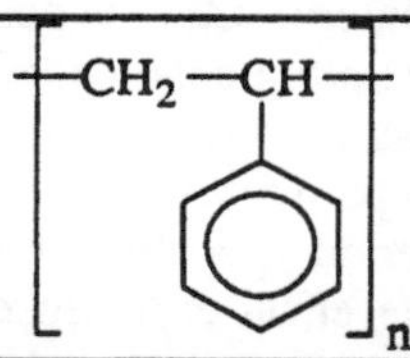
Poli(acetato de vinilo) (PVAc)	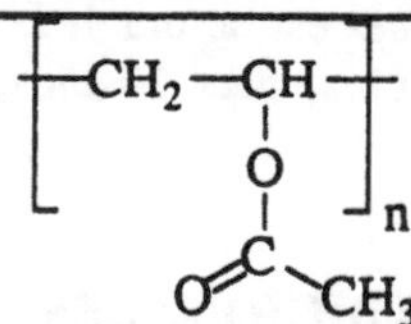
Poli(cloruro de vinilo) (PVC)	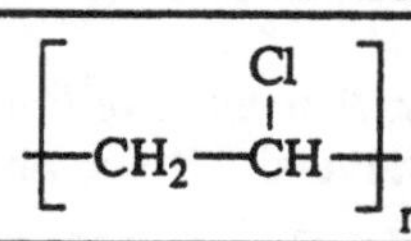
Poli(óxido de etileno) (PEO)	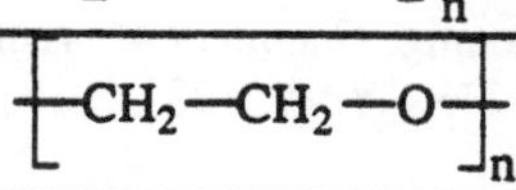
Poli(metacrilato de metilo) (PMMA)	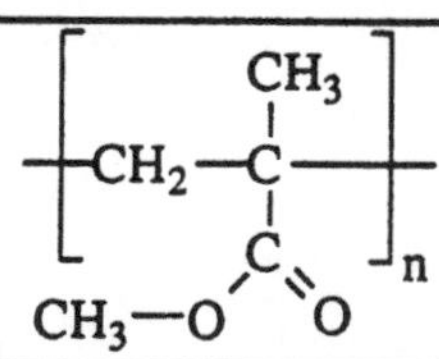

Polímero	Estructura química de la unidad repetitiva
Poli(acrilato de metilo) (PMA)	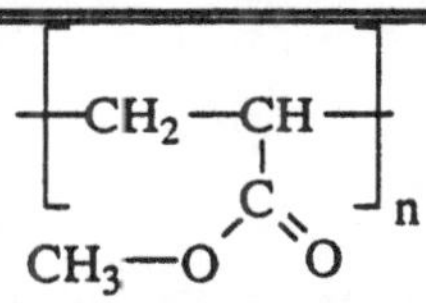
Politetrafluoretileno (PTFE)	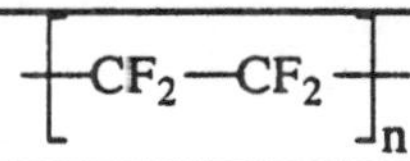
Policaprolactama (Poliamida - Nylon 6)	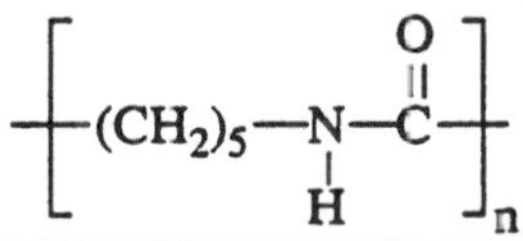
Policaprolactona (PCL)	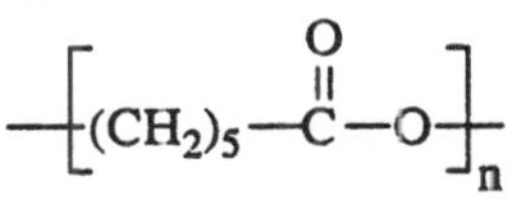
Poli(etilen tereftalato) (PET)	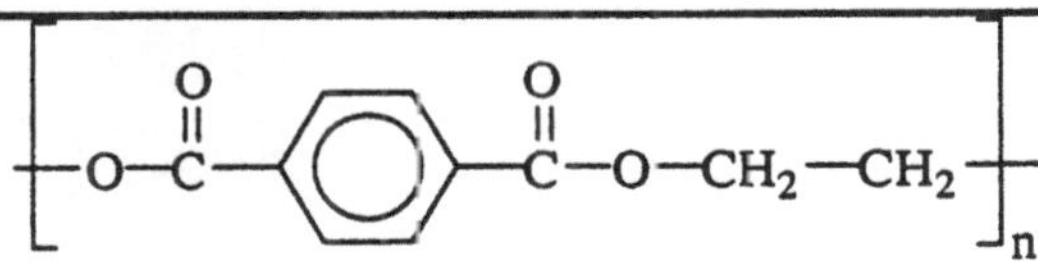
Poli(dimetil siloxano) (PDMS)	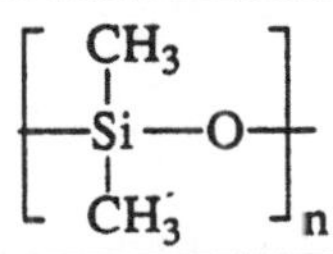

CAPITULO 2

Síntesis de Polímeros

"I am inclined to think that the development of polymerization is perhaps the biggest thing that chemistry has done, where it has had the biggest effect on everyday life"
—Lord Todd, 1980

A. INTRODUCCION

En los próximos capítulos de este libro centraremos nuestra atención en la descripción de tres cosas: la química básica de la unión de unidades para dar lugar a moléculas con estructura de cadena; el efecto del mecanismo de la polimerización sobre el peso molecular del producto y la manera de controlar dicho efecto y, finalmente, el efecto del mecanismo en la microestructura (lineal, ramificada, isotáctica, etc.) del polímero. Este último aspecto puede ser una consecuencia inevitable del método empleado en la obtención de un polímero particular, o estar motivado por la elección deliberada de las condiciones de reacción, uso de catalizadores, etc.

Por pura conveniencia vamos a clasificar las reacciones de polimerización en dos o tres tipos básicos. Carothers*, por ejemplo, sugirió que los polímeros podían considerarse globalmente como miembros de uno de dos tipos: *condensación* o *adición*. En el primer tipo, la unidad química repetitiva del polímero tiene una fórmula molecular diferente de la de los monómeros de partida, tras la eliminación o "condensación" de ciertos grupos. Un ejemplo de este tipo de reacción es la formación de un éster a partir de etanol (el componente activo de la cerveza) y ácido acético (el componente activo del vinagre), con eliminación de una molécula de agua (de ahí el nombre de condensación).

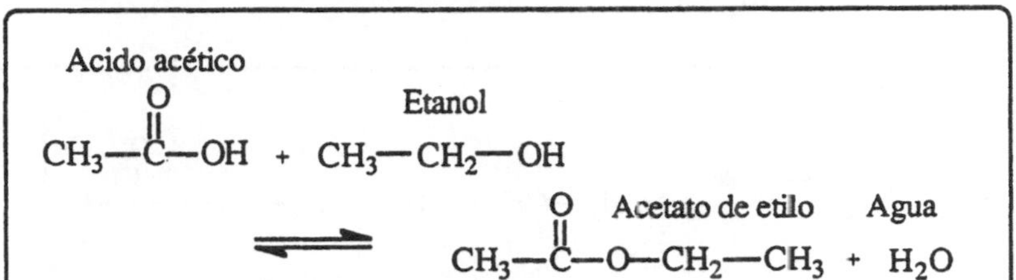

* Wallace Hume Carothers fue un brillante científico que contribuyó enormemente al desarrollo de la ciencia de los polímeros. Consideraremos en breve algunas de sus contribuciones.

En este caso no son posibles reacciones posteriores de condensación y no se forma polímero. Por el contrario, las unidades estructurales de los polímeros de adición tienen las mismas fórmulas moleculares que sus monómeros, aunque la disposición de los enlaces sea diferente, como en el caso del etileno y polietileno:

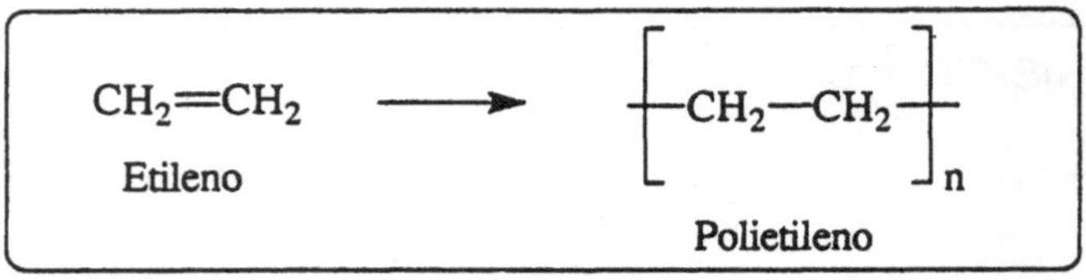

Existen excepciones, sin embargo, y algunas polimerizaciones no se ajustan bien a ninguna de estas dos categorías. Por ejemplo, los poliuretanos, que se forman por la reacción de isocianatos y alcoholes, son considerados polímeros de condensación, aunque no se elimina agua durante la reacción:

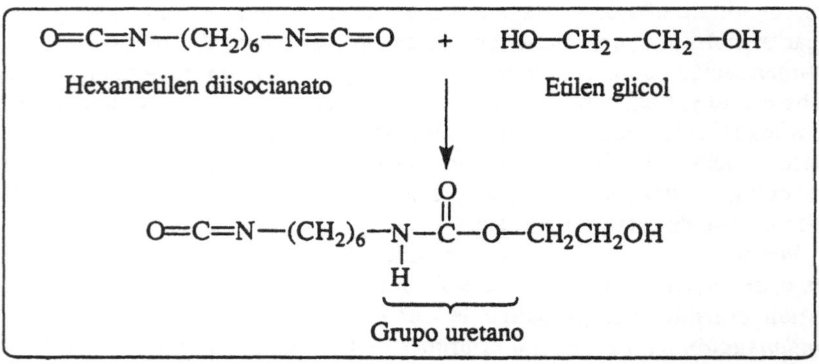

Además, las polimerizaciones de apertura de anillo deben ser consideradas polimerizaciones de adición pero los polímeros así obtenidos podrían haberse sintetizado también a partir de una reacción de condensación apropiada, como la polimerización de la caprolactama:

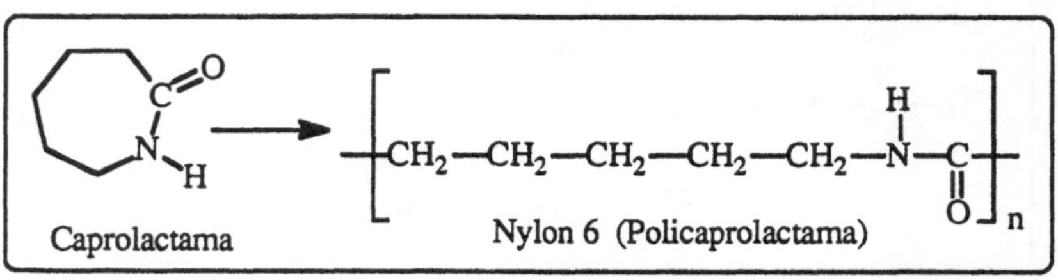

donde la poliamida resultante podría haberse producido también mediante la polimerización del aminoácido correspondiente:

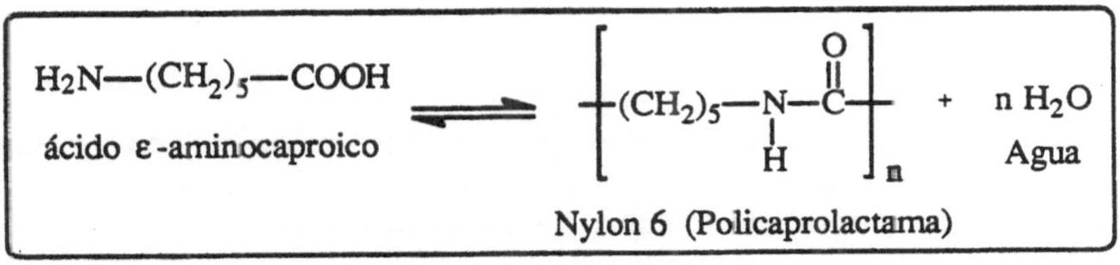

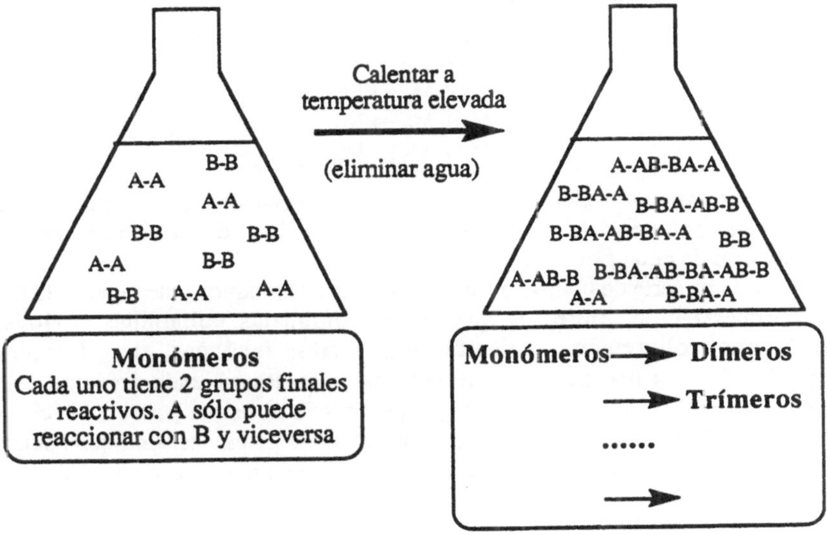

***Figura 2.1** Representación esquemática de una polimerización por etapas.*

De acuerdo con esto, nosotros preferimos adoptar la clasificación dada por Rempp y Merrill, que consideran las reacciones de polimerización bien como polimerizaciones por etapas (esta categoría incluye a la policondensación) o en cadena (incluyen las polimerizaciones de apertura de anillo).

Antes de comenzar a discutir las particularidades de la polimerización debemos tener en cuenta una cosa más. En el siguiente capítulo comentaremos algunos aspectos de la cinética de estas reacciones que supondremos que son *procesos discontinuos*. En otras palabras, nos estamos refiriendo a un proceso en el que se coloca el monómero en un recipiente de reacción donde se va agotando paulatinamente dando lugar al polímero correspondiente. En algunos casos podemos hacer uso de disolventes, iniciadores y quizás de uno o dos aditivos. Estas condiciones son características de la mayoría de los estudios sobre polimerización realizados en el laboratorio que son los que trataremos aquí, puesto que nos proporcionan información fundamental del mecanismo y su relación con la naturaleza del producto. A escala industrial se emplean fundamentalmente procesos continuos pero nosotros solamente comentaremos a nivel cualitativo, y al final del capítulo, algunos de estos sistemas a gran escala.

B. POLIMERIZACION POR ETAPAS

La característica principal de este tipo de polimerización es el crecimiento lento de las cadenas de una manera sistemática y escalonada, como se indica en la figura 2.1. Los monómeros se combinan entre sí para dar dímeros:

$$M_1 + M_1 \rightarrow M_2$$

También los dímeros y trímeros pueden combinarse consigo mismo o entre ellos para dar oligómeros:

$$M_1 + M_2 \rightarrow M_3$$
$$M_2 + M_2 \rightarrow M_4$$
$$M_2 + M_3 \rightarrow M_5$$
$$M_3 + M_3 \rightarrow M_6$$

y así sucesivamente. Como resultado de este mecanismo por etapas, sólo se produce el polímero de alto peso molecular al final de la polimerización. Hablaremos de ello posteriormente.

Existe una serie de polímeros importantes que se producen mediante este tipo de polimerización, entre los que se encuentran las poliamidas (nylons), poliésteres, poliuretanos, policarbonatos, resinas fenólicas, etc. Daremos ejemplos de cada uno de ellos pero empezaremos describiendo brevemente el descubrimiento del nylon 6,6. Este ejemplo no sólo nos sirve para introducir las características representativas de todas las policondensaciones, sino que además es un interesante hecho histórico que desgraciadamente terminó en tragedia.

Repaso histórico. Descubrimiento del Nylon

Al final del año 1926 Charles Stine, director del Departamento de Química de la empresa DuPont, presentó una breve propuesta a su Comité Ejecutivo para iniciar un programa de investigación científica fundamental o "pura". En aquellos días esto era inusual (uno podría argumentar que el ciclo se ha cerrado y que ahora nos encontramos en el mismo punto). De cualquier manera, el Comité aceptó finalmente su propuesta que incluía, entre otras cosas, un trabajo fundamental sobre la polimerización.

Stine creyó que el éxito del programa iba a depender de su habilidad para contratar científicos relevantes. Dada la dificultad de contratar científicos ya establecidos (predominantemente académicos), decidió contratar a "hombres con un futuro científico prometedor pero que no poseían una reputación establecida" (¡una afirmación políticamente incorrecta!). Una de las personas contratadas fue Wallace Hume Carothers, entonces instructor en Harvard, considerado brillante pero voluble.

En aquel tiempo (1928) existía un gran desacuerdo sobre la naturaleza de los que ahora llamamos materiales poliméricos. La idea establecida hasta entonces era el considerarlos como asociaciones o agregados de pequeñas moléculas ligeramente enlazados pero esta idea empezaba ya a no poderse sostener.

Hermann Staudinger*, el lider de otra hipótesis, consideraba que estos materiales estaban formados por "moléculas gigantes" o macromoléculas, cuyas unidades repetitivas estaban enlazadas entre sí por enlaces covalentes.

Carothers aceptó el punto de vista de Staudinger y su propósito inicial fue demostrar la existencia de las macromoléculas, produciendo de forma sistemática grandes moléculas a partir de moléculas pequeñas, empleando reacciones que se entendieran bien y que no permitieran cuestionar la estructura del producto final. Empezó examinando la condensación de alcoholes y ácidos para dar ésteres. Sin embargo, los reactivos etanol y ácido acético son *monofuncionales* (cada uno tiene un grupo único capaz de participar en una condensación; después de completarse esta reacción es imposible que se den reacciones posteriores para la formación de cadenas). Carothers comprendió que se requerían monómeros bifuncionales (ver los ejemplos siguientes) si se deseaba obtener polímeros (esto parece sencillo y obvio con la perspectiva del tiempo transcurrido pero debe enmarcarse en el contexto de aquella época, cuando muchos no aceptaban en absoluto la existencia de las macromoléculas). Hacia el final del año 1929 el grupo de Carothers había sintetizado moléculas grandes con pesos moleculares del orden de 1500–4000, a partir de ácidos dicarboxílicos y dialcoholes (glicoles) en presencia de un catalizador ácido:

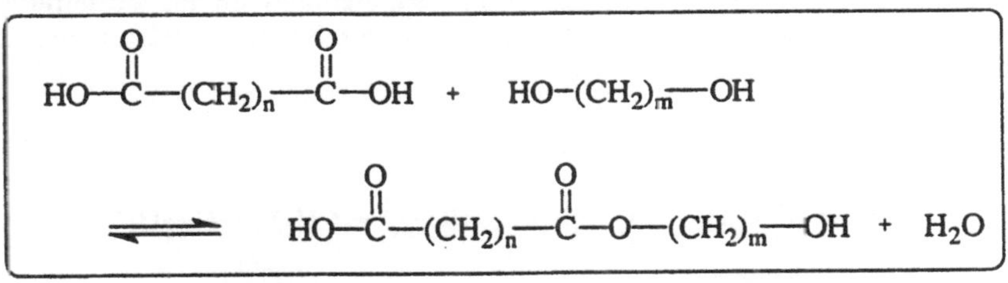

Dado que los grupos funcionales permanecen en el extremo del nuevo éster formado, se pueden dar reacciones posteriores de condensación y producir moléculas de cadena larga:

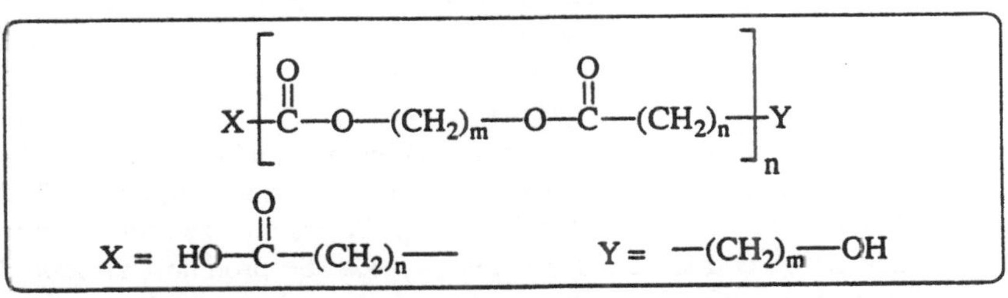

El éxito de esta aproximación les ayudó a establecer la hipótesis macromolecular pero inicialmente pareció que un peso molecular de unos 6000 era el techo de estas reacciones. En aquel tiempo había un consenso de opinión, aparentemente compartido por Carothers, según el cual la reactividad de los grupos finales decrecía con la longitud de la cadena, de tal manera que este

* Staudinger no recibió el Premio Nobel hasta 1953, quizás debido a las controversias que generaron inicialmente sus puntos de vista. ¡Algunas veces hay que sobrevivir a tus enemigos!.

resultado no fue tan sorprendente*. Carothers también se dio cuenta que, debido a la naturaleza reversible de la reacción, el agua podría hidrolizar los grupos éster para dar de nuevo ácido y alcohol, rompiéndose así las cadenas. Carothers y su colega, Julian Hill, construyeron un alambique molecular que permitía la eliminación del agua y la polimerización del llamado poliéster 3-16, a partir de un glicol de tres átomos de carbono y un diácido de 16 átomos de carbono ($m = 3$ y $n = 14$ en la ecuación de arriba). Hill comprobó que el polímero fundido no sólo podía ser "extraído" inicialmente, sino estirado posteriormente o "extraído en frío" después de enfriarlo para formar fibras fuertes, una observación de gran importancia posterior en el procesado de fibras. El peso molecular del producto resultó ser superior a 12000, muy por encima del peso molecular obtenido previamente para cualquier polímero de condensación.

Es posible que el lector esté desorientado en cuanto al por qué de la discusión de los primeros poliésteres en una sección que se suponía dedicada a los nylons. La razón está en que estos poliésteres, aunque pareció que tenían propiedades mecánicas útiles (tenían una elasticidad que en aquella época sólo la superaba la seda), fundían por debajo de 100°C, eran solubles o parcialmente solubles en disolventes de limpieza en seco y eran sensibles al agua. No hay un gran mercado en las camisetas de poliéster fabricadas con dichos materiales. Por consiguiente, Carothers y Hill centraron su atención en las poliamidas, sintetizadas a partir de diácidos y diaminas, que se sabía que poseían puntos de fusión superiores:

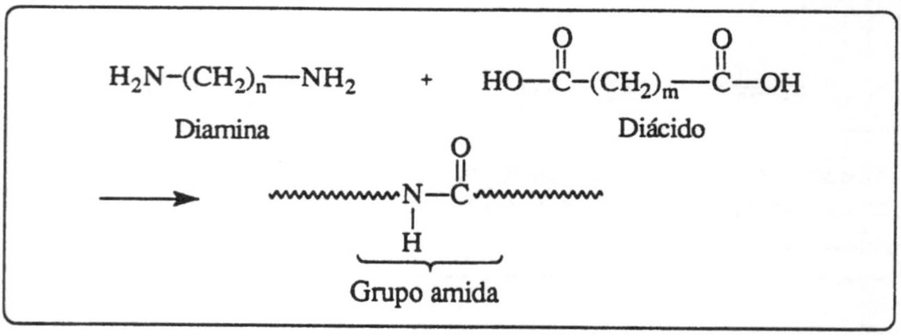

Los productos fueron designados por dos números, el número de átomos de carbono en la diamina monomérica y el número correspondiente en el ácido dicarboxílico monomérico, de tal forma que el polímero representado de forma esquemática arriba podría llamarse nylon n, m+2. Se produjo una serie de nylons diferentes e inicialmente Carothers decidió que el nylon 5,10 era el más adecuado para la formación de fibras. Sin embargo, se comprobó que los monómeros para la formación del nylon 6,6, hexametilen diamina y ácido adípico, eran más convenientes y económicos por lo que fue este polímero el que finalmente se comenzó a producir.

*Paul Flory desafió y derrotó esos puntos de vista. Sin embargo, ésta es otra historia, a la que volveremos más adelante.

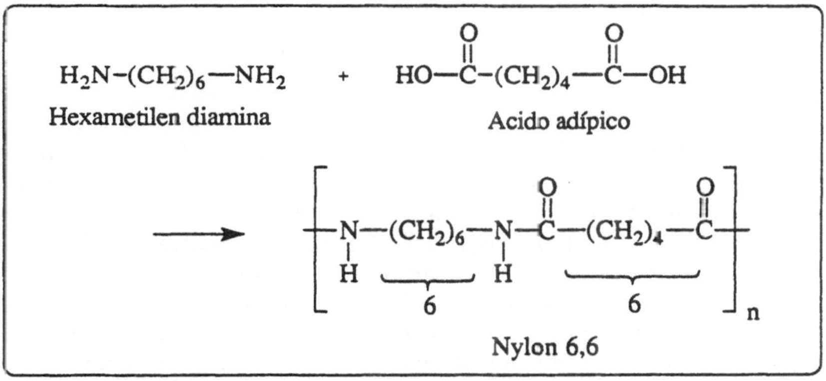

En 1938 en el Octavo Forum Anual sobre Problemas Actuales del New York Herald Tribune, Charles Stine, para entonces vicepresidente para la investigación en la firma DuPont, hizo la siguiente declaración:

> Estoy realizando el primer anuncio de una fibra textil nueva.....la primera fibra textil orgánica sintética preparada en su totalidad a partir de materiales pertenecientes al reino mineral. . . . [Nylon] es el nombre genérico de estos materiales definidos científicamente como amidas poliméricas formadoras de fibras sintéticas con una estructura química proteínica, derivables del carbón, aire y agua, u otras sustancias; y que se caracterizan por poseer una gran dureza y fortaleza y la propiedad peculiar de dar lugar a fibras de diversas formas, tales como cerdas y láminas. . .
>
> Aunque fabricados totalmente a partir de materias primas tan comunes como el carbón, agua y aire, los nylons pueden ser transformados en filamentos tan fuertes como el acero, tan finos como una telaraña, todavía más elásticas que cualquiera de las fibras naturales comunes y con un brillo precioso. En cuanto a sus propiedades físicas y químicas, difieren radicalmente de las de otras fibras sintéticas.

El anuncio tuvo un impacto enorme. En 1939 la primera producción de calcetines de nylon se vendió inicialmente a aquellos empleados de DuPont que eran residentes de Wilmington, Delaware. El 15 de Mayo de 1940 se había producido suficiente polímero como para que las ventas se pudieran extender a todo el país. En la ciudad de Nueva York se vendieron *cuatro millones* de pares de calcetines de nylon en las primeras horas.

La tragedia es que Carothers no vivió para ver este éxito. Durante 1934 sufrió diversas crisis depresivas y el 29 de Abril de 1937 se encerró en una habitación de un hotel de Filadelfia y se bebió un zumo de limón reforzado con cianuro potásico, convencido de que había fracasado como científico.

Algunos ejemplos de polímeros de condensación. Polímeros lineales

Poliamidas

Ya ha sido descrita la síntesis del nylon 6,6 a partir de ácido adípico y hexametilendiamina. La síntesis de otras poliamidas a partir de diácidos y diaminas (ej. nylon 6,10) se efectuará de forma similar. Sin embargo, hay tres aspectos de la síntesis de los nylons que deberíamos mencionar. En primer lugar, si se desean conseguir polímeros de alto peso molecular, es necesario emplear una estequiometría precisa de los reactivos. Dicha necesidad se hará evidente posteriormente cuando discutamos la estadística de la policondensación lineal. Inicialmente se produce la sal del ácido adípico y de la hexametilen diamina, precipitándose el complejo 1:1. Al calentar a la temperatura adecuada y eliminando el agua se produce la polimerización.

$$\left[\begin{array}{c} ^{-}OOC{-}(CH_2)_4{-}COO^{-} \\ ^{+}NH_3{-}(CH_2)_6{-}NH_3^{+} \end{array}\right]$$

Sal Nylon

El segundo punto que deseamos comentar es que los nylons también pueden obtenerse empleando como monómero el cloruro del ácido adecuado. En la policondensación interfacial se disuelve el cloruro del ácido en un disolvente orgánico (como cloroformo) y se disuelve la amina en agua. Al mezclar ambas disoluciones se forman dos fases separadas y en la interfase se obtiene una "piel" constituida por el polímero (poliamida).

El proceso se ilustra en la figura 2.2. En este caso se elimina ácido clorhídrico (HCl) en vez de agua y normalmente se adiciona una base a la fase acuosa para neutralizar el ácido formado.

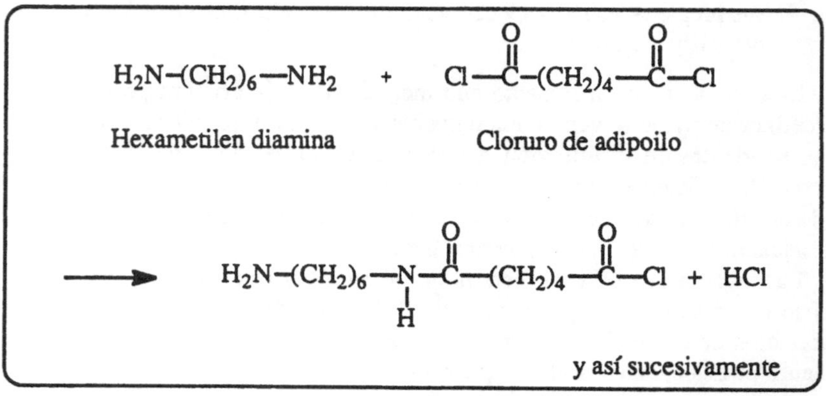

Si se extrae cuidadosamente el nylon de la interfase, se forma inmediatamente más polímero, y se puede ir extrayendo el material en forma de fibra o "cuerda".

A menudo suele hacerse esta demostración en las aulas y se conoce como el truco de la cuerda de nylon.

Finalmente, las poliamidas tales como el nylon 6 no suelen sintetizarse normalmente mediante una reacción de condensación, sino por una polimerización de apertura de anillo, que describiremos más adelante.

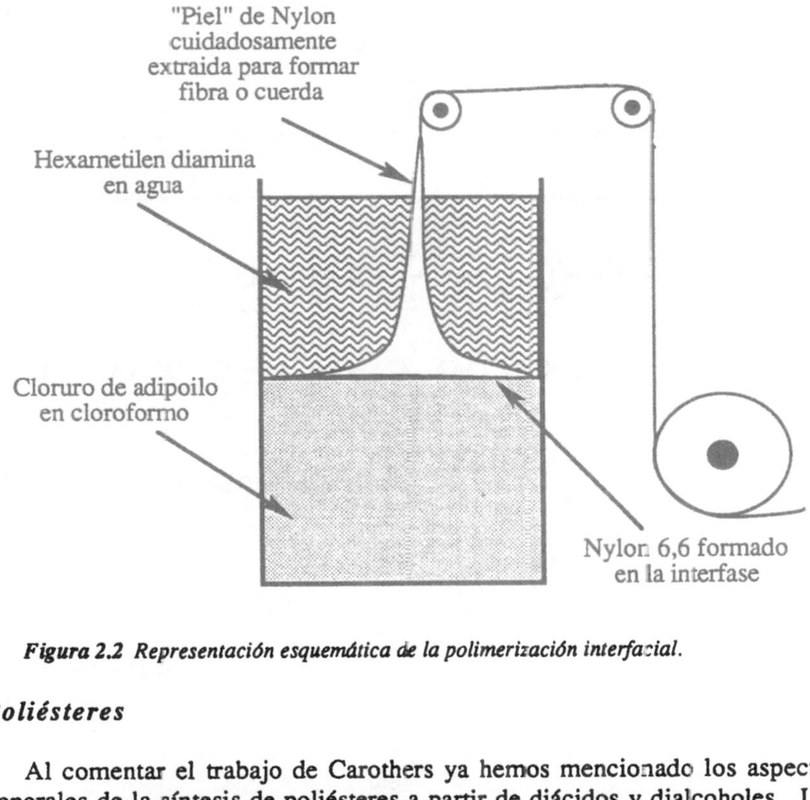

Figura 2.2 *Representación esquemática de la polimerización interfacial.*

Poliésteres

Al comentar el trabajo de Carothers ya hemos mencionado los aspectos generales de la síntesis de poliésteres a partir de diácidos y dialcoholes. Los poliésteres también pueden obtenerse a partir del cloruro del ácido:

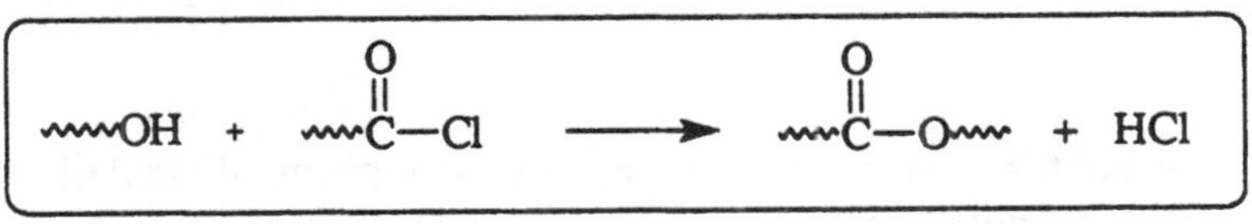

y por *transesterificación*, que se emplea para producir el polímero denominado polietilen tereftalato o PET (si se compran refrescos de cola en botellas de plástico o ropa que contiene "poliéster", normalmente es PET).

El proceso de transesterificación consiste (en este caso) en la reacción de un grupo terminal alcohol con *cualquier* grupo éster. La reacción es un proceso al azar que da lugar a la llamada distribución más probable, distribución que fue descrita por Flory (¡quién si no!).

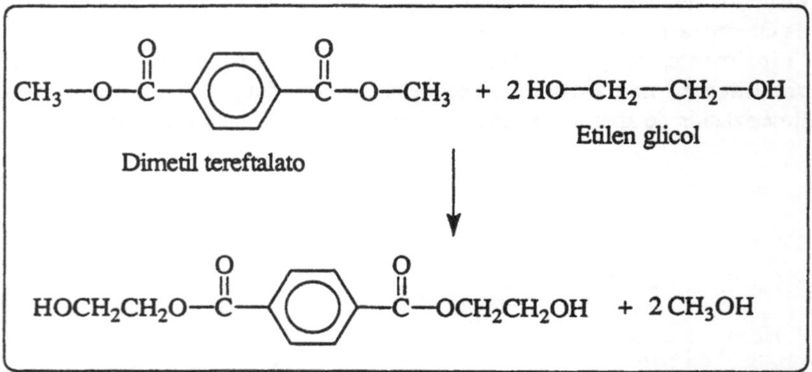

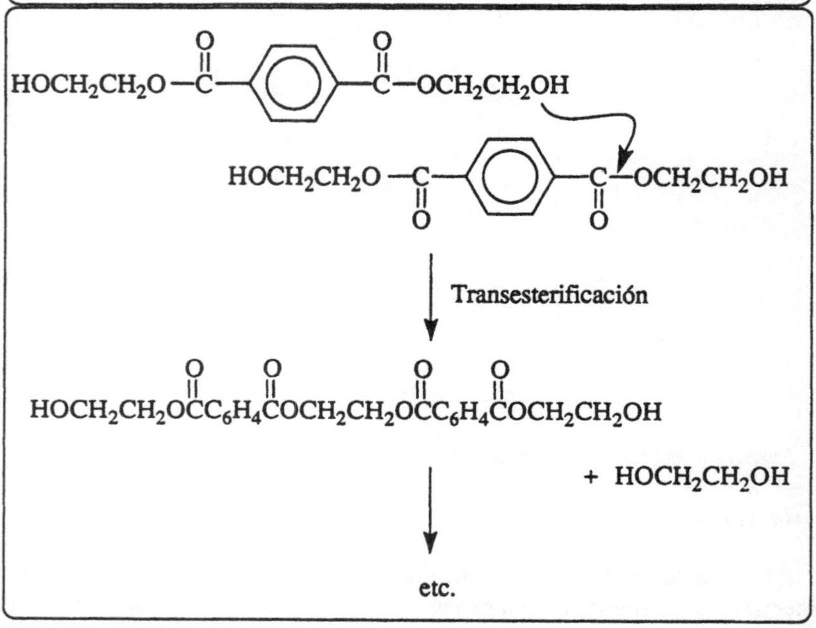

Poliuretanos

Los poliuretanos se sintetizan por reacción de un dialcohol con un diisocianato. A continuación se muestra un ejemplo típico de un poliuretano formado a partir de toluen diisocianato (TDI, normalmente una mezcla de isómeros 2,4- y 2,6-) y hexametilen diol.

Este poliuretano concreto es un polímero amorfo a temperatura ambiente y puede encontrar aplicación como barniz, laca, etc. Se pueden obtener fácilmente poliuretanos más flexibles al reemplazar algunos o todos los TDI por un diisocianato alifático o al introducir enlaces éter dentro del esqueleto polimérico, empleando oligómeros del óxido de etileno terminados en grupos hidroxilo (moléculas de peso molecular moderado, normalmente 1000 g/mol).

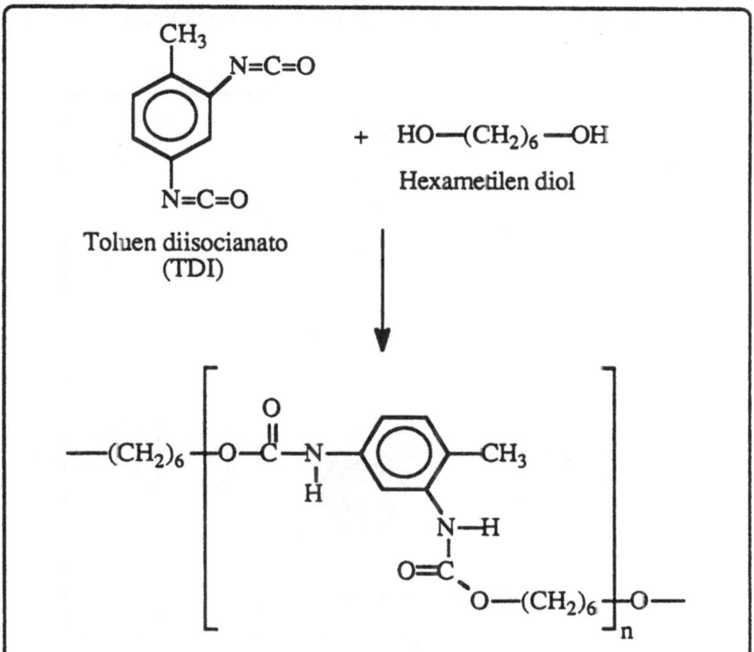

Poliuretano típico aromático/alifático

La forma más habitual de encontrar las muestras de poliuretano es como espumas duras, que se usan para aislamiento térmico, o como espumas blandas, omnipresentes en los asientos de automóviles, cojines, ropa de cama, paquetes y en forros de ropa, etc. Aunque no entraremos a detallar la química precisa de estos materiales, puesto que está fuera del objetivo de este libro y está tratado en profundidad en muchos textos de química de polímeros, seríamos, sin embargo, negligentes si no mencionáramos que los isocianatos reaccionan con agua para dar CO_2, un gas inocuo que se emplea como agente espumante *in situ* en la manufactura de las espumas de poliuretano.

$$\underset{\text{Isocianato}}{R{-}N{=}C{=}O} + H_2O \longrightarrow \underset{\text{Amina}}{R{-}NH_2} + CO_2\uparrow$$

Variando la estructura química, estequiometría, temperatura y cantidad de agua presente, se pueden producir cientos de espumas de poliuretano con propiedades físicas muy variadas.

Policarbonatos

Los policarbonatos se obtienen por transesterificación o por reacción de difenoles y fosgeno. El policarbonato más común, lamentablemente (para puristas en nomenclatura) denominado únicamente como policarbonato, se deriva del difenol denominado bisfenol A.

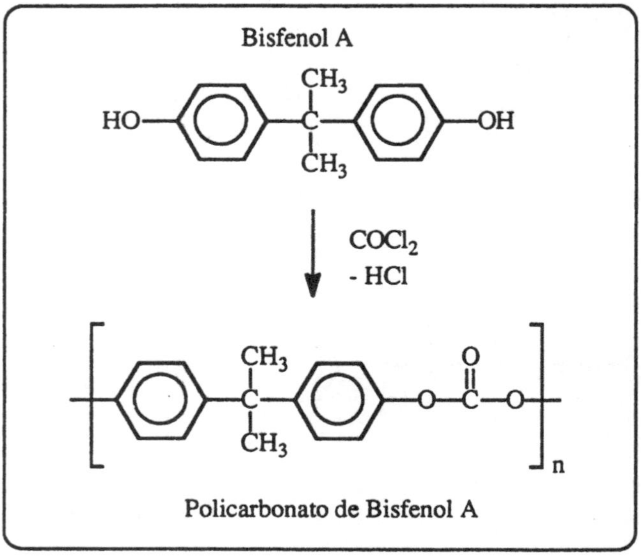

El policarbonato de bisfenol A es un polímero amorfo, ópticamente transparente, que se usa a menudo como material de las carcasas transparentes de las farolas. Es un material muy duro y se le han encontrado muchas aplicaciones en productos que deben soportar abusos mecánicos, como los cascos de fútbol americano.

Formación de retículos a partir de polímeros de condensación

Es evidente que si se pueden emplear monómeros bifuncionales para la obtención de polímeros lineales, monómeros trifuncionales o con funcionalidad superior podrán igualmente usarse para obtener polímeros termoestables o reticulados. Dos ejemplos comercialmente importantes de este tipo de materiales son las resinas de fenol-formaldehído y de urea-formaldehído. Así, al hacer reaccionar el fenol con formaldehído se obtienen mezclas complejas de moléculas lineales y ramificadas y, finalmente, diversos tipos de estructuras reticuladas, dependiendo del catalizador empleado, proporciones relativas de los reactivos, etc. En el esquema siguiente se muestra un ejemplo de un prepolímero denominado novolaca que se obtiene en presencia de un catalizador ácido.

Los poliésteres, poliuretanos y resinas epoxi son otros ejemplos de tipos de polímeros que pueden dar lugar a materiales termoestables por reacciones de condensación, pero los detalles de estas reacciones están fuera del objetivo de este temario. La idea principal que deberíamos extraer es el empleo de monómeros multifuncionales (>2) para dar retículos, un proceso general ilustrado esquemáticamente en el Capítulo 1 (figura 1.3).

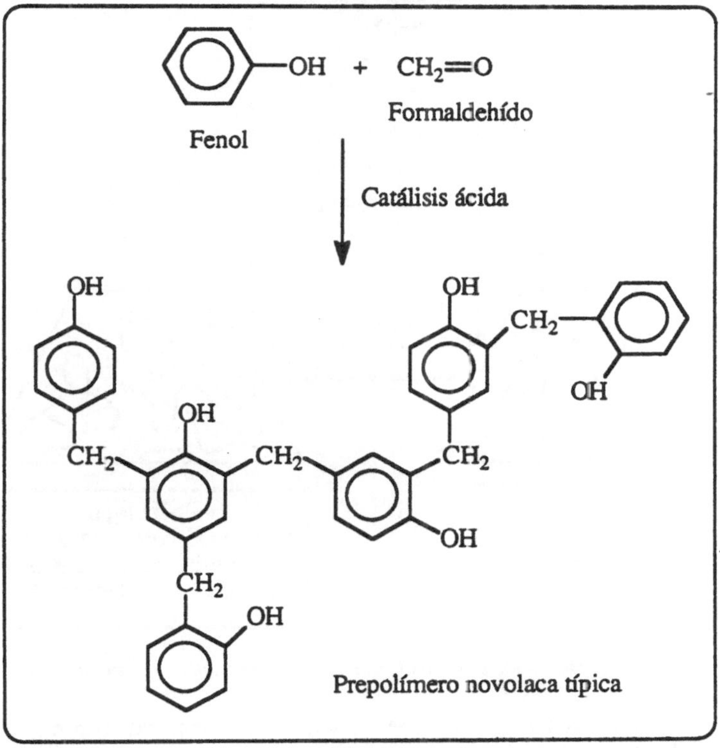

C. POLIMERIZACION EN CADENA O DE ADICION

En las secciones precedentes hemos descrito la característica fundamental de las polimerizaciones de condensación: las cadenas se forman etapa por etapa, desde monómeros a oligómeros y (finalmente) polímeros. Todas las especies presentes están implicadas en este proceso a lo largo del curso de la reacción. Por el contrario, en las polimerizaciones de adición o en cadena, existe un punto activo al final de la cadena en crecimiento por donde se van adicionando los monómeros secuencialmente, uno por uno. En este proceso sólo hay unas pocas especies activas y en cada instante de tiempo la distribución de las especies presentes consiste normalmente en (i) cadenas de polímero totalmente formadas y no reactivas, (ii) monómero sin reaccionar y (iii) un número muy pequeño (relativamente) de cadenas en crecimiento, como se indica esquemáticamente en la figura 2.3.

Estas cadenas crecen rápidamente. El extremo creciente (o algunas veces los extremos) de la cadena tienen un punto activo que obviamente debe ser desplazado al nuevo extremo después de la adición de un monómero:

$$\sim\sim\sim\sim M^* + M \longrightarrow \sim\sim\sim\sim M{-}M^*$$

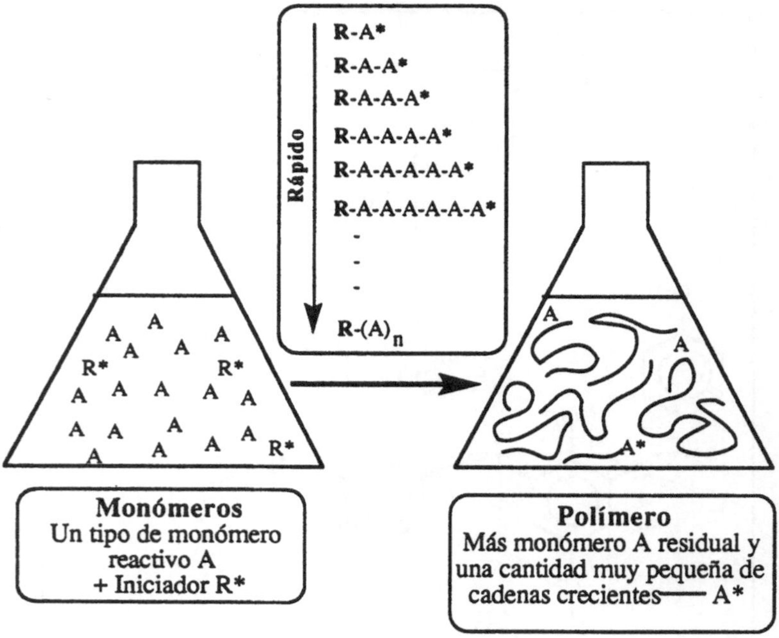

Figura 2.3 Representación esquemática de la polimerización en cadena o de adición.

Este centro activo puede tener diversas formas, tal como veremos, permitiendo la síntesis de una serie de polímeros y copolímeros, así como de una variedad de arquitecturas de cadena o microestructuras. A pesar de las diferencias en la naturaleza de los centros activos, las polimerizaciones de adición tienen normalmente (pero no siempre todas) las siguientes etapas en común:

a) La polimerización debe ser *iniciada*, lo que significa que se debe generar un centro activo sobre un monómero.

b) Las cadenas se *propagan:* los monómeros se adicionan a los centros activos y simultáneamente el centro activo se transfiere al nuevo monómero adicionado.

c) La polimerización *termina* debido a la destrucción de los centros activos.

d) Puede darse *transferencia de cadena.* En este proceso se transfiere el centro activo a otra molécula (monómero, disolvente, un reactivo especialmente adicionado, otra cadena polimérica, etc.). Algunas veces el centro activo puede transferirse a una parte distinta de la misma cadena. Este último caso no es, estrictamente hablando, una "transferencia de cadena" sino una transferencia intramolecular.

Al igual que en la polimerización por etapas, la polimerización en cadena requiere que los monómeros posean un cierto tipo de estructura química. Estos monómeros necesitan tener enlaces insaturados, algo que ocurre en:

$CH_2 = CHX$	olefinas
$CH_2 = CX - CH = CH_2$	dienos
$CH \equiv CH$	acetileno

o tener una estructura de anillo, conteniendo normalmente al menos un heteroátomo (ej. oxígeno). Ejemplos de este tipo de monómeros son:

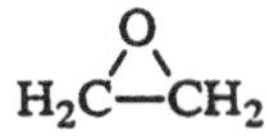

óxido de etileno

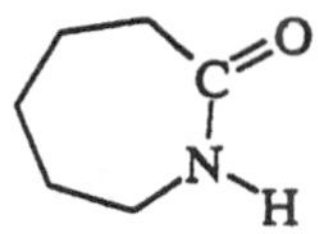

caprolactama

Discutiremos las características fundamentales de la polimerización de adición o en cadena, centrando nuestra atención inicialmente en la llamada polimerización radicalaria de monómeros tipo olefina. De forma similar a como hicimos en la polimerización de condensación, destacaremos un polímero concreto que tiene una historia interesante, en este caso el polietileno, e iremos introduciendo los conceptos a lo largo de nuestra narración.

Polimerización radicalaria. Desarrollo del polietileno

El Polietileno (o polimetileno) fue polimerizado por primera vez a comienzos de este siglo por descomposición del diazometano pero el carácter inestable del monómero (propenso a explotar) impidió su desarrollo industrial.

$$\underset{\text{Diazometano}}{CH_2N_2} \longrightarrow \underset{\text{Polimetileno}}{-(CH_2)_n-} + \frac{n}{2} N_2$$

Este trabajo se adelantó a su época (el concepto de polímero no estaba todavía establecido) y no fue hasta 1920, cuando Staudinger publicó su artículo "Polimerización", cuando se comenzó a prestar atención a la formación de moléculas de polímeros que por entonces se describía como un proceso indefinido de "ensamblaje"*. Hacia 1930 se publicaron trabajos sobre la síntesis de poliestireno, policloruro de vinilo (PVC) y polimetacrilato de metilo (PMMA o Plexiglas®). En aquel tiempo, sin embargo, todavía no se entendía bien el mecanismo de dichas polimerizaciones vinílicas y es dentro de este contexto donde debería encuadrarse el trabajo sobre el polietileno.

En 1932 se inició un programa de investigación sobre las reacciones químicas a presión elevada en los laboratorios de Imperial Chemical Industries (ICI), debido a la introducción de un equipo de alta presión que hasta entonces no había sido accesible. Uno de los muchos experimentos ensayados consistió en hacer reaccionar etileno y benzaldehído. Se observó que, al abrir el recipiente de presión después de realizada la reacción, el benzaldehído permanecía aparentemente inalterado pero que se había formado un sólido blanco, con

* Berthelot había descrito las polimerizaciones unos sesenta años antes, pero Staudinger aparentemente no se había enterado (ver H. Morawetz, *Polymers. The Origins and Growth of a Science*, John Wiley and Sons, New York, 1985).

consistencia de cera, sobre las paredes del reactor. Se pudo establecer que este compuesto era probablemente alguna forma de polietileno (esta observación implicó un estudio profundo) pero de lo que no se percataron durante un tiempo fue que alguna impureza del benzaldehído, de tipo peróxido, había jugado probablemente un papel importante. Hoy en día se utilizan los peróxidos de forma rutinaria en la iniciación de las polimerizaciones, puesto que se descomponen fácilmente para dar *radicales* alcoxi.

$$\underset{\text{Peróxido de alquilo}}{R{-}O{-}O{-}R} \longrightarrow \underset{\text{Radical alcoxi}}{2\ R{-}O\cdot}$$

Este radical, con su electrón desapareado, es muy reactivo y puede, por lo tanto, adicionar un monómero al aparearse con un electrón "robado" del doble enlace de una molécula vinílica.

$$R{-}O^{\cdot} + CH_2{=}CH_2 \xrightarrow[\text{Iniciación}]{} R{-}O{-}CH_2{-}\dot{C}H_2$$

o, reemplazando las "barras" que representan los enlaces por puntos que representan los electrones,

$$R:O^{\cdot} + CH_2::CH_2 \longrightarrow R:O:CH_2:CH_2^{\cdot}$$

donde cada par de electrones, :, representa un enlace covalente sencillo. Este proceso se conoce como *iniciación.*

$$\sim\sim\sim CH_2^{\cdot} + CH_2{=}CH_2 \xrightarrow[\text{Propagación}]{} \sim\sim\sim CH_2{-}CH_2{-}\dot{C}H_2$$

La etapa siguiente es la propagación de la cadena, que normalmente tiene lugar rápidamente. Esta reacción termina cuando se encuentran dos radicales a través de un proceso de colisiones al azar. La terminación la describiremos más tarde pero hoy se sabe que en una polimerización radicalaria de etileno a presiones ordinarias, la velocidad de propagación es mucho menor que la velocidad de terminación, de tal forma que las cadenas no tienen oportunidad de formarse. A presiones elevadas (y temperaturas más altas), la velocidad de la propagación aumenta mucho en relación con la de la terminación, con lo que se produce el polímero. Pero nos estamos adelantando, y lo que pretendemos comentar en este momento es que en el tiempo en el que se efectuaron estos primeros experimentos no se conocía con profundidad el proceso de iniciación*.

Como consecuencia de ello, el siguiente conjunto de experimentos pretendió la polimerización del etileno solo, provocando una "descomposición violenta" (forma que tiene el químico de llamar a una explosión) que quemó tuberías, tubos y manorreductores. Se construyó un nuevo equipo (y barricadas) y en 1935 a la ICI le sonrió la fortuna (si definimos la suerte como resultado de un trabajo duro y de una persistencia inteligente). El nuevo reactor tenía fugas y la presencia de pequeñas cantidades de oxígeno fue suficiente para iniciar la polimerización (seguramente también había trazas de oxígeno en el etileno empleado en el experimento que explotó) aunque les llevó varios meses de trabajo darse cuenta del efecto que producía la presencia de oxígeno. De cualquier forma, se logró la producción e inmediatamente se encontró un gran uso al nuevo material. Debido a su extremadamente baja pérdida dieléctrica, se utilizó para aislamiento de cables de radar. Sir Robert Watson Watt, el descubridor del radar señaló:

> La capacidad del politeno [polietileno] transformó el diseño, la producción y el mantenimiento de los radares aerotransportados. Y así, el politeno jugó un papel fundamental en la larga serie de victorias en aire, tierra y mar que fueron posibles gracias al radar.

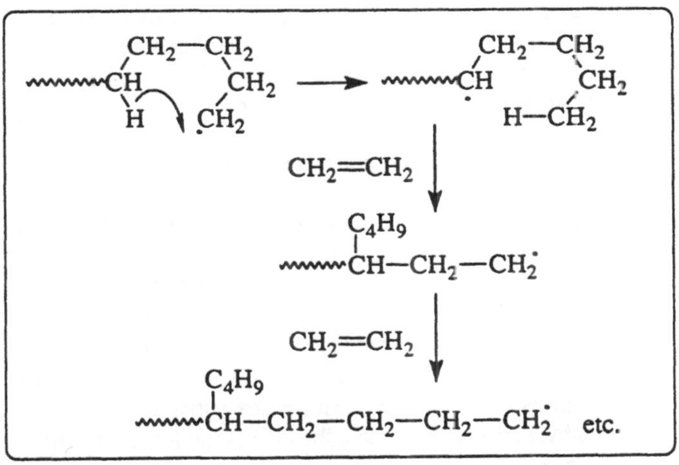

Hasta el comienzo de los años 50 el polietileno se obtuvo por el proceso de alta presión. Inicialmente se pensó que las cadenas eran razonablemente lineales, pero en 1940 se observó (por espectroscopía infrarroja) que había muchos más grupos metilo presentes que los provenientes exclusivamente de los extremos de

* Por ejemplo, las primeras polimerizaciones del caucho metílico se llevaban a cabo tras colocar el monómero en botellas grandes de vidrio y exponerlas al sol. La radiación U.V. inducía la formación de un radical, pero el proceso no se controlaba con facilidad y dependía de la climatología. Algunas veces no sucedía nada durante horas mientras que otras explotaba la botella.

cadena. Ahora sabemos que esto es debido a un proceso de transferencia intramolecular del radical, o backbiting.

Debido a la estabilidad relativa del anillo de seis miembros del estado de transición, se pueden formar ramas butílicas. En un proceso similar se pueden formar también ramas etílicas y unas pocas ramas de cadena larga pero las responsables de impedir la cristalinidad son las ramas de cadena corta, por lo que el material resultante tiene un punto de fusión menor y es más débil y blando que el obtenido a partir de cadenas "más rectas". La ramificación podía haberse reducido si se hubieran utilizado presiones todavía más elevadas pero fueron los catalizadores de compuestos organometálicos y óxidos metálicos los que permitieron la síntesis de polietileno lineal o de alta densidad (a baja presión). Enseguida volveremos a comentar los tipos de polímeros producidos por estos catalizadores pero es conveniente que dejemos la historia por ahora.

Ejemplos de polímeros sintetizados por métodos radicalarios

Aunque muchos monómeros vinílicos, acrílicos y diénicos pueden ser polimerizados por vía radicalaria, no todos lo hacen y por diversas razones es más ventajoso utilizar otros métodos en la obtención de ciertos polímeros. Este libro pretende dar una visión global, por lo que evitaremos los detalles de muchos sistemas específicos y concluiremos esta sección limitándonos a comentar brevemente la conveniencia o no de ciertos monómeros o tipos de monómeros para polimerizar por un proceso de radicales libres.

Poliestireno, Polidienos, Poliacrilatos, etc.

La tabla 2.1 da un listado de algunos monómeros comunes que pueden ser polimerizados por métodos de radicales libres. Industrialmente se producen por este método importantes materiales poliméricos con propiedades físicas diversas. Sirvan como ejemplo el poliestireno y el polimetacrilato de metilo que, a temperatura ambiente, son materiales vítreos transparentes, o los polibutadieno, policloropreno y copolímeros de estireno/butadieno, que son elastómeros. Ejemplos adicionales incluyen a homopolímeros y copolímeros producidos a partir de acrilatos de alquilo, metacrilatos de alquilo, ácidos acrílico y metacrílico, empleados en la industria de los recubrimientos superficiales; poliacetato de vinilo y sus derivados empleados como adhesivos; policloruro de vinilo utilizado en tuberías, suelos de viviendas y otras muchas aplicaciones; policloruro de vinilideno y polialcohol vinílico* empleados como películas barrera en embalajes y poliacrilonitrilo y sus copolímeros que se utilizan como fibras.

Monómeros no adecuados en polimerizaciones por vía radical incluyen a los que tienen sustituyentes voluminosos, monómeros alílicos (debido a la transferencia de cadena y a la estabilidad de los radicales generados) o monómeros cíclicos y simétricamente sustituidos como el anhídrido maleico. Sin embargo, algunos de estos últimos monómeros pueden ser copolimerizados por vía radical con otros monómeros, como veremos posteriormente.

---

* El Polialcohol vinílico no se sintetiza directamente a partir del alcohol vinílico, sino de la hidrólisis del poliacetato de vinilo que se produce por polimerización radicalaria.

Tabla 2.1 Monómeros comunes que polimerizan por vía radicalaria.

Monómero	Estructura Química
Etileno	$CH_2=CH_2$
Tetrafluoretileno	$CF_2=CF_2$
Butadieno	$CH_2=CH-CH=CH_2$
Isopreno	CH_3 $CH_2=C-CH=CH_2$
Cloropreno	Cl $CH_2=C-CH=CH_2$
Estireno	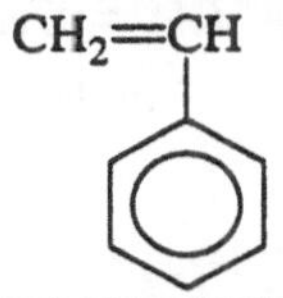
Cloruro de vinilo	Cl $CH_2=CH$
Cloruro de vinilideno	Cl $CH_2=C$ Cl
Acetato de vinilo	$OCOCH_3$ $CH_2=CH$
Acrilonitrilo	CN $CH_2=CH$
Acido acrílico	COOH $CH_2=CH$
Metacrilato de metilo	$COOCH_3$ $CH_2=C$ CH_3
Acrilato de metilo	$COOCH_3$ $CH_2=CH$

Poliolefinas

Las dos poliolefinas más importantes (en términos de producción comercial) son el polietileno y el polipropileno. Como hemos visto, el primero puede polimerizarse mediante radicales libres a presiones elevadas y temperaturas altas. El propileno y otras olefinas con un átomo de hidrógeno en el carbono adyacente al doble enlace no pueden ser polimerizados por este proceso porque se transfiere un hidrógeno a los centros propagantes, obteniéndose exclusivamente oligómeros de bajo peso molecular.

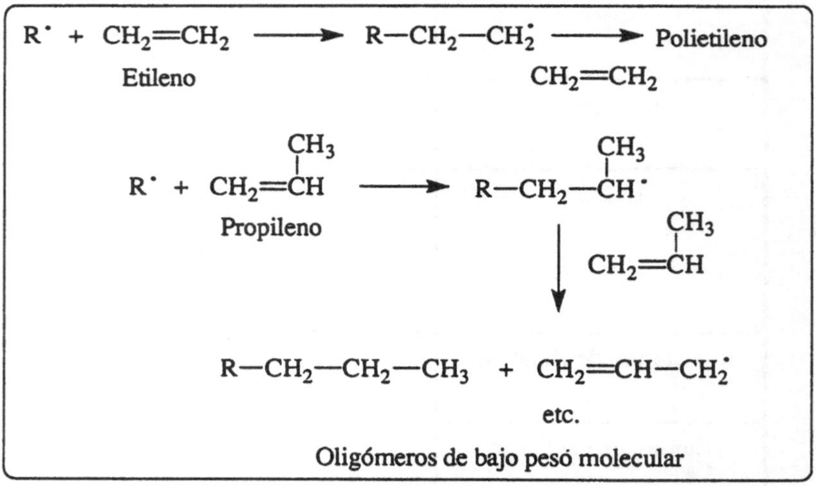

Polimerización iónica y de coordinación

Hasta ahora hemos comentado detalladamente algunos aspectos de las polimerizaciones radicalarias y de condensación siguiendo la historia general del desarrollo de la química polimérica. Aunque en algunas de las primeras polimerizaciones se utilizaron otros métodos, hasta los años 40 no se entendió bien la naturaleza de los centros activos. Las polimerizaciones iónica y de coordinación son actualmente importantísimas en la síntesis de muchos polímeros con interés comercial, por lo que las describiremos en este momento. Sin embargo, no las vamos a describir con mucho detalle cuando consideremos la cinética y estadística de la polimerización. Nuestro propósito en este libro es establecer los principios generales y muchos de los procedimientos y suposiciones fundamentales en estos otros tipos de polimerizaciones, tales como la reactividad de los centros activos y su independencia con la longitud de cadena, son los mismos que en los casos que ya hemos visto. Sin embargo, señalaremos las principales diferencias que pueden existir, así como sus consecuencias, en términos de las características de los polímeros producidos.

Polimerización aniónica

El año 1956 fue muy importante en relación con las polimerizaciones aniónicas. Szwarc anunció que este mecanismo puede generar un polímero "vivo" en el que no existe la etapa de terminación, mientras que Stavely y colaboradores emplearon un iniciador de alquil litio para polimerizar un isopreno con un porcentaje de unidades *cis*-1,4 superior al 90%. Estos desarrollos tuvieron consecuencias inmediatas en la producción de polímeros prácticamente monodispersos, copolímeros de bloque y polímeros más estereorregulares que los obtenidos por procesos radicalarios.

Una polimerización aniónica es aquella en la que el centro activo en el extremo de la cadena en crecimiento está *cargado negativamente*.

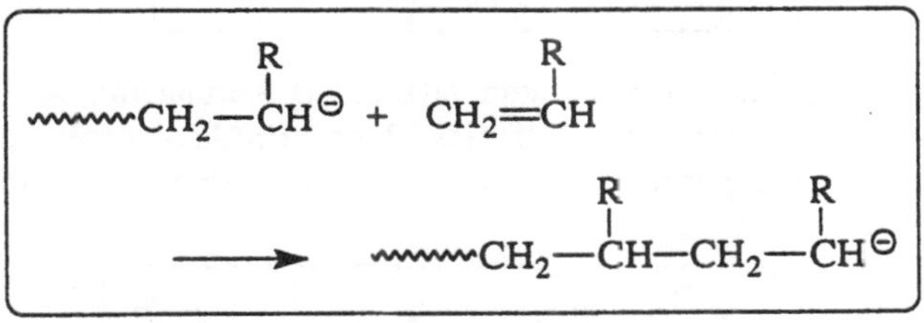

En este caso la especie cargada es un carbanión. Ciertos tipos de polimerizaciones por apertura de anillo pueden también tener lugar por este mecanismo:

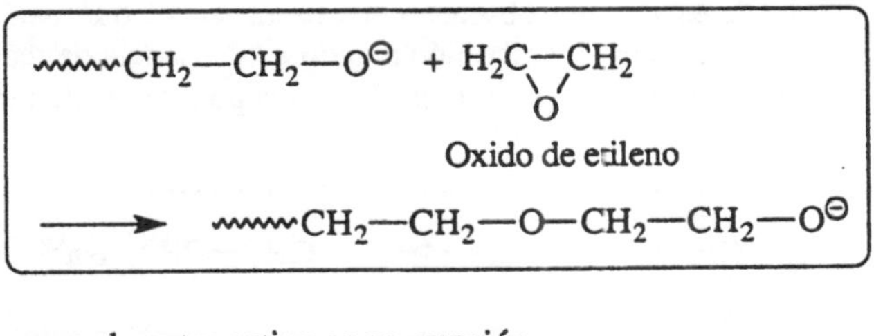

En este caso el centro activo es un *oxanión*.

Resulta obvio que debe haber un contraión pululando por algún sitio y hoy se sabe que la separación entre el grupo final y el contraión es el factor clave en la determinación de la estereoquímica de la reacción de propagación, la cual depende no sólo de la naturaleza del anión y del contraión implicados, sino también del disolvente. La naturaleza del disolvente es también crucial a la hora de determinar las condiciones necesarias para lograr un crecimiento continuo y debemos distinguir entre disolventes "próticos", que son los que dan un protón a la cadena en crecimiento (es decir, transferencia de cadena al disolvente), y aquellos que no lo dan, que son "apróticos". Un ejemplo del primer tipo es la polimerización de estireno en amoníaco líquido utilizando una amina sódica como iniciador. Al igual que en la polimerización radicalaria se dan las etapas de iniciación y propagación:

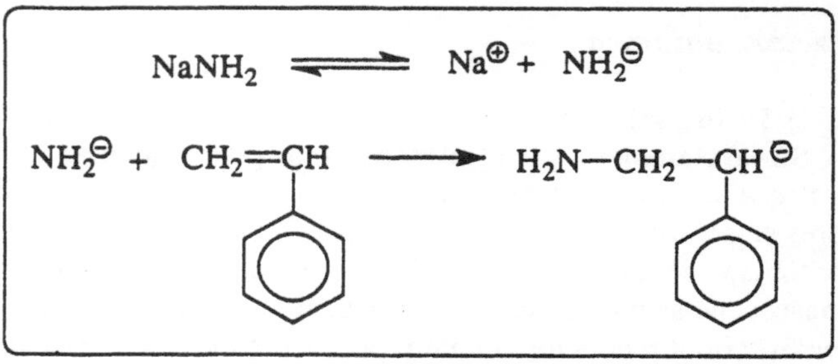

y:

$$M_x^{\ominus} + M \longrightarrow M_{x+1}^{\ominus}$$

En estas reacciones no hay el equivalente a la terminación que describíamos en términos de colisión entre radicales libres. En disolventes "próticos", sin embargo, se puede parar el crecimiento de la cadena por transferencia al disolvente.

$$M_x^{\ominus} + NH_3 \longrightarrow M_xH + NH_2^{\ominus}$$

Consecuentemente, el grado de polimerización promedio en número dependerá de la velocidad de propagación relativa a la velocidad de transferencia.

Si se utiliza un disolvente inerte y no hay contaminantes que posean un hidrógeno "activo", es posible obtener un sistema en el que estén siempre presentes los grupos terminales carbanión debido a la ausencia de reacciones de terminación. Como ejemplo podemos considerar una polimerización iniciada por sodio metálico:

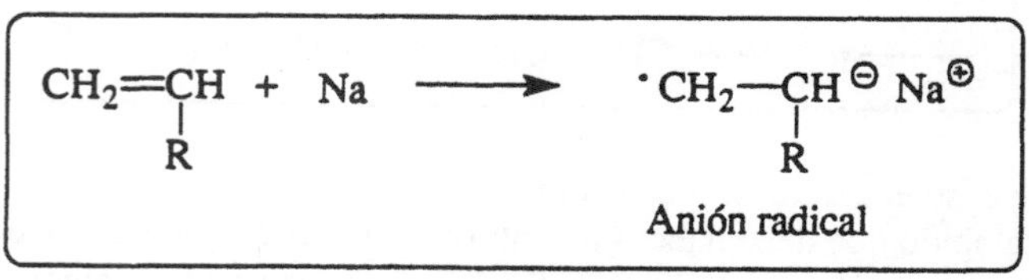

dando un radical anión que rápidamente forma un dímero que puede entonces propagarse por los dos extremos.

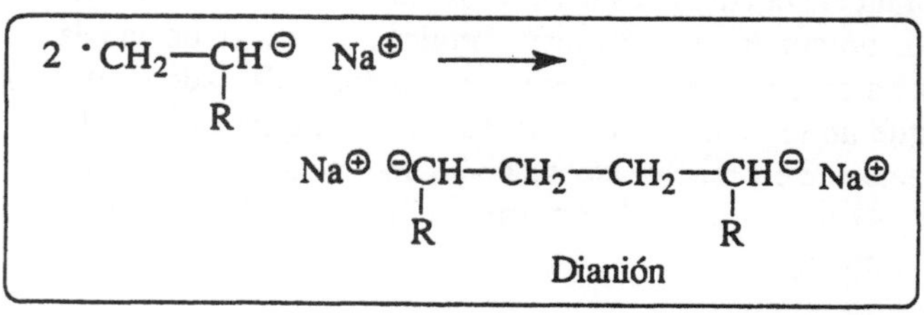

Tabla 2.2 Monómeros que polimerizan aniónicamente.

Monómero	Estructura Química
Butadieno	$CH_2{=}CH{-}CH{=}CH_2$
Estireno	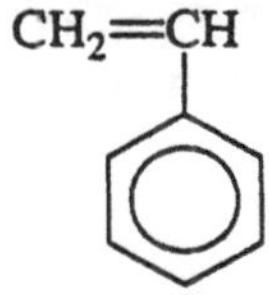
Acrilonitrilo	$CH_2{=}CH{-}CN$
Metacrilato de metilo	$CH_2{=}C(CH_3){-}COOCH_3$
Oxido de Etileno	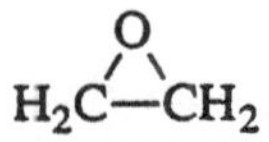
Tetrahidrofurano	
Caprolactama	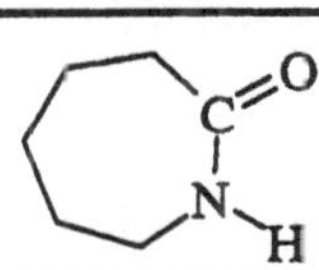

Una consecuencia inmediata de la naturaleza "viva" de estas polimerizaciones es que permite sintetizar copolímeros de bloque. Dado que el centro activo permanece "vivo" es posible, por ejemplo, sintetizar primero estireno hasta que se agote, y empezar de nuevo la polimerización usando en este caso butadieno. Posteriormente se puede añadir un tercer bloque de estireno. Estos copolímeros tribloque pueden emplearse como elastómeros termoplásticos. Sus morfologías son intrigantes y preciosas y el lector interesado debería estar ya esperando con impaciencia el poderlas estudiar en tratados más avanzados. En la práctica no se pueden emplear todos los monómeros que polimerizan aniónicamente para sintetizar copolímeros de bloque y los estudiantes interesados en este tema deberían consultar los libros indicados al final del capítulo, donde la química de polímeros se trata con más detalle.

Ciertos iniciadores se disocian casi completamente antes de que la polimerización haya tenido tiempo de comenzar, de tal manera que los centros activos se introducen de forma efectiva, y a la vez, al comienzo de la reacción. Si todos estos centros activos son igualmente susceptibles de adicionar monómero a lo largo de la polimerización (es decir, si se mantiene una buena agitación en el medio de reacción para que no haya fluctuaciones importantes de concentración), se obtiene entonces un polímero con una distribución de pesos moleculares extremadamente estrecha. (Cualquier polimerización en la que la iniciación tiene lugar enteramente antes de la propagación, y no se dé terminación, da este resultado. Estas condiciones se consiguen más fácilmente en la polimerización aniónica). No vamos a entrar en detalle sobre esta cuestión pero el resultado es una distribución de Poisson en la que la relación entre el grado de polimerización promedio en peso y en número viene dada por:

$$\frac{\overline{N_w}}{\overline{N_x}} = 1 + \frac{\upsilon}{(\upsilon + 1)^2} \qquad (2.1)$$

donde υ es el número de monómeros que reaccionan por iniciador y donde es claro que a medida que aumenta υ la polidispersidad se aproxima a 1.

Finalmente, monómeros que pueden ser polimerizados aniónicamente son aquellos que poseen grupos sustituyentes atrayentes de electrones y que actúan estabilizando el carbanión. En la tabla 2.2 se dan algunos ejemplos típicos.

Polimerización catiónica

Se denominan polimerizaciones catiónicas aquellas cuyos centros activos tienen una carga *positiva* (un ión carbonio):

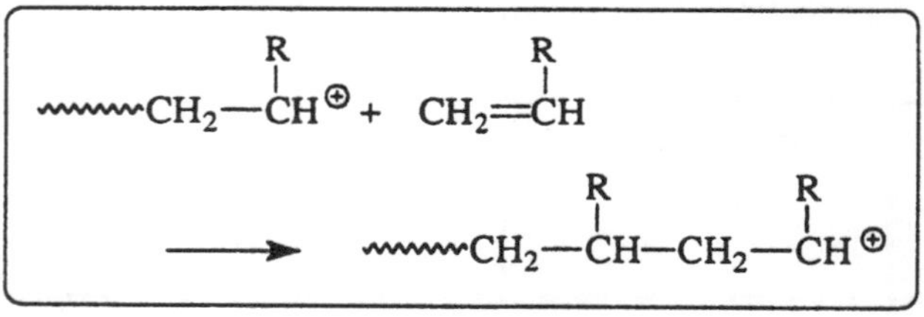

y, por lo tanto, monómeros con un grupo R donante de electrones son los más apropiados para estos tipos de polimerizaciones (por ej., isobutileno, éteres vinil alquilos, vinil acetales, estirenos *para* sustituidos, etc.). La característica diferenciadora de la polimerización catiónica es la tendencia de sus cadenas en crecimiento a desactivarse debido a la posibilidad de diversas reacciones laterales, aunque éstas pueden ser suprimidas reduciendo la temperatura. Los ácidos protónicos y los ácidos de Lewis favorecen el proceso de iniciación, aunque con los ácidos de Lewis es necesario utilizar un co-catalizador como agua o metanol:

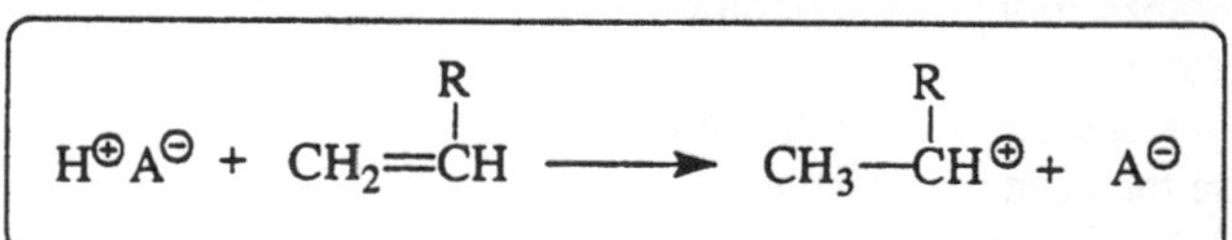

La propagación tiene lugar de la forma usual:

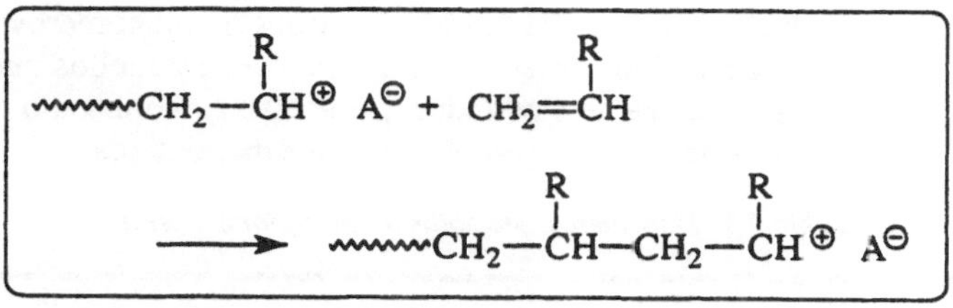

A diferencia de las polimerizaciones aniónicas, la terminación puede ocurrir por una recombinación anión-catión, como en:

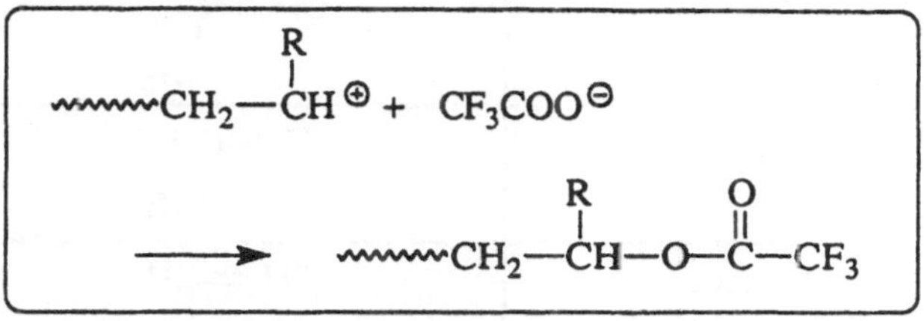

con formación de un grupo éster. También puede darse la terminación por un desdoblamiento del anión:

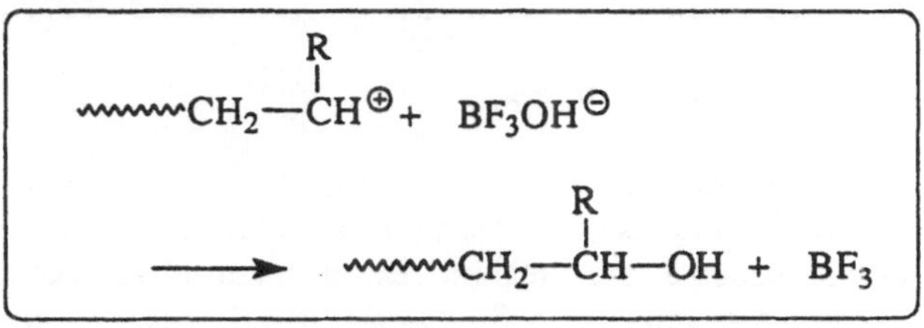

o por reacción con trazas de agua:

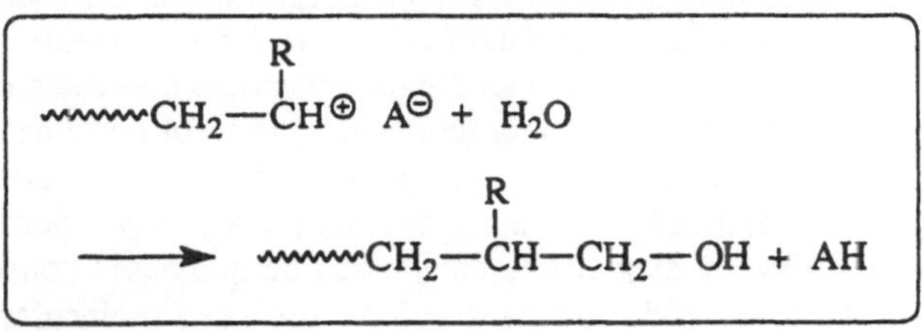

La transferencia de cadena al monómero puede ocurrir por diversos mecanismos, incluyendo:

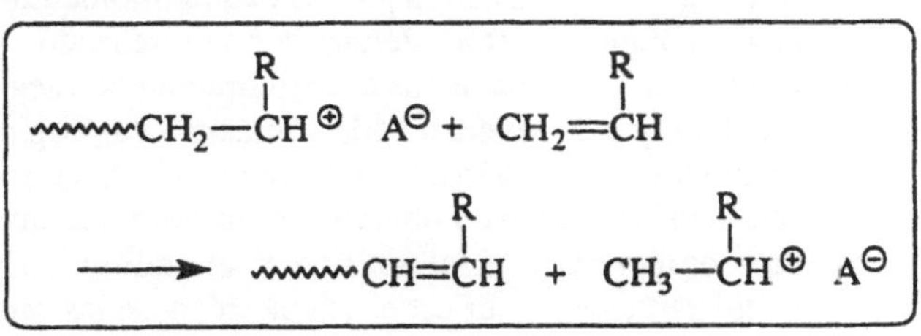

Por último, como ya hemos mencionado, los tipos de monómeros vinílicos que pueden polimerizar catiónicamente son normalmente aquellos que poseen grupos sustituyentes donantes de electrones que actúan estabilizando el catión. En la tabla 2.3 se muestran algunos ejemplos de estos monómeros.

Tabla 2.3 Monómeros que polimerizan catiónicamente.

Monómero	Estructura Química
Isobutileno	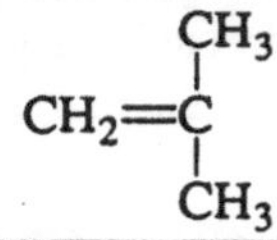
Vinil metil éter	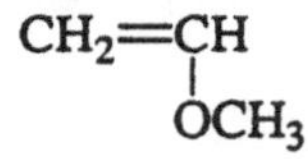
Estireno	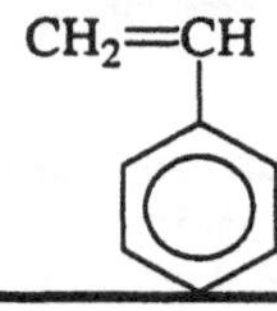

Polimerización de coordinación

Al realizar el seguimiento histórico del desarrollo del polietileno nos hemos detenido en un punto interesante. Hasta 1950 solamente se podía producir polietileno por procesos a alta presión. En el curso de los dos o tres años posteriores, diversos grupos en la Standard Oil de Indiana y en la Phillips Petroleum en Estados Unidos y un grupo dirigido por Ziegler en Alemania hicieron referencia al uso de diversos catalizadores en la producción de polietileno de alta densidad. Los detalles de estos descubrimientos posibilitan una lectura fascinante pero es claro que Ziegler reconoció inmediatamente que la banda correspondiente a la presencia de ramas, que se observa en el espectro infrarrojo de polietileno de alta presión, no aparecía en el material obtenido mediante el uso de catalizadores. La mayor resistencia y mayor punto de fusión de este polímero llevó a Ziegler a la conclusión de que había conseguido "un nuevo tipo de polietileno de cadena lineal de alto peso molecular". Ziegler redactó personalmente sus patentes de una forma tan restringida que sólo cubrió al polietileno lo que, con la perspectiva del tiempo transcurrido, puede considerarse un error importante de estrategia. En aquel momento Ziegler no pensaba que se pudieran polimerizar otras olefinas con su catalizador.

En 1952 Giulio Natta tuvo noticia de los descubrimiento de Ziegler sobre la polimerización del etileno y a su vuelta a Milán comenzó su propio programa sobre este tema. En 1954, empleando lo que él denominó catalizador de Ziegler, el grupo de Natta polimerizó propileno obteniendo un producto que podía ser fraccionado en sus componentes elastomérico y cristalino. Este último componente fue inmediatamente identificado, estableciéndose las características fundamentales de su estructura gracias a la gran experiencia del grupo de Natta en métodos de difracción de rayos X. Por aquel tiempo también el grupo de Ziegler había conseguido con éxito polimerizar propileno pero, debido a diversos retrasos, sus publicaciones salieron diez días más tarde que las del grupo italiano, lo que terminó en rencillas y recriminaciones a pesar de los amigos comunes de ambos investigadores. Para los interesados, esta historia aparece en el libro de McMillan "The Chain Straighteners"*. Al final, ambos compartieron el galardón del Premio Nobel de Química en 1963. En Estados Unidos, otros grupos habían conseguido también polimerizar propileno con diversos catalizadores, bien por diseño o por casualidad, lo que originó un litigio sobre patentes que puede considerarse como uno de los más complejos y largos procesos en la historia de dicho país aunque finalmente, en 1983, Hogan y Banks de Phillips Petroleum consiguieron la patente para la producción de polipropileno cristalino.

***Tabla 2.4** Monómeros comunes que polimerizan utilizando catalizadores tipo Zeigler-Natta.*

Monómero	Estructura Química
Etileno	$CH_2{=}CH_2$
Propileno	$CH_2{=}\overset{\overset{CH_3}{\vert}}{C}H$
1-Buteno	$CH_2{=}\overset{\overset{C_2H_5}{\vert}}{C}H$
Butadieno	$CH_2{=}CH{-}CH{=}CH_2$
Isopreno	$CH_2{=}\overset{\overset{CH_3}{\vert}}{C}{-}CH{=}CH_2$
Estireno	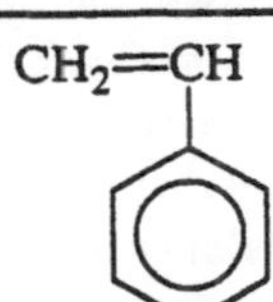

Como ya hemos mencionado anteriormente, el polipropileno no puede polimerizarse por un proceso de radicales libres. Los catalizadores de Ziegler son heterogéneos y lo que realmente producen es una mezcla de propileno atáctico e isotáctico, lo que fue demostrado por Natta a través de un estudio sistemático de la estructura de éste y de otros polímeros estereorregulares sintetizados durante aquel período de tiempo. La naturaleza de estos catalizadores continúa siendo un tema de debate pero se cree que el mecanismo

* F. M. McMillan, *The Chain Straighteners*, McMillan Press, London, 1979.

implica la formación de complejos entre un metal de transición y los electrones π del monómero. Esta *coordinación* y orientación del monómero en relación al extremo creciente de la cadena permite la inserción del primero de una forma específica, tal como se ilustra esquemáticamente a continuación:

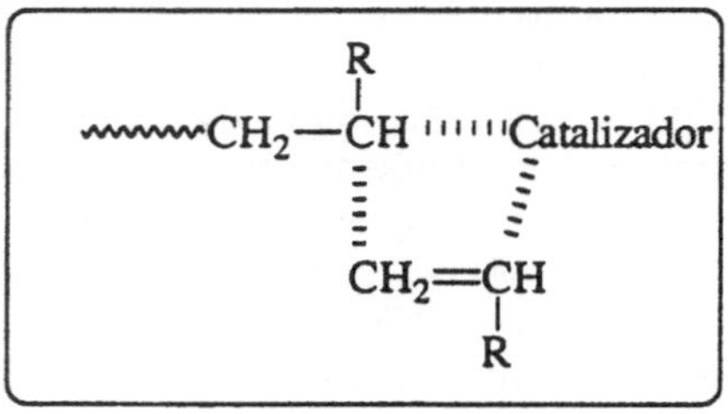

Está fuera del objetivo de este libro entrar en detalle dentro de la química de estos sistemas. En la tabla 2.4 se citan los monómeros más comunes polimerizables con el uso de los catalizadores Zeigler-Natta. Como puede observarse, todos ellos son hidrocarburos y no contienen grupos polares fuertes. Lo importante a recalcar aquí es que el desarrollo de estos catalizadores permitió la síntesis de polietileno de alta densidad, polietileno lineal de baja densidad, poliolefinas estereorregulares (siendo entre todas ellas el polipropileno el más importante técnicamente hablando), polidienos y elastómeros de etileno/propileno/dieno (EPDM).

D. PROCESOS DE POLIMERIZACION

En las secciones precedentes hemos descrito los principales mecanismos usados en la síntesis de polímeros. La producción de estos polímeros a escala de laboratorio puede realizarse por métodos directos siempre que se tenga en consideración los conocimientos establecidos y la destreza de la química orgánica. A este nivel, las polimerizaciones no tienen por qué llevarse a conversión alta y los procesos de separación posteriores no originan problemas serios. Sin embargo, a escala industrial, existen todo tipo de dificultades. Así, la viscosidad de la masa de polimerización puede llegar a ser extremadamente alta, la transferencia de calor (todas las reacciones poliméricas son exotérmicas) puede llegar a ser un problema, la cinética de polimerización puede impedir un método de polimerización y fomentar otro diferente, etc. Además, el proceso seguido en la polimerización de un monómero puede tener un efecto pronunciado en diversos factores como, por ejemplo, peso molecular y microestructura. Por lo tanto, es importante familiarizarse con los procesos de polimerización, incluso en este nivel introductorio, por lo que describiremos brevemente las características principales de los métodos usados en las polimerizaciones a gran escala.

La primera distinción que efectúan normalmente los ingenieros es entre procesos *continuos* y *discontinuos*. En la producción a gran escala suele preferirse el primer método pero éste no puede ser aplicado en todos los tipos de polimerización. Como veremos en el siguiente capítulo, las polimerizaciones por etapas son generalmente lentas* (horas), por lo que se requerirían reactores continuos con tiempos de residencia anormalmente elevados, y por lo tanto, en estos casos, se emplean los procesos discontinuos.

La siguiente distinción está entre procesos de *una fase* y procesos *multifásicos*. Los procesos monofásicos incluyen las polimerizaciones en *masa*, en *fundido* y en *disolución*. En una polimerización en masa, como indica su nombre, sólo se incluyen en el recipiente de reacción los reactivos (y un catalizador, si se necesita). Este tipo de proceso se emplea habitualmente en las polimerizaciones por etapas porque, como veremos en los capítulos posteriores, sólo se obtienen polímeros de alto peso molecular en los últimos estadios de la polimerización y, por consiguiente, la viscosidad del medio de reacción permanece baja a lo largo de la mayor parte del curso de la reacción. Para evitar la cristalización, (aparición de una fase sólida en el reactor) se suelen realizar estas polimerizaciones en masa a temperaturas superiores a las del punto de fusión del polímero (ej., ≈ 250°C para el nylon 6,6) y a menudo se les denomina polimerizaciones en fundido.

Las polimerizaciones en cadena no suelen realizarse habitualmente en masa debido a problemas de control de la reacción**. La reacción en masa tiende a formar un gel (viscosidad extremadamente alta) y pueden desarrollarse "puntos calientes" en la masa de reacción. En el caso extremo, la velocidad puede acelerarse hasta proporciones descontroladas (discutiremos las razones cuando consideremos la cinética) con posibles consecuencias desastrosas (explosivas). Si es necesario, es posible controlar la viscosidad y el calor realizando las polimerizaciones hasta conversiones relativamente bajas, separando y reciclando el monómero sin reaccionar.

Otra forma de controlar los problemas de la viscosidad y el calor en las polimerizaciones en cadena es a través de la polimerización en disolución. El problema principal de este método es que puede darse "transferencia de cadena" al disolvente (es decir, el disolvente puede tomar parte en la reacción, como veremos en el próximo capítulo). Además, se introduce el problema de la eliminación y reciclado del disolvente, un proceso caro y no trivial en la sociedad de hoy, concienciada con los problemas ambientales. Incluso trazas de disolventes potencialmente tóxicos o cancerígenos pueden plantear situaciones difíciles.

Obviamente, el disolvente ideal, desde muchos puntos de vista, es el agua puesto que a nadie le preocupa la presencia de trazas de agua en películas de polímeros que pueden utilizarse, por ejemplo, para envolver comida. Sin embargo, sería inaceptable la presencia de trazas de benceno (un cancerígeno de grado A). El problema radica en que la mayoría de los polímeros (o monómeros

---

* Ciertos poliuretanos, como los empleados en una reacción de moldeo por inyección (RIM), se forman muy rápidamente por una polimerización por etapas y son excepciones a esta regla empírica general.

** No obstante, el polimetacrilato de metilo es una excepción interesante. Es un polímero soluble en su propio monómero (no todos los polímeros lo son), y se sintetiza comercialmente por una polimerización en cadena (radicales libres) y en bloque que transcurre relativamente lenta. El polímero resultante tiene buenas propiedades ópticas (claridad) puesto que hay muy pocas impurezas.

para este propósito) no se disuelven en agua. Esto nos lleva al tema de los procesos multifásicos, donde se realizan las polimerizaciones en agua con el monómero o polímero suspendido en forma de gotas o dispersado en forma de una emulsión.

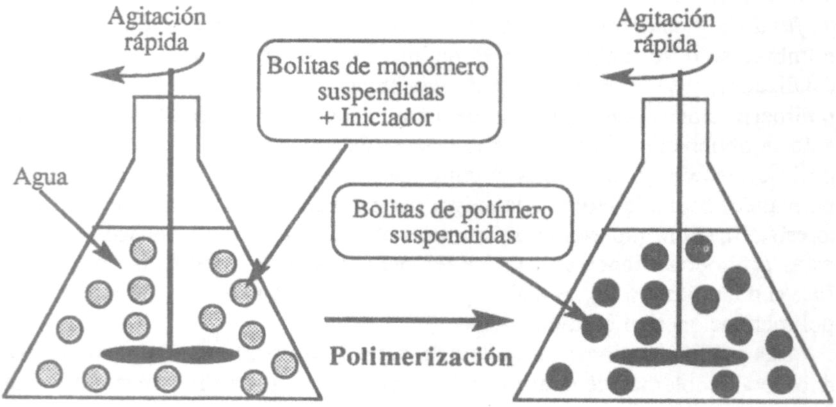

Figura 2.4 Representación esquemática de la polimerización en suspensión.

Con la excepción de unas pocas moléculas polares, como el ácido acrílico, el óxido de etileno, la vinil pirrolidona y similares, la mayoría de los monómeros son totalmente insolubles* en agua y una mezcla de los dos se separará en fases,estando normalmente la capa "aceitosa" de monómero, menos densa, encima de la capa de agua. En este caso, obviamente, la polimerización no ofrecerá grandes ventajas respecto a la polimerización en bloque pero, sin embargo, una agitación rápida y continua puede producir pequeñas gotas esféricas de monómero suspendidas en el agua, por lo que cada gota se convierte en un recipiente de reacción minúsculo, tal como se muestra esquemáticamente en la figura 2.4. El iniciador empleado debe ser fundamentalmente insoluble en agua para que prefiera residir en la fase monomérica donde puede iniciar la polimerización. Por este método se evitan todos los problemas concernientes a la transferencia de calor y viscosidad. Además, al estar el producto final en forma de "partículas" facilita el procesado posterior. Sin embargo, existen dificultades relacionadas con la coalescencia de las partículas, por lo que se adiciona una serie de aditivos (coloides protectores, etc.) para estabilizar las gotas. Estas gotas de monómero en la polimerización en suspensión (también llamadas perlas de polimerización) suelen tener un diámetro de 5 μm y requieren energía mecánica de agitación para mantener su integridad; si se elimina la agitación ocurrirá una separación de fases entre las dos capas.

Existe una vía para suspender incluso partículas de monómero muy pequeñas en agua de tal forma que éstas sean estables y no se agreguen dando una capa

---

* Es importante enfatizar el término en su globalidad porque incluso cuando vemos un sistema groseramente separado en fases, como el aceite y el agua, siempre hay una pequeña cantidad de aceite disuelto en el agua y *viceversa*. Esto tendrá importancia cuando consideremos la polimerización en emulsión.

separada. Básicamente consiste en adicionar un surfactante (jabón) para formar una emulsión. Las moléculas surfactantes son sustancias con un grupo polar (hidrofílico) en un extremo (cabeza) unido a una cola no polar (hidrofóbica), lo que lo asemeja a un renacuajo, tal como muestra la figura 2.5. En agua, las moléculas de jabón se disponen de tal forma que mantienen los grupos polares en contacto con las moléculas de agua mientras que las colas no polares se mantienen alejadas del agua lo más posible (a concentraciones superiores a un cierto nivel llamada concentración crítica de micela). Una forma de realizarlo es mediante la formación de una *micela*, que normalmente tiene forma esférica o de cilindro, como se ilustra en la figura 2.5. En esta micela, que tiene un diámetro aproximado de 10^{-3}-10^{-4} μm, los grupos polares están en la superficie exterior mientras que las colas no polares están escondidas en el interior. Sin embargo, estos grupos no polares son compatibles con los monómeros no polares, por lo que si se añade ahora el monómero al agua y se dispersa por agitación, las cantidades pequeñas de monómero que se disuelven en el agua pueden difundir a las micelas y penetrar en el interior en la parte hidrocarbonada no polar (más cantidad de monómero penetrará en la fase acuosa reemplazando al que ha salido).

De forma similar, las moléculas de surfactante pueden difundir hacia las gotas dispersadas de monómero (cuyo tamaño depende de la velocidad de agitación pero normalmente es del orden de 1-10 μm), donde son absorbidas en su superficie, estabilizándolas de nuevo (figura 2.5).

A diferencia de la polimerización en *suspensión*, donde se utiliza un iniciador insoluble en agua, en la polimerización en emulsión se añade un iniciador *soluble* en agua. En su mayor parte, la polimerización ocurre en las micelas hinchadas, que pueden contemplarse como puntos de encuentro del iniciador soluble en el agua y el monómero* (prácticamente) insoluble en el agua. A medida que tiene lugar la polimerización, las micelas crecen por la adición de nuevo monómero que se difunde dentro de ellas desde la fase acuosa. Al mismo tiempo, se reduce el tamaño de las gotas de monómero puesto que éste difunde hacia la fase acuosa. Las micelas, donde se está dando la polimerización, crecen en tamaño hasta unos 0,5 μm en diámetro y en este estadio se denominan partículas de polímero. Después de un cierto tiempo (≈ 15% de conversión de monómero a polímero) todas las micelas se convierten en partículas poliméricas y un poco después (40-60% conversión) la fase de las gotas monoméricas desaparece.

La terminación ocurre cuando un radical (normalmente del iniciador) difunde desde la fase acuosa, lo que representa una ventaja importante de la técnica de emulsión en la polimerización de monómeros tipo butadieno, que no pueden polimerizarse fácilmente por medio de radicales libres empleando el método de la polimerización homogénea (una fase) porque tiene una velocidad de terminación relativamente alta. La etapa de terminación en la polimerización en emulsión se controla por la velocidad de aproximación de los radicales a las partículas poliméricas y depende solamente de las concentraciones del iniciador y del surfactante (de la concentración inicial de la micela).

---

* A veces se da una pequeña cantidad de polimerización en las gotas de monómero y casi con seguridad en la disolución, pero esto último no tiene importancia debido a la baja concentración de monómero en la fase acuosa.

Existen ventajas adicionales obvias de la polimerización en emulsión; al igual que en la polimerización en suspensión, la viscosidad se mantiene siempre baja y el control del calor es relativamente directo. El producto final es también una emulsión de partículas de polímero con un diámetro de ≈ 0,1 μm que normalmente contiene un 50% en volumen de polímero y un 50% de agua, lo que lo hace aplicable casi inmediatamente como recubrimiento superficial (pintura). La principal desventaja es la presencia de surfactante, difícil de eliminar completamente incluso si se precipita el producto polimérico y se lava.

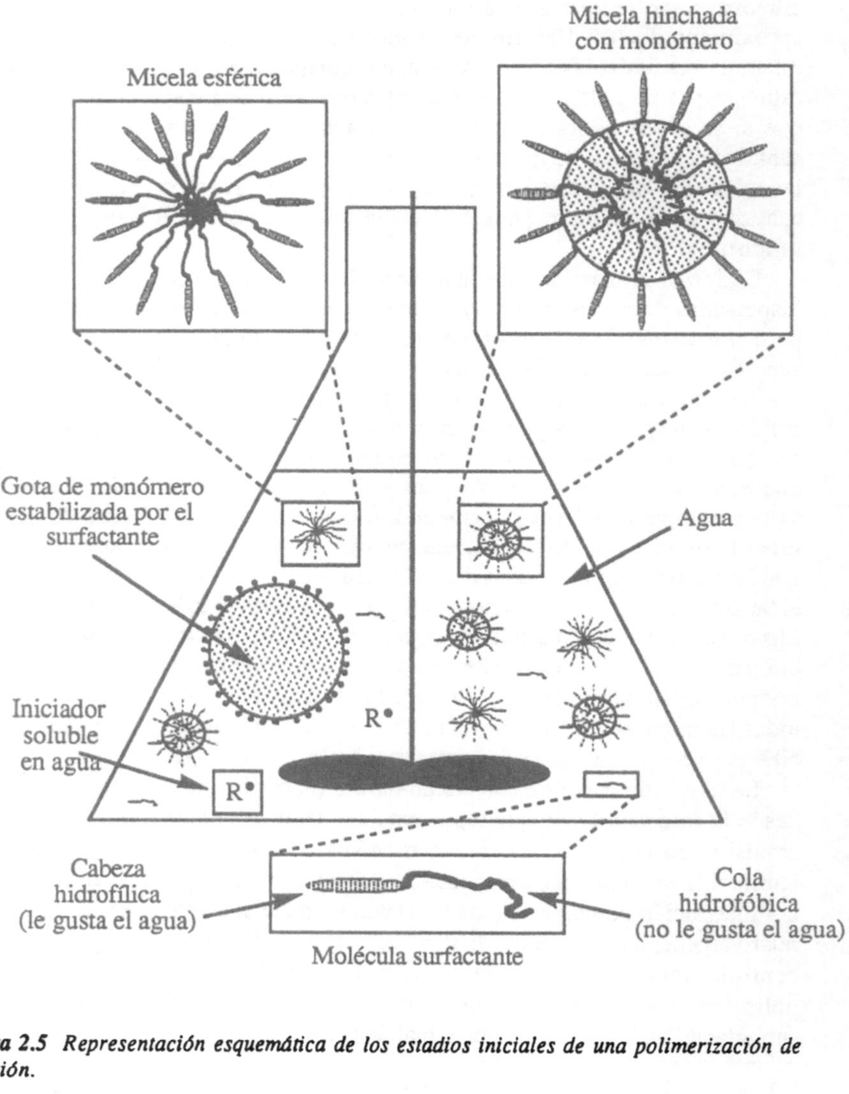

Figura 2.5 Representación esquemática de los estadios iniciales de una polimerización de emulsión.

Existen diversos tipos de procesos multifásicos que se emplean frecuentemente en la producción en masa de polímeros. Las dos fases pueden ser ambas líquidas, como en las polimerizaciones en suspensión y en emulsión, o pueden ser sistemas gas/sólido, gas/fundido (líquido) o líquido/sólido. Por ejemplo, en la *polimerización interfacial* del nylon 6,6, los dos monómeros se disuelven inicialmente en disolventes diferentes, la hexametilen diamina en agua y el cloruro de adipoílo en cloroformo, tal como hemos mencionado en la página 36. En este sistema, la fase acuosa se encuentra encima de la disolución de cloroformo y el polímero sólido se forma en la interfase. Las polimerizaciones de una mezcla inicialmente miscible de, por ejemplo, monómero + iniciador o monómero + disolvente + iniciador también se convierten en multifases si el polímero formado es insoluble en su propio monómero (por ej., el policloruro de vinilo o poliacrilonitrilo), o en la mezcla monómero disolvente (por ej., la polimerización catiónica de isobutileno en cloruro de metileno).

Finalmente, procesos multifásicos donde el monómero es un gas son importantes en la polimerización de monómeros como el etileno y el propileno. Todavía se siguen obteniendo polietileno de baja densidad y diversos copolímeros de etileno como el copolímero de etileno/acetato de vinilo por métodos de polimerización radicalaria a presión elevada. En un proceso típico usando etileno, el monómero fluye de forma continua a través de un reactor tubular de paredes gruesas tras ser comprimido y calentado a unos 200°C. El iniciador se inyecta en el flujo de etileno según entra en el reactor. Aproximadamente un 15% del gas que entra se convierte en polímero fundido y es arrastrado fuera por el flujo de gas (a menudo se forma polímero en la superficie baja del reactor y debe ser eliminado periódicamente por un proceso llamado "blowing down"). Sin embargo, hoy en día, se suelen producir polímeros como el polietileno de alta densidad por procesos multifásicos gas/sólido, en los que se suspende el catalizador en la parte superior de un flujo de monómero gas en un reactor de lecho fluidizado formándose, por ejemplo, el polietileno cristalino en la superficie del catalizador. El polietileno y el polipropileno también pueden ser polimerizados preparando una pasta de monómero, catalizador insoluble y un disolvente, tras lo cual el polímero "crece" de nuevo en la superficie del catalizador. Consideramos que a estas alturas el estudiante ya se ha formado una idea global del tema y por lo tanto no proseguimos con la descripción. De forma general, podemos resumir señalando que existen importantes métodos industriales para sintetizar polímeros y si el interés del lector está en la ingeniería de producción de estos materiales debería estudiar en profundidad los métodos mencionados aquí (y en otros textos).

E. TEXTOS ADICIONALES

(1) K. J. Saunders, *Organic Polymer Chemistry*, Chapman and Hall, London, 1973.

(2) G. Odian, *Principles of Polymerization*, 3rd. Edition, Wiley, New York, 1991.

(3) H. R. Allcock and F. W. Lampe, *Contemporary Polymer Chemistry*, Prentice Hall, New Jersey, 1981.

(4) P. Rempp and E. W. Merrill, *Polymer Synthesis*, Heuthig and Wepf, Basel, 1986.

CAPITULO 3

Cinética de las Polimerizaciones de Adición y por Etapas

"For some cry 'Quick' and some cry 'Slow'
But, while the hills remain,
Up hill 'Too-slow' will need the whip,
'Down hill Too quick', the chain."
—Alfred, Lord Tennyson

A. INTRODUCCION

Es sabido que la termodinámica nos proporciona información sobre la posibilidad de que un proceso o reacción tenga lugar pero no nos informa sobre la velocidad de dicho proceso, lo que a menudo es de suma importancia. Por ejemplo, el azúcar (sacarosa) puede reaccionar con el oxígeno ambiental con un cambio en la energía libre de unos - 5,7 kJ por mol. A pesar de dicho valor, nunca hemos visto que, de repente, un tarro de azúcar que se encuentre en la mesa de nuestra cocina se prenda en llamas*. Esto es debido a que la velocidad a la que tiene lugar la reacción es muy baja. En el campo de la síntesis química, un producto particular puede ser más estable termodinámicamente hablando que los componentes de partida (tiene una energía libre menor) pero, desde el punto de vista cinético, puede estar en desventaja con respecto a un producto diferente que se forme a una velocidad mayor. En nuestro estudio de polímeros nos encontraremos que tales consideraciones se aplicarán no sólo en la síntesis, sino también en diversos procesos físicos, como es el caso de la cristalización (ver Capítulo 8).

La aplicación de la cinética química es crucial para entender tanto los fundamentos de la polimerización como su aplicación práctica en los procesos ingenieriles. En primer lugar nos informa del tiempo de duración de la reacción. Veremos que las polimerizaciones por etapas son de larga duración, mientras que algunas polimerizaciones de adición son tan rápidas que pueden considerarse explosivas. Las velocidades relativas de las distintas reacciones que intervienen en el proceso (como por ejemplo, la velocidad a la que se terminan las cadenas en relación con la velocidad a la que se propagan), pueden tener efectos pronunciados sobre el peso molecular y la microestructura (por ej. en la copolimerización, donde la composición y la distribución secuencial del polímero depende de las velocidades relativas de adición de los monómeros a los extremos

* Hemos tomado esta analogía de D. Eisenburg y D. Crothers, *Physical Chemistry with Applications to the Life Sciences*, Benjamin/Cummings Publishing Co., Menlo Park, CA, 1979.

de la cadena en crecimiento). En este capítulo comentaremos la cinética de las polimerizaciones por etapas (condensación) y la de la radicalaria, que nos servirá para ilustrar los principios generales de la polimerización de adición, dejando la cinética de otras polimerizaciones de este último tipo para tratamientos más avanzados. En un capítulo separado trataremos la copolimerización.

Supondremos que el estudiante ya está básicamente familiarizado con los fundamentos cinéticos, principalmente con la relación entre las velocidades de reacción (velocidad de desaparición de los reactivos o aparición de los productos) y la concentración de las diversas especies presentes a través de la *constante de velocidad*.

Esta es la aproximación que realizaremos en este capítulo pero existe otra vía de observación de algunos de los mismos problemas a través del uso de la teoría de probabilidades. Esta última aproximación la consideraremos separadamente en el siguiente capítulo pero es importante tener en cuenta desde ahora que la primera de las muchas contribuciones realizadas por Paul Flory a la química física de polímeros (que culminarían con el Premio Nobel de Química en 1974) fue la determinación teórica de la distribución de pesos moleculares de las cadenas formadas en las polimerizaciones de condensación empleando argumentos de probabilidad. Flory había sido contratado por la DuPont en 1934 y se le incorporó al grupo de Carothers. Carothers había mencionado que creía que los matemáticos podían cooperar de forma importante en el estudio de polímeros y ya en el año 1935 presentó algunos de los trabajos iniciales de Flory sobre las distribuciones de pesos moleculares en la reunión de la Faraday Society. Al derivar sus resultados, Flory hizo la suposición fundamental de que las constantes de velocidad de reacción entre grupos funcionales eran independientes de la longitud de la cadena a la que se habían unido. Como ya hemos mencionado, en aquella época muchos lo consideraron imposible, pero Flory lo demostró posteriormente con un estudio detallado de la cinética de poliesterificación. Comenzaremos tratando primero sus resultados y nos reservaremos los acontecimientos históricos para más adelante.

B. CINETICA DE LA POLIMERIZACION POR ETAPAS

Suponer que la velocidad de reacción es independiente de la longitud de cadena puede, en principio, resultar confuso. En primer lugar, no es estrictamente cierto puesto que para moléculas muy pequeñas la velocidad puede ser apreciablemente diferente. Sin embargo, la constante de velocidad se aproxima rápidamente a un valor asintótico a medida que crece la longitud de cadena, como en el ejemplo de la reacción del etanol con diversos ácidos carboxílicos, mostrado en la figura 3.1. Incluso con estos resultados experimentales, puede que muchos estudiantes sientan que hay algo incorrecto en la suposición de Flory o que ésta es bastante intuitiva. El problema radica en la manera de definir los términos de concentración en las ecuaciones de velocidad habituales. Es claro que la velocidad global de reacción de los grupos ácido con los grupos alcohol (en el ejemplo anterior) disminuirá a medida que crezca la longitud del grupo alquilo unido a la funcionalidad ácido, puesto que hay menos grupos reaccionantes por unidad de volumen.

Lo que Flory supone* es que la velocidad de reacción inherente por grupo funcional es independiente de la longitud de cadena en una situación en la que haya *igual número de grupos reactivos por unidad de volumen.* Dicho de otra forma, podríamos considerar un ácido con N=3 (3 grupos CH_2) y hacerlo reaccionar con un alcohol en presencia de una cantidad dada de un diluyente inerte (no reactivo), como por ejemplo hexano (suponiendo que se mezclen todas estas moléculas). Habría que elegir la cantidad de diluyente de tal forma que la concentración de los grupos funcionales (ácido y alcohol) presentes en esta primera mezcla fuera exactamente la misma que en una segunda, en la que la longitud de la cadena del ácido sea, por ejemplo, N=7. La suposición de Flory significa que la velocidad de reacción (esterificación) en estas dos mezclas debe ser la misma.

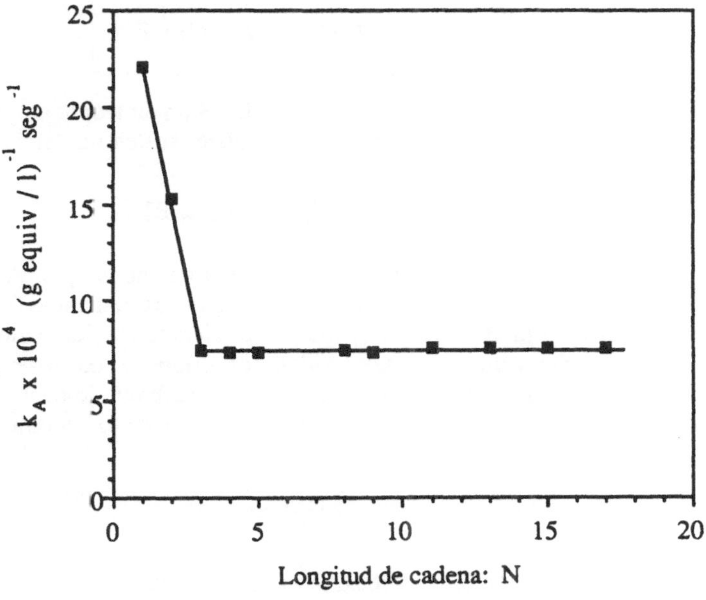

***Figura 3.1** Representación de la constante de velocidad de esterificación, k_A, frente a la longitud de cadena, N, para $CH_3CH_2OH + H(CH_2)_NCOOH$. Representación obtenida de los datos de P. J. Flory,* Principles of Polymer Chemistry, *Cornell University Press, 1953, p. 71.*

Si ahora consideramos las polimerizaciones, es importante tener en cuenta que esta suposición *no significa que la velocidad global de la reacción permanezca constante a medida que la cadena crece.* Es claro que después de un tiempo de reacción hay un número menor de grupos funcionales sin reaccionar por unidad de volumen. El significado de la suposición de Flory es que en esta masa de reacción la probabilidad de que un grupo unido a un dímero reaccione es exactamente igual a la del grupo unido a un oligómero de 20 unidades, y esta

---

* P. J. Flory, *Principles of Polymer Chemistry*, Cornell University Press, 1953.

probabilidad depende únicamente del número de grupos que prevalecen, que se supone que en la mezcla están distribuidos al azar.

Aunque debiéramos considerar otros aspectos de la suposición de Flory, los vamos a despreciar, por el momento, en favor de una demostración experimental de la validez de su suposición y nos permitimos aconsejar el libro de este autor al estudiante interesado. Unicamente introduciremos la observación adicional de que en las polimerizaciones en las que la velocidad de reacción es rápida y la viscosidad del medio alta, puede no lograrse una distribución de equilibrio entre los grupos reaccionantes. En este caso la velocidad de reacción está controlada por la difusión, con lo que las relaciones que vamos a describir ya no serán válidas.

Flory investigó poliesterificaciones del tipo:

$$\text{A—A} + \text{B—B} \rightleftharpoons \text{A—AB—B}$$

donde A—A es un ácido dicarboxílico o diácido y B—B un dialcohol o diol. Las ecuaciones cinéticas para dichas reacciones bimoleculares suelen ser del tipo:

$$\text{Velocidad de reacción} = -\frac{d[A]}{dt} = k_2[A][B] \tag{3.1}$$

donde k_2 es la constante de velocidad. Hay que tener en cuenta que [A] y [B] son las concentraciones de los *grupos funcionales* y no de las moléculas (hay dos grupos funcionales por molécula en el ejemplo que estamos considerando). Sin embargo, las esterificaciones son catalizadas por ácidos y, en ausencia de cualquier ácido fuerte, una segunda molécula del ácido carboxílico puede actuar como catalizador en cada etapa de la reacción y por lo tanto, la cinética se convierte en una de tercer orden

$$-\frac{d[A]}{dt} = k_3[A]^2[B] \tag{3.2}$$

Si las concentraciones de ácido carboxílico y grupos alcohol son exactamente las mismas, podemos considerar que:

$$c = [A] = [B] \tag{3.3}$$

por lo que,

$$-\frac{dc}{dt} = k_3 c^3 \tag{3.4}$$

Si c_0 es la concentración inicial de los grupos ácido y alcohol (t = 0), entonces podemos integrar:

$$-\int_{c_0}^{c}\frac{dc}{c^3} = k_3\int_{t=0}^{t} dt \tag{3.5}$$

para obtener:

$$2k_3t = \frac{1}{c^2} - \frac{1}{c_0^2} \tag{3.6}$$

Definimos p como la extensión de la reacción, que es igual a la fracción de grupos funcionales que han reaccionado después de un tiempo t:

$$p = \frac{\text{Número de grupos COOH que han reaccionado}}{\text{Número de grupos COOH presentes inicialmente}} \tag{3.7}$$

Flory, en sus estudios de poliesterificación, determinó p a partir de resultados obtenidos por valoración (midiendo el número de grupos ácido sin reaccionar, que es igual a 1 - p). Es obvio que c, la concentración de grupos en un tiempo t, está relacionado con c_0 por:

$$c = c_0(1 - p) \tag{3.8}$$

Sustituyendo en la ecuación 3.6:

$$2c_0^2k_3t = \frac{1}{(1-p)^2} - 1 \tag{3.9}$$

y la representación de $1/(1 - p)^2$ en función del tiempo es lineal. En la figura 3.2. se muestran algunos de los datos de Flory.

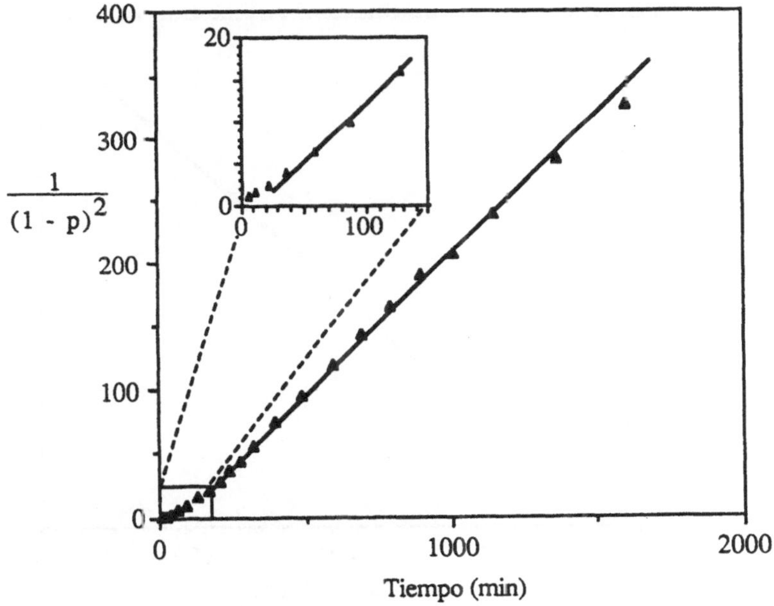

Figura 3.2 *Representación de $1/(1 - p)^2$ frente al tiempo, para una poliesterificación no catalizada. Representación obtenida a partir de los datos de P. J. Flory,* JACS, ***61***, *3334 (1939).*

Se puede ver, en la inserción en dicha figura, que los datos para los primeros momentos de la reacción no son lineales pero que a conversiones mayores se logra la línea recta predicha. Lo mismo ocurre en esterificaciones sencillas (entre reactivos monofuncionales). En reacciones de este tipo, sensibles a iones, se puede atribuir este comportamiento al cambio en el carácter del medio a medida que tiene lugar la reacción y los ácidos y alcoholes se van convirtiendo en ésteres.

A partir de poliesterificaciones catalizadas por la adición de pequeñas cantidades de ácido fuerte (ácido p-toluen sulfónico) se obtuvieron evidencias adicionales de que la suposición de Flory, concerniente a las velocidades de reacción de grupos funcionales, era correcta. La concentración del catalizador, en este caso, permanece constante en el curso de la reacción, por lo que puede incluirse en la constante de velocidad k' {= k_2[Acido]}:

$$-\frac{d[A]}{dt} = k'[A][B] \tag{3.10}$$

Suponiendo de nuevo cantidades iguales de grupos funcionales reactivos

$$-\frac{dc}{dt} = k'c^2 \tag{3.11}$$

y:

$$c_0k't = \frac{1}{(1-p)} - 1 \tag{3.12}$$

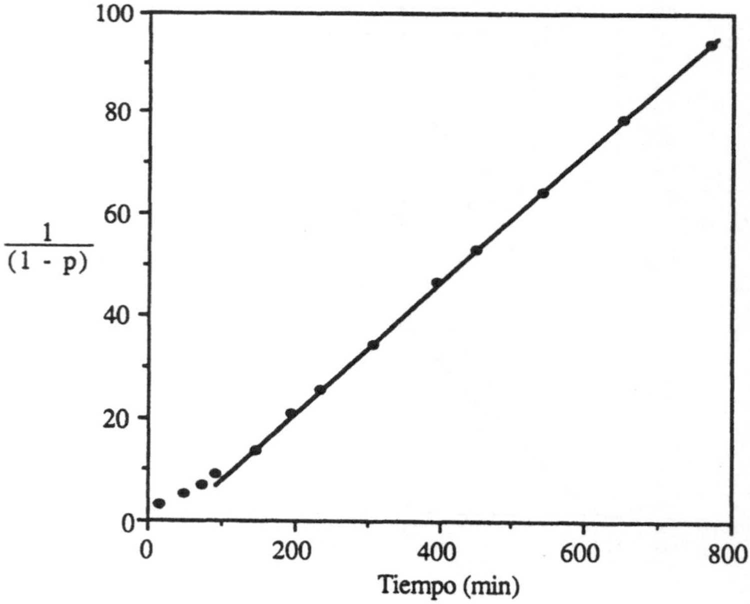

Figura 3.3 Representación de 1/(1 - p) frente al tiempo, para una poliesterificación catalizada. Representación obtenida a partir de los datos de P. J. Flory, JACS, ***61***, *3334 (1939).*

La representación de 1/(1 - p) frente a t, mostrada en la figura 3.3, indica que se consigue la relación lineal predicha después de un cierto grado de conversión. Obviamente, si la reactividad intrínseca de los grupos funcionales decreciera con el crecimiento de la longitud de cadena no se lograría una relación lineal.

Se puede observar, a partir de las figuras 3.1 y 3.2, que las poliesterificaciones necesitan un tiempo largo para alcanzar altos grados de conversión (p → 1, por lo que 1/(1 - p) → muy grande). Esta es una característica general de las polimerizaciones por etapas o policondensaciones y es importante porque es relativamente fácil mostrar que el grado de polimerización promedio en número es igual a 1/(1 - p), por lo que sólo se consigue polímero a conversiones muy altas, cerca del final de la reacción. No vamos a derivar esta ecuación puesto que pensamos que puede ser una adecuada introducción al tema de las probabilidades cuando estudiemos las distribuciones de peso molecular. Este tema suele resultar complicado para muchos estudiantes y, por ello, lo reservaremos para el comienzo del próximo capítulo. El punto crucial es que este comportamiento contrasta con las polimerizaciones de adición en las que se obtiene polímero casi inmediatamente. Este comentario nos conduce a la cinética de la polimerización radicalaria.

C. CINETICA DE LA POLIMERIZACION RADICALARIA

En el Capítulo 2 vimos que los procesos que tienen lugar en la polimerización radicalaria pueden dividirse en una serie de etapas:

a) Iniciación
b) Propagación
c) Transferencia de cadena
d) Terminación

Es conveniente considerar en primer lugar las etapas a, b y d y por el momento aplazaremos la discusión sobre la transferencia de cadena.

La iniciación en la polimerización radical puede conseguirse por una serie de métodos, tales como la irradiación de los monómeros con radiación de alta energía o la iniciación térmica *sin* añadir iniciador. De esta manera, pueden polimerizar el estireno y el metacrilato de metilo. Sin embargo, es más habitual generar los radicales libres por la adición de iniciadores que forman radicales cuando se calientan o irradian. Existen diversos grupos de estos iniciadores y los dos ejemplos más comunes son el peróxido de benzoílo:

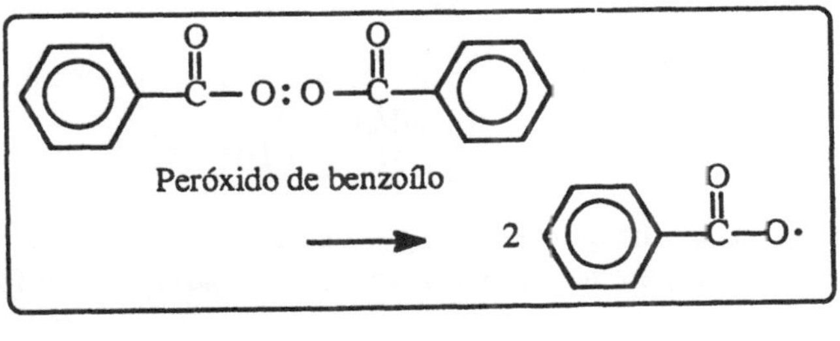

y el azo-bis-isobutironitrilo (AIBN).

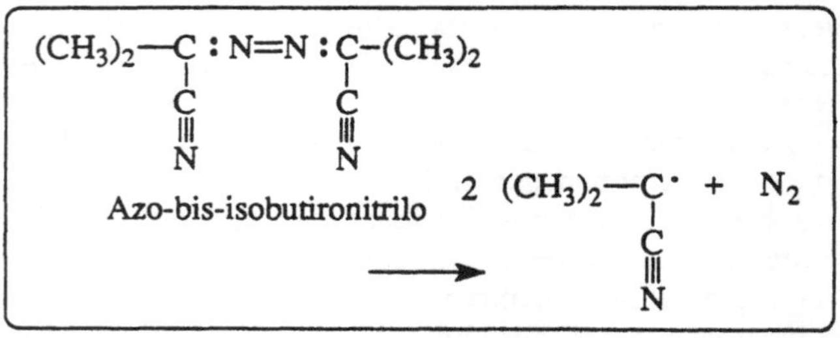

Estos iniciadores dan lugar a dos radicales idénticos cuando se descomponen, y pueden ser representados como:

$$I_2 \xrightarrow{k_d} 2\,R^{\bullet} \qquad (3.13)$$

donde k_d es la constante de velocidad de primer orden que describe el proceso.

Este radical puede ahora "atacar" al doble enlace del monómero:

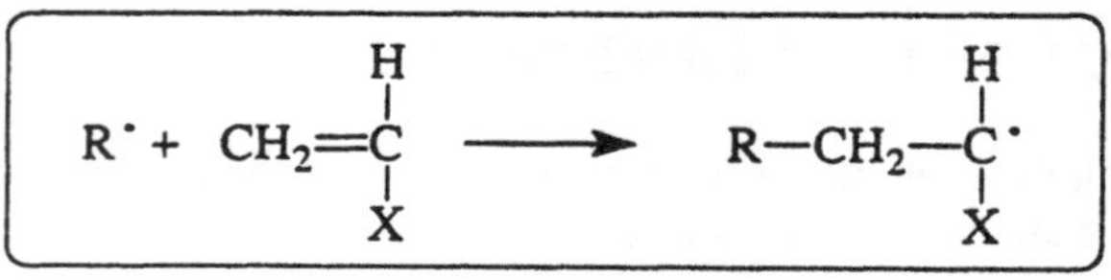

Utilizando la abreviatura M para representar el monómero y siendo la constante de velocidad para este proceso k_i, podemos escribir:

$$R^{\bullet} + M \xrightarrow{k_i} M_1^{\bullet} \qquad (3.14)$$

El conjunto de estas dos reacciones constituye el proceso de iniciación. Al efectuar el desarrollo cinético de estas polimerizaciones podemos suponer normalmente que la primera de estas dos reacciones (descomposición del iniciador) es la etapa determinante de la velocidad (es decir, es mucho más lenta que la adición al primer monómero), por lo que podemos escribir para la velocidad de iniciación, r_i:

$$r_i = \frac{d[M_i]}{dt} = 2k_d[I] \qquad (3.15)$$

donde el valor 2 se obtiene porque:

$$-\frac{d[I]}{dt} = \frac{1}{2}\frac{d[M_i]}{dt} = k_d[I] \qquad (3.16)$$

Podríamos haber incluido el factor 2 en la constante de velocidad, si hubiésemos querido, pero no todos los radicales primarios que se forman por descomposición del iniciador reaccionarán con el primer monómero. Así, en el caso del peróxido de benzoílo, por ejemplo, pueden darse varias reacciones:

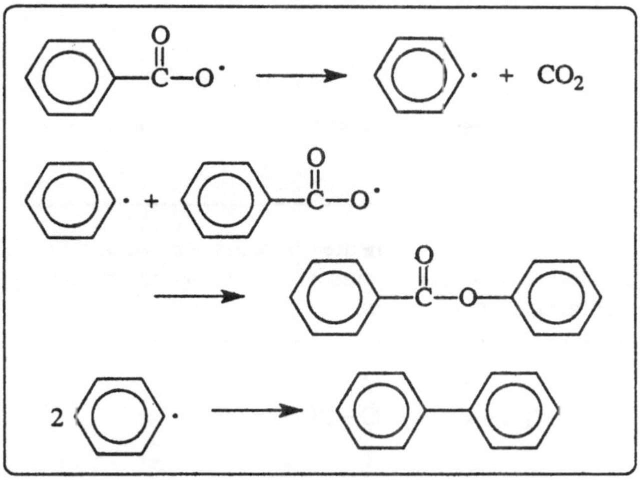

Si llamamos f a la fracción de radicales formados inicialmente que realmente comienzan el crecimiento de la cadena, la velocidad de iniciación viene dada entonces por:

$$r_i = \frac{d[M_i]}{dt} = 2fk_d[I] \qquad (3.17)$$

La propagación tiene lugar ahora por la adición sucesiva de monómeros, que puede expresarse como:

$$M_1^{\bullet} + M \xrightarrow{k_p} M_2^{\bullet} \qquad (3.18)$$

o, en general:

$$M_x^{\bullet} + M \xrightarrow{k_p} M_{x+1}^{\bullet} \qquad (3.19)$$

Tal y como hicimos en la policondensación, suponemos que la reactividad es independiente de la longitud de la cadena y utilizamos la misma constante de velocidad, k_p, para cada etapa. La velocidad de propagación, r_p, o de desaparición del monómero, viene dada por:

$$r_p = -\frac{d[M]}{dt} = k_p [M^{\bullet}][M] \qquad (3.20)$$

La terminación siempre implica la reacción de dos radicales pero ésta puede tener lugar de dos maneras. La primera es la formación de un enlace sencillo entre dos radicales:

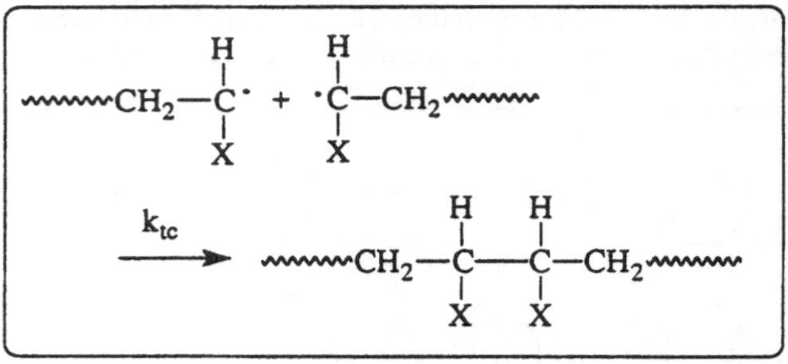

Esta es la llamada, y obviamente conocida, *combinación*. El segundo mecanismo de terminación es conocido como *desproporción*, donde se transfiere un protón y se forma un doble enlace:

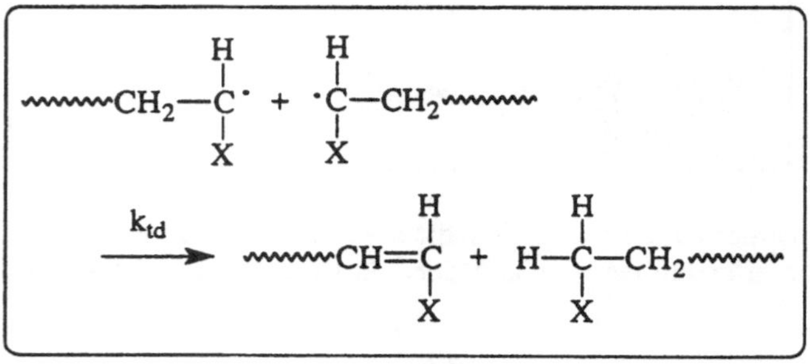

De forma esquemática se pueden representar ambas reacciones como:

$$M_x^{\bullet} + M_y^{\bullet} \xrightarrow{k_{tc}} M_{x+y} \quad \text{(combinación)} \tag{3.21}$$

$$M_x^{\bullet} + M_y^{\bullet} \xrightarrow{k_{td}} M_x + M_y \quad \text{(desproporción)} \tag{3.22}$$

Estas dos reacciones necesitan de la presencia de dos radicales y son cinéticamente idénticas, por lo que podemos escribir para la velocidad de terminación, r_t:

$$r_t = -\frac{d[M^{\bullet}]}{dt} = 2k_t[M^{\bullet}]^2 \tag{3.23}$$

donde $k_t = k_{tc} + k_{td}$; se ha incluido el factor 2 porque en cada reacción de terminación se consumen dos radicales. Las proporciones relativas de desproporción y combinación dependen del tipo de monómero implicado y de la temperatura.

Ahora podemos obtener expresiones para la velocidad de polimerización, R_p, y, a partir de ella, para el grado de conversión en función del tiempo de polimerización, expresiones ambas que merece la pena conocer. La primera que vamos a obtener es una aproximación basada en la suposición cinética de una concentración de *estado estacionario* de las especies transitorias, en este caso $M^{\bullet}$. Para poderla considerar, se deben generar radicales a la misma velocidad a la que se consumen, o lo que es lo mismo, la velocidad de iniciación, r_i, debe ser igual a la velocidad de terminación, r_t. De las ecuaciones 3.17 y 3.23:

$$2fk_d[I] = 2k_t[M^{\bullet}]^2 \tag{3.24}$$

lo que nos permite obtener una expresión para $M^{\bullet}$:

$$[M^{\bullet}] = \left(\frac{fk_d[I]}{k_t}\right)^{1/2} \tag{3.25}$$

Esta expresión es necesaria en todas las ecuaciones que vienen a continuación porque sería muy difícil medir experimentalmente la concentración de los radicales durante una polimerización. Ahora podemos obtener directamente una expresión para la velocidad de polimerización (que es igual a la velocidad de propagación) sustituyendo en la ecuación 3.20:

$$R_p = r_p = -\frac{d[M]}{dt} = k_p\left(\frac{fk_d[I]}{k_t}\right)^{1/2}[M] \tag{3.26}$$

Esta expresión nos dice que la velocidad de polimerización es directamente proporcional a la concentración de monómero (o dicho de otro modo, es de primer orden respecto a la concentración del monómero) pero proporcional a la raiz cuadrada de la concentración del iniciador (orden 1/2).

La suposición del estado estacionario se cumple para bajas conversiones. No obstante, se puede obtener una ecuación más precisa si tenemos en cuenta el consumo de iniciador durante el curso de la reacción. Si reexaminamos la ecuación 3.16:

$$-\frac{d[I]}{dt} = k_d[I] \tag{3.27}$$

Integrando obtenemos:

$$[I] = [I]_0\, e^{-k_d t} \tag{3.28}$$

y sustituyendo en la ecuación 3.26, la velocidad de polimerización se convierte en:

$$R_p = \left\{k_p\left(\frac{f\,k_d}{k_t}\right)^{1/2}\right\}\left\{[I]_0^{1/2}[M]\right\} e^{-k_d t/2} \tag{3.29}$$

donde hemos dividido la ecuación en tres partes para facilitar la discusión.

En primer lugar, vemos que la velocidad de polimerización sigue siendo proporcional a $[M][I]_0^{1/2}$, aunque ahora estemos hablando de la concentración inicial de iniciador. Consecuentemente, si estamos estudiando una polimerización en disolución y deseamos aumentar la velocidad de polimerización, no tenemos más que aumentar la concentración de monómero y la velocidad de reacción aumentará proporcionalmente. En las polimerizaciones en masa (solamente monómero e iniciador y posiblemente algunos aditivos sin trascendencia) se requerirá aumentar de forma importante la concentración del iniciador (aparece bajo una raíz cuadrada), lo que no es siempre práctico o deseable ya que, al mismo tiempo, se reducirá el peso molecular del producto, como veremos enseguida.

El segundo punto se refiere a que la polimerización disminuirá de forma exponencial a medida que se consuma el iniciador (último término), y para mantener la evolución de la polimerización necesitaremos añadir más iniciador (o comenzar con la cantidad de iniciador correcta para nuestros propósitos, recuperando el polímero antes de que la velocidad haya disminuido demasiado).

Tercero, vemos que la velocidad de polimerización es proporcional a $k_p / k_t^{1/2}$ (primer término entre corchetes). Ya hemos mencionado una consecuencia para el caso concreto de la polimerización del etileno. A 130°C y una presión de 1 bar esta relación tiene un valor de 0,05 pero aumenta a 0,7 a 2500 bares. Si para esta última presión aumentamos la temperatura a 200°C la relación aumenta a 3. Resumiendo, en ausencia de catalizador la velocidad de propagación es demasiado pequeña en relación con la velocidad de terminación para que el etileno polimerice a presiones ordinarias.

Se puede deducir otra consecuencia de la dependencia de la velocidad de polimerización con $k_p / k_t^{1/2}$. Diversos experimentos cinéticos realizados en polímeros en disolución han dado como resultado la dependencia esperada de primer orden respecto a la concentración de monómero. Sin embargo, en disoluciones concentradas o en la polimerización de un monómero sin diluir, se produce a menudo una importante aceleración de la velocidad de polimerización en algún momento de la reacción. Para el caso del acrilato de metilo esto puede ocurrir después de una conversión tan baja como el 1 por ciento y puede originarse una explosión. La razón estriba en que, a medida que se forma el polímero, la viscosidad del medio aumenta. Esto no afecta a la velocidad de propagación, que apenas se ve alterada, en tanto que implica la difusión de moléculas pequeñas (monómero). Sin embargo, la terminación supone una difusión, mucho más lenta, de las especies macromoleculares mayores y este aumento de viscosidad puede dar lugar a un gran descenso en la velocidad de terminación. La "reactividad" de los radicales no se altera pero la posibilidad de que dos radicales se encuentren mutuamente es menor, por lo que el valor aparente de k_t se reduce. Esto tiene un efecto dramático sobre la velocidad de polimerización debido a su dependencia con $k_p / k_t^{1/2}$. La velocidad de desprendimiento de calor en estas reacciones exotérmicas también aumenta, con lo que, a veces, el calor no se disipa tan rápidamente, con consecuencias catastróficas. Este fenómeno de *autoaceleración* se conoce normalmente con el nombre de efecto *Trommsdorff* (aunque originalmente fue descubierto por Norrish y Smith, véase Morawetz, citado anteriormente).

Podemos obtener ahora una expresión para el grado de conversión en función del tiempo teniendo en cuenta que

$$R_p = -\frac{d[M]}{dt} \qquad (3.30)$$

Sustituyendo la expresión para R_p dada en la ecuación 3.29 e integrando, obtenemos:

$$\ln\frac{[M]_0}{[M]} = 2k_p\left(\frac{f}{k_d k_t}\right)^{1/2}[I]_0^{1/2}\left(1 - e^{-k_d t/2}\right) \qquad (3.31)$$

El grado de conversión es igual a $([M]_0 - [M])/[M]_0$, la fracción de monómero que ha reaccionado (recordar que [M] es la concentración no reaccionada, por lo que $([M]_0 - [M])$, donde $[M]_0$ es la concentración inicial de monómero, es la concentración de monómero que ha reaccionado). Podemos, por tanto, obtener:

$$\text{Conversión} = \frac{[M]_0 - [M]}{[M]_0} = 1 - \frac{[M]}{[M]_0} \qquad (3.32)$$

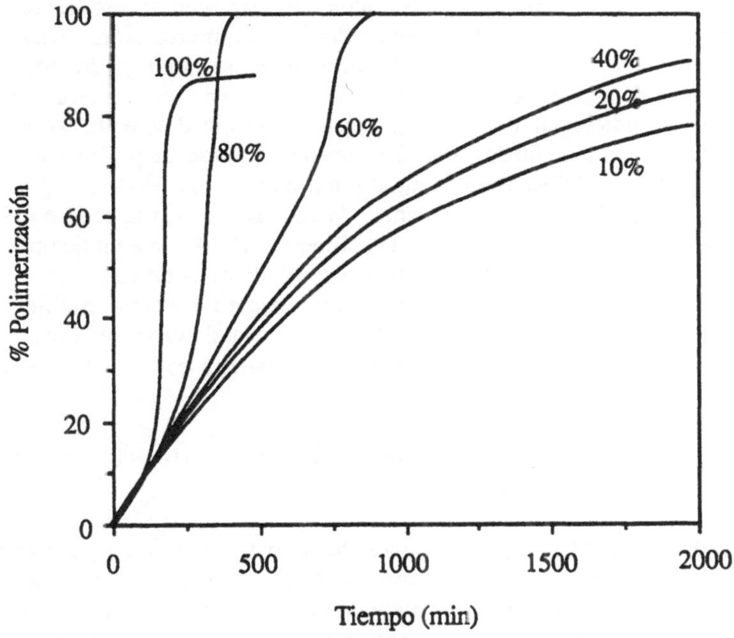

***Figura 3.4** Representación de la conversión frente al tiempo, para la polimerización radicalaria de metacrilato de metilo a 50°C empleando peróxido de benzoílo a diversas concentraciones en benceno. Representación obtenida de los datos de G.V. Schulz and G. Harborth,* Makromol. Chem., *1 106 (1967).*

Tras la adecuada combinación de las ecuaciones 3.31 y 3.32, podemos llegar a obtener:

$$\text{Conversión} = 1 - \exp -\left\{2k_p\left(\frac{f}{k_d k_t}\right)^{1/2} [I]_0^{1/2} \left(1 - e^{-k_d t/2}\right)\right\} \tag{3.33}$$

Obviamente, la conversión no se completa nunca puesto que es siempre menor que 1 en una cantidad que viene dada por el término exponencial. Si dejáramos que t fuera infinito obtendríamos una expresión para la conversión máxima, que sigue siendo ahora inferior a 1 en una cantidad que depende de la concentración inicial del iniciador:

$$\text{Conversión máxima} = 1 - \exp -\left\{2k_p\left(\frac{f}{k_d k_t}\right)^{1/2} [I]_0^{1/2}\right\} \tag{3.34}$$

Si hubiéramos supuesto una concentración del iniciador en estado estacionario, entonces la conversión máxima se aproximaría a 1 después de largos períodos de tiempo. En la figura 3.4 se muestran algunas representaciones esquemáticas de la conversión (o % de polimerización) en función del tiempo. Esta figura también muestra el efecto de autoaceleración que puede tener lugar a altas concentraciones de monómero.

Finalmente, hemos ignorado hasta ahora en esta sección los efectos de la transferencia de cadena sobre la velocidad de polimerización. Cuando se transfiere el centro activo al monómero, disolvente, iniciador, polímero, etc., se genera otro radical y el número total de centros activos no se altera. Si estos nuevos centros adicionan monómero, entonces la velocidad de polimerización no se ve prácticamente afectada. Por el contrario, el grado de polimerización se altera, tal y como lo discutiremos en la próxima sección. Podemos por ahora concluir recalcando que la transferencia de cadena a cierto tipo de moléculas llamadas *inhibidores* retrasa o impide la polimerización durante un tiempo, si los radicales que se generan por este proceso son incapaces de reaccionar con el monómero. Obviamente, es conveniente adicionar estos inhibidores a monómeros como acrilato de metilo, estireno, etc. cuando van a ser almacenados y luego eliminarlos (por destilación o haciéndolos pasar a través de una columna) cuando van a ser polimerizados.

Grado de polimerización promedio en las polimerizaciones por radicales libres

Cuando tratemos las distribuciones de peso molecular en polímeros de condensación emplearemos (próximo capítulo) un método estadístico para obtener expresiones para la distribución de pesos moleculares. Ello se debe al carácter por etapas de esta polimerización y a la naturaleza homogénea de la reacción en masa. Hay una distribución continua de las especies presentes, que van desde el monómero hasta el polímero y todas ellas toman parte en la reacción. Las polimerizaciones en cadena son completamente diferentes. Generalmente no nos encontramos con situaciones en las que las cadenas más cortas pueden unirse entre sí para formar cadenas más largas. Por el contrario, en las polimerizaciones por radicales libres, el iniciador forma un centro activo, el monómero se adiciona rápidamente y se forma un polímero completo, a menudo en cuestión de segundos. La longitud de este polímero depende de los encuentros al azar entre los radicales que darán lugar a la terminación, por lo que de nuevo habrá una distribución de longitudes de cadena. Pero a diferencia de los polímeros de condensación, no existe una distribución continua de las especies, y a un grado de conversión concreto tendremos una mezcla de cadenas de polímero y monómeros (aunque habrá obviamente algunas especies oligoméricas provenientes de cadenas que han terminado rápidamente por casualidad). En una polimerización de condensación el grado medio de polimerización aumenta continuamente durante la reacción y cuando calculamos por ejemplo $\overline{x}_n$, el grado de polimerización promedio en número, éste refleja *todas las especies presentes en el medio de reacción*, siendo sólo función de la extensión de la reacción. Conociendo tal extensión, podremos saber cuándo tenemos un polímero con el peso molecular requerido. Por el contrario, en una polimerización radicalaria tendremos el polímero con el peso molecular requerido inmediatamente, siempre que hayamos comenzado con las proporciones correctas de monómero, iniciador, agentes de transferencia de cadena, etc. (hay que tener en cuenta que el grado de polimerización obtenido en la polimerización radicalaria depende mucho más de dichas variables que en una polimerización de condensación, como lo demostraremos explícitamente enseguida). Este polímero formado inicialmente se mantendrá inerte mientras que se están formando otros polímeros que, sin embargo, podrían tener un peso molecular diferente puesto que el iniciador y el monómero se han ido agotando. En esta situación deseamos conocer (y es realmente todo lo que podemos determinar) el grado de polimerización del producto, y no las proporciones de polímero y monómero que quedan en el medio de reacción en un momento dado de la misma. Para ello necesitamos definir la *longitud de cadena cinética*. Debido a la gran variedad de reacciones laterales que pueden darse en las polimerizaciones radicalarias, el cálculo teórico de las distribuciones es difícil pero el cálculo de la longitud promedio en número de la cadena es un procedimiento bastante directo y es el que vamos a intentar calcular. Comenzaremos despreciando las reacciones de transferencia para luego modificar nuestro resultado y tenerlas en cuenta.

Debería resultar obvio deducir que en el medio de reacción, que contiene monómero e iniciador (y quizás algún disolvente inerte), la longitud media de las cadenas que obtengamos será inversamente proporcional a la concentración de iniciador (o a alguna potencia de la concentración de iniciador). Si se genera un número pequeño de radicales iniciales, las cadenas poliméricas, en promedio, crecerán más antes de que sus extremos activos se encuentren y terminen (es decir, hay un número menor de radicales por unidad de volumen). También se cumple que si no se alcanzan condiciones de estado estacionario, a medida que progresa la polimerización y el iniciador se va agotando, el número de radicales presentes disminuye y la longitud media de la cadena de polímero del producto será mayor.

Si para un período de tiempo dado conocemos cuántas cadenas poliméricas han comenzado a crecer, y también cuántas unidades de monómero han polimerizado, podríamos entonces obtener fácilmente el grado de polimerización promedio en número de estas cadenas dividiendo un número por otro (por ejemplo, si se han consumido un millón de monómeros y se han formado 100 cadenas en este tiempo, entonces la longitud promedio en número de cada cadena sería 10000). Por el momento estamos ignorando lo que sucede en la terminación, por lo que podemos considerar que estas cadenas son radicales (tienen centros activos en un extremo). Obviamente, cuanto mayor sea el período de tiempo elegido, mayores serán las diferencias entre el comienzo y las proximidades del final, puesto que el monómero se está agotando, etc. Si consideramos períodos de tiempo más cortos lograremos una representación más exacta de lo que está ocurriendo, y esto es en realidad lo que hacemos al definir la longitud de cadena cinética, ν, como la *velocidad* de propagación dividida por la *velocidad* de iniciación en un instante de tiempo dado:

$$\nu = \frac{r_p}{r_i} \tag{3.35}$$

Si empleamos la suposición del estado estacionario, podemos primeramente emplear las ecuaciones 3.17 y 3.20 y obtener:

$$\nu = \frac{k_p[M][M^\bullet]}{2fk_d[I]} \tag{3.36}$$

para posteriormente y sustituyendo $[M^\bullet]$ por la ecuación 3.25:

$$\nu = \left\{\frac{k_p}{2(fk_dk_t)^{1/2}}\right\}\left(\frac{[M]}{[I]^{1/2}}\right) \tag{3.37}$$

con lo que vemos que hay una dependencia de primer orden respecto a la concentración de monómero pero la longitud media de cadena varía con el inverso de la raíz cuadrada de la concentración de iniciador.

La longitud de cadena cinética es igual al grado de polimerización promedio en número de los radicales formados en el tiempo particular elegido en la polimerización. Debe ser también igual al grado de polimerización promedio en número del polímero, si la terminación es por desproporción, puesto que ésta no modifica ni el número de cadenas ni sus longitudes. Si la terminación fuera exclusivamente por combinación, sin embargo, el número de cadenas sería la mitad y sus longitudes habrían aumentado al doble (en promedio).

$\bar{x}_n = \nu$ (terminación por desproporción)
$\bar{x}_n = 2\nu$ (terminación por combinación)

Puesto que en ciertas polimerizaciones pueden tener lugar ambos mecanismos de terminación, es conveniente definir un parámetro ξ, que es igual al número medio de cadenas muertas formadas por terminación. Podemos obtener una expresión para ξ empleando de nuevo un argumento cinético y teniendo en cuenta que este parámetro debe ser igual a la *velocidad* de formación de las cadenas muertas dividida por la *velocidad* de terminación. La velocidad de formación de cadenas muertas viene dada por:

$$-\frac{d[M^\bullet]}{dt} = 2k_{td}[M^\bullet]^2 + k_{tc}[M^\bullet]^2 \qquad (3.38)$$

donde se incluye el factor 2 porque la desproporción da lugar a dos cadenas muertas. La velocidad de las reacciones de terminación viene dada sencillamente por:

$$k_t[M^\bullet]^2 = (k_{tc} + k_{td})[M^\bullet]^2 \qquad (3.39)$$

Por lo tanto:

$$\xi = \frac{k_{tc} + 2k_{td}}{k_{tc} + k_{td}} = \frac{k_{tc} + 2k_{td}}{k_t} \qquad (3.40)$$

Consecuentemente, la longitud de cadena promedio en número instantánea puede obtenerse ahora dividiendo la velocidad de adición de las unidades de monómero por la velocidad de formación del polímero "muerto", por ejemplo,

$$\bar{x}_n = \frac{k_p[M][M^\bullet]}{(2k_{td} + k_{tc})[M^\bullet]^2} = \left(\frac{k_p}{\xi(fk_dk_t)^{1/2}}\right)\left(\frac{[M]}{[I]^{1/2}}\right) \qquad (3.41)$$

Es importante tener en cuenta que la velocidad de polimerización es proporcional a $[I]^{1/2}$, mientras que $\bar{x}_n$ es proporcional a $1/[I]^{1/2}$. En otras palabras, si intentamos acelerar la polimerización adicionando más iniciador terminaremos obteniendo cadenas más cortas, lo que no es siempre deseable. Debemos lograr el adecuado balance para el producto que estemos tratando de sintetizar.

Efecto de la transferencia de cadena

Como indicamos al discutir la polimerización por radicales libres, existe también la posibilidad de que ocurran reacciones de transferencia, en las que un radical de cadena en crecimiento desaparece al dar lugar a uno nuevo. Estas reacciones resultan habituales y son de la forma:

$$M_x^\bullet + R\text{—}H \longrightarrow M_x + R^\bullet$$

$$R^\bullet + M \longrightarrow R\text{—}M^\bullet \quad \text{etc.} \qquad (3.42)$$

No obstante, no tiene por qué transferirse siempre un protón.

En general, estas reacciones no afectan a la velocidad de polimerización (aunque, en ciertas circunstancias, sí lo hacen) pero obviamente afectan al peso molecular puesto que en promedio se producen cadenas más cortas. En una polimerización pueden actuar muchos componentes como agentes de transferencia de cadena; el monómero, el disolvente, el polímero muerto o terminado (produciendo ramas de cadena larga), impurezas, etc.

Algunas veces se adiciona deliberadamente un agente de transferencia, como mercaptanos, para controlar el peso molecular. El efecto que tiene la transferencia de cadena sobre el peso molecular promedio en número instantáneo puede tenerse en cuenta fácilmente sin más que añadir el efecto de la formación de la cadena muerta por este mecanismo a la ecuación 3.38. Entonces:

$$-\frac{d[M^\bullet]}{dt} = 2k_{td}[M^\bullet]^2 + k_{tc}[M^\bullet]^2 + k_{tr}[T][M^\bullet] \tag{3.43}$$

donde [T] es la concentración del agente de transferencia de cadena. Podemos entonces obtener, como antes:

$$\bar{x}_n = \frac{k_p[M]}{\xi\,(fk_dk_t[I])^{1/2} + k_{tr}[T]} \tag{3.44}$$

Reordenando:

$$\frac{1}{\bar{x}_n} = \frac{1}{(\bar{x}_n)_0} + C\frac{[T]}{[M]} \tag{3.45}$$

donde $(\bar{x}_n)_0$ es la longitud de cadena media en ausencia de agente de transferencia de cadena (ecuación 3.41) y C es sencillamente k_{tr}/k_p. La representación de $1/(\bar{x}_n)$ frente a [T]/[M] debería por tanto ser lineal con una pendiente igual a k_{tr}/k_p y una ordenada en el origen $1/(\bar{x}_n)_0$. Esta ecuación ha sido aplicada a la polimerización de estireno en diversos disolventes, que actúan como agentes de transferencia, y los resultados se muestran de forma esquemática en la figura 3.5. En este caso se observa un buen acuerdo entre teoría y datos experimentales.

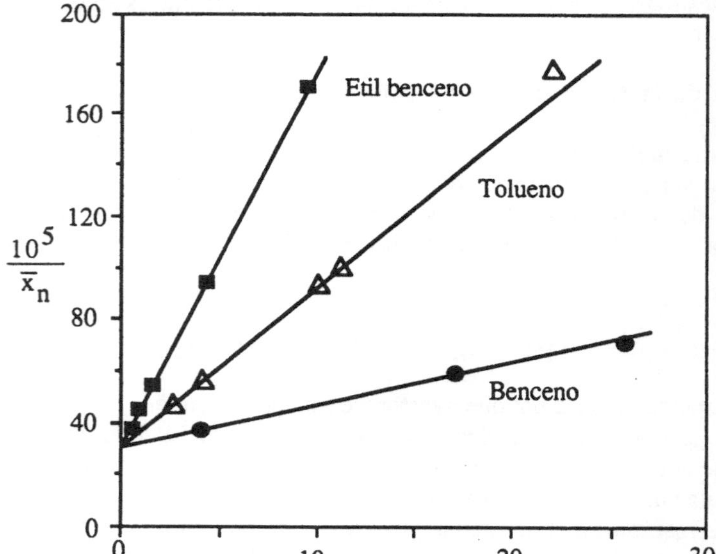

***Figura 3.5** Efecto del disolvente sobre $\bar{x}_n$ en la polimerización de estireno a 100°C. Representación obtenida a partir de los datos de R. A. Gregg and F. R. Mayo.* Faraday Soc. Discussions, *2, 328 (1947).*

D. TEXTOS ADICIONALES

(1) P. J. Flory, *Principles of Polymer Chemistry*, Cornell University Press, Ithaca, New York, 1953.

(2) R. W. Lenz, *Organic Chemistry of Synthetic High Polymers*, Interscience, J. Wiley & Sons, New York, 1967.

CAPITULO 4

Estadística de la Polimerización por Etapas

"The true logic of this world is the calculus of probabilities"
—James Clerk Maxwell

A. INTRODUCCION

La teoría de probabilidades tiene una larga historia y bastante mala fama (lo que atrae a los autores de este texto), y sus orígenes deben mucho al deseo de conocer las posibilidades de ganar en los juegos de azar y así poder uno enriquecerse sin necesidad de trabajar. Incluso las partes de esta teoría cuyos orígenes no están aparentemente relacionados con el juego pueden parecer algo extrañas. Por ejemplo, Watson y Galton (en 1874*) consideraron el problema de la desaparición de los apellidos de una familia en particular, que (en aquellos tiempos de obscuridad intelectual y moral cuando las mujeres debían tomar el apellido de sus maridos) se relacionó con la fertilidad media y la probabilidad de tener hijos varones. Llegaron a la conclusión de que todos los apellidos de dicha familia podían desaparecer rápidamente. En un estudio posterior sobre las velocidades reproductivas de la aristocracia británica (de la que se poseen registros muy antiguos y por lo tanto facilitan una buena base de datos), Galton encontró evidencias que le hicieron apoyar esta idea. Sin embargo, el análisis original contenía un error algebraico, aunque nosotros también sospechamos que no tuvieron en cuenta los efectos desafortunados de la reproducción. En cualquier caso, el resultado de sus esfuerzos dio lugar al desarrollo de la teoría de los procesos de ramificación (o cadenas de Markov). Emplearemos la parte más sencilla de esta teoría en el siguiente capítulo, al discutir la copolimerización, limitándonos en éste a argumentar las probabilidades más simples y a describir el único instrumento que, aparte del sentido común, necesitamos para empezar. La probabilidad de cualquier suceso E, P{E}, viene dada por:

$$P\{E\} = \frac{N_E}{N} \tag{4.1}$$

donde N_E es el número de sucesos E que se dan y N es el número total de sucesos. Por ejemplo, si lanzamos una moneda al aire 100 veces y sale 50

* Ver T. E. Harris, *The Theory of Branching Processes*, Springer-Verlag, Berlin, 1963.

veces cara, podríamos calcular que la probabilidad de obtener cara en cualquier lanzamiento de la moneda es 50/100 o 0,5. (Realmente, si lanzamos una moneda 100 veces es bastante improbable que consigamos exactamente 50 veces cara, debido a fluctuaciones). Consideraremos esto con más detalle cuando hablemos de las conformaciones de la cadena pero para lograr el resultado esperado de 0,5 deberíamos realizar los 100 lanzamientos de la moneda un número de veces muy alto y promediar todos los resultados.

En este caso no debemos preocuparnos porque si obtenemos un mol de polímero tendremos *billones* y *billones* de cadenas, por lo que las probabilidades funcionarán más o menos bien. Además, si sólo hay dos posibles resultados, como en el lanzamiento de la moneda, la probabilidad de que se dé el otro resultado debe ser igual a $1 - P\{E\}$. Debemos tener en cuenta que la probabilidad de un suceso es igual a la *fracción en número* de estos sucesos y está siempre entre 0 (no ocurre nunca) y 1 (ocurre siempre).

Comenzaremos examinando los promedios y las distribuciones de peso molecular en las polimerizaciones por etapas, puesto que éstas pueden seguirse fácilmente realizando un tratamiento estadístico (dado que todas las especies presentes están implicadas en la polimerización a lo largo del curso de la reacción). En cambio, la naturaleza de la polimerización de adición no permite aplicar fácilmente una aproximación estadística al análisis de las distribuciones de peso molecular, aunque tal aproximación puede emplearse en el estudio de aspectos relacionados con la microestructura como, por ejemplo, las distribuciones de secuencias en copolímeros y en los diversos tipos de isomería. Estas aplicaciones de la teoría de probabilidades se verán en los Capítulos 5 y 6.

B. ESTADISTICA DE LA POLICONDENSACION LINEAL

Comenzaremos considerando el grado de polimerización promedio en número para una reacción lineal de crecimiento por etapas. En realidad, este caso no necesita de la aplicación de la estadística y en la mayoría de los textos (por ejemplo, en el de Flory) se incluye en la discusión de la cinética. No obstante, a lo largo de los años nosotros hemos encontrado útil, pedagógicamente hablando, comenzar la discusión de la estadística con este tema ya que la extensión de la reacción, p, definida en el capítulo anterior como la fracción de un cierto tipo de grupos funcionales que han reaccionado (por ej., los grupos ácido en una policondensación), es también igual a la probabilidad de que dicho grupo, tomado al azar en el medio de reacción, haya reaccionado. Esta idea surge directamente de la definición de probabilidad dada en la ecuación 4.1. A menudo el alumno no extrae este resultado de forma inmediata porque piensa en las probabilidades de forma descuidada (como, por ejemplo, ¿cuál es la probabilidad de que beba demasiado si salgo el viernes por la noche y haga estupideces?). Debemos recordar que cuando estamos hablando de reacciones en un matraz que contiene billones y billones de moléculas, la probabilidad de que una de estas moléculas reaccione después de un cierto tiempo es simplemente igual a la fracción que ya ha reaccionado en el mismo período de tiempo. (Por supuesto, esto supone que la reactividad no cambia con la longitud de cadena, como ya discutimos antes).

Podemos considerar dos tipos de policondensaciones. La primera implica monómeros bifuncionales que tienen grupos funcionales distintos (pero complementarios):

A—B + A—B ⇌ A—BA—B (Tipo I)

donde, por ejemplo, el grupo A podría ser un ácido, el B un alcohol y el producto BA un éster.

El segundo tipo de reacción implica monómeros que contienen cada uno un sólo tipo de grupos funcionales:

A—A + B—B ⇌ A—AB—B (Tipo II)

En las reacciones del Tipo I podemos "contar" el número de moléculas presentes si podemos medir la concentración de uno de los grupos finales (el grupo ácido en nuestro ejemplo, por valoración o por métodos espectroscópicos). Aquellos estudiantes que no confíen en los autores pueden convencerse ellos mismos si examinan la figura 4.1, en la que pueden contar el número de moléculas y el número (por ejemplo) de grupos finales A. Lo mismo se cumple para las policondensaciones de Tipo II, *siempre que hayamos comenzado con exactamente los mismos equivalentes de ambos reactivos.*

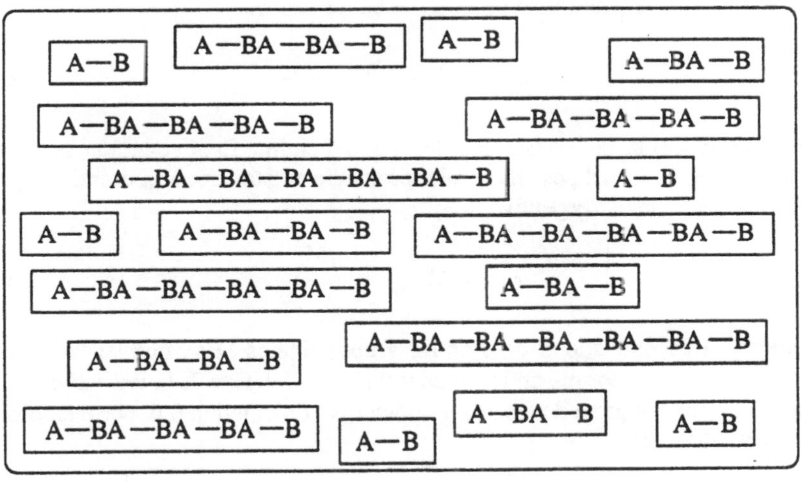

***Figura 4.1** Representación esquemática de los n-meros.*

El contar el número de moléculas presentes puede ser útil para lograr una medida del grado de polimerización promedio en número, $\bar{x}_n$, que se define de forma sencilla como el número total de moléculas presentes inicialmente (monómeros), N_0, dividido por el número total de moléculas existentes en el sistema, N, en un momento dado en el que decidiéramos parar el proceso:

$$\bar{x}_n = \frac{N_0}{N} \tag{4.2}$$

Esta definición puede extraerse con facilidad. Si, por ejemplo, comenzáramos con 20 monómeros y terminásemos con 4 moléculas de cadena (corta), la longitud media de cada cadena sería 20/4 ó 5. Sin embargo, este valor no dice nada sobre la distribución real de las longitudes de cadena. Podríamos tener, por ejemplo, cuatro cadenas de longitud igual pero también podría ser posible, y daría lugar al mismo promedio, una distribución en la que una de las cadenas tuviese 17 unidades mientras que las otras 3 unidades permanecieran como monómeros. Se puede obtener una idea de la anchura de la distribución midiendo al mismo tiempo el peso molecular promedio en peso pero es más ventajoso tener un conocimiento más preciso de la distribución real (muchas propiedades físicas pueden verse afectadas por la distribución). Volveremos a ello enseguida.

En primer lugar, podemos expresar $\bar{x}_n$ en términos de la conversión p recordando que:

a) la concentración de uno de los grupos funcionales presentes, c, después de que haya reaccionado una fracción p, está relacionada con la concentración inicial de dichos grupos por:

$$c = c_0(1 - p) \tag{4.3}$$

b) el número de moléculas (N, N_0) puede ser transformado en términos de concentración (c, c_0) de forma sencilla, de tal manera que:

$$\bar{x}_n = \frac{N_0}{N} = \frac{c_0}{c} = \frac{1}{1 - p} \tag{4.4}$$

donde se cancelan las constantes de la conversión. Esta ecuación se puede escribir en términos del peso molecular promedio en número, $\bar{M}_n$, usando el peso molecular de la unidad repetitiva, M_0:

$$\bar{M}_n = M_0 \bar{x}_n = \frac{M_0}{(1 - p)} \tag{4.5}$$

donde se ha despreciado el peso de los grupos finales. Hay que tener cuidado con esta expresión porque en las condensaciones del Tipo II la *unidad química repetitiva* contiene parte de los dos monómeros. En el nylon 6,6, por ejemplo, la unidad repetitiva es:

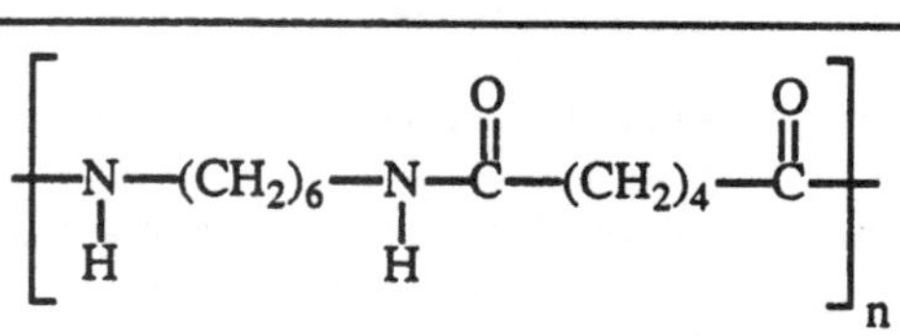

Unidad repetitiva del Nylon 6,6

En términos del grado de polimerización tal como lo hemos definido, sin embargo, esta unidad química repetitiva contiene dos unidades estructurales (se ha formado por la unión de dos monómeros). Consecuentemente, sería mejor definir M_0 como el peso molecular *medio* de una unidad estructural (en el ejemplo anterior podemos obtener este peso molecular dividiendo el peso molecular de la unidad química repetitiva por 2).

El resultado obtenido en la ecuación 4.4 es muy importante, por lo que lo escribiremos de nuevo y lo enmarcaremos para recordarlo:

$$\bar{x}_n = \frac{1}{(1 - p)}$$

Este resultado nos dice que sólo se consigue un peso molecular elevado a altas conversiones. Muchos químicos orgánicos se darían con un canto en los dientes si pudieran conseguir en sus experimentos de laboratorio conversiones del 90% (p = 0,9). Esta conversión correspondería a un polímero con un grado de polimerización de sólo 10 (y no sería un material particularmente útil). Una conversión del 95%, que haría saltar de júbilo a nuestro químico hipotético, tampoco es mucho mejor ($\bar{x}_n$= 20). Para obtener un grado de polimerización del orden de 200, es necesario llevar la reacción hasta su culminación (p = 0,995). ¡Pero es que además habría que hacerlo de forma reproducible a escala industrial!

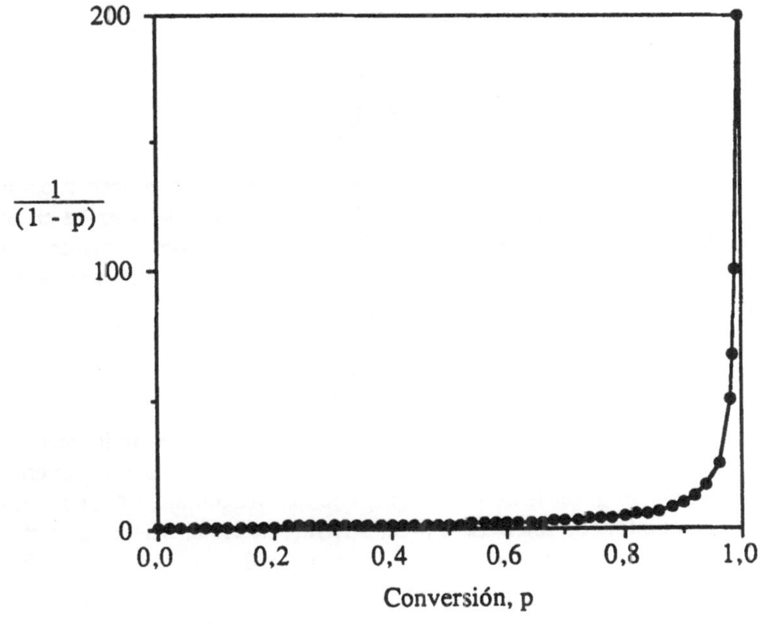

Figura 4.2 Representación del grado de polimerización promedio en número, $\bar{x}_n$, frente a la conversión, p.

Estos resultados se dan en la figura 4.2, donde se muestra una representación de $\bar{x}_n$ en función de la conversión (p). Como se demuestra para el caso del nylon 6,6, es deseable desde el punto de vista del procesado posterior limitar el peso molecular al rango de 10000–15000 ($\bar{x}_n \approx 80$-120). Aunque esto puede conseguirse parando la reacción en el grado de conversión apropiado simplemente enfriándola, la polimerización podría recomenzar al calentar de nuevo el producto durante el procesado. Para el caso del nylon 6,6 se suele añadir a la polimerización un compuesto capaz de parar la cadena (un reactivo monofuncional, ácido acético) lo que nos lleva al tema general del control del peso molecular.

Comenzaremos a discutir este tema considerando el efecto que produce un desajuste estequiométrico de los monómeros monofuncionales. Nuestra intención es obtener una expresión para el grado de polimerización promedio en número, lo que requiere conocer dos cosas: el número de monómeros (N_0) con los que empezamos y el número de moléculas después de que haya reaccionado una fracción p de los grupos funcionales (N). Designaremos con la letra B aquellos grupos presentes en exceso, por lo que si N_A es el número de grupos A y N_B el número de grupos B presentes inicialmente, entonces el número total de *monómeros* presentes inicialmente es igual a:

$$N_0 = \frac{N_A + N_B}{2} = \frac{N_A}{2}\left(1 + \frac{1}{r}\right) = \frac{N_A}{2}\left(\frac{1+r}{r}\right) \tag{4.6}$$

donde:

$$r = \frac{N_A}{N_B} \tag{4.7}$$

es el llamado desajuste estequiométrico y sólo puede tomar valores fraccionales desde 0 a 1. La razón de introducir un 2 en la ecuación 4.6 estriba en que el número de monómeros es igual a la mitad del número de grupos (bi)funcionales. Después de que haya reaccionado una fracción p de grupos, el número de *finales de cadena* (no moléculas) que quedan es igual a:

$$N_A(1 - p) + (N_B - pN_A) \tag{4.8}$$

donde el origen del primer término es evidente. El segundo término es igualmente directo. Debido a que una molécula N_A reacciona exactamente con una unidad N_B, el número de unidades B que han reaccionado debe ser igual a pN_A. Por lo tanto, el número de unidades B sin reaccionar (igual al número de extremos de cadena que son unidades B) viene dado por el segundo término. Sustituyendo $r = N_A/N_B$ y dividiendo por dos para obtener el número de moléculas:

$$N = \frac{1}{2}\left[N_A(1 - p) + N_B(1 - rp)\right]$$

$$= \frac{N_A}{2}\left[(1 - p) + \frac{(1 - rp)}{r}\right] \qquad (4.9)$$

Sustituyendo y reordenando:

$$\bar{x}_n = \frac{N_0}{N} = \frac{1 + r}{1 + r - 2rp} \qquad (4.10)$$

Si suponemos ahora que $p = 1$ (reacción completa), se puede demostrar que existe un límite superior teórico del peso molecular que no puede sobrepasarse, relacionado con el exceso de uno de los componentes:

$$\bar{x}_n \rightarrow \left[\frac{1 + r}{1 - r}\right] \text{ cuando } p \rightarrow 1 \qquad (4.11)$$

Si, por ejemplo, hay sólo un exceso de un 1% de unidades B al comienzo de la reacción (con ello queremos indicar que $N_A/N_B = 99/100$), entonces el límite superior para $\bar{x}_n$ es 199.

Se puede aplicar la misma ecuación para aquella polimerización que implique igual número de reactivos bifuncionales y una pequeña cantidad de compuesto capaz de parar la reacción [un reactivo monofuncional como el ácido acético (CH_3COOH)], siempre que se defina ahora r por la siguiente ecuación (ver Flory*):

$$r = \frac{N_A}{N_B + 2N_B^M} \qquad (4.12)$$

donde N_B^M es el número de grupos monofuncionales (tener en cuenta que $N_A = N_B$).

Es claro que si se desea obtener un polímero de alto peso molecular hay que tener especial cuidado en asegurarse de que haya cantidades iguales de monómero al comienzo de la reacción, que estos monómeros estén puros (no tengan contaminantes monofuncionales) y que uno de los monómeros no se pierda (por ej. por evaporación, reacciones paralelas, impurezas, etc.) preferentemente respecto al otro.

C. DISTRIBUCION DE PESO MOLECULAR EN POLIMEROS OBTENIDOS POR CONDENSACION LINEAL

Comenzaremos esta sección haciendo uso de las probabilidades y derivaremos expresiones para las distribuciones de peso molecular de las polimerizaciones de condensación de Tipo I. Para las polimerizaciones de Tipo II se pueden obtener expresiones equivalentes pero el tratamiento matemático es

---

* P. J. Flory, *Principles of Polymer Chemistry*, Cornell University Press, 1953.

mucho más complicado cuando el número de moléculas A-A no es igual al número de moléculas B-B. Para nuestra discusión de principios generales es suficiente limitar nuestra atención a las polimerizaciones de moléculas de tipo A-B donde el número de grupos funcionales A y B son siempre iguales.

Siguiendo a Flory, determinamos la probabilidad de que una molécula seleccionada al azar en una mezcla de cadenas polimerizantes, donde la extensión de la reacción es igual a p, sea un x-mero (tiene x unidades en su cadena). Centramos nuestra atención en la primera unidad de B en la cadena y nos preguntamos "¿Cuál es la probabilidad de que haya reaccionado?". Desde luego, debe ser igual a p (reiterando que la probabilidad de que haya reaccionado un grupo es justo igual a la fracción que ha reaccionado). La probabilidad de que el segundo grupo en la cadena haya reaccionado es también igual a p, y así sucesivamente:

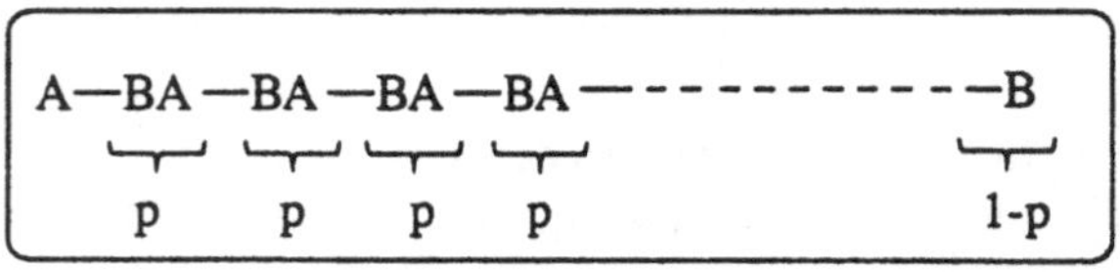

Hay (x - 1) enlaces AB en un x-mero, por lo que la probabilidad de que todos estos grupos hayan reaccionado justo el producto de cada término, igual a p^{x-1}. Debemos también incluir un término que dé la probabilidad de que el grupo terminal B *no haya reaccionado*, lo que es igual a 1 - p. La probabilidad de que la molécula tenga exactamente x unidades, P_x, es por lo tanto:

$$P_x = (1 - p)\, p^{x-1} \tag{4.13}$$

La probabilidad de encontrar un x-mero al azar debe, por definición, ser igual a la fracción molar de los x-meros presentes, por lo que podemos escribir:

$$\frac{N_x}{N} = X_x = (1 - p)\, p^{x-1} \tag{4.14}$$

donde N_x es el número de x-meros presentes en nuestro matraz, N es el número total de moléculas presentes cuando la extensión de la reacción es igual a p y X_x es la fracción molar de los x-meros.

Algunos autores prefieren utilizar la distribución en número N_x, lo que puede obtenerse a partir de la ecuación 4.14 empleando:

$$\bar{x}_n = \frac{N_0}{N} = \frac{1}{(1 - p)} \tag{4.15}$$

por lo que:

$$N = N_0 (1 - p) \tag{4.16}$$

y:

$$N_x = N_0 (1 - p)^2\, p^{x-1} \tag{4.17}$$

Ahora podemos emplear la ecuación 4.14 para calcular la fracción molar de los x-meros presentes para diversos valores de p. Los resultados se muestran gráficamente en la figura 4.3, donde puede verse que siempre hay un número mayor de monómeros presentes que de cualquier otra especie y que esto es cierto para todos los estadios de la reacción (para todos los valores de p).

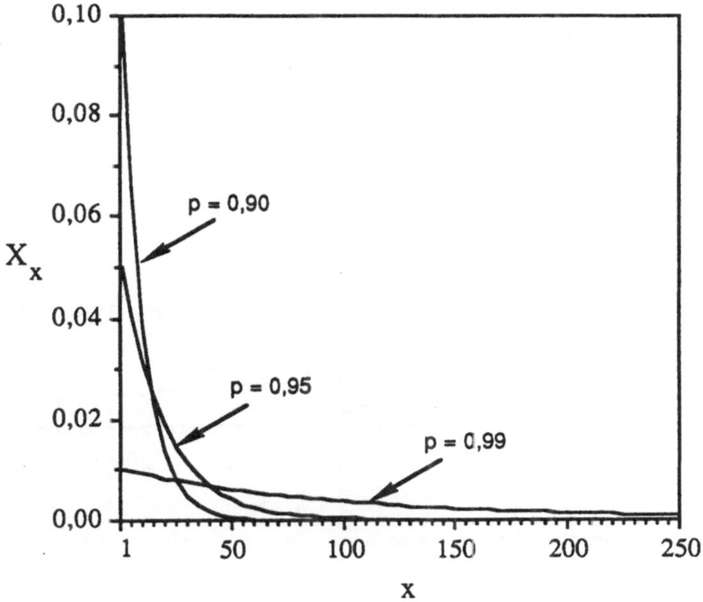

***Figura 4.3** Distribución de la fracción molar de los x-meros.*

Sin embargo, en peso, la cantidad de monómero puede resultar muy pequeña (obviamente un único mero de 100 unidades es mucho más pesado que 5 o 10 monómeros). Esto puede mostrarse de forma más explícita calculando la fracción en peso de los x-meros presentes, w_x, que viene dada por:

$$w_x = \frac{x\,N_x\,M_0}{N_0\,M_0} = \frac{\text{peso de todos los x-meros}}{\text{peso de todas las unidades}} \qquad (4.18)$$

donde hemos supuesto que el peso molecular promedio de la unidad estructural repetitiva es el mismo que el valor promedio del monómero (lo que introduce un pequeño error al despreciar los protones finales, grupos OH, etc.). Sustituyendo en la ecuación 4.17, la fracción en peso de los x-meros es:

$$w_x = x\,(1 - p)^2\,p^{x-1} \qquad (4.19)$$

En la figura 4.4 se representan los valores de w_x en función de x para los mismos valores de p empleados en el cálculo de la distribución de la fracción molar. Puede verse que el máximo en esta distribución se desplaza a valores superiores a medida que aumenta p, y que la distribución también se ensancha al aumentar la extensión de la reacción.

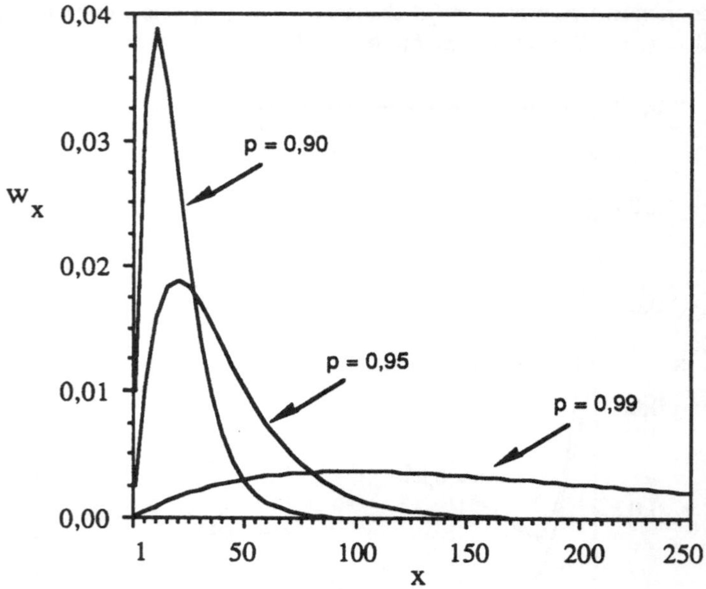

Figura 4.4 *Distribución de la fracción en peso de los x-meros.*

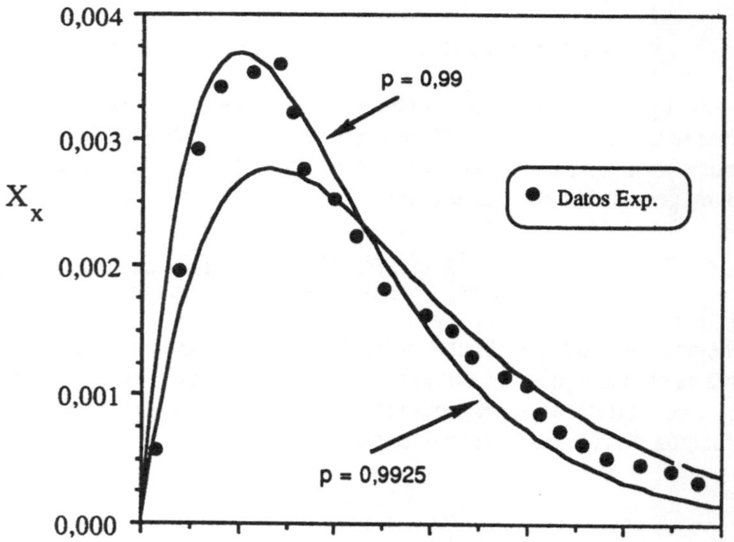

Figura 4.5 *Comparación de las distribuciones de la fracción en peso calculadas (p = 0,9900 y p = 0,9925) con los datos experimentales para el nylon 6,6. Representadas a partir de los datos de G. B. Taylor, JACS,* ***69****, 638 (1947).*

La distribución descrita por las ecuaciones 4.14 y 4.19 recibe el nombre de distribución *más probable* o distribución de Schulz-Flory. Esta distribución se basa en la suposición, ya anteriormente considerada, de que la reactividad de un grupo funcional es independiente de la longitud de cadena a la que se une. La validez de esta suposición no ha sido nunca contradicha experimentalmente pero hasta la llegada de la cromatografía de permeabilidad en gel (GPC, lo veremos más adelante) se realizaron muy pocos estudios de distribuciones de peso molecular, debido a la dificultad de obtener fracciones monodispersas de un polímero por métodos como la precipitación a partir de una disolución (lo que se obtiene son fracciones que también contienen una distribución de pesos moleculares). Hace muchos años, sin embargo, Taylor obtuvo un fraccionamiento extraordinariamente estrecho cuyos resultados se muestran en la figura 4.5. Puede verse que el acuerdo de la teoría con los datos experimentales está dentro del error.

Por último, las ecuaciones dadas para la distribución más probable pueden emplearse en la obtención de expresiones para los grados de polimerización promedio en número y en peso. La correspondiente al primero de estos promedios ya ha sido obtenida pero generalmente es interesante e informativo tener expresiones para otros promedios que también pueden obtenerse por métodos experimentales.

Se define el grado de polimerización promedio en número como:

$$\bar{x}_n = \frac{\sum x N_x}{\sum N_x} \tag{4.20}$$

que en forma desarrollada queda:

$$\bar{x}_n = \frac{N_1}{\sum N_x} + \frac{2N_2}{\sum N_x} + \frac{3N_3}{\sum N_x} + \text{--------------} \tag{4.21}$$

Como hemos apuntado anteriormente, si X_x es la fracción molar del x-mero ($N_x/\Sigma N_x$), se cumple que:

$$\bar{x}_n = \sum x X_x \tag{4.22}$$

sustituyendo en la ecuación 4.14:

$$\bar{x}_n = \sum x p^{x-1} (1 - p) \tag{4.23}$$

Dado que p < 1 podemos usar la siguiente ecuación para una convergencia en serie:

$$\sum x p^{x-1} = \frac{1}{(1 - p)^2} \tag{4.24}$$

para obtener:

$$\bar{x}_n = \frac{1}{(1 - p)} \tag{4.25}$$

El grado de polimerización promedio en peso viene dado por:

$$\bar{x}_w = \sum x\, w_x = \sum x^2 p^{x-1} (1-p)^2 \tag{4.26}$$

Empleando:

$$\sum x^2 p^{x-1} = \frac{(1+p)}{(1-p)^3} \tag{4.27}$$

obtenemos:

$$\bar{x}_w = \frac{(1+p)}{(1-p)} \tag{4.28}$$

El peso molecular promedio en peso (grado de polimerización) es siempre mayor que el promedio en número (son iguales sólo en una muestra *monodispersa*, donde todas las cadenas tienen exactamente la misma longitud). Como mencionamos en el Capítulo 1, la relación entre los dos promedios se denomina *polidispersidad* y es una medida de la anchura de la distribución. Sustituyendo en las ecuaciones 4.25 y 4.28:

$$\frac{\bar{x}_w}{\bar{x}_n} = (1+p) \tag{4.29}$$

y cuando $p \rightarrow 1$

$$\frac{\bar{x}_w}{\bar{x}_n} = 2 \tag{4.30}$$

D. POLIMEROS DE CONDENSACION MULTICADENA

Hemos visto que para una reacción prácticamente completa ($p \approx 1$) la polidispersidad de polímeros sintetizados por policondensación lineal debe ser igual a 2. Así, si sometiéramos a una muestra comercial de nylon 6,6 a un análisis de peso molecular por medio de dos técnicas como la osmometría y la dispersión de luz (se obtienen los pesos moleculares promedio en número y en peso, respectivamente, como veremos en el Capítulo 10), esperaríamos, y normalmente se da, que M_w fuera aproximadamente el doble de $\overline{M}_n$. Si se dan reacciones de ramificación a partir de reacciones químicas laterales, impurezas o por emplear monómeros multifuncionales, la polidispersidad generalmente se ensancha. Existe un caso de policondensación interesante, sin embargo, donde la polidispersidad se *estrecha*. Consideremos la polimerización de condensación de A–B con una *pequeña* cantidad de un monómero multifuncional, $R\text{-}A_f$. A medida que la reacción de polimerización se aproxima al final, desaparecerán las especies lineales en favor de las moléculas de polímero de cadena múltiple. El polímero formado al completarse la reacción consistirá en f cadenas unidas a una unidad central R.

$$R\left[A-(BA)_{y-1}-B-A\right]_f$$

Por ejemplo: el ácido ε-aminocaproico (A–B) más un ácido tetrabásico (RA_4) daría esquemáticamente:

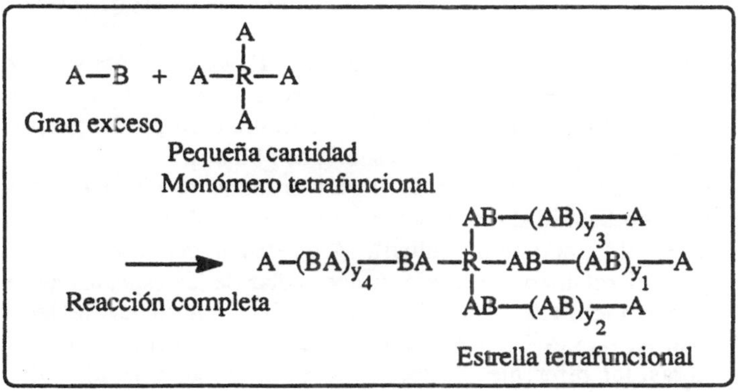

El número total de moléculas será igual al número de unidades tetrafuncionales en el sistema, mientras que el número total de unidades en toda la molécula, x, depende de la suma de los y-valores de las cadenas individuales. Un tamaño, x, mucho mayor o menor que el medio sólo tendrá posibilidad de darse si algunas (o todas) de las cadenas en la molécula son anormalmente grandes o pequeñas. Por consiguiente, la distribución será *más estrecha* que en una policondensación lineal convencional (< 2). Si esto no está claro, puede contemplarlo de esta otra manera. Supongamos que realizamos una policondensación lineal hasta conversión prácticamente total. En el matraz de reacción hay una distribución de cadenas lineales con una polidispersidad de 2. Manteniendo una molécula RA_f en una mano, con unas pinzas moleculares atrapo una molécula al azar del recipiente de reacción y la pongo en contacto con uno de los grupos A de la molécula RA_f. Si vuelvo a repetir el proceso hasta que todos los grupos A de la molécula RA_f tengan cadenas unidas a ellos, como la selección de las longitudes de cadena ha sido al azar, es muy improbable que haya seleccionado, por ejemplo, sólo moléculas pequeñas (o grandes), siendo más probable que nuestra muestra contenga moléculas de todo tamaño. Mientras que el peso molecular de las moléculas con forma de estrella aumenta con respecto al de las moléculas lineales originales, la polidispersidad disminuye.

Como en el caso anterior, definimos p como la probabilidad de que un grupo A haya reaccionado. La probabilidad de que una cadena particular contenga y unidades es $p^y(1 - p)$. (Esto es similar a la ecuación 4.13 pero hay que tener en cuenta que un grupo más de A ha reaccionado en este caso, debido a su unión con la molécula RA_f).

La probabilidad de que f cadenas tengan longitudes y_1, y_2, y_3 ......y_f, respectivamente es:

$$p^{y_1} p^{y_2} p^{y_3} \ldots\ldots\ldots\ldots p^{y_f} (1 - p)^f \qquad (4.31)$$

Ahora, si se cuenta la unidad central, R, como una de las x totales:

$$y_1 + y_2 + y_3 + \text{---------} + y_f = (x - 1) \qquad (4.32)$$

entonces esta probabilidad puede expresarse como:

$$P_{x,f} = p^{x-1} (1 - p)^f \tag{4.33}$$

Si se piensa en ello, el resultado es directo. Es exactamente similar al de la ecuación 4.13, donde se describe la probabilidad de reacción de x - 1 grupos para formar una cadena lineal, pero en vez de un término final de (1 - p) tenemos $(1 - p)^f$, porque hay f grupos finales en la estrella de f brazos.

Hasta ahora hemos sido capaces de derivar todos los resultados a partir del argumento de probabilidad más sencillo. Ahora, sin embargo, debemos ascender un peldaño en el "grado de dificultad". A diferencia del caso lineal, donde se podía igualar directamente P_x a la fracción molar de las especies x-meros, X_x, aquí debemos incluir la condición de que las longitudes de las cadenas individuales, y_1, y_2, y_3 - - - - - y_f, pueden variar de un x-mero a otro x-mero. En otras palabras, los diferentes x-meros pueden tener sus unidades distribuidas entre los f brazos de muchas maneras distintas (todas de la misma longitud, (f - 1) cadenas realmente cortas y una realmente larga, y así sucesivamente). A nosotros no nos importa la distribución de las unidades puesto que sólo tenemos en cuenta aquellas moléculas cuyo número total de unidades sea igual a x. La probabilidad de que la molécula contenga exactamente x unidades distribuidas *de cualquiera de las maneras posibles* entre las f cadenas es igual, por tanto, a la ecuación 4.33 multiplicada por el número total de combinaciones de las y que cumplen la condición expresada en la ecuación 4.32. Esto puede funcionar imaginándonos los f bloques ordenados en una línea (de x - 1 unidades) en vez de en forma de estrella. Para ligarlos todos requeriríamos f-1 enlaces. El problema se reduce al número de maneras de distribuir los f - 1 enlaces entre las x - 1 unidades, es decir, el número de combinaciones de (x - 1) + (f - 1) elementos tomados f-1 veces a la vez. A partir de una combinatoria sencilla esto es igual a:

$$\left[\frac{(x + f - 2)!}{(f - 1)!\,(x - 1)!} \right] \tag{4.34}$$

Por lo que la fracción molar de los x-meros se convierte en:

$$X_{x,f} = \left[\frac{(x + f - 2)!}{(f - 1)!\,(x - 1)!} \right] p^{x-1} (1 - p)^f \tag{4.35}$$

Si el lector no está familiarizado con la combinatoria, todo esto puede ser difícil de entender, por lo que no comentaremos nada sobre la forma de derivar la ecuación correspondiente para la fracción en peso de los x-meros y únicamente presentaremos el resultado derivado por Stockmayer*.

$$w_{x,f} = \left[\frac{x(x + f - 2)!}{(f - 1)!\,(x - 1)!} \right] \left[\frac{(1 - p)^{f+1}}{fp + 1 - p} \right] p^{x-1} \tag{4.36}$$

* W. Stockmayer, *J. Chem. Phys.*, **12**, 125 (1944)

Aunque esta expresión pueda parecer horrorosa, Stockmayer mostró, afortunadamente, que (cuando p tiende a 1) puede simplificarse empleando una serie de aproximaciones:

$$\frac{\bar{x}_w}{\bar{x}_n} \approx \left(1 + \frac{1}{f}\right) \tag{4.37}$$

Esta sencilla ecuación indica lo que nosotros deseamos señalar; a medida que f aumenta la distribución se estrecha. Por ejemplo, las polidispersidades predichas para sistemas de policondensación A-B que contienen pequeñas cantidades de moléculas RA_f con funcionalidades de 4, 5 y 10, son 1,25, 1,20 y 1,10 respectivamente. Para f = 2, lo que es equivalente al caso de combinar dos cadenas independientes en una molécula, se predice una polidispersidad de 1,5.

$$\text{A—(BA)}_{\overline{n}}\text{—B + A—R—A + B–(AB)}_{\overline{m}}\text{—A} \longrightarrow \text{A–(BA)}_{\overline{n}}\text{—BA—R—AB–(AB)}_{\overline{m}}\text{—A}$$

(Incidentalmente debemos decir que se presenta una situación análoga en la polimerización radicalaria cuando la terminación de las cadenas se da exclusivamente por combinación).

Deberíamos remarcar que en esta sección hemos considerado un caso bastante especial de la policondensación de moléculas A-B en presencia de moléculas multifuncionales conteniendo sólo grupos funcionales A. Si añadiéramos al sistema moléculas B-B, podrían darse estructuras de retículo, lo que nos acerca a nuestro siguiente tema.

E. TEORIA DE LA GELIFICACION

La presencia de unidades polifuncionales casi siempre posibilita la formación de estructuras químicas de dimensiones macroscópicas o *retículos infinitos*. Como ejemplos de este tipo de estructuras podemos incluir a las resinas fenólicas, poliuretanos, formación de geles en polímeros diénicos, etc. En esta sección nos preocuparemos de definir las condiciones críticas para la formación de retículos infinitos así como de las distribuciones de pesos moleculares para polímeros no lineales.

Consideremos una reacción de policondensación que implique a dos moléculas difuncionales y una molécula trifuncional, tal como se ilustra a continuación:

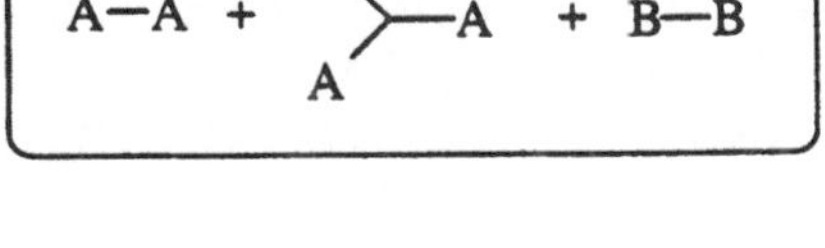

De nuevo debemos imponer la restricción de que la reacción sólo puede tener lugar entre A y B. Después de un cierto tiempo, esto nos llevaría a estructuras ramificadas típicas, como:

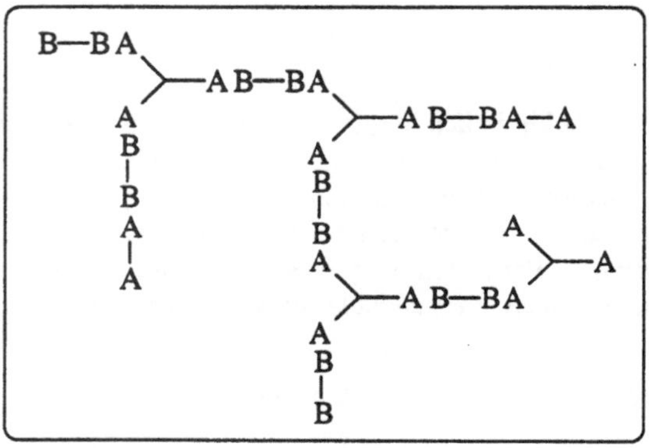

Nuestra intención es definir las condiciones bajo las que puede formarse una estructura química grande o un retículo infinito. Flory, en su análisis, realizó dos suposiciones principales: la primera se refiere al principio de *igual reactividad* para todos los grupos funcionales, independientemente de su localización, y la segunda a que la *condensación intramolecular* no tiene lugar. La primera puede considerarse una suposición razonable, aunque se sabe que el grupo hidroxilo secundario en el glicerol, HO-CH_2-CH(OH)-CH_2-OH, tiene una reactividad algo diferente a la de los grupos OH primarios. Sin embargo, la segunda suposición no es tan razonable y veremos que la ciclación intramolecular puede originar errores importantes.

Flory introdujo un parámetro, al que denominó coeficiente de ramificación (α), que definió como la probabilidad de que un grupo funcional dado de una unidad de ramificación conecte, a través de una cadena de unidades bifuncionales, con otra unidad de ramificación. Aunque pueda parecer un trabalenguas, es un concepto sencillo tal como se ilustra a continuación:

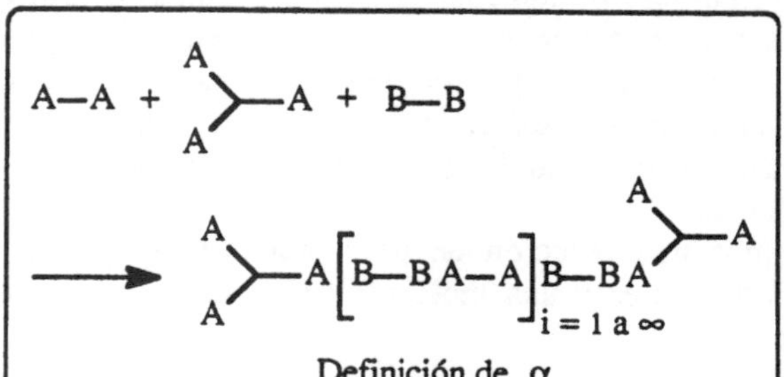

Definición de α

Puede ser conveniente visualizar un recipiente de reacción en el que ponemos cantidades conocidas de A–A, B–B y RA_3. Imaginemos que después de un cierto tiempo de reacción se puede extraer una molécula al azar. Flory se cuestiona ahora "¿Cuál es la probabilidad de que esta molécula seleccionada al azar tenga una estructura como la indicada arriba?". Esta pregunta puede parecer un poco extraña pero tengamos paciencia dado que veremos que éste es un ejemplo del tipo de salto conceptual que separa a los científicos extraordinarios, que pueden sacudir el mundo con sus percepciones, de aquellos otros más vulgares que solamente se dedican a extrapolar (y ya vale de filosofía que necesitamos definir ciertos términos).

Sea:

p_A la probabilidad de que un grupo A haya reaccionado.

p_B la probabilidad de que haya reaccionado un grupo B.

ρ la relación entre los grupos A (reaccionados y no reaccionados) pertenecientes a las unidades ramificadas y el número total de grupos A.

Por lo tanto:

La probabilidad de que un grupo B haya reaccionado con una unidad ramificada es $p_B\rho$.

La probabilidad de que un B esté unido a una unidad A-A es $p_B(1 - \rho)$.

Examinemos ahora la cadena que une dos unidades ramificadas:

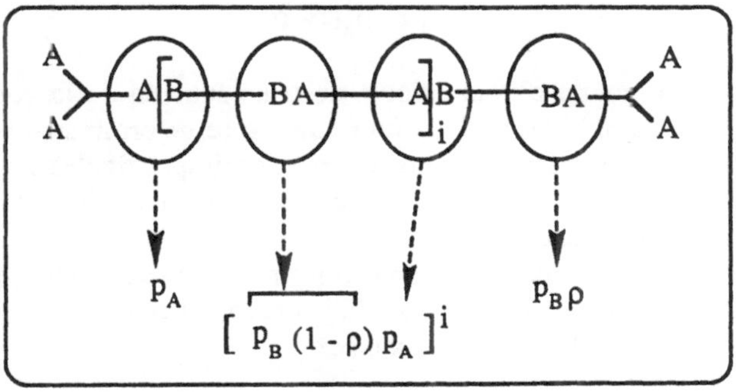

La probabilidad de que un grupo A esté unido a una secuencia de unidades tal como la que se muestra en el gráfico es $p_A[p_B(1 - \rho)p_A]^i\, p_B\rho$.

La probabilidad, α, de que la cadena termine en una unidad de ramificación, independientemente del número i de pares de unidades bifuncionales, viene dada por la suma de dichas expresiones para todo valor de i, esto es:

$$\alpha = \sum_{i=0}^{\infty} \left[p_A p_B(1 - \rho)\right]^i p_A p_B \rho \qquad (4.38)$$

La evaluación de este sumatorio da lugar al importante resultado:

$$\alpha = \frac{p_A p_B \rho}{\left[1 - p_A p_B(1 - \rho)\right]} \qquad (4.39)$$

(Para aquellos que deseen solucionarlo, hay que tener en cuenta que cuando x < 1):

$$\sum_{i=0}^{\infty} x^i = \sum_{i=1}^{\infty} x^{i-1} = \frac{1}{1-x}$$

Como en el caso de la policondensación lineal supondremos que r es igual a la relación de grupos A y B, lo que nos lleva a:

$$p_B = rp_A \tag{4.40}$$

[Hay que tener en cuenta que si hay más grupos A que B, la probabilidad de que un grupo B haya reaccionado es mayor que la del grupo A].

Por lo que:

$$\alpha = \frac{rp_A^2\rho}{\left[1 - rp_A^2(1-\rho)\right]} \tag{4.41}$$

o:

$$\alpha = \frac{p_B^2\rho}{\left[r - p_B^2(1-\rho)\right]} \tag{4.42}$$

Es importante anotar que el cálculo de α en función de la conversión es relativamente directo, puesto que tanto r como ρ se determinan a partir de las concentraciones de los reactivos iniciales y que los grupos finales sin reaccionar, A o B, pueden ser determinados analíticamente por una serie de técnicas a diversos estadios de la reacción.

Hay dos casos especiales que merecen ser mencionados dado que permiten simplificar las ecuaciones 4.41 y 4.42. El primero, cuando no hay grupos A-A presentes, $\rho = 1$ con lo que α viene dado por:

$$\alpha = rp_A^2 = \frac{p_B^2}{r} \tag{4.43}$$

El segundo, cuando los grupos A y B están presentes en cantidades equivalentes, $r = 1$ y $p_A = p_B = p$, y α viene dado por:

$$\alpha = \frac{p^2\rho}{\left[1 - p^2(1-\rho)\right]} \tag{4.44}$$

Este tratamiento no es totalmente riguroso. Por ejemplo, la policondensación de $R\text{–}A_f$ y $R'\text{–}B_g$ no puede tratarse por esta vía. Además, diferentes reactividades posibles, como la del hidroxilo secundario en el glicerol, menos reactivo que los grupos hidroxilo primarios, no se han tenido en cuenta.

Valor crítico de α

Flory razonó que para algún valor crítico de α, ocurriría la formación incipiente de un retículo* infinito, lo que dependerá de la funcionalidad de la unidad ramificada. Consideremos en primer lugar una unidad ramificada *trifuncional*. Cada cadena que reaccione con esta unidad irá seguida de *dos* cadenas más. De forma similar, si ambas reaccionan con otra unidad ramificada, se producirán *cuatro* cadenas y luego *ocho* y así sucesivamente. Esquemáticamente:

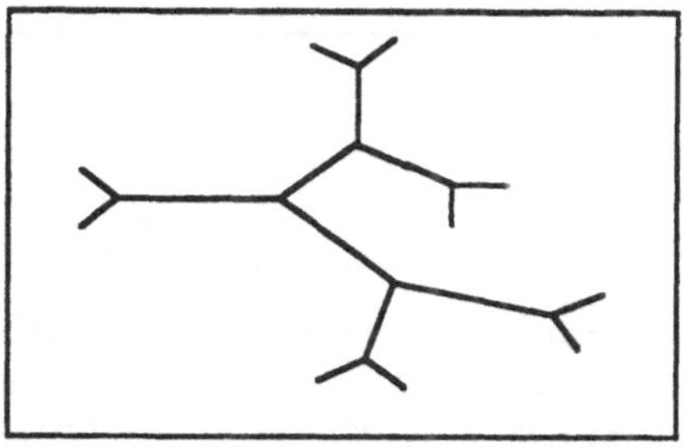

Si $\alpha < 0{,}5$ hay una posibilidad menor de que cada cadena conduzca a una unidad de ramificación y por lo tanto a dos cadenas más, etc. De hecho, hay una posibilidad mayor de que termine en un grupo funcional sin reaccionar. Al final, la terminación de las cadenas debe ser predominante sobre la continuación del retículo a través de las ramas. Así, llegamos a la conclusión importante de que cuando $\alpha < 0{,}5$, todas *las estructuras moleculares deben estar limitadas*. En otras palabras, todas las moléculas en el medio de reacción tienen un tamaño finito.

Por el contrario, si $\alpha > 0{,}5$, cada cadena tiene una mayor posibilidad de reproducir dos cadenas más. Ahora pueden darse estructuras moleculares de tamaño infinito (retículos).

Consecuentemente, $\alpha = 0{,}5$ representa la condición crítica para la *formación incipiente de un retículo infinitamente grande* en un sistema ramificado trifuncionalmente. Es muy importante reconocer que cuando $\alpha > 0{,}5$ esto no quiere decir que todo el material esté combinado en una estructura infinita. Tanto el *gel* (retículo infinito) como el *sol* (moléculas de tamaño finito) existen en cantidades diferentes.

En general, si denominamos f a la funcionalidad de la unidad de ramificación, la gelificación tendrá lugar cuando $\alpha(f - 1)$ exceda la unidad. De otra manera:

$$\alpha_c = \frac{1}{(1 - f)} \tag{4.45}$$

---

* Para aquellos estudiantes que no hayan observado nunca la formación de la gelificación, que es un fenómeno realmente espectacular, recomendamos que se efectúe el experimento siguiente: Se realiza una policondensación sencilla, por ejemplo, con etilen glicol, ácido adípico y un ácido trifuncional en un reactor de vidrio que contiene un tubo capilar fino que borbotea nitrógeno dentro del material. Se puede observar cómo las burbujas de nitrógeno van subiendo a la superficie durante un período de tiempo largo (normalmente 2 horas), tras el cual hay una pérdida abrupta de fluidez de la masa polimerizante en el punto de gel, lo que hace que las burbujas dejen de subir, quedando atrapadas en la masa. La precisión y reproducibilidad de esta medida es bastante sorprendente.

donde α_c es el *valor crítico* de α. Esta expresión extremadamente sencilla indica que α_c depende únicamente de la funcionalidad de la molécula ramificada.

Ensayo experimental de la teoría de gelificación

Kienle y colaboradores* estudiaron la reacción entre el glicerol y cantidades *equivalentes* de una serie de ácidos dibásicos.

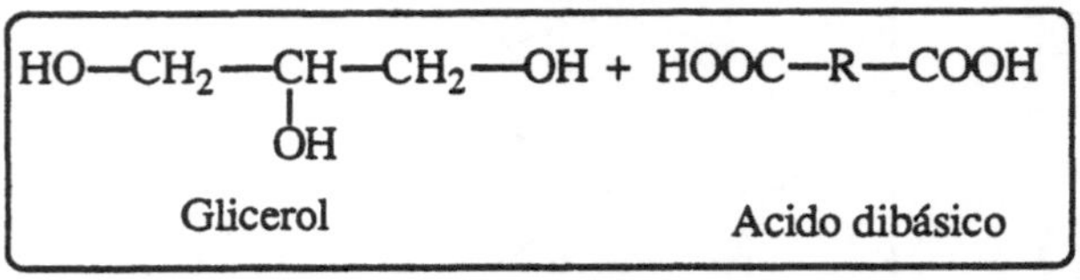

El punto de gel incipiente (ver pie página anterior) se daba a una esterificación del 76,5 ± 1%; en otras palabras, $p = 0{,}765$. Para este caso $\rho = 1$ y $\alpha = p^2$. Sustituyendo estos valores experimentales en la expresión de α se obtiene un valor de 0,58. Este es un valor bastante mayor que el teórico $\alpha_c = 0{,}50$. Algunas de las discrepancias se deben sin duda a la diferente reactividad del grupo OH secundario pero no sólo a ella. Flory** estudió un sistema distinto, la reacción entre el etilen glicol con ácidos adípico o succínico (bifuncionales) y cantidades variables de un ácido tricarbalílico (trifuncional).

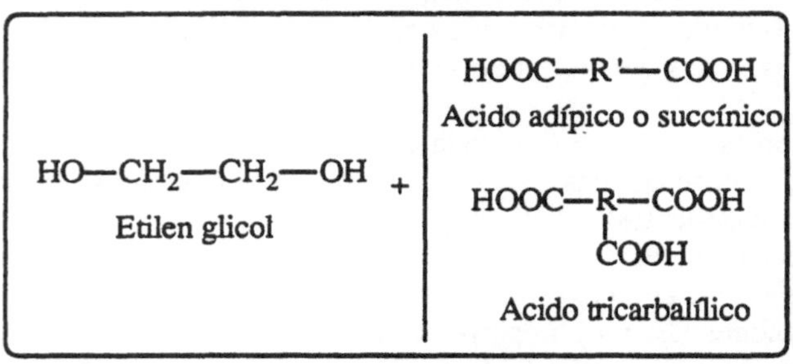

Recordemos que r y ρ se calculan de la cantidad relativa de cada componente empleada inicialmente y que p_A puede calcularse a partir de pequeñas cantidades de muestra por valoración para obtener la extensión de la esterificación de los grupos ácidos. Se determinó experimentalmente el punto de gel por la pérdida de fluidez y la ausencia de burbujas. Se obtuvo un valor experimental de p_A en el punto de gel por extrapolación.

El valor de α en el punto de gel se calculó entonces empleando la ecuación 4.41. Para los cuatro sistemas estudiados, se obtuvieron valores de $\alpha = 0{,}60 \pm 0{,}02$, apreciablemente mayores que el valor teórico de $\alpha_c = 0{,}5$. Esta discrepancia se debe principalmente al fallo de la teoría al no tener en cuenta la condensación intramolecular.

---

* R. H. Kienle et al., *JACS*, **61**, 2258 (1939); *ibid.* **61**, 2268 (1939); *ibid.* **62**, 1053 (1940); *ibid.* **63**, 481 (1941).

** P. J. Flory, *Principles of Polymer Chemistry*, Cornell University Press, 1953.

Flory también calculó el grado de polimerización promedio en número a partir de:

$$\overline{x}_n = \frac{f\left(1 - \rho + \frac{1}{r}\right) + 2\rho}{f\left(1 - \rho + \frac{1}{r} - 2p_A\right) + 2\rho} \tag{4.46}$$

En la figura 4.6 se muestra un diagrama esquemático de la variación de p_A,$\overline{x}_n$, α y la viscosidad (η) en función del tiempo de la reacción. Debe observarse que $\overline{x}_n$ ni es muy grande, ni aumenta rápidamente en el punto de gel, lo que significa que en el punto gel existen todavía muchas moléculas y sólo una fracción de estructuras infinitamente grandes. Así mismo hay que observar el rápido aumento de la viscosidad según se aproxima al punto de gel, debido a una transición aguda que experimentalmente puede observarse fácilmente.

Los autores han estimado que la discrepancia entre la predicción teórica y la observación experimental de α en el punto de gel se debe fundamentalmente al hecho de que la condensación intramolecular no se tuvo en cuenta durante el desarrollo de la teoría. Stockmayer y Weil* mostraron una serie de experimentos interesantes en los que se confirma este hecho. Estos autores

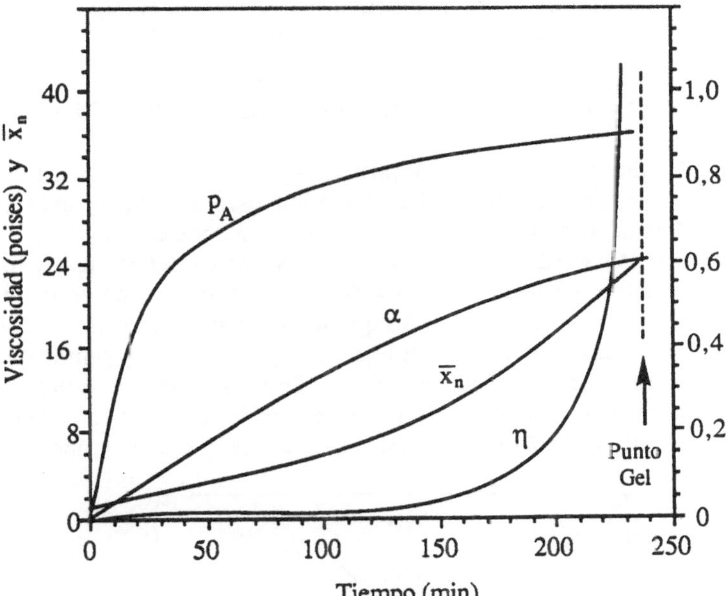

Figura 4.6 *Diagrama esquemático de una poliesterificación típica implicando a un monómero trifuncional. Representación a partir de los datos de P. J. Flory,* Principles of Polymer Chemistry, *Cornell University Press, 1953.*

---

* W. H. Stockmayer and L. L. Weil, Capítulo 6 en *Advancing Fronts in Chemistry*, S. B. Twiss, Ed., Reinhold, New York, 1945.

estudiaron la reacción entre pentaeritritol (tetrafuncional) y ácido adípico (difuncional).

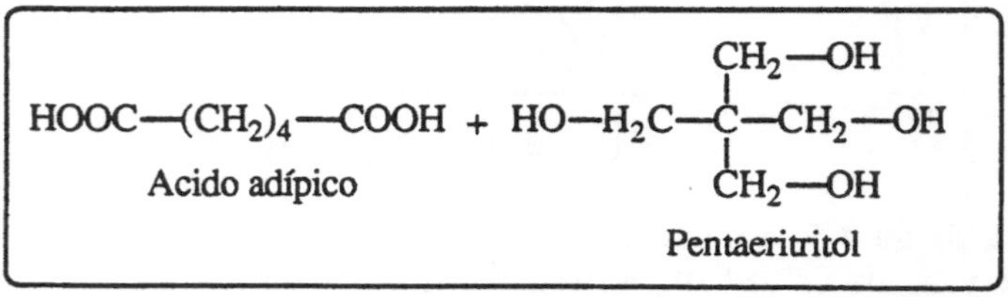

Dado que el pentaeritritol es tetrafuncional, el valor crítico teórico de alfa es $\alpha_c = 0{,}333$, lo que corresponde a un valor de $p_c = 0{,}577$. Experimentalmente se encontró que el punto de gel ocurría cuando $p = 0{,}63$, lo que está de nuevo de acuerdo con los resultados previos; es decir, un resultado mayor que el predicho por la teoría. Sin embargo, en un experimento clásico, los autores estimaron que la probabilidad de la condensación intramolecular aumentaría si el sistema se diluyera en un disolvente inerte. Se efectuaron diversos experimentos en presencia de cantidades distintas de tal disolvente y se obtuvo p en el punto de gel para cada caso. Los resultados se representaron frente al *inverso* de la concentración del disolvente inerte, con el fin de obtener un valor de p extrapolado a *concentración infinita*, es decir, a $(c^{-1})_{c=0}$, donde se esperaba eliminar totalmente la condensación intramolecular. El valor extrapolado de p a $(c^{-1})_{c=0}$ fue de $0{,}578 \pm 0{,}005$ lo que está de acuerdo con la teoría.

F. RAMIFICACION AL AZAR SIN FORMACION DE RETICULO

Este será el último sistema que consideremos en este capítulo. Lo incluimos porque es un caso especial, los resultados son interesantes y, de alguna forma, intuitivos. Consideremos la policondensación del monómero $A{-}R{-}B_{f-1}$. De nuevo, A puede sólo condensarse con B y viceversa, no considerando además la condensación intramolecular. Después de un cierto tiempo de reacción se presentarán estructuras típicas como las que se muestran a continuación (un 7-mero): Una mirada rápida a esta estructura nos puede llevar a pensar que es inevitable la formación de un retículo infinito. Pero, sin embargo, éste no es el caso. Hay que tener en cuenta que cada especie x-mérica contiene (x + 1) grupos B sin reaccionar (8 para el 7-mero mostrado en la figura) y sólo un grupo A.

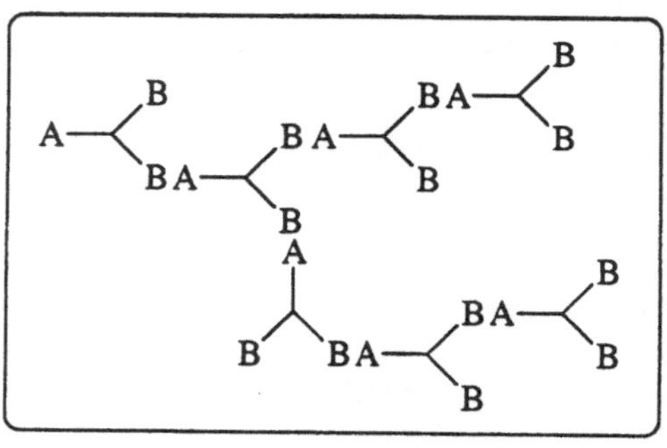

De hecho, en general, polímeros análogos formados a partir de $A{-}R{-}B_{f-1}$ contendrán siempre un sólo grupo A sin reaccionar y (f - 2)x + 1 grupos B sin reaccionar. Por lo tanto, si se añaden monómeros bifuncionales del tipo A–B al sistema $A{-}R{-}B_{f-1}$, el carácter principal de la estructura molecular se mantendrá idéntico (sólo variará la distancia entre unidades de ramificación).

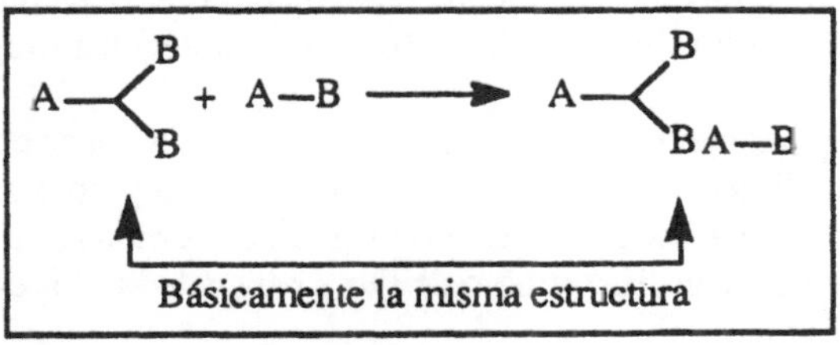

Sin embargo, si se añaden moléculas del tipo A–A, o A–A y B–B al sistema $A{-}R{-}B_{f-1}$, estaremos introduciendo la posibilidad de formar estructuras infinitas. Es importante considerar que las estructuras que se forman ahora tienen más de un grupo A, lo que nos lleva a la posibilidad de formación de retículos.

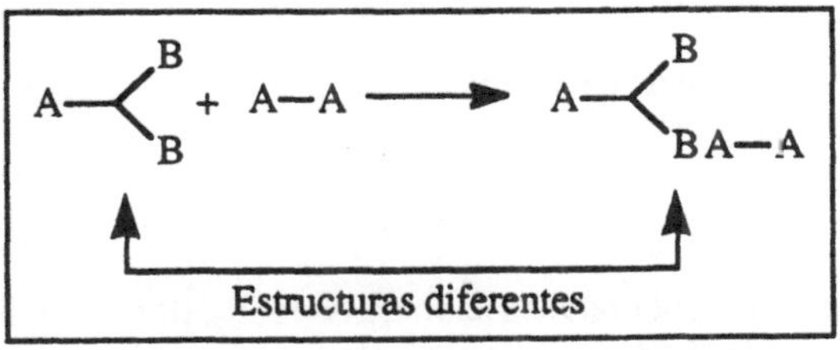

Veamos ahora si podemos emplear los principios desarrollados en este capítulo para explicar por qué el sistema $A{-}R{-}B_{f-1}$ no forma retículos infinitos. Para la policondensación de $A{-}R{-}B_{f-1}$ conocemos, a partir de la definición de α, que:

$$\alpha = p_B \tag{4.47}$$

(Recordar la definición de α como la probabilidad de que un grupo funcional dado de una unidad de ramificación dé lugar, vía una cadena de unidades bifuncionales, a otra unidad de ramificación. En este caso no hay unidades bifuncionales y α es por tanto simplemente p_B).

Ahora:

$$p_A = p_B\,(f - 1) \tag{4.48}$$

(Esto es evidente, puesto que hay (f - 1) grupos B más que grupos A).

La sustitución de la ecuación 4.47 en la 4.48 nos lleva a:

$$\alpha = \frac{p_A}{(f - 1)} \tag{4.49}$$

Hemos visto previamente (ecuación 4.44) que el valor crítico de α es:

$$\alpha_c = \frac{1}{(f - 1)} \tag{4.50}$$

La magnitud de α no puede igualarse a α_c, puesto que requiere que p_A sea igual a 1. La extensión de la reacción puede aproximarse a 1 pero no igualarse, por lo que la formación de las estructuras reticuladas (gelificación) no es posible. A extensiones elevadas de reacción se formarán moléculas muy grandes pero finitas.

Finalmente y para completar, presentaremos las ecuaciones correspondientes a los grados de polimerización promedio en número y en peso para el sistema A–R–B_{f-1} pero sin derivarlas puesto que está fuera del objetivo de este libro. El lector interesado puede utilizar el libro de Flory para estudiar los detalles.

$$\bar{X}_n = \frac{1}{\left[1 - \alpha(f - 1)\right]} \tag{4.51}$$

$$\bar{X}_w = \frac{\left[1 - \alpha^2(f - 1)\right]}{\left[1 - \alpha(f - 1)\right]^2} \tag{4.52}$$

La polidispersidad viene dada por:

$$\frac{\bar{X}_w}{\bar{X}_n} = \frac{1 - \alpha^2(f - 1)}{1 - \alpha(f - 1)} \tag{4.53}$$

Para la reacción de policondensación de A–R–B_2, donde $f = 3$ y α se calcula a partir de la ecuación 4.48, se obtienen valores de la polidispersidad del orden de 6, 11 y 51 para valores de p_A de 0,90, 0,95 y 0,99, respectivamente. Este ensanchamiento de la distribución de peso molecular es un resultado opuesto al estrechamiento discutido previamente para el sistema que consiste en A–B y una pequeña cantidad de RA_f.

G. TEXTOS ADICIONALES

(1) P. J. Flory, *Principles of Polymer Chemistry*, Cornell University Press, Ithaca, New York, 1953.

CAPITULO 5

Copolimerización

"See plastic Nature working to this end,
The single atoms to each other tend,
Attract, attracted to, the next in place'
Form'd and impell'd its neighbour to embrace."
—Alexander Pope

A. INTRODUCCION GENERAL

Al comienzo de este libro definimos los copolímeros como aquellos polímeros que contienen más de un tipo de unidad química en la misma cadena. Los copolímeros pueden ser de diversos tipos, de acuerdo con la distribución de las unidades en la cadena, y ya en el Capítulo 1 definimos cuatro de ellos: estadístico (al azar), alternante, de bloque y de injerto.

La copolimerización permite que los diversos monómeros se combinen de tal forma que puedan dar materiales con propiedades útiles y algunas veces únicas. El polietileno lineal y el polipropileno isotáctico son ambos materiales plásticos semi-cristalinos (definiremos exactamente el significado de semicristalino más adelante) pero un copolímero al azar (o más precisamente, estadístico) de ambos monómeros en las proporciones adecuadas, es un elastómero. Los copolímeros de bloque de estireno y butadieno pueden emplearse en la obtención de cauchos termoplásticos o, alternativamente, en la obtención de un material rígido resistente al impacto, dependiendo el obtener uno u otro comportamiento de la distribución exacta y de la longitud relativa de los bloques. Los ionómeros son copolímeros estadísticos de un monómero no polar (normalmente) con una pequeña proporción de unidades ionizables. El etileno-co-ácido metacrílico (≈ 5% de ácido metacrílico) es un ejemplo. Los protones del ácido se intercambian para formar sales y estas especies iónicas se separan en fases dando lugar a dominios que actúan como reticulantes y endurecedores del polímero. Una aplicación de este material es la fabricación de bolas de golf, siendo por tanto ¡uno de los descubrimientos más importantes de este siglo!. Es interesante, por tanto, dedicar un tiempo al tratamiento de la copolimerización, lo que vamos a realizar en este momento. Iniciaremos la discusión considerando algunos ejemplos de los tipos de copolímeros que pueden producirse por diversas polimerizaciones radicalarias y por etapas para, posteriormente, examinar con más detalle la cinética de la copolimerización radicalaria.

Los copolímeros se sintetizan empleando una química similar a la descrita en el Capítulo 2. La polimerización en cadena puede emplearse en la síntesis de copolímeros estadísticos haciendo reaccionar, por ejemplo, dos monómeros A y

B en el mismo reactor. El centro activo, denominado * en el esquema siguiente, puede ser un radical, especies iónicas, o un complejo de coordinación.

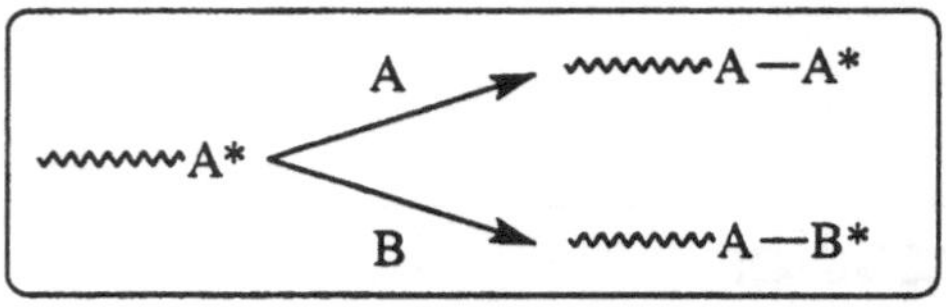

La distribución de las especies en la cadena dependerá de la velocidad relativa con la que se adicione cada monómero al centro activo. Esto da lugar, generalmente, a una distribución estadística de las unidades en la cadena que puede describirse en términos de las respectivas constantes de velocidad (realmente de sus relaciones). Enseguida lo examinaremos con más detalle.

Si en lugar de introducir los monómeros en el reactor al mismo tiempo los añadimos secuencialmente, asegurándonos de que el monómero se agota en cada paso antes de adicionar el siguiente, podemos obtener copolímeros de bloque, *siempre que utilicemos una técnica de polimerización sin terminación* (generalmente aniónica). También se puede emplear un procedimiento secuencial en la obtención de copolímeros de injerto, copolimerizando primero una unidad con un grupo funcional apropiado, X, en la cadena y luego injertar en estos puntos un segundo polímero con un grupo terminal Y que reaccione con X. De manera alternativa, se pueden generar centros radicalarios en cadenas poliméricas previamente hinchadas con monómero mediante irradiación. Estos centros activos adicionarán entonces monómero.

Los polímeros de condensación también pueden ser empleados en la obtención de copolímeros. Los copolímeros de bloque, por ejemplo, pueden obtenerse polimerizando primeramente, y por separado, cadenas cortas de un polímero (macromonómeros) con un tipo de grupo funcional en cada extremo (por ejemplo ácido) y otro tipo de macromonómero con un grupo funcional distinto, pero complementario, en cada uno de sus extremos (por ejemplo un alcohol). Los macromonómeros pueden entonces reaccionar dando cadenas (en este ejemplo, unidas por grupos éster). Los elastómeros termoplásticos que, entre otras cosas, se emplean mucho en la industria del automóvil, se producen de una forma similar utilizando, en este caso, la reacción química del grupo uretano.

La copolimerización por etapas de diferentes tipos de unidades en el mismo reactor da lugar, sin embargo, a copolímeros realmente al azar y con una composición similar a la de la alimentación (es decir, si comenzamos con un 50% de unidades de A y 50% de B en el reactor, entonces el copolímero resultante tendrá el 50% de unidades de A y 50% de unidades de B). Estos copolímeros son realmente al azar porque en nylons y poliésteres, por ejemplo, se dan reacciones de transamidación y transesterificación, perturbando cualquier distribución inicial de las especies impuesta por factores cinéticos. Este comportamiento puede no cumplirse cuando el crecimiento de la cadena es una reacción por etapas rápida e irreversible, como ocurre en la formación *in-situ* de poliuretanos empleados en el moldeo reactivo por inyección (denominado normalmente RIM). En este caso, el factor determinante es la cinética de polimerización como ocurre en las polimerizaciones en cadena.

Todas estas ideas nos han permitido esbozar aspectos que veremos a continuación. La cinética de la copolimerización de crecimiento de cadena, particularmente la radical, ha sido ampliamente estudiada y la examinaremos ahora en detalle. Observaremos que el conocimiento de la cinética permite predecir la composición instantánea de los copolímeros resultantes. Posteriormente centraremos nuestra atención en la aplicación de la teoría simple de probabilidades a la distribución secuencial y a la caracterización de las cadenas de los copolímeros.

B. ECUACION DEL COPOLIMERO

Nos centraremos en aquellos tipos de copolímeros que pueden ser obtenidos por copolimerización de dos monómeros, a los que denominaremos en general M_1 y M_2. Es posible extender estas consideraciones a copolímeros con tres o más unidades pero el tratamiento matemático se complica mucho y dado que estamos interesados fundamentalmente en los principios generales que relacionan la composición del copolímero con la concentración inicial de los monómeros así como en la cinética de la adición en cadena, evitaremos otras complicaciones. De la misma forma, limitaremos nuestra discusión a la copolimerización radicalaria. En principio, debería ser posible aplicar estas ecuaciones u otras similares a otros tipos de polimerizaciones pero generalmente se dan complicaciones importantes que están fuera del propósito de lo que queremos abarcar. Por ejemplo, en una polimerización que emplea un catalizador heterogéneo, se podrían obtener polímeros con distribuciones de secuencia diferentes en distintos puntos activos del catalizador. La ecuación del copolímero debería ser aplicable a cualquier tipo de punto pero desde un enfoque analítico no hay forma de distinguir y separar cadenas producidas en un punto de aquellas producidas en otro, lo que origina que el producto final contenga todos los tipos distintos de cadenas mezclados. El objetivo al introducir esta dificultad se verá más claro cuando discutamos la copolimerización radical porque, incluso en este caso, veremos que la composición de las cadenas del copolímero puede variar dramáticamente a lo largo del curso de la polimerización (en función de la conversión).

La copolimerización implica las mismas etapas que la polimerización radical ordinaria: iniciación, propagación y terminación. Con una o dos excepciones, la iniciación y terminación son muy similares a las de la homopolimerización, mientras que la etapa de propagación es la que imparte un carácter especial.

En la polimerización de un copolímero binario podemos distinguir cuatro reacciones de propagación posibles. Las dos primeras se aplican a aquellas reacciones que pueden tener lugar si el centro activo (radical) en el extremo de la cadena en crecimiento es del tipo 1. Este puede añadir bien otra unidad del tipo 1 con una constante de velocidad dada por k_{11} (reflejando la velocidad de adición de un monómero de tipo 1 a un radical de tipo 1):

$$\sim\sim\sim M_1^{\bullet} + M_1 \xrightarrow{k_{11}} \sim\sim\sim M_1^{\bullet} \qquad \text{(I)}$$

o una unidad del tipo 2

$$\sim\sim\sim M_1^{\bullet} + M_2 \xrightarrow{k_{12}} \sim\sim\sim M_2^{\bullet} \qquad \text{(II)}$$

donde la constante de velocidad k_{12} es una medida de la velocidad a la que una unidad de tipo 2 se adiciona a un radical del tipo 1. Se pueden escribir ecuaciones similares para la adición a un radical del tipo 2:

$$\sim\sim\sim M_2^{\bullet} + M_1 \xrightarrow{k_{21}} \sim\sim\sim M_1^{\bullet} \qquad \text{(III)}$$

$$\sim\sim\sim M_2^{\bullet} + M_2 \xrightarrow{k_{22}} \sim\sim\sim M_2^{\bullet} \qquad \text{(IV)}$$

Hemos efectuado aquí la suposición fundamental de que la velocidad de adición de monómeros depende únicamente de la naturaleza de las especies radicalarias en el extremo de la cadena en crecimiento. En otras palabras, de que sea

$$\sim\sim\sim M_1^{\bullet} \quad \text{o} \quad \sim\sim\sim M_2^{\bullet}$$

Este es el llamado modelo *terminal*. Se ha propuesto que las unidades colocadas en penúltimo lugar pueden ser importantes en ciertos sistemas por lo que se ha elaborado un modelo denominado penúltimo (ver posteriormente) que implica una dependencia con el carácter de las dos últimas unidades de la cadena en crecimiento:

$$\sim\sim\sim M_1{-}M_1^{\bullet} \quad \text{o} \quad \sim\sim\sim M_2{-}M_1^{\bullet} \quad \text{etc.}$$

El asunto se complica, algebraicamente hablando, puesto que debemos considerar ahora ocho constantes de velocidad en vez de cuatro. Por el momento ignoraremos este modelo por tres razones:

1) El modelo terminal ilustra los principios generales que fundamentalmente nos interesan.

2) El modelo terminal es adecuado para describir la mayoría de las copolimerizaciones.

3) En las situaciones en las que aparentemente sea inadecuado, es decir, donde exista una variación en los valores de las relaciones de las constantes de velocidad (relaciones de reactividad, definidas posteriormente) con la

composición inicial de monómero, podemos recurrir (no siempre) a explicaciones alternativas a los efectos penúltimos (por ej. disolución preferencial de la cadena polimérica en uno de los dos monómeros).

Si aceptamos la validez general del modelo terminal, podemos describir inmediatamente algunas condiciones límites interesantes:

1) Si $k_{11} >> k_{12}$ y $k_{22} >> k_{21}$, entonces la cadena cuyo centro activo sea del monómero tipo 1 siempre preferirá añadir otro del tipo 1, mientras que los extremos cuyos centros activos sean del tipo 2 siempre preferirán añadir otro del tipo 2. Existe así una tendencia hacia la formación de copolímeros de bloque, o incluso homopolímeros (si la tendencia es tan grande que un tipo de unidad monomérica nunca adiciona una unidad del otro tipo).

2) Si $k_{12} >> k_{11}$ y $k_{21} >> k_{22}$ existe entonces una gran tendencia hacia la formación de copolímeros alternantes, basada en el mismo tipo de argumento cinético.

3) Si $k_{12} = k_{11}$ y $k_{21} = k_{22}$ los copolímeros serán totalmente al azar.

Es claro que resulta muy interesante poder calcular la composición del copolímero y las distribuciones secuenciales de los comonómeros (como es importante poder medirlas, para asegurarse de que el modelo es aplicable al sistema en estudio). Es posible obtener una ecuación para la composición instantánea del copolímero aplicando nuestra vieja amiga, la suposición del estado estacionario, a las especies radicalarias $\sim\!\sim\!\sim M_1^{\bullet}$ y $\sim\!\sim\!\sim M_2^{\bullet}$ presentes en la polimerización. Esta suposición afirma que en el período de tiempo (corto) que estamos considerando (recordar que una polimerización radical puede iniciarse, propagarse y terminar en cuestión de segundos) la concentración de las especies radicalarias es constante. Esto, a su vez, significa que las especies radicalarias $\sim\!\sim\!\sim M_1^{\bullet}$ y $\sim\!\sim\!\sim M_2^{\bullet}$ se forman y desaparecen a igual velocidad. Si examinamos las reacciones desde la I hasta la IV veremos inmediatamente que sólo en dos de ellas, la II y la III, se dan radicales de un tipo generados por el otro (es decir, se forma uno y desaparece el otro). En las reacciones I y IV un radical de tipo 1 se convierte en otro radical de tipo 1 y lo mismo sucede con los radicales de tipo 2; es decir, no existe un cambio neto. Aplicando la suposición del estado estacionario podemos decir, por tanto, que la velocidad de generación de nuevas especies de tipo 1 (reacción III) es igual a su velocidad de desaparición (reacción II), por lo que:

$$k_{12}[M_1^{\bullet}][M_2] = k_{21}[M_2^{\bullet}][M_1] \tag{5.1}$$

(Obviamente, obtenemos la misma ecuación al considerar la velocidad de formación y de desaparición de los radicales tipo 2). Hay que tener en cuenta que hemos representado la concentración de las especies radicalarias de cadena $\sim\!\sim\!\sim M_1^{\bullet}$ y $\sim\!\sim\!\sim M_2^{\bullet}$ por $[M_1^{\bullet}]$ y $[M_2^{\bullet}]$, respectivamente.

Deberemos recordar que, al discutir la polimerización radical, empleamos la suposición del estado estacionario para obtener una ecuación para la concentración de las especies radicalarias en términos de la concentración de las unidades de monómero porque, en general, no conocemos la primera y es muy difícil medirla, mientras que la concentración de monómeros se conoce normalmente (al menos al comienzo de la reacción). En este caso tenemos más de una especie radicalaria, por lo que obtenemos una ecuación para la relación:

$$\frac{[M_1^\bullet]}{[M_2^\bullet]} = \frac{k_{21}[M_1]}{k_{12}[M_2]} \qquad (5.2)$$

Podemos ahora escribir ecuaciones para la velocidad de consumo de los monómeros 1 y 2:

$$-\frac{d[M_1]}{dt} = k_{11}[M_1^\bullet][M_1] + k_{21}[M_2^\bullet][M_1] \qquad (5.3)$$

$$-\frac{d[M_2]}{dt} = k_{22}[M_2^\bullet][M_2] + k_{12}[M_1^\bullet][M_2] \qquad (5.4)$$

Siendo la relación entre estas dos ecuaciones:

$$\frac{d[M_1]}{d[M_2]} = \frac{k_{11}[M_1]\left(\dfrac{[M_1^\bullet]}{[M_2^\bullet]} + k_{21}[M_1]\right)}{k_{22}[M_2] + k_{12}[M_2]\left(\dfrac{[M_1^\bullet]}{[M_2^\bullet]}\right)} \qquad (5.5)$$

donde las partes superior e inferior de la ecuación se han dividido por $[M_2^\bullet]$.

Una forma más útil de esta ecuación se puede obtener sustituyendo en ella la relación de especies activas por la ecuación 5.2 y definiendo las relaciones de reactividad como:

$$r_1 = \frac{k_{11}}{k_{12}} \quad y \quad r_2 = \frac{k_{22}}{k_{21}} \qquad (5.6)$$

con lo que obtenemos:

$$\frac{d[M_1]}{d[M_2]} = \frac{\left(r_1\dfrac{[M_1]}{[M_2]}\right) + 1}{\left(r_2\dfrac{[M_2]}{[M_1]}\right) + 1} \qquad (5.7)$$

Esta ecuación representa la cantidad de monómero 1 que ha polimerizado en relación con la correspondiente al monómero 2 en un tiempo dt. En algunos casos la ecuación 5.7 puede expresarse también como:

$$y = \frac{d[M_1]}{d[M_2]} = \frac{1 + r_1 x}{1 + \dfrac{r_2}{x}} \qquad (5.8)$$

donde x es la relación de alimentación de los monómeros:

$$x = \frac{[M_1]}{[M_2]}$$

Ahora bien, estos monómeros no se están evaporando, sino que se están incorporando al polímero, por lo que esta ecuación debe ser igual a la relación de monómeros que se da en las cadenas de polímero (o segmentos de estas cadenas) producidos en este *período de tiempo tan corto*. Por este motivo, la ecuación recibe el nombre de *ecuación de la composición instantánea del copolímero*.

Si, en vez de la relación de monómeros en el polímero, deseamos conocer la fracción molar de cada uno, podemos reordenar la ecuación 5.7. Si F_1 es la fracción molar del monómero 1 que está siendo incorporado al copolímero en algún instante de tiempo, mientras que f_1 es la fracción molar de monómero sin reaccionar en ese mismo instante de tiempo, entonces:

$$F_1 = \frac{d[M_1]}{d[M_1] + d[M_2]} \tag{5.9}$$

usando la definición de fracción molar. De forma similar:

$$f_1 = \frac{[M_1]}{[M_1] + [M_2]} \tag{5.10}$$

Combinando las ecuaciones 5.7, 5.9 y 5.10 podemos obtener:

$$F_1 = \frac{r_1 f_1^2 + f_1 f_2}{r_1 f_1^2 + 2f_1 f_2 + r_2 f_2^2} \tag{5.11}$$

Las cantidades F_2 y f_2 vienen dadas, por supuesto, por $1 - F_1$ y $1 - f_1$, respectivamente.

Las relaciones de reactividad que hemos empleado en las ecuaciones del copolímero son cantidades extremadamente importantes. En primer lugar, son una medida de la preferencia relativa de las especies radicalarias hacia los monómeros. Por ejemplo, r_1 es una medida de la preferencia de $[M_1^{\bullet}]$ hacia M_1 relativa a M_2 (= k_{11} / k_{12}, la velocidad de adicionar 1 dividido por la velocidad de adicionar 2). En segundo lugar, estas dos cantidades, r_1 y r_2, representan las dos únicas variables independientes de velocidad que necesitamos conocer, y no las cuatro constantes de velocidad individuales k_{11}, etc. Finalmente, se han establecido diversos métodos experimentales para medir r_1 y r_2 por lo que, en principio, deberíamos ser capaces de calcular la composición del copolímero.

Aquí es cuando se plantea el siguiente problema. La ecuación 5.7 nos da la relación de monómeros en el copolímero en *algún instante* relativa a la relación de concentración de monómeros en la masa de reacción (una medida de la cantidad de monómeros que en ese tiempo no ha reaccionado todavía). Las proporciones relativas de monómero sin reaccionar *después que la polimerización ha progresado durante un tiempo pueden ser muy diferentes a las proporciones en los primeros momentos de la polimerización* (un monómero puede reaccionar mucho más rápido que el otro y por lo tanto agotarse más rápidamente). Esto significa que tenemos una *desviación de la composición*, o que la composición del copolímero normalmente varía a lo largo de la polimerización (excepto en un caso especial que describiremos más adelante) y difiere de la composición de la "alimentación" de monómeros. También significa que no podemos emplear las ecuaciones 5.7 o 5.11 considerando simplemente $[M_1] / [M_2]$ como una constante a lo largo del curso de la polimerización. Diciéndolo más claramente, las ecuaciones del copolímero relacionan las proporciones del monómero incorporado en el copolímero en algún momento durante la polimerización *con las concentraciones de monómero en ese mismo tiempo.* De cualquier manera, se puede calcular el efecto de las relaciones de reactividad sobre los tipos de copolímeros producidos, y esto es lo que vamos a considerar, a continuación, con mayor detalle.

C. RELACIONES DE REACTIVIDAD Y COMPOSICION DEL COPOLIMERO

Antes de profundizar en el cálculo de la composición del copolímero para un par de monómeros reales, es útil considerar algunos casos límites, puesto que nos darán una idea del significado de las relaciones de reactividad y de los resultados que podemos esperar al emplear la ecuación del copolímero.

Caso Especial I: $r_1 = r_2 = 0$

Esto significa que un radical del tipo 1 nunca deseará adicionarse a sí mismo ($k_{11} = 0$), y lo mismo le sucederá al radical de tipo 2 ($k_{22} = 0$), pero cada uno puede adicionarse al otro (si k_{12}, k_{21} no son también iguales a cero). En esta situación se producirá un copolímero perfectamente alternante hasta que todos los monómeros se agoten (si $[M_1]_0 = [M_2]_0$ donde el subíndice o indica concentración inicial de monómero) o hasta que se agote uno de los monómeros, en cuyo caso se parará la polimerización (si $[M_1]_0 \neq [M_2]_0$).

Caso Especial II: $r_1 = r_2 = \infty$

Si $r_1 = \infty$ entonces k_{12} debe ser igual a cero. De forma similar, para $r_2 = \infty$, $k_{21} = 0$. En consecuencia, el monómero 1 sólo se adicionará a radicales M_1 y el monómero 2 se adicionará a radicales M_2. Por lo tanto se producirán dos homopolímeros.

Caso Especial III: $r_1 = r_2 = 1$

Este es un caso muy especial, como se verá enseguida, y significa que los monómeros 1 y 2 se adicionan con igual facilidad a cualquiera de los centros activos de los radicales M_1 y M_2. El copolímero resultante no sólo tiene una distribución totalmente al azar, sino que además su composición es exactamente la misma que la composición inicial de monómeros en la alimentación y permanece así a lo largo de la polimerización ($F_1 = f_1 = (f_1)_{t=0}$).

Caso Especial IV: $r_1r_2 = 1$

Esta situación se denomina copolimerización *ideal*. La distribución de los monómeros en la cadena en cualquier momento de la polimerización es realmente al azar pero la composición del copolímero no es normalmente igual a la composición de los monómeros en la masa de reacción ($F_1 \neq f_1$). Para ver cómo ocurre esto, escribamos primero la condición $r_1r_2 = 1$ en términos de las constantes de velocidad y reordenemos los términos para obtener:

$$\frac{k_{11}}{k_{12}} = \frac{k_{21}}{k_{22}} \text{ (copolimerización ideal)} \tag{5.12}$$

Dicha ecuación significa que cada radical posee idéntica preferencia por uno de los monómeros que por el otro (la relación de la velocidad de adicionar un M_1 a un radical M_1 a la velocidad de adicionar un M_2 a un radical M_1 es exactamente igual a la relación equivalente de adicionar un M_1 a un radical M_2 relativo a la de adición de un M_2 a un radical M_2). En otras palabras, independientemente de la naturaleza del centro activo del radical, la velocidad de adicionar M_1 en relación con la de M_2 es siempre la misma (podría ser 100:10 para k_{11}/k_{22}, por ejemplo), lo que da lugar a una distribución al azar de las unidades. La cuestión resulta confusa para muchos estudiantes porque no han entendido bien la teoría de probabilidades (la pregunta del millón es ¿cuánta gente realmente la entiende?). Una distribución al azar no significa necesariamente que haya un 50% de unidades A y otro 50% de unidades B a lo largo de una cadena, de acuerdo con una estadística similar a la de arrojar una moneda. Puede haber solamente un 10% de unidades A en la cadena pero a condición de que la probabilidad de que una unidad A esté localizada en cualquier punto a lo largo de la cadena sea en este caso 0,1, por lo que la distribución de unidades es al azar. En una copolimerización ideal la distribución de unidades en el copolímero, formado en algún instante, es normalmente diferente de la distribución de monómeros en el reactor en ese momento pero la distribución secuencial en el polímero es, en cualquier caso, al azar. Además, a no ser que tengamos el caso límite especial en el que $r_1 = r_2 = 1$, habrá también un desplazamiento de la composición (que como recordará el estudiante, significa que la composición del copolímero cambia durante la polimerización).

En la práctica, el caso especial II ($r_1 = r_2 = \infty$) es casi imposible que tenga lugar pero hay circunstancias en las que el proceso se aproxima al caso especial I ($r_1 = r_2 = 0$) (cuando tanto r_1 como r_2 son muy pequeños). Presentaremos un ejemplo de este caso más adelante. En ciertos sistemas se da de forma aproximada la situación de copolimerización ideal ($r_1r_2 = 1$) pero en la mayoría de los casos r_1r_2 es menor que 1.

Se puede lograr una descripción más precisa del efecto de los valores de las relaciones de reactividad realizando representaciones de la composición instantánea del copolímero F_1 frente a la composición instantánea de la alimentación f_1 (o, equivalentemente, F_2 frente a f_2). Este tipo de representación no nos dice cómo varía la composición en función de la conversión para una composición de monómero de partida dada (lo consideraremos más tarde) pero sí nos dice la composición de copolímero que vamos a obtener instantáneamente para algunas proporciones dadas de monómero. Algunos ejemplos se muestran en la figura 5.1. El caso especial de $r_1 = r_2 = 1$ da una línea recta en la diagonal de esta representación. La curva por encima de la diagonal a lo largo de todo el rango de composición representa una situación en la que el copolímero formado instantáneamente es siempre más rico en unidades de tipo 1 que la mezcla de monómeros de la que él polimeriza. Esto sucede cuando $r_1 > 1$ y $r_2 < 1$. Si ambos r_1 y r_2 son inferiores a 1, entonces se obtiene la curva que cruza la diagonal. El punto en el que la curva intersecciona con la diagonal se denomina azeótropo, por analogía con la situación en la que un vapor se produce con la misma composición que el líquido del que parte. Aquí el copolímero que se forma tiene la misma composición que la alimentación de monómero, por lo tanto $d[M_1]/d[M_2] = M_1/M_2$. Bajo esta condición, desde luego, no hay variación en la composición a lo largo del tiempo porque el monómero se incorpora al polímero exactamente en la misma proporción que la composición en la alimentación.

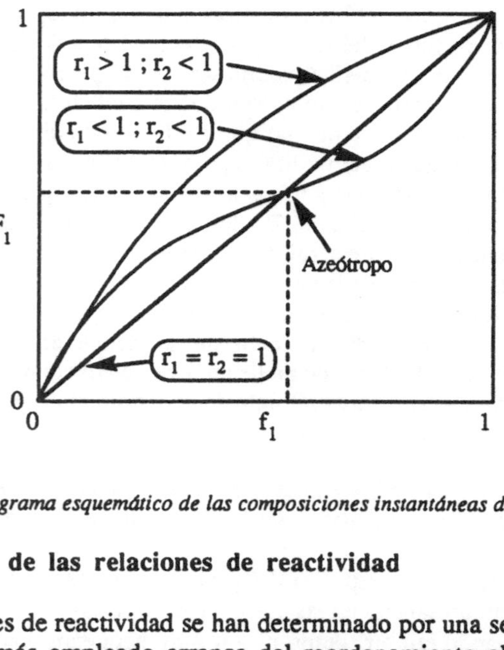

Figura 5.1 Diagrama esquemático de las composiciones instantáneas de copolímeros.

Determinación de las relaciones de reactividad

Las relaciones de reactividad se han determinado por una serie de métodos diferentes. El más empleado arranca del reordenamiento algebraico de la ecuación del copolímero para dar una expresión que permita representaciones lineales. Como veremos, esto exige que las copolimerizaciones se lleven a cabo a muy bajos grados de conversión (menos del 5%), lo que supone dar por válido el modelo terminal pero si lo aceptamos así podemos comenzar por definir primeramente:

$$\frac{[M_1]}{[M_2]} = x \quad y \quad \frac{d[M_1]}{d[M_2]} = y \tag{5.13}$$

con lo que la ecuación del copolímero revierte a la forma sencilla mostrada previamente en la ecuación 5.8:

$$y = \frac{1 + r_1 x}{1 + \frac{r_2}{x}} \qquad (5.14)$$

Resolviendo para r_2:

$$r_2 = \frac{x(r_1 x + 1)}{y} - x \qquad (5.15)$$

La gráfica que se obtiene con esta ecuación se denomina representación de Mayo-Lewis, y puede resolverse por un método de intersección, representando valores de r_2 vs r_1 para valores dados de x y de y. Aunque pueda parecer confuso a primera vista porque no conocemos ni r_1 ni r_2, si tomamos cualquier valor de r_1, podemos emplear la ecuación 5.15 para calcular r_2. Repitiendo para diversos valores experimentales de x e y, se obtiene un conjunto de líneas rectas, véase la figura 5.2, donde el punto de intersección define los valores de r_1 y r_2. En la práctica, las líneas no se cortan todas en un único punto, teniéndose que aplicar algún método para seleccionar el mejor punto de corte.

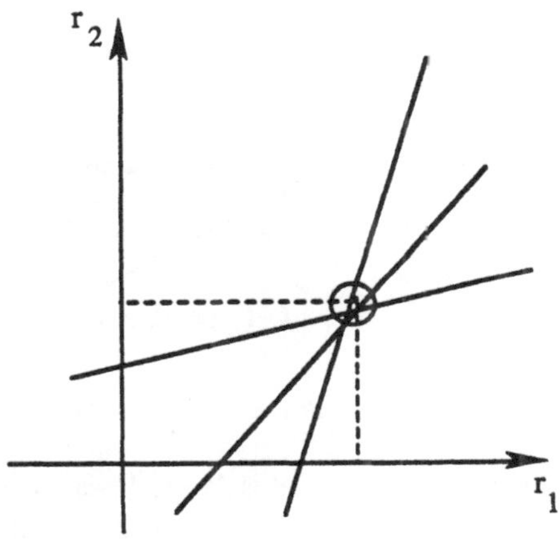

***Figura 5.2** Diagrama esquemático de una representación de Mayo-Lewis .*

Hasta ahora no hemos comentado nada sobre las cantidades experimentales x e y, la relación de concentraciones de monómero en la masa de reacción relativa a la relación de concentraciones de monómero incorporado al copolímero en algún instante. Dado que en la mayoría de los casos ambas composiciones varían con la reacción, es una práctica habitual limitar la conversión a una pequeña fracción de la mezcla original de monómeros. Se supone entonces que la cantidad x viene dada exactamente por la relación de concentraciones iniciales de monómero, mientras que y viene dado por el promedio o valor integral de la composición del copolímero sobre el rango de conversión elegido. Dicho valor se mide normalmente por métodos espectroscópicos. Obviamente, cuanto menor sea el grado de conversión inicial, más exactamente representará y la composición instantánea del copolímero. Cada experimento, donde y se determina para un polímero obtenido con un valor elegido de x, requiere una síntesis separada y una caracterización espectroscópica. Consecuentemente, la determinación de r_1 y r_2 con un razonable grado de exactitud obliga a un número importante de experimentos, lo que es una tarea tediosa pero, en cualquier caso, éstos se han llevado a cabo sobre un amplio rango de parejas de monómeros.

Un procedimiento alternativo en la determinación de las relaciones de reactividad es la representación de Fineman-Ross que necesita de las mismas medidas experimentales. La ecuación del copolímero escrita en términos de x e y, dada anteriormente, puede reordenarse de la siguiente manera:

$$x\left(1 - \frac{1}{y}\right) = r_1\left(\frac{x^2}{y}\right) - r_2 \quad (5.16)$$

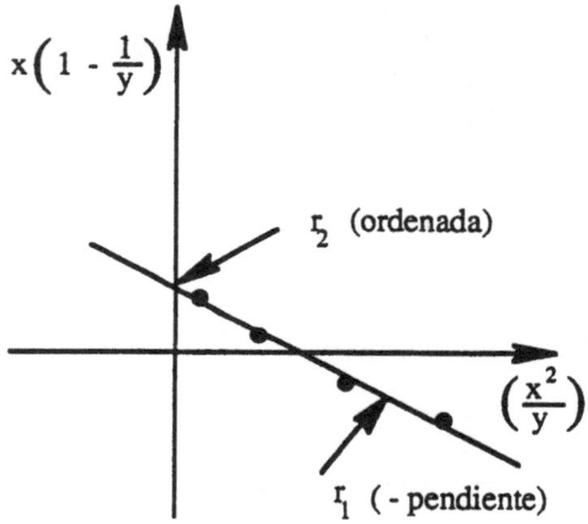

Figura 5.3 Diagrama esquemático de una representación de Fineman-Ross .

La representación de los términos adecuados da una línea recta cuya pendiente es r_1 y la ordenada en el origen es $-r_2$. En la figura 5.3 se muestra un ejemplo esquemático de esta representación.

Tanto el método de Mayo-Lewis como el de Fineman-Ross dependen del empleo de la ecuación instantánea del copolímero y, como tal, están sujetos a varios errores. En primer lugar, se supone la validez del modelo terminal. En ciertos sistemas pueden jugar un papel los efectos penúltimos. Además, se ha mostrado que estos métodos de linealización transforman la estructura del error de tal manera que los procedimientos de mínimos cuadrados son inapropiados. Un método alternativo diseñado para vencer estas pegas, atribuido a Kelen y Tüdõs*, ha ganado popularidad en los últimos años. La ecuación es de la forma:

* T. Kelen and F. Tüdõs, *J. Macromol. Sci.-Chem.*, **A9(1)**, 1 (1975).

$$\eta = r_1 \xi - \frac{r_2}{\alpha}(1 - \xi) \tag{5.17}$$

donde:

$$\eta = \frac{\frac{x(y-1)}{y}}{\alpha + \frac{x^2}{y}} \quad y \quad \xi = \frac{\frac{x^2}{y}}{\alpha + \frac{x^2}{y}} \tag{5.18}$$

Una representación de η vs ξ, obtenida a partir de los datos experimentales (x e y), debería dar una línea recta con una ordenada extrapolada a $\xi = 0$ que corresponde a $-r_2/\alpha$ y a $\xi = 1$, r_1. El parámetro α sirve para distribuir los datos experimentales uniforme y simétricamente entre los límites de 0 y 1, y se determina generalmente a partir de:

$$\alpha = \sqrt{\left(\frac{x^2}{y}\right)_{bajo}\left(\frac{x^2}{y}\right)_{alto}} \tag{5.19}$$

donde los subíndices bajo y alto representan los valores mínimos y máximos de x^2/y calculados a partir de datos experimentales. La figura 5.4 muestra una representación típica de Kelen-Tüdõs que prepararon los autores de este texto para determinar las relaciones de reactividad del metacrilato de n-decilo y *p*(*t*-butil dimetilsililoxi) estireno*.

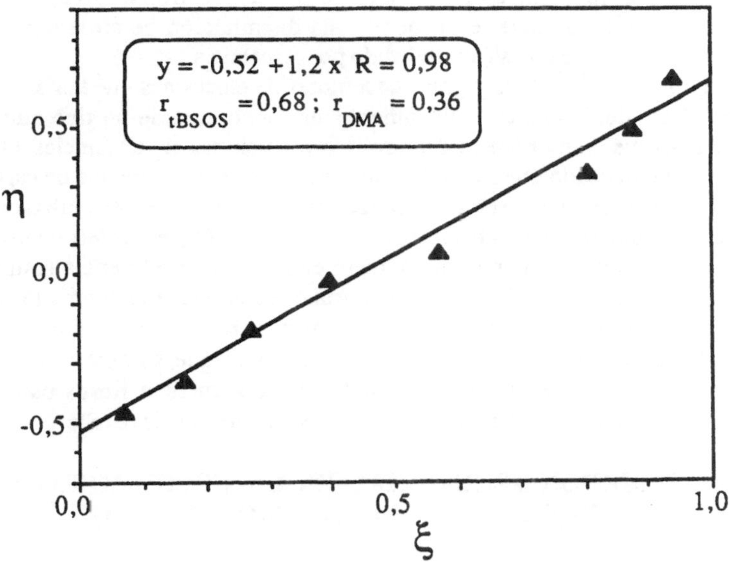

Figura 5.4 *Representación de Kelen-Tüdõs para copolímeros de* n-*decil metacrilato y* p(t-*butildimetilsililoxi)estireno*

* Y. Xu, P. C. Painter and M. M. Coleman, *Polymer*, 34, 3010 (1993).

Finalmente, debemos mencionar que pueden surgir algunos problemas al determinar las relaciones de reactividad cuando los monómeros son capaces de asociarse o, por ejemplo, en la polimerización de dienos, donde la propagación de la cadena puede tener lugar de diversas maneras (1,2; 1,4; etc).

Factores que afectan a la reactividad del monómero

Determinados factores pueden alterar la capacidad de un monómero para reaccionar en una copolimerización afectando, por tanto, a las relaciones de reactividad. Las más obvias incluyen:

a) Factores estéricos
b) Estabilización por resonancia de los radicales
c) Polaridad del doble enlace

Monómeros con grupos muy voluminosos pueden tener evidentes problemas para polimerizar. Esta es la razón por la que el estireno polimeriza (radicalariamente) en forma cabeza-cola mientras que en el polifluoruro de vinilideno, $-(CH_2-CF_2)_n-$, los grupos flúor menos voluminosos permiten la formación de algunas secuencias cabeza-cabeza y cola-cola. En general, monómeros con la estructura común $CH_2{=}CR_2$ (siendo R el grupo voluminoso) polimerizarán pero monómeros del tipo CHR=CHR no lo harán (éstos pueden, sin embargo, adicionarse a radicales de otro tipo).

Si el monómero tiene una estructura que permita que el radical se estabilice por resonancia (por ej., estireno, del que pueden escribirse diversas formas resonantes), ello conlleva, en general, una disminución de su reactividad en relación con otro que no esté estabilizado por resonancia.

Grupos electro dadores y grupos aceptores de electrones pueden afectar a la polaridad del doble enlace. Obviamente, un monómero de un tipo adicionará preferentemente un monómero del otro tipo y, en ciertas circunstancias, el efecto puede ser tan marcado que se produzcan complejos de transferencia de carga.

Alfrey y Price intentaron contabilizar estos dos factores, estabilización por resonancia y polaridad, con parámetros denominados Q y e. Determinaron estos parámetros en relación con un monómero elegido como referencia (estireno) y calcularon las relaciones de reactividad. Aunque este esquema ignora los efectos estéricos, permitió, en cualquier caso, estimar las relaciones de reactividad, al menos semi cuantitativamente, en un momento en que su determinación era mucho más difícil. El lector interesado puede recurrir a libros clásicos de química de polímeros para estudiar este planteamiento en más detalle.

D. DISTRIBUCION SECUENCIAL EN UN COPOLIMERO Y APLICACION DE LA TEORIA DE PROBABILIDADES

Los métodos descritos hasta ahora para determinar relaciones de reactividad, aunque todavía se usan, tuvieron su origen en un momento en el que incluso la determinación de la composición del copolímero era una tarea difícil, generalmente obtenida por análisis elemental. El desarrollo de los métodos espectroscópicos, particularmente la espectroscopía de resonancia magnética nuclear (RMN), no sólo facilitó la determinación de la composición global del copolímero, sino que permitió también el poder medir las distribuciones de secuencia. El tratamiento teórico de la copolimerización puede extenderse a la predicción de la frecuencia a la que aparecen diversas secuencias (e.j. triadas $M_1M_1M_1$). Como veremos más tarde, éstas y otras secuencias mayores pueden ahora ser medidas de forma rutinaria por espectroscopía RMN.

El lector debe prepararse a un cambio de perspectiva porque vamos a pasar de la descripción cinética que hemos venido empleando hasta ahora en este capítulo, y que generalmente gusta al químico, a otra basada en la teoría de probabilidades, que es una forma mucho más conveniente de describir las distribuciones secuenciales pero que cuando se introducen a los estudiantes a menudo se observan caras de extrañeza. Esto no debiera preocupar realmente ni siquiera a los que no tengan inclinaciones matemáticas, puesto que los conceptos que vamos a tratar son verdaderamente sencillos (y elegantes) y sólo nos exigen pensar de una forma un poco diferente, practicar algo y aprender un lenguaje nuevo. Teniendo en cuenta esto último, comenzaremos inmediatamente a cambiar la nomenclatura empleada hasta el momento en este capítulo. Esto lo haríamos deliberadamente incluso si no lo tuviéramos que hacer, ¡sólo para satisfacer nuestro fondo sádico!. Pero resulta realmente conveniente, al aplicar la teoría de probabilidades, emplear A y B para definir los dos comonómeros distintos, en lugar de M_1 y M_2 tal y como lo hemos hecho en los tratamientos cinéticos. Comenzaremos considerando las *relaciones estadísticas generales* entre las diversas probabilidades secuenciales experimentales que *no* dependen del mecanismo de polimerización. Posteriormente, consideraremos las *relaciones específicas* características de los mecanismos de polimerización específicos. Pero empecemos revisando algunas definiciones.

Relaciones estadísticas generales

La teoría de probabilidades está diseñada para tratar situaciones en las que hay más de una posible respuesta y para intentar responder a cuestiones sobre la viabilidad de los diversos resultados. A modo recordatorio, se define la probabilidad de un suceso E como:

$$P\{E\} = \frac{N_E}{N} \tag{5.20}$$

donde N_E es el número de sucesos E que ocurren y N es el número total de sucesos. Por lo tanto, la probabilidad es igual a la *fracción en número* de los sucesos deseados que tienen lugar por lo que usaremos de forma intercambiable los términos fracción en número y probabilidad. Las probabilidades están restringidas a valores en el rango de 0 a 1 lo que representa, respectivamente, imposibilidad y certidumbre.

Definamos:

$$P_n\{x_1x_2x_3x_4.......x_n\} \tag{5.21}$$

como la fracción en número de una secuencia particular de unidades $x_1\ x_2\ x_3$ .... x_n. Por ejemplo, P{AABA} es la probabilidad de que se de una secuencia AABA en la cadena de un copolímero formado sólo por dos monómeros A y B. Debería ser evidente que sólo son posibles dos sucesos, A o B, por lo que $P_1\{A\}$ y $P_1\{B\}$ son las *fracciones molares* de A y B en el copolímero, respectivamente, y:

$$P_1\{A\} + P_1\{B\} = 1 \tag{5.22}$$

Similarmente, cuando se consideran pares de unidades o *diadas*:

$$P_2\{AA\} + P_2\{AB\} + P_2\{BA\} + P_2\{BB\} = 1 \tag{5.23}$$

Las probabilidades de las secuencias de orden inferior pueden expresarse como sumas de dos secuencias apropiadas de orden superior, puesto que cualquier secuencia tiene un *sucesor* o *predecesor* que sólo puede ser bien un A o un B.

$$\begin{array}{l} P_1\{A\} = P_2\{A\underline{A}\} + P_2\{A\underline{B}\} = P_2\{\underline{A}A\} + P_2\{\underline{B}A\} \\ P_1\{B\} = P_2\{B\underline{B}\} + P_2\{B\underline{A}\} = P_2\{\underline{B}B\} + P_2\{\underline{A}B\} \\ \qquad\qquad \text{sucesor} \qquad\qquad\qquad \text{predecesor} \end{array} \tag{5.24}$$

Esto lleva a una conclusión importante:

$$P_2\{AB\} = P_2\{BA\} \tag{5.25}$$

En otras palabras, la fracción en número de secuencias AB debe ser igual a la fracción en número de secuencias BA.

De forma similar, para las diadas en términos de *triadas*,

$$\begin{array}{l} P_2\{AA\} = P_3\{AA\underline{A}\} + P_3\{AA\underline{B}\} = P_3\{\underline{A}AA\} + P_3\{\underline{B}AA\} \\ P_2\{AB\} = P_3\{AB\underline{A}\} + P_3\{AB\underline{B}\} = P_3\{\underline{A}AB\} + P_3\{\underline{B}AB\} \\ P_2\{BA\} = P_3\{BA\underline{A}\} + P_3\{BA\underline{B}\} = P_3\{\underline{A}BA\} + P_3\{\underline{B}BA\} \\ P_2\{BB\} = P_3\{BB\underline{A}\} + P_3\{BB\underline{B}\} = P_3\{\underline{A}BB\} + P_3\{\underline{B}BB\} \\ \qquad\qquad \text{sucesor} \qquad\qquad\qquad \text{predecesor} \end{array} \tag{5.26}$$

lo que requiere que:

$$\begin{array}{l} P_3\{AAB\} = P_3\{BAA\} \\ P_3\{BBA\} = P_3\{ABB\} \end{array} \tag{5.27}$$

Hay que tener en cuenta la *reversibilidad* de estas secuencias. De hecho éste es un principio general y es siempre cierto que la probabilidad o fracción en número de una secuencia es igual a la de su imagen espejo. Por ejemplo, $P_6\{ABABBA\}$ debe ser igual a $P_6\{ABBABA\}$.

Probabilidad condicional o de transición

Para nuestros propósitos es necesario definir una secuencia particular de una forma más específica, lo que se conoce como probabilidad condicional.

Se define:

$$P\{x_{n+1}/x_1x_2.......x_n\} \tag{5.28}$$

como la fracción en número de unidades de una cadena polimérica en particular con una secuencia $x_1x_2.....x_n$ y que tiene la unidad concreta x_{n+1} como siguiente unidad. Por ejemplo, P{A/B} es la fracción en número de unidades A dadas que tienen una unidad B previa. Por lo tanto se cumple que:

$$\begin{aligned} P_2\{AA\} &= P_1\{A\}\,P\{A/A\} \\ P_2\{BA\} &= P_1\{B\}\,P\{A/B\} \end{aligned} \tag{5.29}$$

y:

$$\begin{aligned} P_3\{AAA\} &= P_1\{A\}\,P\{A/A\}\,P\{A/AA\} \\ P_3\{BAA\} &= P_1\{B\}\,P\{A/B\}\,P\{A/BA\} \end{aligned} \tag{5.30}$$

donde P{A/A}, P{A/B}, P{A/AA}, P{A/BA}, representan la fracción en número de que la siguiente unidad sea A teniendo en cuenta que la unidad precedente era A, B, AA, o BA, respectivamente.

Reordenando estas ecuaciones, se pueden calcular las probabilidades condicionales como relaciones entre las probabilidades medidas:

$$\begin{aligned} P\{A/A\} &= P_2\{AA\} / P_1\{A\} & P\{B/A\} &= P_2\{AB\} / P_1\{A\} \\ P\{A/B\} &= P_2\{BA\} / P_1\{B\} & P\{B/B\} &= P_2\{BB\} / P_1\{B\} \\ P\{A/AA\} &= P_3\{AAA\} / P_2\{AA\} & P\{B/AA\} &= P_3\{AAB\} / P_2\{AA\} \\ P\{A/BA\} &= P_3\{BAA\} / P_2\{BA\} & P\{B/BA\} &= P_3\{BAB\} / P_2\{BA\} \\ P\{A/AB\} &= P_3\{ABA\} / P_2\{AB\} & P\{B/AB\} &= P_3\{ABB\} / P_2\{AB\} \\ P\{A/BB\} &= P_3\{BBA\} / P_2\{BB\} & P\{B/BB\} &= P_3\{BBB\} / P_2\{BB\} \end{aligned} \tag{5.31}$$

y

$$\begin{aligned} P\{A/A\} + P\{B/A\} &= 1 \\ P\{A/B\} + P\{B/B\} &= 1 \\ P\{A/AA\} + P\{B/AA\} &= 1 \\ P\{A/BA\} + P\{B/BA\} &= 1 \\ P\{A/AB\} + P\{B/AB\} &= 1 \\ P\{A/BB\} + P\{B/BB\} &= 1 \end{aligned} \tag{5.32}$$

En este punto el lector puede preguntarse, ¿Por qué los autores nos dan toda esta información?. La razón estriba en que es necesaria para analizar la microestructura. Desgraciadamente no hemos terminado todavía pero las ecuaciones tienen una estructura sencilla y una vez que las hayamos empleado un par de veces nos habremos habituado a ellas. (En cierto sentido ¡es como limpiarse los dientes!)

Probabilidad condicional de órdenes diferentes

Considerando sucesos como $P_3\{AAA\}$, es perfectamente lícito dividirlos en probabilidades condicionales de *órdenes diferentes*. Por ejemplo:

$$P_3\{AAA\} = P_1\{A\}\,P\{A/A\}\,P\{A/AA\} \tag{5.33}$$

La ecuación general que relaciona la fracción en número o probabilidad de una secuencia de n unidades consecutivas, en este caso todas A, es:

$$P_n\{A^n\} = P_1\{A\}\, P\{A/A\}\, P\{A/AA\}\text{-------}P\{A/A^{n-1}\} \qquad (5.34)$$

Sin embargo, consideraremos sistemas de polimerización donde sólo es aplicable *un tipo de probabilidad condicional*. Por ejemplo, en la polimerización radical, donde normalmente se emplean dos relaciones de reactividad para describir la composición instantánea de una cadena de copolímero formada por dos monómeros diferentes, se aplican estadísticas de primer orden de Markov (el llamado modelo terminal). Al orden al que nos referimos aquí depende de cómo estén incluidas las unidades precedentes en la probabilidad condicional. Para el caso general de una estadística de Markov de orden k tenemos que:

$$P_n\{A^n\} = P_1\{A^k\}\, P\{A/A^k\}^{n-k} \qquad (5.35)$$

Cuando k = 0, tenemos la estadística de Markov de *orden cero*, también conocida como estadística *Bernoulliana*, y:

$$P_n\{A^n\} = \left(P_1\{A\}\right)^n \qquad (5.36)$$

Cuando k = 1, tenemos la estadística de *Markov de primer orden* que corresponde al modelo *terminal*, y:

$$P_n\{A^n\} = P_1\{A\}\left(P\{A/A\}\right)^{n-1} \qquad (5.37)$$

Cuando k = 2, nos encontramos con la estadística de *Markov de segundo orden* que corresponde al modelo *penúltimo*, y:

$$P_n\{A^n\} = P_2\{AA\}\left(P\{A/AA\}\right)^{n-2} \qquad (5.38)$$

Como ejemplo, consideremos la secuencia ABABA. En términos de la estadística de *Bernoulli* se puede expresar la probabilidad como:

$$P_5\{ABABA\} = P_1\{A\}\, P_1\{B\}\, P_1\{A\}\, P_1\{B\}\, P_1\{A\}$$

o

$$P_5\{ABABA\} = \left(P_1\{A\}\right)^3\left(P_1\{B\}\right)^2 \qquad (5.39)$$

En términos de la estadística de *Markov de primer orden*:

$$P_5\{ABABA\} = P_1\{A\}\, P\{B/A\}\, P\{A/B\}\, P\{B/A\}\, P\{A/B\}$$

o

$$P_5\{ABABA\} = P_1\{A\}\left(P\{B/A\}\right)^2\left(P\{A/B\}\right)^2 \qquad (5.40)$$

Todo esto es bastante fácil, ya que lo único que hay que hacer es escribir todas las probabilidades condicionales requeridas para describir la secuencia, y luego juntar todos los términos. En caso de que se tengan problemas con todos estos conceptos, debe realizar un esfuerzo y no permitir que los árboles no dejen ver el bosque. Debe recordarse que la espectroscopía RMN nos posibilita la medida de secuencias similares a éstas, por lo que estas ecuaciones tienen una importancia práctica directa.

En términos de la estadística de *Markov de segundo orden*:

$$P_5\{ABABA\} = P_2\{AB\}\, P\{A/AB\}\, P\{B/BA\}\, P\{A/AB\}$$

o

$$P_5\{ABABA\} = P_2\{AB\}\left(P\{A/AB\}\right)^2 P\{B/BA\} \qquad (5.41)$$

Algunos parámetros útiles

Hay un cierto número de parámetros que nos van a ser particularmente útiles en la discusión siguiente.

Fracción en número de secuencias de unidades A

La fracción en número de secuencias de unidades A de longitud n, $N_A(n)$, se define como el número de dichas secuencias dividido por el número de todas las posibles secuencias de longitud n:

$$N_A(n) = \frac{P_{n+2}\{BA_nB\}}{\sum_1^{\infty} P_{n+2}\{BA_nB\}} \qquad (5.42)$$

Obviamente, una secuencia de n unidades A deberá estar precedida y seguida por una unidad B. Puesto que,

$$\sum_1^{\infty} P_{n+2}\{BA_nB\} = P_3\{B\underline{AB}\} + P_4\{BA\underline{AB}\} + P_5\{BAA\underline{AB}\}......\text{etc.}$$

todas las secuencias terminan en AB, por lo que tendremos que:

$$\sum_1^{\infty} P_{n+2}\{BA_nB\} = P_2\{AB\} \qquad (5.43)$$

entonces:

$$N_A(n) = \frac{P_{n+2}\{BA_nB\}}{P_2\{AB\}} \qquad (5.44)$$

Por ejemplo, la fracción en número de una secuencia de tres unidades A, AAA, es igual a la fracción en número de secuencias BAAAB dividida por la fracción en número de diadas AB.

$$N_A(3) = \frac{P_5\{BAAAB\}}{P_2\{AB\}} \tag{5.45}$$

Longitud promedio en número de secuencias A o B

Las longitudes promedio en número de secuencias A o B, respectivamente, indicadas por los símbolos $\bar{l}_A$ y $\bar{l}_B$, se definen como:

$$\bar{l}_A = \frac{\sum_1^\infty n\, N_A(n)}{\sum_1^\infty N_A(n)} \tag{5.46}$$

Ahora:

$$\sum_1^\infty N_A(n) = 1$$

y sustituyendo la ecuación 5.44:

$$\bar{l}_A = \frac{\sum_1^\infty n\, P_{n+2}\{BA_nB\}}{P_2\{AB\}} \tag{5.47}$$

y puesto que:

$$\sum_1^\infty n\, P_{n+2}\{BA_nB\} = (1\, P_3\{B\underline{A}B\}) + (2\, P_4\{B\underline{AA}B\}) + (3\, P_5\{B\underline{AAA}B\}) + \ldots \text{etc.}$$

lo que es equivalente a:

$$\sum_1^\infty n\, P_{n+2}\{BA_nB\} = P_1\{A\} \tag{5.48}$$

entonces:

$$\bar{l}_A = \frac{P_1\{A\}}{P_2\{AB\}} \quad \text{y, por analogía,} \quad \bar{l}_B = \frac{P_1\{B\}}{P_2\{BA\}} \tag{5.49}$$

Debe recordarse que $P_2\{AB\} = P_2\{BA\}$, y $P_1\{A\} = 1 - P_1\{B\}$ por lo que la longitud promedio en número de secuencias A o B puede calcularse fácilmente si se poseen datos de la composición molar y de la secuencia de diadas. Emplearemos la información de $\bar{l}_A$ y $\bar{l}_B$ posteriormente cuando discutamos la microestructura del copolímero.

Fracción de cambio de secuencia

Aunque no la empleemos demasiado en este libro, la fracción o número de secuencia, R, la incluimos por emplearse normalmente en la literatura de RMN. Se define como la fracción de secuencias A y B que ocurren en una cadena polimérica.

Consideremos, por ejemplo, la porción de una cadena polimérica tal como la que se indica a continuación:

A B AA B A B AAA BB A BBBB AA B

Supondremos que la cadena es suficientemente larga como para poder ignorar los efectos terminales. La cadena contiene 20 unidades ordenadas en 12 secuencias alternantes (subrayadas). El número de secuencia es pues 12 / 20 = 0,6. Debemos tener en cuenta que todas las secuencias de unidades A terminan en un enlace A–B. De forma similar, las secuencias B terminan en enlaces B-A.

Así:

$$R = \text{Fracción de enlaces } (AB + BA) = P_2\{AB\} + P_2\{BA\} = 2P_2\{AB\} \tag{5.50}$$

y puesto que (ecuación 5.24):

$$P_1\{B\} = P_2\{BA\} + P_2\{BB\}$$

llegamos a las útiles relaciones:

$$P_2\{AA\} = P_1\{A\} - \frac{R}{2} \tag{5.51}$$

$$P_2\{BB\} = P_1\{B\} - \frac{R}{2} \tag{5.52}$$

Medida de la desviación del azar

Se puede obtener una medida conveniente de la desviación de la estadística al azar a partir de un parámetro representado por el símbolo, χ, definido como:

$$\chi = \frac{P_2\{AB\}}{P_1\{A\}\, P_1\{B\}} \tag{5.53}$$

y recordando que para un proceso completamente al azar se cumple:

$$P_2\{AB\} = P_1\{A\} \times P_1\{B\}$$

Consecuentemente, se cumple la estadística al azar (Bernoulliana) cuando la fracción de diadas AB (o BA) es igual a la fracción molar de A multiplicada por la fracción molar de B en el copolímero, o cuando $\chi = 1$.

Si la fracción de diadas AB es superior a $P_1\{A\} \times P_1\{B\}$ en el copolímero, entonces tenemos una tendencia alternante. Dicho de otro modo, el número de diadas AB es superior al calculado para un caso realmente al azar. Para el caso límite de un copolímero completamente alternante, $P_1\{A\} = P_1\{B\} = 0{,}5$, y como no hay secuencias AA o BB, $P_2\{AB\} = P_2\{BA\} = 0{,}5$, con lo que el valor de χ es 2.

Al contrario, si la fracción en número de diadas AB es inferior a la calculada a partir de $P_1\{A\} \times P_1\{B\}$ en el copolímero, entonces nos encontramos con una tendencia de "bloque". Si pensamos sobre ello veremos que el límite en este caso es el de dos homopolímeros de A y B donde no existen enlaces AB y el valor de

χ es 0. Para copolímeros de bloque reales, el valor de χ se aproximará a 0, y cuanto mayor sea el peso molecular de los bloques y menor el número de enlaces AB, más se aproximará χ a 0.

Resumiendo:

$\chi = 1$	Copolímero al azar total
$\chi > 1$	Copolímero con tendencia alternante
$\chi = 2$	Copolímero totalmente alternante
$\chi < 1$	Copolímero con tendencia a "bloques"
$\chi \approx 0$	Copolímero de bloque

El modelo terminal

Vamos ahora a revisar la ecuación del copolímero (modelo terminal) que discutimos anteriormente en este capítulo, una vez que hemos adquirido una cierta experiencia en la teoría de probabilidades. Cuando la velocidad de adición de monómero a una cadena en crecimiento depende de la naturaleza del grupo terminal, existen dos probabilidades condicionales independientes. Estas dos probabilidades condicionales pueden obtenerse en términos de la cinética de polimerización empleando la siguiente aproximación:

Grupo terminal	Grupo añadido	Velocidad	Producto final
---A*	A	k_{AA} [A*] [A]	---AA*
---B*	A	k_{BA} [B*] [A]	---BA*
---A*	B	k_{AB} [A*] [B]	---AB*
---B*	B	k_{BB} [B*] [B]	---BB*

En términos de las probabilidades condicionales podemos escribir, por ejemplo:

$$P\{A/A\} = \frac{\text{Velocidad de reacción en la formación de AA*}}{\text{Suma de todas las reacciones en las que interviene A*}} \quad (5.54)$$

Por lo tanto:

$$P\{A/A\} = \frac{k_{AA}[A^*][A]}{k_{AA}[A^*][A] + k_{AB}[A^*][B]} \quad (5.55)$$

y empleando la misma definición de las relaciones de reactividad (ecuación 5.6) y dividiendo por [A*][B]:

$$P\{A/A\} = \frac{\dfrac{k_{AA}[A]}{k_{AB}[B]}}{\dfrac{k_{AA}[A]}{k_{AB}[B]} + 1} = \frac{r_A x}{1 + r_A x} \quad (5.56)$$

donde x es de nuevo la relación de alimentación de los monómeros = [A]/[B].

De forma similar:

$$P\{B/B\} = \frac{r_B}{r_B + x} \qquad (5.57)$$

Necesitaremos dos probabilidades condicionales independientes adicionales, $P\{A/B\}$ y $P\{B/A\}$. Estas se obtienen fácilmente de:

$$P\{A/B\} = 1 - P\{B/B\} = \frac{x}{r_B + x} \qquad (5.58)$$

$$P\{B/A\} = 1 - P\{A/A\} = \frac{1}{r_A x + 1} \qquad (5.59)$$

Recordando que, *en general*, (ecuación 5.25):

$$P_2\{AB\} = P_2\{BA\} \qquad (5.60)$$

Para el *modelo terminal* podemos escribir:

$$P_1\{A\}\, P\{B/A\} = P_1\{B\}\, P\{A/B\} \qquad (5.61)$$

Reordenando y sustituyendo en las ecuaciones 5.58 y 5.59 obtenemos:

$$y = \frac{P_1\{A\}}{P_1\{B\}} = \frac{P\{A/B\}}{P\{B/A\}} = \frac{1 + r_A x}{1 + \frac{r_B}{x}} \qquad (5.62)$$

Esta es la composición instantánea, ahora familiar, derivada por primera vez por Mayo y Lewis.

Similarmente, el número de secuencias, la longitud promedio en número de secuencias A o B, la desviación del azar y las fracciones en número y en peso de secuencias A o B pueden expresarse en términos de las probabilidades condicionales o de las relaciones de reactividad. Recuérdese que:

$$R = 2P_2\{BA\} \qquad (5.63)$$

Dado que la estadística de Markov de primer orden puede aplicarse al *modelo terminal*, esto es equivalente a:

$$R = 2P_1\{B\}P\{A/B\} = \frac{2P\{B/A\}}{P\{A/B\} + P\{B/A\}} P\{A/B\} \qquad (5.64)$$

Dejaremos que el estudiante lo compruebe (una pista: comenzar con la ecuación 5.25). Sustituyendo las ecuaciones 5.58 y 5.59 obtenemos:

$$R = \frac{2}{r_A x + 2 + \frac{r_B}{x}} \qquad (5.65)$$

Similarmente, para χ:

$$\chi = P\{A/B\} + P\{B/A\} = \frac{r_A x + 2 + \frac{r_B}{x}}{r_A x + 1 + r_A r_B + \frac{r_B}{x}} \tag{5.66}$$

y para $\bar{l}_A$ y $\bar{l}_B$:

$$\bar{l}_A = \frac{1}{P\{B/A\}} = 1 + r_A x \tag{5.67}$$

$$\bar{l}_B = \frac{1}{P\{A/B\}} = 1 + \frac{r_B}{x} \tag{5.68}$$

y para $N_A(n)$ y $N_B(n)$:

$$N_A(n) = \left(\frac{r_A x}{1 + r_A x}\right)^{n-1} \left(1 - \frac{r_A x}{1 + r_A x}\right) \tag{5.69}$$

$$N_B(n) = \left(\frac{\frac{r_B}{x}}{1 + \frac{r_B}{x}}\right)^{n-1} \left(1 - \frac{\frac{r_B}{x}}{1 + \frac{r_B}{x}}\right) \tag{5.70}$$

y, finalmente, para la fracción en peso de secuencias A (o B), $w_A(n)$ y $w_B(n)$:

$$w_A(n) = n \left(\frac{r_A x}{1 + r_A x}\right)^{n-1} \left(1 - \frac{r_A x}{1 + r_A x}\right)^2 \tag{5.71}$$

$$w_B(n) = n \left(\frac{\frac{r_B}{x}}{1 + \frac{r_B}{x}}\right)^{n-1} \left(1 - \frac{\frac{r_B}{x}}{1 + \frac{r_B}{x}}\right)^2 \tag{5.72}$$

Una vez derivadas todas estas ecuaciones para el modelo terminal, apliquémoslas al problema de la evolución de la composición con la conversión.

Composición del copolímero en función de la conversión

Para un sistema discontinuo (cuando no se está introduciendo monómero continuamente) podemos calcular la composición del copolímero que obtenemos en función de la conversión, significando por tal la fracción de monómero *total* que se ha consumido. Si comenzamos con composiciones de monómero $[A]_0$ y $[B]_0$ y en algún momento la composición de monómero restante (sin polimerizar) es $[A]$ y $[B]$, podemos definir la conversión como:

$$\text{Conversión} = \frac{\left([A]_0 + [B]_0\right) - \left([A] + [B]\right)}{\left([A]_0 + [B]_0\right)} \tag{5.73}$$

Obviamente, no podemos emplear sólo la ecuación 5.62 y suponer que [A] y [B] son constantes a lo largo de todo el curso de la polimerización, sino que debemos realizar los cálculos siguiendo las siguientes etapas:

a) Elegir un período de tiempo corto en el que se supongan constantes [A] y [B].
b) Comenzando con las concentraciones iniciales conocidas, $[A]_0$ y $[B]_0$ en los primeros inicios de la reacción, calcular cuánto monómero de cada tipo se incorpora al polímero en este período de tiempo elegido.
c) Calcular la cantidad de cada tipo de monómero que permanece después de este período de tiempo.
d) Repetir estas etapas para cada intervalo de tiempo posterior empezando con las concentraciones de monómero nuevamente calculadas.

Debemos mencionar dos cuestiones en relación con estos cálculos. En primer lugar no es conveniente, en general, tomar un "período de tiempo" como tal. En su lugar es preferible definir un intervalo en el que se consume una cantidad concreta de monómero total (cantidad de A más cantidad de B). Obviamente, los errores que se cometen al suponer concentraciones de monómero constantes se hacen menores si elegimos intervalos cada vez menores. Esto nos puede llevar a realizar un gran número de cálculos si deseamos conocer la variación de la composición del copolímero a lo largo del curso total de la polimerización. Afortunadamente, estos problemas pueden solucionarse mediante la creación de un sencillo programa de ordenador. Los autores han desarrollado un programa de este tipo* para calcular no sólo la composición del copolímero sino también la microestructura en función de la conversión, basándose en las ecuaciones presentadas en la sección precedente. Los datos necesarios son las concentraciones iniciales de monómero $[A]_0$ y $[B]_0$ y las relaciones de reactividad r_A y r_B. Un dato adicional necesario es el denominado STEP, o intervalo entre cálculos sucesivos. El ordenador calcula e imprime la composición instantánea del copolímero, χ, $\bar{l}_A$, $\bar{l}_B$, $N_A(n)$, $N_B(n)$, $W_A(n)$, y $W_B(n)$ para valores de n = 1 a 10 en el intervalo concreto. Posteriormente calcula las nuevas concentraciones de monómero y repite el proceso para el siguiente intervalo, etc. Un intervalo de 0,01 da cien puntos para la reacción completa.

Presentaremos varios ejemplos con el fin de ilustrar el tipo de información que suministra el ordenador. Todas las relaciones de reactividad se tomaron de datos publicados (Polymer Handbook, un clásico en la tabulación de datos de polímeros) y representan valores típicos. No se ha intentado probar la validez de ningún conjunto específico de relaciones de reactividad.

---

* M. M. Coleman and W. D. Varnell, *J.Chem. Ed.* **59**, 847, (1982).

Caso I. Cloruro de vinilideno (VDC) y Cloruro de vinilo (VC)

Se eligieron concentraciones iniciales de monómero equimolares ([VDC] = [A] = 0,5, [VC] = [B] = 0,5), y las relaciones de reactividad empleadas fueron r_{VDC} = 4,0 y r_{VC} = 0,2. La figura 5.5 ilustra la variación de la composición en función de la conversión. La composición del copolímero es rica inicialmente en VDC pero desciende a medida que progresa la polimerización. Las cadenas poliméricas conteniendo concentraciones equimolares de VDC y VC se forman a una conversión aproximada del 63% y, posteriormente, se forman cadenas ricas en VC. El siguiente gráfico demuestra claramente la gran variación de composición con el grado de conversión e ilustra cómo un copolímero sintetizado a conversiones moderadamente altas poseerá una distribución de composición ancha. Dicho de otro modo, si la polimerización se lleva a cabo hasta el final, (100% conversión), la composición *media* del polímero será todavía 50:50 pero será el resultado de una distribución amplia de cadenas de composición diferente.

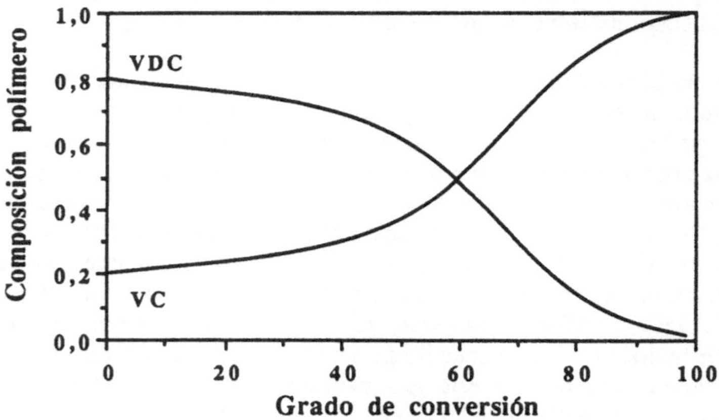

Figura 5.5 *Variación de la composición para copolímeros de cloruro vinilideno/cloruro vinilo.*

La tabla 5.1 resume los resultados obtenidos a seis grados de conversión concretos (en nuestros cálculos, se determinaron unos cien intervalos). Las longitudes promedio en número de una secuencia dada $\bar{l}_A$ o $\bar{l}_B$ varían considerablemente. Inicialmente la longitud promedio en número de las secuencias de VDC, $\bar{l}_A$, es 5,0 mientras que la longitud promedio en número correspondiente a las secuencias de VC, $\bar{l}_B$ es sólo 1,2. A lo largo de la polimerización, $\bar{l}_A$ disminuye mientras que por el contrario $\bar{l}_B$ aumenta. A una conversión del 80%, las cadenas poliméricas que se forman tienen valores de $\bar{l}_A$ de 1,1 y de 7,5 para $\bar{l}_B$. Los valores calculados de χ, que están próximos a la unidad, indican que la polimerización de VDC y VC es casi al azar.

Tabla 5.1 *Copolimerización de VDC/VC.*

	Concentración Monómero	% Conversión	Composición Polímero	valores $\bar{l}_A$, $\bar{l}_B$	valor χ
VDC =	0,50	Inicial	0,81	5,0	1,03
VC =	0,50		0,19	1,2	
VDC =	0,42	10	0,79	4,5	1,04
VC =	0,48		0,21	1,2	
VDC =	0,34	20	0,76	4,0	1,04
VC =	0,46		0,24	1,3	
VDC =	0,20	40	0,68	3,0	1,05
VC =	0,40		0,32	1,4	
VDC =	0,08	60	0,51	1,9	1,06
VC =	0,32		0,49	1,9	
VDC =	0,01	80	0,13	1,1	1,02
VC =	0,19		0,87	7,5	

Tabla 5.2 *Fracción en número de secuencias de* $(VDC)_n$ *y* $(VC)_n$.

	Fracción en número de secuencias de $(A)_n$ y $(B)_n$									
Composición Polímero	n = 1	2	3	4	5	6	7	8	9	10
VDC = 0,81	0,20	0,16	0,13	0,10	0,08	0,07	0,05	0,04	0,03	0,03
VC = 0,19	0,83	0,14	0,02	0,00	0,00	0,00	0,00	0,00	0,00	0,00
VDC = 0,76	0,25	0,19	0,14	0,11	0,08	0,06	0,04	0,03	0,03	0,02
VC = 0,24	0,79	0,17	0,04	0,01	0,00	0,00	0,00	0,00	0,00	0,00
VDC = 0,51	0,52	0,25	0,12	0,06	0,03	0,01	0,01	0,00	0,00	0,00
VC = 0,49	0,54	0,25	0,12	0,05	0,02	0,01	0,01	0,00	0,00	0,00
VDC = 0,13	0,89	0,10	0,01	0,00	0,00	0,00	0,00	0,00	0,00	0,00
VC = 0,87	0,13	0,12	0,10	0,09	0,08	0,07	0,06	0,05	0,04	0,04

A partir del número de secuencias de A y B mostradas en la tabla 5.2, es claro que inicialmente la gran mayoría de unidades de VC existen como unidades aisladas mientras que existe una amplia distribución de longitudes de secuencia de unidades VDC. A una conversión del 60%, la composición del polímero es casi equimolar y la distribución de la fracción en número de VDC y VC es casi idéntica con un 50% aproximadamente de unidades simples (A o B), 25% como dímeros (AA o BB) y un 12% como trímeros (secuencias AAA o BBB). A una conversión del 80%, las cadenas poliméricas se están formando con fracciones en número de secuencias A y B que son casi el inverso de las calculadas en el inicio de la polimerización.

Tabla 5.3 Fracción en peso de secuencias de $(VDC)_n$ y $(VC)_n$.

Composición Polímero	Fracción en peso de secuencias $(A)_n$ y $(B)_n$									
	n = 1	2	3	4	5	6	7	8	9	10
VDC = 0,81	0,04	0,06	0,08	0,08	0,08	0,08	0,07	0,07	0,06	0,05
VC = 0,19	0,69	0,23	0,06	0,01	0,00	0,00	0,00	0,00	0,00	0,00
VDC = 0,76	0,06	0,09	0,11	0,11	0,10	0,09	0,08	0,07	0,06	0,05
VC = 0,24	0,62	0,26	0,08	0,02	0,01	0,00	0,00	0,00	0,00	0,00
VDC = 0,51	0,27	0,26	0,19	0,12	0,07	0,04	0,02	0,01	0,01	0,00
VC = 0,49	0,29	0,27	0,19	0,11	0,07	0,04	0,02	0,01	0,01	0,00
VDC = 0,13	0,79	0,17	0,03	0,00	0,00	0,00	0,00	0,00	0,00	0,00
VC = 0,87	0,02	0,03	0,04	0,05	0,05	0,05	0,05	0,05	0,05	0,05

La tabla 5.3 muestra la correspondiente fracción en peso de secuencias A y B. Comparando las tablas 5.2 y 5.3 puede verse que las distribuciones de las fracciones en número y en peso varían apreciablemente. Consideremos, por ejemplo, las fracciones en número y en peso de las secuencias de VDC al comienzo de la reacción de polimerización (inicial). Sobre una base numérica, las unidades de VDC aisladas se presentan en cantidades superiores a las de cualquier otra especie (dímeros, trímeros, etc.). Sin embargo, sobre una base en peso, predominan las secuencias que contienen cuatro y cinco unidades de VDC. Esto es análogo a las distribuciones de los pesos moleculares promedio en número y en peso encontradas para una policondensación lineal.

Caso II. Estireno (St) y Anhídrido maleíco (MAH)

La copolimerización de St y MAH es un ejemplo clásico de un copolímero altamente alternante. En este caso se emplearon concentraciones iniciales de 0,75 M para St y 0,25 para MAH, y relaciones de reactividad de $r_{St} = 0,04$ y $r_{MAH} = 0,015$. La figura 5.6 muestra la variación de la composición en función de la conversión. Aunque hemos comenzado con una relación de alimentación 3:1 molar de St a MAH, la composición de las cadenas de polímero formadas es aproximadamente equimolar hasta una conversión del orden del 50%. A partir de ese momento se forman cadenas ricas en St y, finalmente, poliestireno puro.

La tabla 5.4 resume los resultados calculados para siete grados de conversión específicos. Al inicio de la polimerización la composición calculada del polímero resulta ser de un 53% St y 47% MAH. Los valores de $\bar{l}_A$ y $\bar{l}_B$ son aproximadamente la unidad, lo que junto con el valor calculado de 1,89 para χ

demuestra que las cadenas de polímero formadas tienen una microestructura predominantemente alternante. A medida que progresa la polimerización y a partir de una conversión en torno al 50% hay una tendencia creciente hacia la formación de cadenas más ricas en St.

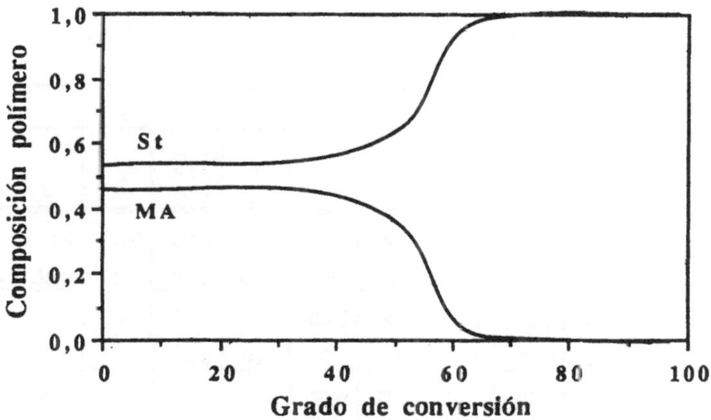

Figura 5.6 *Variación de la composición para copolímeros de estireno/anhídrido maleico.*

Tabla 5.4 *Copolimerización de St/MAH.*

	Concentración Monómero	% Conversión	Composición Polímero	valores $\bar{l}_A$, $\bar{l}_B$	valor χ
ST =	0,75	Inicial	0,53	1,1	1,89
MAH =	0,25		0,47	1,0	
ST =	0,70	10	0,53	1,1	1,88
MAH =	0,20		0,47	1,0	
ST =	0,59	30	0,55	1,2	1,82
MAH =	0,11		0,45	1,0	
ST =	0,48	50	0,64	1,8	1,57
MAH =	0,03		0,36	1,0	
ST =	0,40	60	0,96	25	1,04
MAH =	0,001		0,04	1,0	

Sin embargo, el valor de $\bar{l}_B$ es invariablemente la unidad, lo que demuestra que el número de unidades de MAH es exclusivamente uno. El valor de $\bar{l}_A$, por el contrario, aumenta al disminuir χ. De la fracción en número de secuencias A y B se puede también extraer alguna información (ver tabla 5.5). Hay que tener en cuenta que para el MAH la fracción de grupos aislados B es la unidad, independientemente de la extensión de la reacción, lo que indica que el radical de MAH no puede adicionarse a otro monómero MAH. Hasta aproximadamente una conversión del 50%, la fracción en número de secuencias de St aislado también está dominado por unidades aisladas. En esencia, éste es un ejemplo excelente de un copolímero predominantemente alternante.

Tabla 5.5 *Fracción en número de secuencias de $(St)_n$ y $(MAH)_n$.*

	Fracción en número de secuencias de $(A)_n$ y $(B)_n$									
Composición Polímero	n = 1	2	3	4	5	6	7	8	9	10
St = 0,53	0,89	0,10	0,01	0,00	0,00	0,00	0,00	0,00	0,00	0,00
MAH = 0,47	1,00	0,00	0,00	0,00	0,00	0,00	0,00	0,00	0,00	0,00
St = 0,55	0,82	0,15	0,03	0,00	0,00	0,00	0,00	0,00	0,00	0,00
MAH = 0,45	1,00	0,00	0,00	0,00	0,00	0,00	0,00	0,00	0,00	0,00
St = 0,64	0,57	0,25	0,10	0,05	0,02	0,01	0,00	0,00	0,00	0,00
MAH = 0,36	1,00	0,00	0,00	0,00	0,00	0,00	0,00	0,00	0,00	0,00
St = 0,96	0,04	0,04	0,04	0,04	0,03	0,03	0,03	0,03	0,03	0,03
MAH = 0,04	1,00	0,00	0,00	0,00	0,00	0,00	0,00	0,00	0,00	0,00

Tabla 5.6 *Copolimerización de VDC/MA.*

	Concentración Monómero	% Conversión	Composición Polímero	valores $\bar{l}_A$, $\bar{l}_B$	valor χ
VDC =	0,50	Inicial	0,50	2,0	1,00
MA =	0,50		0,50	2,0	
VDC =	0,25	50	0,50	2,0	1,00
MA =	0,25		0,50	2,0	
VDC =	0,05	99	0,50	2,0	1,00
MA =	0,05		0,50	2,0	

Tabla 5.7 *Fracción en número de secuencias de $(VDC)_n$ y $(MA)_n$.*

	Fracción en número de secuencias de $(A)_n$ y $(B)_n$									
Composición Polímero	n = 1	2	3	4	5	6	7	8	9	10
VDC = 0,50	0,50	0,25	0,13	0,06	0,03	0,02	0,01	0,00	0,00	0,00
MA = 0,50	0,50	0,25	0,13	0,06	0,03	0,02	0,01	0,00	0,00	0,00

Caso III. Cloruro de vinilideno (VDC) y Acrilato de metilo (MA)

En este interesante copolímero las relaciones de reactividad para ambos monómeros son iguales a la unidad. Para este ejemplo hemos elegido concentraciones de monómero equimolares, [VDC] = [A] = 0,5, [MA] = [B] = 0,5.

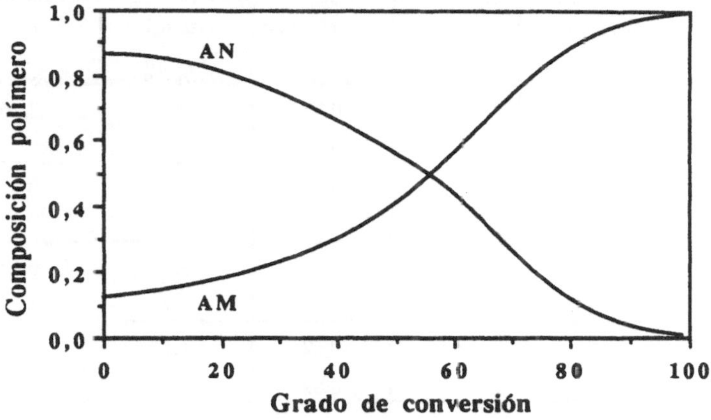

Figura 5.7 *Variación de la composición para copolímeros de acrilonitrilo/metacrilato de alilo.*

La tabla 5.6 resume los datos calculados. La composición del copolímero también es equimolar y no varía a lo largo de la reacción de polimerización. En todo el curso de la polimerización los valores de $\bar{l}_A$ y $\bar{l}_B$ son iguales a 2,0 y el valor de χ es la unidad, indicando un proceso de polimerización completamente al azar. Las fracciones en número de las secuencias A y B también son idénticas (tabla 5.7) y reflejan una distribución al azar de los monómeros incorporados a la cadena polimérica.

Caso IV. Acrilonitrilo (AN) y Metacrilato de alilo (AM)

En este caso, se eligieron las relaciones de reactividad de datos bibliográficos r_{AN} = 9,55 y r_{AM} = 0,515, representativas de copolimerizaciones de monómeros en las que el producto $r_A r_B > 1$.

Se empleó una relación de alimentación de monómero equimolar, es decir, [AN] = [A] = 0,5, [AM] = [B] = 0,5. La figura 5.7 ilustra la amplia variación en la composición del copolímero durante la reacción de polimerización. Inicialmente las cadenas del copolímero son ricas en AN pero la cantidad de AM aumenta progresivamente a medida que tiene lugar la reacción. A una conversión aproximadamente del 55%, las cadenas de polímero formadas contienen la misma concentración molar de AN y AM. La tabla 5.8 muestra los resultados obtenidos para cadenas de polímero formadas a cuatro grados de conversión concretos. Los valores obtenidos de χ son inferiores a la unidad, indicando una tendencia definida hacia una microestructura de "bloque". Esto también se refleja en los valores de $\bar{l}_A$ y $\bar{l}_B$ y en la fracción en número de secuencias de $(A)_n$ y $(B)_n$ (tabla 5.9).

Tabla 5.8 Copolimerización de AN/AM.

	Concentración Monómero	% Conversión	Composición Polímero	valores $\bar{l}_A, \bar{l}_B$	valor χ
AN =	0,50	Inicial	0,87	10,6	0,76
AM =	0,50		0,13	1,5	
AN =	0,33	20	0,82	7,7	0,71
AM =	0,47		0,18	1,7	
AN =	0,09	55	0,50	3,2	0,62
AM =	0,37		0,50	3,2	
AN =	0,01	80	0,12	1,5	0,77
AM =	0,19		0,89	11,3	

Tabla 5.9 Fracción en número de secuencias de $(AN)_n$ y $(AM)_n$.

	Fracción en número de secuencias $(A)_n$ y $(B)_n$									
Composición Polímero	n = 1	2	3	4	5	6	7	8	9	10
AN = 0,87	0,10	0,09	0,08	0,07	0,06	0,06	0,05	0,05	0,04	0,04
AM = 0,13	0,66	0,22	0,08	0,03	0,01	0,00	0,00	0,00	0,00	0,00
AN = 0,82	0,13	0,11	0,10	0,09	0,07	0,07	0,06	0,05	0,04	0,04
AM = 0,18	0,58	0,24	0,10	0,04	0,02	0,01	0,00	0,00	0,00	0,00
AN = 0,50	0,31	0,21	0,15	0,10	0,07	0,05	0,03	0,02	0,02	0,02
AM= 0,50	0,31	0,22	0,15	0,10	0,07	0,05	0,03	0,02	0,02	0,02
AN = 0,12	0,68	0,22	0,07	0,02	0,01	0,00	0,00	0,00	0,00	0,00
AM = 0,89	0,09	0,08	0,07	0,07	0,06	0,06	0,05	0,05	0,04	0,04

Resumen

Es conveniente comparar χ, $\bar{l}_A$, $\bar{l}_B$, $N_A(n)$ y $N_B(n)$ para cadenas poliméricas formadas a partir de concentraciones aproximadamente equimolares de monómeros en los cuatro distintos copolímeros que hemos considerado (tabla 5.10). Para el copolímero VDC / MA $\bar{l}_A$ y $\bar{l}_B$ son iguales a 2,0 y χ es la unidad, lo que es indicativo de un copolímero completamente al azar. Así mismo, los valores de $N_A(n)$ y $N_B(n)$ son idénticos y la distribución de las longitudes de secuencia es consistente con una ordenación al azar de los dos monómeros. La cadena de copolímero equimolar de VDC / VC formada a una conversión de un 60% está también próxima al azar. Un valor de χ de 1,06 junto con $\bar{l}_A = \bar{l}_B = 1{,}9$ sugiere una distribución al azar de los dos monómeros con una tendencia muy ligera hacia la alternancia. Los valores de $N_A(n)$ y $N_B(n)$ están próximos a los observados para el copolímero VDC/MA, reflejando igualmente un copolímero predominantemente al azar. Por el contrario, los copolímeros de St/MAH y AN/AM son muy diferentes. Para el primer copolímero el valor de χ es 1,89 y los valores de $\bar{l}_A$ y $\bar{l}_B$ son ambos iguales a 1,1, lo que es indicativo de un copolímero predominantemente alternante. Por otro lado, los valores de $N_A(n)$ y $N_B(n)$ se desvían hacia unidades aisladas de forma creciente, lo que también denota un copolímero alternante. En el caso del copolímero AN/AM se observa un efecto contrario. El valor de χ de 0,62 junto con los valores de 3,2 para $\bar{l}_A$ y $\bar{l}_B$ sugiere un copolímero con tendencia a dar bloques. Además, la distribución de $N_A(n)$ y $N_B(n)$ se desvía hacia secuencias de mayor longitud, lo que también es consistente con un carácter de "bloque".

Tabla 5.10 Comparación de la microestructura de copolímeros.

Composición Polímero	% Conversión	valores $\bar{l}_A, \bar{l}_B$	valor χ	N(n) n = 1	N(n) n = 2	N(n) n = 3	N(n) n = 4	N(n) n = 5
VDC = 0,50	Total	2,0	1,00	0,50	0,25	0,13	0,06	0,03
MA = 0,50		2,0		0,50	0,25	0,13	0,06	0,03
VDC = 0,50	61	1,9	1,06	0,53	0,25	0,12	0,06	0,03
VC = 0,50		1,9		0,53	0,25	0,12	0,06	0,03
St = 0,53	Inicial	1,1	1,89	0,89	0,10	0,01	0,00	0,00
MAH = 0,47		1,0		1,00	0,00	0,00	0,00	0,00
AN = 0,50	55	3,2	0,62	0,31	0,21	0,15	0,10	0,07
AM = 0,50		3,2		0,31	0,22	0,15	0,10	0,07

El modelo penúltimo

Hasta ahora hemos considerado el modelo terminal, en el que el grupo final de la cadena en crecimiento afecta a la adición de la unidad monomérica entrante, tal como se describe por las relaciones de reactividad. Existen, sin embargo, casos bien documentados en los que el carácter específico de las dos últimas unidades de monómero de la cadena en crecimiento afectan a la adición de la unidad de monómero entrante, efecto que recibe el nombre de *modelo penúltimo*. Mostraremos brevemente cómo es posible diferenciar entre polimerización terminal (Markov de primer orden) y penúltima (Markov de segundo orden) si se tiene conocimiento de la distribución de secuencias.

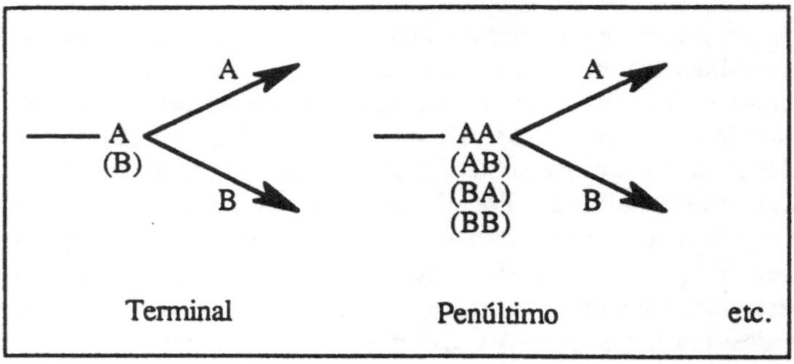

Probabilidades condicionales para el modelo penúltimo

Cuando la naturaleza de la unidad penúltima tiene un efecto marcado sobre la constante de velocidad absoluta de la copolimerización, se pueden escribir *cuatro* probabilidades condicionales independientes con cuatro relaciones de reactividad de monómero, de forma similar al modelo terminal.

Grupo penúltimo	Grupo añadido	Producto final
~~AA*	A	~~~AAA*
~~BA*	A	~~~BAA*
~~BB*	A	~~~BBA*
~~AB*	A	~~~ABA*
~~AA*	B	~~~AAB*
~~BA*	B	~~~BAB*
~~BB*	B	~~~BBB*
~~AB*	B	~~~ABB*

y:

$$P\{B/AA\} = \frac{1}{1 + r_A x} \qquad P\{A/AA\} = 1 - P\{B/AA\} \tag{5.74}$$

$$P\{A/BA\} = \frac{r'_A x}{1 + r'_A x} \qquad P\{B/BA\} = 1 - P\{A/BA\} \tag{5.75}$$

$$P\{B/AB\} = \frac{\frac{r'_B}{x}}{1 + \frac{r'_B}{x}} \qquad P\{A/AB\} = 1 - P\{B/AB\} \tag{5.76}$$

$$P\{A/BB\} = \frac{1}{1 + \frac{r_B}{x}} \qquad P\{B/BB\} = 1 - P\{A/BB\} \tag{5.77}$$

donde:

$$r_A = \frac{k_{AAA}}{k_{AAB}} \quad r'_A = \frac{k_{BAA}}{k_{BAB}} \quad r_B = \frac{k_{BBB}}{k_{BBA}} \quad r'_B = \frac{k_{ABB}}{k_{ABA}} \tag{5.78}$$

De nuevo, de forma similar a la metodología empleada para derivar la ecuación del copolímero terminal, comenzamos con una relación de reversibilidad. Así, *en general,*

$$P_3\{AAB\} = P_3\{BAA\} \tag{5.79}$$

Para el modelo penúltimo debemos emplear la estadística de Markov de segundo orden, por lo que:

$$P_2\{AA\}P\{B/AA\} = P_2\{BA\}P\{A/BA\} \tag{5.80}$$

Recordando que $P_2\{BA\} = P_2\{AB\}$:

$$P_1\{A\}\ P\{A/A\}\ P\{B/AA\} = P_1\{A\}\ P\{B/A\}\ P\{A/BA\} \tag{5.81}$$

y puesto que:

$$P\{A/A\} = 1 - P\{B/A\} \tag{5.82}$$

se cumple que:

$$P\{B/A\} = \frac{P\{B/AA\}}{P\{B/AA\} + P\{A/BA\}} \tag{5.83}$$

De forma similar, comenzando con $P_3\{BBA\} = P_3\{ABB\}$:

$$P\{A/B\} = \frac{P\{A/BB\}}{P\{A/BB\} + P\{B/AB\}} \tag{5.84}$$

recordando de la ecuación 5.62 que:

$$\frac{P_1\{A\}}{P_1\{B\}} = \frac{P\{A/B\}}{P\{B/A)\}} \tag{5.85}$$

y sustituyendo en las ecuaciones 5.83 y 5.84 llegamos a:

$$\frac{P_1\{A\}}{P_1\{B\}} = \frac{1 + \dfrac{P\{A/BA\}}{P\{B/AA\}}}{1 + \dfrac{P\{B/AB\}}{P\{A/BB\}}} \tag{5.86}$$

Finalmente sustituyendo por las relaciones de reactividad y la relación de alimentación molar obtenemos:

$$y = \frac{P_1\{A\}}{P_1\{B\}} = \frac{1 + \dfrac{r_A'x\,(1 + r_Ax)}{(1 + r_A'x)}}{1 + \dfrac{\dfrac{r_B'}{x}\left(1 + \dfrac{r_B}{x}\right)}{\left(1 + \dfrac{r_B'}{x}\right)}} \tag{5.87}$$

que es la ecuación de composición del copolímero para el modelo penúltimo.

Aunque admitimos que esta expresión parece horrorosa, la forma de la ecuación es bastante sencilla y puede derivarse fácilmente empleando la probabilidad condicional.

Examen de los modelos

Los efectos penúltimos han sido establecidos* para un cierto número de sistemas, entre los que se incluyen la polimerización radical del MMA y 4-vinil piridina, estireno y fumaronitrilo, etc. Sin embargo, es de vital importancia el disponer de buenos datos experimentales a la hora de determinar si el efecto es o no real. Se requieren medidas de la composición del copolímero muy precisas, especialmente a relaciones de alimentación de monómero bajas y altas, para lograr distinguir entre modelos terminales y penúltimos. Es conveniente escribir la ecuación de la composición del copolímero en la forma general:

$$\frac{P_1\{A\}}{P_1\{B\}} = \frac{1 + (r_A)x}{1 + \dfrac{(r_B)}{x}} \tag{5.88}$$

Para el modelo *terminal* : $(r_A) = r_A$ y $(r_B) = r_B$, que son independientes de x, mientras que para el modelo *penúltimo*, (r_A) y (r_B) dependen de x y vienen dadas por:

$$(r_A) = r'_A \frac{1 + r_A x}{1 + r'_A x} \qquad (r_B) = r'_B \frac{1 + \dfrac{r_B}{x}}{1 + \dfrac{r'_B}{x}} \tag{5.89}$$

Si $y = P\{A\}/P\{B\}$, es teóricamente posible examinar si la curva experimental de y frente a x puede ajustarse adecuadamente, en todo el rango de composición, con sólo dos relaciones de reactividad, lo que implica un modelo terminal. Si no es así, se pueden estimar dos relaciones de reactividad adicionales, r'_A y r'_B, por un proceso iterativo. Desafortunadamente, se logra la máxima sensibilidad a valores altos y bajos de x donde los errores inherentes son máximos.

Otra aproximación consiste en reordenar la ecuación penúltima del copolímero a una ecuación del tipo Fineman-Ross:

$$\frac{y - 1}{x} = (r_A) - (r_B)\frac{y}{x^2} \tag{5.90}$$

donde la representación de $(y - 1)/x$ frente a y/x^2 linealiza la ecuación y permite determinar las relaciones de reactividad. De nuevo, el efecto penúltimo sólo produce una *desviación ligera* de la linealidad a valores de x altos y bajos.

Finalmente, podemos emplear la longitud promedio en número de secuencias de A o B. Debemos recordar que hemos derivado la relación entre $\bar{l}_A$ o $\bar{l}_B$ y las relaciones de reactividad para el modelo *terminal* (ecuaciones 5.67 y 5.68):

* Ver, por ejemplo, G. Odian, *Principles of Polymerization*, 3rd Edition, Wiley, 1991.

$$\bar{l}_A = \frac{1}{P\{B/A\}} = 1 + r_A x \tag{5.91}$$

$$\bar{l}_B = \frac{1}{P\{A/B\}} = 1 + \frac{r_B}{x} \tag{5.92}$$

Dejaremos que sea el alumno quien derive, para el modelo *penúltimo*, las siguientes expresiones:

$$\bar{l}_A = 1 + \left(r'_A \frac{1 + r_A x}{1 + r'_A x} \right) x \tag{5.93}$$

y:

$$\bar{l}_B = 1 + \left(r'_B \frac{r_B + x}{r'_B + x} \right) \frac{1}{x} \tag{5.94}$$

Si representásemos $\bar{l}_A$ frente a x (o $\bar{l}_B$ frente a 1/x) deberíamos obtener una línea recta con una ordenada igual a la unidad y una pendiente igual a r_A (o r_B) para el modelo terminal. Para el caso penúltimo, sin embargo, se debería observar una curva cóncava o convexa (también con una ordenada igual a la unidad), dependiendo la forma de que r_A (o r_B) sea mayor o menor que r'_A (o r'_B).

Es posible determinar directamente las cuatro relaciones de reactividad reordenando ("linealizando") las ecuaciones anteriores:

$$\frac{\bar{l}_A - 2}{x} = r_A - \frac{1}{r'_A}\left(\frac{\bar{l}_A - 1}{x^2} \right) \tag{5.95}$$

y:

$$x\,(\bar{l}_B - 2) = r_B - \frac{1}{r'_B}\,(\bar{l}_B - 1)\,x^2 \tag{5.96}$$

Debemos recordar que los errores nos pueden llevar a conclusiones falsas y que el examen del efecto penúltimo requiere una exactitud experimental rigurosa.

Isomería en polímeros. ¿Un caso especial de copolimerización?

Como señalamos en el capítulo 1, es perfectamente legítimo considerar las isomerías estructural, secuencial y estereoisomería como casos especiales de copolimerización. Se podrían emplear los símbolos A y B para indicar, respectivamente, ordenaciones *cis*-1,4- y *trans*-1,4- de los monómeros en la cadena de polibutadieno, o posiciones "normal" y "a la inversa" de los monómeros en la cadena del polifluoruro de vinilideno, o la inserción de una distribución *meso* o *racémica* en la cadena del polimetacrilato de metilo. Por lo tanto, sería lógico desarrollar las relaciones estadísticas relevantes (con cambios apropiados en la nomenclatura) para describir la microestructura de esta clase de "copolímeros" en este capítulo. Pero pensamos que la mayoría de los estudiantes considerarán que ya basta de teoría de probabilidades y que necesitan un descanso. Volveremos a ello una vez que hayamos saboreado las delicias de la espectroscopía en el próximo capítulo.

E. TEXTOS ADICIONALES

(1) J. L. Koenig, *Chemical Microstructure of Polymer Chains*, J. Wiley & Sons, New York, 1982.

(2) G. Odian, *Principles of Polymerization*, 3rd Edition, J. Wiley & Sons, 1991.

CAPITULO 6

Espectroscopía y Caracterización de la Estructura de Cadena

"I'm picking up good vibrations,
She's giving me excitations"
—The Beach Boys

A. INTRODUCCION

La espectroscopía, en todas sus formas, es un poderoso instrumento en el estudio de la estructura de la materia. Así, por ejemplo, la espectroscopía atómica detecta las transiciones electrónicas y evidencia de forma directa la cuantización de la energía. Nuestro interés aquí se centra en la espectroscopía molecular, que abarca no sólo las transiciones electrónicas, sino también aquéllas que implican vibraciones moleculares, reorientación de los núcleos en campos magnéticos y otros fenómenos. Dentro del mundo de los polímeros, estas técnicas nos permiten aplicar diversos métodos no sólo importantes, sino indispensables, en la identificación ("¿Este monómero o polímero que acabo de sintetizar es realmente lo que pienso?"), en la caracterización de la microestructura, orientación, en el estudio de interacciones intermoleculares y otros muchos aspectos que por su gran número no pueden ser mencionados. Se trata de una especialidad que incluye un extenso conjunto de conocimientos por lo que solamente podremos trazar un perfil de las bases y dar una orientación en el uso de algunos de estos instrumentos en las tareas más importantes de la caracterización polimérica. Centraremos nuestra atención en las dos técnicas que consideramos más importantes, como son la espectroscopía infrarroja y la resonancia magnética nuclear (RMN) pero lo haremos de forma diferente. Dado que los resultados del análisis por RMN pueden relacionarse directamente con las distribuciones de secuencia y con el empleo de la teoría de probabilidades, discutida en el capítulo anterior, nuestra discusión sobre la espectroscopía RMN se centrará en la descripción de algunos de estos puntos. La descripción de la espectroscopía infrarroja será más general debido a que no proporciona un nivel de análisis tan detallado. Empezaremos con un repaso de los fundamentos generales de espectroscopía mencionando brevemente algunos otros métodos.

B. FUNDAMENTOS DE ESPECTROSCOPIA

La espectroscopía es el estudio de la interacción de la luz (en el sentido general de radiación electromagnética) con la materia. Cuando se irradia una muestra con un haz de luz pueden tener lugar diversos fenómenos. La luz puede reflejarse o, si la muestra es transparente a la frecuencia o frecuencias de la luz incidente, puede simplemente transmitirse sin cambio en la energía. Parte de la luz puede también ser absorbida o dispersada. Discutiremos los elementos de la dispersión de luz posteriormente en el Capítulo 10, puesto que la dispersión de la radiación electromagnética permite la caracterización de la estructura macromolecular a nivel de conformación global de la cadena y morfología de la muestra. En la dispersión de luz convencional la radiación dispersada tiene la misma frecuencia o energía que el haz incidente. Sin embargo, una pequeña porción de luz puede también intercambiar energía con la muestra y ser dispersada a una frecuencia diferente. Este último efecto suministra la base de la llamada *Espectroscopía Raman*.

Nuestro interés, sin embargo, se centra en la luz absorbida por la muestra, puesto que ésta es la base de la *espectroscopía de absorción**. La luz es absorbida solamente si su energía, y por lo tanto su frecuencia, coincide con la diferencia de energía entre dos niveles cuánticos de la molécula. Este efecto se describe mediante la ecuación de Bohr:

$$\Delta E = E_2 - E_1 = h\upsilon \tag{6.1}$$

donde h es la constante de Planck y υ es la *frecuencia* de la luz en ciclos por segundo (Hertz, Hz). Esta relación, y muchas medidas espectroscópicas, se expresan a menudo en términos de longitud de onda, λ (en unidades de longitud, cm, nm, Å):

$$\lambda = \frac{\bar{c}}{\upsilon} \tag{6.2}$$

donde $\bar{c}$ es la velocidad de la luz, o (en espectroscopía infrarroja) en términos de nº de onda, $\bar{\upsilon}$ (en unidades de inverso de longitud, cm^{-1}), definido como:

$$\bar{\upsilon} = \frac{\upsilon}{\bar{c}} = \frac{1}{\lambda} \tag{6.3}$$

Procesos moleculares y absorción de la radiación

Existen diversos tipos de cambios de energía que tienen lugar en moléculas como resultado de la interacción con la luz, siendo las transiciones que tienen lugar dependientes de la energía o longitud de onda de la radiación incidente. El espectro electromagnético es un continuo aunque el ser humano ha dado nombres a diversas partes del mismo, o ha asociado partes de él con varias aplicaciones, tal y como se muestra en la figura 6.1. Empezando por la región del espectro de alta energía o baja longitud de onda, observamos que los rayos γ originan transiciones entre estados energéticos dentro de los núcleos (base de la espectroscopía Mössbauer), mientras que la absorción de rayos X implica a los

* Existe la llamada espectroscopía de emisión, pero no la trataremos en este libro.

electrones de las capas internas de los átomos de una molécula*. La luz visible y ultravioleta (UV) es capaz de generar también transiciones electrónicas y suministrar las bases de la espectroscopía UV-visible, siendo, por ej., los electrones más lábiles que se encuentran en los orbitales π de sistemas conjugados los que absorben en el rango de luz visible, mientras que se requiere luz UV de energía mayor (frecuencia mayor) a la hora de excitar electrones más fuertemente enlazados.

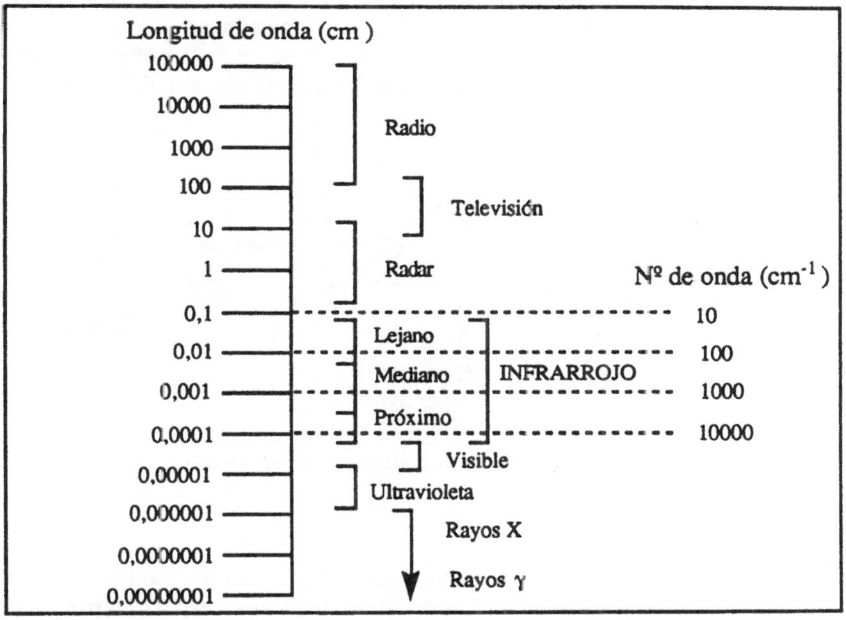

***Figura 6.1** Rangos de frecuencia para los distintos tipos de espectroscopía.*

A medida que disminuye la frecuencia (o aumenta la longitud de onda) la energía de la radiación ya no es suficiente para excitar los electrones. No obstante, las moléculas tienen niveles de energía vibracionales, por lo que diversos tipos específicos de movimiento vibracional de los enlaces químicos de la molécula, llamados modos, pueden excitarse por la radiación infrarroja, generalmente en el rango de longitud de onda de 0,1 a 0,00025 cm o, como se expresa más comúnmente, de 10 a 4000 cm^{-1} (nº de onda). Pasando a la región de las microondas y radiofrecuencias, hay transiciones asociadas con los niveles de rotación de pequeñas moléculas (aunque no de polímeros). Ahora bien, *en ausencia de un campo externo*, no existen otras absorciones asociadas con los

* La radiación en este rango de energía puede también romper enlaces y originar otros efectos generalmente no deseables. Sin embargo, puede ser útil si se aplica inteligentemente, como es el caso del empleo de la radiación γ en la reticulación del polietileno de cara a mejorar su estabilidad ambiental.

procesos moleculares en este rango de frecuencia*. De cualquier forma, si conectamos un imán gigante y aplicamos un campo magnético fuerte a una muestra, podríamos, en principio, encontrar un gran número de absorciones en esta región de radioondas. Esto se debe a que diversos núcleos (protones, deuterios, ^{13}C, ^{15}N, ^{19}F, etc.) tienen momentos magnéticos dipolares en virtud de sus espínes (pero ^{12}C y ^{16}O, por ejemplo, tienen espín cero). La energía del momento dipolar depende de que esté o no alineado con el campo magnético externo. Si sobre la muestra se inciden ondas de radio con una frecuencia igual a la diferencia de energía entre los estados alineados y no alineados ($\Delta E = h\upsilon$), se produce entonces un fuerte acoplamiento o resonancia entre la radiación y los espínes nucleares y tiene lugar la absorción. Esta es la resonancia magnética nuclear o RMN**.

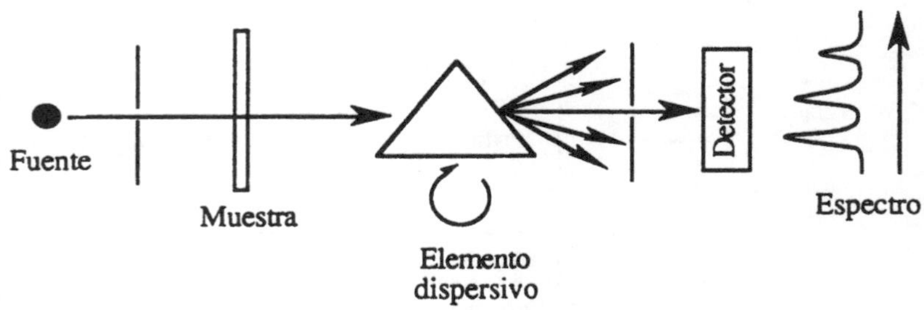

Figura 6.2 Diagrama esquemático de un espectrómetro.

Espectrómetros

La parte técnica de la instrumentación espectroscópica y los fundamentos de la espectroscopía se pueden encontrar en libros dedicados específicamente al tema, pero es importante tener una idea sobre la naturaleza del experimento, cuyos elementos básicos se ilustran esquemáticamente en la figura 6.2. Lo primero que se necesita es una fuente de radiación en el rango de frecuencias en el que estemos interesados. Suponiendo que podemos obtener dicha fuente (un gran número de físicos aplicados han desarrollado buenas fuentes y detectores), deberemos orientar los espejos (para las espectroscopías infrarroja o uv-visible) de tal forma que la luz incida sobre la muestra. Generalmente, la luz o radiación consta de un rango de frecuencias, de las que sólo algunas serán absorbidas por la muestra. Ahora es necesario determinar cuánta energía de estas frecuencias ha sido absorbida, por lo que deberemos dividir la luz de acuerdo con la longitud de onda y medir su intensidad. La figura 6.2 ilustra este proceso en el que se ha elegido un prisma que enfoca la luz a través de una ranura hacia un detector de tal

---

* Sin embargo, el retraso de los momentos dipolares moleculares respecto de las oscilaciones del campo eléctrico de la luz ocasiona alguna disipación de energía y ésta es la base de los experimentos de relajación dieléctrica.

** Su prima carnal, la resonancia de espín electrónico, RSE, tiene lugar en la región de mayor frecuencia de las microondas y es un instrumento útil en el estudio de los electrones desemparejados (radicales libres).

forma que a medida que rota el prisma se detectan distintas frecuencias. Estos diseños se usaron en los primeros instrumentos infrarrojos pero posteriormente fueron reemplazados por redes y más recientemente por interferómetros (que no necesitan ranuras).

Si poseyéramos una fuente que emitiera radiación a una única frecuencia que además pudiera variarse a lo largo de un rango concreto, como ocurre en un láser sintonizable, no necesitaríamos entonces un diseño dispersivo (el prisma de la figura 6.2.). Esta es la manera en que se efectúan los experimentos de RMN.

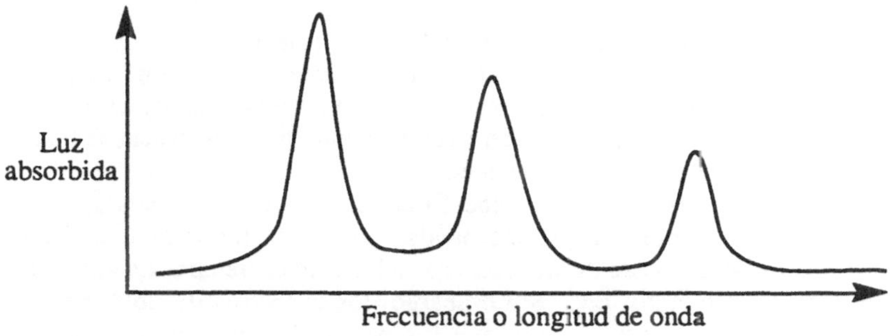

Figura 6.3 *Diagrama esquemático de un espectro.*

Intensidad y forma de las bandas

El espectro de un material es una representación de la intensidad de la luz transmitida a través de la muestra, o absorbida por ella, en función de la frecuencia o longitud de onda. Hemos dibujado una representación esquemática de un espectro de absorción en la figura 6.3, en el que hay dos hechos a destacar: en primer lugar, las *bandas* tienen una anchura finita y en segundo lugar, las intensidades de las bandas son todas diferentes. Comenzaremos discutiendo este segundo punto, dejando para el final de la sección lo concerniente a la anchura de las bandas.

La intensidad de una *línea o banda espectral* depende de una serie de factores. En primer lugar, dependerá obviamente del número de moléculas, grupos funcionales o núcleos que dan lugar a esa absorción particular. Es decir, dependerá de la concentración de esa especie y de la cantidad total (espesor) de la muestra sobre la que incide el haz del espectrofotómetro. Dependerá igualmente de las características químicas del grupo o de la naturaleza de las especies. En espectroscopía infrarroja, por ejemplo, veremos que las vibraciones de ciertos tipos de enlaces absorben más radiación que otros. Finalmente, la cantidad de absorción deberá depender también de la intensidad del haz incidente. La relación entre la absorción (definida como el logaritmo del cociente de la intensidad de luz transmitida y la intensidad de luz incidente) y estos factores viene dada por la ley de Beer-Lambert :

$$A = abc \qquad (6.4)$$

donde A es la intensidad de la banda de interés (en términos de la cantidad de radiación absorbida, no transmitida); también pueden usarse áreas o alturas de las bandas pero las unidades cambian; a es la absortividad o coeficiente de extinción que depende de la naturaleza de las especies absorbentes, b es el espesor de la muestra y c es la concentración del componente de interés. Para sistemas multicomponentes, la absorción de cualquier banda puede escribirse:

$$A = \sum_{i=1}^{n} a_i b_i c_i \tag{6.5}$$

suponiendo que no exista interacción entre los i componentes.

Hay que tener en cuenta que, por diversas razones, esta ley no se cumple para muestras muy gruesas o muy concentradas (en las espectroscopías infrarroja y UV-visible) y para realizar un buen trabajo cuantitativo son cruciales tanto la preparación de la muestra como la técnica.

Centrando de nuevo nuestra atención en la anchura de la banda, existen numerosas razones por las que las bandas no son infinitamente estrechas. Existen efectos instrumentales, factores asociados con los tiempos de vida finitos de los estados excitados, etc. Sin embargo, los espectros de polímeros son generalmente mucho más anchos que los de sus homólogos de bajo peso molecular, y los factores determinantes son las interacciones entre los componentes del sistema junto con el hecho de que incluso los polímeros ordenados son sólo semicristalinos (ver Capítulo 7). En el estado amorfo los elementos de las cadenas tienen ambientes locales ligeramente distintos, dando lugar a pequeñas diferencias en la frecuencia de absorción y, por tanto, a bandas más anchas.

C. ESPECTROSCOPIA INFRARROJA BASICA

La espectroscopía es una vieja amiga del químico orgánico. En los primeros momentos de la ciencia de polímeros (mencionamos la detección de ramas cortas en el polietileno en el Capítulo 2, por ejemplo) y durante muchos años fue la herramienta de trabajo de todos los laboratorios de síntesis de polímeros, facilitando la identificación de materiales y la caracterización de la microestructura. Pero todo lo bueno debe acabar y muchas de estas aplicaciones de la espectroscopía infrarroja han sido sustituidas por la espectroscopía RMN, que ofrece un mayor detalle. De todas formas, esto no significa que los científicos hayan tenido que arrojar sus espectrómetros infrarrojos por la ventana. Hoy en día son todavía adecuados para realizar algunos experimentos específicos y suministran cierto tipo de información (incluyendo medidas de la orientación y de interacciones específicas fuertes) que no puede obtenerse por RMN, por lo que los espectroscopistas de infrarrojo todavía tienen en qué dedicar su tiempo (esto está bien, pues de lo contrario los propios autores de este texto se encontrarían sin trabajo) y la técnica continúa siendo un instrumento de caracterización fundamental. La manera en que nos aproximaremos a ella será describiendo las características de los espectros infrarrojos de algunos polímeros con el fin de dar una visión del tipo de información que se puede obtener a partir de este tipo de estudios. Empezaremos considerando algunos de los principios de la absorción infrarroja.

Absorción infrarroja: Condiciones

En la discusión de la espectroscopía básica hemos mencionado que para que tenga lugar la absorción es condición necesaria que la frecuencia de la radiación absorbida coincida con la frecuencia del llamado modo normal de vibración y por lo tanto, con una transición entre niveles de energía vibracionales. Trataremos las vibraciones moleculares con más detalle enseguida pero esta condición no es en sí misma suficiente y se requiere adicionalmente algún tipo de interacción entre la radiación incidente y la molécula. Aún en el caso de que la radiación infrarroja incidente tenga la misma frecuencia que alguna vibración fundamental, sólo se dará la absorción cuando se cumplan ciertas condiciones. Las reglas que determinan la actividad óptica se denominan *reglas de selección*, que tienen su origen en la mecánica cuántica. Sin embargo, es más fácil obtener una visión física de estas interacciones considerando la interpretación clásica, por lo que no discutiremos en este texto la equivalente mecanocuántica.

La absorción infrarroja puede ser descrita, de forma sencilla, por la teoría electromagnética clásica: un dipolo oscilante es un emisor o un absorbente de radiación. Consecuentemente, la variación periódica del momento dipolar de una molécula vibrante produce una absorción o emisión de radiación de la misma frecuencia que la de la oscilación del momento dipolar. Es fundamental el requisito de que se produzca un cambio en el momento dipolar con la vibración molecular. Ciertos modos normales no dan lugar a tal cambio, como se observa en las dos vibraciones de tensión en el plano de la molécula de CO_2 que se ilustran a continuación:

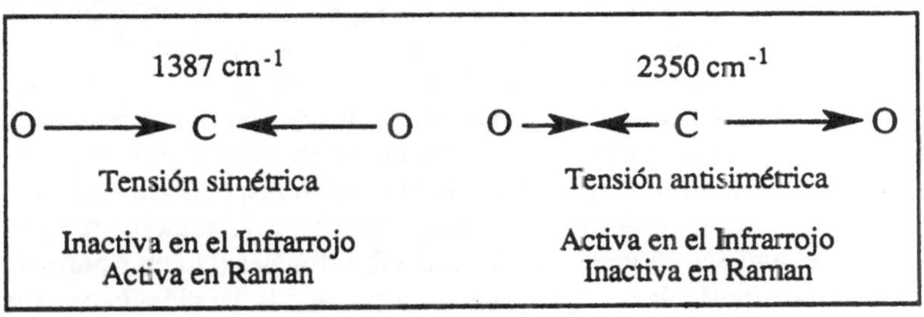

El momento dipolar neto de la molécula simétrica no perturbada es cero. En la vibración totalmente simétrica, los dos átomos de oxígeno se mueven en fase sucesivamente desde y hacia el átomo de carbono. En esta vibración se mantiene la simetría de la molécula y no hay un cambio neto en el momento dipolar, no existiendo por tanto interacción con la radiación infrarroja en este caso. A la inversa, en la vibración de tensión antisimétrica se perturba la simetría de la molécula y se produce un cambio en el momento dipolar neto con la consiguiente absorción infrarroja.

Las reglas de selección para los modos vibracionales de tensión simétrico y antisimétrico del CO_2 pueden ser determinadas mediante una simple consideración de la molécula. Para esta molécula sencilla, es fácil ver que la tensión simétrica no produce cambio en el momento dipolar. Para moléculas más complejas, el número y la actividad de los modos normales pueden predecirse a partir de consideraciones de simetría sólo cuando se usan los métodos de la teoría de grupos, una herramienta también importante en otras técnicas de caracterización (tales como la difracción de rayos X). Sin embargo, para realizar una discusión de esta teoría se requiere un tratamiento más especializado y el punto básico que deberíamos retener aquí es que la absorción infrarroja implica un cambio en el momento dipolar con la vibración molecular*. Pasemos ahora a estudiar la naturaleza de las vibraciones moleculares con un poco más de detalle.

Modos normales de vibración

En la figura anterior hemos presentado un esquema de los dos *modos normales de vibración* de la molécula de CO_2 pero no hemos dicho prácticamente nada de la naturaleza de un modo normal o de la forma en que puede ser determinado. De hecho, si hiciéramos un modelo de la molécula de CO_2 suspendiendo en el aire tres bolas de peso apropiado y unidas por muelles, podríamos en principio excitar todo tipo de vibraciones diferentes simplemente acercándonos a ellas y propinándoles un buen golpe desde distintos ángulos y con diferente fuerza. Sin embargo, todos estos movimientos excitados por el golpe pueden resumirse en la suma (o diferencia) de unos pocos tipos de movimientos llamados modos normales de vibración. Hay que tener en cuenta que dichos modos no incluyen el movimiento traslacional o rotacional de la molécula considerada como un todo, sino solamente los movimientos relativos de las bolas (o átomos). Para una molécula, el número de modos normales posibles depende del número de átomos que contenga y, por tanto, de sus *grados de libertad*. El movimiento de cualquier átomo en una molécula, bien sea el resultado de una vibración interna o de rotaciones y traslaciones, puede resolverse en las componentes paralelas a los ejes x, y y z de un sistema Cartesiano y se dice que el átomo tiene tres grados de libertad. Por lo tanto, un sistema de N núcleos tendrá 3N grados de libertad. Sin embargo, en una molécula no lineal, seis de estos grados de libertad corresponden a traslaciones y rotaciones de toda la molécula que tienen frecuencia vibracional cero y, por consiguiente, hay 3N - 6 grados de libertad vibracionales o modos normales de vibración. Para moléculas estrictamente lineales como la del dióxido de carbono, la rotación sobre el eje molecular no cambia la posición de los átomos y sólo se requieren dos grados de libertad para describir cualquier rotación. Consecuentemente, las moléculas lineales tienen 3N - 5 vibraciones normales. Para una cadena polimérica teóricamente infinita, solamente una de las tres

---

* Aunque sólo hemos nombrado la espectroscopía Raman, es interesante indicar que ella también implica vibraciones moleculares aunque las reglas de selección son distintas a las del infrarrojo. Más concretamente, para que un modo vibracional sea activo en Raman debe producirse un cambio en la polarizabilidad con la vibración molecular. La regla de exclusión mútua es de gran importancia e indica que si la molécula tiene un centro de simetría, los modos vibracionales activos en el infrarrojo serán inactivos en Raman y viceversa. Veremos un ejemplo posteriormente.

traslaciones y una rotación tienen frecuencia cero y existen 3N - 4 grados de libertad vibracionales. Cada modo normal consiste en vibraciones, aunque no necesariamente desplazamientos importantes, de todos los átomos del sistema. La figura 6.4 muestra esquemáticamente el desplazamiento de los átomos que da lugar a los modos normales (y por lo tanto absorciones) que aparecen a 1163, 1074, 1031 y 925 cm^{-1} en el espectro infrarrojo del *trans*-1,4-poli(2,3-dimetilbutadieno). Los desplazamientos de los átomos durante la vibración son proporcionales al tamaño de las flechas, que se han exagerado en esta figura.

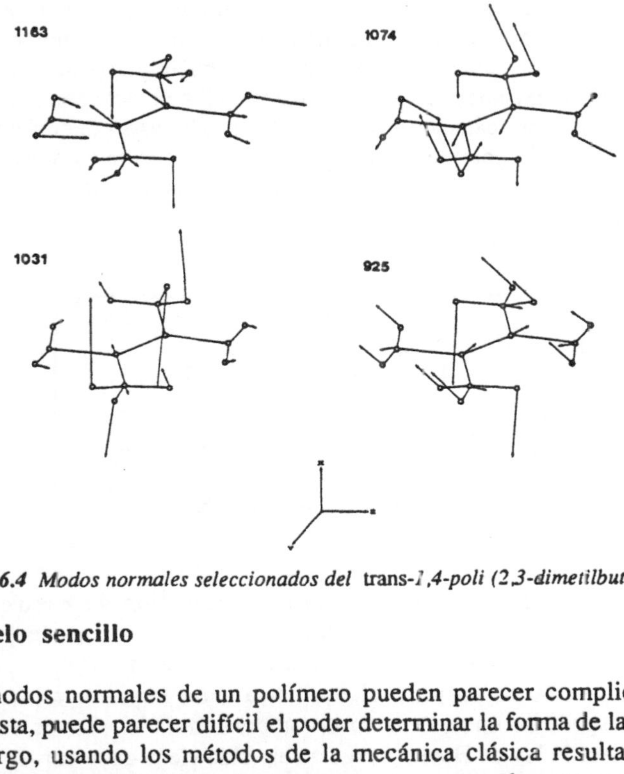

Figura 6.4 *Modos normales seleccionados del* trans-*1,4-poli (2,3-dimetilbutadieno).*

Un modelo sencillo

Los modos normales de un polímero pueden parecer complicados y, a primera vista, puede parecer difícil el poder determinar la forma de la vibración. Sin embargo, usando los métodos de la mecánica clásica resulta que estas vibraciones pueden calcularse de una manera conceptualmente sencilla. Los núcleos pueden considerarse como masas puntuales y las fuerzas que actúan entre ellas como muelles que obedecen la ley de Hooke. Se supone que el movimiento de cada átomo es el de un armónico simple, indicando con ello que la fuerza que actúa sobre los átomos es proporcional a sus desplazamientos con respecto a la posición de equilibrio. En una vibración normal, cada partícula efectúa un movimiento armónico simple de la misma frecuencia y, en general, estas oscilaciones están en fase; sin embargo, la amplitud puede ser diferente de un átomo a otro, como puede verse en la figura 6.4. Estos modos de vibración normales se excitan al absorber la radiación infrarroja (o la dispersión Raman). Como es natural, los diferentes tipos de vibración tendrán distintas energías y absorberán o dispersarán la radiación inelásticamente a frecuencias diferentes.

En los comienzos de la espectroscopía infrarroja, antes de haberse resuelto todo esto, se determinó empíricamente que ciertos grupos funcionales absorbían la radiación infrarroja a frecuencias características (lo que constituye la base de la llamada *aproximación de frecuencias de grupo* aplicada extensamente en la identificación de muestras desconocidas). Dado que las vibraciones normales implican desplazamientos de todos los átomos, puede esperarse que la constitución del resto de la molécula tenga un efecto más pronunciado que los ligeros desplazamientos en frecuencia observados para estos grupos. Sin embargo, la intensidad de una banda infrarroja depende de la extensión del desplazamiento de los átomos en una vibración concreta, puesto que desplazamientos mayores producirán un mayor cambio en el momento dipolar. Todos los átomos pueden vibrar con la misma frecuencia pero los desplazamientos mayores pueden estar localizados en un pequeño grupo de ellos.

Los detalles de los cálculos de los modos normales están fuera del objetivo de este libro* pero es importante hacerse una idea de los factores que afectan a las frecuencias de una banda, por lo que consideraremos un ejemplo sencillo de dos masas puntuales, m_1 y m_2, unidas por un muelle de Hooke, tal como se muestra esquemáticamente a continuación.

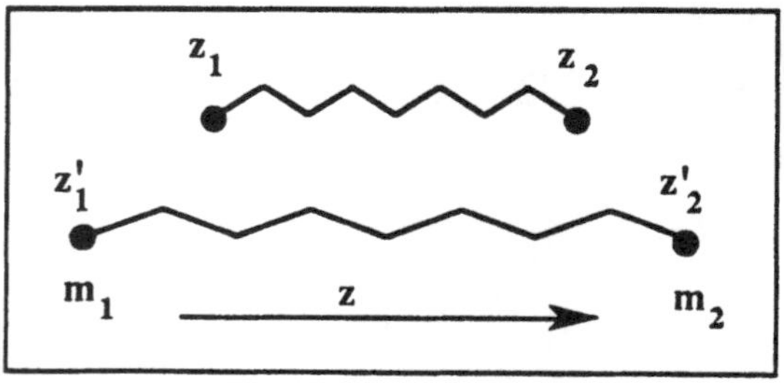

Para este modelo unidimensional, el eje z coincide con el eje molecular y los movimientos de los átomos en las direcciones x e y no están permitidos. Definamos el desplazamiento relativo de dos átomos por $z = [(z'_1 - z'_2) - (z_1 - z_2)]$ donde $z_1 - z_2$ es la distancia en el equilibrio entre m_1 y m_2 y $(z'_1 - z'_2)$ es la distancia después de una extensión o compresión dada. Suponiendo que el muelle obedece la ley de Hooke, la fuerza ejercida viene dada por -fz donde f es la constante de fuerza del muelle. También es conveniente en este momento definir la masa reducida, m_r, igual a $(m_1m_2)/(m_1 + m_2)$.

Dado que la fuerza se define como el producto de la masa por la aceleración, para un campo conservativo (es decir sin fuerzas de rozamiento) se cumple la siguiente ecuación:

$$-fz = m_r \frac{d^2z}{dt^2} \tag{6.6}$$

* Los que posean tendencias realmente masoquistas puede que deseen consultar otro de los libros de los autores; P. C. Painter, M. M. Coleman and J. L. Koenig, *The Theory of Vibrational Spectroscopy and Its Application to Polymeric Materials*, J.Wiley & Sons, New York 1982.

Esta ecuación podría obtenerse considerando los desplazamientos individuales de los átomos pero cuando se combinan todos ellos se acaba con una expresión en términos de la masa reducida. Reordenando:

$$m_r \frac{d^2 z}{dt^2} + fz = 0 \tag{6.7}$$

Esta es una ecuación diferencial de segundo orden que tiene una solución periódica de la forma:

$$z = A \cos(2\pi \upsilon t + \varepsilon) \tag{6.8}$$

donde A es la amplitud, ε es el ángulo de fase y υ es la frecuencia de la vibración. Diferenciando dos veces con respecto al tiempo llegamos a:

$$\frac{d^2 z}{dt^2} = -4\pi^2 \upsilon^2 z \tag{6.9}$$

Sustituyendo obtenemos:

$$(-4\pi^2 \upsilon^2 m_r + f)\, z = 0 \tag{6.10}$$

Suponiendo $z \neq 0$ obtenemos la familiar ecuación del movimiento armónico:

$$\upsilon = \frac{1}{2\pi} \sqrt{\frac{f}{m_r}} \tag{6.11}$$

Aunque el modelo que hemos considerado es extremadamente simple, es capaz de proporcionar el resultado relevante de que la frecuencia vibracional depende inversamente de la masa y directamente de la constante de fuerza.

Para ver cómo nos puede ayudar este resultado, consideremos como ejemplo la vibración de tensión aislada de un enlace C-X, donde X puede ser cualquier sustituyente del tipo hidrógeno, cloro u oxígeno. Se puede suponer que el enlace químico es el centro de las fuerzas que actúan entre los átomos, es decir, el "muelle". Así pues, a medida que aumenta la masa del sustituyente debería haber una disminución de la frecuencia (o número de onda). De hecho, los modos de tensión C-H absorben cerca de 2900 cm^{-1} mientras que las vibraciones de tensión del C-Cl tienen lugar a frecuencias próximas a 600 cm^{-1}. Por el contrario, aumentando la constante de fuerza entre los átomos, por formación por ejemplo de un doble enlace, aumenta la frecuencia. Las vibraciones de tensión C-O se dan cerca de 1100 cm^{-1} mientras que las frecuencias C=O se observan alrededor de 1700 cm^{-1}. Para sistemas vibrantes más complejos, las frecuencias vibracionales dependen naturalmente del tipo de movimiento y de la geometría, además de la masa de los átomos y de las fuerzas que actúan sobre ellos. Esta consideración nos lleva de forma natural al estudio de estos problemas en polímeros.

D. CARACTERIZACION DE POLIMEROS POR ESPECTROSCOPIA INFRARROJA

Es posible aplicar la espectroscopía infrarroja a la caracterización de materiales poliméricos con diversos niveles de sofisticación. Así, en su empleo más común, la espectroscopía infrarroja puede considerarse un método fácil y rápido en la identificación de los principales componentes por medio del empleo de las frecuencias de grupo y de patrones distintivos en la región de la huella "dactilar" del espectro. En un principio esto era un arte debido a que el gran número de espectros estándar accesibles en la bibliografía obligaba a poseer una memoria excelente y la dedicación de Sherlock Holmes. Hoy en día, la identificación somera de materiales poliméricos se ha convertido en una tarea relativamente trivial gracias a los modernos ordenadores que acompañan a los espectrómetros. Las bibliotecas de espectros estándares almacenados en la memoria del ordenador junto con las rutinas de búsqueda han reducido el problema a la mera aplicación de una determinada "herramienta".

En el siguiente nivel de sofisticación, la espectroscopía infrarroja puede emplearse en la caracterización de la estructura de materiales poliméricos. Nos estamos refiriendo no sólo a la composición química global de la cadena polimérica sino también a la distribución de las unidades individuales. Así, es posible obtener información concerniente a la naturaleza y concentración de las unidades estructurales y conformacionales de una muestra particular. Esto a su vez nos lleva a la consideración de las características espectroscópicas observadas cuando un polímero se orienta o cristaliza. La simetría juega un papel importante en los espectros observados de sistemas ordenados, de tal forma que el espectro es sensible a la conformación de las cadenas poliméricas. La espectroscopía infrarroja puede también utilizarse para estudiar los cambios que ocurren por modificación química y degradación de polímeros. Finalmente, en el nivel más alto de sofisticación, la espectroscopía infrarroja se usa en conjunción con cálculos computacionales de los modos normales para lograr entender las características fundamentales del movimiento vibracional de polímeros. Como hemos mencionado anteriormente, la aproximación que efectuamos aquí es más bien un resumen, por lo que empezaremos con un sistema polimérico sencillo.

Polímeros amorfos con interacciones intermoleculares débiles

Nos referiremos a materiales poliméricos no cristalinos en los que predominen fuerzas de van der Waals*. Ejemplos de estos sistemas incluyen al poliestireno atáctico, copolímeros de estireno-butadieno y etileno-propileno, etc. Empecemos considerando el espectro, mostrado en la figura 6.5, de una película de un polímero vítreo amorfo, el poliestireno atáctico (*a*-PS). Inicialmente uno puede sorprenderse de la gran cantidad de bandas presentes y de la aparente complejidad del espectro. Sin embargo, después de estudiarlo, uno también puede tener la idea opuesta y considerar que el espectro es extraordinariamente

---

* Suponemos que a estas alturas ya se tiene un conocimiento básico de los diversos tipos de interacciones intermoleculares. Si no es así, o se han olvidado, puede pasar al comienzo del siguiente capítulo donde se describe este tema.

simple, dado que estamos tratando con un material amorfo donde el peso molecular medio puede superar los 10^5 g/mol y donde existen distribuciones anchas de peso molecular, estados conformacionales y secuencias de estereoisómeros. Ambos puntos de vista tienen su parte de razón.

La cadena polimérica del *a*-PS está compuesta de unidades químicas repetitivas (-CH_2-CHC_6H_5-) que contienen 16 átomos (ver tabla 1.2). La unidad repetitiva es relativamente grande (comparada con la de polietileno, por ejemplo) y, en primera aproximación, supondremos que una unidad repetitiva no tiene conocimiento, en términos de su comportamiento en el infrarrojo, de que existan otras unidades adyacentes. De acuerdo con esto, las características groseras del espectro reflejarán aquéllas correspondientes a un análogo de bajo peso molecular de la unidad repetitiva. Así, podemos anticipar 3N - 4 = 44 vibraciones fundamentales. Puesto que no hay simetría traslacional entre las unidades de la cadena o simetría inherente en la estructura de la unidad repetitiva, todos estos modos normales serán activos en el infrarrojo. También hay bandas debidas a armónicos y bandas de combinación de los modos fundamentales pero por ahora las despreciaremos. Además, supondremos que la muestra de *a*-PS es químicamente "pura" y que no existen bandas adicionales en el espectro atribuibles a degradación, incorporación de impurezas o presencia de grupos finales distintos, etc.

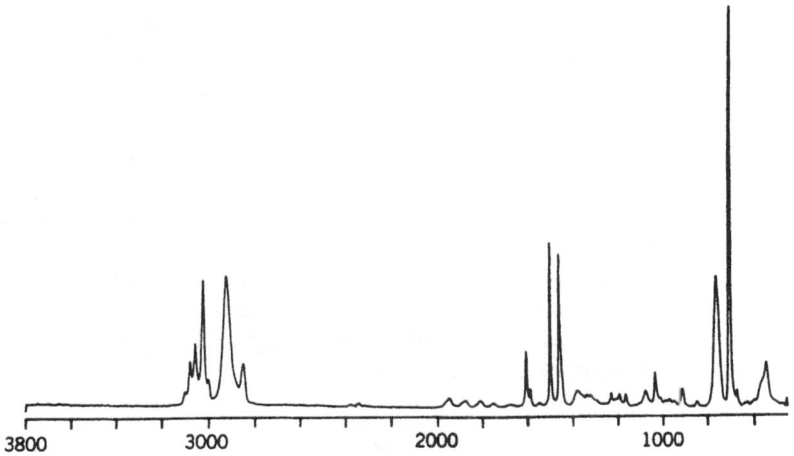

***Figura 6.5** Espectro infrarrojo del poliestireno atáctico.*

Volvamos al espectro del *a*-PS y hagámonos esta pregunta, "¿Qué información podemos obtener a primera vista?". En principio, a partir de las correlaciones de grupo podemos determinar que la muestra contiene grupos alifáticos y aromáticos por las bandas observadas en la región del espectro* de 2800 a 3200 cm^{-1}. Segundo, podemos inicialmente eliminar la posibilidad de

* Una precaución: la región de tensión de los C-H se complica a menudo por la llamada resonancia de Fermi, que proviene de la interacción de una vibración fundamental y una armónica que se da a la misma frecuencia.

grupos tipo hidroxilo, amina, amida, nitrilo, carbonilo, etc., que poseen frecuencias de grupo características. Sin embargo, no debemos ser dogmáticos porque, como hemos mencionado, la simetría puede dictar que en materiales ordenados haya modos normales particulares que sean inactivos en el infrarrojo. Tercero, la presencia de un grupo de bandas distintivas y relativamente agudas que son características de anillos aromáticos monosustituidos nos lleva a la conclusión de que el espectro se parece al de un polímero estirénico. También es claro que el espectro del *a*-PS se caracteriza por bandas infrarrojas con grandes diferencias en sus anchuras. En términos sencillos, las bandas relativamente estrechas pueden atribuirse a modos normales localizados que no son sensibles a la conformación (es decir, no se ven afectadas por la forma de la cadena). De este tipo son las vibraciones de tensión de los C–H y las de los C=C del anillo aromático. Aún siendo esto cierto, no debemos simplificar en exceso la situación puesto que los cálculos de las coordenadas normales indican que existe un cierto grado de mezcla de los modos específicos del anillo con vibraciones del esqueleto. De todas formas, lo mencionado arriba responde razonablemente a una regla empírica y el corolario es que las bandas relativamente anchas en el espectro son sensibles a la conformación. En el estado amorfo el polímero se asemeja a un "plato de espaguetis". Las cadenas poliméricas obedecen la estadística del vuelo al azar (siguiente capítulo) y las unidades individuales en la cadena pueden tomar millares de conformaciones. En términos de espectroscopía infrarroja, las bandas que contienen contribuciones importantes de diversas vibraciones que implican al esqueleto polimérico reflejarán la distribución de los estados conformacionales ensanchándose o, en ciertos casos, pudiéndose resolver en más de una banda.

Polímeros amorfos con interacciones intermoleculares fuertes

En este caso, consideraremos polímeros amorfos en los que existen puentes de hidrógeno que son las interacciones fuertes más comunes en polímeros. Ejemplos de estos sistemas incluyen a: poli(4-vinil fenol) atáctico (PVPh), resinas epoxi, poli(vinil alcohol), poliamidas y poliuretanos amorfos.

El PVPh es estructuralmente similar al *a*-PS, excepto en que tiene un grupo hidroxilo en la posición *para* del anillo aromático.

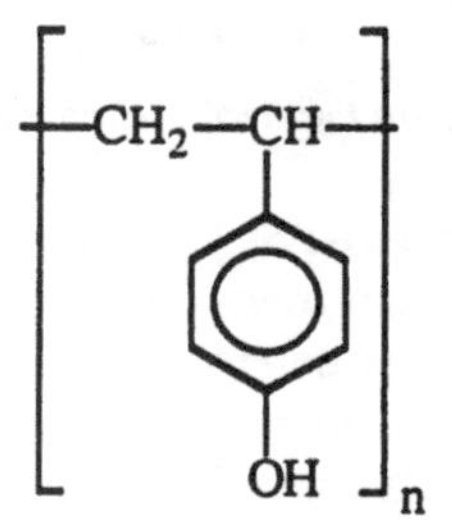

Poli (4-vinil fenol)

Los espectros infrarrojos del PVPh, registrados en función de la temperatura (A = 30°C, B = 50°C, C = 100°C, D = 150°C, E = 200°C, F = 250°C), se muestran en la figura 6.6. La figura está dividida en dos rangos de frecuencia, 3800–2800 y 2000–450 cm^{-1}. Para lograr una presentación más clara, se ha expandido la región de mayor frecuencia en la escala de absorbancia por un factor de cuatro en comparación con la región de menor frecuencia. En común con el espectro del *a*-PS, hay bandas infrarrojas que son relativamente estrechas, atribuibles a vibraciones normales que son insensibles a la conformación, y bandas más anchas que son sensibles a la distribución de las conformaciones. Utilizando la aproximación de las frecuencias de grupo, se puede asignar fiablemente las bandas que se observan a 825, 1100, 1170, 1445 y 1595/1610 cm^{-1}, esencialmente independientes de la temperatura, al anillo aromático. Por el contrario, las bandas relativamente anchas que se observan en la región del espectro de 1200-1400 cm^{-1} cambian claramente en función de la temperatura. Estas bandas pueden asignarse a vibraciones que contienen contribuciones de las vibraciones de deformación del O–H y de tensión del C–O. Los cambios con la temperatura son debidos a dos factores principalmente: sensibilidad conformacional e interacciones intermoleculares.

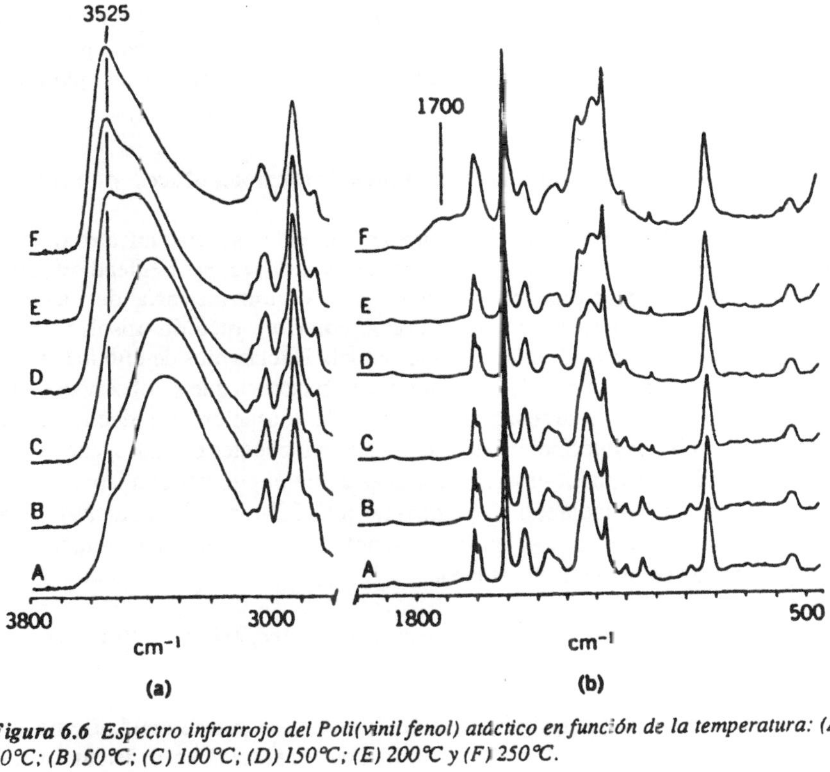

Figura 6.6 *Espectro infrarrojo del Poli(vinil fenol) atáctico en función de la temperatura: (A) 30°C; (B) 50°C; (C) 100°C; (D) 150°C; (E) 200°C y (F) 250°C.*

Quizás la región más interesante del espectro del PVPh es la que ocurre entre 3100 y 3600 cm^{-1}, donde aparece la frecuencia de tensión del O–H. A temperatura ambiente esta región se caracteriza por una banda muy ancha centrada en 3360 cm^{-1}, asignable a una distribución amplia de los grupos hidroxilo enlazados por puentes de hidrógeno (los puentes de hidrógeno entre cadenas y grupos funcionales del mismo tipo suelen llamarse "auto-asociación") y una banda mucho más estrecha a 3525 cm^{-1} que se atribuye a los grupos hidroxilo no enlazados o "libres". Esta última banda parece intensificarse a expensas de la atribuida a los grupos enlazados a medida que aumenta la temperatura. Mientras que esto es atractivo intuitivamente, puesto que es consistente con nuestras ideas preconcebidas de los efectos de la temperatura sobre el equilibrio, no es tan dramático como puede parecer a simple vista observando la figura 6.6. A medida que aumenta la temperatura, y por lo tanto el movimiento molecular, la fortaleza media de los puentes de hidrógeno decrece, lo que se refleja en un desplazamiento a mayores frecuencias, provocando un mayor solapamiento con la banda "libre" a 3525 cm^{-1}. Además, ahora sabemos que el coeficiente de absorción depende de la fortaleza del puente de hidrógeno. Por consiguiente, a medida que disminuye la fortaleza de los puentes de hidrógeno decrece el coeficiente de absorción, llevándonos a un descenso en el área de la banda enlazada por puentes de hidrógeno. Aunque esto pueda parecer complejo, existe mucha información accesible de los estudios infrarrojos a temperatura variable de los llamados polímeros fuertemente autoasociados que proporcionan evidencia directa del número y fortaleza de los puentes de hidrógeno presentes. Estos estudios son muy útiles en un número importante de casos (por ejemplo, a la hora de mezclar dos polímeros).

Polímeros ordenados con interacciones intermoleculares débiles

El efecto del orden o de la "cristalinidad" sobre el espectro infrarrojo de un polímero es uno de los temas más interesantes, y a su vez, peor entendidos en la espectroscopía vibracional polimérica. En la gran mayoría de casos la espectroscopía infrarroja *no puede* usarse como un método absoluto en la determinación de la cristalinidad tridimensional. Hablaremos de ello más tarde. Inicialmente consideraremos las características generales que se observan en los espectros de polímeros ordenados que no se "autoasocian" (es decir, que no tienen interacciones intermoleculares fuertes como puentes de hidrógeno) y que contienen unidades repetitivas grandes, tales como el poliestireno isotáctico (*i*-PS), el *trans*-1,4-poliisopreno y el *trans*-1,4-poli(2,3-dimetil butadieno). Más tarde nos centraremos en el polietileno, un polímero ordenado que contiene una unidad repetitiva relativamente pequeña.

Cristalinidad frente a conformación preferida: Poliestireno isotáctico

Examinemos el espectro infrarrojo del *i*-PS, que se muestra en la figura 6.7. En contraste con el *a*-PS, donde las unidades repetitivas se ordenan en una secuencia estereoquímica al azar, todas las unidades adyacentes del *i*-PS puro son isotácticas respecto a la primera. Esta regularidad estructural posibilita el orden cristalino y el *i*-PS prefiere adoptar una forma regular llamada conformación de cadena helicoidal 3_1 (lo trataremos en el Capítulo 7) que tiene un punto de fusión cristalino (T_m) de 230°C. Sin embargo, si se enfría rápidamente la muestra de *i*-PS desde una temperatura superior a la T_m a temperatura ambiente, se impide la cristalización y el material se convierte en uno vítreo o amorfo. Podemos por tanto anticipar que el espectro del *i*-PS enfriado se deberá parecer al del *a*-PS. Y ciertamente así ocurre. Comparando los espectros presentados en las figuras 6.5 y 6.7(B), no queda duda de que es muy difícil diferenciarlos. De hecho, existen unas diferencias muy sutiles en unas pocas bandas que pueden adscribirse a acoplamientos vibracionales débiles entre unidades repetitivas estereoquímicamente distintas, pero son realmente sutiles, y a todos los efectos las podemos ignorar. Si ahora calentamos la muestra de *i*-PS, enfriada previamente, por encima de la temperatura de transición vítrea (T_g) pero por debajo de la T_m, se produce la cristalización y la muestra se transforma en un material semi cristalino. El espectro de la muestra templada (semi cristalina) de *i*-PS se muestra en la figura 6.7(A). Este espectro puede considerarse formado por dos principales componentes "no interaccionantes": el amorfo y el "cristalino". Puesto que las interacciones son relativamente débiles, estos dos componentes no se reconocen, en términos espectroscópicos, en el seno del material semicristalino. Por lo tanto, ésta es una situación ideal de lo que se ha venido en llamar espectroscopía diferencia, dado que los dos componentes pueden separarse sin distorsionar la forma de las bandas.

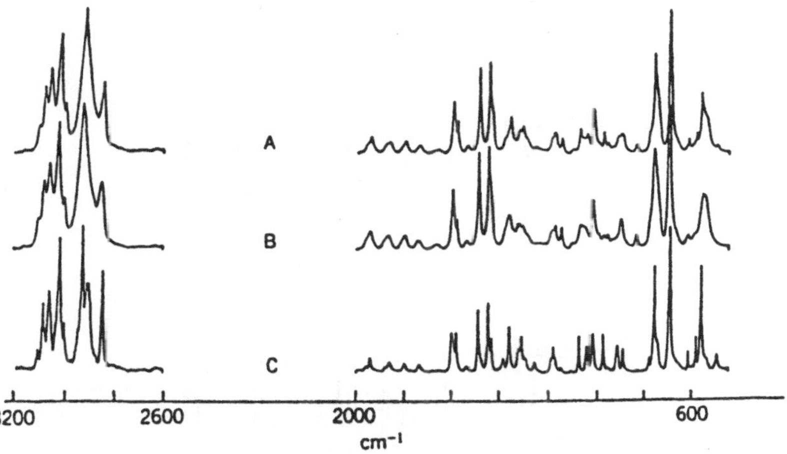

Figura 6.7 *Espectro infrarrojo del Poliestireno isotáctico. (A) templado, (B) enfriado desde el fundido, y (C) espectro diferencia (A - B).*

El *espectro diferencia* se obtiene substrayendo el espectro de la muestra de *i*-PS enfriado (amorfo) del de la muestra templada (semi cristalina) (figura 6.7(C)), de tal forma que se han eliminado las bandas amorfas (esta operación requiere unos ciertos criterios espectroscópicos). Este espectro y otros similares, se conocen comúnmente como espectro infrarrojo "cristalino". El término es algo confuso, y aún con el peligro de ser pedante habría que decir que en el caso de un polímero débilmente auto-asociado, donde el acoplamiento vibracional intermolecular entre las unidades de la cadena polimérica es pequeño o nulo, lo que realmente reflejan las agudas bandas observadas en el espectro diferencia o "cristalino" es la presencia de una unidad repetitiva en conformaciones "preferidas". En otras palabras, este espectro no tiene nada que ver con el orden tridimensional como tal, y sólo indica que las unidades estructurales en los dominios cristalinos están en conformaciones preferidas. Esta es la razón por la que la espectroscopía infrarroja no es una medida directa de la cristalinidad tridimensional en estos casos (aunque se han establecido ciertas relaciones empíricas útiles debido a que las secuencias extendidas ordenadas, a todos los efectos, sólo se observarán en los dominios cristalinos).

Polimorfismo: Trans-*1,4-Poliisopreno*

Hemos visto que en el caso de un polímero débilmente interaccionante conteniendo una unidad repetitiva regular relativamente grande, la cristalinidad se reconoce en el espectro infrarrojo por la presencia de bandas estrechas atribuibles a una distribución estrecha de las conformaciones preferidas. Por tanto, si observamos diferencias importantes en los espectros infrarrojos de dos formas polimórficas* de un polímero, esto significa que deben existir también diferencias en la conformación de la cadena de los polimorfos.

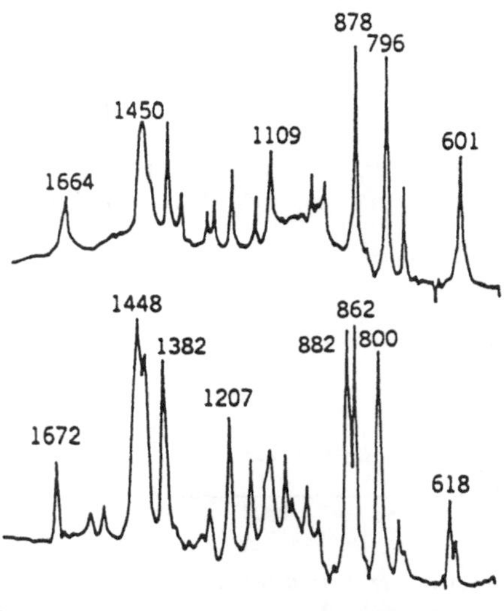

Figura 6.8 *Espectro infrarrojo de las formas cristalinas α (inferior) y β (superior) del* trans-*1,4- poliisopreno.*

El *trans*-1,4-poliisopreno (TPI) es un ejemplo excelente de un polímero que existe en formas polimórficas, fáciles de preparar. Los espectros diferencia correspondientes a las formas cristalinas α y β se muestran en la figura 6.8. Existen diferencias obvias y claras entre los dos espectros (examine, por

* Polimorfismo, en este contexto, significa que un polímero puede tener más de una forma cristalina.

ejemplo, la región entre 750 y 900 cm^{-1}). Estos espectros pueden asignarse directamente a las dos distintas conformaciones preferidas de la cadena. La forma β contiene un monómero por unidad repetitiva traslacional con ángulos de torsión de 180° entre grupos CH_2 adyacentes y +105° entre los grupos CH_2 y -C=C*. Por el contrario, la forma α contiene dos monómeros por unidad repetitiva traslacional y la conformación preferida es la *trans*-CTS-*trans*-$CT\overline{S}$. En resumen, el punto principal es que el espectro infrarrojo del TPI es sensible no a la forma cristalina *en sí*, sino a las distintas conformaciones de cadena preferidas presentes en las dos formas. Con muy pocas excepciones, la espectroscopía infrarroja no es sensible al polimorfismo si no lleva consigo un cambio paralelo en la conformación de la cadena polimérica.

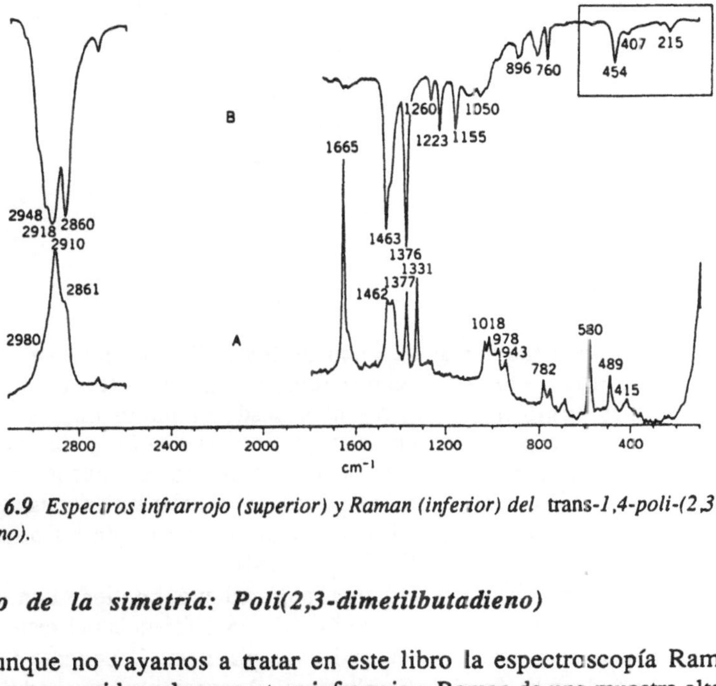

Figura 6.9 *Espectros infrarrojo (superior) y Raman (inferior) del* trans-*1,4-poli-(2,3-dimetil butadieno).*

Efecto de la simetría: Poli(2,3-dimetilbutadieno)

Aunque no vayamos a tratar en este libro la espectroscopía Raman, es interesante considerar los espectros infrarrojo y Raman de una muestra altamente cristalina del *trans*-1,4-poli(2,3-dimetilbutadieno) (TPDMB). El espectro infrarrojo de transmisión se muestra en la figura 6.9(B)**.

A primera vista, el espectro se asemeja al de un hidrocarburo saturado. No existe una evidencia convincente de la existencia de una banda en la región de 1660-1670 cm^{-1}, donde absorben los dobles enlaces C=C. Por otro lado, el

---

* Tal como una unidad química repetitiva puede considerarse el elemento básico de la cadena en términos de la estructura química, la unidad repetitiva traslacional describe la cadena en términos de simetría traslacional. A menudo, aunque no siempre, una unidad repetitiva traslacional contiene más de una unidad química repetitiva.

** Los espectros de transmisión son espectros de absorción representados al revés en escala logarítmica. Hace unos 20 años se representaban así casi todos los espectros infrarrojos.

espectro Raman del mismo polímero [Figura 6.9(A)] se caracteriza por una línea a 1665 cm^{-1}. Estamos contemplando un ejemplo excelente de la "exclusión mutua" donde las bandas observadas en el infrarrojo no se observan en el espectro Raman y *viceversa* (esto también ocurre para el CO_2 considerado anteriormente). La conformación de cadena preferida del TPDMB es similar a la de la forma β del TPI. El grupo metilo adicional sobre el doble enlace C=C, sin embargo, ocasiona un centro de inversión o simetría, que dicta lo que se conoce como exclusión mutua. Bandas que aparecen en el infrarrojo están ausentes en Raman, y *viceversa*. Para obtener información sobre la conformación de este tipo de cadena polimérica son necesarios estudios combinados de infrarrojo y Raman. Basta comentar ahora que si uno sospecha la existencia de alta simetría en una muestra y sólo dispone de datos infrarrojos, hay que considerar la más que probable ausencia de bandas debido a las reglas de selección.

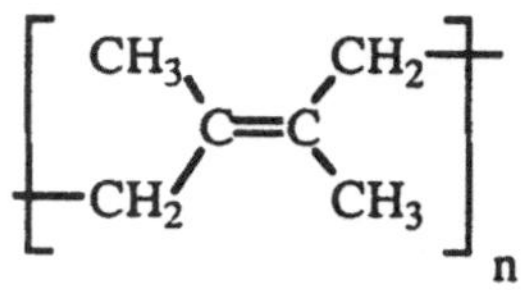

trans -1,4-Poli (2,3-dimetilbutadieno)

Una excepción: Polietileno

Es quizás irónico comentar que uno de los polímeros más simples en términos de la estructura de la unidad repetitiva, el polietileno, (PE), sea a la vez uno de los más complejos e interesantes desde el punto de vista de la espectroscopía infrarroja. No debería sorprendernos que el PE y sus análogos, las parafinas de bajo peso molecular, hayan sido el tema de muchos estudios espectroscópicos. Sin embargo, aquí sólo deseamos señalar las diferencias entre las características espectrales del PE al compararlas con las de los polímeros discutidos hasta ahora, es decir, *i*-PS, TPI y TPDMB.

El PE, o como mucha gente le llama, polimetileno, contiene una unidad repetitiva sencilla y relativamente pequeña CH_2. A diferencia del resto de los polímeros mencionados anteriormente, existe acoplamiento importante entre las unidades de la cadena polimérica. Por lo tanto, el espectro infrarrojo del PE es considerablemente distinto del de un análogo de bajo peso molecular. Este comportamiento está en contraposición con el de aquellos polímeros que contienen unidades repetitivas grandes. Si estudiásemos la espectroscopía vibracional polimérica con más detalle, encontraríamos que existe un número de vibraciones normales en el espectro de parafinas que son sensibles al número y a las conformaciones de los grupos CH_2 en una secuencia. Por ejemplo, la frecuencia de balanceo de los CH_2 en compuestos representados por $C(X)-(CH_2)_n-C(X)$ ocurre a 815, 752, 733, 726 y 722 cm^{-1}, respectivamente, a medida que n progresa de 1 a 5. A valores superiores, la diferencia en frecuencia se hace insignificante. En cualquier caso, esta información es particularmente útil en la caracterización de polímeros con secuencias de unidades CH_2 y se ha empleado satisfactoriamente en el análisis de la distribución de la longitud secuencial en copolímeros de etileno/propileno.

El PE, especialmente el polímero lineal estructuralmente más puro, cristaliza fácil, rápida y extensivamente. En la conformación de cadena preferida (planar zig-zag, ver próximo capítulo) existen dos unidades químicas repetitivas por unidad repetitiva traslacional. La simetría de la cadena polimérica planar en zig-zag contiene un centro de inversión. Como ya hemos mencionado, esto implica exclusión mutua de las bandas infrarrojas y de las líneas Raman y hay sólo cinco vibraciones fundamentales activas en el espectro infrarrojo. (Se predice un total de 3(6) - 4 = 14 modos normales, 8 son activos en Raman y 1 es inactivo tanto en Raman como en infrarrojo). Al observar someramente el espectro infrarrojo de un PE altamente cristalino (figura 6.10) nos convenceremos de que hay muchas más que cinco bandas. ¡Y no estamos mostrando la región por debajo de 600 cm^{-1}!.

Incluso teniendo en cuenta la existencia de bandas armónicas y de combinación y bandas características de las conformaciones amorfas, grupos finales, impurezas, oxidación, etc., todavía contaremos más de cinco bandas infrarrojas obvias. Bajo condiciones normales el PE cristaliza en una celda unidad ortorrómbica que contiene dos cadenas. Hay que considerar ahora dos unidades de etileno a la hora de calcular el número de bandas infrarrojas activas.

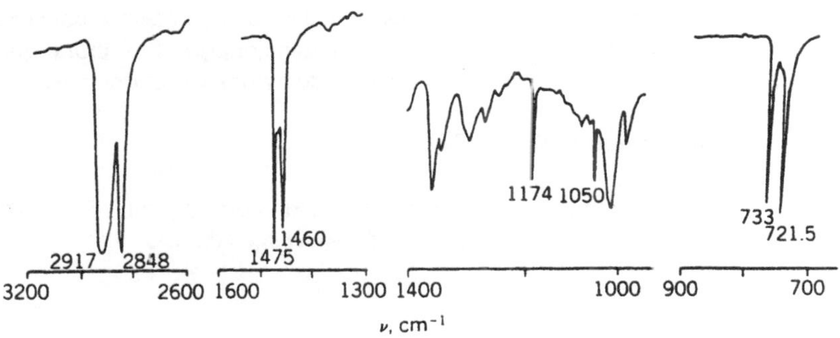

***Figura 6.10** Espectro infrarrojo del polietileno.*

Resumiendo, se pueden predecir 12 bandas infrarrojas porque el espectro infrarrojo depende del número de unidades en la unidad repetitiva traslacional del cristal. En la mayoría de polímeros, estas unidades no se "ven" unas a otras, espectroscópicamente hablando, y sus modos vibracionales están superpuestos (es decir, a la misma frecuencia). Sin embargo, como el PE tiene una unidad repetitiva pequeña se empaqueta fácilmente en un retículo cristalino, por lo que una unidad de etileno dada de una cadena "sabe" que está próxima a otra unidad que se encuentra en una cadena adyacente (existe interacción entre ellas). En esencia, tenemos un número doble de modos normales cuando una unidad interacciona y perturba a otra (realmente, el asunto es más complicado pero por ahora es suficiente).

Aquí de nuevo se impone la simetría y será ella la que dictará cuáles de estos modos normales son activos en el infrarrojo. En cualquier caso, lo que observamos es la presencia de bandas adicionales y el fenómeno es conocido como el *desdoblamiento por el efecto cristalino.* Los clásicos dobletes a 733/721 y 1460/1475 cm^{-1} en el PE son ejemplos de desdoblamientos de este tipo. Es importante poder reconocer la diferencia entre este fenómeno, que es mayor que cualquier efecto unidimensional y que categóricamente requiere dos o tres dimensiones, y las bandas debidas a una conformación preferida por una única cadena, que dependen solamente de las interacciones entre grupos adyacentes a lo largo de la cadena y en una dimensión.

Polímeros ordenados con interacciones fuertes

Los ejemplos más ilustrativos dentro de esta categoría son las poliamidas estructuralmente regulares (nylons) y los poliuretanos. En estos materiales se dan fuertes puentes de hidrógeno intercadenas y se acepta de forma general que su capacidad para dar estructuras ordenadas ("cristalinas") es la causante de las propiedades físicas de estos materiales. Espectroscópicamente, se trata de casos fascinantes. No podemos seguir suponiendo, como sucede para la mayoría de polímeros que no se autoasocian, que el desarrollo del orden se refleja directamente en el espectro infrarrojo por los cambios en la distribución de las conformaciones. Con interacciones fuertes, se observan perturbaciones importantes en ciertos modos vibracionales de una cadena y debemos considerar tanto los efectos conformacionales como los interaccionales. Por ahora, queda mucho por descubrir de los espectros infrarrojos de nylons y poliuretanos.

Puentes de hidrógeno: Nylon 11

El poliácido aminoundecanoico, o más conocido como nylon 11, tiene una estructura regular con una unidad repetitiva de $-(CH_2)_{10}-NH-CO-$.

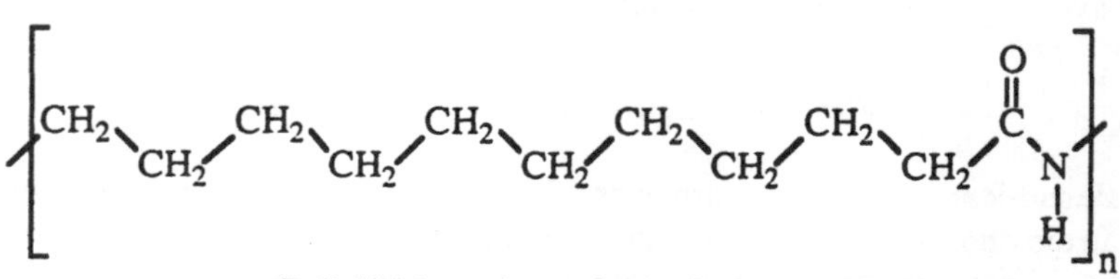

Poli (ácido aminoundecanoico) - nylon 11

A temperatura ambiente existen puentes de hidrógeno intermoleculares fuertes entre el grupo N-H de una unidad de amida y el C=O de otra. El polímero tiene una T_g de 45°C y una T_m de 196°C. Comentaremos brevemente las regiones del espectro infrarrojo del nylon 11 comprendidas entre 1600 y 1700 cm^{-1}, donde absorbe el modo conocido como Amida I, y entre 3150 y 3500 cm^{-1}, donde encontramos la vibración de tensión del N–H.

El modo Amida I no es un modo puro y contiene contribuciones de las vibraciones de tensión del C=O, del C–N y de deformación del C–C–N. Sin embargo, para nuestros objetivos, no cometeremos un error serio si consideramos el modo vibracional Amida I equivalente a la vibración de tensión del carbonilo. Se trata de un modo sensible al orden local pero esta sensibilidad conformacional no proviene de acoplamientos mecánicos a la cadena principal, sino que es debido a diferencias en el ordenamiento de los puentes de hidrógeno que son los que determinan la disposición relativa de los grupos C=O y el grado de las interacciones dipolo-dipolo. En otras palabras, en dominios muy ordenados, donde los grupos C=O están ordenados espacialmente de una forma específica, un grupo C=O dado "sabe" que existen otros dentro de una esfera de influencia a través de las interacciones dipolo-dipolo. El resultado final es que la frecuencia del modo Amida I para estructuras ordenadas es claramente diferente del de estructuras amorfas desordenadas. En la figura 6.11. se muestran los espectros infrarrojos del nylon 11, registrados en función de la temperatura.

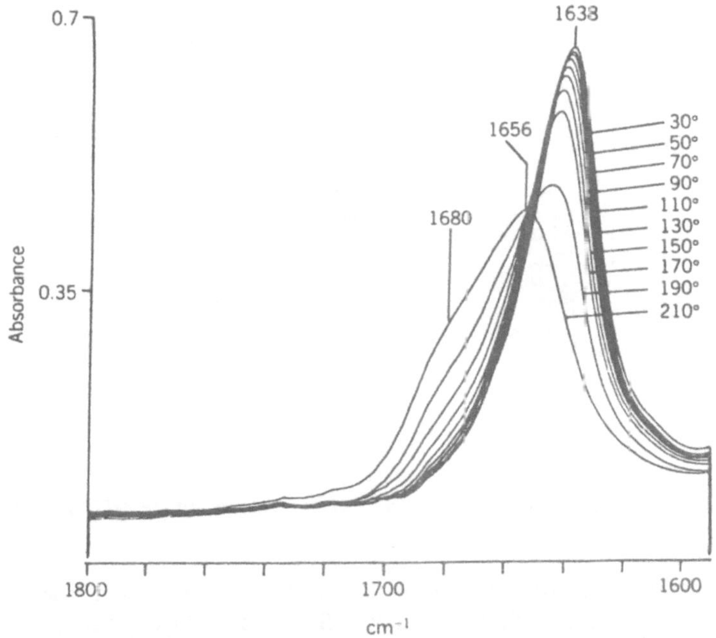

Figura 6.11 *Espectro infrarrojo del nylon 11 en la región de Amida I en función de la temperatura.*

A 30°C el modo Amida I se caracteriza por una banda relativamente estrecha, torcida por el lado de las frecuencias superiores, y centrada en 1638 cm^{-1}. Se observan cambios importantes con la temperatura. De hecho, existen tres contribuciones espectrales en esta región que pueden resolverse por un ajuste de curvas. La primera de ellas es una banda estrecha (anchura a la mitad de la altura, $w_{1/2}$ = 18 cm^{-1}) que sistemáticamente decrece en intensidad y aumenta en frecuencia desde 1636 hasta 1641 cm^{-1} cuando se aumenta la temperatura a 190°C. Esta banda se asigna a los grupos carbonilos enlazados por puentes de hidrógeno en dominios ordenados. Por encima de 190°C, temperatura superior a la T_m, esta banda ya no se observa. La segunda es una banda mucho más ancha ($w_{1/2}$ = 38 ± 4 cm^{-1}) que aumenta sistemáticamente en intensidad y frecuencia (de 1645 a 1654 cm^{-1}) con la temperatura desde 30 a 220°C. Esta banda se atribuye a los grupos carbonilo enlazados por puentes de hidrógeno en estructuras amorfas. Finalmente, la tercera banda que ocurre entre 1679 y 1683 cm^{-1} ($w_{1/2}$ = 26 ± 2 cm^{-1}), es debida a los grupos carbonilos "libres" (no enlazados). Como puede verse, a partir de los estudios del modo vibracional Amida I de las poliamidas se obtiene gran cantidad de información.

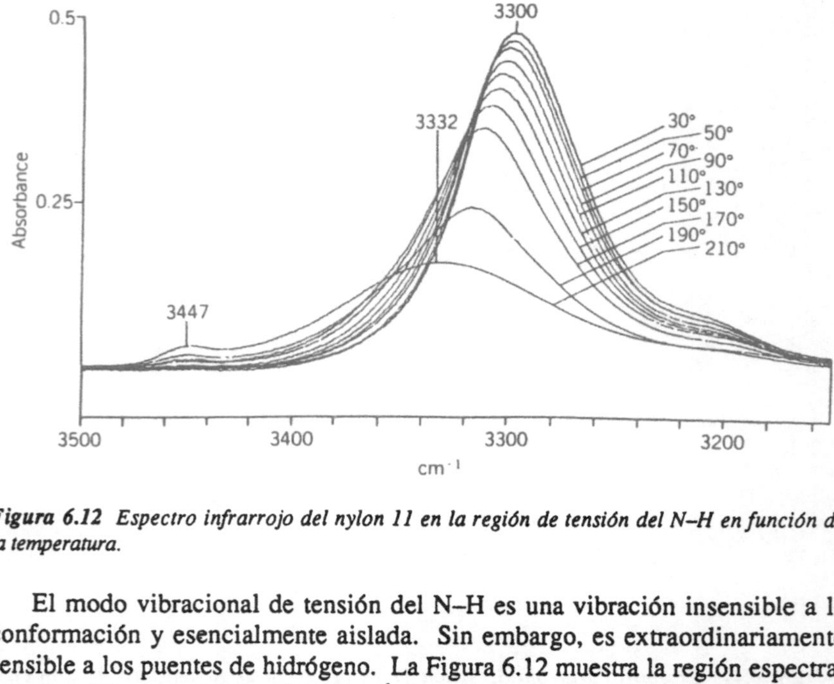

***Figura 6.12** Espectro infrarrojo del nylon 11 en la región de tensión del N–H en función de la temperatura.*

El modo vibracional de tensión del N–H es una vibración insensible a la conformación y esencialmente aislada. Sin embargo, es extraordinariamente sensible a los puentes de hidrógeno. La Figura 6.12 muestra la región espectral comprendida entre 3150 y 3500 cm^{-1} de una muestra de nylon 11 registrada en función de la temperatura. Los espectros se caracterizan por una banda muy débil que se observa a 3447 cm^{-1}, atribuible a los grupos N–H "libres" y una banda dominante, relativamente ancha, que varía en frecuencia desde 3300 a 3332 cm^{-1} a medida que aumenta la temperatura de 30 a 210°C. Esta última banda se relaciona con los grupos N–H enlazados por puentes de hidrógeno. Al aumentar la temperatura la banda se ensancha y se desplaza a frecuencias superiores, lo que está de acuerdo con una reducción en la fortaleza media de los puentes de hidrógeno y un ensanchamiento de su distribución. También se produce una reducción en la intensidad absoluta (área) de la banda N-H enlazada al aumentar la temperatura y que no puede deberse exclusivamente a la transformación de grupos N–H enlazados en grupos "libres". De hecho, la pérdida de área se debe, en gran medida, a una reducción del valor del coeficiente de absortividad con la disminución de la fortaleza de los puentes de hidrógeno. A diferencia de la Amida I, la vibración de tensión N–H no parece estar compuesta de dos contribuciones atribuibles a grupos amida ordenados y desordenados enlazados por puentes de hidrógeno. Se considera que la banda global N–H refleja la distribución de la fortaleza de los grupos N-H enlazados, sin tener en cuenta si se encuentran en dominios ordenados o desordenados. Sin embargo, es importante observar que la anchura de la banda N–H enlazada se correlaciona bien con el grado de orden en el material. Podríamos preguntarnos: "¿Por qué vemos bandas distintas asociadas con estructuras ordenadas y desordenadas en la región del espectro correspondiente a la Amida I y no en la región de tensión del N–H?". Después de todo, existe una correspondencia uno a uno entre los grupos N–H y C=O enlazados. La respuesta está en la diferente sensibilidad de las dos vibracionales normales.

Situaciones intermedias: Polímeros con interacciones intermoleculares "moderadas"

Entre los polímeros que se autoasocian fuertemente y los que no lo hacen existe un número importante que pueden catalogarse como polímeros con autoasociaciones moderadas. Se pueden incluir aquí polímeros con grupos funcionales que puedan interaccionar a través de puentes de hidrógeno débiles y/o interacciones dipolares. El policloruro de vinilo (PVC) y los poliésteres alifáticos y aromáticos son ejemplos típicos. Hay que reconocer que el ámbito elegido para englobar las características principales de los espectros infrarrojos de polímeros es algo arbitrario y que sólo es útil como "regla empírica". Puede considerarse que muchos de los efectos descritos hasta ahora están presentes en los espectros de polímeros moderadamente auto-asociados; la cuestión está en considerar cuáles de ellos dominan y cuáles pueden ignorarse. Por ejemplo, la vibración de tensión del carbonilo de la poli(ε-caprolactona) (PCL), un polímero con una unidad química repetitiva -$(CH_2)_5$-COO-, es sensible al orden de la misma forma que los nylons recientemente descritos.

Copolímeros e irregularidades estructurales

Los copolímeros "verdaderos" se obtienen de dos o más monómeros, como en el caso de copolímeros de estireno-butadieno (SBR), etileno-propileno (EP) o etileno-ácido metacrílico (EMAA). Sin embargo, tal y como hemos mencionado en el capítulo 1, existen muchos polímeros sintetizados a partir de un único monómero que pueden caracterizarse mejor como copolímeros. Por ejemplo, el homopoliéster PCL, mencionado arriba, podría ser descrito como un copolímero alternante de unidades de pentametileno y unidades éster. Además, en la polimerización radicalaria del cloropreno la unidad estructural repetitiva predominante es la cabeza-cola *trans*-1,4 pero existen concentraciones importantes de las unidades *cis*-1,4; 1,2; 3,4 y cabeza-cabeza *trans*-1,4. Así, el policloropreno (TPC) puede también considerarse un copolímero bastante complejo. En cualquier caso, como espectroscopistas de infrarrojo deberíamos plantearnos esta cuestión: "¿Qué diferencias pueden anticiparse al comparar espectros de homo y copolímeros?".

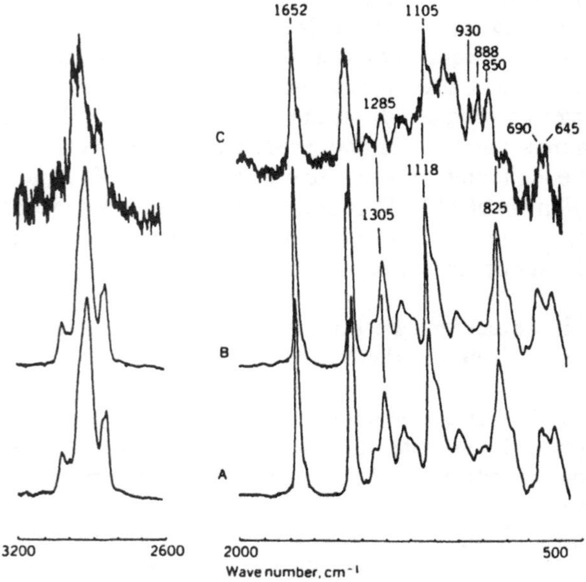

Figura 6.13 Espectro infrarrojo de Policloropreno sintetizado a: (A) -40°C y (B) -20°C. (C) Espectro diferencia (B - A).

Si tenemos dos o más unidades repetitivas relativamente grandes que no se acoplan en la cadena polimérica, la distribución secuencial no producirá cambios apreciables en los espectros infrarrojos correspondientes. En otras palabras, será difícil diferenciar entre un copolímero de SBR al azar y en bloque. El espectro está dominado por las bandas características de las unidades químicas repetitivas. Un argumento similar puede darse para el TPC. La figura 6.13 muestra el espectro diferencia representativo de las "irregularidades" estructurales *cis*-1,4; 1,2 y 3,4 presentes en el policloropreno después de haber sustraído del espectro la contribución de las unidades estructurales predominantes *trans*-1,4. Las bandas características pueden identificarse fácilmente y la razón de que la sustracción funcione tan bien estriba en que las unidades estructurales individuales actúan principalmente de forma independiente. Obviamente, para polímeros y copolímeros de este tipo, la espectroscopía infrarroja puede proporcionarnos una medida útil de la composición global pero normalmente no es sensible a la distribución de las secuencias. En el otro extremo, tendremos los copolímeros sintetizados a partir de monómeros relativamente pequeños donde se puede esperar que se den acoplamientos vibracionales importantes entre las unidades estructurales en la cadena polimérica, como es el caso de copolímeros de etileno-propileno (EP). Los espectros infrarrojos de copolímeros de EP son complejos y contienen información relacionada con la distribución secuencial y el grado de orden.

Compliquemos un poco más las cosas considerando el espectro de un copolímero al azar de etileno y ácido metacrílico.

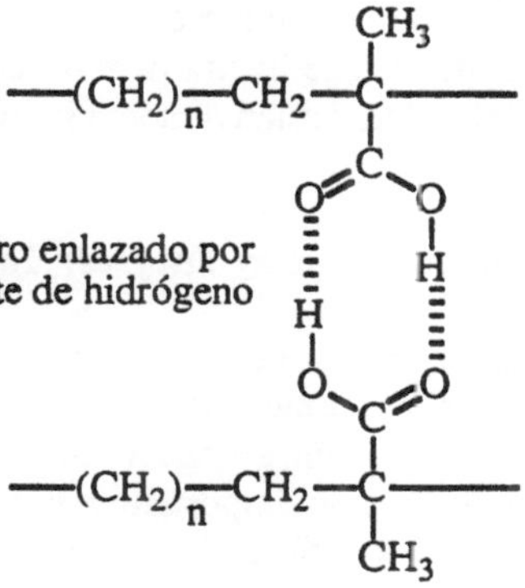

Etileno-co-ácido metacrílico

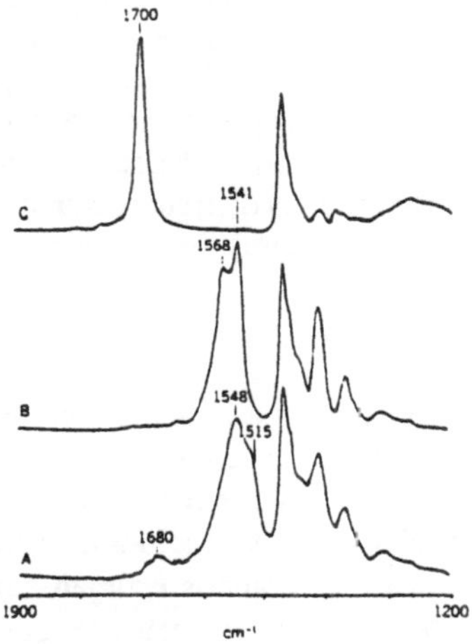

***Figura 6.14** Espectro infrarrojo de etileno-co-ácido metacrílico conteniendo 4 % molar de MAA. (A) Ionómero de calcio (B) ionómero de sodio, y (C) copolímero del ácido no ionizado.*

Por lo que hemos visto hasta ahora podemos esperar un espectro bastante complejo compuesto de características de una cadena alifática no asociada que contiene una unidad química repetitiva pequeña (como el PE), junto con características atribuibles a un polímero con fuertes puentes de hidrógeno. Esta no es una mala aproximación. Desde luego se observan los efectos de la secuencia y del orden correspondientes a la porción de etileno del copolímero. La contribución espectroscópica del ácido metacrílico (MAA) es también muy importante. La frecuencia de la vibración de tensión del carbonilo de un copolímero al azar de EMAA que contiene 4 % molar de MAA se da a 1700 cm^{-1} [ver Figura 6.14(C)]. Esta frecuencia corresponde a la formación de un dímero enlazado por puentes de hidrógeno intermolecular. A temperatura ambiente la evidencia de unidades de MAA "libres" que absorben a una frecuencia mayor (1750 cm^{-1}) es mínima, si es que existe. Por lo tanto, aunque el copolímero al azar sólo contiene un 4 % molar de unidades MAA, éstas se "encuentran" unas con otras muy eficientemente, lo que ilustra la gran tendencia de asociación de estas interacciones intermoleculares relativamente fuertes y nos da pie a abordar el caso siguiente.

Interacciones intermoleculares muy fuertes: Ionómeros

La ionización de algunos o de todos los grupos ácido presentes en los copolímeros EMAA da lugar a una clase de materiales conocidos como ionómeros. Debido a la ionización se observan efectos dramáticos en los espectros infrarrojos, siendo los más importantes la reducción o pérdida de la banda a 1700 cm^{-1}, atribuible a los dímeros ácidos enlazados, y la aparición de una banda intensa próxima a 1550 cm^{-1} que es característica de los grupos carboxilato. Esto es en sí mismo interesante y útil pero hay efectos sutiles en la región de tensión del grupo carboxilato que nos revelan información concerniente a la estructura local de los dominios iónicos (multipletes). En la figura 6.14 los espectros nombrados A y B son las sales de calcio y sodio totalmente ionizadas, respectivamente, y existen diferencias obvias entre ellos. No nos centraremos en la interpretación de las diferencias espectrales, indicando solamente que podemos deducir la estructura local de los dominios iónicos a partir de la consideración de las tendencias de coordinación para los diferentes cationes junto con el análisis de simetría de los modelos de las estructuras más probables.

Oxidación, Degradación, etc.

Las "reglas empíricas" indicadas arriba también se aplican a los cambios espectroscópicos observados en las reacciones químicas de polímeros. En otras palabras, cuanto mayor sea la unidad que representa la modificación química y menor los efectos del acoplamiento vibracional, mayor será la confianza al suponer que los cambios espectroscópicos reflejan simplemente los defectos estructurales aislados. De acuerdo con esto, la gran mayoría de estudios implicando modificación química se centran en la simple consideración de las frecuencias de grupos funcionales.

Afortunadamente, muchas reacciones dan lugar a la formación de especies que contienen grupos carbonilos y los modos vibracionales de estos grupos, como hemos visto, son los más intensos y útiles en la espectroscopía infrarroja. Un ejemplo puede ser suficiente. La figura 6.15 muestra los espectros infrarrojos de una película de politetrahidrofurano puro, $(-CH_2-CH_2-CH_2-CH_2-O-)_n$, registrado a 150°C en función del tiempo. La oxidación del polímero puede seguirse fácilmente registrando la banda de carbonilo a 1737 cm^{-1}.

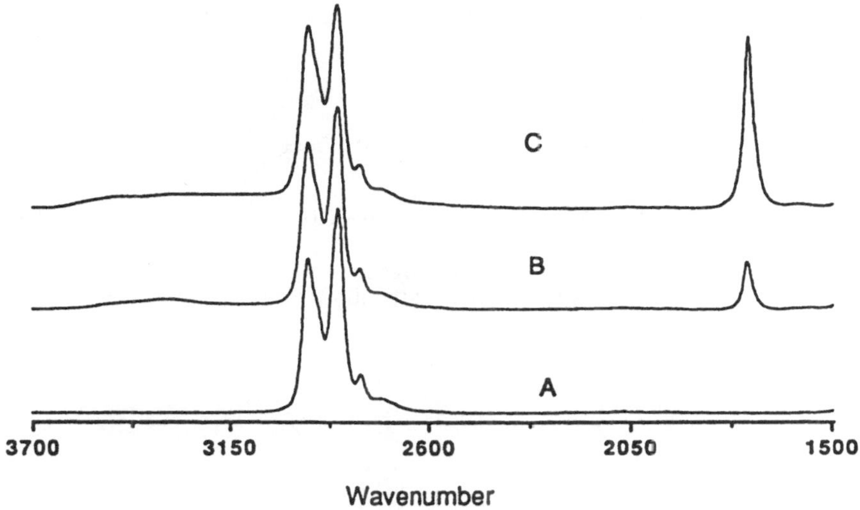

Figura 6.15 *Espectro infrarrojo del politetrahidrofurano en la región de tensión del carbonilo registrado a 150°C en función del tiempo; (A) 0, (B) 1,5, y (C) 3,5 h.*

Sistemas multicomponentes: Mezclas de polímeros y complejos

La espectroscopía infrarroja es una de las muchas técnicas que se han empleado para desenmarañar las complejidades de las interacciones que se dan en mezclas de polímeros. En una clasificación drástica, las mezclas poliméricas pueden catalogarse como miscibles (fase única) o inmiscibles (multifásicas). Hablaremos más de ello en el Capítulo 9. Sin embargo, en el estado actual, ya deberíamos ser capaces de recordar que en sistemas multifásicos las dos fases no tienen por qué estar constituidas por los componentes de la mezcla en estado puro. Para un sistema separado en fases, donde los dos polímeros están presentes en fases esencialmente separadas y distinguibles, se puede suponer que, en términos de espectroscopía infrarroja, un polímero no reconoce la existencia del otro, y *viceversa*. Así, el espectro de una mezcla reflejaría la simple adición de los espectros de los componentes individuales. Existe el caso, mucho más interesante, de mezclas poliméricas miscibles o inmiscibles donde las fases separadas son a su vez mezclas de los dos polímeros. Para simplificar, se sabe que la naturaleza, la fuerza relativa y el número de interacciones intermoleculares que ocurren entre componentes poliméricos en una mezcla juegan un papel fundamental en la determinación de la miscibilidad. Como hemos visto, la espectroscopía infrarroja es sensible a las interacciones intermoleculares, especialmente puentes de hidrógeno. En la figura 6.16 se muestra un ejemplo excelente. En ella vemos los espectros en la región de tensión del carbonilo del poliacetato de vinilo (PVAc) y de mezclas miscibles de PVAc y PVPh. La banda a 1739 cm^{-1} se atribuye a los grupos carbonilo del PVAc que están "libres" (no enlazados por puentes de hidrógeno) mientras que la banda a 1714 cm^{-1} es representativa de los grupos carbonilo acetoxi enlazados con el grupo hidroxilo del PVPh como se ilustra a continuación:

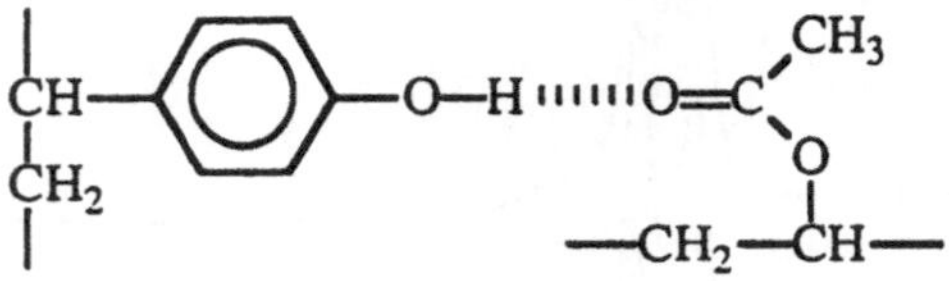

puente de hidrógeno
hidroxilo fenólico - carbonilo acetoxi

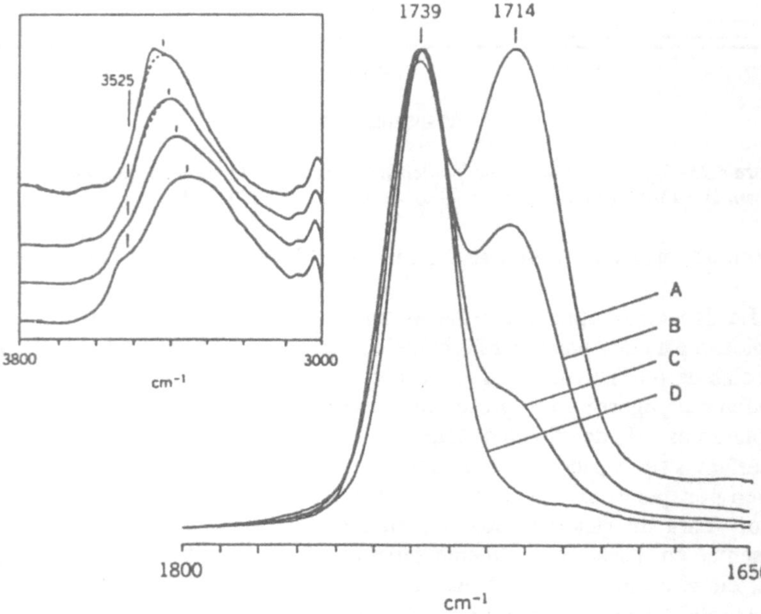

Figura 6.16 *Espectros infrarrojos de mezclas de poli(4-vinilfenol) y poli(acetato de vinilo); (A) 80:20, (B) 50:50, (C) 20:80, y (D) 0:100.*

Los espectros no indican sólo miscibilidad a nivel molecular, sino que es posible obtener una medida cuantitativa del número de interacciones intermoleculares y de su fortaleza relativa en función de la temperatura. Estos parámetros pueden luego usarse para simular comportamiento de fases*.

---

* Si el lector lo desea puede hacerse con un libro titulado *Specific Interactions and the Miscibility of Polymer Blends*, de M. M. Coleman, J. F. Graf y P. C. Painter. Los mismos autores, el mismo editor, algunos chistes malos; tras leer éste, ya puede hacerse una idea...

E. ESPECTROSCOPIA RMN: BASES

La espectroscopía RMN ocupa un lugar especial en el conjunto de métodos experimentales que se han empleado en el estudio de materiales poliméricos. Durante las tres últimas décadas se ha publicado un gran número de trabajos experimentales (y muy buenos). Los instrumentos han mejorado enormemente y la aparición de la RMN de sólidos, de las técnicas en dos dimensiones (2D), de la RMN de imagen, etc., hace pensar que lo mejor aún falta por llegar. Sin embargo, el tema ha necesitado de un gran cuerpo matemático, y está cargado de jergas. Frases y acronismos como "relajación espín-espín", "COSY", "polarización cruzada", "desacoplamiento dipolar", "CRAMPS", "giro al ángulo mágico" y similares pueden dar miedo a los estudiantes que se aproximan a este tema por primera vez. Sin embargo, en este texto introductorio, no trataremos las aplicaciones más avanzadas de la espectroscopía RMN. Nos centraremos únicamente en las aplicaciones del método relacionadas con la microestructura química de las cadenas poliméricas y con el análisis de la composición de copolímeros. Este tema es, en sí mismo, muy amplio y sólo presentaremos lo que consideramos que son ejemplos representativos. Inicialmente presentamos un breve resumen de los fundamentos básicos de la técnica, poniendo atención particular en aquellos aspectos que puedan servirnos para obtener información sobre la composición y la microestructura de los polímeros.

¿Qué es la RMN?

Los núcleos de ciertos isótopos poseen lo que se conoce como espín mecánico, o *momento angular*, que es una función del *espín nuclear o número de espín, I*. Un núcleo dado tiene un número de espín específico, es decir, I = 0, 1/2, 1, 3/2, etc., que está relacionado con la masa atómica y el número atómico, como se muestra en la tabla 6.1. El núcleo, al girar, origina un campo magnético pudiéndose visualizar como un pequeño imán de momento magnético, μ.

Tabla 6.1 *Números de espín de isótopos.*

Número de masa	Número atómico	Número espín, I
impar	par o impar	1/2, 3/2, 5/2, ...
par	par	0
par	impar	1, 2, 3, ...

De forma significativa, los isótopos más comunes del carbono, ^{12}C, y del oxígeno, ^{16}O, no tienen momento magnético (I = 0) y no exhiben espectros de RMN. Para nuestros propósitos, consideraremos solamente los núcleos de ^{1}H, ^{13}C, y ^{19}F que, afortunadamente porque lo hace más simple, tienen números de espín de 1/2. Si introducimos un núcleo magnético en un campo magnético uniforme y externo, el núcleo adopta un conjunto discreto de (2I + 1) orientaciones (es decir, está cuantizado). Así, los núcleos ^{1}H, ^{13}C, y ^{19}F (I = 1/2) adoptarán sólo una de las dos posibles orientaciones que corresponden a niveles de energía de $\pm \mu H_0$ en un campo magnético aplicado (H_0 es la intensidad del campo magnético externo). Esto se ilustra en la figura 6.17. La orientación de menor energía corresponde al estado en el que el momento magnético nuclear está alineado paralelamente al campo magnético externo, y la orientación de mayor energía es la relativa al estado en el que el momento magnético nuclear está alineado antiparalelo (opuesto) a este campo. La transición de un núcleo desde una orientación posible a otra es el resultado de la absorción o emisión de una cantidad discreta de energía, tal que $E = h\upsilon = 2\mu H_0$, donde υ es la frecuencia de la radiación electromagnética absorbida o emitida. Para los ^1H en un campo magnético de 14000 gauss, la frecuencia asociada a tal energía está en la región de las radiofrecuencias, aproximadamente 60 megaciclos por segundo (60 Mc). Las frecuencias de RMN de los núcleos de mayor interés en espectroscopía de polímeros se muestran en la tabla 6.2.

Tabla 6.2 *Características de ciertos isótopos*

Isótopo	Abundancia (%)	Frecuencia RMN [a] (Hz)	Sensibilidad relativa[b]	Número espín I
^1H	99,98	42,6	1,000	1/2
^2H(D)	0,016	6,5	0,0096	1
^{13}C	1,11	10,7	0,0159	1/2
^{14}N	99,64	3,01	0,0010	1
^{15}N	0,37	4,3	0,0010	1/2
^{19}F	100	40,01	0,834	1/2

[a] En un campo de 10 kG [b] Mismo número de núcleos a H_0 constante.

Desplazamiento químico

Si las frecuencias de resonancia de todos los núcleos del mismo tipo en una molécula fueran idénticas, sólo se observaría un pico, y, por ejemplo, los protones de un grupo metilo resonarían a la misma frecuencia que los de un anillo aromático. Sin embargo, esto no es así, pudiéndose observar ligeras diferencias en las frecuencias de RMN. Estas diferencias son consecuencia de los diferentes ambientes moleculares de los núcleos. Los electrones que rodean a los núcleos los protegen en diferente medida dependiendo de la estructura química. Como resultado, el campo magnético efectivo que experimenta cada núcleo no es idéntico al del campo aplicado. Para poder resolver estos efectos sutiles se requiere un espectrómetro de RMN que posea un imán muy poderoso que produzca un campo estable y homogéneo, un oscilador de radiofrecuencias (la fuente de radiación, ver figura 6.2), un receptor de radiofrecuencias (el detector) y un dispositivo que pueda variar el campo magnético o la frecuencia en un rango relativamente estrecho (análogo al prisma o red en la figura 6.2). La separación entre las frecuencias de resonancia de los núcleos en distintos ambientes estructurales con respecto a los de algún patrón elegido arbitrariamente [por ejemplo, tetrametilsilano (TMS)] se denomina *desplazamiento químico*.

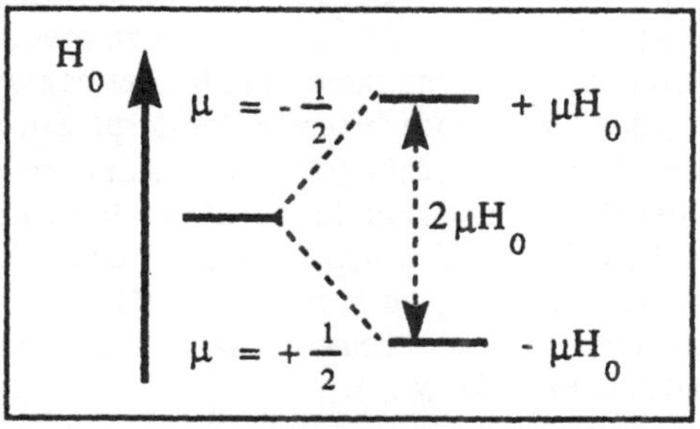

Figura 6.17 *Las dos orientaciones de un núcleo* ^1H.

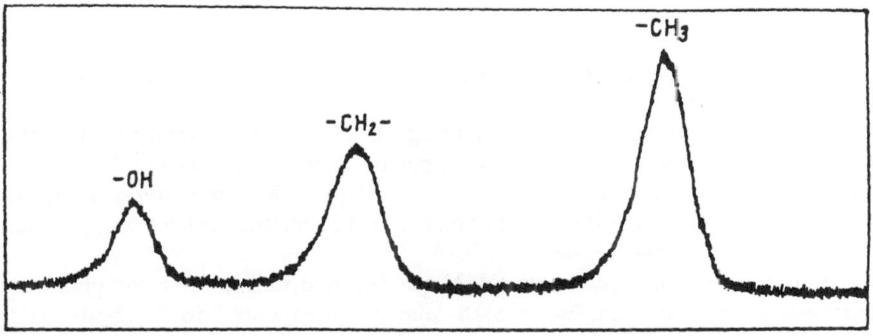

Figura 6.18 *Espectro RMN* ^1H *de baja resolución del etanol (reproducción permitida tomada de L. M. Jackman y S. Sternhell,* Nuclear Magnetic Resonance Spectroscopy in Organic Chemistry, *Pergamon Press, 1969).*

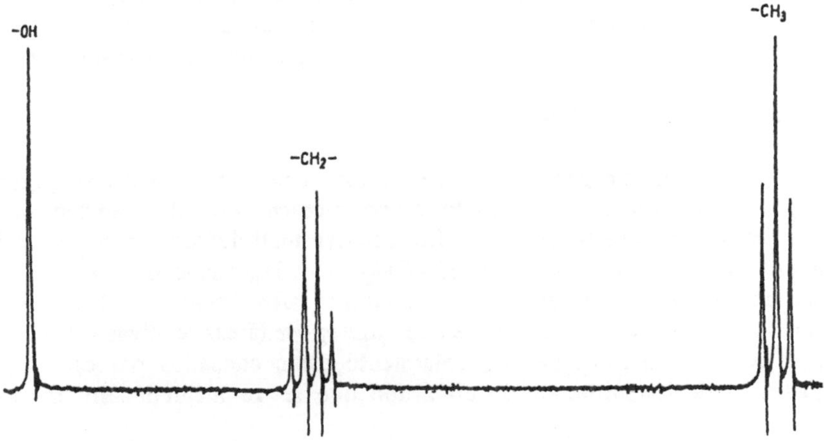

Figura 6.19 *Espectro RMN de protón de alta resolución del etanol (reproducción permitida tomada de L. M. Jackman y S. Sternhell,* Nuclear Magnetic Resonance Spectroscopy in Organic Chemistry, *Pergamon Press, 1969).*

La extensión del apantallamiento electrónico es directamente proporcional a la intensidad del campo aplicado, de tal forma que los valores del desplazamiento químico son proporcionales a dicha intensidad (o, de manera equivalente, a la frecuencia del oscilador). Para poder expresar los desplazamientos químicos de forma independiente al campo aplicado (o frecuencia del oscilador), se introduce un parámetro del desplazamiento químico, δ', definido como $\delta' = (H_r - H_s)/H_r$, donde H_s y H_r son los valores del campo correspondiente a la resonancia de un núcleo dado en la muestra (H_s) y en la referencia (H_r). Si se usa TMS como patrón interno, se obtiene la habitual ecuación para el desplazamiento químico, δ (en unidades de partes por millón, ppm):

$$\delta\,(\text{ppm}) = \frac{\left(\upsilon_{\text{TMS}} - \upsilon_s\right) \cdot 10^6}{\text{frecuencia espectrómetro (cps)}} \qquad (6.12)$$

donde $(\upsilon_{\text{TMS}} - \upsilon_s)$ es la diferencia de las frecuencias de absorción de la muestra y referencia en cps.

Si consideramos núcleos de ^{1}H, un rango de 10 ppm suele ser suficiente para incluir a la mayoría de las moléculas orgánicas. Para los núcleos de ^{13}C el rango es mucho mayor (unas 600 ppm, ver más adelante). Mencionaremos también otro parámetro que se cita frecuentemente en la literatura espectroscópica de RMN de ^{1}H, τ, que se define como $10\text{-}\delta$.

Observemos un espectro de RMN sencillo que ilustre los principios que acabamos de citar. La figura 6.18 muestra el espectro de RMN de baja resolución del etanol. Hay tres picos de absorción que tienen una relación de áreas 1:2:3, correspondientes a los protones en los grupos OH, $-CH_2-$ y $-CH_3$, respectivamente. Esto indica que además de que los protones de los tres distintos grupos tienen diferentes desplazamientos químicos, se puede obtener fácilmente una medida cuantitativa del número de protones en cada grupo*. Pero además si efectuamos el espectro de RMN a una resolución alta, lograremos más información, lo que nos lleva al fascinante tema de las interacciones espín-espín.

Interacciones Espín-Espín

Si obtenemos el espectro RMN del etanol a una resolución mayor (figura 6.19), los picos correspondientes a los grupos metileno y metilo aparecen como multipletes pero permaneciendo el área relativa total de cada grupo ≈ 1:2:3, correspondiente a los grupos OH, $-CH_2-$ y $-CH_3$, respectivamente. La absorción del *metilo* se desdobla en un *triplete* (áreas relativas ≈ 1:2:1), y la absorción del metileno se desdobla en un *cuadruplete* (áreas relativas ≈ 1:3:3:1). Estos comportamientos de desdoblamiento están causados por el campo magnético de los protones de un grupo que se ve influenciado por los

---

*A diferencia de la espectroscopía infrarroja, donde los coeficientes de extinción para las bandas son todos distintos, en RMN de ^{1}H las intensidades de las bandas son una medida directa del número de núcleos a los que representan. En RMN de ^{13}C la relación no es tan simple (lo veremos más adelante).

ordenamientos de los espínes de los protones de un grupo adyacente. La multiplicidad observada para un grupo dado de protones equivalentes depende del número de protones sobre los átomos adyacentes y es igual a n + 1, donde n es el número de protones en los átomos adyacentes. Así, los dos protones del CH_2 en el grupo etilo desdoblan los protones CH_3 en un triplete, los tres protones CH_3 del grupo etilo desdoblan los protones CH_2 en un cuadruplete, etc. En casos sencillos de núcleos interaccionantes, las intensidades relativas de un multiplete son simétricas respecto del punto medio y aproximadamente proporcionales a los coeficientes observados en el triángulo de Pascal (para un doblete 1:1; un triplete, 1:2:1, un cuadruplete 1:3:3:1, etc.).

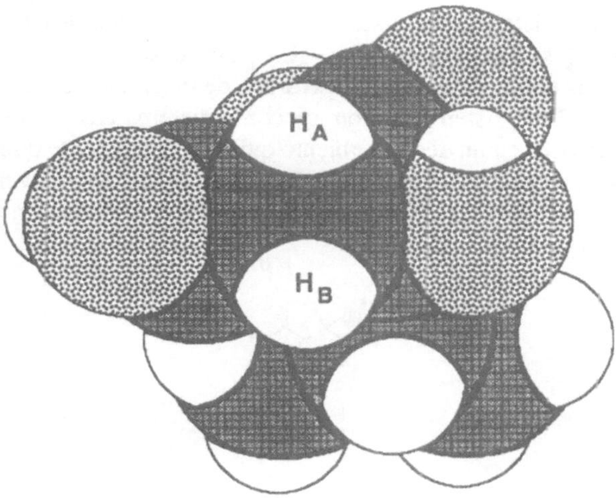

Figura 6.20 *Modelo espacial del ácido (±)-2-isopropilmálico.*

En sistemas sencillos como el etanol no se observan interacciones entre protones magnéticamente equivalentes en el mismo grupo (por ejemplo, los dos protones en el grupo CH_2). Deberemos también tener en cuenta que la separación entre las líneas (en Hz) de los tres componentes del grupo metilo es igual a la de los cuatro componentes del cuadruplete del grupo metileno y que es independiente de la fuerza del campo aplicado. Esta separación se denomina constante de acoplamiento *espín-espín*, y se denota con el símbolo *J*. Las reglas sencillas para la determinación de las multiplicidades de las interacciones espín-espín de los grupos adyacentes se cumplen sólo en los casos en que la distancia de las líneas de separación de los grupos interaccionantes (símbolo $\Delta\upsilon$) sea mucho mayor que la constante de acoplamiento J de los grupos ($\Delta\upsilon >> J$). En sistemas de núcleos interaccionantes en los que la constante de acoplamiento es del mismo orden de magnitud que la separación de las líneas de resonancia ($\Delta\upsilon \cong J$), las reglas simples de multiplicidad ya no se cumplen; en estos casos aparecen más líneas y ya no se observan los comportamientos simples de distancia entre líneas y de intensidades.

Como acabamos de ver, las interacciones espín-espín entre protones dentro de un grupo de protones magnéticamente equivalentes (por ejemplo, los dos protones del grupo CH_2 en el etanol) no se detectan normalmente. Sin embargo, hay casos (que son particularmente interesantes para discusiones posteriores sobre la tacticidad de los polímeros) donde dos protones magnéticamente no equivalentes sobre el mismo átomo de carbono pueden dar lugar a un máximo de cuatro líneas. Considérese, por ejemplo, el ácido (±)-2-isopropilmálico ilustrado en la figura 6.20. Esta molécula tiene dos protones no equivalentes sobre un carbono. En la figura 6.21 se representa el espectro de RMN ^1H a escala expandida en la región de 2,5 a 3,5 ppm. Las líneas provenientes de los dos protones, H_a y H_b, se muestran directamente debajo del propio grupo metileno. Observamos la existencia de cuatro líneas. Las dos centrales son mucho más intensas que las líneas satélites. En este caso, la diferencia de los desplazamientos químicos es del mismo orden de magnitud que las constantes de acoplamiento. Este sistema se conoce como sistema *AB*, en el que hay dos protones implicados en un desplazamiento químico ligeramente diferente. Desde luego, si los dos protones metilénicos fueran equivalentes, se vería una única línea. Cuando estudiemos la tacticidad de polímeros comentaremos situaciones similares a éstas.

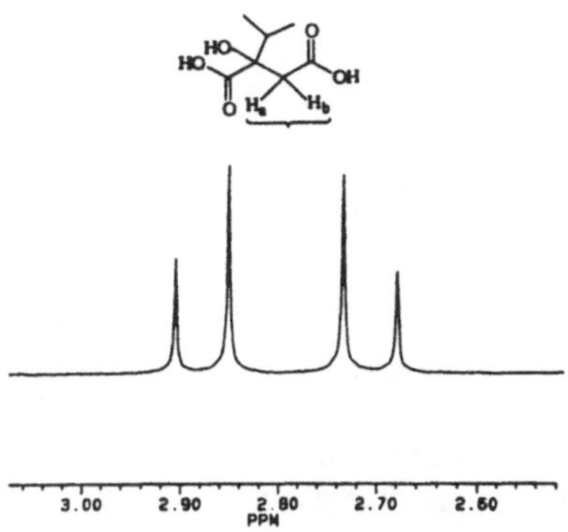

Figura 6.21 *Espectro RMN ^1H del ácido (±)-2-isopropilmálico.*

RMN ^{13}C

Hay algunas características comunes entre la espectroscopía RMN ^1H y la de ^{13}C pero lo más interesante son sus diferencias. El isótopo de carbono más abundante, ^{12}C, no tiene espín nuclear (I = 0). Es decir, no puede ser observado en experimentos de RMN. Por otro lado, el ^{13}C tiene el mismo espín nuclear (I = 1/2) que el ^1H pero a diferencia de él, que tiene una abundancia natural de > 99,9%, el ^{13}C sólo está presente en un 1,1% (tabla 6.2). Una consecuencia fundamental de su baja abundancia en la naturaleza es que las interacciones de acoplamiento espín-espín ^{13}C-^{13}C son muy improbables en compuestos no enriquecidos (suponiendo posiciones al azar de los núcleos ^{13}C, la probabilidad de que haya dos núcleos ^{13}C adyacentes es de ≈ 0,0001). Hay que comentar que si el ^{13}C hubiera existido de forma natural en mayor cantidad, los primeros espectroscopistas de ^1H habrían tenido gran dificultad en la interpretación de los espectros debido a su complicación como consecuencia del acoplamiento ^{13}C-^1H. El efecto de este acoplamiento en los espectros de ^{13}C puede eliminarse ahora fácilmente con la técnica llamada desacoplamiento de protón.

La pequeña abundancia natural del ^{13}C reduce obviamente la sensibilidad efectiva de los experimentos RMN ^{13}C frente a los de ^1H. Para complicar aún más el problema, los núcleos ^{13}C sólo producen 1/64 de la señal de los núcleos ^1H cuando se excitan. Así, la sensibilidad relativa de los experimentos de ^{13}C es del orden de 6000 veces menor que la de los experimentos de ^1H. Aunque esto pueda parecer una limitación práctica, los fabricantes de instrumentos han resuelto el problema y hoy en día la obtención de espectros de RMN ^{13}C de alta calidad de compuestos orgánicos se hace de forma rutinaria (ver, por ejemplo, la figura 6.22 que muestra el espectro desacoplado de ^{13}C del 2-etoxietanol obtenido en el laboratorio de los autores). Quizás la diferencia más sobresaliente entre la espectroscopía de ^{13}C y de ^1H sea la posibilidad de mejorar de forma efectiva la resolución de la RMN de ^{13}C. La resonancia de ^{13}C en compuestos orgánicos se extiende sobre un intervalo de desplazamientos químicos enorme (600 ppm). Este intervalo es unas 50 veces mayor que el correspondiente a los núcleos de ^1H. Es frecuente poder identificar resonancias individuales para cada carbono en un compuesto, como ocurre en el espectro del 2-etoxietanol que muestra las bien resueltas líneas atribuibles a cada carbono. Deberemos fijarnos, sin embargo, en que las líneas no son de igual intensidad, aunque cada una se asigne a un único carbono.

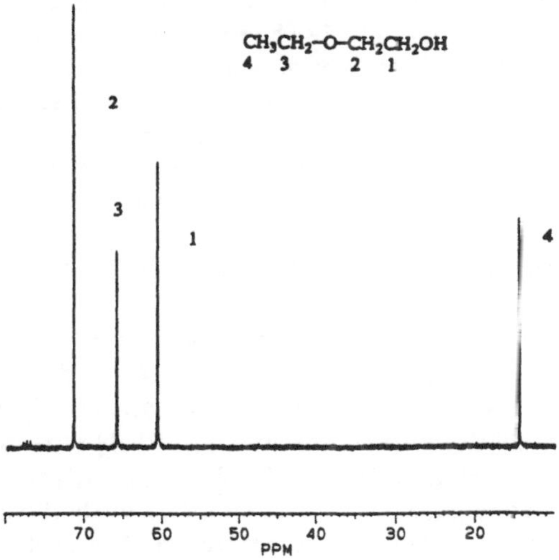

Figura 6.22 *Espectro RMN ^{13}C del 2-etoxietanol.*

No es posible discutir aquí las muchas sutilezas de la RMN de ^{13}C pero baste decir que el análisis cuantitativo es mucho más difícil en la resonancia de ^{13}C. No se puede relacionar de forma sencilla las intensidades relativas con el número de carbonos equivalentes en la molécula. Para ello es necesario conocer los mecanismos de relajación y el efecto nuclear conocido con el nombre de Overhauser. El lector interesado puede consultar sobre el tema en otros textos mencionados al final de este capítulo.

La espectroscopía RMN ^{13}C tiene las siguientes ventajas adicionales sobre la de ^{1}H en el análisis de polímeros orgánicos: (1) la observación directa del esqueleto molecular; (2) la observación directa de grupos funcionales carbonados que no tengan protones (e.j., carbonilos, nitrilos) y (3) la observación directa de los puntos susceptibles de reacción. Sin embargo, la espectroscopía RMN ^{1}H no ha caído en el olvido, sino que de hecho tiene un número de ventajas que compiten con la RMN ^{13}C incluyendo: (1) facilidad en el análisis cuantitativo; (2) rapidez del análisis; (3) mayor sensibilidad; (4) observación directa de grupos OH y NH (no detectables por la RMN ^{13}C) y (5) la separación de los protones olefínicos y aromáticos, que aparecen en distintas regiones en el espectro RMN de ^{1}H mientras que los carbonos olefínicos y aromáticos se solapan entre sí en el espectro RMN de ^{13}C.

F. CARACTERIZACION DE POLIMEROS POR ESPECTROSCOPIA RMN

Al igual que la espectroscopía infrarroja, la espectroscopía RMN puede aplicarse a la caracterización de materiales poliméricos a diversos niveles de complejidad. Los químicos actuales implicados en la síntesis de polímeros se sentirían perdidos si no tuvieran acceso a los espectrómetros de RMN. Estos aparatos sirven como técnicas analíticas de rutina para identificar y analizar monómeros, (co)polímeros y productos de reacción. En el siguiente nivel de sofisticación, la espectroscopía RMN se ha empleado en numerosas ocasiones en la caracterización de la microestructura de materiales poliméricos. En este tema la RMN es la técnica reina y ha dominado el campo de la distribución secuencial polimérica en toda su infinidad de formas, incluyendo aquellas relacionadas con la estereoisomería, isomería secuencial, isomería estructural y composición de copolímeros. Por último, en el nivel más sofisticado, la espectroscopía RMN se usa en el estudio de la dinámica de sistemas poliméricos a través del estudio de fenómenos de relajación pero este tema debe tratarse en textos más especializados.

Nuestra aproximación será empezar presentando unos pocos ejemplos representativos de los usos sencillos de la espectroscopía RMN en el análisis de polímeros. Posteriormente nos centraremos en la parte principal de esta sección y describiremos la aplicación de la espectroscopía RMN en la caracterización de la distribución secuencial de polímeros. En el Capítulo 1, y de nuevo en el final del Capítulo 5, mencionábamos que la isomería en homopolímeros puede considerarse un caso especial de copolimerización. Desarrollaremos este tema dedicando cierto tiempo a estudiar la tacticidad del polimetacrilato de metilo por espectroscopía RMN ^{1}H, y mostraremos cómo la teoría de probabilidades nos permite describir la distribución de las secuencias en términos de las diferentes posiciones tácticas en la cadena polimérica. Por último, finalizaremos describiendo ejemplos de estudios análogos relacionados esta vez con la isomería secuencial y estructural.

Análisis de copolímeros

Tal y como hemos mencionado antes, la espectroscopía RMN es uno de los métodos instrumentales fundamentales usados de forma rutinaria en la identificación y análisis de la composición de copolímeros. Con el propósito de ilustrar la utilidad de la técnica de RMN usaremos tres ejemplos representativos, dos usando la RMN de ^1H y uno usando la de ^{13}C, tomados de estudios recientes de los autores.

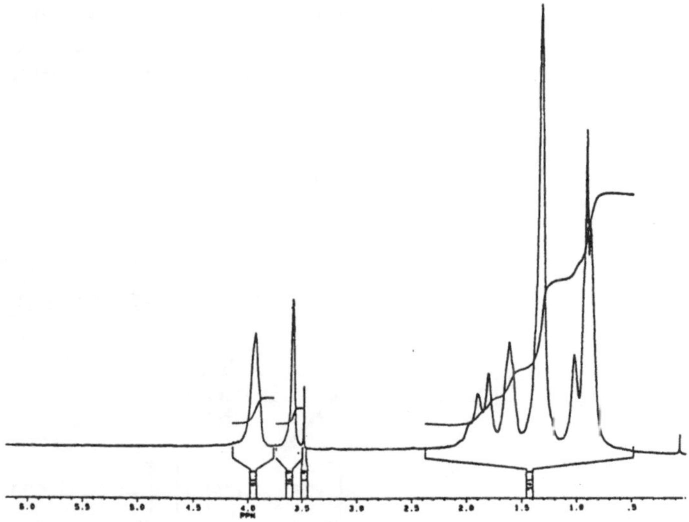

Figura 6.23 *Espectro RMN ^1H de un copolímero de metacrilato de metilo y metacrilato de hexilo.*

Copolímeros de metacrilato de metilo/metacrilato de hexilo

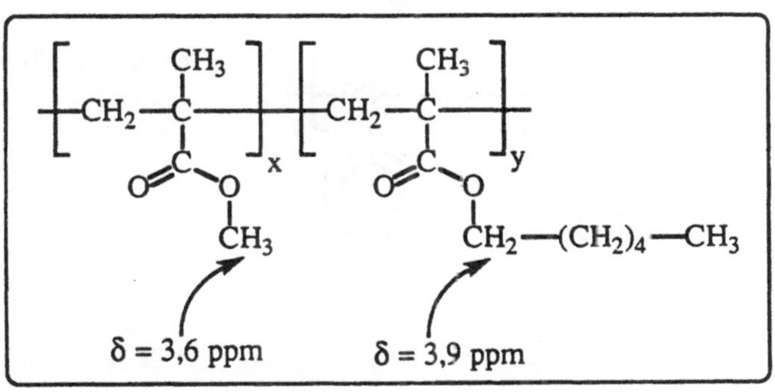

Empecemos con un ejemplo directo. Recientemente los autores de este texto sintetizaron una serie de copolímeros de metacrilato de metilo y metacrilato de hexilo (MMA-co-HMA) con el propósito de examinar un modelo que habían desarrollado para predecir el comportamiento de fase de mezclas de polímeros. Para determinar la composición* del copolímero utilizaron la RMN ^1H. La figura 6.23 muestra un espectro típico de un copolímero de MMA-co-HMA. La serie de líneas de RMN, bastante complejas, aparecen entre 0,5 y 2,5 ppm y se asignan a los protones alquil metilénicos y metilos del copolímero. Afortunadamente, para medir la composición del copolímero podemos ignorar estas líneas de RMN y centrar nuestra atención exclusivamente en las dos líneas aisladas que se observan a ≈ 3,6 y 3,9 ppm. Tales líneas pueden asignarse a los tres protones del $-OCH_3$, sustituyente metoxi del MMA y a los dos alcoxi protones del grupo metileno $-OCH_2-$, respectivamente, como se indica arriba. Por lo tanto, si dividimos las áreas relativas de estas dos líneas por 3 y 2, respectivamente, el análisis composicional cuantitativo es directo, es decir,

$$\% \text{ MMA} = \frac{A_{3,6\text{ ppm}}/3}{A_{3,6\text{ ppm}}/3 + A_{3,9\text{ ppm}}/2} \times 100 \qquad (6.13)$$

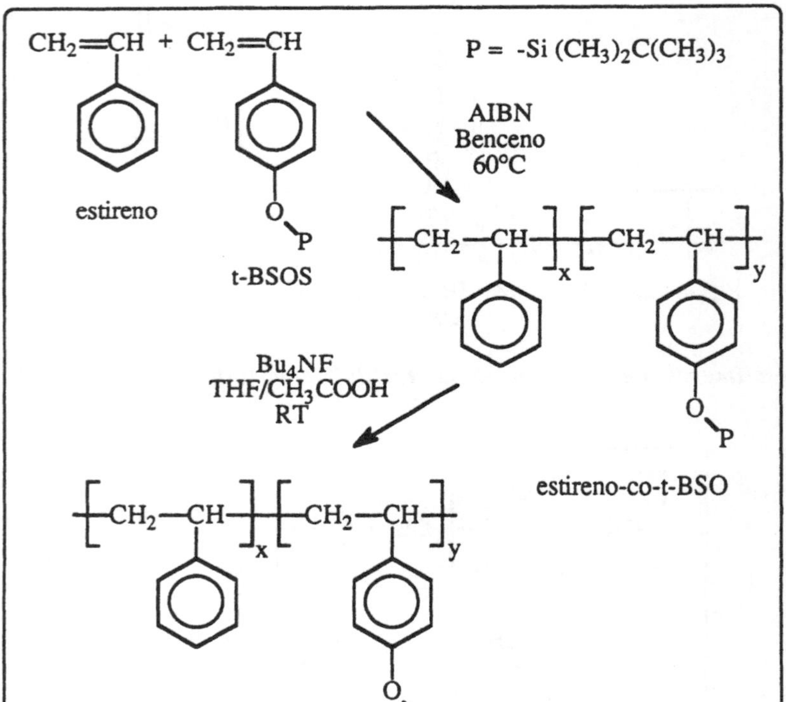

* M. M. Coleman, Y. Xu, S. R. Macio and P. C. Painter, *Macromolecules*, **26**, 3457 (1993).

Copolímeros de estireno/vinil fenol

Otra serie de copolímeros sintetizados por los autores, también para la investigación en mezclas de polímeros, es aquella que contiene estireno y 4-vinil fenol. Debido a las reacciones laterales a que da lugar el grupo hidroxilo fenólico en la polimerización directa del 4-vinil fenol (VPh), es conveniente utilizar monómeros protegidos. En estos trabajos los autores utilizaron el VPh protegido con el grupo *t*-butil-dimetilsilil (t-BSOS) en la obtención de copolímeros de estireno y t-BSOS. Posteriormente, estos copolímeros se hidrolizaron para dar lugar a copolímeros de estireno/vinil fenol (STVPh), tal como se resume en el gráfico de la página anterior*.

La identificación de los copolímeros se efectuó por espectroscopía RMN de ^1H así como el seguimiento de la etapa de desprotección. La figura 6.24 muestra una comparación de los espectros RMN ^1H del copolímero de partida estireno/t-BSOS (espectro A) y el producto resultante del proceso de desililación, STVPh (B). Las líneas RMN a δ = 0,95 y 0,16 ppm en el espectro (A) se asignan a los sustituyentes metilo y t-butilo del monómero t-butildimetilsilil, y su desaparición en el espectro del copolímero desprotegido (B) indica claramente la eliminación del grupo t-butil-dimetilsilil.

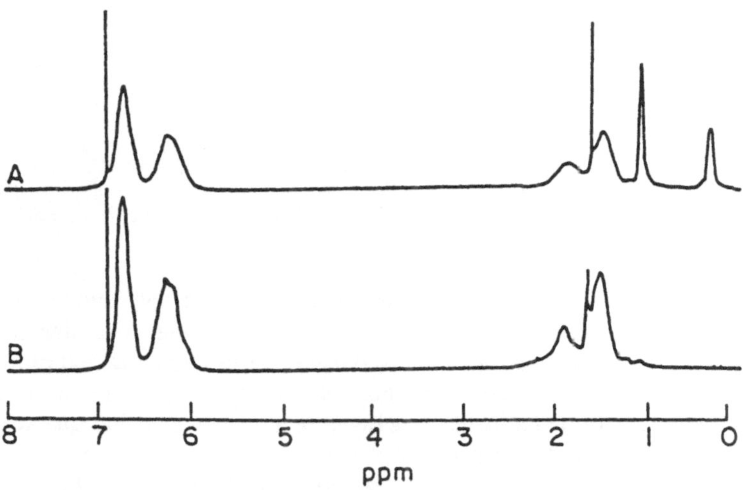

***Figura 6.24** Espectro RMN ^1H de (A) un copolímero de estireno-t-BSOS y (B) el correspondiente estireno-co-vinil fenol después de la desprotección.*

La composición de los diversos copolímeros estireno/t-BSOS también fue determinada a partir de espectros de resonancia similares a los mostrados en la figura 6.24(A). Es algo más complejo que los copolímeros de metacrilato de metilo/hexil metacrilato que acabamos de discutir pero el principio es el mismo, y sólo tenemos que conocer el número y el tipo de protones que contribuyen a una línea o grupo de líneas de RMN. Como hemos indicado antes, la línea a 0,16

* Y. Xu, J. F. Graf, P. C. Painter and M. M. Coleman, *Polymer*, **32**, 3103 (1991).

ppm corresponde a 6 protones presentes en los dos sustituyentes metílicos del t-BSOS. De forma similar, la línea a 0,95 ppm corresponde a 9 protones presentes en los tres sustituyentes metílicos del grupo t-butil en el t-BSOS. Así, el área normalizada por protón correspondiente a la unidad química repetitiva del t-BSOS puede determinarse a partir de:

$$A^{H}_{t\text{-}BSOS} = \frac{\text{Area total de la línea a 0,16 ppm}}{6} = \frac{\text{Area total de la línea a 0,95 pmm}}{9} \quad (6.14)$$

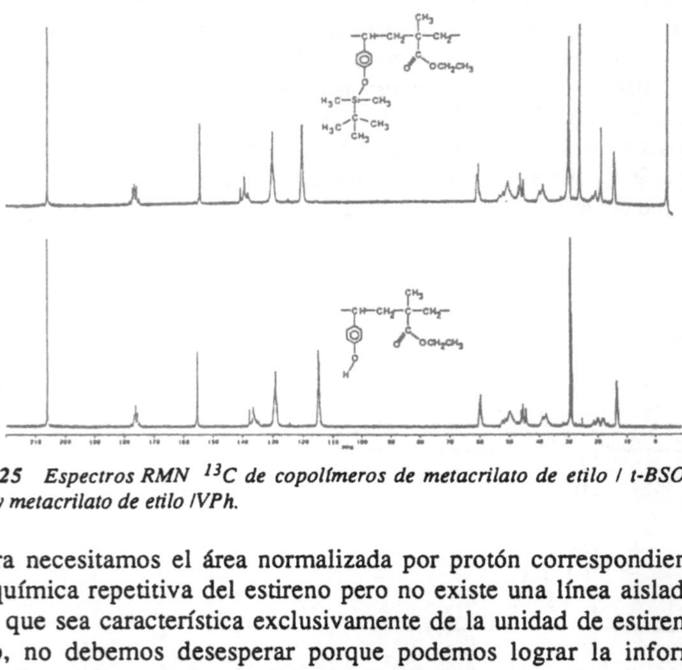

Figura 6.25 Espectros RMN ^{13}C de copolímeros de metacrilato de etilo / t-BSOS (parte superior) y metacrilato de etilo /VPh.

Ahora necesitamos el área normalizada por protón correspondiente a la unidad química repetitiva del estireno pero no existe una línea aislada en el espectro que sea característica exclusivamente de la unidad de estireno. Sin embargo, no debemos desesperar porque podemos lograr la información necesaria de una forma indirecta. Las líneas relativamente anchas que aparecen entre 6,2 y 7,2 ppm en el espectro A corresponden a los protones aromáticos existentes tanto en el St como en el t-BSOS. Por lo tanto, si medimos el área total (que refleja las contribuciones de los 5 protones aromáticos de la unidad del estireno y de los 4 protones aromáticos de la unidad repetitiva del t-BSOS), eliminamos la contribución de la unidad de t-BSOS (es decir, 4 veces el área normalizada por protón calculada de la ecuación 6.14) y luego dividimos por 5 (el número de protones aromáticos en el estireno), obtendremos el área normalizada por protón correspondiente a la unidad química repetitiva de estireno. En resumen:

$$A^{H}_{St} = \frac{(\text{Area total de la región entre 6,2 y 7,2 ppm}) - 4\,A^{H}_{t\text{-BSOS}}}{5} \qquad (6.15)$$

Así, el % de estireno en el copolímero viene dado por:

$$\%\ \text{Estireno} = \frac{A^{H}_{St}}{A^{H}_{St} + A^{H}_{t\text{-BSOS}}} \times 100 \qquad (6.16)$$

Copolímeros de metacrilato de etilo/4-vinil fenol

El último ejemplo de esta sección se ha tomado del trabajo sobre copolímeros de metacrilatos y vinil fenol sintetizados de forma similar a la de los copolímeros de estireno/vinil fenol. La figura 6.25 muestra los espectros de RMN ^{13}C de un copolímero de metacrilato de etilo (EMA) conteniendo 52 % molar de EMA antes (parte superior) y después (parte inferior) de la desprotección. La ausencia de picos alrededor de 0 ppm (los dos carbonos metílicos unidos al silicio), y de 19 ppm (carbono terciario del grupo t-butilo) después de la desililación indica claramente la ausencia de cualquier grupo t-butildimetilsilil residual. Mientras que la RMN de ^{13}C solamente se puede usar para obtener datos cuantitativos concernientes a la composición del copolímero después de tener en cuenta los tiempos de relajación y el efecto nuclear Overhauser, la RMN de ^{1}H es más fácil de usar. Los protones aromáticos del anillo de fenol y el grupo metileno adyacente al oxígeno del éster de la cadena lateral (el $-OCH_2-$ entre 3,2 y 4,2 ppm) pueden emplearse para el análisis cuantitativo*.

Observación de la tacticidad: Poli(metacrilato de metilo) (PMMA)

La observación y medida de la tacticidad en sistemas poliméricos es una de las áreas de la caracterización de polímeros donde la espectroscopía RMN juega un papel preferente. Hoy en día, la espectroscopía RMN ^{13}C se usa de forma extensiva para estudiar estereoisomería en polímeros y resulta realmente increíble la detallada información que puede conseguirse en lo referente al número y tamaño de las diferentes secuencias tácticas. Sin embargo, nos estamos adelantando. Antes de estudiar algunos ejemplos de espectros de ^{13}C, empezaremos discutiendo los estudios de RMN ^{1}H del polimetacrilato de metilo, por ser éste el primer sistema estudiado y porque de él podremos obtener cierta información.

Debemos recordar lo que hemos mencionado anteriormente en relación a que dos protones magnéticamente no equivalentes, que estén sobre el mismo carbono o en un carbono adyacente, pueden dar lugar a un máximo de cuatro líneas. Si los dos protones implicados tienen desplazamientos químicos sólo ligeramente diferentes y la diferencia de desplazamiento químico es del mismo orden de

---

* Y. Xu, P. C. Painter and M. M. Coleman, *Polymer*, 34, 3010 (1993).

magnitud que las constantes de acoplamiento, observaremos un sistema complejo AB. Si los dos protones fuesen magnéticamente equivalentes observaríamos, desde luego, una única línea. Son este tipo de situaciones las que observaremos en los espectros de RMN ^1H de polímeros tácticos.

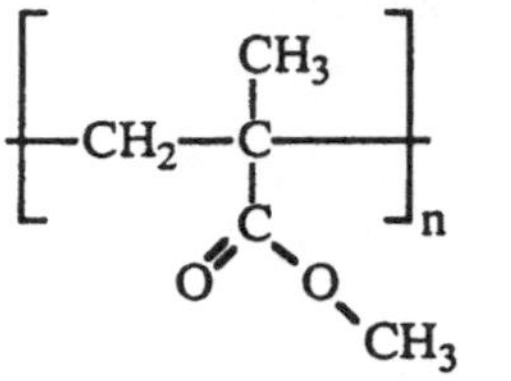

Polimetacrilato de metilo

El PMMA corriente, producido por polimerización radical, es atáctico pero se pueden sintetizar polímeros prácticamente 100% isotácticos (i-PMMA) o sindiotácticos (s-PMMA) del PMMA.

En la figura 6.26 se muestran las representaciones esquemáticas de estas diferentes estructuras de cadena.

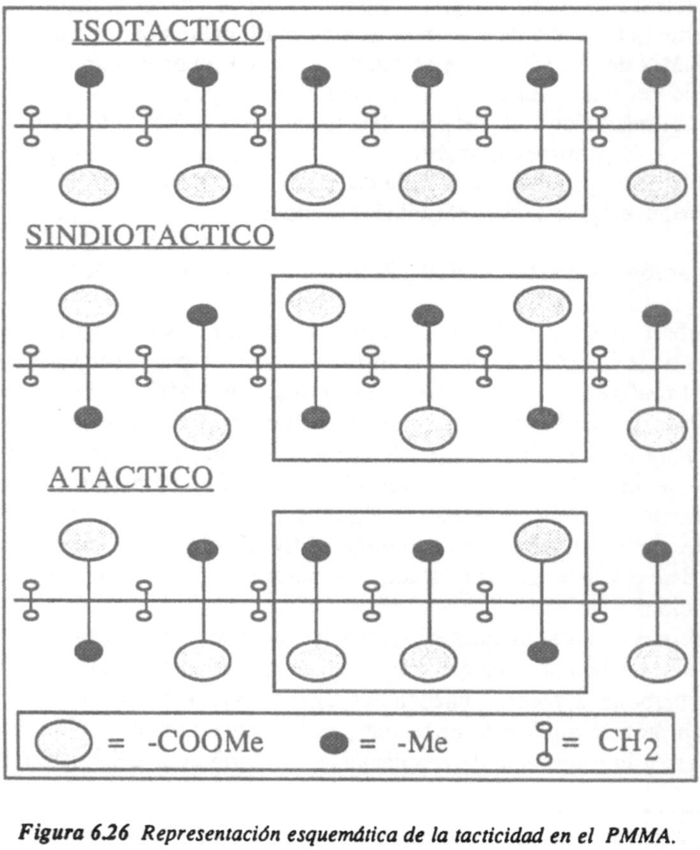

Figura 6.26 Representación esquemática de la tacticidad en el PMMA.

Empecemos considerando la estructura de la parte superior de la figura, el PMMA llamado *isotáctico*, donde todos los grupos del mismo tipo están en el mismo lado del esqueleto de la cadena. Las esferas grandes representan los grupos éster; las esferas negras más pequeñas y opuestas representan los grupos metilo. Las otras dos esferas pequeñas unidas al esqueleto representan los átomos de hidrógeno de las unidades metilénicas. Una estructura de este tipo corresponde al i-PMMA puro. Obsérvese que los *dos protones metilénicos* en el esqueleto carbonado son *magnéticamente no equivalentes*. A lo largo de la cadena los protones metilénicos superiores están siempre en el ambiente de los dos grupos metilos. Y a la inversa, los protones inferiores sobre el mismo carbono están en todos los casos flanqueados por dos grupos éster. Por lo tanto, los ambientes magnéticos de los dos protones metilénicos son diferentes y deberemos esperar una pequeña diferencia en el desplazamiento químico, que deberá dar lugar a un comportamiento en cuatro líneas AB, como se muestra esquemáticamente en la figura 6.27.

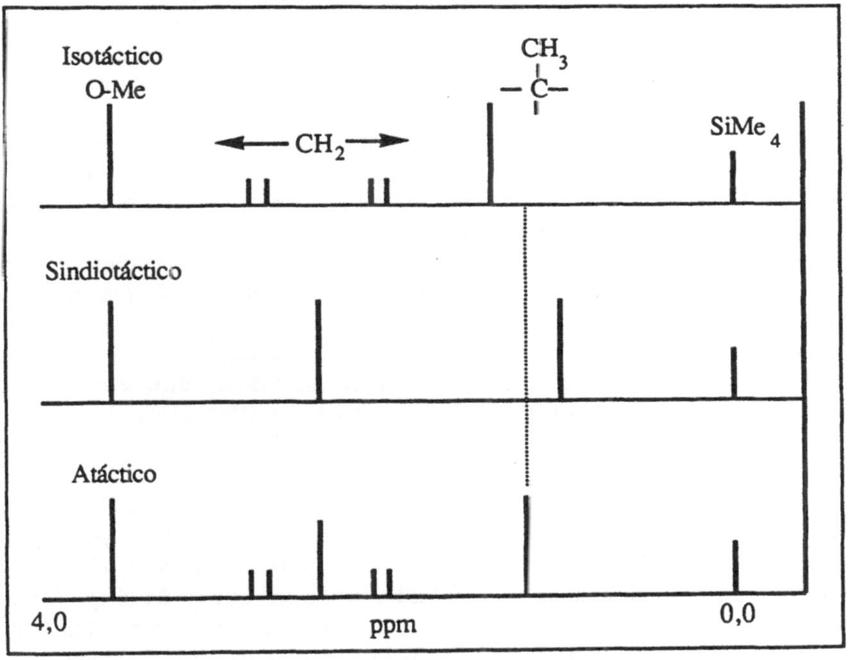

Figura 6.27 *Representación esquemática del espectro RMN ¹H del PMMA.*

La estructura situada en el medio de la figura 6.26 muestra una estructura alternante en cuanto que los grupos metilo se van alternando arriba y abajo a lo largo de la cadena carbonada. Esta es la estructura *sindiotáctica* perfecta correspondiente al s-PMMA puro. Si consideramos ahora sus grupos metileno, veremos que son *magnéticamente equivalentes*. Cada protón metilénico tiene el mismo ambiente; se encuentra flanqueado por un lado por un grupo metilo y por el otro lado por un grupo éster. Lo mismo es cierto para el otro protón unido al mismo carbono. Puesto que son magnéticamente equivalentes, no habrá interacción espín-espín y estos protones darán lugar a una única línea de resonancia. La localización de esta línea de resonancia, que es su desplazamiento químico, debe estar exactamente en el centro del comportamiento de resonancia observado para el caso isotáctico, como se muestra en la figura 6.27.

La estructura en la parte inferior de la figura 6.26 representa al polímero *atáctico*. A medida que nos trasladamos a lo largo del esqueleto carbonado y miramos el ambiente de los protones metilénicos, encontraremos en algunos casos que son equivalentes (lo que dará lugar a una única línea), mientras que en otros casos veremos que se trata de protones no equivalentes (con un comportamiento en cuatro líneas AB). Por lo tanto, los protones metilénicos de un polímero atáctico darán un espectro RMN que se asemejará a una combinación de los espectros isotáctico y sindiotáctico (figura 6.27). Esto nos lleva a una conclusión importante; si observamos un espectro que tenga comportamientos tanto de singlete como de sistema AB en la región de los protones metilénicos, no será posible diferenciar entre una *mezcla* de polímeros isotáctico y sindiotáctico y un único polímero atáctico. Esto se debe simplemente al hecho de que los protones metilénicos sólo "ven" la influencia de las estructuras tipo diadas.

Sin embargo, la imagen se mejora si consideramos los grupos metilos de estas tres estructuras. Aquí vemos la información de triadas, o grupos contenidos en las cajas pequeñas de la figura 6.26. Las diferencias en el ambiente magnético de los grupos metilo, causadas por las posiciones relativas de los grupos éster en cada unidad monomérica *adyacente*, ocasionan pequeñas diferencias en el desplazamiento químico de los protones metílicos. Así, la línea metílica proveniente de una triada isotáctica aparece en una posición específica; la línea metílica para una triada sindiotáctica aparece en otra posición, y la línea metílica atribuible a la triada atáctica (heterotáctica), (donde hay una posición meso y una racémica), aparece en una tercera posición, entre las líneas de resonancia de las triadas isotáctica y sindiotáctica. Todo ello está resumido de forma esquemática en la figura 6.27. Debemos enfatizar que para describir adecuadamente la estereorregularidad es necesario obtener datos de triadas (o secuencias superiores).

Los espectros RMN de protón registrados en un instrumento de 60 MHz de dos muestras diferentes de PMMA fueron publicados por primera vez por Bovey y Tiers y están reproducidos en la figura 6.28. El espectro superior (a) es el de una muestra predominantemente s-PMMA, mientras que el de abajo (b) es predominantemente i-PMMA. Obsérvese que las características esenciales de ambos espectros RMN son idénticas a las presentadas esquemáticamente en la figura 6.27. Sin embargo, hay signos de desdoblamientos adicionales que indicarían sensibilidad a secuencias de orden superior. De hecho, con el desarrollo de espectrómetros más poderosos se han observado y medido secuencias mayores usando la RMN de protón. La figura 6.29 muestra un ejemplo de un espectro de 220 MHz RMN ^1H en la región del protón β-metilénico de muestras predominantemente s-PMMA (a) e i-PMMA (b), donde se resuelven tetradas (hay que añadir, incidentalmente, que se pueden resolver pentadas en la región del protón α-metilénico). En la figura 6.29 las tetradas se denominan mmm, mmr, mrm, etc. y para apreciar el significado de esta nomenclatura deberemos saborear de nuevo las delicias de la teoría de probabilidades.

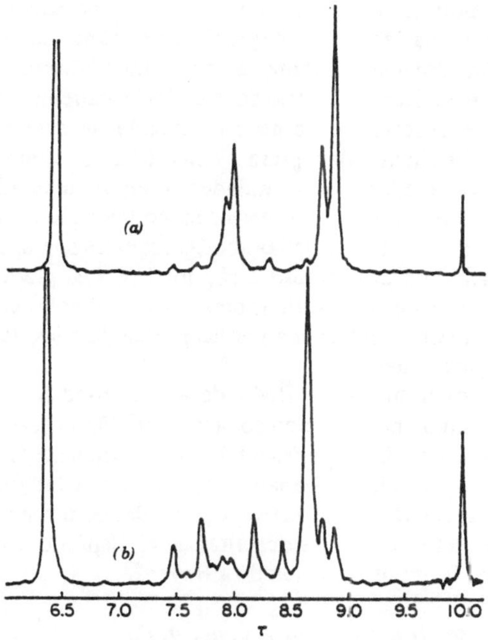

***Figura 6.28** Espectro RMN ^1H 60 MHz del PMMA. Reproducción permitida tomada de F. A. Bovey,* High Resolution NMR of Macromolecules, *Academic Press (1972).*

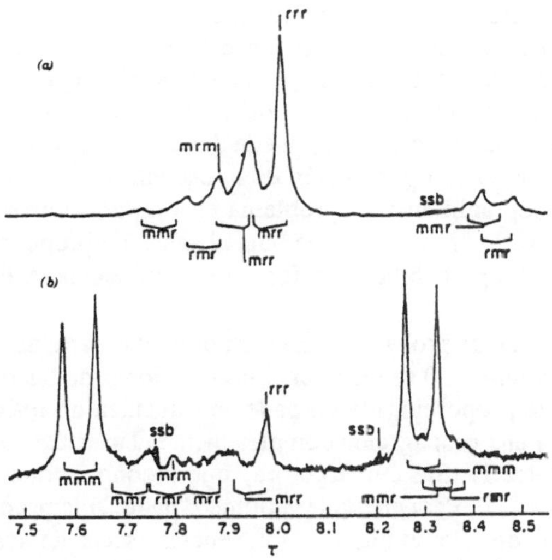

***Figura 6.29** Espectro RMN ^1H 220 MHz del PMMA. Reproducción permitida tomada de F. A. Bovey,* High Resolution NMR of Macromolecules, *Academic Press (1972).*

Repaso a la teoría de probabilidades. Estereoisomería

El lector puede recordar que en el Capítulo 1, dentro de la amplia definición de la palabra "copolímero", discutimos que la polimerización de monómeros vinílicos podría visualizarse conceptualmente como un caso especial de copolimerización correspondiente a dos "monómeros" diferentes con configuraciones estéricas opuestas dentro de la cadena. Mientras que un copolímero puede describirse como una mezcla de secuencias A y B, un homopolímero estereorregular puede considerarse como una mezcla de secuencias d y l enlazadas. Dos unidades monoméricas adyacentes en una cadena reciben el nombre de diadas *meso* cuando tienen la misma configuración (dd o ll) y diadas *racémicas* cuando las configuraciones son opuestas (dl o ld). A ello se hizo mención en el Capítulo 1 (figura 1.5). El grado de tacticidad se refiere a la fracción de enlaces tácticos presentes en el polímero y la fracción de cada uno de estos tipos se determina por las probabilidades de formación de las respectivas configuraciones.

Como ya hemos indicado, la RMN de alta resolución es particularmente adecuada para el estudio de la estereoisomería en polímeros, permitiendo realizar de manera rutinaria medidas experimentales de las secuencias configuracionales en polímeros vinílicos. Desgraciadamente, las nomenclaturas que se emplean para describir las secuencias, que fueron desarrolladas desde una perspectiva de la RMN, son muy diferentes a las descritas en el Capítulo 5 para copolímeros. Nos limitaremos al formulismo atribuido a Bovey*.

Generación de secuencias configuracionales

En la tabla 6.3 se resumen los símbolos representativos de las secuencias de diadas, triadas y tetradas. La diada *meso* se designa por la letra m y la *racémica* por la r. Este sistema de nomenclatura puede extenderse a secuencias de cualquier longitud. Así, una triada *isotáctica* es mm, una triada *heterotáctica* mr, y una triada *sindiotáctica* rr. Supongamos inicialmente que la probabilidad de generar una secuencia *meso*, cuando se forma una nueva unidad monomérica en el extremo de una cadena creciente, pueda describirse por un único parámetro, P_m. En estos términos, la generación de la cadena obedece a la estadística de *Bernoulli*. Conceptualmente, el problema es similar a tener un gran tarro de bolas marcadas "m" o "r" y coger una bola al azar. La proporción de bolas "m" en el tarro es P_m. La probabilidad de formar una secuencia racémica, r, es por lo tanto $(1 - P_m)$.

La tabla 6.3 lista las probabilidades Bernoullianas para las diversas triadas y tetradas y en la figura 6.30 se representa las relaciones de las triadas. Debemos fijarnos en que la proporción de unidades mr alcanza un máximo a $P_m = 0{,}5$, correspondiente a una propagación completamente al azar donde las proporciones mm:mr:rr serán 1:2:1. Sin embargo, hay que reconocer que P_m puede tomar valores distintos a 0,5. Para cualquier polímero dado, si la propagación obedece a la estadística de Bernoulli, las frecuencias secuenciales mm, mr, y rr,

---

* F. A. Bovey, *High Resolution NMR of Macromolecules*, Academic Press (1972).

***Tabla 6.3** Secuencias configuracionales.*

Tipo	Designación	Proyección	Probabilidad Bernoulli
Diada	meso, m	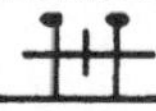	P_m
	racémica, r	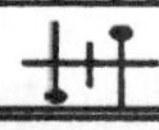	$(1 - P_m)$
Triada	isotáctica, mm	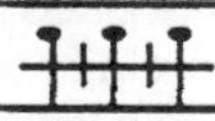	P_m^2
	heterotáctica, mr	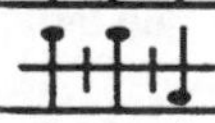	$2 P_m (1 - P_m)$
	sindiotáctica, rr	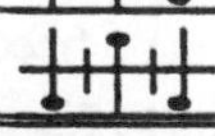	$(1 - P_m)^2$
Tetrada	mmm	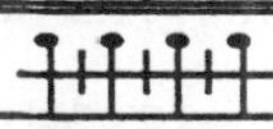	P_m^3
	mmr	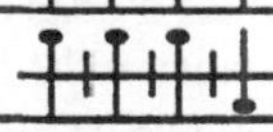	$2 P_m^2 (1 - P_m)$
	rmr	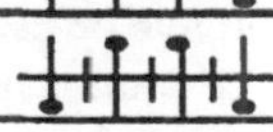	$P_m (1 - P_m)^2$
	mrm		$P_m^2 (1 - P_m)$
	rrm	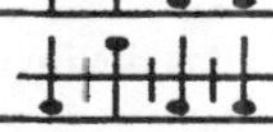	$2 P_m (1 - P_m)^2$
	rrr	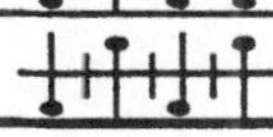	$(1 - P_m)^3$

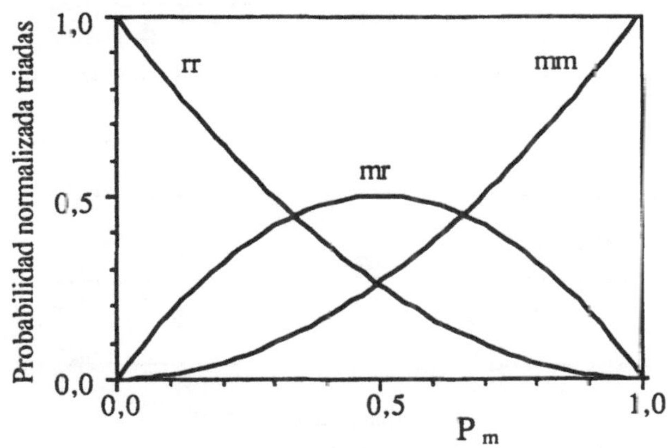

***Figura 6.30** Probabilidad de triadas de Bernoulli*

determinables a partir de datos de RMN, corresponderían a los puntos de corte de un línea vertical trazada en el valor de P_m con las curvas dibujadas en la figura 6.30. Si éste no es el caso, la secuencia configuracional del polímero se desvía de la estadística de Bernoulli y puede obedecer a estadísticas de Markov de orden superior. Los polímeros de metacrilato de metilo producidos por iniciadores radicalarios siguen normalmente la estadística de Bernoulli, dentro del error experimental, mientras que aquellos producidos por iniciadores aniónicos no lo hacen. Secuencias de tetradas y superiores pueden también calcularse y representarse de la misma forma.

Nomenclatura necesaria

En la literatura de RMN se dan algunas notaciones que debemos entender. La primera, el símbolo $P_n\{\ \}$ que se utilizó en el Capítulo 5 para secuencias de copolímeros (por ej., $P_3\{ABA\}$) y que indicaba la probabilidad de una n-ada*, se pierde ahora. Desde este momento:

(m) es equivalente a $P_2\{m\}$, fracción en número de diadas m

(mr) es equivalente a $P_3\{mr\}$, fracción en número de *triadas* mr

Segundo, el símbolo () indica las n-adas observables o *distinguibles* (n-adas) mientras que los [] indican las n-adas *indistinguibles*. Nuestra experiencia nos indica que existe un número importante de estudiantes que tienen dificultades con este concepto y por lo tanto consideramos necesario intentar clarificarlo. Para ello, consideremos el esquema presentado en la figura 6.31.

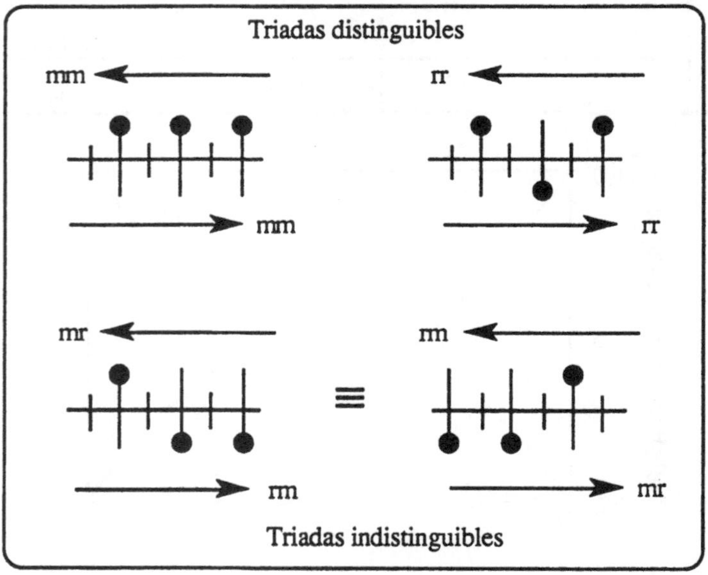

Figura 6.31 Diagrama esquemático "bolas y varillas" indicando secuencias de triadas.

En la parte superior se muestran las triadas mm y rr. No importa desde qué dirección de la cadena nos acercamos a los puntos tácticos puesto que el resultado es el mismo. La designación de la secuencia no cambia por girar la cadena

* Una n-ada es una secuencia de n especies en la progresión: diada, triada, tetrada, ... n-ada.

horizontalmente. Por el contrario, si leemos la secuencia representada en la parte inferior del diagrama de izquierda a derecha, determinaremos una secuencia rm pero si la leemos en sentido contrario, nos encontramos con una secuencia mr. Alternativamente, si comparamos la cadena original con la girada horizontalmente, tal y como se muestra en la parte derecha de la figura inferior, leyendo ambas de izquierda a derecha, obtenemos una secuencia rm y mr respectivamente. Esto es importante porque significa que en los experimentos de RMN no podemos diferenciar entre una secuencia mr o rm. En otras palabras, las secuencias mr y rm son indistinguibles y tienen los mismos desplazamientos químicos en los espectros RMN, como hemos tratado de representar en el diagrama mostrado en la figura 6.32.

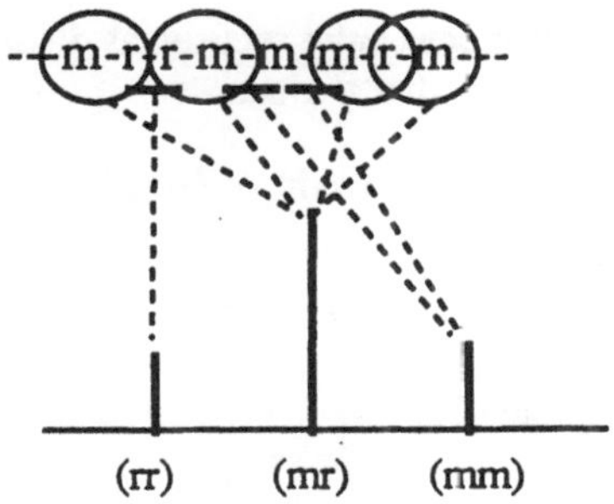

***Figura 6.32** Diagrama esquemático ilustrando secuencias indistinguibles.*

Así, por ejemplo:

$$(mr) = [mr] + [rm] \tag{6.17}$$

donde (mr) simboliza a la fracción en número de triadas distinguibles que son la suma de las [mr] y [rm], las fracciones en número de las triadas indistinguibles. Con un poco de suerte, recordaremos del Capítulo 5 que las reacciones de reversibilidad son generales ($P_2\{AB\}=P_2\{BA\}$), y por lo tanto [mr] debe ser igual a [rm]. Consecuentemente:

$$(mr) = 2[mr] = 2[rm] \tag{6.18}$$

La proporción relativa de la longitud de cada secuencia se ajusta a las relaciones generales siguientes:

$$\begin{aligned} (m) + (r) &= 1 \\ (mm) + (mr) + (rr) &= 1 \\ \sum \text{(todas las tetradas)} &= 1 \text{ etc.} \end{aligned} \tag{6.19}$$

Como en el caso de las relaciones generales de probabilidad desarrolladas para la copolimerización, las relaciones de reversibilidad serán particularmente útiles:

$$[mr] = [rm]$$

$$[mmr] = [rmm]$$

$$[mrr] = [rrm] \qquad (6.20)$$

Además, las secuencias de menor orden pueden expresarse como la suma de dos secuencias apropiadas de orden superior, puesto que cada secuencia tiene un sucesor o predecesor que sólo puede ser m o r. Así,

$$[mr] = [mmr] + [rmr]$$

$$[rmr] = [rrmr] + [mrmr] \qquad (6.21)$$

Son necesarias otras relaciones entre secuencias distinguibles (observables en los espectros RMN), tales como diada-triada* :

$$(m) = (mm) + \frac{1}{2}(mr)$$

$$(r) = (rr) + \frac{1}{2}(rm) \qquad (6.22)$$

Similarmente para la triada-tetrada:

$$(mm) = (mmm) + \frac{1}{2}(mmr)$$

$$(mr) = (mmr) + 2\,(rmr) = (mrr) + 2(mrm)$$

$$(rr) = (rrr) + \frac{1}{2}(mrr) \qquad (6.23)$$

Es importante entender las relaciones que acabamos de describir puesto que nos conducen directamente a la caracterización y medida de la tacticidad en polímeros. Supongamos, por ejemplo, que el diagrama esquemático representado en la figura 6.32 represente los datos obtenidos a partir de una muestra de PMMA y que tengamos que determinar el % de isotacticidad (m) a partir de estos datos. Primero, deberemos estar convencidos de que solamente estamos observando datos de triadas. Suponiendo que éste sea el caso, mediríamos ahora las áreas de las tres bandas, $A_{(rr)}$, $A_{(mr)}$ y $A_{(mm)}$. Las fracciones en número, (rr), (mr) y (mm), se calculan fácilmente dividiendo cada área individual por el área total $A_T = A_{(rr)} + A_{(mr)} + A_{(mm)}$. El % de isotacticidad <u>no</u> es $A_{(rr)}/A_T$, sino:

$$\%\ \text{isotacticidad} = (m) = \frac{A_{(rr)} + 1/2\ A_{(mr)}}{A_T} \qquad (6.24)$$

* Debemos considerar que [m] = [mm] + [mr], y (mr) = [mr] + [rm], por lo tanto (m) = (mm) + 1/2(mr). Una regla útil que puede emplearse para estas relaciones es la siguiente: si la secuencia es diferente cuando es a la inversa entonces 1/2 precede a las secuencias distinguibles 1/2(n-ada) = [n-ada]. Por el contrario, si la secuencia es la misma a la inversa, entonces (n-ada) = [n-ada].

Modelo terminal o modelo simple de Markov

El modelo terminal para la homopolimerización estereoespecífica implica el conocimiento de dos parámetros y que se cumpla la estadística de Markov. Estos son:

$$P(r/m) = 1 - P(m/m) = u$$

$$P(m/r) = 1 - P(r/r) = w \qquad (6.25)$$

Estos dos parámetros pueden relacionarse con las n-adas medidas efectuando el siguiente tipo de derivación. Empezamos de nuevo con una relación general de reversibilidad:

$$[mr] = [rm] \qquad (6.26)$$

que puede escribirse como:

$$(m)\,P(r/m) = (r)\,P(m/r) \qquad (6.27)$$

ahora:

$$(r) = 1 - (m) \qquad (6.28)$$

entonces:

$$(m)\,P(r/m) = \big(1 - (m)\big)\,P(m/r) \qquad (6.29)$$

y:

$$(m) = \frac{P(m/r)}{P(r/m) + P(m/r)} = \frac{w}{u + w} \qquad (6.30)$$

De forma similar:

$$(r) = \frac{u}{u + w} \qquad (6.31)$$

Puede operarse igualmente con las triadas. Empezando con

$$[mmr] = [rmm] \qquad (6.32)$$

entonces:

$$(mm)\,P(r/m) = (r)\,P(m/r)\,P(m/m) \qquad (6.33)$$

Por lo tanto, para (mm) y las otras dos triadas obtenemos:

$$(mm) = \frac{w(1 - u)}{u + w} \quad (mr) = \frac{2uw}{u + w} \quad (rr) = \frac{u(1 - w)}{u + w} \qquad (6.34)$$

Usando la misma metodología en el caso de las tetradas:

$$(mrr) = \frac{2uw(1 - w)}{u + w} = \frac{(mr)\,(rr)}{(r)} \qquad (6.35)$$

$$(rmr) = \frac{u^2 w}{u + w} = \frac{(mr)^2}{4\,(m)} \qquad (6.36)$$

$$(rrr) = \frac{u(1 - w)^2}{u + w} = \frac{(rr)^2}{(r)} \qquad (6.37)$$

Examen de los modelos

Si a partir de un experimento se pueden determinar los datos de las *triadas*, es posible decidir si el mecanismo que gobierna la propagación del tipo de secuencia es consistente o no con la estadística *Bernouillana*.

$$P(r/m) = u = \frac{\frac{1}{2}(mr)}{(m)} \qquad P(m/r) = w = \frac{\frac{1}{2}(rm)}{(r)}$$

$$P(m/m) = 1 - u = \frac{(mm)}{(m)} \qquad P(r/r) = 1 - w = \frac{(rr)}{(r)} \qquad (6.38)$$

Ahora:

$$\begin{aligned} \text{Si}: \quad & P(r/m) = P(r/r) = 1 - P_m \\ \text{y}: \quad & P(m/r) = P(m/m) = P_m \end{aligned} \qquad (6.39)$$

La *propagación sigue la estadística Bernouillana.*

Obsérvese que si P(r/m) ≠ P(r/r) y/o P(m/r) ≠ P(m/m) sólo podemos decir que esta estadística no se cumple. Es posible que la propagación siga la estadística terminal o la estadística simple de Markov pero también es posible que siga una de orden superior.

Si se logran datos de *tetradas* se podrá decidir si el mecanismo que gobierna la propagación del tipo de secuencia es consistente o no con la estadística *Markoviana simple*; es decir un modelo terminal.

$$P(m/mm) = \frac{(mmm)}{(mm)} \qquad P(m/rm) = \frac{(mmr)}{(mr)}$$

$$P(m/mr) = \frac{2(mrm)}{(mr)} \qquad P(m/rr) = \frac{(mrr)}{2(rr)} \qquad (6.40)$$

Ahora:

$$\begin{aligned} \text{Si}: \quad & P(m/mm) = P(m/rm) = P(m/m) \\ \text{y}: \quad & P(m/mr) = P(m/rr) = P(m/r) \\ & P(r/rr) = P(r/mr) = P(r/r) \\ & P(r/rm) = P(r/mm) = P(r/m) \end{aligned} \qquad (6.41)$$

La *propagación sigue la estadística de Markov de primer orden.*

Observación de la tacticidad por RMN ^{13}C

El PMMA resultó ser uno de los ejemplos más satisfactorios de la aplicación de la RMN ^{1}H a la caracterización de la estereorregularidad pero la técnica no pudo aplicarse de forma universal a todos los polímeros estereorregulares.

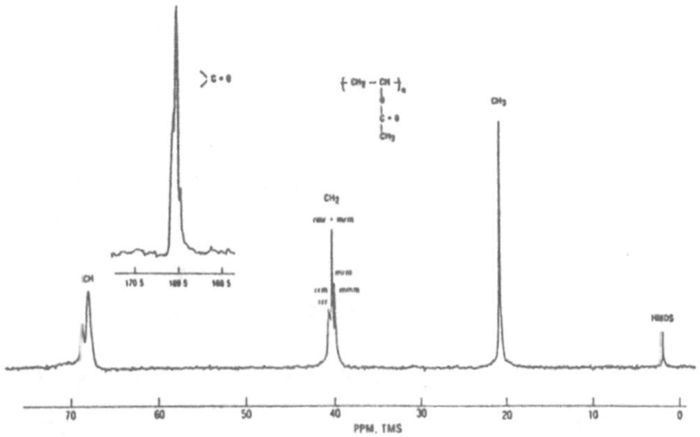

Figura 6.33 *Espectro RMN ^{13}C con desacoplamiento de protón de un policloruro de vinilo iniciado por vía radical. Reproducción permitida tomada de J. C. Randall,* Polymer Sequence Determination, *Academic Press, 1977.*

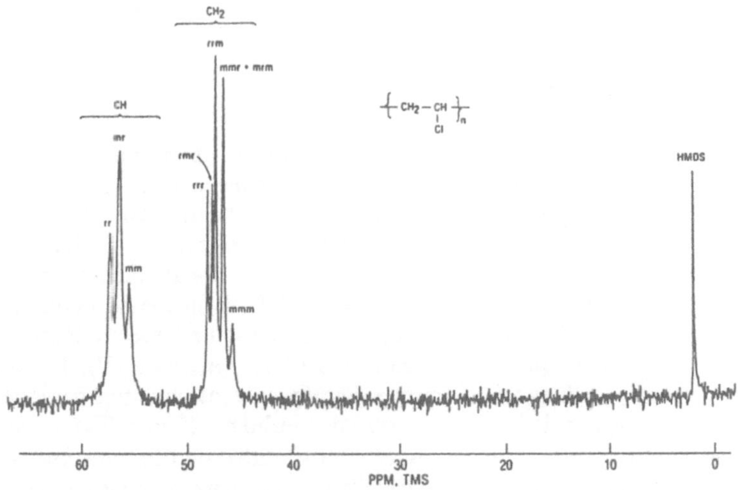

Figura 6.34 *Espectro RMN ^{13}C con desacoplamiento de protón del poli(acetato de vinilo). Reproducción permitida tomada de J. C. Randall,* Polymer Sequence Determination, *Academic Press, 1977.*

Sin embargo, se ha demostrado que, en general, la RMN ^{13}C es muy sensible a la distribución de las secuencias de polímeros estereorregulares. Estudiaremos dos ejemplos. Las figuras 6.33 y 6.34 muestran los espectros

RMN ^{13}C con desacoplamiento de protón del poli(cloruro de vinilo) (PVC) y poli(acetato de vinilo) (PVAc), respectivamente. A 25,2 MHz, los carbonos metino y metileno del PVC están perfectamente resueltos en triadas (rr, mr y mm) y tetradas (rrr, rmr, rrm, mmm y mmr + mrm). En el espectro del PVAc se observa una resolución similar. El lector interesado puede hacer una revisión rápida de la literatura de la ciencia de polímeros en la última década y se encontrará con muchos ejemplos donde la resolución es incluso mejor.

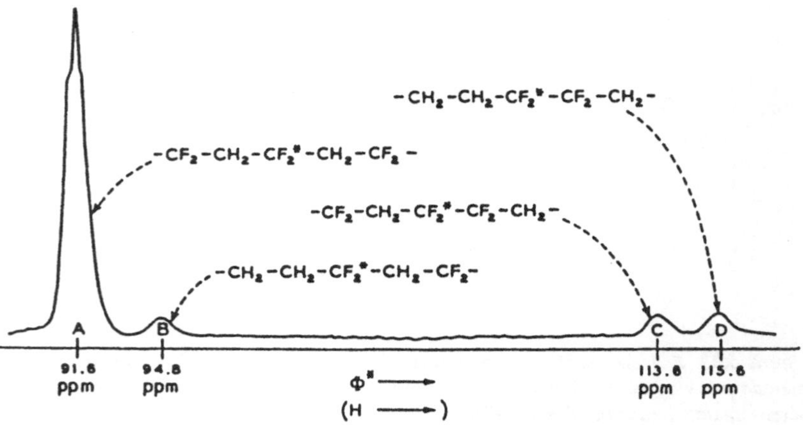

Figura 6.35 Espectro RMN ^{19}F del polifluoruro de vinilideno a 56,4 MHz. Reproducción permitida tomada de C. W. Wilson III and E. R. Santee, Jr., J. Polym. Sci. Part C, 8, 97 (1965).

Isomería secuencial

La espectroscopía RMN puede evidenciar la isomería secuencial en polímeros. El primer ejemplo a examinar es uno clásico, el del poli(fluoruro de vinilideno) (PVDF), que nos va a permitir introducir la espectroscopía RMN ^{19}F. Como se muestra en la tabla 6.2, y en común con los núcleos de ^{1}H y ^{13}C, los núcleos de ^{19}F tienen un número de espín de 1/2, y una abundancia del 100%. Consecuentemente, la espectroscopía RMN ^{19}F es un método común en el estudio de polímeros fluorados. La figura 6.35 muestra el espectro RMN ^{19}F del PVDF y puede verse que hay cuatro líneas a 91,6 (A), 94,8 (B), 113,6 (C) y 115,5 (D) ppm. La línea a 91,6 ppm es dominante y las otras tres parecen tener la misma intensidad relativa. El fluoruro de vinilideno (CH_2=CF_2) no contiene un carbono asimétrico, lo que elimina la posibilidad de estereoisomería en el polímero. Por lo tanto la única explicación plausible para la existencia de los tres pequeños picos que se muestran en la figura 6.35 es la presencia de secuencias cabeza-cabeza y cola-cola, tal como indica el diagrama siguiente.

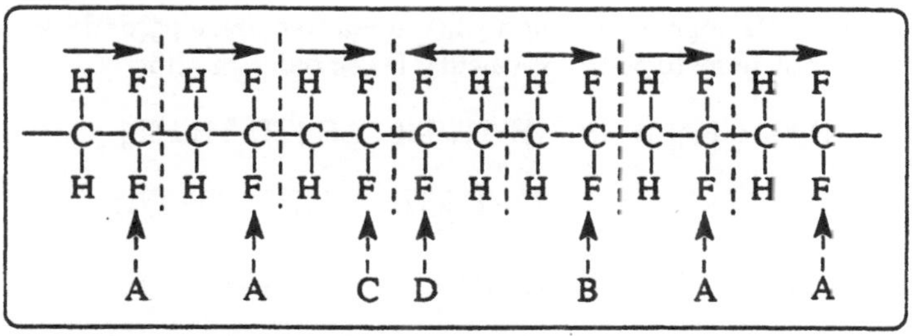

Las flechas A, B, C y D corresponden a los picos de RMN ^{19}F designados en la figura 6.35. Pero ¿qué ocurre con las intensidades relativas y cómo podríamos determinar la fracción en número de monómeros de VDF que se han incorporado en la cadena polimérica a partir de dichos datos?. Para ello debemos volver a la teoría de probabilidades.

En el caso general de un monómero vinílico CH_2=CXY, la cabeza (head, H) de la unidad es el final CXY y la cola (tail, T) el final CH_2. Una unidad se podrá adicionar a la cadena de dos maneras y por conveniencia definiremos la probabilidad de adición "normal" como $P_1\{TH\}$y la adición "al revés" como $P_1\{HT\}$:

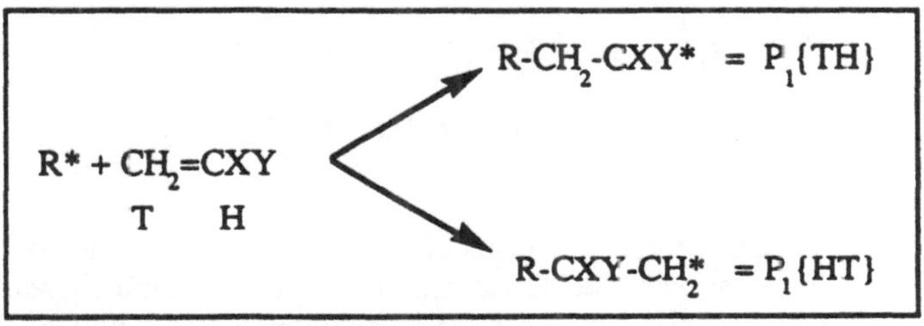

$$P_1\{TH\} + P_1\{HT\} = 1 \qquad (6.42)$$

Las diadas se relacionan a través de:

$$P_1\{TH\} = P_2\{TH\text{-}TH\} + P_2\{TH\text{-}HT\}$$
$$= P_2\{TH\text{-}TH\} + P_2\{HT\text{-}TH\} \qquad (6.43)$$

y:

$$P_1\{HT\} = P_2\{HT\text{-}HT\} + P_2\{HT\text{-}TH\}$$
$$= P_2\{TH\text{-}HT\} + P_2\{HT\text{-}HT\} \qquad (6.44)$$

Por lo tanto:

$$P_2\{HT\text{-}TH\} = P_2\{TH\text{-}HT\} \qquad (6.45)$$

Desde luego, esto significa que la cantidad de diadas cabeza-cabeza debe ser siempre igual a la de diadas cola-cola lo que no debería sorprendernos en este momento del desarrollo. En común con las relaciones generales descritas previamente para la copolimerización y la estereoisomería, a partir de secuencias de grado superior siempre podemos calcular las de orden inferior:

$$P_2\{TH\text{-}TH\} = P_3\{TH\text{-}TH\text{-}TH\} + P_3\{TH\text{-}TH\text{-}HT\}$$
$$= P_3\{TH\text{-}TH\text{-}TH\} + P_3\{HT\text{-}TH\text{-}TH\} \qquad (6.46)$$

$$P_2\{TH\text{-}HT\} = P_3\{TH\text{-}HT\text{-}TH\} + P_3\{TH\text{-}HT\text{-}HT\}$$
$$= P_3\{TH\text{-}TH\text{-}HT\} + P_3\{HT\text{-}TH\text{-}HT\} \qquad (6.47)$$

$$P_2\{HT\text{-}TH\} = P_3\{HT\text{-}TH\text{-}TH\} + P_3\{HT\text{-}TH\text{-}HT\}$$
$$= P_3\{TH\text{-}HT\text{-}TH\} + P_3\{HT\text{-}HT\text{-}TH\} \qquad (6.48)$$

$$P_2\{HT\text{-}HT\} = P_3\{HT\text{-}HT\text{-}TH\} + P_3\{HT\text{-}HT\text{-}HT\}$$
$$= P_3\{TH\text{-}HT\text{-}HT\} + P_3\{HT\text{-}HT\text{-}HT\} \qquad (6.49)$$

Y las relaciones de reversibilidad también son válidas:

$$P_3\{HT\text{-}HT\text{-}TH\} = P_3\{TH\text{-}HT\text{-}HT\}$$
$$P_3\{TH\text{-}TH\text{-}HT\} = P_3\{HT\text{-}TH\text{-}TH\} \qquad (6.50)$$

A menudo, a partir de estudios espectroscópicos de RMN podemos obtener información sobre las secuencias de diadas, triadas o incluso secuencias superiores y debemos tener cuidado en la asignación correcta de las bandas si tenemos que determinar la fracción de unidades que se incorporan "al revés" en la cadena polimérica. Necesitamos calcular $P_1\{TH\}$ y/o $P_1\{HT\}$ a partir de dichos datos. Hay 4 posibles diadas, 8 triadas posibles, 16 tetradas, etc. pero sólo un número limitado de ellas son distinguibles (similar en principio a lo descrito para la estereoisomería). Por ejemplo, la RMN no puede distinguir entre secuencias {TH-TH-TH} y {HT-HT-HT} puesto que esto es equivalente a leer la cadena en un sentido o en el otro. En la tabla 6.4 se resumen las secuencias observables de diadas y triadas junto con sus probabilidades Bernoullianas. Los resultados son bastante interesantes y predicen la existencia de 3 líneas de RMN en el caso de diadas y 4 en el caso de triadas (5 para tetradas, 6 para pentadas, etc.). Incluso más interesante, las (n - 1) líneas observadas (suponiendo que se resuelven todas) tendrán la misma intensidad si se tiene información de las n-adas. Por ejemplo, supongamos que $P_{TH} = 0{,}9$; si podemos obtener información sobre triadas en el espectro, deberemos esperar una línea dominante con una intensidad normalizada de 0,73 y otras 3 líneas de intensidades normalizadas iguales de 0,09 cada una. El espectro RMN ^{19}F del polifluoruro de vinilideno mostrado en la figura 6.35 es un ejemplo excelente donde el 5-6% de los monómeros han entrado "al revés".

Tabla 6.4 Secuencias de diadas y triadas observables por RMN.

Tipo	Observables en RMN	Secuencias indistinguibles	Probabilidad Bernoulli
Diadas	(TH-TH)	P_2{TH-TH} + P_2{HT-HT}	$P_{TH}^2 + (1-P_{TH})^2$ $= 2P_{TH}^2 - 2P_{TH} + 1$
	(TH-HT)	P_2{TH-HT}	$P_{TH}(1-P_{TH})$
	(HT-TH)	P_2{HT-TH}	$P_{TH}(1-P_{TH})$
Triadas	(TH-TH-TH)	P_3{TH-TH-TH} + P_3{HT-HT-HT}	$P_{TH}^3 + (1-P_{TH})^3$ $= 3P_{TH}^2 - 3P_{TH} + 1$
	(TH-TH-HT)	P_3{TH-TH-HT} + P_3{TH-HT-HT}	$P_{TH}^2(1 - P_{TH}) + P_{TH}(1 - P_{TH})^2$ $= P_{TH}(1-P_{TH})$
	(TH-HT-TH)	P_3{TH-HT-TH} + P_3{HT-TH-HT}	$= P_{TH}(1-P_{TH})$
	(HT-TH-TH)	P_3{HT-TH-TH} + P_3{HT-HT-TH}	$= P_{TH}(1-P_{TH})$

Observación de la isomería secuencial por RMN ^{13}C

El Policloropreno es uno de los polímeros favoritos de los autores ya que exhibe casi todos los isómeros configuracionales, estructurales y secuenciales posibles (también contiene ramas largas que discutiremos en el capítulo 10). Ferguson* fue el primero en estudiar el espectro RMN ^1H de un 1,4 policloropreno predominantemente *trans*.

Identificó los picos atribuibles a los protones olefínicos de las unidades *cis*-1,4- y *trans*-1,4- y posteriormente observó que la resonancia de los metilenos se desdoblaba de una forma que sólo podía explicarse sobre la base de secuencias cabeza-cabeza y cola-cola. De nuevo, el espectro ^{13}C del policloropreno contiene información valiosa. En algunos trabajos, los autores de este texto han mostrado que no sólo es posible diferenciar entre las unidades *trans*-1,4-; *cis*-1,4- (CS); 1,2-; 3,4- y unidades estructurales isoméricas -1,2 (ver tabla 1.1—página 13) y medirlas cuantitativamente, sino que también es factible asignar las líneas de RMN a isómeros secuenciales de unidades *trans*-1,4 (es decir, posiciones {TH} y {HT}). La figura 6.36 muestra la región olefínica del espectro RMN ^{13}C de

* R. Ferguson, *J. Polym. Sci.* **A2**, 4735 (1964).

una muestra de policloropreno* y en la tabla 6.5 se resumen las asignaciones de las líneas de RMN.

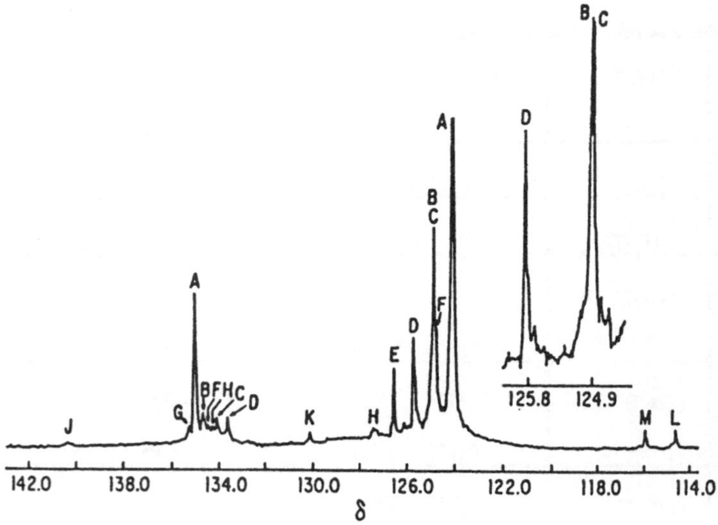

Figura 6.36 Espectro RMN ^{13}C del policloropreno.

Tabla 6.5 Asignación de las principales líneas de RMN en la región olefínica del Policloropreno.

$-CH_2-{}^{\bullet}CCl=CH-CH_2-$	$-CH_2-CCl={}^{\bullet}CH-CH_2-$	Designación	Asignación
134,9	124,1	A	{TH-TH-TH} + {HT-HT-HT}
134,6	124,9	B	{HT-TH-TH} + {HT-HT-TH}
133,9	124,9	C	{TH-TH-HT} + {TH-HT-HT}
133,5	125,8	D	{HT-TH-HT} + {TH-HT-TH}
134,1	126,6	E	{TH-CS-TH}
134,3	124,7	F	{TH-TH-CS}
135,1	124,1(?)	G	{CS-TH-TH}
-	127,6	H	{HT-CS-TH}

* M. M. Coleman, D. L. Tabb and E. Brame, Jr., *Rubber Chem Technol.*, **50(1)**, 49 (1977)

Isomería estructural

El análisis de isómeros estructurales en polímeros diénicos es otro de los éxitos de la RMN de alta resolución. Es tan efectiva como la espectroscopía infrarroja o Raman y, en muchos casos, mucho más sensible a la distribución secuencial.

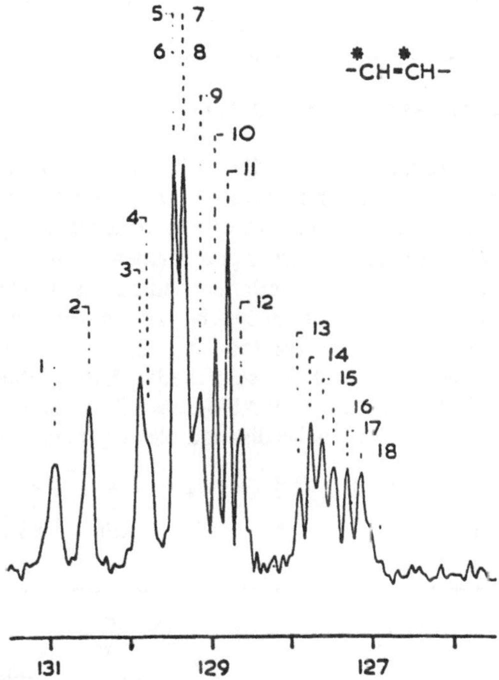

Figura 6.37 *Espectro RMN* ^{13}C *de un polibutadieno conteniendo 34%* trans-*1,4-, 24%* cis-*1,4- y 42% 1,2- . Reproducción permitida tomada de K-F Elgert, G. Quack and B. Stutzel,* Polymer, ***16****, 154, (1975).*

Aunque es posible detectar isomería estructural en poliisoprenos (PI) y polibutadienos (PB) por medio de la espectroscopía RMN ^{1}H, las diferencias en los desplazamientos químicos de los isómeros 1,4 *cis* y *trans* son mínimas. Por ejemplo, en el PI, los grupos metilos de las unidades de *trans*-1,4-isopreno están solamente unas 0,07-0,10 ppm más protegidas que las de las unidades *cis*-1,4. Para los PB hay incluso menos resolución. En común con el caso del policloropreno, la situación mejora mucho con la RMN ^{13}C y los espectros con desacoplamiento de protón de muestras de polibutadieno exhiben líneas ampliamente separadas correspondientes a los isómeros *cis*-1,4 y *trans*-1,4. Por último, y como ejemplo de la sensibilidad de la RMN ^{13}C a las secuencias de diferentes isómeros, la figura 6.37 muestra el espectro de ^{13}C de un polibutadieno que contiene un 34% de unidades *trans*-1,4 (t), 24% *cis*-1,4 (c) y 42% 1,2 (v). Se observan al menos 18 picos que se asignan a secuencias de triadas específicas (ejemplo {c / v / t} etc.).

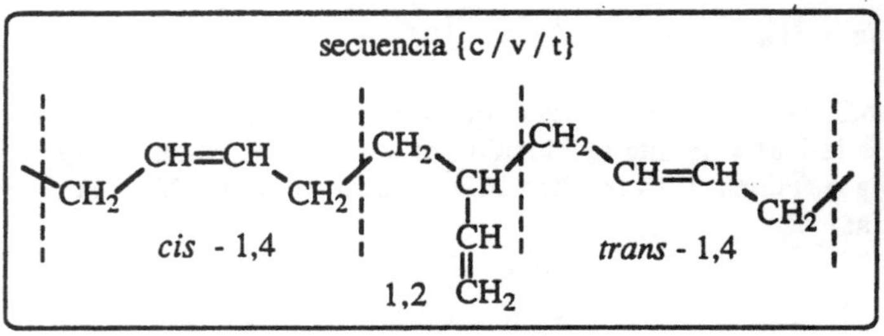

Distribución de secuencias en copolímeros

A partir de la discusión previa (Capítulo 5) sobre la estadística de la distribución de secuencias en copolímeros, y de los ejemplos de espectros de RMN mostrados arriba, podría parecer que la observación y asignación de secuencias en RMN de alta resolución es prácticamente directa. En efecto, si se trata con comonómeros que no contienen centros asimétricos tales como CH_2=CX_2, vemos que el número de secuencias *distinguibles* es manejable. Por ejemplo si los dos monómeros se nombran A y B, entonces habrá tres diadas distinguibles, AA, BB y AB (≡ BA), seis triadas distinguibles, AAA, BBB, ABA, BAB, AAB (≡ BAA) y BBA (≡ ABB), etc. En general, para secuencias de longitud n, el número de secuencias distinguibles N(n) viene dado por:

n =	2	3	4	5	6
N(n) =	3	6	10	20	36

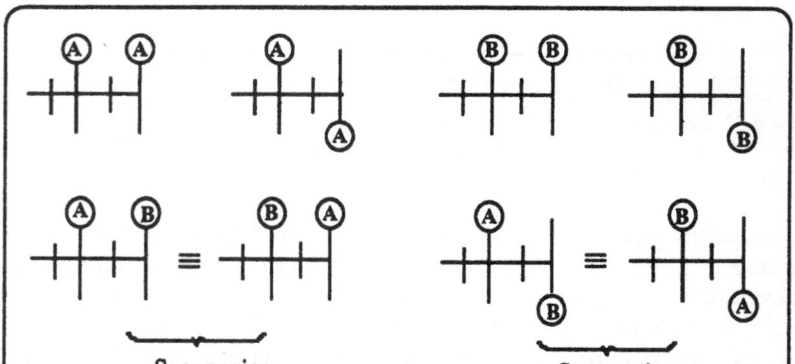

***Figura 6.38** Representación esquemática del número de diadas distinguibles para dos monómeros del tipo CH_2=CXY.*

Sin embargo, si se entra en las complicaciones adicionales de la estereoquímica que ocurren en comonómeros conteniendo centros asimétricos, tales como CH_2=CXY, el problema es difícil de manejar. Por ejemplo, la figura

6.38 muestra una representación esquemática de las 6 secuencias de diadas distinguibles.

En general, para el caso de dos monómeros CH_2=CXY el número de secuencias distinguibles, N(n), de longitud n viene dado por:

n =	2	3	4	5	6
N(n) =	6	20	72	272	1056

Si introducimos la posibilidad de isomería secuencial ("adición al revés") entonces el espectro RMN de alta resolución se convierte en una pesadilla, puesto que el gran número de líneas, muchas de las cuales están sin resolver y solapadas, impide el análisis de los datos. De hecho, a veces puede ser ventajoso limitar la información mediante un empobrecimiento de la resolución o registrando los espectros RMN en instrumentos con imanes magnéticos mucho menos poderosos. (También le pueden entrar a uno las ganas de recuperar los trozos del viejo espectrómetro infrarrojo que tiró por la ventana, ver página 150).

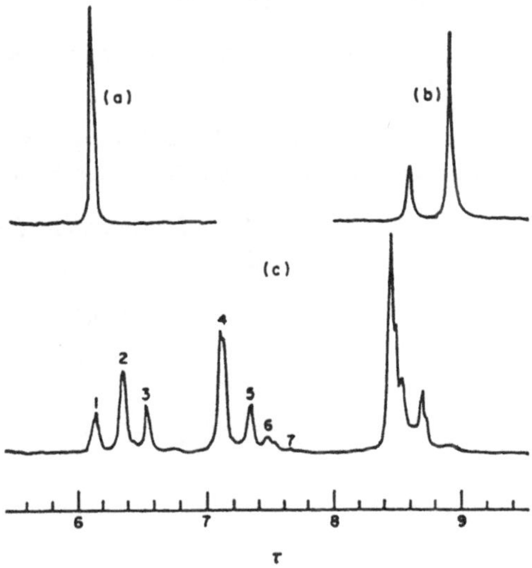

***Figura 6.39** Espectros RMN ^1H de (a) PVDC, (b) PIB y (c) un copolímero de cloruro de vinilideno e isobutileno. Reproducción permitida tomada de F. A. Bovey,* High Resolution NMR of Macromolecules, *Academic Press (1972).*

Siguiendo nuestros propósitos, en este libro sólo mostraremos un ejemplo donde la espectroscopía RMN se ha empleado satisfactoriamente en el estudio de secuencias de copolímeros. La figura 6.39 muestra el espectro RMN ^1H (60 MHz) registrado por Fisher y colaboradores* de un copolímero de cloruro de vinilideno e isobutileno (VDC-co-IB) conteniendo 70% (moles) de VDC en la región de 6-9 τ. También se incluyen en la figura los espectros del PVDC puro

* T. Fischer, J. B. Kinsinger and C. W. Wilson, III, *J. Polym. Sci. Polym. Letters Ed.*, 4, 379 (1966).

[nombrado (a)] y del PIB puro (b) en la misma región. Obsérvese que tanto el VDC como el IB están dentro de la categoría de monómeros del tipo CH_2=CX_2. Se han asignado las estructuras de tetradas siguientes (marcadas en la figura):

1 = VDC-VDC-VDC-VDC   2 = VDC-VDC-VDC-IB
3 = IB-VDC-VDC-IB   4 = VDC-VDC-IB-VDC
5 = IB-VDC-IB-VDC   6 = VDC-VDC-IB-IB
7 = IB-VDC-IB-IB

G. TEXTOS ADICIONALES

(1) P. C. Painter, M. M. Coleman and J. L. Koenig, *The Theory of Vibrational Spectroscopy and Its Application to Polymeric Materials*, John Wiley & Sons, New York, 1982.

(2) H. W. Siesler and K. Holland-Moritz, *Infrared and Raman Spectroscopy of Polymers*, M. Dekker, New York, 1980.

(3) J. L. Koenig, *Spectroscopy of Polymers*, American Chemical Society, Washington, 1992.

(4) N. B. Colthup, L. H. Daly and S. E. Wiberley, *Introduction to Infrared and Raman Spectroscopy*, 3rd Edition, Academic Press, Boston, 1990.

(5) F. A. Bovey, *High Resolution NMR of Macromolecules*, Academic Press, New York, 1972.

(6) J. C. Randall, *Polymer Sequence Determination*, Academic Press, New York, 1977.

CAPITULO 7

Estructura

"They move in the void and catching each other up jostle together, and some recoil in any direction that may chance, and others become entangled with one another in various degrees according to the symmetry of their shapes and sizes and positions and order, and they remain together and thus the coming into being of composite things is effected"
—Simplicius, 530 BC

A. INTRODUCCION

En este capítulo vamos a discutir el concepto de estructura y para introducir el tema vamos a pedir prestadas algunas ideas a los bioquímicos y a los biólogos moleculares. (En esto de la ciencia no es bueno ser soberbio; si encontramos buenas ideas en otros campos no debemos hacer ascos a asumirlas). Al describir la estructura de las proteínas suele ser usual considerar cuatro niveles de organización, denominados estructura primaria, estructura secundaria, estructura terciaria y estructura cuaternaria. La estructura primaria se refiere a la secuencia de aminoácidos que constituye la cadena polimérica de una proteína particular (o polipéptido sintético). La estructura secundaria es la conformación ordenada que la cadena (o, usualmente, partes de la cadena) pueden ser capaces de generar. Las más comunes son la estructura en hélice α y la estructura planar β; la primera se parece a un muelle, mientras la segunda está generada por una extensión de la cadena en zig-zag en el seno de un plano (ejemplos de ambos tipos de conformaciones se verán más adelante). La estructura terciaria se refiere a cómo una cadena en solitario puede ser plegada sobre sí misma (las proteínas globulares están generalmente plegadas sobre sí mismas de forma muy apretada y se parecen a un trozo de cuerda adecuadamente enmarañado). Finalmente, el término estructura cuaternaria se refiere a cómo las diferentes moléculas poliméricas pueden empaquetarse para formar una unidad organizada.

En polímeros sintéticos podemos hacer una clasificación similar. Sin embargo, nos referiremos a la estructura primaria como microestructura, tal y como ya hemos discutido en capítulos precedentes. También tenemos formas ordenadas y desordenadas de la cadena (estructura secundaria) pero nos referiremos a ello usando el término conformación. Veremos que las cadenas con conformaciones ordenadas se organizan en diferentes estructuras a más larga escala (estructura cuaternaria) cuando cristalizan*. Para este hecho nosotros

* Las cadenas que no tienen forma regular pueden también formar estructuras ordenadas a gran escala si están en forma de copolímeros de bloque pero ésta es una cuestión avanzada que no discutiremos.

emplearemos el término morfología. Quizás pueda encontrarse también un equivalente de la estructura terciaria en los polímeros sintéticos. Cuando éstos están en disolución diluida, las cadenas individuales pueden estar hinchadas o contraídas y, en circunstancias especiales, pueden incluso recogerse por completo sobre sí mismas y separarse de la disolución (estas diferentes formas pueden, sin embargo, ser consideradas simplemente como conformaciones). En este capítulo vamos a centrarnos principalmente en las conformaciones y en la morfología (las disoluciones diluidas serán consideradas en el Capítulo 9). Pero en lugar de comenzar a nivel molecular, vamos a comenzar con consideraciones macroscópicas. ¿Cuáles son los estados de la materia (esto es, gas, líquido, sólido) en los que podemos encontrar a un polímero?. Es comprensible que las propiedades macroscópicas dependan, en última instancia, de la estructura (o de la ausencia de tal) a nivel molecular y vamos a empezar dando una idea del rango de características físicas de los materiales poliméricos. Revisaremos después diversos aspectos sobre el enlace y las interacciones intermoleculares como preludio de nuestra discusión sobre conformación y morfología.

B. ESTADOS DE LA MATERIA Y ENLACE EN MATERIALES POLIMERICOS

Los estados de la materia que resultan familiares para la mayor parte de la gente son los conocidos como gas, líquido y sólido. En la mayoría de los tratados de física y química-física cada uno de estos estados se trata habitualmente de forma separada, prestándose igualmente atención a las transiciones existentes entre unos y otros. Comenzaremos la discusión de esta forma convencional, si bien pronto veremos que los polímeros están lejos de poder ser descritos mediante el uso exclusivo de estos estados.

Enlaces covalentes y la naturaleza de los estados líquido y sólido en polímeros

Para la mayor parte de los estudiantes que empiezan a abordar el tema de los materiales, el término "estado sólido" se identifica habitualmente con la organización regular de átomos o moléculas existente en el estado cristalino. La transformación de un sólido en un líquido (fusión) implica la aplicación de la energía térmica suficiente para vencer las fuerzas que sustentan el cristal haciendo que los átomos o moléculas no puedan mantenerse más tiempo en sus posiciones fijas, con lo cual la estructura se desmorona dando lugar a una situación en la que átomos o moléculas están en un continuo movimiento impuesto por la propia energía térmica suministrada. Casi todo el mundo conoce que, incluso a bajas temperaturas, ese movimiento térmico existe en el estado cristalino pero está restringido a pequeños desplazamientos vibracionales alrededor de posiciones fijas. En contraste, en el estado líquido, los átomos o moléculas tienen *movimientos traslacionales de unos con respecto a los otros* con lo que, por lo tanto, un líquido no mantiene su propia forma sino que se adapta a la del recipiente que lo contiene. Un aporte suplementario de calor puede conducir a otra *transición de fase*, esta vez desde el estado líquido al estado gaseoso, un proceso que conocemos como ebullición. Exactamente igual a como ocurre en un líquido, los átomos o moléculas de un gas están distribuidos al azar y en constante movimiento pero la densidad de los dos estados es completamente diferente. En un líquido los componentes están dispuestos al azar pero el empaquetamiento es denso. Para el caso de compuestos de bajo peso molecular esto puede visualizarse mediante el ejemplo sencillo de un bote lleno de guisantes que se vierte sobre un colador. No hay un orden regular a largo alcance (esto es, mantenimiento del orden sobre grandes extensiones del material) pero existe un bastante bien definido número de vecinos con los que cada una de las moléculas (o guisantes) están usualmente en contacto (excepto aquellos que se encuentran en la superficie). En un gas, sin embargo, hay un espacio considerable entre unas moléculas y otras, produciéndose sólo ocasionalmente colisiones entre ellas.

Las transformaciones entre el sólido cristalino, el estado líquido y el estado gaseoso se conocen como *transiciones de primer orden*. Se llaman así porque están acompañadas de discontinuidades en cantidades termodinámicas que se definen como primeras derivadas de la energía libre* (por ejemplo, el volumen puede definirse como volumen = $(\partial G/\partial P)_T$, etc.). También llevan acompañado

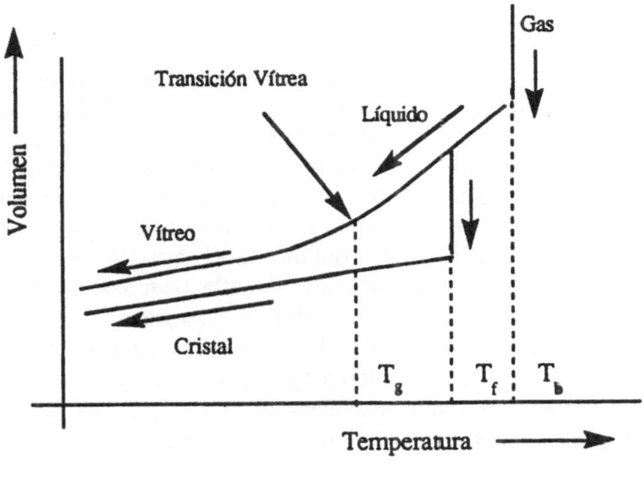

Figura 7.1 *Diagrama esquemático mostrando dos trayectorias de enfriamiento de un conjunto de átomos.*

un calor necesario para esa transformación (calor latente), pero todo esto lo discutiremos en detalle en el Capítulo 8. Por ahora es suficiente el considerar características de tipo general como las ilustradas en la figura 7.1.

Comenzaremos a una temperatura suficientemente alta como para que el material seleccionado se encuentre en estado gaseoso. Al enfriarlo, el gas forma un líquido a una temperatura bien definida (la temperatura de condensación, próxima al punto de ebullición, T_b). Esta transición lleva aparejado un cambio

* Si ha olvidado lo que esto significa, se lo recordaremos al principio del capítulo siguiente.

importante en volumen, una discontinuidad, a esa temperatura. Un posterior enfriamiento conduce a una disminución mantenida de volumen, pero a la llamada temperatura de congelación existe, de nuevo, un repentino y discontinuo cambio en el volumen mientras la cristalización tiene lugar. (Para materiales de bajo peso molecular la temperatura de congelación y la temperatura de fusión prácticamente coinciden. Como veremos, esto no ocurre en el caso de polímeros).

En ciertos materiales cristalizables un enfriamiento rápido puede dar lugar a que el material sobrepase el punto de congelación y el líquido solidifique aparentemente sin cristalizar y sin dar lugar a discontinuidades en magnitudes como el volumen. Se produce, sin embargo, un cambio en la pendiente de la curva que enfrenta el volumen con la temperatura, como puede verse en la figura 7.1. En este punto, conocido como temperatura de transición vítrea, o T_g, aunque no exista una discontinuidad manifiesta en el volumen existen aparentes discontinuidades en cantidades que, como la capacidad calorífica, pueden ser definidas como derivadas segundas de la energía libre (en el caso del calor específico se trata de la segunda derivada de la energía libre con respecto a la temperatura). Por consiguiente, este tipo de transición podría ser denominada como transición de segundo orden (existe todavía una controversia abierta sobre si la T_g está relacionada con una verdadera transición de segundo orden o no). Existen también ciertos fenómenos que pueden clasificarse como transiciones de tercer orden y así sucesivamente. Como Goodstein* ha puntualizado, sin embargo, esta clasificación sólo funciona bien para el caso de las transiciones de primer orden. Además, subsiste el problema de si el material al que se suele denominar como vidrio, producto del enfriamiento rápido, es un estado diferente de la materia o es sólo una extensión del estado líquido en una región donde el movimiento traslacional es tan lento que, en el marco de tiempos de minutos u horas como los que pueden darse durante la observación experimental del material, éste se comporta como un sólido. Se trata, de todas formas, de un tema que también veremos con posterioridad más detalladamente.

Para materiales de bajo peso molecular resulta usualmente obvio que el estado que conocemos como vidrio es uno en equilibrio metaestable. En situaciones como las descritas más arriba, enfriábamos el material tan deprisa que los cristales no tenían tiempo suficiente para formarse (como veremos, la cristalización está gobernada por factores cinéticos). Una vez que el material está por debajo de la T_g las moléculas están faltas de la suficiente movilidad como para organizarse por sí mismas (en intervalos de tiempo razonables). Si tales materiales se calientan por encima de la T_g, la cristalización puede tener lugar y, de hecho, tiene lugar. En contraste, ciertos polímeros pueden llegar a no cristalizar *nunca*, lo que implicaría que quizás en este caso sería razonable contemplar al vidrio polimérico como estado distinguible del estricto estado líquido. Sin embargo, el material no está en equilibrio y sus propiedades dependen de la historia térmica sufrida y pueden ser cambiadas con el tiempo (envejecimiento). La capacidad para cristalizar, la localización de la T_g (esto es, a temperaturas altas o bajas) y cualquier otra propiedad puede, en último extremo,

---

* D. L. Goodstein, *States of Matter*, Dover Publications, 1985.

ser relacionada con la estructura de la específica cadena de polímero que estemos considerando. Expresándolo de forma más clara, las propiedades de un polímero en particular dependerán también de las interacciones de los segmentos de la cadena polimérica con otros similares y, como veremos con posterioridad, de la flexibilidad de la cadena. Por tanto, y como ya mencionábamos en la introducción, nuestro propósito en la mayor parte de lo que queda de este capítulo será examinar los tipos de enlaces o interacciones que habitualmente se encuentran en y entre polímeros, el rango de formas o conformaciones a las que las cadenas poliméricas pueden dar lugar, y el grado de orden de largo alcance (o desorden) que se puede encontrar en un conjunto de tales cadenas (morfología). En último extremo, lo que nos gustaría conocer es cómo todas estas cuestiones determinan las propiedades de un material polimérico concreto.

Comenzaremos aquí volviendo a enfatizar que el carácter particular de los materiales poliméricos es que están constituidos por un gran número de átomos que, en casi todos los casos, se encuentran unidos entre sí mediante enlaces covalentes. Los tipos más comunes de la arquitectura de la cadena, o microestructuras, que pueden formarse han sido descritas en el Capítulo 1. Suponemos que un estudiante que comience a estudiar polímeros aporta un cierto nivel de conocimientos básicos en el campo de la física y la química y, por lo tanto, no entraremos en mayores detalles sobre el enlace covalente. Aunque en todos los casos no se trate de una suposición correcta, para nuestros usos será suficiente entender un enlace covalente como una compartición de electrones entre los átomos implicados en el enlace. Esa "compartición" no es siempre igual y, a veces, parece algo surgido de un manifiesto comunista: cada uno aporta según sus capacidades y recibe según sus necesidades, aunque los químicos somos menos grandilocuentes e introducimos términos como electronegatividad y otros parecidos. Lo que a nosotros nos interesa es que, como consecuencia de la distribución de los electrones en sus enlaces, ciertas moléculas son no polares mientras otras pueden exhibir grados de polaridad que tendrán influencia posterior en las interacciones intermoleculares. Volveremos sobre este aspecto en la siguiente sección.

Otra consecuencia que se deriva inmediatamente del hecho de que los átomos estén unidos a lo largo de la cadena mediante enlaces fuertes es que podemos tener ese material en forma de un fundido pero no podemos conseguir que hierva y forme un gas de largas cadenas poliméricas*. Al formar un vapor a partir de materiales de bajo peso molecular tales como el agua o el tetracloruro de carbono, necesitamos proporcionar únicamente la suficiente energía para romper las débiles (si las comparamos con los enlaces covalentes) interacciones *entre* moléculas. Ese mismo tipo de fuerza débil actúa entre las moléculas poliméricas, pero el efecto es mucho mayor a causa del gran tamaño del polímero. Una forma de abordar este problema es visualizar al polímero como una cadena de *segmentos*, cada uno de los cuales puede ser considerado aproximadamente

---

* La aproximación más cercana al estado gaseoso es tener una disolución polimérica muy diluida, donde las cadenas están flotando como ovillos separados, con movimiento browniano. Por supuesto, no se trata de un gas real por las interaccciones con el disolvente, pero hay circunstancias en las que todas las interacciones se cancelan entre sí conduciendo a interesantes analogías.

igual, por ejemplo, a una molécula de benceno o etileno. Las fuerzas de atracción entre cadenas serán entonces aproximadamente iguales a las que se dan entre moléculas pequeñas, *multiplicado por el número de segmentos de la cadena*, que es a menudo del orden del millar o más. Si a ello unimos el hecho de que las moléculas poliméricas pueden estar entrelazadas entre sí (algo sobre lo que volveremos más tarde) la energía requerida para vaporizar una larga molécula polimérica es, en la mayoría de los casos, mucho mayor que la requerida para romper los enlaces covalentes que la mantienen unida. Y así, en la práctica, la mayor parte de los polímeros se degradan antes de que pueda alcanzarse el punto de vaporización, degradación que la mayor parte de las veces implica también el concurso del oxígeno atmosférico (oxidación). Por tanto, no tenemos necesidad de considerar, en el caso de los polímeros, la transición líquido-gas, pero ello no debe preocuparnos porque tenemos otras cuestiones adicionales sobre las que debatir. Ya hemos mencionado que si tomamos un polímero incapaz de cristalizar, éste puede formar un vidrio a bajas temperaturas. Si ahora elevamos la temperatura de forma que estemos justo por encima de la T_g, el material puede parecer un sólido pero, sin embargo, se deformará irreversiblemente bajo la acción de un peso (incluso su propio peso). A temperaturas más altas se comportará como un líquido pero tendrá ciertas propiedades elásticas que habitualmente asociamos a los sólidos. Todavía más, si unimos covalentemente estas largas cadenas mediante unos pocos puntos de entrecruzamiento hasta dar lugar a un cierto retículo, obtendremos un material que tiene como propiedad la elasticidad de un caucho, siendo capaz de ser estirado hasta siete u ocho (o más) veces su longitud original (piense en una cinta de caucho). Esta propiedad es tan particular que uno puede sentirse tentado a contemplar los cauchos como un estado de la materia bien diferenciado, aunque eso sería ir demasiado lejos y sólo contemplaremos estos materiales como sólidos con propiedades poco usuales pero extraordinariamente valiosas. En cualquier caso, enfriando nuestro caucho reticulado obtendremos un sólido convencional, un vidrio, siempre que la temperatura se encuentre bajo su T_g.

De forma similar, ciertos polímeros cristalizables pueden ser obtenidos en un estado que está fuera, o quizás entre, las usuales categorías de sólido y líquido. Si la cadena es particularmente rígida, en lugar de fundir y generar una especie de ovillo estadístico con sus cadenas como hacen la mayor parte de los polímeros fundidos (véase más tarde), lo que se forma es el llamado estado líquido cristalino, donde existe un grado de orden o alineamiento de cadenas en ciertas direcciones o planos, pero no en otros. Ciertos tipos de compuestos de bajo peso molecular tienen también esta propiedad que viene acompañada, en la mayor parte de los casos, por singulares propiedades ópticas (y otras). Incluso en el caso de polímeros disueltos en disolventes de bajo peso molecular y en ciertas circunstancias, es posible formar algo que parece ser un inusual estado de la materia y que denominamos *gel*.

Con lo dicho hasta ahora estamos seguros de que se encontrará ansioso de conocer por qué los polímeros son unos materiales tan especiales con tan intrigantes características en la frontera entre el estado líquido y el sólido y con tales aparentemente únicas propiedades. Pero no le va a quedar más remedio que esperar un poco más, porque para comprender todo lo que sigue va a ser necesario considerar cómo son capaces de interaccionar unas moléculas poliméricas con otras. Deberíamos suponer que, al menos rudimentariamente, ha adquirido ciertos conocimientos sobre interacciones intermoleculares en cursos básicos que haya seguido antes de comenzar a estudiar polímeros, pero para el caso de que Ud. sea de los que, inevitablemente, se ha solido quedar dormido durante este tipo de clases, vamos a describir brevemente los diferentes tipos de interacciones posibles para, posteriormente, pasar a discutir las conformaciones.

Interacciones intermoleculares

Para moléculas "pequeñas" y más o menos esféricas (como, por ejemplo, el CCl_4), lo usual es pensar en interacciones entre ellas considerando a cada una como un todo pero, como hemos mencionado anteriormente, para moléculas que contienen un significativo número de unidades químicas unidas entre sí de alguna forma (por ejemplo, los n-alcanos, cualquier polímero) es, a menudo, mucho más operativo considerar interacciones entre *segmentos*. Dichos segmentos son a veces definidos en términos de unidades químicas bien identificadas pero también pueden definirse en términos de un volumen de referencia que puede, por ejemplo, incluir partes de la unidad repetitiva de un polímero o un cierto número de esas unidades.

La energía de interacción entre moléculas o segmentos puede considerarse constituida por dos componentes bien diferenciados que nacen, respectivamente, de las fuerzas atractivas y repulsivas que se dan entre los interaccionantes. Las fuerzas repulsivas resultan significativas a cortas distancias y es corriente representar el potencial repulsivo mediante un término de la forma $(\sigma/d)^{12}$, donde d es la distancia intermolecular. También se ha solido emplear una forma exponencial [A exp(-Bd)], pero parece que no existen justificaciones teóricas suficientes para fundamentar esta forma. Quizás el punto crucial a retener es que el potencial repulsivo se hace muy grande, muy rápidamente, a distancias cortas por lo que una primera aproximación muy útil es considerar a los átomos unidos entre sí en una molécula polimérica como si fueran esferas rígidas.

Volviendo la vista ahora a las fuerzas atractivas, hemos clasificado en la tabla 7.1, quizás un tanto arbitrariamente, aquellas que son habituales en moléculas o segmentos de polímeros. Hemos empleado como criterio clasificatorio el usual relativo a la "fortaleza de la interacción", donde las interacciones entre moléculas no polares se consideran "débiles" en relación con aquellas que son más polares. Tales interacciones dispersivas tienen su origen en fluctuaciones de las distribuciones de carga existentes en las moléculas. El valor medio de estas fluctuaciones es cero pero, en algún momento, un dipolo instantáneo puede inducir otro dipolo en una molécula o segmento vecinos, de forma que se genere una fuerza atractiva neta entre ellos. Esta perturbación del movimiento de una molécula por otra puede relacionarse con la que puede sufrir por efecto de la luz y que es función de la energía de ésta (frecuencia). Esta última perturbación está relacionada, a su vez, con la variación del índice de refracción con la frecuencia o con la intensidad de luz *dispersada* (de ahí el nombre de fuerzas dispersivas). El componente atractivo de la energía potencial, E, para moléculas esféricas que interaccionan de esta forma puede expresarse (en primera aproximación) en términos de la energía de ionización de las moléculas (I) y de sus polarizabilidades (α) por lo que, para el caso de las interacciones entre las moléculas 1 y 2, E puede expresarse como:

$$E(d) = -\frac{3}{2}\frac{\alpha_1\alpha_2}{d^6}\frac{I_1 I_2}{(I_1 + I_2)} \tag{7.1}$$

Se trata de una interacción de corto alcance que varía con el inverso de la sexta potencia de la distancia entre moléculas. De acuerdo con este hecho, en algunos modelos y cálculos se supone que sólo las interacciones entre los vecinos más próximos son lo suficientemente importantes como para ser tenidas en cuenta. Además, la ecuación 7.1 fue formulada originalmente para describir las interacciones entre moléculas esféricas (simétricas), por lo que su aplicación a

Tabla 7.1 Interacciones habitualmente consideradas.

Tipo de interacción	Características	Fortaleza aproximada
Fuerzas dispersivas	Corto alcance que varía en la forma $1/r^6$	≈ 0,2 a 2 kcal./ mol
Dipolo / dipolo (rotación libre)		
Fuerzas polares fuertes y enlaces puente de H	Forma compleja, pero de corto alcance	≈ 1 a 10 kcal. / mol
Electrostáticas, como en el caso de ionómeros	Largo alcance, varía en la forma 1/r	≈ 10 a 20 kcal. / mol (?)

fuerzas dispersivas entre moléculas asimétricas poliatómicas plantea ciertos problemas.

En la mayor parte de los tratados se asume que las interacciones de este tipo son aditivas dos a dos. Esto quiere decir que sólo tenemos que considerar las interacciones que se dan en un cierto momento entre pares de moléculas, sumándolas después para dar lugar a la energía total. La energía potencial de un líquido puede así calcularse usando, por ejemplo, el método de la función de correlación por parejas, descrito por Hildebrand y Scott*. El término de la energía se identifica habitualmente con la energía de vaporización, E^v, de forma que la energía de interacción entre moléculas puede obtenerse a partir de una cantidad experimentalmente medible. Esta energía de interacción puede expresarse en términos de la *densidad de energía cohesiva* de una sustancia, C, igual a $\Delta E^v/V$, donde V es el volumen molar o, alternativamente, en términos de un *parámetro de solubilidad*, δ, igual a $(\Delta E^v/V)^{0.5}$. Este es un importante concepto sobre el que volveremos más tarde cuando consideremos mezclas o disoluciones (Capítulo 9).

---

* J. H. Hildebrand and R. L. Scott, *The Solubility of Nonelectrolytes, Third Edition*, American Chemical Society Monographs Series, 1950.

Debe tenerse en cuenta que hemos ido amontonando una serie de suposiciones (moléculas esféricas, aditividad de los potenciales correspondientes a interacciones entre pares de moléculas, la no consideración de términos de orden superior omitidos en la ecuación 7.1, etc.) cuando todavía no hemos considerado lo que ocurre en moléculas polares. Sin embargo, la descripción realizada hasta ahora proporciona una base muy útil para la definición de parámetros ligados a la interacción.

Moléculas o polímeros polares son aquellos en los que la distribución de los electrones en ciertos enlaces es tal que genera momentos dipolares de carácter permanente (por ejemplo, poliacrilonitrilo, PVC, etc.):

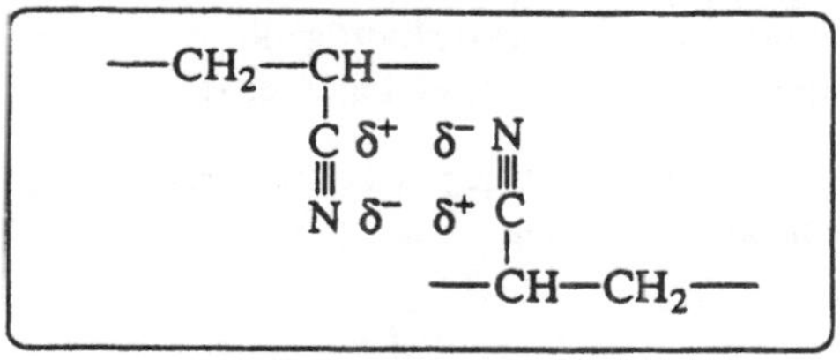

Existe una cierta fuerza de atracción entre tales dipolos, fuerza que depende de la distancia entre ellos y de su orientación relativa. Además, la pura presencia de tales dipolos puede inducir dipolos en otros grupos vecinos. De acuerdo con esta idea, en el caso de moléculas o segmentos de polímeros de carácter polar, será necesario considerar la suma de estos efectos junto con las contribuciones de carácter dispersivo. Para moléculas donde los dipolos no son demasiado grandes podemos suponer que existe un cierto efecto "al azar" debido al movimiento térmico, obteniendo así una ecuación para la energía potencial atractiva total que tiene también una dependencia del tipo d^{-6} (esto es, de corto alcance) y puede escribirse en la forma,

$$E(d) = -\frac{C'_{12}}{d^6} \qquad (7.2)$$

donde:

$$C'_{12} = \frac{3}{2}\frac{\alpha_1\alpha_2 I_1 I_2}{(I_1 + I_2)} + (\alpha_1\mu_1^2 + \alpha_2\mu_2^2) + \frac{2\mu_1^2\mu_2^2}{3kT} \qquad (7.3)$$

lo que permite también relacionar C'_{12} con la densidad de energía cohesiva. El primer término representa las interacciones dispersivas, el segundo las interacciones dipolo/dipolo inducido y el último tiene en cuenta las interacciones dipolo-dipolo, donde las orientaciones de las moléculas pueden alterarse mediante movimientos debidos a la energía térmica, obteniéndose un promedio de los mismos aplicando la estadística de Boltzmann (es decir, una dependencia del tipo d^{-6} más que una del tipo d^{-3} característica de la interacción entre dos dipolos colocados en una orientación relativa específica)*. Estas interacciones, consideradas conjuntamente, son denominadas fuerzas de van der Waals.

* Para los iniciados en estas interacciones, se han despreciado términos más altos en la energía de dispersión de London, como las interacciones multipolo, con términos en d^{-8}, d^{-10}, etc.

Usando la ecuación 7.3 es posible separar la energía cohesiva y, consiguientemente, los parámetros de solubilidad en sus contribuciones no polares y polares (débiles). No haremos esta distinción. En cualquier caso, Hildebrand y Scott han puntualizado que para moléculas que tienen dipolos débiles, la contribución de las interacciones polares es pequeña. Para moléculas con momentos dipolares fuertes, sin embargo, el efecto es significativo y tales interacciones deben ser tenidas en cuenta de alguna forma.

Pasando a interacciones que pueden ser descritas como intermedias o fuertes, necesitamos considerar:

a) dipolos fuertes
b) enlaces tipo puente de hidrógeno
c) interacciones iónicas en ionómeros

Para moléculas que interaccionan por la presencia de dipolos permanentes fuertes, la componente atractiva de la energía potencial está dada por:

$$E(d) = -\frac{\mu_1^2\mu_2^2}{d^3} f(\theta,\phi) \tag{7.4}$$

donde $f(\theta,\phi)$ es una función geométrica que depende de la orientación relativa de los dipolos y es igual a 1 para dipolos dispuestos de forma paralela. Para valores de $-E(d) >> kT$, los dímeros y otras especies asociadas persistirán como tales durante "significativos" tiempos de vida. En líquidos, la orientación relativa de los dipolos fluctuará con el movimiento térmico pero el grado de orientación dependerá no sólo de la fortaleza de la interacción en relación con kT, sino también de la forma de la molécula y de su entropía rotacional. (No hemos hablado todavía de la entropía, aunque lo haremos, y en este punto supondremos que el lector tiene una idea aproximada de lo que significa, discutiéndolo más extensamente en el siguiente capítulo). Para polímeros que tienen grupos funcionales conteniendo dipolos fuertes, este último factor dependerá de la flexibilidad de cadena, que jugará un papel significativo. Para tener en cuenta rotaciones impedidas se ha solido emplear un parámetro g, definido originalmente por Kirkwood*. Aunque se pueden determinar experimentalmente valores de este parámetro a partir de medidas dieléctricas, no ha sido empleado todavía en un modelo que proporcione parámetros de interacción que sean útiles, aunque da una medida del significado de las interacciones polares en un material o mezcla determinados. Para muchas moléculas con dipolos fuertes el factor g de Kirkwood tiene valores próximos a la unidad, indicando una ausencia de significativos grados de asociación, pero moléculas en las que los enlaces tipo puente de hidrógeno son operativos se consideran aparte como una clase en la que la rotación está fuertemente impedida. Pasaremos a continuación a considerar ese tipo de interacciones.

Aunque no existe una definición sencilla y universalmente aceptada de un enlace de hidrógeno, la definición dada por Pauling está próxima a representar debidamente su esencia:

---

* J. G. Kirkwood, *J. Chem. Phys.*, 7, 911 (1939); *Trans. Farad. Soc.*, **42A**, 7 (1946).

. . . Bajo ciertas circunstancias, un átomo de hidrógeno es atraído mediante fuerzas importantes hacia dos átomos en lugar de uno sólo, de forma que puede considerarse que actúa como un enlace entre ellos. A este hecho se le denomina enlace de hidrógeno* .

La formación de enlaces de hidrógeno entre los grupos funcionales A–H y los átomos B se produce de tal forma que el protón se localiza a lo largo de una dirección de unión A–H---B. La distancia entre los núcleos de los átomos A y B es considerablemente menor que la suma de los radios de van der Waals (o lo que es igual, del volumen físicamente ocupado por los átomos) de A y B, más el diámetro del protón, lo que es tanto como decir que la formación de enlaces de hidrógeno conlleva una contracción en la formación del sistema A–H---B. Los átomos A y B usualmente implicados en este tipo de enlaces son solamente los más electronegativos, es decir flúor, oxígeno y nitrógeno. El cloro, que es tan electronegativo como el oxígeno, forma sólo débiles enlaces de hidrógeno como consecuencia de su gran tamaño. Se ha postulado también la existencia de enlaces de hidrógeno en compuestos con azufre, en ciertos enlaces C-H y sobre la base de los electrones π de los anillos aromáticos pero, en este caso, se trata de enlaces mucho más débiles y cuya evidencia resulta a veces ambigua.

La fortaleza de los enlaces de hidrógeno depende también de los átomos a los que se encuentran unidos A y B, lo que es tanto como decir que depende de la naturaleza de la o las moléculas implicadas. Por ejemplo, especies altamente cargadas pueden dar lugar a enlaces de hidrógeno muy próximos y, por tanto, muy fuertes. La fortaleza de un enlace de hidrógeno típico varía en el rango 1-10 kcal/mol, que puede compararse con las 50–70 kcal/mol características de un enlace covalente o con las apenas 0,2–1,0 kcal/mol típicas de fuerzas de dispersión o de unas débiles de carácter polar. Por ello, un enlace de hidrógeno no puede ser considerado como un "punto de reticulación" sino que, en el fundido, existe una situación dinámica, con enlaces rompiéndose y volviéndose a formar continuamente debido a movimientos térmicos de las moléculas.

La figura 7.2 ilustra algunos ejemplos típicos de enlaces de hidrógeno que se dan en polímeros. Polímeros que contienen en su cadena grupos amida, uretano o hidroxilos de carácter alifático o aromático pueden asociarse formando cadenas lineales. Moléculas que contienen grupos funcionales del tipo ácido carboxílico o urazoles pueden favorecer la formación de enlaces de hidrógeno y la génesis de estructuras cíclicas. El caso de los ácidos carboxílicos ha sido particularmente estudiado y está bien fundamentado el hecho de que anillos cíclicos de seis miembros, favorecidos por parejas de estos grupos funcionales, forman enlaces de hidrógeno lineales particularmente fuertes (también se pueden formar algunas estructuras lineales y abiertas a altas concentraciones de grupos ácidos). Se pueden formar también enlaces de hidrógeno entre grupos "distintos". De particular interés es el estudio de mezclas de polímeros en las que un componente está autoasociado (es decir tiene grupos funcionales del tipo de los descritos hasta ahora) mientras que el segundo no lo está pero posee grupos funcionales capaces de formar un enlace de hidrógeno con un grupo A–H del polímero autoasociable.

---

* L. Pauling, *The Nature of the Chemical Bond.* Third Edition. Cornell University Press, Ithaca, New York, 1960.

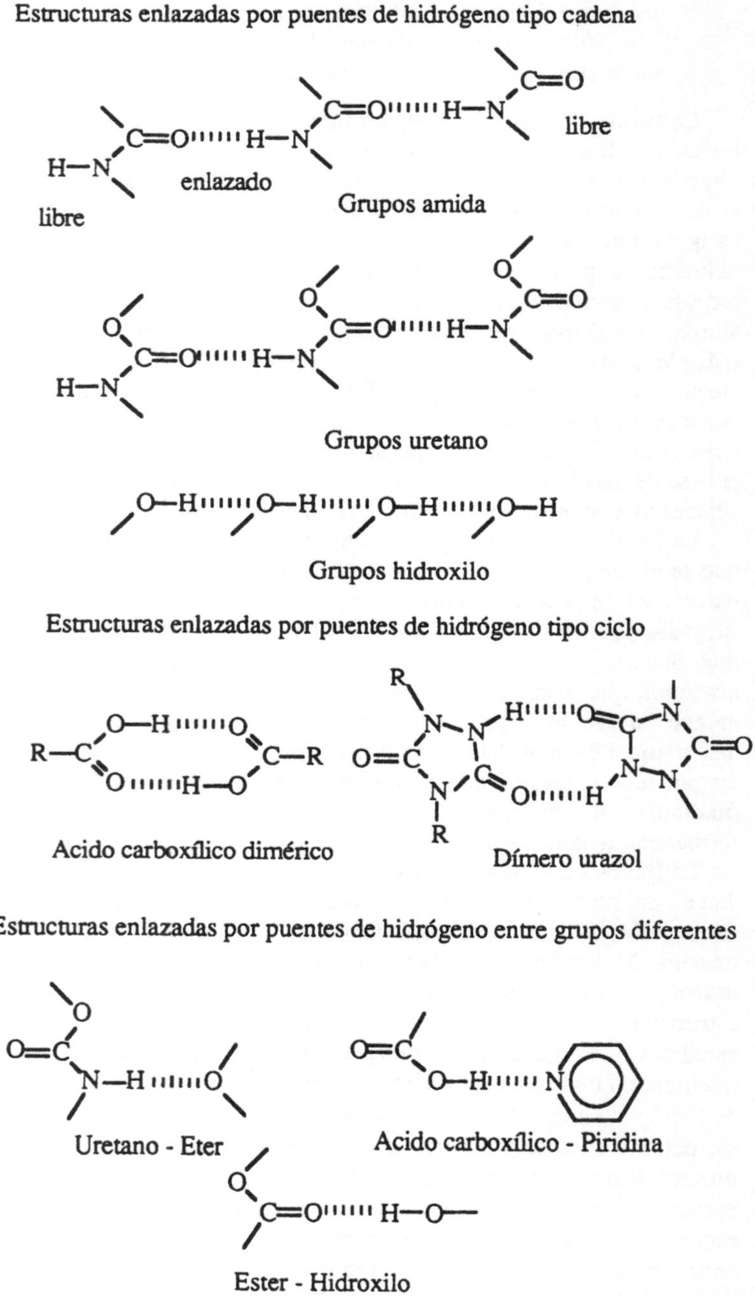

***Figura 7.2** Ejemplos típicos de enlaces de hidrógeno en polímeros.*

Ejemplos de este segundo tipo de grupos funcionales son los éteres, los ésteres y el nitrógeno contenido en ciertos anillos heterocíclicos como, por ejemplo, la piridina.

Finalmente, terminaremos nuestro repaso a los tipos de interacciones intermoleculares que se dan en polímeros con el caso de los ionómeros.

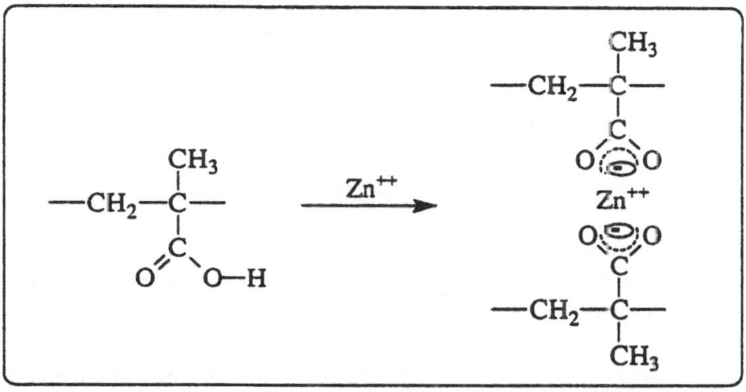

Generalmente se trata de copolímeros donde un componente minoritario (≈ 5%) tiene un grupo funcional que puede formar interacciones iónicas de carácter fuerte. En copolímeros de etileno-ácido metacrílico, por ejemplo, el protón del grupo carboxilo puede intercambiarse formando una sal. Hemos representado en la figura anterior la estructura en forma de un dímero que puede actuar

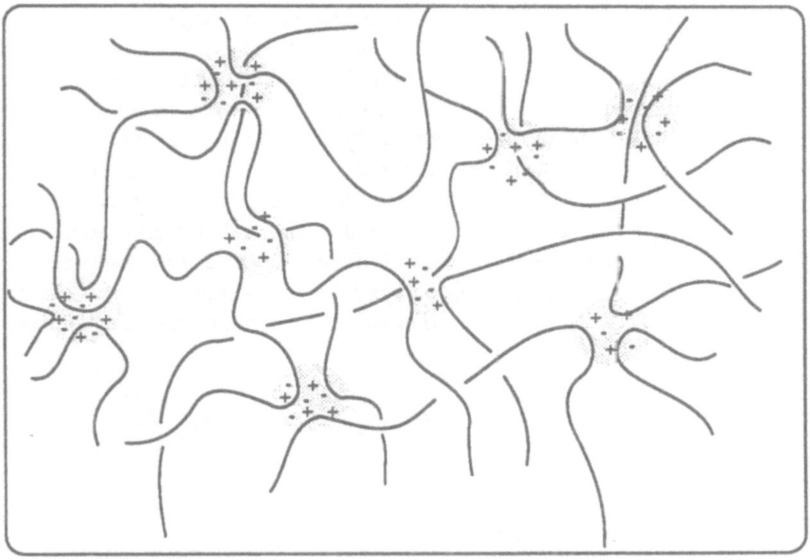

***Figura 7.3** Diagrama esquemático de formación de agregados en un ionómero.*

como un punto de reticulación entre cadenas pero la estructura de los ionómeros está actualmente lejos de ser bien comprendida debido a su complejidad. El punto a retener aquí es que los dominios iónicos se separan en fases en forma de agregados (clusters), como ilustra la figura 7.3, dominios que actúan como puntos de entrecruzamiento o reticulación, ya que tales enlaces iónicos son considerablemente más fuertes que los enlaces de hidrógeno (aunque son del orden de 100 kcal/mol, los pequeños agregados encontrados en ionómeros rebajan presumiblemente la fortaleza de dicha interacción).

C. CONFORMACIONES O CONFIGURACIONES DE CADENAS POLIMERICAS

Algunos comentarios sobre las definiciones

Si pudiéramos considerar una cadena polimérica aislada, congelada en el espacio, y especificar la posición de cada uno de sus átomos, tendríamos entonces una descripción completa de lo que se conoce como *conformación* de la cadena. Obsérvese que esto es también a veces denominado *configuración*, lo cual puede resultar confuso ya que previamente habíamos empleado este término en relación con la geometría y la estereoisomería de los compuestos. Este problema es algo que debe tenerse en cuenta, tomando la definición de la palabra configuración en el contexto adecuado, como veremos seguidamente.

Obviamente, si una cadena está dispuesta en forma de un zig-zag regular o en forma de hélice, decimos que está en una configuración o conformación *ordenada*. Si la plegamos de forma que se parezca a algo como un largo espagueti bien cocido, diremos que está en una configuración o conformación *desordenada* (o al azar). Es evidente que una cadena larga y flexible puede, hipotéticamente, ser doblada en un enorme número de formas distintas, cada una de ellas distinguible de las demás en el sentido de que las posiciones relativas de los átomos en una y otra disposición son distintas. El origen de esta flexibilidad está en las posibles rotaciones en torno a cada uno de los enlaces de la cadena central del polímero. Desafortunadamente, ciertos tipos de organizaciones *locales* de los grupos alrededor de un determinado enlace son también denominadas conformaciones, con lo que la misma palabra está siendo usada para describir organizaciones locales y la forma de la cadena completa. Que nadie diga que resolver este embrollo vaya a ser fácil aunque, afortunadamente, dejaremos claro cómo estamos usando estos términos en las siguientes líneas.

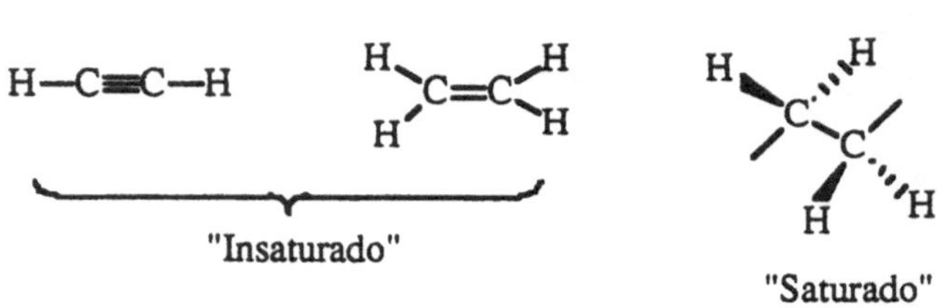

Figura 7.4 Ejemplos de moléculas insaturadas y saturadas.

Rotaciones de los enlaces

Como ya decíamos en otro lugar de este texto, se supone que el estudiante tiene al menos una cierta familiaridad con aspectos básicos de la química física, entre los que debieran estar incluidos aquellos referidos a la naturaleza del enlace covalente. En este apartado vamos a tratar la libertad de rotación en torno a enlaces y como recordatorio para aquellos estudiantes que tienen problemas a la hora de retener lo que han estudiado en cursos previos (estamos seguros que serán la minoría), hemos optado por mostrar en la figura 7.4 distintos ejemplos de moléculas hidrocarbonadas insaturadas conteniendo enlaces carbono-carbono triples y dobles. Así mismo, y como ejemplo de hidrocarburos saturados, hemos representado una porción de una cadena de polietileno donde los átomos de la cadena central están unidos por enlaces sencillos.

No los vamos a considerar en términos de orbitales y cosas parecidas, sino simplemente vamos a puntualizar que para el caso de enlaces dobles y triples existen barreras de rotación muy altas y el movimiento está fundamentalmente confinado al caso de vibraciones de simple torsión alrededor de estos enlaces. Los enlaces sencillos (sigma) que se dan en la cadena de polietileno, sin embargo, son de simetría esférica y *en ausencia de interacciones entre átomos no enlazados*, la rotación libre en torno a tales enlaces está permitida. Tal rotación libre debe permitir a la cadena el adoptar un enorme número de formas o configuraciones y si vamos a relacionar estructura molecular con propiedades macroscópicas tenemos que ser capaces de disponer de un modo de describir tal estado desordenado. Volveremos en breve sobre este problema, ya que incluso aunque la suposición de la rotación libre es poco realista, permite no obstante obtener algunas conclusiones importantes, así como construir un modelo bastante útil.

En la cruda realidad existen, por supuesto, diferentes tipos de interacciones conducentes a restricciones en las rotaciones alrededor de los enlaces y a que ciertas organizaciones espaciales de átomos o grupos de átomos estén energéticamente favorecidas con respecto a otras. Este hecho puede entenderse de forma sencilla mediante una aproximación en la que consideramos a los átomos como esferas rígidas, mientras que las barreras a la rotación aparecen simplemente como resultado de repulsiones estéricas entre átomos no directamente enlazados. Y así, para una molécula de etano como la mostrada en la figura 7.5, la conformación en la que los átomos de hidrógeno de diferentes carbonos están situados más cerca (conformación eclipsada) está mucho menos favorecida que aquella en la que los hidrógenos están suficientemente lejos (conformación alternada). Y eso es así porque en la posición en la que las distancias interatómicas son cortas, las fuerzas repulsivas dominan la situación.

Podemos visualizar estas diferencias mediante una representación de la energía potencial frente al ángulo de rotación, tal y como se muestra en la figura 7.6. Si, arbitrariamente, hacemos que una de las formas alternadas defina nuestro punto de partida (esto es, allí donde consideramos al ángulo de rotación en torno al enlace igual a cero), ocurrirá que cuando rotamos en torno al enlace pasaremos una barrera de energía que nos conduce desde esa conformación alternada hasta la siguiente conformación del mismo tipo.

Las posiciones de máxima energía corresponden a las posiciones eclipsadas (rotaciones de ±60°) donde las fuerzas de repulsión son máximas. En realidad, las fuerzas entre átomos no enlazados son mucho más complicadas que las descritas en este sencillo modelo y suponen interacciones entre los núcleos, los electrones, etc. Sin embargo, mediante este sencillo modelo somos capaces de describir el problema de forma cualitativa, que es lo que nos interesa a este nivel, aunque ello conlleve el que no podamos usar dicho modelo para calcular la altura de la barrera energética o los detalles de la forma de la función de energía potencial con algún grado de precisión.

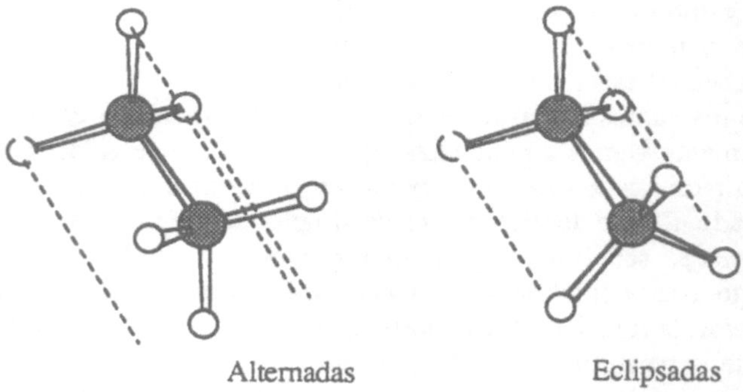

***Figura 7.5** Conformaciones alternadas y eclipsadas del etano.*

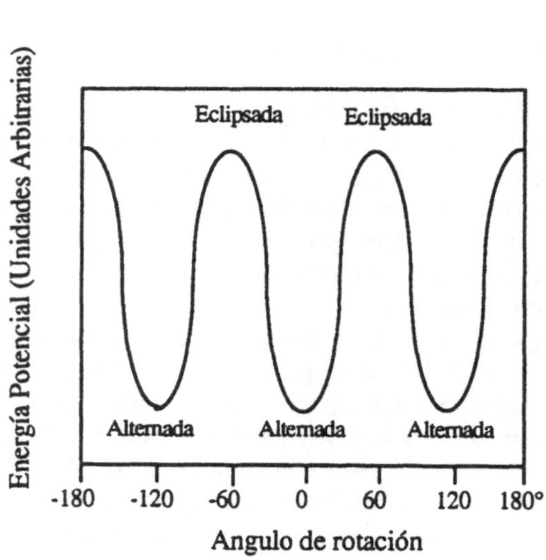

***Figura 7.6** Diagrama esquemático de la energía potencial del etano en función del ángulo de enlace.*

La altura de la barrera energética en el etano puede estimarse en un valor de 2,9 kcal/mol a partir de diversas medidas espectroscópicas. Dicho valor supera con creces el nivel de energía térmica a temperatura ambiente, que es del orden de 0,6 Kcal/mol, lo que quiere decir que la posición alternada está fuertemente favorecida con respecto a la posición eclipsada. Sin embargo, una barrera de energía de esta altura no es suficiente para impedir rotaciones entre las posiciones alternadas, de forma que, a temperatura ambiente, uno puede imaginar que el enlace C–C de una particular molécula de etano no sólo oscila alrededor de una posición media, correspondiente a uno de los "pozos" de energía potencial, sino que tiene suficiente energía térmica como para sobrepasar la barrera de energía potencial y trasladarse de uno a otro de los mínimos de energía.

Hay tres cosas en esta descripción simple que necesitan un comentario ulterior:

1) El punto más importante se refiere al hecho de que no debemos tratar una conformación como algo tan estático como un objeto en una fotografía, sino manteniendo en mente la idea de que, a cualquier temperatura por encima del cero absoluto, existen siempre movimientos que van desde la simple vibración en torno a una posición media hasta rotaciones a gran escala entre los mínimos. El tipo y extensión del movimiento depende de la temperatura, la naturaleza química de la molécula, si ésta está o no en un cristal, etc.

2) Hemos establecido en párrafos anteriores que cada molécula particular tiene la suficiente energía como para sobrepasar la altura de la barrera energética. Una descripción más adecuada es la que se puede hacer en términos de conjuntos de moléculas, donde la energía está distribuida entre las moléculas de acuerdo con la distribución de Boltzmann, de forma que en cada instante una cierta fracción de las moléculas tiene la suficiente energía para rotar entre los mínimos (nos estamos metiendo en el dominio de la mecánica estadística pero que no cunda el pánico!!!).

3) El tiempo de vida de un isómero rotacional (que es como llamamos a cada una de las conformaciones) es un tiempo muy corto en términos macroscópicos (10^{-10} segundos), valor que, sin embargo, es grande si se compara con los 10^{-12} a 10^{-14} sg. correspondientes a la frecuencia de vibración molecular, un tiempo que, por otra parte, es el importante a nivel molecular.

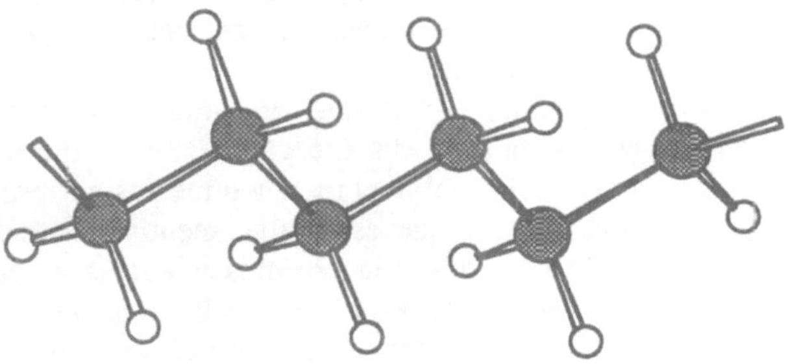

Figura 7.7 *Conformación todo trans en el polietileno.*

Si ahora volvemos la vista hacia el polímero hidrocarbonado más sencillo, el polietileno, podemos aplicar los mismos argumentos y encontrar que ciertas conformaciones están favorecidas sobre otras. Y así, si imaginamos a la cadena en su forma extendida (o de zig-zag en un plano), conformación representada en la figura 7.7, podemos constatar que las distancias átomo/átomo entre protones de carbonos adyacentes alcanzan así un máximo, minimizando las fuerzas repulsivas. Decimos entonces que cada carbono está en su *conformación trans*, que no debemos confundir con los estereoisómeros *trans* descritos en el capítulo 1 (es una lástima que el término trans sea el más apropiado a la hora de describir ambos tipos de disposiciones).

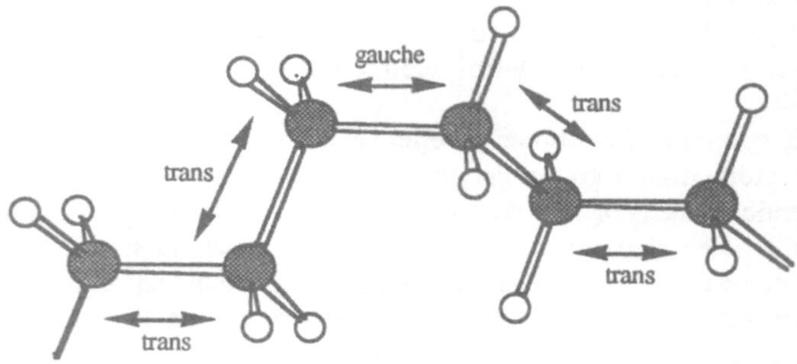

***Figura 7.8** Ilustración de una conformación gauche en el polietileno.*

La rotación en torno a uno de los enlaces dejaría a los hidrógenos de carbonos adyacentes en una posición eclipsada en la que la energía potencial es máxima. Una posterior rotación llevaría a uno de los hidrógenos a una posición que puede describirse como aquella en la que se situaría entre los dos hidrógenos del átomo adyacente de carbono, posición que marcará otro mínimo de energía y que corresponde a la denominada conformación *gauche*, ilustrada en la figura 7.8. En esta situación los hidrógenos no están tan próximos como lo estaban en la posición eclipsada pero tampoco lo suficientemente lejos como cuando están en la posición trans, de forma que este mínimo local de energía tiene una energía más alta que la correspondiente a una disposición trans. La forma de la energía potencial para la rotación de enlaces en el polietileno se muestra en la figura 7.9, y puede verse que hay dos conformaciones gauche, una y otra obtenidas por rotación de 120° en una y otra dirección.

En contraposición al etano, en el que teníamos tres conformaciones equivalentes en el mismo mínimo de energía, tenemos ahora una única conformación que está favorecida sobre el resto y otras dos correspondientes a mínimos de energías más altas y que están algo menos favorecidas que la anterior. Podría uno preguntarse por qué la molécula no adopta siempre la forma completamente estirada en zig-zag, correspondiente a la situación en la que todos los enlaces están en trans. De hecho, esto ocurre pero sólo en aquellos trozos de la cadena que se encuentran en un cristal. Atrapada en un retículo cristalino, a la cadena sólo se le permite esa disposición de cara a un mejor y más regular empaquetamiento, mientras que en el fundido o la disolución la cadena puede tomar una variedad de formas o conformaciones, situación correspondiente a un estado de alta entropía.

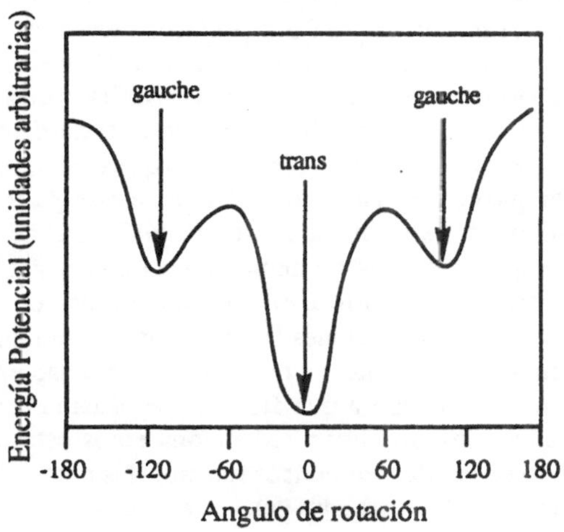

Figura 7.9 *Diagrama esquemático de la energía potencial de una cadena de polietileno en función del ángulo de enlace.*

Un empaquetamiento regular en el cristal puede conducir a un máximo en la fuerza de atracción entre cadenas de forma que la cristalización dependerá del balance entre un máximo de interacciones (que favorecen el orden) y un máximo en la entropía (favoreciendo el desorden). Este balance dependerá de la temperatura, de la flexibilidad de la cadena, de la fortaleza de las fuerzas intermoleculares, etc. Estamos empezando a irnos, sin embargo, demasiado lejos, ya que discutiremos más adelante tanto las propiedades termodinámicas de los polímeros como la cristalización. Lo que queremos puntualizar aquí es que aunque una determinada conformación pueda estar favorecida sobre otras, como es el caso de la trans sobre la gauche en el polietileno, habrá una determinada fracción de enlaces que estarán en el estado menos favorecido en cualquier instante de tiempo, dando por supuesto que la barrera de energía correspondiente a la disposición eclipsada no es demasiado alta con lo que un enlace particular puede rotar entre las diferentes conformaciones locales. Lo único que ocurre es que un enlace particular de la cadena de polietileno tenderá a estar más tiempo (en promedio) cerca de la posición trans (oscilando en torno a ella) que de la posición gauche. Alternativamente, si consideramos la cuestión como si estuviéramos contemplando la cadena en su totalidad en un instante particular de tiempo, veríamos entonces una fracción más grande de enlaces próximos a la posición trans que a la posición gauche.

Resulta obvio el considerar que las conformaciones permitidas a la cadena dependen de la naturaleza y tamaño de los grupos unidos a la cadena principal. Por ejemplo, en el polipropileno isotáctico, los grupos metilo están todos del mismo lado de la cadena y en la conformación extendida estos grupos se repelerán fuertemente. Sin embargo, formando la hélice 3_1 ilustrada en la figura 7.10 (es decir, tres unidades repetitivas por vuelta de la hélice), la cadena se las arregla para colocar a los grupos metilo tan lejos como es posible, lo que proporciona un mínimo para la energía de esta conformación del polímero (correspondiente a una secuencia TGTG' en enlaces sucesivos, donde T es trans y G y G' son cada una de las disposiciones gauche). Como se puede adivinar, ésta es también la conformación encontrada en el cristal (ver más abajo)*.

Esto es todo lo lejos que queremos llegar en nuestra discusión sobre las rotaciones en torno a enlaces. Debería quedar claro que hay una conformación de la cadena completa que corresponde a un mínimo de energía y ello es debido a que cada uno de sus enlaces está en una conformación (local) de mínima energía. Existe aquí una complicación que no hemos mencionado, y que normalmente surge cuando consideramos conformaciones desordenadas. La complicación es que no podemos tratar las disposiciones locales de grupos en un enlace como si fueran independientes del siguiente, ya que ciertas combinaciones de sucesivas conformaciones pueden conducir a que átomos que usualmente estén distantes acaben en situaciones muy próximas. Mencionaremos esto otra vez cuando hablemos del modelo de estados isoméricos rotacionales pero no en profundidad. Los curiosos pueden consultar para más detalles el segundo libro de Flory**.

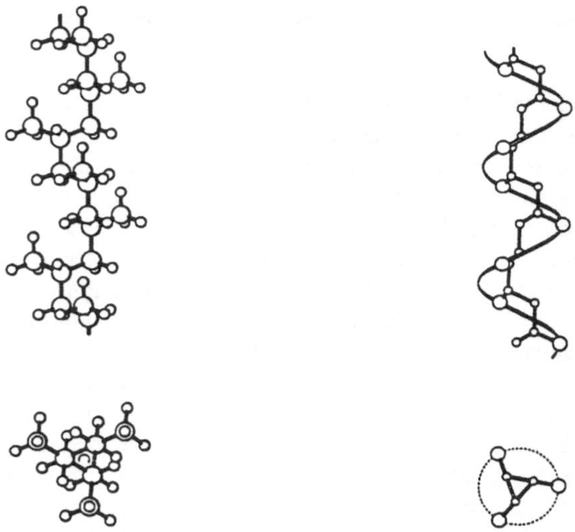

Figura 7.10 La estructura helicoidal 3_1 del polipropileno isotáctico. La cadena de la izquierda muestra todos los átomos, mientras que a la de la derecha se le han eliminado los átomos de hidrógeno por claridad del dibujo. Las figuras de la parte inferior muestran la proyección mirando la cadena hacia abajo; observe que los grupos metilo están tan lejos como pueden. Reproducción permitida tomada de G. Natta and P. Corradini, Nuovo Cimento, *Suppl. to Vol. 15, 1, 40 (1960).*

* No debiera entenderse que la conformación de mínima energía de una cadena aislada es necesariamente la encontrada en un cristal (aunque usualmente lo es). Fuerzas de atracción entre cadenas empaquetadas regularmente pueden distorsionar conformaciones favorecidas o favorecer incluso otra conformación, si eso minimiza la energía.

** P. J. Flory, *Statistical Mechanics of Chain Molecules*, Hansen Publishers, Reprinted Edition, 1989.

D. CADENAS POLIMERICAS DESORDENADAS. EL PROBLEMA DEL VUELO AL AZAR

En la sección precedente hemos visto que podemos construir una conformación ordenada de una cadena polimérica permitiendo a los enlaces que se sitúen en sus posiciones de mínima energía. Pospondremos la discusión sobre la extensión en la que se dan tales disposiciones ordenadas hasta que consideremos los cristales poliméricos pero, cuando lo hagamos, podremos proceder de forma lógica si comenzamos describiendo las conformaciones ordenadas, describiendo luego el empaquetamiento de tales cadenas en los cristales, siguiendo con la forma y apariencia de tales cristales como un todo (lo que denominaremos morfología) para terminar, en último lugar, tratando de relacionar estas diversas facetas de la estructura con las propiedades del material. Hacer lo mismo con polímeros que, por la razón que sea, tienen una conformación de cadena desordenada o al azar puede parecer, a primera vista, una labor formidable y casi imposible, dado el enorme número de conformaciones o configuraciones disponibles para cada cadena. Incluso si cada enlace tiene restringida su posición a tres posibilidades (por ejemplo, la conformación trans y las dos gauche) y si supusiéramos, por simplicidad, que cada una de ellas tiene la misma energía, ¡existirían 3^{10000} conformaciones disponibles (o lo que es igual 10^{4771}) para una cadena constituida por 10000 enlaces!*. Es este extraordinario número de posibilidades el que, sin embargo, viene en nuestra ayuda ya que nos permite abordar el problema desde un punto de vista estadístico, lo que constituye una interesante aproximación a la naturaleza y propiedades de estos materiales ya que, en último extremo, tales propiedades dependen del promedio de las diferentes contribuciones de todas las cadenas, junto con los efectos debidos a sus interacciones.

En su clásico libro sobre la elasticidad del caucho, Treloar** presentaba una representación de la forma general de un ovillo estadístico o desordenado o, si aún lo queremos decir de forma más precisa, de la conformación estadística de una cadena polimérica. Dicha representación se muestra en la figura 7.11. La representación se obtuvo usando polietileno como cadena tipo y permitiendo que los ángulos de valencia tomen sus valores normales. De esta forma, el ángulo de enlace C–C–C se encuentra en una posición fija correspondiente a un valor

* Obtenidas a partir de las diferentes combinaciones de las posibles rotaciones disponibles para la cadena. Un enlace tiene tres diferentes posibilidades, si consideramos dos enlaces las combinaciones son entonces 3^2. Una molécula de tres enlaces tiene 3^3 diferentes combinaciones posibles para organizarse y así sucesivamente.

** L. R. G. Treloar. *The Physics of Rubber Elasticity, Third Edition*, Clarendon Press, Oxford. 1975.

próximo a 109°, aunque se permiten rotaciones en torno a cada uno de los enlaces. Más específicamente, sólo se permiten seis rotaciones igualmente espaciadas que pueden obtenerse partiendo de la posición trans y realizando giros sucesivos de 60°. Cada una de ellas tiene las mismas probabilidades, idénticas a las de que salga un número concreto en una tirada de dados. La figura 7.11 es sólo un ejemplo del enorme número de conformaciones disponibles, pero es representativo de la mayor parte de las conformaciones que pueden encontrarse.

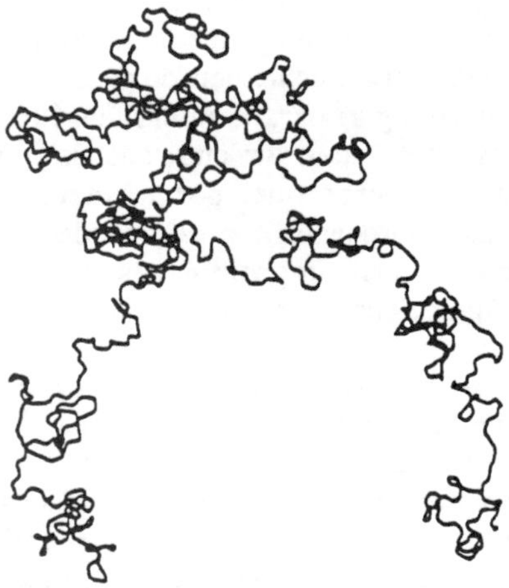

Figura 7.11 *Ejemplo de una conformación de una cadena de polietileno de 1000 enlaces. Reproducción permitida tomada de L. R. G. Treloar,* The Physics of Rubber Elasticity, Tercera Edición, *Clarendon Press, Oxford, 1975.*

Ejemplos "atípicos" (o, dicho de forma más precisa, menos probables) serían una cadena completamente extendida o una que estuviera lo suficientemente comprimida como para formar una bola. No es que esas conformaciones no puedan darse, sino que serán las que se encuentren en minoría con respecto a otras posibles. En otras palabras, si estuviéramos mirando a una cadena concreta a lo largo de un período de tiempo importante, donde dicha cadena estuviera evolucionando de una conformación a otra como consecuencia del movimiento térmico, el tiempo que emplearía en estar en esas conformaciones altamente extendidas o recogidas sería francamente pequeño, por no decir despreciable, dándonos durante la mayor parte del tiempo una imagen como la de la figura 7.11. De forma equivalente, si contemplamos un gran número de moléculas distintas en un instante dado y congelamos sus movimientos, la mayor parte de ellas se parecerían a la de la figura 7.11, y sólo unas pocas estarían totalmente estiradas o recogidas sobre sí mismas.

Cualquier ilustrado estudiante habrá caído en la cuenta de que al presentar nuestros argumentos de esta forma estamos lindando el terreno de la mecánica estadística, aunque hemos preferido ni siquiera utilizar el término para no asustar a todos aquellos a quienes la mera mención del mismo provoca llanto y crujir de dientes.

Debemos ahora ir más lejos y hacer que esta primera aproximación tenga un carácter más cuantitativo. Afortunadamente podemos mantener los argumentos a un nivel elemental y llegar a resultados maravillosamente sencillos pero importantes. Lo único de lo que nos debemos proveer es de una vara de medir o cualquier otro artefacto que pueda decirnos algo sobre la forma de la cadena. Para este propósito nos vamos a fijar en la distancia entre los extremos de la cadena, que denominaremos distancia extremo-extremo y que representaremos por R. Dicha distancia, obviamente, sería igual a la dimensión lineal de la cadena si ésta estuviera totalmente extendida y tendría un valor próximo a cero si estuviera compactada en una bola. R tendrá un valor comprendido entre esos límites para configuraciones del tipo de la mostrada en la figura 7.11. Lo que queremos conocer es la distribución de las distancias extremo-extremo que se dan en las diferentes cadenas y el valor medio que podemos obtener para dicha distribución sobre todas las configuraciones posibles. Obtener el valor medio es mucho más fácil que obtener la distribución completa y comenzaremos por este extremo.

Este tipo de problema es similar a un cierto número de otros problemas planteados en la física y en la química física y que pueden relacionarse con el llamado "vuelo o trayectoria al azar", como es el caso del movimiento browniano (volveremos sobre él en un minuto). El problema del vuelo al azar fue planteado explícitamente por Pearson en un artículo publicado en *Nature* en 1905;

> Un hombre comienza a andar en el punto *O* y camina *l* yardas en línea recta; cambia de dirección según un ángulo cualquiera con la dirección que traía y camina otras *l* yardas en una segunda línea recta. Repite el proceso *n* veces. El problema es conocer la probabilidad de que tras esos *n* tramos, el hombre esté a una distancia entre *r* y *r* + *dr* del punto de partida *O*.

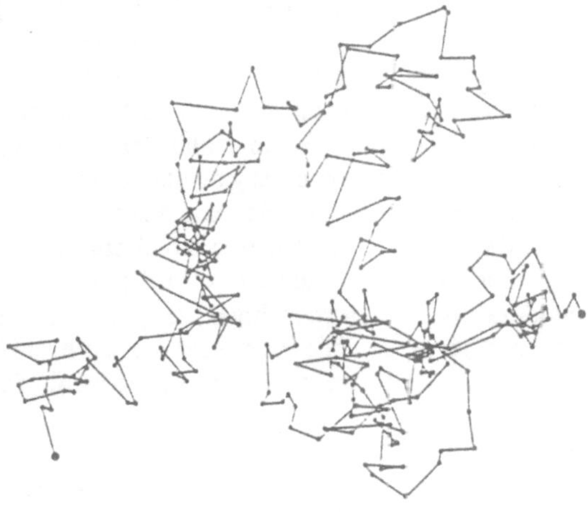

***Figura 7.12** El vuelo al azar observado por Perrin. Reproducción permitida tomada de J. Perrin,* Atoms, *Traducción inglesa de D. L. Hammick, Constable and Company, London, 1916.*

Esta trayectoria al azar tiene dos dimensiones e implícitamente supone que el paseo tiene lugar sobre una superficie plana. Necesitamos reformular el problema en tres dimensiones, que en este caso denominaremos vuelo al azar y que se ha ilustrado en la figura 7.12, mostrando el serpenteo al azar o movimiento browniano de una partícula en un fluido.

Este movimiento surge como consecuencia de colisiones que tienen lugar entre las moléculas del fluido y fue observado ya en 1916 por Perrin*. Se hicieron observaciones experimentales a intervalos específicos de tiempo y se unieron mediante líneas rectas las posiciones de las partículas a cada instante de tiempo elegido (la partícula describe una trayectoria al azar al ir de punto a punto). Si denominamos longitud de tramo l a la distancia entre cada observación, es obvio, a partir de la figura 7.12, que en este caso cada uno de los tramos no tiene una longitud constante. Si ahora volvemos a nuestro problema de la cadena polimérica, vemos que es más sencillo en el sentido de que podemos asimilar la longitud de cada tramo del problema anterior con la longitud de enlace, haciendo que ésta sea constante. Sin embargo, la trayectoria en el movimiento browniano puede pasar a través de posiciones en el espacio en las que la partícula ya ha estado antes, mientras que eso no puede ocurrir a lo largo de la cadena polimérica. Pero continuaremos con nuestra descripción ignorando deliberadamente esta dificultad. De hecho, estamos haciendo dos suposiciones que son completamente erróneas; primero, no sólo existen rotaciones totalmente libres en torno a los enlaces de la cadena, sino que además la cadena está libremente unida (es decir, el ángulo de valencia entre dos enlaces consecutivos puede tomar cualquier valor). La segunda suposición es que la cadena puede pasar a través de regiones del espacio que están ya ocupadas por otras porciones de sí misma (en este punto estamos considerando únicamente una cadena aislada. Interacciones que puedan ocurrir con otras cadenas o con un disolvente presente en el medio, serán introducidas posteriormente). Sin embargo, el resultado que vamos a obtener será correcto para un polímero rodeado de otras cadenas del mismo tipo, lo que no deja de ser sorprendente. Ello es debido a que el efecto de la restricción en los ángulos de valencia puede ser tenido en cuenta mediante la introducción en las ecuaciones a las que vamos a llegar de un "factor" de corrección que no afecta a dichas ecuaciones en su forma más sencilla. Así mismo, debido a que en un conjunto de moléculas del mismo tipo las diversas interacciones se contrarrestan unas con otras y quedan canceladas, el efecto final es como si la cadena en su trayectoria espacial pasara sobre sí misma.

Aunque necesitamos un resultado para el vuelo al azar en tres dimensiones, es más fácil ilustrar algunas peculiaridades de la distancia extremo-extremo promedio si consideramos, en primer lugar, trayectorias al azar en una dimensión. En este caso, se supone que los tramos o pasos hacia delante o hacia atrás tienen idéntica probabilidad, tomando además el convenio de que distancias

---

* Su trabajo estuvo motivado por algunos de los primeros artículos de Einstein, sobre la teoría del movimiento browniano. Esos artículos relacionaban la difusión de una partícula con su tamaño, permitiendo así la determinación de magnitudes microscópicas a partir de medidas macroscópicas. Usaremos similares medidas para medir pesos moleculares de polímeros, como veremos más adelante.

desde el punto de partida hacia adelante las consideraremos positivas, mientras que las que van para atrás serán negativas:

Distancias en este sentido		Distancias en este sentido
- R ←———	o	———→ + R
	Origen	

Es inmediata la consideración de que si los pasos hacia adelante y hacia atrás son igualmente probables, una persona que describa un paseo monodimensional al azar de este tipo, acabará, *en promedio*, en el mismo punto en el que ha comenzado el paseo. *Pero esto ocurre en promedio.* Si la persona da mil pasos en un paseo de este tipo, puede acabar, por ejemplo, a treinta pasos del origen y en la dirección positiva. Si la persona comienza el paseo otra vez, puede acabar a treinta pasos del origen pero en dirección negativa. Y así sucesivamente. La posición final promedio del paseante será el origen, ya que para un número grande de paseos, posiciones finales en la dirección positiva cancelan las que se dan en la dirección negativa (decimos que la distribución de posiciones finales es simétrica con respecto al origen). ¿Qué ocurre si queremos conocer la distancia a la que, en promedio, una persona termina del origen, con independencia de si está en la dirección considerada positiva o negativa (supondremos que todos los pasos son de igual longitud, digamos una yarda, para fastidiar a nuestros colegas partidarios del sistema métrico decimal)?. Es obvio que en este caso no tiene utilidad alguna cualquier método que podamos establecer para determinar el *valor promedio* de la distancia entre el inicio y el fin del paseo, distancia que designaremos usando unos especiales corchetes, $\langle R \rangle$. Y eso será así porque ya hemos visto que debe ser cero (nuestros argumentos han sido cualitativos e intuitivos, pero pueden hacerse de forma rigurosa). El valor de R^2, sin embargo, será siempre positivo con independencia de la trayectoria seguida, de forma que si calculamos su promedio correspondiente a muchas posibles trayectorias, $\langle R^2 \rangle$, tendremos una medida de la distancia que estamos buscando. Sin embargo, no es del todo correcta pues tenemos una distancia al cuadrado; lo más razonable sería tomar la raíz cuadrada de ese promedio, $\langle R^2 \rangle^{1/2}$, que corresponde más a lo que andábamos buscando y que denominaremos *distancia extremo-extremo cuadrática media* (es decir, la raíz cuadrada de la media o promedio de los cuadrados de las distancias extremo-extremo correspondientes a una serie grande de posibles trayectorias). Hay un método particularmente sencillo, descrito por Feynman* para determinar $\langle R^2 \rangle^{1/2}$ que vamos a mencionar antes de introducirnos en derivaciones más rigurosas.

Sea $\langle R^{2,N} \rangle$ el promedio de los cuadrados de las distancias extremo-extremo de una trayectoria de N pasos. Hagamos, por simplicidad, que cada uno de esos pasos sea de longitud unidad. Tras el primer paso, el valor de R puede ser sólo ± 1, con lo que R^2 es igual a 1^2. El valor promedio de R^2 para trayectorias de un solo paso es, por supuesto:

---

* R. Feynman, *Lectures on Physics, Volume 1*, Addison-Wesley, Menlo Park, CA. 1963.

$$\langle R_1^2 \rangle = 1 \tag{7.5}$$

Avancemos algo más y observemos que podemos obtener los valores permitidos de R_N si conocemos R_{N-1}, dado que sólo tenemos dos posibilidades:

$$R_N = R_{N-1} + 1 \tag{7.6}$$

o:

$$R_N = R_{N-1} - 1 \tag{7.7}$$

En términos de sus cuadrados, los valores serían:

$$R_N^2 = R_{N-1}^2 + 2R_{N-1} + 1 \tag{7.8}$$

o:

$$R_N^2 = R_{N-1}^2 - 2R_{N-1} + 1 \tag{7.9}$$

En promedio, cada uno de esos valores debiera obtenerse durante la mitad del tiempo, ya que hay una probabilidad mitad para cada uno de los pasos, ya en sentido +, ya en sentido -. Por tanto, los *valores esperados* de R_N pueden obtenerse sumando estas dos últimas ecuaciones y dividiéndolas por dos. Identificando el valor medio con el valor esperado, obtenemos que:

$$\langle R_N^2 \rangle = \langle R_{N-1}^2 \rangle + 1 \tag{7.10}$$

Recordando que:

$$\langle R_1^2 \rangle = 1$$

entonces:

$$\langle R_2^2 \rangle = \langle R_1^2 \rangle + 1 = 2 \tag{7.11}$$

$$\langle R_3^2 \rangle = 3 \text{ etc.} \tag{7.12}$$

y, por tanto:

$$\langle R_N^2 \rangle = N \tag{7.13}$$

o, en el caso de lo que andamos buscando:

$$\langle R^2 \rangle^{1/2} = N^{1/2} \quad \text{(para etapas de longitud unidad)} \tag{7.14}$$

La única cuestión que pudiera quedar algo dudosa en el razonamiento precedente es la identificación del valor esperado con el valor promedio. Ya hemos abundado sobre este tema cuando hemos estado discutiendo sobre la estadística de cadenas, pero si necesita recordarlo hágalo de la siguiente manera. Para cada lanzamiento de una moneda no trucada, debiéramos esperar obtener cara el 50% de las veces y cruz el otro 50% de las veces. Si lanzamos mil veces una moneda al aire, no obtendremos exactamente 500 caras y 500 cruces sino, quizás, 490 en un caso y 510 en el otro. Si no conocemos nada sobre estadística y probabilidades, quizás esperáramos obtener exactamente 500, pero eso rara vez ocurre. Pero si repetimos varias veces esas series de 1000 lanzamientos al aire acabaremos por obtener, *en promedio*, 500 de cada (porque quizás la siguiente vez obtengamos 510 del primer tipo y 490 del segundo y así sucesivamente). Podemos identificar, por lo tanto, el valor esperado con el valor promedio obtenido sobre una serie grande de sucesos (o, en nuestro problema, cadenas).

El resultado obtenido, según el cual la raíz cuadrada del promedio de la distancia extremo-extremo al cuadrado es proporcional a la raíz cuadrada del número de pasos en una trayectoria al azar es importante y nos proporciona mucha información, como vamos a ver enseguida. Antes, sin embargo, debemos pasar desde trayectorias al azar en una dimensión a vuelos al azar en tres dimensiones. Constatamos que obtenemos el mismo resultado. En orden a demostrarlo consideraremos una cadena polimérica como una serie de vectores, cada uno de ellos representando a un enlace, tal y como ilustra la figura 7.13. Así, el primer enlace o vector une los primeros dos átomos de la cadena y tendrá una cierta longitud, l y una cierta dirección en el espacio. Representaremos ese vector en letra negrita, $\mathbf{l}_1$. La distancia entre los dos extremos de una cadena viene dada, simplemente, por la suma vectorial de todos los vectores que representan a la totalidad de los enlaces:

$$\mathbf{R} = \sum_{i=1}^{N} \mathbf{l}_i \qquad (7.15)$$

donde estamos considerando que existen N enlaces en la cadena. **R** es ahora un vector con su tamaño y dirección en el espacio. Es claro que si conociéramos la dirección de cada enlace con respecto a unos ejes cartesianos podríamos calcular, tras una laboriosa aplicación de nuestros conocimientos de trigonometría, la cantidad escalar R, distancia entre los extremos de la cadena aunque no afectada por la dirección. Por ejemplo, la distancia entre los átomos 0 y 2 ($R_{0\rightarrow 2}$) en la figura 7.13 puede obtenerse dibujando una línea entre esos átomos y usando las longitudes de los enlaces ($R_{0\rightarrow 1}$ y $R_{1\rightarrow 2}$) que se conocen y los igualmente conocidos ángulos entre los enlaces.

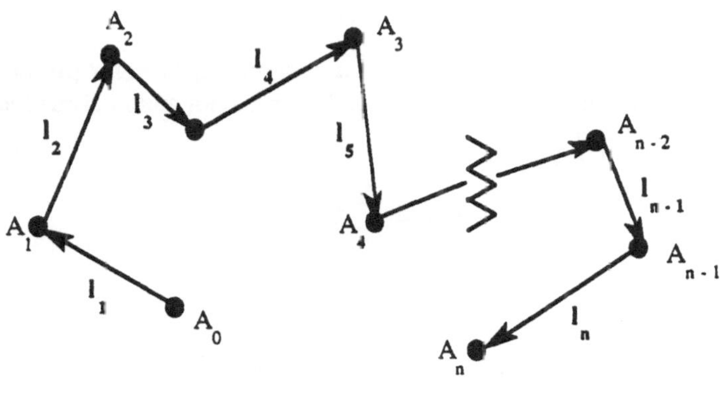

***Figura 7.13** Diagrama de una serie de vectores representando a una cadena.*

Posteriormente podemos calcular $R_{0 \rightarrow 3}$ y así podríamos ser capaces de calcular $R_{0 \rightarrow N}$, que habitualmente representaremos sólo por R. Tendríamos que repetir esto para todas las configuraciones posibles y así encontrar el valor promedio. La razón por la que hemos introducido vectores en el problema tridimensional es precisamente para no tener que hacer todo esto. La cantidad en la que estamos interesados es la distancia entre los extremos con independencia de la dirección. Por tanto, y tal y como ya hemos hecho antes, consideraremos R^2 en lugar de R. Ese cuadrado puede obtenerse de la siguiente forma:

$$R^2 = \mathbf{R} \cdot \mathbf{R} = \left(\sum_{i=1}^{N} \mathbf{l}_i \right) \cdot \left(\sum_{j=1}^{N} \mathbf{l}_j \right) \tag{7.16}$$

o:

$$\mathbf{R}^2 = \sum_{i=1}^{N} \mathbf{l}_i^2 + 2 \sum_{i<j}^{N} \mathbf{l}_i \mathbf{l}_j \tag{7.17}$$

donde todos los términos de la ecuación 7.16 en los que i = j han sido considerados aparte e introducidos en el primer sumatorio de la ecuación 7.17, estando el resto incluidos en el segundo término. Queremos ahora conocer el valor medio de R^2 sobre todas las posibles configuraciones:

$$<R^2> = \sum_{i=1}^{N} <\mathbf{l}_i^2> + 2 \sum_{i<j}^{N} <\mathbf{l}_i \mathbf{l}_j> \tag{7.18}$$

El segundo término de esta ecuación puede escribirse como:

$$<\mathbf{l}_i \mathbf{l}_j> = l_i l_j \cos \theta \tag{7.19}$$

donde θ es el ángulo entre los vectores. Si todos los ángulos θ son igualmente probables, lo que ocurre en una cadena libremente unida, el valor medio resultante es cero (ya que los valores positivos se cancelan con los negativos), obteniendo:

$$<R^2> = \sum_{i=1}^{N} <l_i^2> \tag{7.20}$$

Si todos los enlaces tienen la misma longitud, l, el valor promedio del cuadrado de la longitud del enlace i es simplemente la longitud l al cuadrado, con lo que podemos llegar a:

$$<R^2> = \sum_{i=1}^{N} l^2 = Nl^2 \tag{7.21}$$

Por tanto:

$$<R^2>^{1/2} = \sum_{i=1}^{N} l^2 = l\, N^{1/2} \tag{7.22}$$

De nuevo, la raíz cuadrada del promedio de la distancia extremo-extremo al cuadrado ha resultado ser proporcional a $N^{1/2}$, pero ahora hemos sido capaces de introducir la longitud de enlace l, donde antes teníamos la longitud de cada paso en la trayectoria al azar igual a uno. La ecuación nos dice que si tenemos una cadena constituida por 10000 enlaces, la distancia media entre los extremos es exactamente 100 longitudes de enlace (!). Consiguientemente, si cogemos tal cadena promedio por sus extremos y la estiramos, la cadena reaccionaría ante la fuerza aplicada mediante la simple rotación de sus enlaces y reordenación de sus conformaciones. Sólo tras ser estirada cien veces su distancia extremo-extremo inicial y experimentar la cadena principal una adecuada tensión, la cadena estaría totalmente estirada. Con este estiramiento la cadena pasa desde un estado más probable a otro menos probable, de forma que al soltar sus extremos hay una fuerza conductora de carácter entrópico que hace que la cadena retorne a su disposición más probable (en una cadena de rotación libre en torno a los enlaces el movimiento térmico puede conseguir ese efecto). Todo lo que acabamos de describir constituye la base sencilla de la elasticidad de materiales como el caucho y es una propiedad fundamental de las cadenas poliméricas de carácter desordenado. Una vez más estamos yendo demasiado lejos, buceando esta vez en aspectos de la termodinámica de la elasticidad del caucho y estados más probables, antes de haber considerado una serie de importantes aspectos preliminares. Vamos a posponer la discusión sobre la elasticidad del caucho para más adelante y vamos a terminar esta sección con algunas observaciones sobre lo que hemos denominado estados más probables.

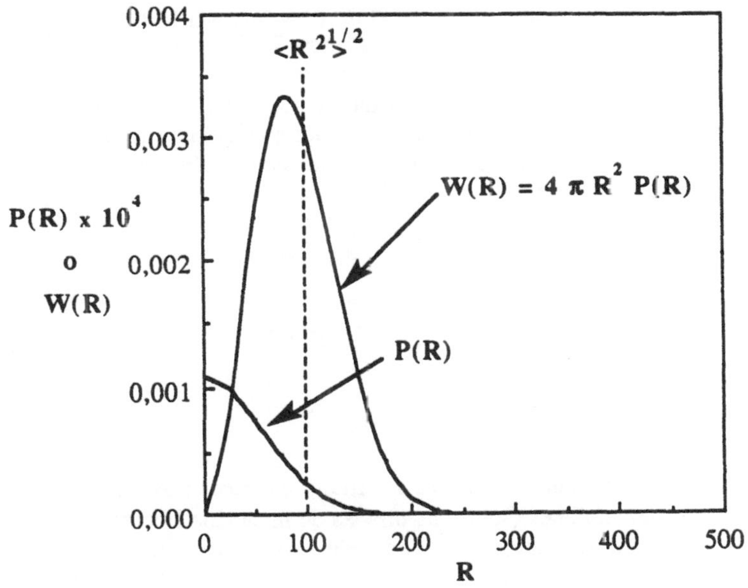

Figura 7.14 *Funciones de distribución para la distancia extremo-extremo R de una cadena de 2500 unidades cada una de longitud 2 Å.*

Pensamos que habrá quedado suficientemente claro que la simple determinación de la distancia promedio extremo-extremo proporciona una perspectiva considerable sobre la base molecular de ciertas propiedades de cierto tipo (no cristalino) de cadenas poliméricas. El modelo es sencillo y deja fuera importantes detalles como el efecto de las restricciones estéricas en la rotación de los enlaces, las interacciones inter e intramoleculares, etc. Volveremos sobre esto, aunque sólo sea cualitativamente, en la sección siguiente. Veremos que, al menos en el estado sólido, el resultado fundamental, esto es, $<R^2>^{1/2}$ proporcional a $N^{1/2}$, permanece inalterable. Sin embargo, con sólo fijarnos en el promedio de la distancia extremo-extremo estamos comprimiendo en un solo parámetro una importante cantidad de información sobre el rango de conformaciones. Una descripción más transparente sobre la gama de conformaciones disponibles para la cadena puede emprenderse a través de la *función de distribución*, que, para una cadena polimérica, puede expresarse en términos de una representación de la probabilidad de encontrar una cadena con una distancia extremo-extremo R, P(R), frente a R, tal y como muestra la figura 7.14. La forma general de una gráfica de este tipo es fácilmente entendible. Podemos esperar que sea simétrica en torno al origen, simplemente por extensión de nuestros argumentos relativos a trayectorias en una dimensión a tres dimensiones. Si consideramos un número grande de trayectorias, habrá tantas posiciones finales x,y,z a partir del origen (0,0,0) como posiciones -x,-y,-z . Podemos igualmente esperar que la función de distribución decaiga cuanto más nos alejemos del origen (es decir a valores grandes de R) y que sea cero a valores de R más grandes que la longitud totalmente extendida de la cadena, Nl. Consiguientemente, lo que intuitivamente podemos esperar es una curva en forma de campana como la mostrada en la figura 7.14. Sin embargo, a la hora de formular (entre otras cosas) una teoría molecular sobre la elasticidad del caucho necesitaremos una descripción más precisa que todo eso. La forma más simple y más ampliamente empleada, que no derivaremos aquí (véanse los libros de Flory, previamente citados), implica que la función de distribución toma la forma de una gaussiana con:

$$P(R) = A \exp(-BR^2) \tag{7.23}$$

donde:

$$A = \left(\frac{2\pi}{3}\right)^{-3/2} <R^2>^{-3/2} \tag{7.24}$$

y:

$$B = \frac{3}{2} <R^2>^{-1} \tag{7.25}$$

De cara a la obtención de este resultado es necesario hacer un número adicional de suposiciones (sobre las previas de la cadena libremente unida y el despreciar autointersecciones), una de las cuales es que $N \rightarrow \infty$. Consiguientemente P(R) puede tener todavía valores finitos (aunque muy pequeños) a valores de R más grandes que Nl (que es la longitud de la cadena). Aún y así, para muchos propósitos, se trata de una aproximación extremadamente buena y útil. Debemos tener únicamente presente que, en ciertas circunstancias, las suposiciones dejan de ser válidas (por ejemplo, en cadenas muy cortas, en cadenas muy largas con extensiones grandes, etc.) y debemos esperar por tanto desviaciones sobre el valor predicho por la aproximación. Podemos, también, obtener una función de distribución que describe la probabilidad de encontrar un final de cadena a una distancia R del origen (que es donde hemos fijado el otro extremo de cadena) con independencia de la dirección considerada. Para ello podemos usar la ecuación 7.23 y obtener la probabilidad de que ese final de cadena se encuentre localizado en un elemento de volumen $4\pi R^2 dR$. Esta es la llamada función de distribución radial que viene dada por la expresión $W(R) = P(R) \cdot 4\pi R^2$ y que también se ha representado en la figura 7.14. El máximo de esa curva corresponde al valor más probable y no es igual a $<R^2>^{1/2}$, sino que corresponde a $(2/3)^{1/2} <R^2>^{1/2}$. El segundo momento de esta curva es, en realidad, $<R^2>^{1/2}$, mostrada en la figura 7.14 con una línea vertical a trazos.

La distancia extremo-extremo promedio (ecuación 7.22) puede también obtenerse formalmente a partir de la función de distribución, pero se trata ya de demasiada estadística para lo que pretendemos, que no es sino una simple comprensión del problema. Por tanto, vamos a terminar esta sección resumiendo las partes más importantes que vamos a necesitar posteriormente. Estas son:

1) Una cadena polimérica podrá adoptar un enorme número de configuraciones como resultado de rotaciones en torno a todos y cada uno de los enlaces.
2) Estas configuraciones o conformaciones se pueden describir estadísticamente, siendo la distancia extremo-extremo R el parámetro más adecuado para realizarlo.
3) El valor promedio de R tomado sobre todas las conformaciones posibles puede expresarse en términos del valor promedio $<R^2>^{1/2}$, que es proporcional a la raíz cuadrada del número de enlaces, $N^{1/2}$.
4) La función de distribución P(R) toma, *en primera aproximación*, la forma de una curva gaussiana.

Efecto de las restricciones en la rotación. Interacciones de corto y largo alcance

Consideraremos ahora el efecto de varias restricciones, empezando por el efecto de la restricción en los valores que pueden tomar los ángulos de enlace y, subiendo en dificultad, terminaremos con el problema del volumen excluido, un complicado problema.

En la derivación precedente hemos supuesto una cadena libremente unida y el primer paso hacia la dura realidad es fijar los *ángulos de enlace* en sus valores usuales, que para el caso de cadenas poliméricas saturadas como el polietileno son de tipo tetraédrico. Por el contrario, seguiremos dejando libres los ángulos de rotación en torno a cada enlace. El efecto de esta restricción es introducir una correlación entre la dirección de un enlace y la del siguiente, de forma que el valor promedio de cos θ en la ecuación 7.19 no sea ahora cero. Puede demostrarse (véase el segundo libro de Flory) que en el límite de valores muy grandes de N, como ocurre con el número de enlaces de una cadena polimérica:

$$\langle R^2 \rangle = Nl^2 \left(\frac{1 + \cos\theta}{1 - \cos\theta} \right) \qquad (7.26)$$

de forma que $\langle R^2 \rangle^{1/2}$ sigue siendo proporcional a $N^{1/2}$.

La siguiente etapa es considerar el efecto de la rotación restringida. Si no hubiera correlaciones entre las rotaciones de un enlace y el siguiente obtendríamos un segundo factor de correlación que dependería, obviamente, de la función de potencial que describa las barreras a la rotación de los enlaces. Este problema ha sido descrito por Volkenstein* y Flory (ya citado) y se puede demostrar que el segundo término de corrección tiene la misma forma que la dada por la ecuación 7.26, con un factor cos ϕ que reemplaza a cos θ, con tal de que la función de potencial sea simétrica y los ángulos de rotación sean independientes unos de los otros;

$$\langle R^2 \rangle = Nl^2 \left(\frac{1 + \cos\theta}{1 - \cos\theta} \right) \left(\frac{1 + \eta}{1 - \eta} \right) \qquad (7.27)$$

donde $\eta = \cos\phi$ es el valor medio correspondiente al ángulo de rotación ϕ en torno a cada enlace. (El factor η puede tomar formas diferentes dependiendo de la función potencial).

En general, la forma exacta de la función de energía potencial no se conoce, por lo que cos ϕ no puede calcularse sin hacer algún tipo de simplificación. Ya que suele poderse disponer de la magnitud correspondiente a las barreras de rotación, una posible simplificación es el llamado modelo de los *estados isoméricos rotacionales*, donde se supone que un enlace se coloca preferentemente en una de las conformaciones de mínima energía, que para el caso del polietileno sería la conformación trans o una de las dos posibles conformaciones gauche. Cualquier posible fluctuación en torno a esas posiciones se ignora. La fracción de enlaces en cada conformación puede entonces calcularse asignando a cada estado conformacional un peso estadístico en función de la diferencia de energía entre ellos (por lo tanto, en el polietileno, hay más enlaces en la forma trans que en las formas gauche). Esto permite calcular un valor promedio para cos ϕ.

Los diversos factores de corrección pueden ahora incorporarse en un parámetro C_∞ definido como:

$$\langle R^2 \rangle_0 = C_\infty Nl^2 \qquad (7.28)$$

donde C_∞ da una idea de la diferencia existente entre las dimensiones reales de una cadena polimérica, expresadas en forma de $\langle R^2 \rangle_0$, y las obtenidas en el modelo de cadena libremente unida, Nl^2. Dado que es posible medir $\langle R^2 \rangle_0$ experimentalmente y Nl^2 es conocido, es posible obtener un valor experimental

---

* M. V. Volkenstein, *Configurational Statistics of Chain Molecules*, Interscience Publishers (1963).

de C_∞ que puede compararse con el calculado a partir de la ecuación 7.27, usando el modelo de los estados isoméricos rotacionales para calcular η. Se han comprobado importantes discrepancias entre unos y otros resultados, por lo que algún problema relevante sigue subsistiendo en algún punto.

El problema no se encuentra en el modelo de los estados isoméricos rotacionales como tal sino en la suposición de que las rotaciones en torno a los enlaces son independientes. En el polietileno, por ejemplo, puede demostrarse fácilmente, usando modelos, que si un determinado enlace está en el estado conformacional gauche, los enlaces vecinos tienen problemas para estar en el estado rotacional gauche de signo opuesto, ya que ello haría que ciertos átomos estuvieran demasiado cerca. En otras palabras, hay una dependencia de las conformaciones de los enlaces con respecto a las correspondientes de sus vecinos. Desafortunadamente, esta corrección no admite una solución en términos sencillos. Flory, en su segundo libro, describe varios métodos matriciales que pueden usarse para calcular el factor C_∞ en cadenas reales de polímero.

El punto clave en la discusión precedente es que las interacciones de corto alcance que afectan a las rotaciones de los enlaces no afectan a la dependencia de $\langle R^2\rangle^{1/2}$ con $N^{1/2}$, sino que pueden manejarse en un término separado C_∞, o incluso C_N si modificamos la ecuación en orden a tener en cuenta dimensiones finitas (N enlaces) de la cadena. Esto nos permite aproximarnos a la cadena real mediante una cadena libremente unida equivalente. De ahora en adelante no consideraremos ya enlaces individuales sino un número suficiente de enlaces adyacentes con los que, tras tener en cuenta sus varias posibles rotaciones, obtengamos un resultado que sea equivalente a la unidad libremente unida. No vamos a seguir, sin embargo, más lejos en esta dirección y volveremos ahora nuestra atención desde las restricciones provocadas por interacciones de corto alcance a las interacciones de largo alcance. Con este término hacemos referencia a las interacciones entre grupos que están a una cierta distancia en la cadena pero que, a causa de la complicada forma geométrica de ésta en una típica conformación ovillada, han sido colocados lo suficientemente cerca uno del otro como para interaccionar. En otras palabras, estamos empezando a considerar los problemas implicados en que, al construir la cadena según un vuelo al azar, algún eslabón de la cadena pueda estar destinado a ocupar en el espacio el lugar que ocupa otro previo o intersecciona con él.

Una posible aproximación emplea un modelo estadístico basado en trayectorias auto-excluyentes. Con este término expresamos que no se permite a la cadena pasar por espacios ocupados por otros trozos de sí misma. Al construir trayectorias de este tipo en el símil del paseante describiendo una trayectoria al azar, consideramos que el paseante recuerda dónde ha estado previamente, excluyendo ese espacio ("volumen excluido") para sucesivos pasos.

Si esta trayectoria auto-excluyente se considera, por ejemplo, en una dimensión el paseante sólo puede ir en una dirección porque un paso en sentido contrario implica pasar por donde ya ha estado previamente (véase la figura 7.15). Si cada paso es de longitud l, la distancia desde el origen sería siempre Nl (ignorando el sentido de la dirección). La distancia extremo-extremo depende de N y no del valor $N^{1/2}$ obtenido cuando se le permite pasar por lugares donde ha estado previamente. Es claro que el efecto de estas restricciones de volumen excluido expanden la distancia extremo-extremo. Ello es igualmente válido cuando el problema se considera en tres dimensiones.

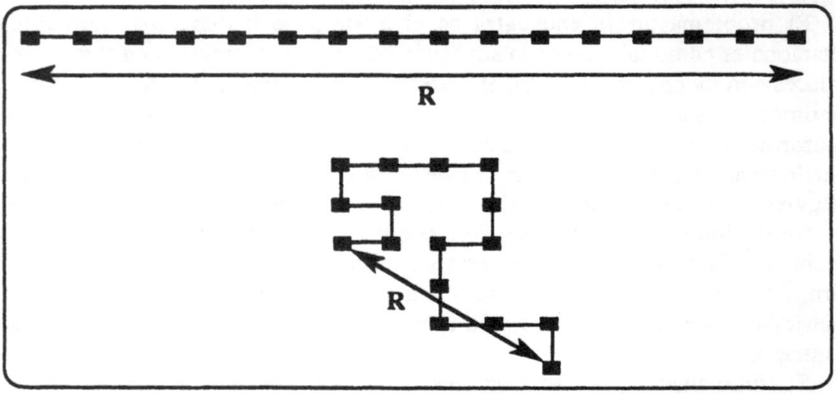

Figura 7.15 Trayectorias auto-excluyentes de 15 pasos en una y dos dimensiones.

Aunque el problema de la trayectoria auto-excluyente es difícil* es posible demostrar que:

$$<R^2>_{SAW} = \text{Constante } N^{\upsilon} \tag{7.31}$$

donde:

$$\upsilon = \frac{3}{d+2} \tag{7.30}$$

y d es el número de dimensiones que hayamos considerado en el espacio. El subíndice SAW hace referencia a la trayectoria auto-excluyente (en terminología inglesa, self-avoiding walk). Si $d = 1$ entonces $\upsilon = 1$, un resultado que ya hemos obtenido, y si $d = 3$ entonces $\upsilon = 0{,}6$. Consiguientemente, una primera consideración de este problema nos haría inferir que dado que las trayectorias auto-excluyentes nos parecen un tratamiento más correcto de la situación real, la dependencia de $<R^2>$ con N no sería del tipo $N^{0,5}$, sino $N^{0,6}$. Pero lo curioso es que en estado sólido eso no es cierto y es el modelo del vuelo al azar el que da la dependencia correcta con respecto a N. Solamente en el caso de tener a la cadena en una disolución diluida la dependencia de $<R^2>$ con N es del tipo $N^{0,6}$, de acuerdo con el modelo que acabamos de introducir (Estos resultados tienen un firme respaldo experimental en medidas de dispersión de neutrones). Este comportamiento es realmente extraño y una prueba más de la genialidad de Flory quien, ya en 1949, fue capaz de anticipar el resultado. Su derivación del factor de expansión de la cadena descansa sobre una serie de drásticas suposiciones pero parece correcta en lo esencial. Flory prefirió usar un factor de expansión α para describir la expansión de la cadena en un buen disolvente con respecto a su forma "no perturbada" derivada del vuelo al azar:

---

* Véase la discusión en R. Zallen, *The Physics of Amorphous Solids*, Wiley, 1983.

$$<R^2>^{1/2} = \alpha <R^2>_0^{1/2} \tag{7.31}$$

siendo Fisher* el que obtuvo posteriormente y, de forma más explícita, la dependencia con el número de dimensiones que hemos descrito en las ecuaciones 7.29 y 7.30 pero, en lo esencial, el tratamiento sigue a Flory.

Uno puede preguntarse por qué cuando una cadena está en estado sólido adopta la disposición "ideal" (es decir, la que se deduce de la simple aplicación del problema del vuelo al azar), y sin embargo se expande cuando está en disolución. El problema radica en la simplificada forma en la que hemos usado un modelo estadístico a la hora de tener en cuenta la gran variedad de conformaciones de cadena. En nuestro afán de simplificación hemos ignorado las interacciones intermoleculares. La presencia de tales interacciones sirve para introducir una nueva variante en el "peso" estadístico de las configuraciones, haciendo que algunas sean más probables que otras. Si consideramos solamente la cadena dispuesta en el vacío (que por otro lado es lo que venimos haciendo hasta ahora), aquellos segmentos de la cadena polimérica que se coloquen muy próximos a otros se repelerán. Lo esencial en el argumento de Flory es que en estado sólido, un segmento de una cadena está rodeado de otros. Para ese segmento es irrelevante si esos segmentos pertenecen a la misma cadena a la que él pertenece o forman parte de otras. Todas las interacciones son del mismo tipo y el ovillo estadístico que es el polímero no gana nada tratando de expandirse, por lo que mantendrá las dimensiones "ideales" (vuelo al azar). En un buen disolvente, sin embargo, la cadena gana energía libre al expandirse ya que contactos que pudieran darse entre diferentes segmentos de cadena son reemplazados por contactos o interacciones más favorables con el disolvente (usamos el término "buen disolvente" para referirnos a uno en el que las interacciones polímero-disolvente son mejores que las interacciones entre dos segmentos de una cadena polimérica). La situación es diferente si el disolvente no es suficientemente bueno pues, en ese caso, la cadena se recogerá sobre si misma. Veremos más detalles sobre este asunto cuando estudiemos la termodinámica de la disoluciones poliméricas.

Todo lo que acabamos de apuntar puede resultar difícil de comprender en un primer envite y es realmente complicado de describir de forma sencilla sin hacer uso de argumentos rebuscados y de ecuaciones. Para apreciar realmente la magnitud del problema el lector debería profundizar en el tema más allá de lo que constituye el ámbito de este texto. Las discusiones que le hemos presentado aquí sólo dan una idea de las complicaciones que se encontrará si finalmente decide emprender ese viaje.

E. MORFOLOGIA DE POLIMEROS

Morfología es una palabra que hemos robado a biólogos y botánicos, para los que significa el estudio de la forma y estructura. Aunque quizás sin el mismo

* M.E. Fisher, comentario en *J. Phys. Soc. Japan*, **26**, suplemento, p. 44 (1969) (apéndice al final del artículo mencionado).

significado, la palabra tiene también su correspondiente uso en polímeros donde, cuando se aplica, viene a significar el estudio del orden. En este sentido, el término se refiere obviamente al estudio de la cristalinidad y muchas discusiones sobre morfología de polímeros están restringidas a este tema. Algunos copolímeros (para ser más estrictos, algunos copolímeros de bloque), que son incapaces de cristalizar, también pueden formar estructuras de interesantes morfologías, pero no las discutiremos en este libro introductorio.

Cristalinidad en polímeros

La primera idea básica es que *los polímeros son semicristalinos.* En ciertos aspectos, los polímeros que cristalizan son claramente diferentes en sus características de materiales equivalentes de bajo peso molecular. Dos de los más reveladores aspectos experimentales de estas diferencias tienen que ver con los comportamientos observados en experimentos de difracción de rayos X (y electrones) y con el intervalo de temperaturas en el que los materiales poliméricos funden.

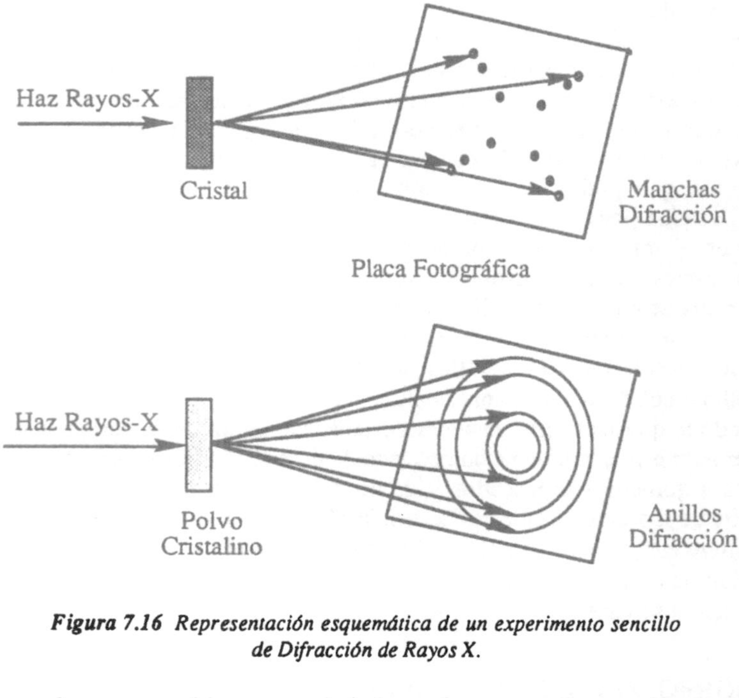

***Figura 7.16** Representación esquemática de un experimento sencillo de Difracción de Rayos X.*

Supondremos que el lector, en algún lugar de sus estudios previos, ha tenido alguna referencia sobre los principios básicos de la difracción de rayos X. Si los átomos están organizados en una disposición regular de tres dimensiones en el espacio, esta peculiaridad les permite difractar a los rayos X, dando una serie de señales sobre una placa fotográfica que sirve como receptor de los rayos difractados, tal y como se ilustra en la figura 7.16. La estructura del cristal puede reconstruirse a partir de las señales observadas y de sus intensidades, pero de cara a obtener cuanta información es capaz de proporcionar esta técnica, se necesita disponer de un cristal de tamaño macroscópico de la sustancia a investigar, cristal que colocaremos en el difractómetro.

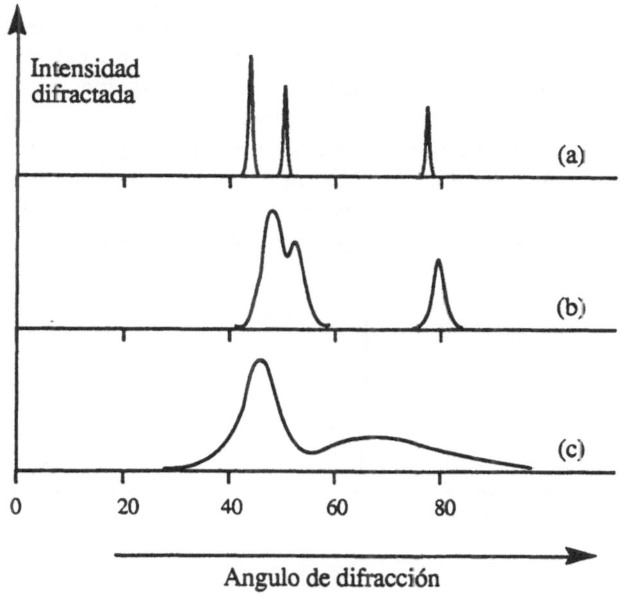

Figura 7.17 *Difractograma de Rayos X de (a) una muestra de cristales de aproximadamente 1 µm de diámetro (b) la misma muestra en forma de pequeños cristales (≈ 5 nm) y (c) la misma muestra en estado amorfo.*

Consideremos ahora la situación que se da en aquellos casos en los que no podemos disponer de un cristal de grandes dimensiones, sino solamente de un conjunto de cristales más pequeños organizados al azar, por ejemplo en forma de polvo. Si colocamos este polvo en el difractómetro, los cristales se encontrarán a diferentes ángulos con la dirección incidente del rayo X, de forma que las marcas individuales sobre la placa fotográfica a las que hacíamos antes referencia formarán una serie de anillos concéntricos. Empleando algún instrumento que pueda barrer todo el difractograma obtenido siguiendo una dirección radial desde el centro de la película y que sea capaz de medir la intensidad de la radiación difractada en cada punto (este instrumento se denomina densitómetro), seremos capaces de obtener un nuevo diagrama que se parecerá a la serie de bandas o picos que aparecen en la figura 7.17, siendo la altura de los picos una medida de la intensidad leida por el densitómetro a una distancia concreta del centro. Si tenemos un conjunto de cristales relativamente grandes (por ejemplo, 1 µm de diámetro) las líneas observadas serán francamente estrechas, como ilustra el difractograma de la parte superior [figura 7.17(a)]. Para conjuntos de cristales mucho más pequeños, nos encontraremos con que la anchura de esos círculos se va agrandando en un factor que depende inversamente del tamaño que estemos considerando. Cuanto más pequeños sean los cristales más anchos serán los picos de difracción, tal y como ilustra la figura 7.17(b). Finalmente, si tomamos nuestros cristales y los fundimos, el difractograma no desaparece del todo, obteniéndose una banda muy ancha en nuestro barrido del densitómetro y, superpuestas sobre él, es posible observar a veces algunas bandas secundarias como las que se ven en la figura 7.17(c). Este comportamiento es debido a que en los materiales amorfos sigue existiendo un cierto orden local, en el sentido de que hay un razonablemente bien definido número de vecinos más próximos de cada átomo o molécula y la difracción de éstos es la que causa el primer pico. En ese estado amorfo (o en el estado líquido) el número promedio de segundos vecinos más próximos está peor definido y todavía menos si consideramos los terceros vecinos. Consiguientemente, no suele ser muy habitual encontrar picos adicionales superpuestos al que hemos mencionado más arriba.

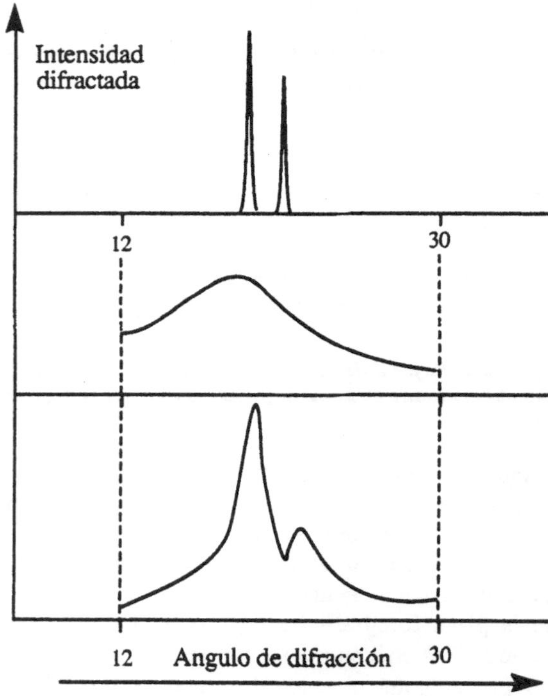

***Figura 7.18** Ejemplo esquemático de la difracción de rayos X de (a) una parafina de bajo peso molecular en estado cristalino, (b) la misma parafina calentada por encima del punto de fusión y (c) difractograma del polietileno.*

Para la mayor parte de materiales no poliméricos por debajo del punto de fusión, el difractograma de rayos X muestra picos cristalinos ensanchados por efecto de los diferentes tamaños de cristales y defectos de los mismos. Por encima del punto de fusión lo que se observa es el clásico difractograma de un material amorfo. *En el caso de polímeros, lo que se observa es una situación* *intermedia entre ambos comportamientos*. La figura 7.18 es ilustrativa de lo que acabamos de decir, mostrando el difractograma de una parafina de bajo peso molecular* en estado cristalino (a), en estado líquido o amorfo por encima de su punto de fusión (b) y, finalmente, el comportamiento del polietileno por debajo de su punto de fusión, mostrando picos cristalinos (bastante anchos si se comparan con los de la parafina) superpuestos a la ancha banda de difracción característica de los materiales amorfos (c). Por lo tanto, el polietileno debe estar constituido por pequeños cristales (picos cristalinos aunque anchos) que, de alguna forma, coexisten y están embebidos en una matriz formada por el material amorfo.

Fijándonos ahora en las temperaturas de fusión y cristalización, podemos constatar que los polímeros se comportan, en este caso también, de forma diferente a sus análogos de bajo peso molecular. Comparemos la fusión del polietileno con la de algunas parafinas. La figura 7.19 muestra medidas del volumen ocupado por el material a diversas temperaturas, medidas realizadas mediante un dilatómetro. En tanto que mejor empaquetado, el estado cristalino tiene un volumen más pequeño que el estado amorfo, observándose también que la fusión de la parafina, $C_{44}H_{90}$, tiene lugar a lo largo de un muy estrecho intervalo de temperatura. Este es el comportamiento que uno debiera esperar para la fusión de cristales de gran tamaño y más o menos perfectos.

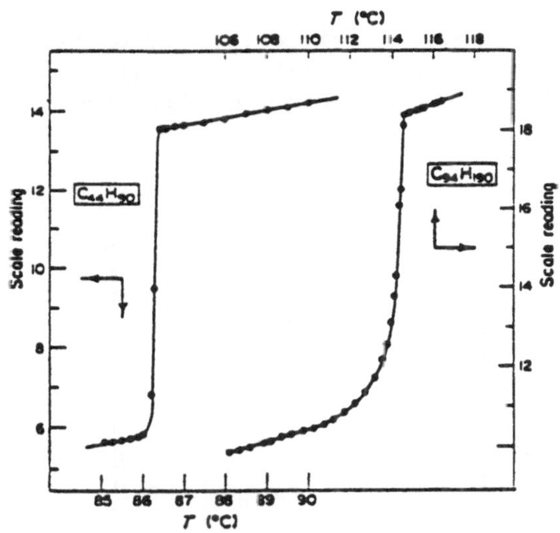

***Figura 7.19** Volumen en función de la temperatura para los hidrocarburos $C_{44}H_{90}$ y $C_{94}H_{190}$. Reproducción permitida tomada de L. Mandelkern,* Comprehensive Polymer Science, Vol. 2, *Pergamon Press, Oxford, Capítulo 11, 1989.*

Si consideramos ahora una parafina más larga, $C_{94}H_{190}$, el intervalo de fusión se ensancha en una cierta extensión, pasando desde un grado en la $C_{44}H_{90}$ hasta

* Las n-parafinas tienen la misma estructura química que el polietileno, sólo que sus cadenas son más cortas.

alrededor de 1,5 a 2°C. Progresando hasta el polietileno, este intervalo de fusión se ensancha aún más, como se muestra en la figura 7.20. Los círculos negros de la figura se refieren a un polietileno corriente con una distribución ancha de pesos moleculares. La muestra había sido cristalizada bajo condiciones cuidadosamente controladas, ya que enfriamientos rápidos, lentos, etc., pueden también afectar de forma concluyente al intervalo de fusión. No obstante, el intervalo de fusión es todavía muy ancho, indicando que los cristales de polímero tienen todo un intervalo de tamaños y perfecciones cristalinas. Como veremos más adelante, una de las razones que explican este hecho descansa en que la presencia de cadenas largas condiciona un proceso de cristalización bastante complejo. Si encima existe una distribución de longitudes de cadena, se plantean otros problemas adicionales.

En un cristal de parafina todos los extremos de cadena pueden ser incluidos en el cristal (alineados como sardinas en una lata), ya que todas las cadenas tienen la misma longitud, cosa que no ocurre en un polímero con una distribución de pesos moleculares. Esto no implica, sin embargo, que si todas las cadenas poliméricas tuvieran la misma longitud obtuviéramos cristales constituidos por alineamientos de cadenas enteras en su disposición extendida. Por razones que discutiremos en el capítulo 8, los polímeros no son capaces de cristalizar de esa manera, sino que en cadenas de diferentes longitudes la cristalización se produce a diferentes *velocidades* y la morfología de los cristales poliméricos está determinada por esa cinética de cristalización. De acuerdo con esto, si examinamos el comportamiento de fusión de una fracción de polietileno de peso molecular estrecho, como ocurre en el caso de los círculos blancos de la figura 7.20, el intervalo de fusión se estrecha considerablemente, aunque todavía es más ancho que en las parafinas.

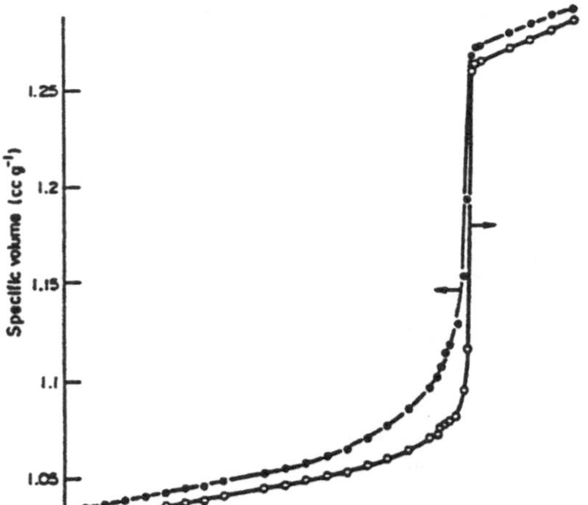

Figura 7.20 Relación Volumen específico-Temperatura para muestras de polietilenos lineales. ●, polímero sin fraccionar; ○, fraccionado. Reproducción permitida tomada de R. Chiang and P. J. Flory, JACS, *83, 2857 (1961).*

De todo lo anterior se puede concluir que los polímeros están constituidos por mezclas de pequeños cristales y material amorfo, lo que condiciona una fusión a lo largo de un intervalo de temperatura más que en un punto de fusión bien determinado. Y así, como Hoffman y colab.* han dejado escrito, los polímeros semicristalinos "soportan la maldición" de no obedecer las leyes de la Termodinámica, ya que de acuerdo con la regla de las fases, una mezcla de un solo componente a una temperatura particular debe ser cristalina (olvidándonos de posibles defectos) o amorfa pero no las dos cosas a la vez, teniendo que existir, además, una transición entre estos estados que debiera ser estrecha y de primer orden (y no sobre un intervalo de temperaturas). Sin embargo, esta idea supone que el material ha alcanzado el equilibrio, cosa que los cristales poliméricos no consiguen por varias razones, como discutiremos en detalle en el siguiente capítulo al hablar de la cinética de cristalización. Antes de hacerlo, necesitamos considerar previamente la morfología de un polímero, es decir, ¿qué apariencia tienen los cristales poliméricos?, ¿cómo se organizan unos con respecto a los otros? y ¿dónde se localizan las regiones amorfas?. Empezaremos cuestionándonos por qué algunos polímeros cristalizan y otros no.

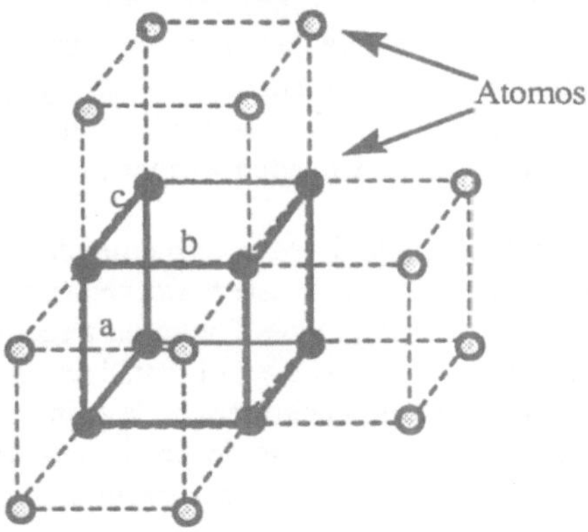

Figura 7.21 Representación esquemática de átomos dispuestos en una celdilla unidad de tipo cúbico (líneas de trazo grueso). El resto del cristal puede construirse apilando celdillas unidad idénticas unas junto a otras a lo largo de los ejes x, y y z.

Empaquetamiento en cristales poliméricos. Razones que condicionan la cristalinidad de polímeros

En principio, la difracción de rayos X permite la completa elucidación de la estructura de un material cristalino. Esta información se expresa en términos de la organización de los átomos o moléculas de un material en la llamada celdilla unidad. Una representación esquemática de átomos organizados en una celdilla unidad muy simple es la mostrada por la figura 7.21. La idea básica es que una vez que uno conoce la estructura de la celdilla unidad, uno puede obtener una visualización del cristal completo empaquetando simplemente muchas de esas

* J. D. Hoffman, G. T. Davis, and J. I. Lauritzen, Jr., en *Treatise on Solid State Chemistry, Vol. 3* (Editor: Hannay, N. B.), Plenum Press, New York, p. 497, 1976.

celdillas, poniéndolas unas junto a otras a lo largo de los ejes cristalográficos. Por supuesto, muchas celdillas unidad reales son mucho más complicadas que la mostrada en la figura 7.21 pero el concepto básico previamente detallado subsiste. Hay tres aspectos acerca del diagrama obtenido en experimentos de difracción de rayos X que nos interesan ahora. En primer lugar, cuando hablamos de materiales de bajo peso molecular es a menudo posible obtener buenos monocristales (o cristales únicos) que proporcionan una gran cantidad de datos (en forma de puntos de difracción) de los que es posible inferir una precisa idea sobre la organización de átomos y moléculas. Los polímeros sintéticos no pueden obtenerse en forma de monocristales y es necesario obtener difractogramas a partir de fibras estiradas, donde las cadenas están de alguna forma alineadas en la dirección de la fibra dependiendo del grado de estiramiento aplicado. De esa forma se observan unos pocos puntos de difracción, más o menos ensanchados en arcos, haciendo que el proceso de determinación de estructuras sea mucho más difícil. Segundo, incluso en el caso de la formación de cristales a partir de compuestos de bajo peso molecular, éstos contienen defectos que pueden afectar de forma profunda a sus propiedades. En general no debemos pensar en los materiales cristalinos como algo que tiene una estructura absolutamente perfecta (quien adquiere un diamante se da cuenta enseguida de lo que acabamos de decir). Finalmente, en materiales de bajo peso molecular, una molécula es más pequeña que el tamaño de la celdilla unidad. En polímeros esto no es así y las cadenas individuales pueden formar parte de diversas celdillas unidad.

Los detalles sobre la determinación de la estructura cristalina de un material polimérico se escapan a los objetivos de este texto. Haremos notar únicamente que la cristalografía derivada de los rayos X jugó un papel fundamental en los primeros estudios sobre los polímeros y en el establecimiento de la hipótesis macromolecular. Por lo demás, procederemos a describir dos o tres ejemplos típicos de celdillas unidad características de polímeros. Esto nos conducirá enseguida a ver con claridad por qué algunos polímeros cristalizan mientras otros no lo hacen.

La figura 7.22 muestra una representación de la celdilla unidad del polietileno. Uno debe fijarse en tres cosas distintas. Primero, y como acabamos de mencionar, sólo una pequeña parte de cada cadena entra en una celdilla unidad concreta. Consiguientemente, el conocimiento de la organización de las cadenas en la celdilla unidad es sólo una especie de conocimiento local, en el sentido de que no conocemos lo que ocurre con el resto de secciones de esa misma cadena. Podríamos preguntarnos si todas ellas forman parte de algún cristal o están en las regiones amorfas de las que también tenemos constancia de su existencia. Segundo, las cadenas se encuentran en el mínimo de energía preferido en cuanto a conformaciones, esto es, se encuentran en una disposición todo trans o zig-zag. Esta es una regla general para los polímeros cristalinos, particularmente si existen diversas conformaciones con aproximadamente la misma energía. Finalmente, la estructura cristalina está estrechamente empaquetada, como uno debiera esperar si las interacciones intermoleculares tienen que ser optimizadas. Esto acarrea el que determinados defectos, como puedan ser algunas ramas cortas que surjan de la cadena principal, no puedan ser acomodados en el retículo cristalino (algunos pequeños defectos consiguen a veces ser incorporados en ciertos polímeros cristalinos, lo cual no hace sino distorsionar el retículo). Consiguientemente, con sólo pequeñas cantidades de ramificación uno puede conseguir reducir *el grado de cristalinidad.* En general, sólo las porciones lineales de las cadenas cristalizan y las ramas son confinadas en los dominios amorfos. A altos grados de ramificación la cristalización puede estar completamente impedida.

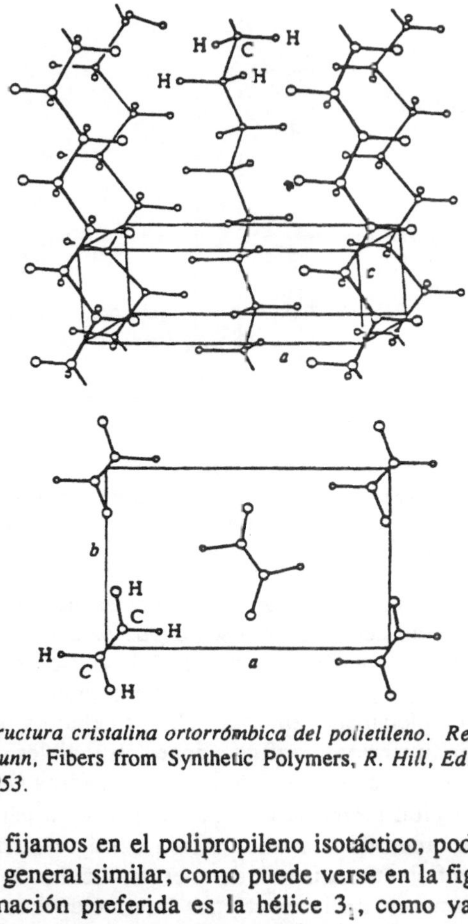

Figura 7.22 *La estructura cristalina ortorrómbica del polietileno. Reproducción permitida tomada de C. W. Bunn,* Fibers from Synthetic Polymers, *R. Hill, Ed., Elsevier Publishing Co., Amsterdam, 1953.*

Si ahora nos fijamos en el polipropileno isotáctico, podemos observar un comportamiento general similar, como puede verse en la figura 7.23. En este caso, la conformación preferida es la hélice 3_1, como ya hemos discutido previamente. Las cadenas están organizadas de una manera regular, estrechamente empaquetadas en el cristal, como se ilustra en la proyección mostrada en la figura, de forma que, de nuevo, se optimizan las interacciones intermoleculares. Un polipropileno atáctico no es capaz de conseguir eso en tanto que no dispone de regularidad en las conformaciones, de forma que la irrupción irregular de los grupos metilo que penden de la cadena impide cualquier empaquetamiento ordenado, condicionado en gran medida por la simetría.

Nuestra idea general es, por tanto, muy sencilla y obvia. De cara a ser capaz de cristalizar, un homopolímero debe tener una microestructura de cadena ordenada, es decir, debe ser lineal, estereorregular o cualquier otra cosa que sea requerida por su naturaleza química*. Si se trata de un copolímero, debe haber una organización regular de las unidades, ya sea en forma de un copolímero alternante o de un copolímero de bloque con tamaños de bloques lo suficientemente grandes como para permitir que los cristales se formen.

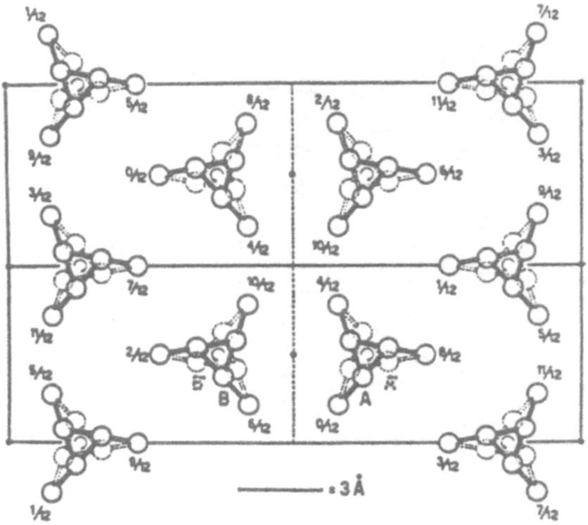

Figura 7.23 *Proyección sobre el plano {001} de la estructura cristalina de la celdilla unidad monoclínica del polipropileno isotáctico. Reproducción permitida tomada de G. Natta and P. Corradini,* Nuovo Cimento, *Suppl. to Vol. 15, 1, 40 (1960).*

Debemos, sin embargo, dejar claro que la regularidad de la estructura de la cadena hace que un polímero concreto sea *capaz de cristalizar*. Pero eso no significa que lo haga. El caucho natural (*cis*-1,4-poliisopreno), por ejemplo, tiene una estructura muy regular y lineal pero a temperatura ambiente, y si no ha sido estirado, es completamente amorfo. Ello es debido a que en ese estado desordenado existen numerosas configuraciones disponibles para la cadena, lo que le confiere una entropía grande. Cristalizar una cadena supone asentarla en una única conformación preferida con una significativa pérdida de entropía relativa al estado desordenado. La cristalización, consiguientemente, sólo tendrá lugar si hay una suficiente ganancia de energía, resultado, por ejemplo, de conseguir un máximo en las interacciones intermoleculares a través de un estrecho empaquetamiento. En el caucho natural, los posibles modos de empaquetamiento a temperatura ambiente no proporcionan energía suficiente como para compensar las pérdidas de entropía asociadas a la ordenación de las cadenas, de forma que la cristalización sólo ocurre si la entropía se reduce previamente por aplicación de una fuerza externa que estire las cadenas.

Además de factores termodinámicos como los mencionados, también existen factores de corte cinético que impiden la cristalización. Y así, la cristalización

* Hay siempre excepciones a cualquier regla y así el poli(alcohol vinílico) atáctico cristaliza de forma acusada.

puede impedirse por enfriamientos bruscos (quenching) del material fundido a temperaturas suficientemente por debajo de la temperatura de transición vítrea, lo que condiciona una insuficiente movilidad para que la cristalización tenga lugar.

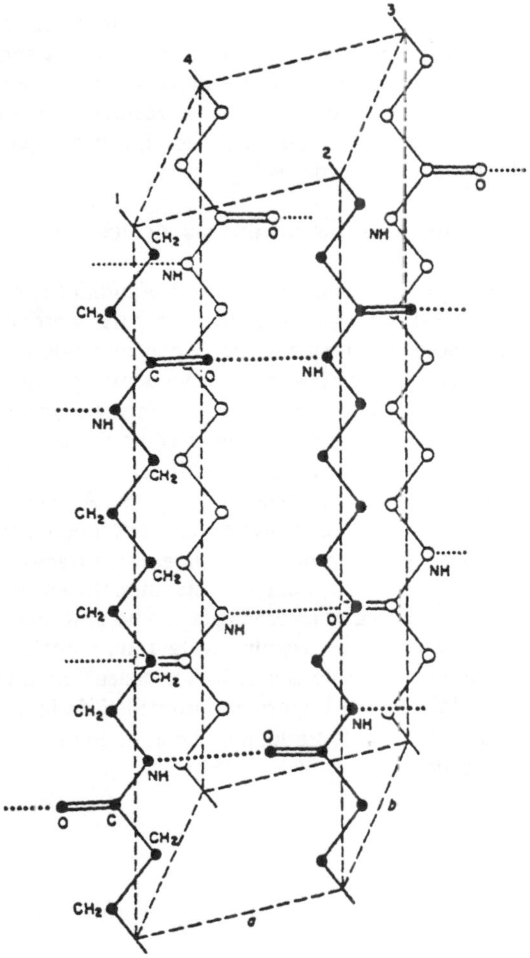

***Figura 7.24** La estructura triclínica del nylon 6,6, o forma α. Reproducción permitida tomada de C. W. Bunn and E. V. Garner,* Proc. Roy. Soc. (London), *189A, 39 (1947).*

Finalmente, vamos a considerar un ejemplo más de estructura cristalina en polímeros. Se trata del caso del nylon 6,6 que nos permite introducir el concepto de *polimorfismo*, o capacidad para existir en más de una forma cristalina (hicimos mención a ello en el Capítulo 6). Una de las formas cristalinas del nylon 6,6 se muestra en la figura 7.24. En este caso, las cadenas están alineadas para conseguir un máximo en el número de enlaces de hidrógeno (que, como se recordará, se trata de interacciones relativamente fuertes) que pueden formarse entre grupos amida de segmentos de cadena adyacentes, y que se muestran en líneas de puntos en esa figura. Esto consigue minimizar la energía total. El enlace de hidrógeno prefiere una ordenación lineal de los átomos implicados, en este caso los átomos N–H---O de grupos amida adyacentes, pero en este polímero hay otros factores que pueden jugar su papel. El adecuado empaquetamiento de los grupos CH_2 y la ordenación de las cadenas en sus conformaciones preferidas de tipo extendido minimizarán también la energía total. A veces, todos los factores conformacionales y de empaquetamiento no pueden acomodarse simultáneamente y, como resultado, existen diferentes estructuras cristalinas de energías casi idénticas. La forma que finalmente se obtiene depende de las condiciones de cristalización.

De las micelas con flecos a las laminillas de los monocristales

Hemos establecido previamente que, en las profundidades de sus dominios cristalinos, un polímero está organizado en forma regular y ordenada tal y como también lo hacen las moléculas pequeñas pero, considerando todo el conjunto, los cristales coexisten con el material amorfo. Ya hemos puntualizado que esto es poco corriente y debemos ahora considerar la forma u organización de los dominios amorfos y cristalinos (y posteriormente cómo puede eso ocurrir).

En estudios relativos a la morfología de polímeros, el año 1957 puede ser considerado como la frontera entre el antes y el después. Antes de dicha fecha, la representación más aceptada para la estructura de los polímeros cristalinos era la suministrada por el denominado *modelo de micela con flecos*, ilustrado en la figura 7.25. La característica crucial de este modelo es que las cadenas individuales atraviesan tanto regiones ordenadas como desordenadas, pudiendo empezar en un pequeño cristalito, seguir por la zona amorfa, entrar en otro cristalito y así hasta que hayamos considerado a la cadena en toda su extensión. Veremos que este modelo es una importante propiedad de la estructura de los polímeros cristalizables desde el fundido, pero no es la única trayectoria posible que pueden tomar las cadenas.

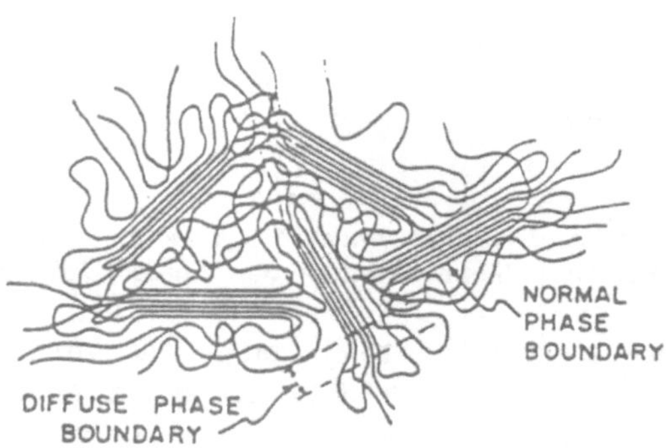

***Figura 7.25** Representación esquemática del modelo denominado micela con flecos. Reproducción permitida tomada de J. D. Hoffman, T. Davis and J. I. Lauritzen,* Treatise on Solid State Chemistry, Vol. 3, *Capítulo 7, Plenum Press, New York, 1976.*

En 1957 Keller, Till y Fischer, de forma independiente y casi simultánea, fueron capaces de conseguir las denominadas laminillas de monocristales al enfriar una disolución diluida y caliente de polietileno en xileno*. A cierta temperatura la cristalización comienza pero dado que las moléculas no están entrelazadas unas con otras, como ocurre en el fundido, es posible obtener formas cristalinas particularmente sencillas. Las fotografías obtenidas gracias a un microscopio electrónico mostraban que esos cristales tenían formas parecidas a las de un diamante más o menos plano, tal y como se ve en la figura 7.26.

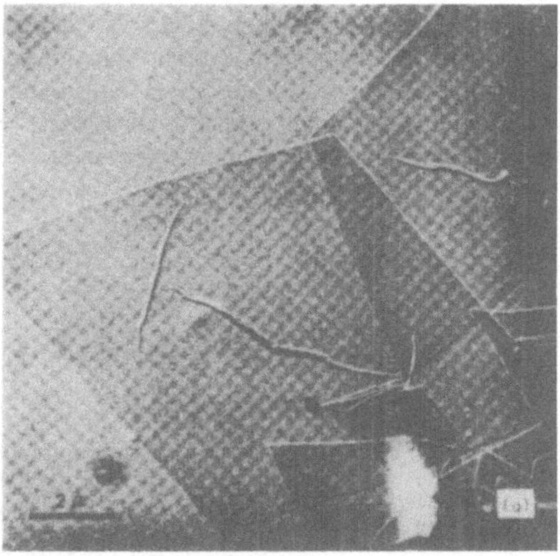

Figura 7.26 *Micrografía electrónica de un monocristal de polietileno obtenido a partir de una disolución en tetracloroetileno. Reproducción permitida tomada de P. H. Geil,* Polymer Single Crystals, *Robert E. Krieger Publishing Company, Huntington, New York, 1973.*

En estudios posteriores se demostró que esos cristales obtenidos desde la disolución son más parecidos a pirámides cuya apariencia se trunca como consecuencia del propio proceso de secado posterior a la cristalización. Por otro lado, pueden igualmente obtenerse monocristales poliméricos de otras formas pero no los describiremos aquí ya que sólo necesitamos considerar los aspectos más relevantes de las laminillas, lo que va a constituir el principal objetivo de nuestra discusión.

Los experimentos de difracción de electrones demuestran que los ejes de la cadena polimérica son esencialmente perpendiculares a las grandes y planas caras del cristal y paralelos a las caras delgadas (piense en un cristal como en una hoja de papel en el que las dos dimensiones que constituyen la superficie de escritura son muchas veces más grandes que la tercera dimensión o "espesor" del papel). Ya que el espesor en el cristal es sólo del orden de 100 Å, aproximadamente, mientras que la longitud de las cadenas usadas en los experimentos originales era

---

* Se habían obtenido laminillas de monocristales antes de esta fecha, pero no se les había concedido la importancia debida.

del orden de 2000 Å, Keller y O'Connor llegaron a la conclusión, presentada en un artículo a la 1957 Discussion of the Faraday Society Meeting, que "como el alineamiento de la cadena es casi perfecto, nos vemos forzados a concluir que las moléculas se pliegan sobre sí mismas". El asunto era tan controvertido que Morawetz, en su libro sobre la historia de la ciencia de polímeros, nos cuenta que E. W. Fischer encontraba tan ridículo su artículo, que también sugería el plegado de cadena, que temía perder su trabajo. Los hechos experimentales eran sin embargo incontrovertibles, teniéndose pronto constancia de que el plegado de cadena también se formaba desde el fundido. Volveremos pronto sobre ello.

El concepto de cadena plegada sirvió para comprender en poco tiempo una serie de diversas observaciones experimentales previas que resultaban oscuras hasta entonces. Así mismo permitió una nueva visión de las propiedades mecánicas de estos materiales como veremos más tarde en este texto. Sin embargo, el tema fue objeto de constantes controversias durante varios años más y puede incitar todavía algún que otro intercambio acalorado de opiniones.

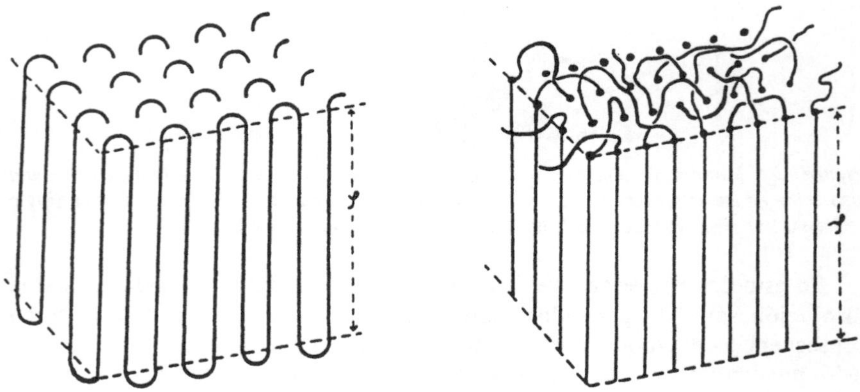

Figura 7.27 Los modelos de entrada adyacente y de tablero telefónico en monocristales poliméricos. Reproducción permitida tomada de P. J. Flory, JACS, *34, 2857 (1962).*

No fue, sin embargo, el puro concepto de plegado de cadena el que motivó encendidas controversias posteriores sino el relativo a la naturaleza de la superficie de plegado. Keller propuso que el plegado ocurre de manera regular, de forma que cuando una cadena emerge de un cristal inmediatamente vuelve a entrar en una posición adyacente, como se muestra esquemáticamente en la figura 7.27. Flory y sus colaboradores mantenían que la superficie de plegado debía ser esencialmente desordenada, con cadenas entrando y saliendo al azar, de forma parecida a como lo hacen los hilos telefónicos de una vetusta centralita telefónica, algo que también se ilustra en la misma figura 7.28. (La analogía es realmente buena pero el problema es que los lectores más jóvenes puede que no tengan una idea clara de como eran esas viejas centralitas telefónicas, a no ser que sean decididos seguidores de películas de la edad dorada de Hollywood).

Los argumentos relativos a los méritos de uno u otro modelo alcanzaron proporciones polémicas relevantes, culminando en el ahora famoso congreso de la Faraday Society en 1979. Muchas historias se han contado sobre dicha reunión científica, muchas de ellas ciertamente apócrifas, pero nuestra sensación es que Flory se sintió como si le hubieran preparado una emboscada mientras que los proponentes de la "entrada ordenada" se consideraron a sí mismos como vencedores de la "batalla" (los principales argumentos giraron sobre las condiciones requeridas para el empaquetamiento estérico en la interfase y la interpretación de los datos de difracción de electrones). Como resultado, y según cuentan las crónicas, Flory volvió del congreso francamente disgustado y se dedicó a trabajar en un modelo de mecánica estadística para superficies e interfases de cristales (véase la figura 7.28). Este modelo reticular permitió el cálculo del número de lugares de entrada adyacente en un cristal, que Flory determinó que debían ser inferiores al 40%. El valor preciso de este porcentaje depende (entre otras cosas) de una serie de suposiciones concernientes a la flexibilidad de cadena y es una cifra que ha sido revisada al alza hasta llegar a valores tan altos como el 80% para cadenas muy flexibles*, con lo que uno puede concluir que en este espinoso asunto todo el mundo tenía razón en cierta forma (o todo el mundo estaba equivocado, si se considera desde una perspectiva más avinagrada). Lo que parece cierto es que la controversia sirvió de acicate para que Flory desarrollara un nuevo y poderoso método de análisis y no parece

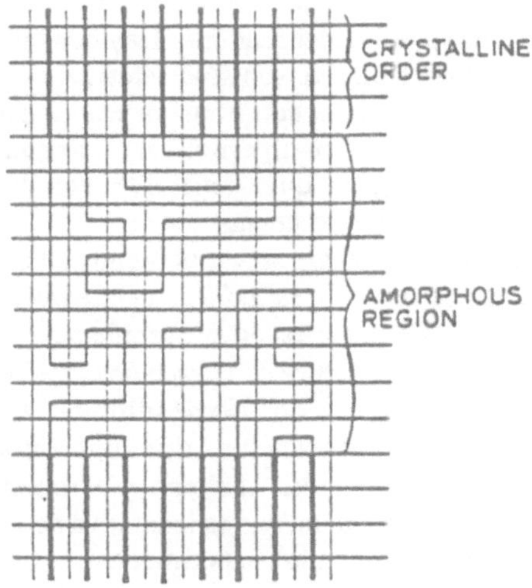

***Figura 7.28** Representación esquemática de la interfase en laminillas de polímeros semicristalinos. Para monocristales todas las cadenas deben volver al mismo cristal. Reproducción permitida tomada de K. A. Dill and P. J. Flory,* Proc. Nat. Acad. Sci., *77, 3115 (1980).*

* S. K. Kumar and D. Y. Yoon, *Macromolecules*, **22**, 3458 (1989).

aventurado concluir que para monocristales todas las cadenas vuelven a entrar no más allá de tres sitios subsiguientes en la superficie del retículo. Para el polietileno esto supone una región superficial de unos 15 Å, en buen acuerdo con los datos experimentales existentes al respecto.

Cristalización desde el fundido

La cuestión fundamental con la que el lector avispado debe venir armado a esta sección es el concepto del plegado de cadena que hemos discutido en la sección precedente. Al principio no estaba muy claro que tal concepto pudiera ser aplicado a los cristales formados desde el fundido, tanto es así que Bunn, una figura señera en los estudios de morfología de polímeros por rayos X llegó a comentar que "si esto ocurre en el crecimiento de cristales a partir del fundido todavía resultaría más sorprendente que en el caso de la disolución porque nuestra idea del fundido es el de una maraña de moléculas de gran tamaño". Pronto, sin embargo, quedó claro que el plegado de cadena también ocurre en los cristales formados desde el fundido aunque la elucidación de su estructura fina es un problema más difícil.

La característica más llamativa de la cristalización de muchos polímeros a partir del fundido es la formación de las llamadas esferulitas, entidades lo suficientemente grandes como para poder ser vistas en un microscopio óptico (es decir, son mucho más grandes que las laminillas de los monocristales). Como su nombre indica, se trata de objetos esféricos, no completamente cristalinos, sino que contienen una especie de organización conjunta de partes amorfas y cristalinas. Si se contemplan con ayuda de un microscopio óptico provisto de polarizadores cruzados*, su apariencia es la de la figura 7.29, que muestra el crecimiento de esferulitas a partir del fundido. Hay dos cosas a destacar en esa figura sobre las esferulitas. Primero, son sólo esféricas en los estados iniciales del crecimiento, colisionando unas con otras en etapas posteriores formando fronteras más o menos rectas o hiperbólicas. Segundo, el uso de los polarizadores revela una figura que tiene que ver con las propiedades birrefringentes de estos polímeros cristalinos.

Supondremos que el lector puede saber, al menos de forma aproximada, lo que esto quiere decir, pero si no es así es suficiente comprender que los polímeros cristalinos son anisotrópicos en sus propiedades ópticas (hay, para la luz polarizada, una diferencia de índice de refracción entre la dirección paralela al eje de la cadena y la dirección perpendicular a ese mismo eje). Consiguientemente, la figura observada dice algo sobre la organización subyacente de los dominios cristalinos. La figura 7.29 muestra la característica y comúnmente observada cruz de Malta, que es indicativa de un cierto orden radial. Este tipo de observación, junto con los experimentos de difracción de rayos X, indican que las cadenas están orientadas en una dirección perpendicular al radio de la esferulita. El asunto era al principio enigmático y difícil de comprender hasta que la idea de que el plegado de cadena también ocurría en muestras

* La luz incidente se polariza en una dirección y tras pasar por un delgado film de la muestra se ve gracias a un segundo polarizador colocado formando 90° con el primero. En esta posición no pasaría luz alguna a no ser que hubiera algún tipo de interacción con la muestra.

cristalizadas desde el fundido quedó bien asentada. Por otro lado, la organización de las partes cristalinas y amorfas se hizo más clara cuando se tuvieron en cuenta los resultados de algunas inteligentes experiencias de Keith y Padden relativas a la cristalización de mezclas donde uno de los componentes no cristalizaba. Como ejemplo, la figura 7.30 muestra una fotografía de la cristalización de polipropileno isotáctico desde una mezcla que contiene además un 90% de polímero atáctico. Este último era posteriormente eliminado con el concurso de un disolvente (las partes cristalinas eran insolubles a

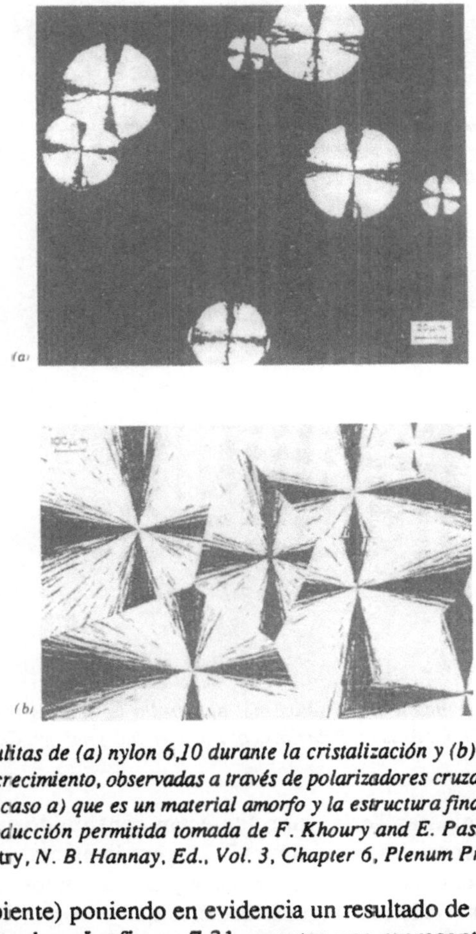

***Figura 7.29** Esferulitas de (a) nylon 6,10 durante la cristalización y (b) poli(óxido de etileno) tras completarse el crecimiento, observadas a través de polarizadores cruzados. Fíjese en el fondo sin estructura en el caso a) que es un material amorfo y la estructura fina y las cruces de malta del caso b). Reproducción permitida tomada de F. Khoury and E. Passaglia, en* Treatise on Solid State Chemistry, *N. B. Hannay, Ed., Vol. 3, Chapter 6, Plenum Press, New York, 1976.*

temperatura ambiente) poniendo en evidencia un resultado de estructuras del tipo laminillas ramificadas. La figura 7.31 muestra una representación esquemática de cómo se piensa pueden crecer las esferulitas a partir de una laminilla inicialmente formada (a veces confusamente denominada fibrilla) que, en el curso de su crecimiento, se ramifica hasta formar la esferulita. El espacio entre los brazos se queda lleno de material amorfo.

Figura 7.30 Crecimiento de esferulitas de polipropileno isotáctico en presencia de un 90% de polipropileno atáctico. Fíjese en las fibrillas ramificadas. Reproducción permitida tomada de H. D. Keith and F. J. Padden, J. Appl. Phys., *35, 1270 (1964).*

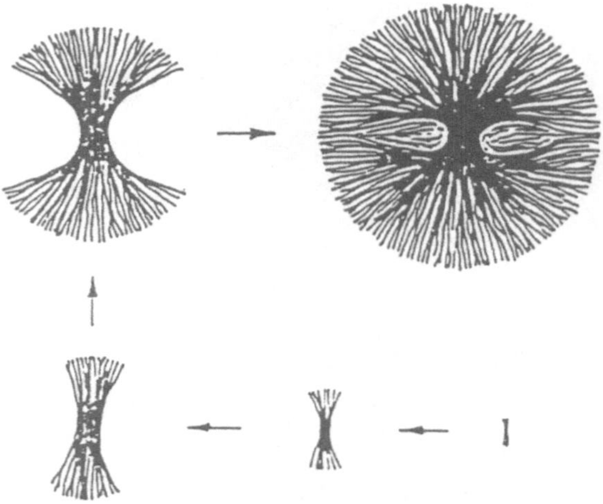

Figura 7.31 Representación esquemática del desarrollo de una esferulita. Reproducción permitida tomada de D. C. Bassett, Principles of Polymer Morphology, Cambridge University Press, 1981.

Los brazos laminares de la esferulita están constituidos por material con cadenas plegadas, como ilustra la figura 7.32, pero la naturaleza del plegado en este caso se considera que es mucho menos regular que en los cristales formados desde la disolución. Además, algunas cadenas que emergen desde un brazo se ovillan a través de la región amorfa para llegar hasta otro brazo cristalino, como ocurría en el viejo modelo de la micela con flecos (vea el modelo de la zona de la interfase en la figura 7.28). Estas moléculas enlazantes juegan un papel fundamental en las propiedades mecánicas. La naturaleza tenaz generalmente exhibida por ciertos polímeros y su capacidad para sufrir deformaciones plásticas depende de la presencia de cadenas que conecten las laminillas entre sí.

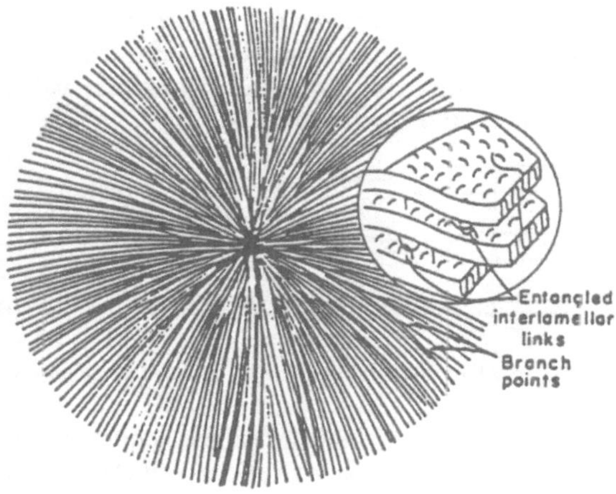

Figura 7.32 Representación esquemática de la estructura de una esferulita. Fíjese en las uniones interlamelares de los brazos de la esferulita. El material amorfo también se sitúa entre los brazos de la esferulita pero, sin embargo, no se muestra en la figura. Reproducción permitida tomada de J. D. Hoffman, T. Davis and J. I. Lauritzen, en Treatise on Solid State Chemistry, *N. B. Hannay, Ed., Vol. 3, Capítulo 7, Plenum Press, New York, 1976.*

Fibras

El plegado de cadena tiene como consecuencia el que los polímeros cristalizados desde el fundido no sean tan fuertes como debieran o nos gustaría que fueran para ciertas aplicaciones. No es nuestro propósito hablar aquí de propiedades mecánicas pero debiera quedar claro, de forma intuitiva, que si organizamos las cadenas de manera que estén perfectamente estiradas y alineadas y posteriormente las estiramos en la dirección de la alineación, serán los consistentes enlaces covalentes de las cadenas los que soportarán la fuerza ejecutada. (Existe una complicación escondida en la longitud finita de las cadenas que hace que la fuerza tenga que pasar de una cadena a otra. Sin embargo, en un planteamiento sencillo, ignoraremos esas dificultades en este caso). Por el contrario, en una muestra cristalizada desde el fundido y que contenga esferulitas orientadas al azar, serían las débiles fuerzas de atracción entre cadenas (y también los entrelazamientos físicos, etc.) los que resistan un determinado peso y uno puede imaginarse a las cadenas siendo estiradas fuera del cristal, es decir siendo desplegadas hasta dar un material en el que las cadenas tienen una forma más estirada. Esto es exactamente lo que hacemos cuando preparamos una fibra. Si una muestra es estirada a temperaturas por encima de la T_g, pero por debajo de la T_m, podemos conseguir una morfología en la que hay una orientación preferencial de las cadenas en la dirección paralela al propio estirado. De hecho, un material como el polietileno puede ser estirado hasta varias veces su longitud original, como ilustra la figura 7.33, y este proceso de estirado, si se hace adecuadamente, confiere al material una acrecentada resistencia y módulo en la dirección de estirado.

La pregunta ahora es ¿cuál es la morfología de las muestras estiradas?. La respuesta es que no lo sabemos, al menos con el detalle con el que conocemos la formación de los monocristales, las esferulitas y otras morfologías que hemos preferido olvidar aquí por ser menos comunes y no aportar nada a los principios de carácter general que estamos aquí explicando.

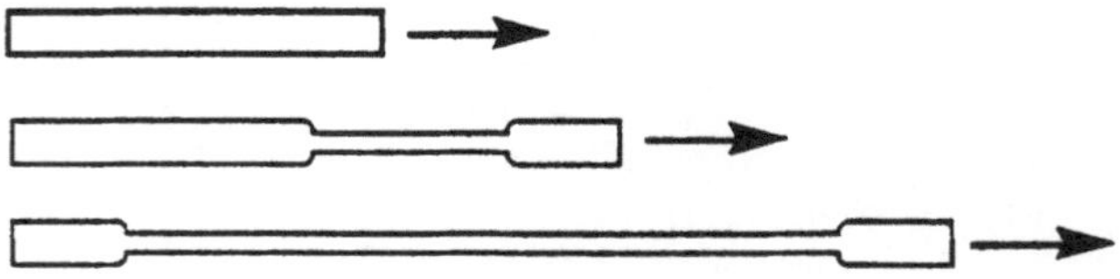

Figura 7.33 Diagrama esquemático del estirado de un polímero.

Al producir fibras nos gustaría obtener cadenas completamente extendidas. La naturaleza es capaz de hacerlo con gran eficacia en el caso de la celulosa, que es sintetizada por las plantas en series de unas treinta cadenas que forman largas fibrillas extendidas. En el caso de polímeros sintéticos, este nivel de orientación es difícil de conseguir con métodos de procesado convencionales. Quizás el modelo más convincente de la morfología de fibras estiradas es el debido a Peterlin y que la figura 7.35 ilustra esquemáticamente, mostrando cómo, en este caso, las cadenas están parcialmente estiradas pero queda todavía mucho material plegado.

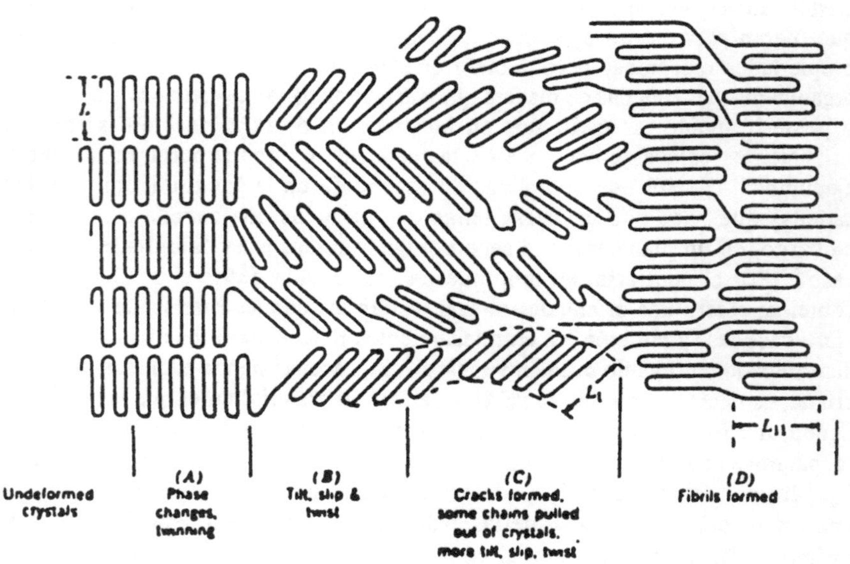

Figura 7.34 Modelo de Peterlin en el que se ilustra la transformación de una estructura fibrilar a partir de una estructura laminar. Reproducción permitida tomada de A. Peterlin, J. Polym. Sci., *C9, 61 (1965).*

Hay dos recientes avances que han permitido el desarrollo de fibras con estructuras mucho más extendidas y, por tanto, con propiedades mecánicas mejoradas. Primero, la síntesis de polímeros con cadenas centrales muy rígidas. Son moléculas tipo varilla que tienen propiedades de cristal líquido, lo que les permite, por ejemplo, alinearse en solución a concentraciones por encima de un cierto nivel crítico. Es claro que es mucho más fácil (en principio) obtener fibras altamente orientadas con estructuras de cadena extendida a partir de ese tipo de cadenas (en la práctica hay un buen montón de problemas). Segundo, la implantación de nuevos métodos de procesado, basados en el estirado a partir de un gel (para así minimizar el efecto de los entrelazamientos entre cadenas durante el proceso de orientación) han dado lugar, en casos como el del polietileno, a fibras de alta resistencia y alto módulo. Pero esto nos saca del área de la morfología y nos traslada al área de las propiedades mecánicas. Guardaremos estas delicias para verlas en este libro algo más tarde. Así que concluiremos este capítulo con un breve aparte sobre tamaño y microscopía.

F. CUESTIONES FINALES. UN BREVE COMENTARIO SOBRE EL TAMAÑO.

Aunque hemos enseñado varias micrografías en la sección precedente, nada hemos dicho sobre microscopía. Se requiere mucha destreza y oficio, particularmente a la hora de preparar muestras, para obtener buenas fotografías y no ser engañado por las apariencias. Por tanto, la técnica requiere un tratamiento por separado y de carácter más avanzado. Sin embargo, y para acabar el capítulo, pensamos que puede ser útil comentar brevemente los tamaños relativos de las diversas estructuras que estamos aquí considerando y que esquemáticamente están ilustrados en la figura 7.35 que, en su parte izquierda, muestra dos cadenas organizadas en un cristal. Las distancias entre cadenas son del orden de 5 Å (5 x 10^{-8} cm) (y, como es obvio, varían de polímero a polímero). Si ahora nos fijamos en las laminillas de un monocristal, su tamaño es del orden de 10 μm (1 x 10^{-3} cm) a lo largo de los lados de su estructura tipo diamante (la figura muestra una medida a lo largo de la diagonal) y son, por tanto, unas 30000 veces más grandes que las distancias entre cadenas a lo largo de esta dimensión (por lo que muchas cadenas pueden amontonarse en un monocristal). El espesor de las laminillas, sin embargo, es sólo de unos 150 Å, lo que quiere decir que estos cristales son realmente muy delgados en comparación con sus grandes dimensiones (≈ 1/1000) y pueden asemejarse a una hoja de papel. Finalmente, las esferulitas, en el punto medio de su intervalo de crecimiento, antes de colisionar entre ellas, miden aproximadamente 100 μm (1 x 10^{-2} cm) de diámetro (obviamente empiezan siendo mucho más pequeñas y acaban mucho más grandes).

Estas diferencias en tamaño determinan cual es la técnica adecuada para estudiar la morfología de estas entidades cristalinas. El factor limitante es (aproximadamente) la longitud de onda de la radiación empleada, en el sentido de que si las características a contemplar son más pequeñas que ella, la estructura no puede resolverse (sin embargo, hemos leido recientemente que los especialistas en microscopía óptica disponen de nuevos trucos para mejorar la resolución). Si asumimos que estamos usando luz visible en el intervalo de longitud de onda de 5000 Å, podríamos observar las esferulitas pero no podríamos resolver los detalles de la estructura de los monocristales. Para observar estos últimos necesitamos recurrir a la microscopía electrónica.

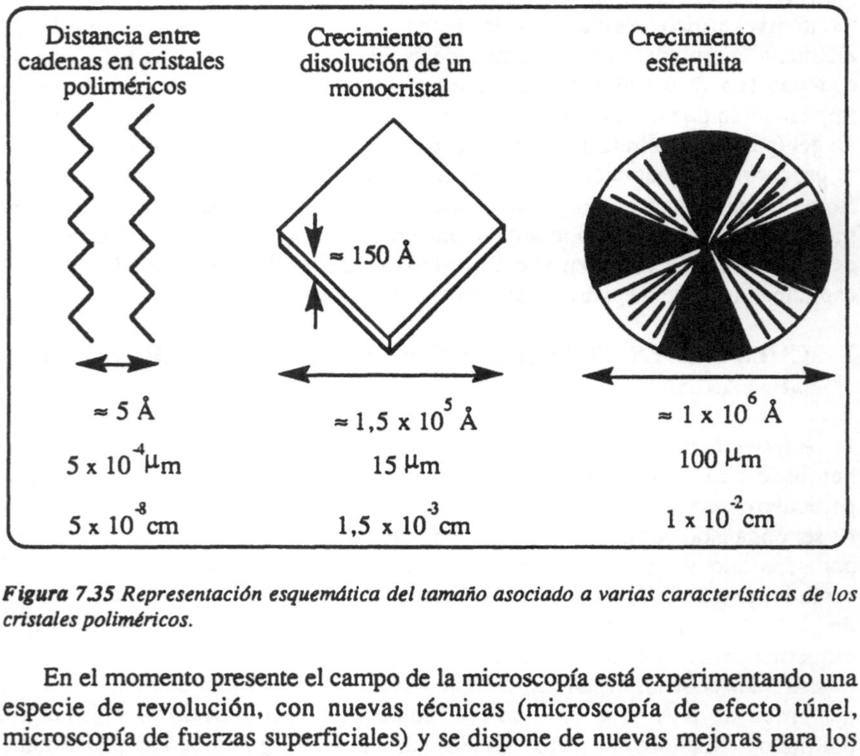

Figura 7.35 *Representación esquemática del tamaño asociado a varias características de los cristales poliméricos.*

En el momento presente el campo de la microscopía está experimentando una especie de revolución, con nuevas técnicas (microscopía de efecto túnel, microscopía de fuerzas superficiales) y se dispone de nuevas mejoras para los métodos más antiguos. Suponemos que la vieja controversia sobre la naturaleza del plegado de cadena no se resolverá a satisfacción de todo el mundo hasta que algún emprendedor microscopista imagine un procedimiento para ver la superficie de un monocristal. Esperamos, pues, los desarrollos en este campo con verdadero interés.

G. TEXTOS ADICIONALES

(1) D. C. Bassett, *Principles of Polymer Morphology*, Cambridge University Press, Cambridge, 1981.

(2) P. J. Flory, *Principles of Polymer Chemistry*, Cornell University Press, Ithaca, New York, 1953.

(3) P. J. Flory, *Statistical Mechanics of Chain Molecules*, John Wiley & Sons, New York, 1969.

(4) P. H. Geil, *Polymer Single Crystals*,
Robert E. Kreiger Publishing Company, Huntington, New York, 1973.

(5) H. Tadokoro, *Structure of Crystalline Polymers*,
John Wiley & Sons, New York, 1979.

(6) L. R. G. Treloar, *Physics of Rubber Elasticity*,
Third Edition, Claredon Press, Oxford, 1975.

CAPITULO 8

Cristalización, Fusión y Transición Vítrea

Thermodynamics " . . . a pretty gloomy topic, the part of science that tells us that the world is running down, getting more disordered and generally going to hell in a handbasket"
—James Trefil, 1991*

A. PLANTEAMIENTO GENERAL

En los próximos dos capítulos vamos a considerar un tipo de propiedades (térmicas y en solución) que se describen mejor en términos del lenguaje empleado por la termodinámica y la mecánica estadística. El afrontar así estas propiedades presenta algunos problemas relativos a dónde se comienza y cuánta materia fundamental se supone que debe constituir el cuerpo básico sobre el que asentar el subsiguiente desarrollo. Además, la sola mención de la palabra termodinámica supone, para la mayor parte de los estudiantes, una inmediata asociación de términos con el siempre misterioso e intangible (para muchos) concepto de entropía. En parte, algunas de estas dificultades son un residuo del propio desarrollo histórico del tema, que comenzó antes de la aceptación general de la naturaleza atómica de la materia como algo que tenía que ver con cosas como la eficacia de las máquinas térmicas. Casi todo el mundo conoce que la termodinámica clásica describe relaciones entre propiedades macroscópicas pero si contemplamos conceptos como el de la entropía desde el punto de vista de la termodinámica estadística, que proporciona el vínculo entre estructura atómica o molecular y propiedades macroscópicas a través de la consideración de las propiedades estadísticas de un número muy grande de átomos o moléculas, dichos conceptos resultan entonces más fáciles de entender. Desafortunadamente, muchas veces estos temas se contemplan de forma separada y, en nuestra experiencia, muchos estudiantes no hacen siempre las necesarias conexiones entre materias, lo que les hace adolecer de cierta información sobre conceptos fundamentales necesarios en sus posteriores estudios de polímeros. Como resultado, tan pronto como empezamos a mencionar en clase conceptos como energía libre, entalpía o entropía, suele ser a veces posible contemplar ostensibles manifestaciones de incomodidad a lo largo y ancho del aula. Vamos a empezar, por tanto, nuestra discusión sobre las propiedades

* Descripción debida a James Trefil en una revisión del libro, *The Arrow of Time*, de P. Coveney y R. Highfield, New York Times Book Review Section, Domingo 23 de junio de 1991.

térmicas con una breve introducción a los conceptos básicos de la termodinámica y la termodinámica estadística.

Trataremos solamente con aquella parte de la termodinámica conocida como termodinámica del equilibrio. Para otros procesos en los que el control está ejercido por la velocidad a la que el proceso se desarrolla, como es el caso de la cristalización, la teoría cinética resulta particularmente esclarecedora. Sin embargo, aún en estos casos, la consideración del equilibrio resulta igualmente útil en tanto que puede decirnos hacia dónde prefiere ir el sistema, si prefiere quedarse como está, etc., lo que puede proporcionar un importante nivel de comprensión. Hay también algunas propiedades que no sabemos exactamente cómo abordarlas, como es el caso de la temperatura de transición vítrea, de la que es difícil asegurar si es una verdadera transición de segundo orden (definida al principio del capítulo 7 y discutida en más detalle más adelante en este mismo capítulo), o si estamos ante un fenómeno puramente cinético. (Incluso si bajo el fenómeno subyace una auténtica transición termodinámica, la cinética determina el valor concreto de la T_g para un material específico sujeto a determinadas condiciones experimentales, esto es, velocidad de enfriamiento, etc.; volveremos sobre esto más adelante). Sin embargo, dado que para nuestros objetivos tiene más sentido abordar conjuntamente propiedades como la cristalización, los puntos de fusión y la temperatura de transición vítrea, lo haremos bajo un epígrafe general de propiedades termodinámicas. Pero debe mantenerse en mente la idea de que los factores cinéticos dominan en ciertos procesos por encima de las influencias puramente termodinámicas.

B. ALGUNOS CONCEPTOS FUNDAMENTALES

Termodinámica. Un repaso elemental

Vamos a empezar con las leyes de la termodinámica, que muchos estudiantes identifican vagamente como algo que tiene que ver con la temperatura, la energía y la entropía y cuya confusa cronología ha sido deliciosamente descrita por Atkins*:

> Hay *cuatro* Leyes. La tercera de ellas, la *Segunda Ley*, fue la primera reconocida; la primera, la *Ley Cero*, fue formulada la última; la *Primera Ley* lo fue en segundo lugar; la *Tercera Ley* parece incluso no ser una ley en el sentido de las anteriores.

Las leyes cero y tercera tienen que ver con la temperatura. La ley cero es una especie de definición de la temperatura al establecer que no existe un flujo neto de calor entre dos cuerpos cuando están a la misma temperatura. La tercera ley establece que no puede alcanzarse el cero absoluto de temperatura en un número finito de pasos u operaciones. No diremos nada más sobre estas leyes, exceptuando el puntualizar que dado que la temperatura es un concepto

---

* P. W. Atkins, *The Second Law*. Scientific American Library. W. H. Freeman and Co., New York (1984) (existe traducción al castellano editada por Prensa Científica, Barcelona (1992))

cotidianamente empleado, la mayor parte de los estudiantes creen conocer bien lo que es la temperatura aunque, usualmente, eso es falso. Habitualmente no van más allá de considerar la temperatura como una medida del "nivel de calor" de un cuerpo pero no se pregunta qué es lo que eso significa. Por ejemplo, ¿cómo se comportan las moléculas en un cuerpo caliente para que sea diferente de un cuerpo frío?. Volveremos más tarde a tratar brevemente la base molecular de la temperatura.

La primera ley, relativa a la conservación de la energía, presenta pocos problemas ya que resulta intuitiva para muchas personas, al menos para aquellas que piensan que no se consigue algo a cambio de nada. Donde la mayor parte de los estudiantes encuentran dificultades es en la segunda ley, que puede expresarse de varias formas, dos de las cuales son la siguientes:

1) No se puede transformar íntegramente calor en trabajo.
2) El calor no fluye de un cuerpo frío a uno más caliente.

Las definiciones anteriores no son absolutamente rigurosas ni precisas pero son suficientes para nuestros actuales fines que sólo persiguen recordar algunos conceptos fundamentales que se supone que el lector ha visto en otros sitios. El punto importante, relativo a las dos definiciones anteriores, es que puede demostrarse que son equivalentes entre sí, una vez que el concepto de entropía está claramente introducido. El problema con la comprensión de la entropía, según nuestra opinión, es que usualmente se introduce en términos de la disipación de energía que ocurre en procesos irreversibles o, alternativamente, en términos del "impuesto de energía" que uno debe pagar para hacer funcionar una máquina térmica que opere en ciclos. A modo de repaso, examinaremos brevemente las dos ideas anteriores para proceder posteriormente a dar una interpretación en términos moleculares, que es mucho más fácil de entender ya que permite contemplar un posible mecanismo. Introduciremos algunos conceptos y ecuaciones que usaremos de forma amplia al describir las propiedades termodinámicas de polímeros.

Consideraremos primero un proceso irreversible, reproduciendo para ello un ejemplo dado por Lewis y Randall*. Comienza de forma muy simple. Un peso está atado a una polea y este peso está también en contacto con un foco que actúa como fuente o como sumidero de calor (en todo lo que sigue omitiremos las usuales precauciones de aislar el sistema, hacer las cosas lo más lentamente que podamos, etc., dado que nuestro único interés en este momento es recordar algunos puntos claves). Se permite al peso caer, lo que proporciona energía en forma de calor al foco a través de algunos procesos de fricción y también a través del impacto que el peso realiza en el suelo del foco. Conocemos, por la primera ley, que la energía se conserva pero conocemos también por la experiencia cotidiana que el peso no puede volver a su posición original a no ser que actúe una *fuerza externa directa*. Podemos tomar todo el calor que queramos del foco y ponerlo en el peso pero con eso no conseguiremos que pegue un salto hacia el aire, simplemente se pone más caliente. Por tanto, lo primero que podemos decir

---

* G. N. Lewis y M. Randall, *Thermodynamics*. Revisión de K.S. Pitzer y L. Brewer, Segunda Edition, McGraw Hill, (1961).

es que hay una especie de calidad u organización de la energía que, en cierta forma, se ha perdido, lo que nos da una idea de la irreversibilidad de este proceso de caída bajo la acción de la gravedad.

Podemos ahora complicar un poco el experimento, teniendo dos focos de calor, uno caliente y uno frío, en lugar de jugar con uno solo. Dejamos que el peso que cae proporcione una cierta cantidad de energía al foco caliente, lo que constituía nuestro primer proceso irreversible. Esta energía se transfiere después al foco frío, lo que también es un proceso irreversible (véase una de las dos definiciones de la segunda ley, anteriormente citadas). El lector no debe perder los papeles en este punto. Seguimos hablando de la transferencia de la misma cantidad total de energía, la primera ley se sigue cumpliendo, pero hay algo diferente en lo relativo a su "forma" o "calidad". Debería ser obvio que la "degradación" de la calidad de la energía en el proceso,

$$\text{Energía friccional} \xrightarrow{Q} \text{Foco caliente} \xrightarrow{Q} \text{Foco frío}$$

debe ser mayor que la de cada una de las dos etapas por separado, ya que, después de todo, el proceso global es irreversible. Por tanto, *debe existir una dependencia inversa de la "irreversibilidad" con la temperatura.* Si hacemos que la cantidad Q/T sea una medida de la irreversibilidad, donde Q es el calor transferido en cada etapa, tenemos entonces un parámetro que estaría definido de

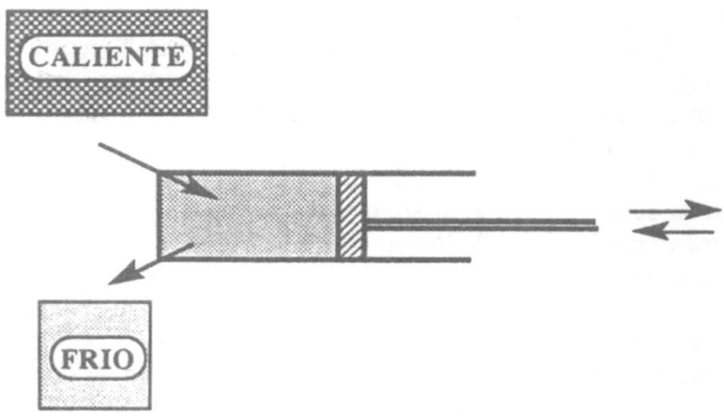

Figura 8.1 *Diagrama esquemático de un pistón que se puede mover en un cilindro unido a dos focos de calor, uno caliente y otro frío.*

la forma correcta, ya que la transferencia de "irreversibilidad" desde el peso al foco caliente es menor que la transferencia directa al frío:

$$\frac{Q}{T_{\text{caliente}}} < \frac{Q}{T_{\text{frío}}} \tag{8.1}$$

ya que, como es obvio, $T_{\text{caliente}} > T_{\text{frío}}$. Esta cantidad, Q/T, calor transferido al foco dividido por la temperatura del mismo, es la entropía.

El problema con esta descripción es que define o describe la entropía sin proporcionar un mecanismo. No nos dice en qué se diferencia un sistema con alta entropía de uno de baja entropía. Si el lector no lo sabe, lo ha olvidado o no lo ha entendido nunca, deberá mantener el suspense un poco más tiempo, porque previamente vamos a examinar un proceso reversible. No se trata de castigar más al lector con la termodinámica (lo que indudablemente sería bueno para su espíritu), sino que lo hacemos porque nos va a permitir introducir el concepto de energía libre.

Consideraremos ahora un pistón inicialmente frío, tal y como el que muestra la figura 8.1. El sistema está unido a un foco caliente desde el que se produce una transferencia de calor. Esto hace que el gas se expanda en una cantidad dV. Si la presión que hace el pistón sobre el gas es constante P, el trabajo realizado como consecuencia de mover el pistón es PdV. Seremos incapaces de obtener más energía a partir de ese sistema si el pistón no vuelve a su posición inicial pero eso implica gastar PdV unidades de energía para conseguirlo (si no tenemos en cuenta pérdidas por rozamiento, etc.). Consiguientemente, no hay una producción neta de trabajo en este ciclo. Si, sin embargo, enfriamos el cilindro después de la expansión, poniéndolo en contacto con el foco frío, se hace más fácil el llevar al pistón a su posición original, con lo que podemos extraer una cierta cantidad de trabajo del proceso global. Estamos, evidentemente, describiendo de forma rudimentaria un ciclo de Carnot, dejando de lado una descripción rigurosa de todas las etapas individuales de expansión adiabática e isotérmica, las correspondientes compresiones, etc. El punto importante es que de cara a obtener trabajo debemos desperdiciar una cierta cantidad de calor que se va al foco frío:

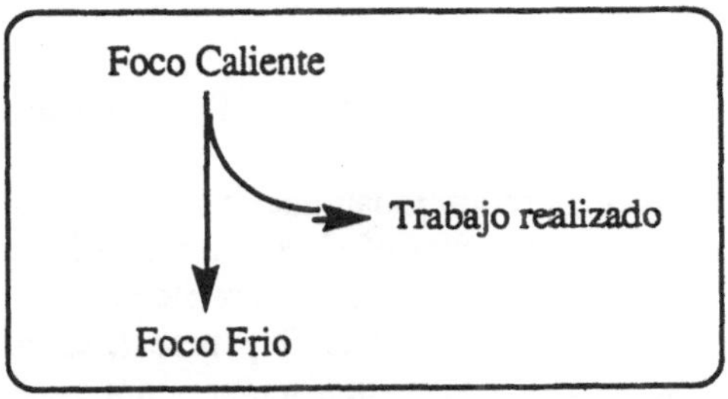

Usando una analogía descrita por Atkins*, el lector debe pensar en un salto de agua a partir del cual se obtiene energía moviendo una turbina. No se puede transformar toda la energía contenida en el agua en energía suministrada por la turbina, porque el agua necesita todavía una cierta energía cinética para ser capaz de abandonar la planta. Pero cuanto más alta es la altura desde la que cae el agua (es decir, cuanto mayor es la energía potencial del agua) mayor es la cantidad de energía disponible para ser extraída en el proceso. De forma similar, cuanto mayor es la diferencia de temperatura entre los focos frío y caliente, mayor energía puede obtenerse o, en otras palabras, mayor es la eficiencia de la máquina. En este punto, los libros de termodinámica se ponen a considerar estos

* C. J. Atkins, *An Introduction to Thermal Physics*, Cambridge University Press, (1976).

aspectos en mayor detalle y posteriormente evolucionan hacia la explicación de la tercera ley. No será ese nuestro caso. Aquí solo pretendemos tener una idea de que existe una cierta cantidad de energía en el sistema, que más tarde denominaremos energía libre, que está disponible para realizar un trabajo. Consideraremos más tarde una serie de ecuaciones que describen esto de forma cuantitativa pero antes vayamos de nuevo a la entropía. Es claro que esa especie de "impuesto" que hay que pagar para poder realizar un trabajo útil a partir de calor debe estar relacionado con la "calidad de la energía", una cosa que hemos llamado entropía. Es tiempo, por tanto, de dirigir nuestra mirada a las profundidades moleculares y obtener una idea más clara de la naturaleza de esta intangible bestia. Antes de terminar esta sección, no podemos resistirnos a mencionar un comentario de Eddington*, sobre los inexorables requisitos de la segunda ley y, por tanto, sobre la imposibilidad de las máquinas de movimiento perpetuo que violarían dicha ley:

> La ley según la cual la entropía siempre aumenta – o segunda ley de la termodinámica– ocupa, en mi opinión, la posición suprema entre todas las leyes de la Naturaleza. Si alguien señala que su teoría favorita está en desacuerdo con las ecuaciones de Maxwell, peor para las ecuaciones de Maxwell. Si se ha encontrado que la observación experimental la contradice, bueno, ya se sabe, estos experimentalistas son a veces algo chapuceros. Pero si se encuentra que su teoría va en contra de la segunda ley de la termodinámica, es imposible darle alguna esperanza; no hay nada que hacer con ella excepto hundirse en la más profunda de las humillaciones.

Algunos conceptos básicos de Mecánica Estadística

En nuestro intento de proporcionar una interpretación molecular de la entropía, examinaremos primero por qué el calor fluye de los cuerpos calientes a los fríos, siguiendo después con nuestro problema del cuerpo que cae. Conocemos por la ley cero que no existe un flujo neto de calor entre dos cuerpos cuando ambos se encuentran a la misma temperatura pero ¿cómo podemos interpretar esto en términos de lo que están haciendo las moléculas de cada cuerpo?. En nuestra opinión, la manera más fácil de contemplar este problema es ir hacia atrás y repasar nuestros viejos apuntes sobre la teoría cinética de los gases. Allí se demostraba que la temperatura es una medida de la energía cinética media de las partículas (ya sean átomos o moléculas). Si tomamos dos gases, uno de los cuales está caliente debido a que sus moléculas se están moviendo de forma rápida (es decir tienen mucha energía cinética = $1/2\ mv^2$) y lo mezclamos con otro que está frío (con valores más pequeños de $1/2\ mv^2$), lo que ocurre es que, a través de un proceso de colisiones al azar, parte de la energía cinética de las partículas rápidas se transfiere a las lentas, de forma que se obtiene un nuevo promedio situado en algún punto entre los valores iniciales.

---

* A. S. Eddington, *The Nature of the Physical World*, Cambridge University Press, (1928).

Al contrario de lo que ocurre en un gas, un sólido tiene energía cinética no en virtud de movimientos traslacionales sino de vibraciones en torno a posiciones medias, pero el principio es el mismo. Las vibraciones se vuelven más rápidas a medida que el sólido se calienta y, eventualmente, se hacen tan grandes que consiguen desmoronar el retículo que constituye el sólido (es decir, el sólido funde). Sin embargo, esto no explica por qué el calor no fluye de un cuerpo más frío a uno más caliente. ¿Por qué las moléculas frías no se vuelven algo más lentas de forma espontánea y las rápidas se aceleran aún más?. El asunto es que, aunque en principio esto pudiera ocurrir, la probabilidad de que tenga lugar es tan pequeña que es como si no ocurriera nunca.

Consideremos una representación como la de la figura 8.2(a), en la que un foco caliente está en contacto con un foco frío de gran tamaño, representados respectivamente por los cuadrados sombreados y sin sombrear de la figura (estamos usando el tipo de representación empleada por Atkins en su libro sobre la segunda ley que ya hemos mencionado). En realidad lo que tendremos será una distribución de energías en el foco caliente y otra en el frío, pero para dar una representación sencilla consideraremos sólo el promedio de cada una de ellas, de forma que los cuadrados de la figura sólo pueden ser sombreados o sin sombrear. A medida que la energía es transferida del más caliente al más frío, debemos introducir algún tipo de sombreado intermedio para representar nuestro nuevo promedio a la temperatura intermedia que sea entre las de partida, pero es más fácil obtener una buena representación de nuestro problema suponiendo que el calor se transfiere únicamente en porciones de un cuadrado cada vez, de forma que el foco frío se va calentando como consecuencia de que un cuadrado sombreado intercambia su lugar con uno no sombreado, como progresivamente se muestra en las figuras 8.2(b) y 8.2(c). Eventualmente, los cuadrados sombreados y no sombreados están distribuidos al azar, como se muestra en las figuras 8.2(d) y 8.2(e). Con esto queremos decir que si subdividimos nuestro depósito en regiones de igual volumen (o área en nuestra representación bidimensional de la figura 8.2), tendremos en promedio el mismo número de partículas calientes y frías en cada una de ellas y el sistema estará en equilibrio. Sin embargo, las partes estarán en continuo movimiento. Consiguientemente, el que el calor fluya del cuerpo más frío al cuerpo más caliente es equivalente a preguntarse por la probabilidad de que, como resultado de intercambios al azar, todos los cuadrados sombreados en la representación del estado al azar (o más probable) de las figuras 8.2(d) o (e), pasen a estar en la región inicialmente caliente representada por la fig 8.2(a). Para sistemas macroscópicos, la probabilidad es más o menos la misma que la de una bola de nieve en el infierno. Una vez que la energía se ha dispersado, permanece de esa forma. Podemos ver inmediatamente que la entropía es una medida de la forma en la que la energía se distribuye en un sistema, alcanzándose el equilibrio cuando se alcanza el estado "más probable".

Tomando esta idea, según la cual la entropía está relacionada con el número de formas en las que la energía puede distribuirse en un determinado sistema en unas ciertas condiciones, vamos a dar un paso más y vamos a llegar hasta la

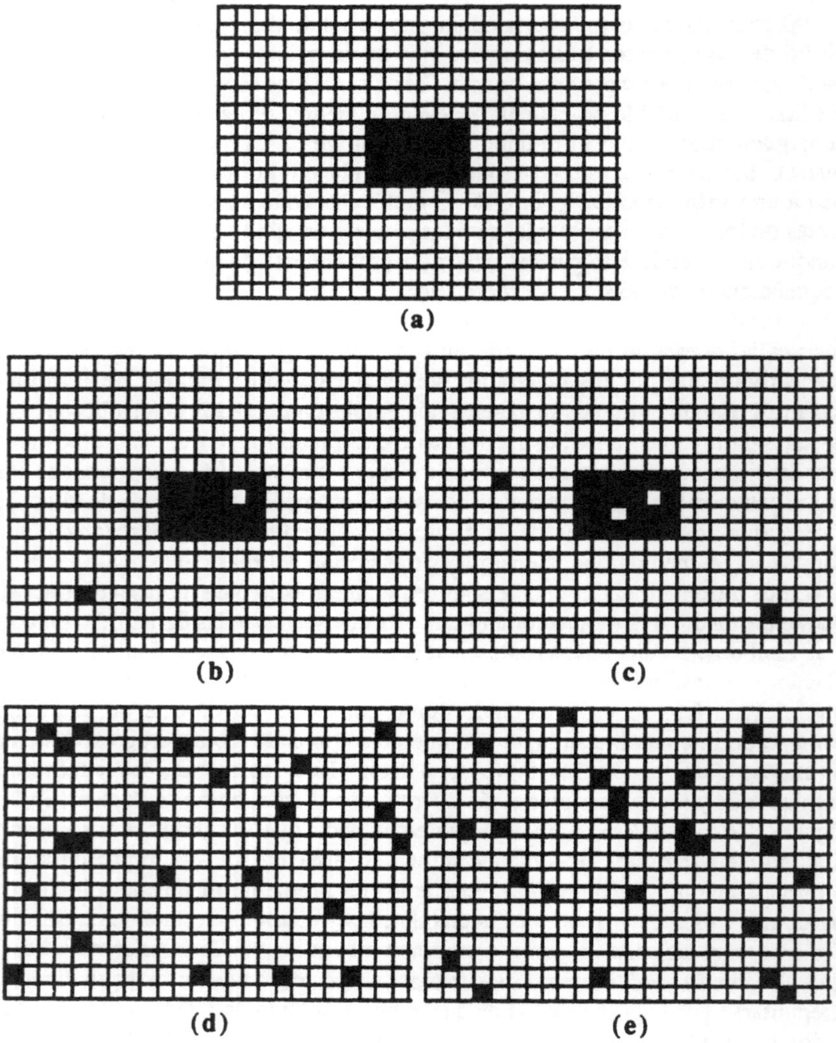

Figura 8.2 Diagrama esquemático mostrando un proceso irreversible de transferencia de calor (o de mezcla de gases).

ecuación fundamental de la mecánica estadística (ecuación grabada en la tumba de Boltzmann*):

$$S = k \ln W \tag{8.2}$$

* Hay muchas anécdotas relativas a las extrañas frases que la gente ha hecho grabar en sus tumbas. Nuestra favorita es aquella que decía "Te dije que estaba enfermo".

donde S es la entropía, k una constante y W una medida del número de posibles ordenaciones en que puede organizarse el sistema. Si el lector vuelve su mirada a la figura 8.2(a), es fácil darse cuenta que sólo hay una posible ordenación diferente y distinguible para todas las partículas cuando están en la caja central sombreada (los cuadrados sombreados pueden cambiarse unos con otros sin cambiar el nivel térmico global o temperatura del área inicial). Hay, sin embargo, un número muy grande de ordenaciones al azar del tipo de las mostradas en las figuras 8.2(d) y (e). Si consideramos un sistema muy grande, por ejemplo del orden de 10^{24} cuadraditos, aproximadamente igual al número de moléculas en un mol, la probabilidad de que se dé esta particular organización es obviamente despreciable.

Similares argumentos podrían emplearse en el ejemplo sencillo del cuerpo que cae. En este caso, hay una variable adicional ya que todas las moléculas del sólido mientras caen tienen un movimiento inicial coherente en dirección hacia abajo, de forma que la energía no sólo se disipa desde el peso a la mesa con la que choca, sino que tras el impacto la dirección del movimiento de las diversas moléculas del sólido se vuelve errática. Para que el peso saltara ahora hacia arriba, no sólo necesitaría tomar energía de la mesa, sino que tendría que haber un descenso de entropía correspondiente al hecho de que todas las moléculas se muevan en la misma dirección. El salto hacia arriba no ocurre porque obtener ese tipo de acción concertada *como resultado de una distribución al azar de energía* es francamente improbable. Por eso, tampoco el calentamiento del peso consigue que éste se eleve en el aire. Tiene, por supuesto, más energía *pero su distribución no está organizada en la forma correcta* (sigue siendo una distribución al azar).

Los mismos argumentos pueden aplicarse no ya a la energía sino a las propias partículas. Si ahora la figura 8.2 representara a dos gases diferentes, inicialmente separados, es claro que existe una fuerza conductora grande de carácter entrópico que les obliga a mezclarse. Además, si volvemos hacia atrás y recordamos el número de conformaciones disponibles para una cadena flexible, discutidas en el capítulo precedente, podemos ver que la conformación en la que cadena está totalmente estirada es difícil que se dé, porque es sólo una entre otras numerosas posibilidades. Y algo más, si podemos encontrar algún medio de contar el número de configuraciones, podemos entonces usar la ecuación 8.2 para obtener la entropía. Este es el auténtico corazón de la mecánica estadística, encontrar formas de contar el número de ordenaciones disponibles para un sistema, sujetas a las limitaciones que les impongan la energía y el número de partículas presentes. Para muchos problemas se emplea la llamada función de partición en lugar de la ecuación 8.2, pero no deja de ser una descripción alternativa del modo en el que la energía se distribuye en el sistema o una extensión más sofisticada del mismo tipo de aproximación y argumentos.

Algunas ecuaciones importantes

Una vez que ya hemos dado una serie de argumentos básicos para recordar aspectos fundamentales, vamos ahora a extraer, usando el cuerpo general de doctrina de la termodinámica, una serie de ecuaciones que vamos a usar para describir diversas propiedades de polímeros. Comenzaremos con la primera ley de la termodinámica, que establece la conservación de la energía. La ley puede expresarse de la siguiente forma:

$$dE = dQ - dW \tag{8.3}$$

Esta ecuación establece que la diferencia entre la energía térmica transferida a un sistema (Q) y el trabajo hecho por el sistema (W) debe ir a algún sitio con lo que lo que llamamos energía interna del sistema (E) (a veces simplemente llamada energía) cambia. La energía interna es simplemente la suma de la energía cinética y la energía potencial, de forma que cambios de energía interna reflejan los movimientos de las partículas (EC) y/o las interacciones entre ellas (EP).

El tipo de trabajo (W) que vamos a considerar está relacionado con el cambio de dimensiones del sistema de forma que, recordando la definición de trabajo como fuerza por distancia, podemos escribir:

$$dW = f\,dl \tag{8.4}$$

donde f es la fuerza y l es el cambio en las dimensiones del sistema. Esta es la ecuación que emplearemos al describir la elasticidad del caucho pero la mayor parte de los textos de termodinámica la relacionan en muchas más ocasiones con el trabajo realizado por un pistón contra una presión constante P. Las dos descripciones son equivalentes, ya que si A es el área del pistón, podemos escribir:

$$f\,dl = \frac{f}{A} A\,dl = P\,dV \tag{8.5}$$

donde, como es sabido, fuerza por unidad de área es la presión (P) y A dl representa el cambio de volumen (V) que ha tenido lugar en el sistema (dV).

Podemos ahora reescribir la primera ley como:

$$dE = dQ - P\,dV \tag{8.6}$$

y si la combinamos con la ecuación proveniente de la segunda ley:

$$dS = \frac{dQ}{T} \tag{8.7}$$

obtenemos:

$$dE = T\,dS - P\,dV \tag{8.8}$$

Usaremos esta ecuación unas cuantas veces. Y así, en primer lugar, la emplearemos en su forma directa al discutir la elasticidad del caucho (Capítulo 11). Si reemplazamos fdl por PdV obtenemos:

$$dE = T\,dS - f\,dl \tag{8.9}$$

o:

$$f = \left(\frac{dE}{dl}\right) - T\left(\frac{dS}{dl}\right) \tag{8.10}$$

que lo que viene a decir es que cuando aplicamos una fuerza a un sistema podemos cambiar la energía interna y la entropía. Veremos que en materiales como los metales el primer término predomina, ya que los enlaces son estirados directamente, mientras que en un caucho ligeramente reticulado el segundo término es el que más influye, ya que la respuesta inicial a la fuerza es un cambio en la distribución de conformaciones y, por tanto, de la entropía del sistema. De forma menos clara, usaremos también esta ecuación como un paso más en el establecimiento del concepto de energía libre. La ecuación 8.8 puede reescribirse en la forma:

$$dS = \frac{dE + P\,dV}{T} \tag{8.11}$$

Debe recordarse que cuando se alcanza el equilibrio la entropía alcanza un máximo en su valor y si podemos contar el número de disposiciones disponibles al sistema y, por tanto, la entropía, la ecuación 8.11 puede usarse como una conexión entre las propiedades termodinámicas y la mecánica estadística. No es lo que ahora nos interesa, sin embargo, y en este momento simplemente haremos notar que las magnitudes E y V son magnitudes experimentalmente difíciles de manejar al mismo tiempo. Es mucho más fácil trabajar midiendo la pareja temperatura (T) - volumen (V) o la pareja T - presión (P). Este hecho ha conducido a la introducción de dos propiedades termodinámicas adicionales, la energía libre de Helmholtz (F) y la energía libre de Gibbs (G), definidas mediante las expresiones:

$$F = E - TS \tag{8.12}$$

y

$$G = (E + PV) - TS \tag{8.13}$$

donde V y T son las variables naturales o medibles para F, mientras que G resultará útil en los casos en los que las magnitudes a medir sean P y T. Definiendo la entalpía de un sistema como:

$$H = E + PV \tag{8.14}$$

tenemos:

$$G = H - TS \tag{8.15}$$

Puede verse de forma inmediata que si la entropía de un sistema alcanza su valor máximo, entonces las energías libres (F y G) deben estar en su valor mínimo.

En nuestra discusión sobre las propiedades de los polímeros emplearemos estas ecuaciones varias veces en formas distintas, usándolas como criterio de espontaneidad de los procesos y consecución del equilibrio. Podemos decir que si un proceso va a ocurrir de forma espontánea ello lleva aparejado un descenso en el valor de la energía libre (o si se quiere, un cambio negativo). Usaremos este criterio para decidir si un polímero se disuelve o no en un disolvente o se mezcla o no con otro polímero. Segundo, alcanzado el equilibrio no hay ulteriores posibilidades de cambios espontáneos y, en ese caso, el cambio en energía libre es cero. Usaremos esta idea cuando discutamos los puntos de fusión de polímeros semicristalinos. Las definiciones formales de energía libre proporcionadas por las ecuaciones 8.12 y 8.15 no dan una idea del significado de estas magnitudes, pero si el lector vuelve su vista hacia atrás y revisa nuestra discusión preliminar sobre la termodinámica en general, recordará que sólo una cierta cantidad de energía térmica puede convertirse en trabajo en un proceso reversible. La energía libre es simplemente una medida del máximo trabajo que puede obtenerse en un proceso, como puede deducirse intuitivamente de la consideración de que se trata de una energía menos un término entrópico. La energía libre de Gibbs es una medida de la capacidad para hacer un trabajo no-expansivo (a P y T constantes), mientras que la energía libre de Helmholtz está relacionada con la capacidad para hacer un trabajo isotermo.

Para ciertos problemas es más fácil trabajar con las variables P y T, mientras que en otros casos es más útil hacerlo con la pareja V,T. Al discutir mezclas de sustancias y puntos de fusión en el equilibrio usaremos G, pero en la discusión de la elasticidad del caucho nos resultará mejor el empleo de F.

Derivadas de la energía libre y orden en las transiciones de fase

En las siguientes secciones, vamos a tratar transiciones de fase entre el estado líquido (o fundido) y el estado sólido de sistemas poliméricos. Como ya hemos mencionado en nuestra discusión preliminar sobre los estados de la materia en polímeros, la cristalización va habitualmente acompañada de un cambio discontinuo en el volumen a la temperatura de cristalización. En este punto, se dan también discontinuidades en la entropía y la entalpía (lo que es tanto como decir que hay un calor latente implicado en el proceso). A este tipo de transiciones se les conoce como transiciones de primer orden (la condensación de un gas para formar un líquido tiene parecidas características). Las razones para esta denominación resultan intuitivas si consideramos una representación esquemática de la energía libre en función de la temperatura, tal y como se ilustra en la figura 8.3. Si consideramos el caso de un material cristalino (diagrama superior a la izquierda) podemos dibujar dos líneas, una representa la energía libre del fundido y la otra la energía libre del cristal.

En el estado cristalino la entropía configuracional de las cadenas es pequeña, ya que se organizan en una conformación ordenada y se encuentran fijas en determinadas posiciones. Por el contrario, este empaquetamiento regular conduce a un máximo en las fuerzas atractivas que se dan entre cadenas. A bajas temperaturas (bajo el punto de fusión), este último término es dominante, con lo que la energía libre global del cristal es más baja que la del fundido, lo que hace que sea el estado estable. A medida que la temperatura crece, este balance entre las contribuciones entálpicas y entrópicas a la energía libre se altera. En el punto de fusión la energía libre del cristal y la del fundido se igualan y, si seguimos incrementando la temperatura, la energía libre del fundido es la que ahora es menor con lo que se convierte en la forma estable o preferida. Es claro, por tanto, que la energía libre es una función continua de la temperatura pero hay un cambio de una a otra curva en el punto de fusión. Es sólo cuestión de recordar sencillas nociones de cálculo numérico para darse cuenta de que este cambio conduce a una discontinuidad en la primera derivada de la energía libre con respecto a la temperatura, ya que la pendiente de cada una de las curvas al alcanzar el punto de fusión es diferente. Retomando la expresión fundamental de la termodinámica:

$$\left[\frac{\partial G}{\partial T}\right]_P = -S \qquad (8.16)$$

podemos ver que en el punto de fusión debe haber un cambio abrupto y discontinuo en S. El argumento es igualmente válido para el caso de la entalpía, ya que:

$$\left[\frac{\partial (G/T)}{\partial (1/T)}\right]_P = H \qquad (8.17)$$

manteniéndose igualmente para otras variables:

$$\left[\frac{\partial G}{\partial P}\right]_T = V \qquad (8.18)$$

Ya que las magnitudes S, H y V están relacionadas con la primera derivada de la energía libre, a este tipo de transición se le denomina transición de primer orden. De la misma forma, transiciones en las que S, H y V son continuas pero sus derivadas cambian de forma abrupta, como también se muestra en la figura 8.3, se denominan transiciones de segundo orden. Ello se debe a que esas cantidades están relacionadas con las segundas derivadas de la energía libre:

$$-\left[\frac{\partial^2 G}{\partial T^2}\right]_P = \left[\frac{\partial S}{\partial T}\right]_P = \frac{C_P}{T} \qquad (8.19)$$

$$\left[\frac{\partial^2 G}{\partial P^2}\right]_T = \left[\frac{\partial V}{\partial P}\right]_T = -\kappa V \qquad (8.20)$$

$$\frac{\partial}{\partial T}\left[\left[\frac{\partial (G/T)}{\partial (1/T)}\right]_P\right]_P = \left[\frac{\partial H}{\partial T}\right]_P = C_P \qquad (8.21)$$

y:

$$\frac{\partial}{\partial T}\left[\left[\frac{\partial G}{\partial P}\right]_T\right]_P = \left[\frac{\partial V}{\partial T}\right]_P = \alpha V \qquad (8.22)$$

donde C_p es la capacidad calorífica, κ es la compresibilidad y α es el coeficiente de expansión térmica. La cristalización o fusión de polímeros puede ser considerada como una verdadera transición de fase de primer orden; la temperatura de transición vítrea *puede* relacionarse con una transición de segundo orden pero, como veremos, la cuestión está todavía abierta a debate.

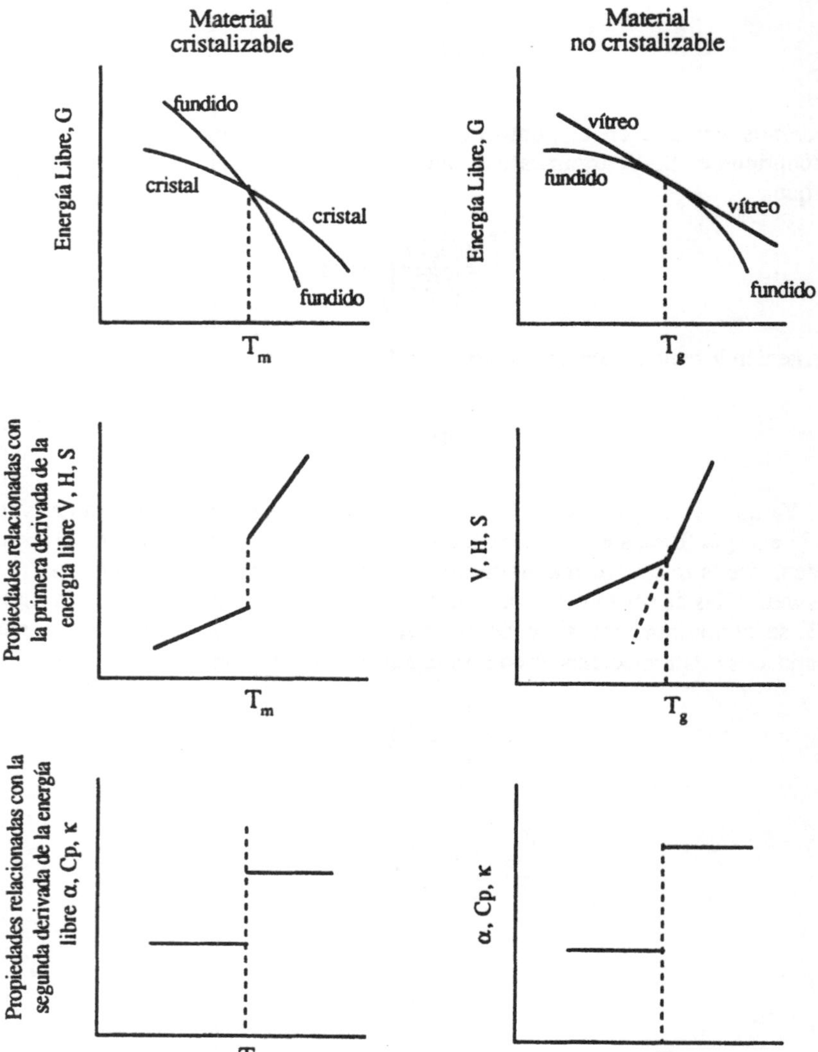

***Figura 8.3** Representación esquemática de la energía libre en función de la temperatura. La parte izquierda se refiere a un sólido cristalizable, existiendo un abrupto cambio en la pendiente de la línea energía libre/temperatura a la temperatura de fusión, T_m. Ello da lugar a discontinuidades en V, H y S. Para un sólido no cristalizable, tal cambio abrupto en las cantidades obtenidas de primeras derivadas de G no existe.*

C. ALGUNAS CONSIDERACIONES SOBRE EL EQUILIBRIO

Tras emplear algún tiempo en revisar los conceptos fundamentales de la termodinámica del equilibrio, vamos a considerar ahora, en el resto de este capítulo, fenómenos que, como la cristalización o la transición vítrea, están gobernados en gran parte por cuestiones cinéticas. Sin embargo, no vamos a abandonar la termodinámica por completo ya que, a la hora de determinar cuál será el estado de más baja energía, nos puede ser de mucha utilidad. El único problema es que las cadenas no pueden alcanzar siempre ese estado. En efecto, al enfriar desde el fundido el sistema, éste cambia de forma que la energía libre decrezca tan rápido como pueda. Esto le lleva a un estado de no equilibrio donde queda atrapado por barreras de energía que no puede sobrepasar. En esta sección consideraremos la energía libre de las laminillas poliméricas, ya que ello nos clarificará algunos aspectos de la cristalización y la fusión.

Tomaremos como punto de partida dos observaciones experimentales fundamentales. La primera es que la cristalización de polímeros ocurre de forma relativamente lenta a temperaturas suficientemente por debajo del punto de fusión (digamos entre 15 o 50 grados por debajo). Esto contrasta con la cristalización de moléculas pequeñas que ocurre rápidamente a temperaturas justo ligeramente inferiores al punto de fusión o, como habitualmente se suele expresar, a bajos subenfriamientos. La cristalización depende de fluctuaciones de concentración que puedan darse en el fundido (o en la disolución) y que a alguna temperatura crítica conducen a la formación de un núcleo primario que es estable y que puede crecer. Parece claro, pues, que la formación de un núcleo estable en el caso de polímeros es, por alguna razón, más difícil.

La segunda observación experimental nos permitirá comprender, en último extremo, la primera. Se trata de algo que ya hemos considerado en nuestra discusión sobre la morfología y que tiene también un profundo efecto en el punto de fusión observado. Los polímeros cristalizan en forma de delgadas láminas o laminillas, con pliegues en las partes superior e inferior. Un monocristal de carácter laminar se muestra en la figura 8.4.

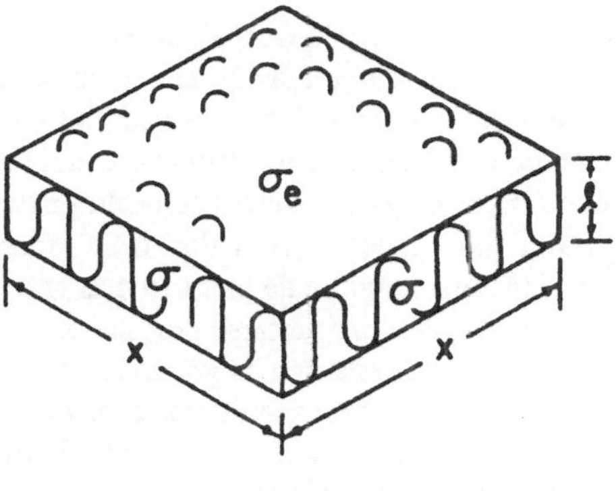

***Figura 8.4** Representación esquemática de un monocristal laminar, mostrando sus dimensiones. Reproducción permitida tomada de J. D. Hoffman, G. T. Davis and J. I Lauritzen,* Treatise on Solid State Chemistry, *N. B. Hannay, Ed., Vol. 3, Capítulo 7, 1976.*

En esta figura se emplean los símbolos σ y σ_e, que representan las energías libres por unidad de área de las caras laterales y de las bases del cristal, respectivamente. La energía libre del cristal como un todo puede entonces escribirse como la suma de las energías libres del interior del cristal y de las superficies:

$$\Delta G_{crist.} = \underbrace{(4\,x\,\ell)}_{\substack{\text{área de los}\\ \text{lados del}\\ \text{cristal}}}\sigma + \underbrace{(2\,x^2)}_{\substack{\text{área de los}\\ \text{pliegues}}}\sigma_e - \underbrace{(x^2\ell)}_{\substack{\text{volumen}\\ \text{del cristal}}}\Delta f \qquad (8.23)$$

donde Δf es la energía libre de fusión por unidad de volumen del cristal.

Esta energía libre es un término negativo a causa de las favorables atracciones existentes entre moléculas similares en el interior del cristal. Además, los segmentos de cadena que se encuentran en el cristal están, en la mayor parte de los casos, en su conformación de mínima energía, mientras que los que se encuentran en la superficie tienen usualmente disposiciones de más alta energía, por lo que escribiremos las energías superficiales como términos positivos. La ecuación muestra que el cristal puede hacer mínima su energía libre reduciendo su superficie y haciendo que el mayor número posible de segmentos se encuentren en el interior. Esto se puede demostrar de forma más explícita si reescribimos la ecuación 8.23 en la forma:

$$\Delta G_{crist.} = 2\,x^2\left[\frac{2\,\ell}{x}\sigma + \sigma_e\right] - x^2\ell\,\Delta f \qquad (8.24)$$

Dado que el cristal es muy delgado en comparación con sus dimensiones laterales, esto es $x >> \ell$, se puede escribir en primera aproximación que :

$$\Delta G_{crist.} = 2\,x^2\sigma_e - x^2\ell\,\Delta f \qquad (8.25)$$

Esta ecuación nos dice que el cristal puede alcanzar una energía libre más baja haciéndose más grueso. Se desprende, por lo tanto, que el mínimo de energía libre se conseguiría para un cristal en el que las cadenas estuvieran totalmente extendidas. Evidentemente, si el cristal se mantiene a una temperatura más alta que su temperatura de cristalización, entonces se repliega de forma irreversible hasta formar un cristal más grueso (un valor más grande de ℓ) o, como habitualmente se dice, tiene una longitud de plegado más grande.

En este punto, el lector podría preguntarse por qué el polímero no se pliega inicialmente con esa longitud de plegado más grande; la razón está en la cinética del proceso a la que volveremos algo más tarde tras considerar un par de aspectos más de la ecuación 8.25. El primero tiene que ver con la fusión y usaremos el criterio de equilibrio descrito en la sección precedente:

$$\Delta f = 0 \qquad (8.26)$$

Este estado de equilibrio debe darse a la temperatura de fusión de un (teóricamente) cristal perfecto muy grande formado por cadenas completamente extendidas, donde las superficies laterales pueden considerarse despreciables. A esa temperatura de fusión la denominaremos T_m^o, para distinguirla de la temperatura de fusión de cristales reales (menos perfectos). Suponiendo que Δh_f es independiente de la temperatura, a la temperatura T_m^o :

$$\Delta f = \Delta h_f - T_m^o \, \Delta S_f = 0 \tag{8.27}$$

Dado que podemos medir la entalpía de fusión, Δh_f y que existen también métodos de extrapolación para obtener T_m^o, podemos por tanto utilizar la condición de equilibrio para expresar ΔS_f en términos de las cosas que conocemos:

$$\Delta S_f = \frac{\Delta h_f}{T_m^o} \tag{8.28}$$

Si ahora consideramos una temperatura T a la que $\Delta f \neq 0$, podemos sustituir ΔS_f por su valor para obtener:

$$\Delta f = \Delta h_f - T \, \Delta S_f = \Delta h_f \left(1 - \frac{T}{T_m^o} \right) \tag{8.29}$$

Substituyendo en la ecuación (8.25):

$$\Delta G_{crist.} = 2 x^2 \sigma_e - x^2 \ell \, \Delta h_f \left(1 - \frac{T}{T_m^o} \right) \tag{8.30}$$

Suponiendo que $\Delta G_{crist} = 0$ se aplica también al estado de equilibrio metaestable correspondiente a la fusión a una temperatura $T = T_m$ obtenemos:

$$2 \sigma_e - \ell \, \Delta h_f \left(1 - \frac{T}{T_m^o} \right) = 0 \tag{8.31}$$

o:

$$T_m = T_m^o \left(1 - \frac{2 \sigma_e}{\ell \, \Delta h_f} \right) \tag{8.32}$$

La ecuación nos muestra que la temperatura de fusión real de un polímero, T_m, es siempre menor que la temperatura de fusión en verdadero equilibrio, diferenciándose ambas en una cantidad que depende inversamente del espesor del cristal polimérico*.

También explica la ecuación por qué las muestras de polímeros funden sobre intervalos más o menos anchos de temperatura, una de las peculiaridades de los cristales poliméricos que ya hemos mencionado en nuestra discusión sobre la morfología. Muestras que tengan cadenas con una distribución de pesos moleculares (y aquellas que han sido cristalizadas a lo largo de un intervalo de temperaturas, como veremos después) tienen una distribución de períodos o

---

* Dado que existen métodos para medir ℓ, esta ecuación puede usarse también para determinar T_m^o y $2\sigma_e$ representando T_m en función de ℓ, usando datos obtenidos a partir de muestras cristalizadas a diferentes temperaturas.

longitudes de plegado, y por tanto de puntos de fusión, dada la dependencia entre T_m y ℓ.

La conclusión final que podemos obtener de la ecuación 8.25, es una expresión para el mínimo período de plegado, ℓ_{min}:

$$\ell^*_{min} = \frac{2\sigma_e}{\Delta h_f}\left[\frac{T^o_m}{T^o_m - T}\right] \tag{8.33}$$

Esta es la expresión para el período de plegado más corto y estable, correspondiente a $\Delta G_{crist} = 0$, y que puede obtenerse a un subenfriamiento de $\Delta T = T^o_m - T$, donde T es ahora la temperatura de cristalización. El lector debe fijarse en la dependencia inversa con ΔT. Para temperaturas de cristalización iguales a T^o_m, sólo podrían crecer cristales de períodos de plegado infinito, mientras que a temperaturas justo por debajo de T^o_m el pliegue más corto y estable correspondería a la cadena completamente extendida. La probabilidad de que, como resultado de fluctuaciones de concentración, un conjunto de cadenas completamente extendidas pudieran formar un núcleo inicial es, por supuesto, prácticamente inexistente. (Como mencionábamos en el Capítulo 7, incluso la probabilidad de encontrar cadenas flexibles en su disposición completamente extendida es minúscula). Los subenfriamientos tienen que ser suficientes como para que, como resultado de fluctuaciones al azar, se puedan obtener períodos de plegado lo suficientemente estables como para que posteriormente puedan crecer. Este período de plegado es mucho más corto que la longitud de la cadena extendida y el proceso anterior es el que da origen al plegado de cadena en cristales poliméricos. El asunto nos conduce así, de forma natural, a la cinética de cristalización.

D. CINETICA DE CRISTALIZACION EN POLIMEROS

Una completa discusión de la cinética de cristalización en polímeros está más allá del temario que queremos cubrir en esta introducción y el lector interesado debería consultar la detallada revisión de Hoffman y col.*. La aproximación descrita por Hoffman y sus colegas usa la teoría de nucleación y, más específicamente, considera la llamada nucleación secundaria. La primera pregunta que uno se hace en este punto es "¿qué es la nucleación primaria y por qué la ignoramos?". El asunto es complejo si uno quiere plantearlo en sus términos correctos. Aquí diremos simplemente que bajo la temperatura de fusión hay un tamaño crítico de núcleo que depende de la temperatura y aquellos cristales que sobrepasen ese tamaño crítico son estables para seguir creciendo. Una vez que disponemos de un núcleo estable, sin embargo, es más fácil adicionar nuevas unidades por un proceso de nucleación secundaria sobre la superficie del núcleo original (ya que hay una superficie disponible donde asentarse) y, por tanto, el proceso ocurre mucho más rápidamente. Consiguientemente, este segundo proceso es la etapa limitante de velocidad y

* J. D. Hoffman, T. Davis and J. I. Lauritzen, Jr., *Treatise on Solid State Chemistry*, Vol. 3, p. 497. N. B. Hannay, Editor, Plenum Press, New York, 1976.

determina la velocidad de crecimiento del cristal, por lo que es el proceso en el que hay que fijarse. Antes de discutir la nucleación secundaria con un poco más de detalle, resulta importante recalcar que la formación de un núcleo depende de dos términos, una energía de activación para la formación de dicho núcleo y un término de transporte que tiene en cuenta los movimientos de las moléculas desde el fundido o disolución al lugar en el que se ha formado un núcleo. Este último término, a su vez, depende de la viscosidad del medio (entre otras cosas). A medida que la temperatura desciende, los núcleos se forman más rápidamente pero, particularmente en polímeros fundidos, la viscosidad también crece de forma significativa al descender la temperatura. Por tanto, a bajas temperaturas, la nucleación puede decrecer de forma dramática. Obviamente, debe existir una

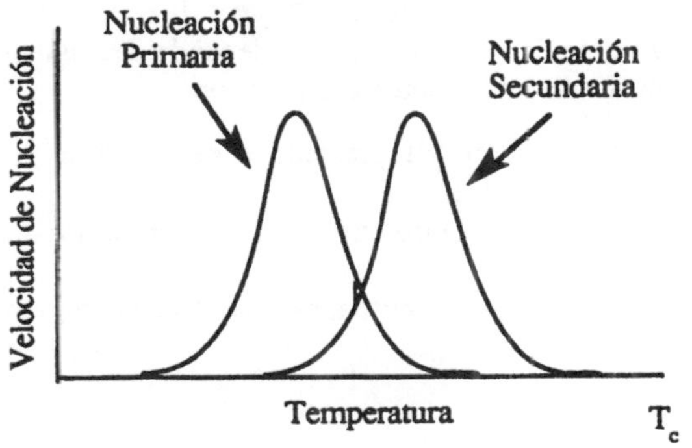

***Figura 8.5** Velocidad de nucleación primaria y secundaria en función de la temperatura de cristalización T_c.*

temperatura a la que la formación de núcleos, tanto primaria como secundaria, presenta un máximo como esquemáticamente ilustra la figura 8.5. Esta figura demuestra que a temperaturas de cristalización bajas se forman un gran número de pequeños cristales (nucleación primaria > nucleación secundaria). La cristalización a temperaturas más altas, sin embargo, conduce a un menor número de cristales pero más grandes, ya que la velocidad de nucleación primaria es lenta pero la formación de núcleos secundarios ocurre a una velocidad mucho mayor. La teoría cinética de cristalización desarrollada por Hoffman y sus colaboradores conduce a una expresión para el espesor inicial del cristal que viene dada por:

$$\ell_g^* = \frac{2\,\sigma_e}{\Delta h_f}\left[\frac{T_m^o}{T_m^o - T_m}\right] + \delta\ell \qquad (8.34)$$

de la misma forma que la ecuación 8.33 pero con un término adicional, $\delta\ell$, que habitualmente es del orden de 10–40 Å. Como se ha mencionado más arriba, esta ecuación se obtiene suponiendo un mecanismo de nucleación secundaria, que a su vez puede tomar varias formas descritas en términos de regímenes de cristalización. En el régimen I tras la formación del núcleo, el resto de la fila crece rápidamente, figura 8.6, mientras que en el régimen II nuevos núcleos secundarios están formándose incluso antes de que las filas precedentes se completen (véase también la figura 8.6). El régimen I tiene lugar a bajos subenfriamientos y el régimen II a altos (véase más abajo). Hay también un régimen III, pero lo ignoraremos aquí. La velocidad de crecimiento en estos regímenes se describe por una ecuación general de la forma:

$$G = G_0 \exp(-\Delta E/kT_c) \exp(-\Delta F^*/kT_c) \qquad (8.35)$$

donde T_c es la temperatura de cristalización y G_0 es una constante. Igual que en la formación de núcleos primarios hay dos términos, uno con una energía de activación para transportar las unidades a cristalizar desde el líquido a la cara del cristal en crecimiento ΔE, y otro término ΔF^* que es la energía libre de formación de un núcleo. La velocidad de crecimiento depende del balance entre ambos términos. Los puntos más importantes a retener son:

1) ℓ_g^* es de origen cinético y representa el espesor que permite al cristal en crecimiento ser estable.
2) Cristales con $\ell > \ell_g^*$ también se forman, *pero alcanzan la región estable más lentamente*.
3) Cristales con $\ell_g^* = \ell_{min}$ son incapaces de alcanzar la región estable.

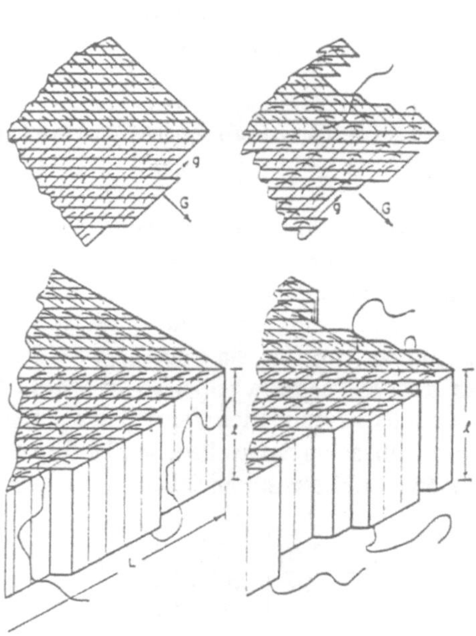

Figura 8.6 *Diagrama esquemático representando los regímenes I (izda.) y II (dcha.) de cristalización. En el régimen I se forma un núcleo aislado en la superficie y se completará rápidamente una capa. En el régimen II se forman nuevas capas antes de que la precedente esté totalmente formada. Reproducción permitida tomada de J. D. Hoffman et al., obra citada previamente.*

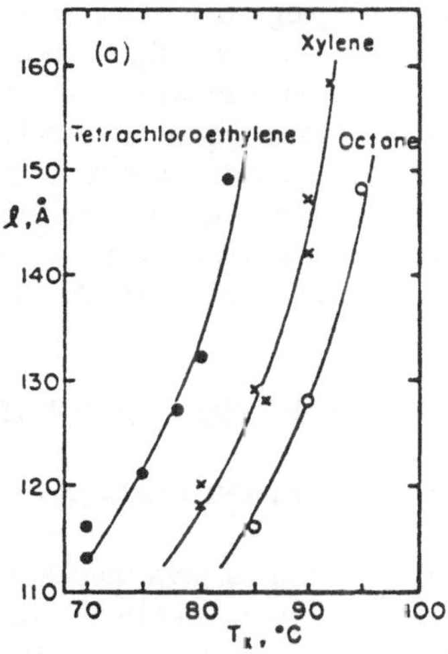

Figura 8.7 Longitud de plegado en función de la temperatura de cristalización de polietileno en diferentes disolventes. La temperatura a la que funde o se disuelve el polietileno en cada una de esas disoluciones es diferente (se verá más tarde). Los datos muestran la dependencia prevista de ℓ con ΔT. Reproducción permitida tomada de J. D. Hoffman et al., obra citada previamente.

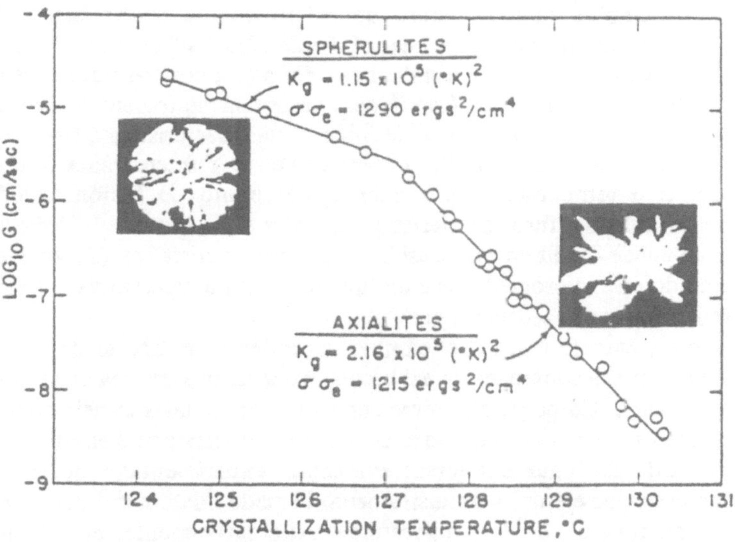

Figura 8.8 Velocidad de crecimiento de cristales en polietileno cristalizado desde el fundido en función de la temperatura de cristalización. El cambio en la pendiente al pasar del régimen I al régimen II va acompañado de un cambio en la morfología pasando de esferulitas a axialitas. Reproducción permitida tomada de J. D. Hoffman et al., obra citada previamente.

Esta teoría explica el carácter delgado de los polímeros cristalinos. Un cristal estable con un período de plegado ℓ_g^* se forma y crece lateralmente. No hay cristalización en la superficie de plegado de alta energía. También predice que el período de plegado debe ser proporcional a $K_g/\Delta T$ (donde $\Delta T = T^o_m - T_c$), lo que es cierto hasta altos grados de subenfriamiento, como se muestra en la figura 8.7. El término K_g toma diferentes formas dependiendo del régimen de cristalización que se esté considerando. La teoría parece funcionar muy bien. Una representación del logaritmo de la velocidad de crecimiento frente a la temperatura de cristalización debe ser una línea recta de pendiente relacionada con K_g y consiguientemente con el régimen de cristalización. La figura 8.8 muestra que eso es lo que ocurre.

E. LA TEMPERATURA DE FUSION CRISTALINA

Características del punto de fusión cristalino

La fusión es un fenómeno familiar para mucha gente, que usualmente lo asocia a la conversión de un sólido en un líquido mediante el concurso de la temperatura. Nosotros seremos, sin embargo, mucho más precisos en la definición. Por ejemplo, un polímero como el poliestireno atáctico es un sólido bastante rígido a temperatura ambiente pero si ésta se eleva por encima de 100°C se vuelve blando, pegajoso y posteriormente un líquido viscoso. Parecería, por tanto, que ha fundido en la acepción popular del término. Pero, sin embargo, no hay una abrupta transición entre la propiedades del sólido y el líquido y, en su lugar, los cambios ocurren sobre un relativamente ancho intervalo de temperatura. Cuando nosotros usamos el término "fusión" queremos decir algo mucho más específico y bien definido; nos referimos a una transición desde una fase cristalina ordenada a una fase líquida desordenada, transición que ocurre usualmente a una temperatura bien definida. Una característica de este tipo de transición es que los nítidos anillos observados en un difractograma de rayos X desaparecen a temperaturas por encima del punto de fusión, quedando únicamente un halo difuso característico de materiales amorfos. El poliestireno atáctico no puede fundir en este sentido, ya que nunca cristaliza. (Se vuelve algo más parecido en sus propiedades a un líquido a altas temperaturas por razones que discutiremos en la sección siguiente).

Hay otras características del cambio del orden cristalino al desorden del líquido que son una consecuencia del hecho de que tal proceso sea una transición de primer orden. Como ya discutimos en su momento, tales transiciones están acompañadas por una discontinuidad en magnitudes tales como el volumen o la entalpía. Ello da lugar a diversas evidencias experimentales de la fusión. Podemos usar, por ejemplo, un instrumento llamado dilatómetro para medir el volumen en función de la temperatura. Alternativamente, el calorímetro diferencial de barrido (DSC) puede emplearse para medir y representar el calor suministrado a la muestra frente, otra vez, a la temperatura. Tales termogramas, como son denominados, muestran un pico asociado al calor latente de fusión, tal y como se ve en la figura 8.9. No iremos mucho más allá en la descripción de estos experimentos pero vamos a usar los datos volumen específico - temperatura para clarificar nuestros argumentos (el volumen específico es el volumen por unidad de masa). Este tipo de representación fue ya utilizada en nuestra discusión sobre el carácter semicristalino de los materiales poliméricos, pero

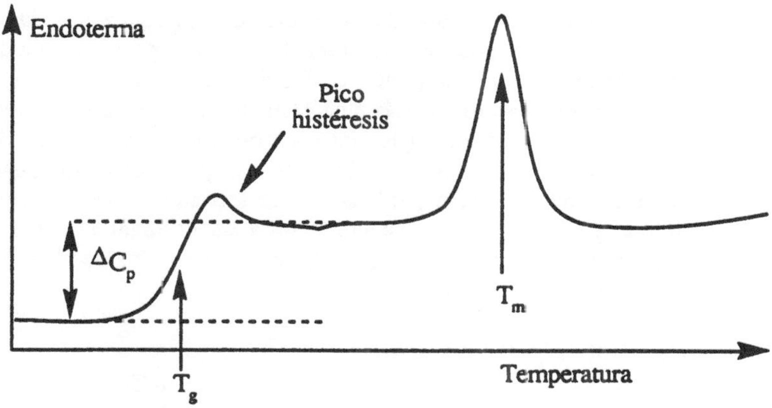

***Figura 8.9** Representación esquemática de un termograma DSC mostrando un cambio del calor específico (ΔC_p) en la temperatura de transición vítrea (T_g) y un pico endotérmico en el punto de fusión (T_m).*

dado que odiamos los libros en los que uno tiene que andar constantemente pasando páginas buscando figuras concretas, hemos reproducido algunos de esos resultados en la figura 8.10. El punto clave para sustancias de bajo peso molecular es que la transición se presenta como abrupta y bien definida. Por el contrario, en el caso de polímeros, lo que se observa es una transición no completamente bien definida, acompañada por una fusión de alguna parte de la muestra a temperaturas más bajas, lo que conduce a que el intervalo de fusión sea ancho. Este ensanchamiento debe obviamente asociarse a la distribución de tamaños y perfecciones que se den en los cristales poliméricos y que, a su vez, deben depender de la regularidad de la microestructura del polímero (esto es, de si hay o no pequeños grados de ramificación de cadena, etc.), del peso molecular y su distribución y de otro tipo de factores similares. Depende también de la historia térmica, ya que el grado de cristalinidad y el tamaño y perfección de los dominios cristalinos pueden verse significativamente afectados por la velocidad a la que una muestra se enfría desde el fundido.

Dado que el intervalo sobre el que un polímero funde es habitualmente bastante ancho, lo normal es tomar como punto de fusión la temperatura a la que desaparecen los últimos cristales. En experimentos con dilatómetros, dicho punto quedaría definido como aquel donde la porción casi vertical de la representación del volumen específico frente a la temperatura, que se muestra en la figura 8.10, cambia bruscamente de dirección y se transforma en una línea recta de pendiente suave. Ahora bien, si repetimos el experimento con muestras de un polímero cristalizado a diferentes temperaturas, nos encontraremos con que el punto de fusión determinado experimentalmente variará. Cuanto más alta haya sido la temperatura de cristalización, más alta será la temperatura de fusión de los cristales obtenidos. La razón de que esto ocurra es sencilla y ya ha sido explorada en las dos secciones precedentes. Los polímeros cristalizan en forma de delgadas "laminillas" (usualmente se asocian con cristales formados desde la disolución pero podemos pensar también en que los brazos de las esferulitas están formados por laminillas del mismo tipo). Las fuerzas de atracción entre cadenas en las bien ordenadas profundidades del cristal son mayores que las que se dan en la superficie, de forma que cristales de mayor espesor (con mayor relación volumen/superficie) tienen puntos de fusión más altos. Los dominios cristalinos generados a temperaturas más altas* tienen mayor espesor (o mayor "período de plegado"), fundiendo, por lo tanto, a temperaturas más altas. Si la cristalización tiene lugar simplemente dejando al fundido que se enfríe en lugar de mantenerlo a una temperatura específica, la cristalización tendrá lugar, obviamente, a lo largo de un intervalo de temperatura, dando lugar a un material con dominios cristalinos que tienen una distribución de períodos de plegado y, por tanto, de temperaturas de fusión.

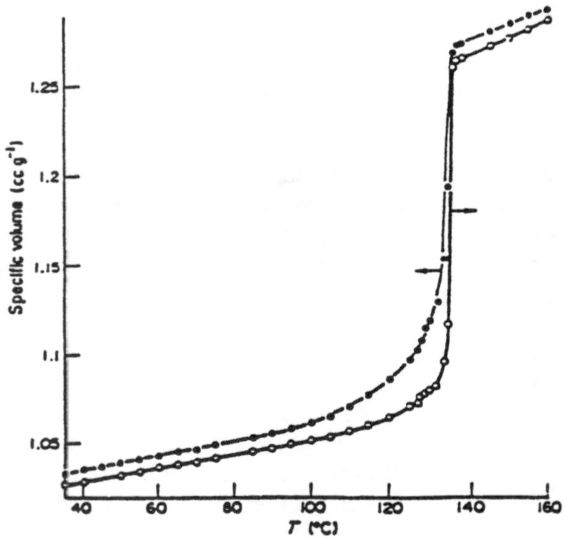

Figura 8.10 Representación del volumen específico de muestras lineales de polietileno en función de la temperatura; ●, polímero sin fraccionar; ○, fraccionado. Reproducción permitida tomada de R. Chiang and P. J. Flory, JACS, *83, 2857 (1961).*

Para cuestiones de tipo práctico, el hecho de que la temperatura de fusión de una muestra particular de un polímero varíe con la historia térmica no es, habitualmente, un problema crítico. Podemos, por ejemplo, decir que el polietileno funde a 135°C y el dato es bastante bueno. Sin embargo, si estamos implicados en estudios fundamentales suele ser preciso conocer la temperatura de fusión en verdadero equilibrio termodinámico, definida como aquélla a la que un cristal, en el que su tamaño sea suficiente como para despreciar los efectos de

---

* O, como a menudo se dice, grados más pequeños de subenfriamiento definidos como $T_m - T_c$, donde T_m es la temperatura de fusión y T_c la temperatura de cristalización.

superficie, esté en equilibrio con su fundido. Hoffman y Weeks* demostraron que tal temperatura puede medirse determinando las temperaturas de fusión (T_m) de muestras cristalizadas a varias temperaturas (T_c). Los datos se usan en una representación de T_m vs. T_c que se extrapola hasta cortar a la línea T_m=T_c (la cuestión plantea problemas experimentales). El punto de intersección da la temperatura de fusión en el equilibrio. Nos hemos ido un poco lejos en lo que pretendía ser una mera visión general del problema, por lo que el lector curioso que quiera comprender y explorar esta parte del tema en mayor detalle tendrá que echar mano de la literatura original.

Factores que afectan a la temperatura de fusión cristalina

Considerados algunos aspectos fundamentales de la fusión de polímeros, volvemos ahora nuestra atención a algunas cuestiones muy interesantes, la primera de las cuales es básica. ¿Por qué algunos polímeros, pongamos por ejemplo el Kevlar®, tienen temperaturas de fusión muy altas (para un polímero), por encima de 370°C, mientras la T_m del polietileno es sólo del orden de 135°C?. Es un tipo de pregunta en la que no piensan muchos estudiantes, tendiendo a aceptar que ciertos materiales tienen T_m muy elevadas como consecuencia de una divina imposición. La resistencia mecánica es otra propiedad que se considera a menudo de la misma forma. A causa de la experiencia diaria mucha gente acepta sin problemas que el acero es más resistente que una bolsa de basura de polietileno. Y, sin embargo, no debiera de ser así necesariamente, como más tarde veremos al considerar las propiedades mecánicas. Hay ciertas cosas que podemos hacer para "inflar" la resistencia a la tensión (y el módulo) del polietileno.

Aunque no podemos "inflar" mucho el punto de fusión de un polímero de una determinada estructura, ¿podemos diseñar un nuevo polímero que tenga una T_m elevada?. En otro orden de cosas, ¿cómo influyen en la T_m la copolimerización, el peso molecular, la presencia de diluyentes, etc.?. Muchas de estas cuestiones pueden responderse usando argumentos sencillos de termodinámica y mecánica estadística que consideraremos aquí de forma fundamentalmente cualitativa, indicando textos más avanzados o artículos a los que recurrir para un tratamiento más completo.

El efecto de la estructura química

La forma más sencilla de considerar el efecto de la estructura en el punto de fusión es partir de la ecuación que da el cambio en energía libre por el hecho de fundir y que llamaremos ΔG_f;

$$\Delta G_f = \Delta H_f - T\,\Delta S_f \tag{8.36}$$

El plantearlo así es inmediatamente descorazonador para muchos estudiantes que, incluso tras seguir nuestras brillantes disquisiciones, se siguen sintiendo incómodos con conceptos básicos de termodinámica. El lector debe relajarse y

* J. D. Hoffman and J. J. Weeks, *J. Res. Natl. Bur. Stand.*, **66A**, 13 (1962).

mantener en mente que solemos usar la energía libre para explorar únicamente unas pocas cuestiones básicas. Y así, podemos usarla para decidir si un proceso particular va a tener lugar o no (es decir, ¿se disolverá *este* polímero en *este* disolvente particular?). La condición necesaria para que esto ocurra es que la energía libre sea negativa. La segunda forma en la que vamos a usar la energía libre se refiere al problema que tenemos frente a nosotros en este capítulo. Por definición, el cambio de energía libre en el equilibrio es cero. En otras palabras, si los factores cinéticos nos permitieran obtener cristales poliméricos en equilibrio con el fundido, tendríamos entonces, en un determinado período de tiempo, tantas cadenas cristalizando como estuvieran fundiendo, con lo que no habría un cambio global de energía libre:

$$\Delta G_f = 0 \tag{8.37}$$

de lo que inmediatamente se desprende que:

$$T_m = \frac{\Delta H_f}{\Delta S_f} \tag{8.38}$$

Cualquier lector perspicaz se habrá dado cuenta que este argumento ha sido ya utilizado (usábamos diferentes símbolos como Δf, Δh_f, debido a que necesitábamos separar factores ligados al cristal en su conjunto de los que sólo tenían que ver con la superficie). Nuestro propósito era en aquel caso obtener ecuaciones que relacionaran el período de plegado con la temperatura de fusión. Aquí vamos por caminos distintos. Ahora que hemos establecido de forma sencilla que la temperatura de fusión está relacionada con el cociente entre el cambio de entalpía y el cambio de entropía ligados a la fusión, ¿podemos obtener alguna nueva perspectiva sobre las razones por las que un polímero tiene puntos de fusión más altos que otro?. La respuesta es sí pero la nueva visión es fundamentalmente cualitativa aunque muy útil, como cualquier otra aproximación que proporcione un entendimiento fundamental de una cuestión.

La ecuación 8.38, tal y como está escrita, sin embargo, nos sirve de poco. Necesitamos relacionar los cambios de entalpía y entropía con aspectos de la estructura molecular para poder avanzar. Comenzaremos con la entalpía, que supondremos que está únicamente relacionada con las fuerzas atractivas entre cadenas. Consiguientemente, ΔH_m debe estar relacionada con *la diferencia en* las fuerzas de atracción entre las cadenas cuando están empaquetadas de forma regular en los dominios cristalinos y las fuerzas que se dan entre esas mismas cadenas cuando están entrelazadas al azar en el fundido. Obviamente, el empaquetado regular en los dominios cristalinos se hace de forma que las fuerzas atractivas alcancen su valor máximo. Uno puede, por tanto, concluir que aquellos polímeros que tengan fuerzas intermoleculares fuertes tendrían que tener un punto de fusión más alto que aquellos en las que las atracciones sean más débiles. Por ejemplo, comparemos las temperaturas de fusión del polietileno y del nylon 6 (donde el símbolo ≈ significa que se trata de valores aproximados). Las fuerzas de atracción entre los sencillos segmentos hidrocarbonados del polietileno son del tipo dispersivo y débiles (≈ 0,2 kcal/mol). En contraste, el nylon 6 contiene un grupo amida capaz de formar enlaces de hidrógeno que son un orden de magnitud más fuertes (≈ 5 kcal/mol). Parece que este hecho es un factor que tiene que ver con la diferencia entre los puntos de fusión de ambos polímeros pero debemos ser cuidadosos. ΔH_f es el *cambio* en entalpía al pasar del cristal al fundido. Todos los grupos amida están unidos por enlaces de hidrógeno en la fase cristalina pero *estos enlaces de hidrógeno no están todos rotos en el fundido*. Aunque el fundido es dinámico, con los segmentos en continuo movimiento, los enlaces de hidrógeno están siempre presentes. Si quisiéramos centrarnos en un grupo amida individual, deberíamos verle formar un enlace de hidrógeno con otro grupo similar, estar así unido un rato, romper el enlace y estar libre durante otro rato, formar un nuevo enlace de hidrógeno con otro grupo distinto y así sucesivamente. En cualquier momento que consideremos hay una distribución de equilibrio de los enlaces de hidrógeno. La cantidad ΔH_m está relacionada con la diferencia en el número de enlaces de hidrógeno en el cristal y el *promedio* existente en el fundido. Y esto no es tan grande como en un principio pudiera pensarse, de forma que aunque las interacciones intermoleculares juegan su papel, no son el único factor ni necesariamente el dominante. Sin embargo, *a igualdad de otros factores*, uno podría concluir que, en general, polímeros que contengan grupos funcionales de carácter polar pudieran tener puntos de fusión más altos que los polímeros no polares y que polímeros en los que haya enlaces de hidrógeno o que se puedan atraer entre sí debido a la presencia de especies iónicas tienen probabilidades de tener los puntos de fusión más elevados (el lector puede volver al Capítulo 7 si necesita refrescar los diferentes tipos de interacciones intermoleculares).

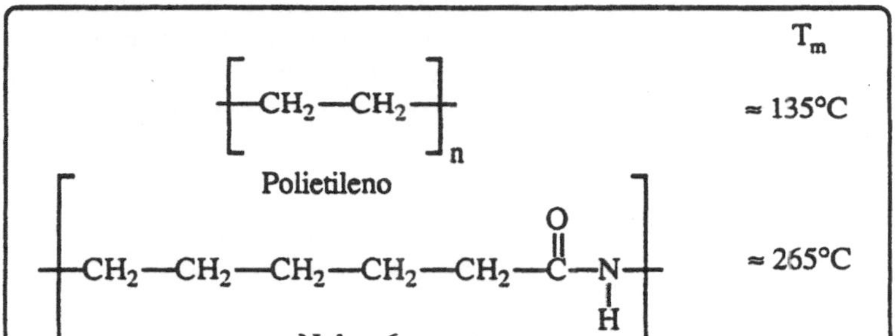

Otro factor que puede alterar el término entálpico es la presencia de grupos voluminosos, ya que impiden el empaquetamiento de las cadenas. Es razonable pensar que este tipo de impedimento dependerá de los detalles de una estructura concreta por lo que es difícil sacar conclusiones de tipo general. Los grupos voluminosos pueden actuar también en sentido contrario y *elevar* la temperatura de fusión a través de su efecto en las conformaciones permitidas a la cadena. Este comentario nos lleva a considerar el término entrópico.

En el estado cristalino una cadena polimérica está en una conformación ordenada y sencilla (por ejemplo, el polietileno en una planar en zig-zag). Al fundir, la cadena se escapa de la "jaula" en la que está confinada (el retículo cristalino) y tiene ahora la libertad de elegir entre las diversas conformaciones disponibles. En otras palabras, a través de rotaciones en torno a los enlaces, cambiará constantemente su forma, dando lugar a diversos ovillos estadísticos de diferentes conformaciones. Recordando que la entropía viene dada por:

$$S = k \ln \Omega \tag{8.39}$$

resulta inmediato concluir que para una cadena polimérica flexible se produce un gran cambio de entropía al pasar de la fase cristalina al fundido. Si restringimos nuestra atención a la entropía asociada a las conformaciones de cadena, Ω, el número de configuraciones disponibles para la cadena en el cristal es pequeño ya que grandes porciones de las cadenas (aquellas que están dentro del cristal) tienen todas la misma conformación. En contraste, un polímero flexible tiene un gran número de configuraciones disponibles en el fundido, de forma que el *cambio* de entropía:

$$\Delta S_f = k\,(\ln \Omega_{\text{fundido}} - \ln \Omega_{\text{crist.}}) \tag{8.40}$$

es grande. Si la cadena polimérica es rígida, por ejemplo por la presencia de grupos voluminosos en la cadena central, el cambio de entropía asociado a la fusión será entonces menor que el que se pueda dar en una molécula flexible, lo que provocará un punto de fusión más alto ($T_m = \Delta H_f/\Delta S_f$; si ΔS_f es más pequeño, T_m es más grande).

En general, la presencia de grupos oxígeno en la cadena principal (grupos funcionales éter o éster) hace que ésta sea más flexible, mientras que los anillos bencénicos la hacen más rígida. Esto puede confirmarse examinando las temperaturas de fusión de los tres polímeros siguientes, donde las fuerzas intermoleculares son más o menos las mismas (dispersivas y polares débiles).

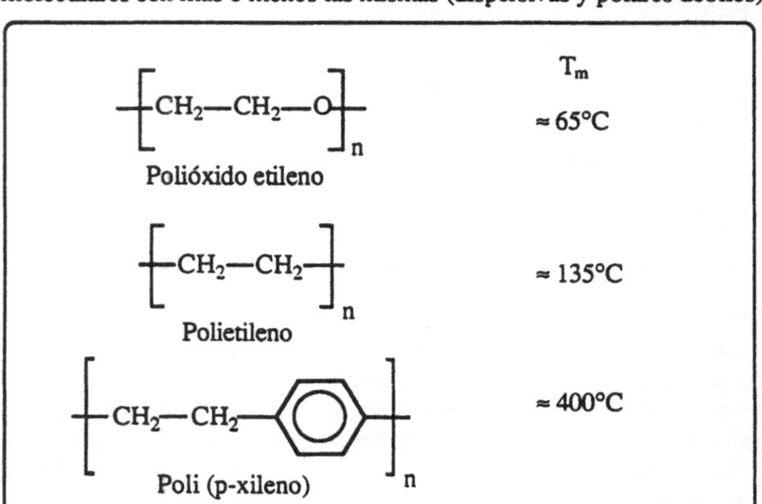

La presencia de grupos voluminosos unidos a la cadena principal puede también elevar la temperatura de fusión, ya que se impiden ciertas rotaciones en torno a los enlaces por impedimento estérico, con lo que el número de configuraciones disponibles se vuelve limitado.

Resumiendo, aquellos polímeros que tengan cadenas rígidas y cuyos grupos funcionales sean capaces de dar lugar a fuertes atracciones entre cadenas tienen las temperaturas de fusión más altas, mientras que un polímero hidrocarbonado sencillo como el polietileno, con cadenas relativamente flexibles y fuerzas entre cadenas relativamente débiles, tiene una temperatura de fusión más baja.

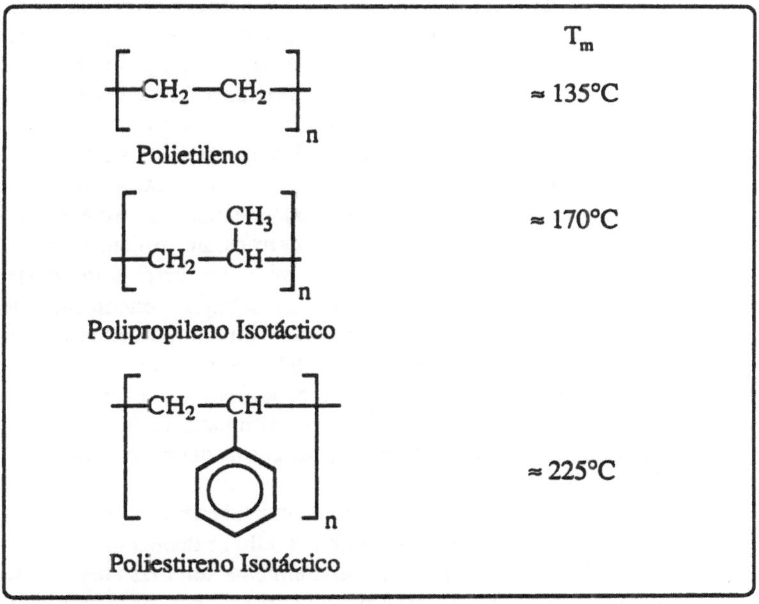

El efecto de diluyentes, copolimerización y peso molecular

No discutiremos aquí en profundidad el efecto de los diluyentes, etc. por dos razones. Primero, porque los detalles del análisis empiezan a llevarnos fuera de los objetivos del libro. Segundo, porque un adecuado análisis requiere que introduzcamos antes algo de termodinámica de disoluciones. Consiguientemente, vamos a confinar nuestra discusión a algunos argumentos sencillos y a observaciones de tipo cualitativo.

Es bastante fácil obtener una comprensión cualitativa del efecto de los diluyentes sobre la base de argumentos muy simples del tipo de los introducidos en la sección precedente. La temperatura de fusión de un polímero puro está relacionada de forma inversa con el cambio de entropía al pasar del estado cristalino al fundido. Si tenemos presente un diluyente, digamos un buen disolvente*, lo que ocurre ahora es que el estado líquido es más una disolución

* Discutiremos lo que quiere decir "buen disolvente" más adelante; por ahora basta con decir que es uno que disuelve bien al polímero.

que un fundido. Una disolución de un polímero y un disolvente tiene una entropía más grande que un polímero en estado puro, como demostraremos explícitamente más adelante. Consiguientemente, la presencia del diluyente hace que el punto de fusión decrezca.

Como pudiera esperarse, la inclusión *al azar* de unidades de un comonómero en la cadena polimérica actúa también en el sentido de reducir y hacer más ancho el proceso de fusión. De hecho, si la concentración de unidades de comonómero es suficientemente alta, la muestra ni siquiera cristalizará. Y así, por ejemplo, en copolímeros al azar de etileno y propileno no existen regiones cristalinas detectables a partir de contenidos de propileno del orden del 20-25%. Incluso a pequeños contenidos de propileno el grado de cristalinidad y el punto de fusión cristalino se ven significativamente reducidos. De nuevo la razón es simple. Las unidades de propileno no pueden acomodarse en el retículo cristalino del polietileno y son, por tanto, excluidas de los dominios cristalinos. Sólo secuencias de polietileno relativamente largas podrán cristalizar y a medida que el contenido de propileno aumenta el número de tales secuencias decrece hasta que, a un cierto contenido de comonómero, su número es tan limitado que resultan insuficientes para que ocurra la cristalización. Por otro lado, existe una distribución de tamaños de secuencia incluso a bajas concentraciones del comonómero, lo que conlleva una distribución en los períodos de plegado cristalino y, por tanto, un ensanchamiento del intervalo de fusión. Lo que acabamos de relatar se aplica, por supuesto, a copolímeros al azar. Copolímeros de bloque conteniendo unidades cristalizables se comportarán de forma diferente, y el grado de cristalinidad dependerá, entre otras cosas, del peso molecular de los bloques.

El efecto del peso molecular puede también considerarse en forma parecida a como lo hemos hecho en la copolimerización. Y ello se debe a que los extremos de cadena son químicamente diferentes. Generalmente son más voluminosos que los segmentos que se repiten a lo largo de la cadena y, por tanto, son excluidos del retículo. Evidentemente, a medida que la longitud de la cadena (o el peso molecular) del polímero va creciendo, el número de grupos finales va decreciendo proporcionalmente y la temperatura de fusión aumenta. Sin embargo, no se trata de un crecimiento lineal y el punto de fusión se aproxima a un límite asintótico a altos pesos moleculares.

Flory* ha derivado una serie de ecuaciones que describen el descenso en el punto de fusión provocado por esos factores. Sobre la base de los argumentos cualitativos previamente presentados, no resultará demasiado sorprendente que las ecuaciones tengan más o menos la misma forma y que, en primera aproximación, el descenso en el punto de fusión sea proporcional a la cantidad de "impureza" presente, ya sea un grupo final, un comonómero o un diluyente. Si, de nuevo, hacemos que T_m sea el punto de fusión de la muestra considerada y T_m^o el punto de fusión de un polímero puro de longitud de cadena infinita, entonces para el caso de polímeros de alto peso molecular en presencia de diluyentes podemos escribir:

---

* P. J. Flory, *Principles of Polymer Chemistry*, Cornell University Press (1953).

$$\left[\frac{1}{T_m} - \frac{1}{T_m^o}\right] \propto \left(\Phi_s - \Phi_s^2 \chi\right) \tag{8.41}$$

donde Φ_s es la fracción en volumen del disolvente o diluyente presente y χ es un parámetro que mide las interacciones entre el polímero y este disolvente (véase el siguiente capítulo).

Para un copolímero al azar, donde la fracción molar del componente cristalizable es X_2:

$$\left[\frac{1}{T_m} - \frac{1}{T_m^o}\right] \propto -\ln X_2 \tag{8.42}$$

Si los grupos finales se tratan como una impureza, puede demostrarse que para polímeros con la distribución más probable de pesos moleculares,

$$\left[\frac{1}{T_m} - \frac{1}{T_m^o}\right] \propto \frac{1}{\overline{M}_n} \tag{8.43}$$

donde $\overline{M}_n$ es el peso molecular promedio en número.

F. LA TEMPERATURA DE TRANSICION VITREA

Características de la temperatura de transición vítrea

Si paramos a una persona en la calle y le pedimos que nos explique la naturaleza del vidrio, probablemente nos murmurará algo referente a un material transparente que se coloca en las ventanas (si es que es capaz de contestar algo). Igual que ha ocurrido en el caso del uso de la palabra fusión, vamos a ser considerablemente más específicos a la hora de definir lo que queremos decir cuando conceptuamos a un material como un vidrio. Existen dos características fundamentales que debe poseer todo vidrio o material amorfo; primero, en ellos no existe ningún tipo de orden a largo alcance, sólo el clásico desorden característico del estado líquido; segundo, al contrario que el estado líquido, donde las moléculas se están moviendo continuamente al azar y pueden acceder a todos los lugares del recipiente que las contiene, en el estado amorfo las posiciones de las moléculas están esencialmente "congeladas", aunque pueden vibrar alrededor de sus posiciones medias y puede haber otros tipos de movimientos locales. Estas peculiares características confieren a los materiales amorfos diversas propiedades físicas. Ya que los materiales vítreos son homogéneos pueden ser ópticamente transparentes, a no ser que contengan grupos funcionales que absorban la luz visible (por ejemplo, el carbón es un material amorfo de carácter vítreo). Los sólidos vítreos son también relativamente rígidos y quebradizos, lo que discutiremos cuando abordemos el problema de las propiedades mecánicas.

Al igual que un material cristalino o semicristalino, al ser calentado, se convierte en un líquido (viscoso si se quiere, pero líquido al fin), lo mismo ocurre con un material vítreo. Sin embargo, hay algunas diferencias en el propio proceso de la transición sólido - líquido. En el caso de un sólido cristalino, la transición suele ser bastante abrupta y tiene lugar a una temperatura bien definida. El proceso suele ir acompañado por un similar brusco cambio de volumen y la existencia de un calor latente. En otras palabras, hay una discontinuidad en el volumen y en la entalpía (también en la entropía) a la temperatura T_m, que identificamos con lo que hemos llamado transición de primer orden.

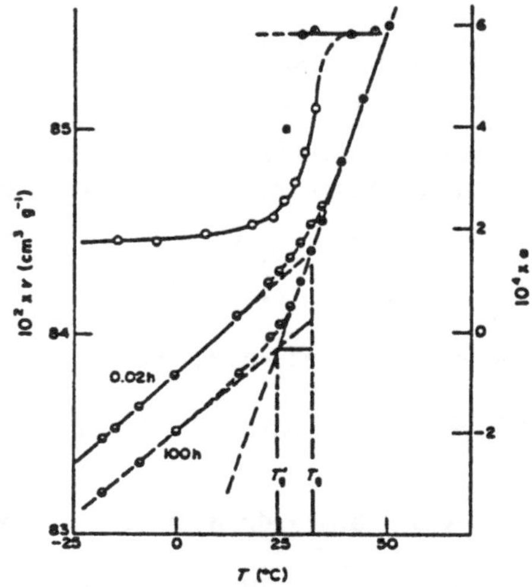

Figura 8.11 Representaciones del volumen específico y del coeficiente de expansión térmica frente a la temperatura para el caso del poli(acetato de vinilo). Las representaciones de volumen específico muestran el efecto de la velocidad de enfriamiento en la T_g medida. Reproducción permitida tomada de A. J. Kovacs, J. Polym. Sci., *30, 131 (1958).*

Al calentar un sólido vítreo, no se produce un cambio brusco en esas propiedades. Uno sólo se da cuenta de que a una cierta temperatura el material comienza a reblandecerse hasta que, eventualmente, presenta la apariencia de un líquido. Al principio es algo "pegajoso", "espeso" o, más precisamente, un líquido altamente viscoso, que se hace menos viscoso y que fluye más fácilmente a medida que la temperatura aumenta. Sin embargo, si mantenemos constante la presión y medimos el volumen de una muestra en función de la temperatura nos encontraríamos con una gráfica similar a la de la figura 8.11. Aunque no hay un cambio abrupto del volumen a una temperatura concreta, hay un cambio en la pendiente de la gráfica del volumen frente a la temperatura. El punto en el que ocurre ese cambio se define como temperatura de transición vítrea, T_g. Un cambio de pendiente de la línea volumen/temperatura es equivalente a decir que hay un cambio en el coeficiente de expansión térmica (α) ya que:

$$\left[\frac{\partial V}{\partial T}\right]_P = \alpha V \tag{8.44}$$

Y ciertamente ese cambio existe, como también se hace patente en la figura 8.11. De modo similar, si pudiéramos elaborar una representación de la entalpía en función de la temperatura, veríamos también un cambio en la pendiente, correspondiente en este caso al cambio en la capacidad calorífica:

$$\left[\frac{\partial H}{\partial T}\right]_P = C_p \tag{8.45}$$

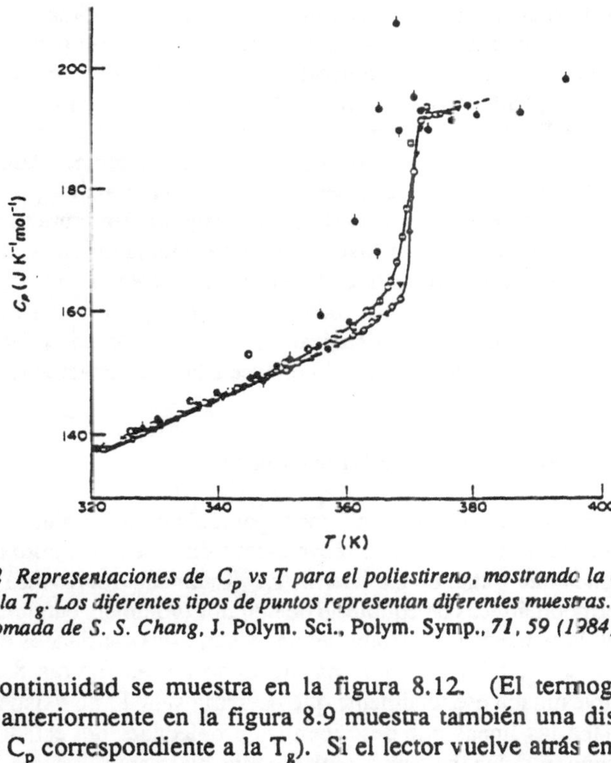

Figura 8.12 *Representaciones de* C_p *vs T para el poliestireno, mostrando la discontinuidad existente en la* T_g*. Los diferentes tipos de puntos representan diferentes muestras. Reproducción permitida tomada de S. S. Chang,* J. Polym. Sci., Polym. Symp., *71, 59 (1984).*

cuya discontinuidad se muestra en la figura 8.12. (El termograma DSC mostrado anteriormente en la figura 8.9 muestra también una discontinuidad similar en C_p correspondiente a la T_g). Si el lector vuelve atrás en este texto y repasa nuestra discusión sobre las transiciones, puede inmediatamente concluir que se trata de una transición de segundo orden. Pero puede meter la pata de forma ostensible. El problema es que la transición no es nítida y puede moverse 5 o 6°C, dependiendo de la velocidad a la que se haga el experimento (compruébelo en la figura 8.11). Volveremos sobre esto en breve tras discutir de pasada qué tipos de materiales forman sólidos vítreos, y cómo y dónde pueden encuadrarse a los polímeros en todo este tinglado.

Se piensa ahora que la mayor parte de los materiales se pueden obtener en forma vítrea, con tal de que podamos imaginar una forma de enfriarlos desde el fundido o desde el estado gaseoso lo suficientemente rápida como para que formen sólidos sin permitirles que cristalicen. Como hemos visto ya, la cristalización está gobernada por factores cinéticos. Para algunos materiales, tales como el que denominamos vidrio de ventana, la cristalización es tan lenta que incluso lentos enfriamientos desde el fundido dan lugar a un sólido vítreo. Otros materiales, como los metales, requieren de cuidadosos esfuerzos para poderlos obtener en tal estado vítreo.

Debido a la tendencia natural de las cadenas poliméricas a entrelazarse entre ellas, es relativamente fácil conseguir, mediante enfriamientos bruscos, que un polímero cristalizable, originalmente fundido, llegue a temperaturas por debajo de la T_g* sin que la cristalización haya comenzado. (Recuerde que bajo la T_g las cadenas no pueden moverse unas con respecto a las otras, de forma que la reordenación buscando la cristalización se encuentra impedida). Incluso los polímeros muy regulares no cristalizan nunca de forma completa, existiendo siempre regiones amorfas que se comportan de forma flexible (como un caucho) o rígida (como un sólido vítreo) dependiendo de que se encuentren por encima o por debajo de su T_g. Lo anterior resulta de vital importancia en las propiedades mecánicas de los polímeros, como veremos posteriormente. Además, y en contraste con los materiales de bajo peso molecular, hay muchos polímeros que no cristalizan *nunca*, generalmente debido a su irregular estructura (por ejemplo, el poliestireno atáctico). En este caso, y como mencionamos en la discusión de los estados de la materia (Capítulo 7), el estado vítreo no es un equilibrio metaestable resultante de que las moléculas hayan perdido su movimiento traslacional antes de que puedan cristalizar, sino que es el único estado permitido al polímero a esa temperatura. Ello nos conduce a la consideración de las teorías de la transición vítrea.

Teorías de la temperatura de transición vítrea

Comenzaremos mencionando la famosa paradoja de Kauzmann**, ya que es un buen punto de partida para una breve discusión de las dos aproximaciones más importantes que tratan de explicar la T_g. Kauzmann representó valores de cantidades termodinámicas de equilibrio de líquidos (volumen, entalpía, entropía) en función de la temperatura. Como hemos visto, estas cantidades cambian de pendiente en la T_g, tal y como se ha mostrado en las figuras 8.11 y 8.12. Kauzmann investigaba esencialmente qué ocurriría si la T_g no existiera, para lo que extrapolaba las líneas que describen las propiedades del estado líquido a bajas temperaturas. Llegaba a un "resultado muy alarmante", ya que los valores de estas propiedades se hacían *menores que las del estado cristalino* a temperaturas por encima de 0°K. Si el lector piensa sobre ello se dará cuenta rápidamente que la conclusión no es razonable y probablemente imposible. Si consideramos simplemente la entropía asociada con las organizaciones al azar y las conformaciones de las cadenas poliméricas en el estado líquido, esa entropía no puede ser menor que la asociada con la organización ordenada o regular de las cadenas, cada una con la misma conformación, existente en el estado cristalino. De forma similar, ¿cómo puede el volumen de las cadenas entrelazadas entre sí ser menor que el obtenido tras un empaquetamiento regular de las mismas en el

* El polietileno presenta un particular problema ya que cristaliza rápidamente, pero merced a heroicos esfuerzos incluso este polímero ha sido obtenido en estado vítreo.

** W. Kauzmann, *Chem. Rev.*, 43, 219 (1948).

cristal?. (Hay algunos empaquetamientos cristalinos más o menos "flojos", pero se trata de excepciones). Es la T_g la que impide este tipo de "catástrofes" pero la cuestión que por ahora permanece sin respuesta es si esta transición es de origen termodinámico, una manifestación de una subyacente verdadera transición de segundo orden, o se trata de un problema puramente cinético.

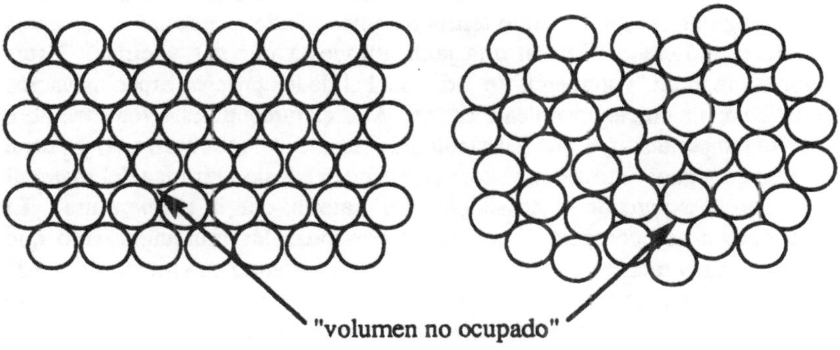

Figura 8.13 *Representación bidimensional del empaquetamiento de esferas.*

No hay duda de que la cantidad observada experimentalmente está esencialmente gobernada por cuestiones de tipo cinético, lo que puede apreciarse recordando cómo afecta la velocidad de enfriamiento al valor medido de la T_g. Sin embargo, los comportamientos del coeficiente de expansión térmica, α, y del calor específico C_p, sugieren que podría haber una "subyacente" (esto es, a temperaturas por debajo de la T_g observada) transición termodinámica, que no puede verse nunca experimentalmente debido a la intervención de la propia cinética. Por otra parte, las transiciones son anchas cuando debieran ser estrechas. Pero también las fusiones observadas en polímeros cristalinos son anchas aunque en este caso no existe duda de que se trata de una verdadera transición de primer orden. En fin, todo lo que podemos decir sobre esto en un texto introductorio como éste es que la cuestión está sin resolver, que hay varias teorías que tratan de explicarlo y que un buen punto de partida para el estudiante que tenga interés en ello es la excelente revisión de McKenna*. Simplemente haremos observar aquí que hay un factor que aparece tanto en la aproximación termodinámica al problema como en las diversas teorías cinéticas propuestas y ese factor, puesto de una forma o de otra, es el *volumen libre*. Discutiremos algunos aspectos de este asunto en detalle ya que nos va a conducir a una serie de conceptos que resultan útiles para nuestra posterior discusión de propiedades mecánicas y reológicas.

---

* G. B. McKenna, "Glass Formation and Glassy Behavior" en *Comprehensive Polymer Sci. Vol. 2. Polymer Props*, Editado por C. Booth and C. Price, Pergamon Press, Oxford, 1989.

El volumen libre es un concepto difícil de cuantificar, pero fácilmente entendible. Primero, debemos enfatizar que volumen libre no es lo mismo que volumen vacío o volumen no ocupado. Si consideramos como modelo sencillo de un material sólido amorfo el empaquetamiento al azar de esferas rígidas que se muestra en la figura 8.13, el volumen total consta del volumen ocupado por las esferas y el volumen asociado a los inevitables huecos existentes entre las bolas. Sin embargo, a diferencia de como se encuentran una serie de bolas en un recipiente a temperatura ambiente, las moléculas tienen un considerable movimiento de tipo térmico. Para el caso de un material en estado vítreo podemos imaginar ese movimiento térmico como si cada una de las bolas antes mencionadas pudiera oscilar en una jaula impuesta por sus vecinas. Estas oscilaciones crean un "volumen libre" adicional al de los propios espacios vacíos característico de un empaquetamiento al azar. Más claramente, este volumen libre crece con la temperatura (ya que la amplitud de las oscilaciones aumenta) y puede relacionarse de alguna forma con el coeficiente de expansión térmica del material (es decir, con la expansión macroscópica del material con la temperatura). El volumen libre no es compartido por igual por todas las moléculas sino que fluctúa, de forma y manera que, en un determinado instante, una molécula puede estar atrapada en una determinada jaula de empaquetamiento compacto impuesto por sus vecinas mientras otra puede tener el suficiente "volumen libre" disponible como para que, como consecuencia de oscilaciones al azar y colisiones, pueda saltar a una nueva posición. Estas posibilidades se ilustran en la figura 8.14. Por tanto, si tomamos un material que es un vidrio a cierta temperatura y lo calentamos, la temperatura de transición vítrea es el punto en el que existe suficiente volumen libre como para que las moléculas puedan intercambiar sus posiciones entre ellas. De forma similar, un material inicialmente en estado líquido forma un vidrio cuando se enfría hasta una temperatura a la que el volumen libre haya caído hasta unos valores donde las moléculas no pueden moverse unas con respecto a las otras (aunque todavía oscilan y vibran alrededor de una posición media). Esta idea, según la cual la T_g corresponde al punto al que el volumen libre cae por debajo de su valor crítico, fue sugerida por Fox y Flory*.

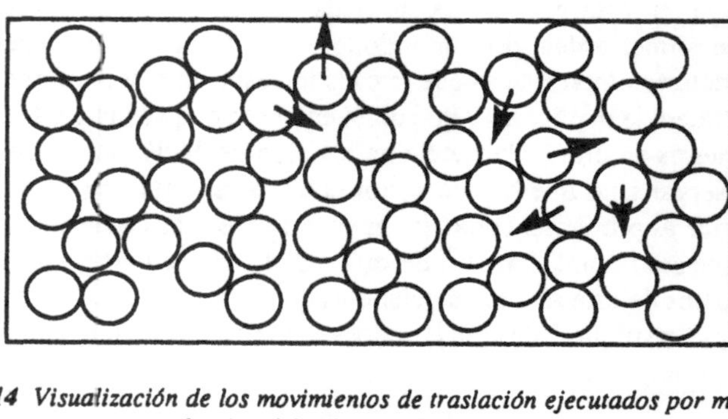

Figura 8.14 *Visualización de los movimientos de traslación ejecutados por moléculas en función del volumen libre existente.*

* T. G. Fox and P. J. Flory, *J. Appl. Phys.*, 21, 581 (1950), *J. Phys Chem.*, 55, 221 (1951) y *J. Polym Sci.*, 14, 315 (1954).

Hay varias teorías de volumen libre para la transición vítrea (volvemos a referirnos a la revisión de McKenna) pero aquí sólo mencionaremos la debida a Cohen y Turnbull, ampliada más tarde por Cohen y Grest, ya que nos va a permitir conectar con las importantes ecuaciones de Doolittle y de WLF, la última de las cuales aparecerá en nuestra discusión sobre las propiedades viscoelásticas de polímeros. Una discusión general de este modelo se encuentra en el excelente tratamiento introductorio de Zallen*.

El modelo supone que el movimiento de una molécula con relación a sus vecinas sólo tiene lugar cuando la molécula dispone del suficiente volumen, $\upsilon_f > \upsilon_f^*$, donde υ_f es el volumen libre promedio por molécula, igual al volumen libre total dividido por N (V_f/N). La fluidez, o lo que es igual el inverso de la viscosidad, η^{-1}, es proporcional a la probabilidad de que una molécula tenga un volumen libre mayor que el valor crítico υ_f^*.

Usando argumentos de mecánica estadística para describir la distribución de volumen libre en el sistema, puede llegarse a obtener una ecuación en la siguiente forma:

$$\eta^{-1} = (\text{Constante})\exp[-N\upsilon_f^* / V_f] \tag{8.46}$$

donde V_f es el volumen libre total y N el número total de moléculas. A medida que V_f se hace más pequeño la viscosidad η crece dramáticamente. Quizás esto se vea más fácilmente tras hacer una sencilla sustitución pero es importante primero recalcar que el resultado expresado por la ecuación 8.46 tiene "buena pinta", ya que Doolittle encontró que la ecuación:

$$\eta^{-1} = A \exp B\left(\frac{V - V_f}{V_f}\right) \tag{8.47}$$

donde V es el volumen específico, es una ecuación que reproduce de forma empírica datos de viscosidad obtenidos con una variedad de sistemas. Si suponemos que V_f es proporcional a $\Delta\alpha$ (T -T_0) donde T_0 es la temperatura a la que el volumen libre se desvanece y $\Delta\alpha$ una cantidad que pronto definiremos, podemos obtener:

$$\eta \propto \exp\left(\frac{\beta}{T - T_0}\right) \tag{8.48}$$

donde el parámetro β agrupa diferentes términos. La ecuación proporciona una inmediata explicación cinética de la T_g. Cuando se enfría un líquido, la temperatura T se aproxima a T_0, la viscosidad crece de forma desmesurada y el sistema queda esencialmente "congelado".

Al dar una explicación sencilla de la T_g basada en el volumen libre hemos hecho un par de simplificaciones. Primero, hemos tratado al material como si fuera un simple conjunto de esferas rígidas. Incluso las moléculas pequeñas, sin fijarnos en los polímeros, tienen poco que ver con esta imagen. Segundo, al modificar la ecuación de Doolittle para demostrar el crecimiento de la viscosidad

* R. Zallen, *The Physics of Amorphous Solids*, John Wiley & Sons, New York (1983).

cuando la temperatura decrece hemos hecho una sustitución simplificada para poder ilustrar principios fundamentales de la forma más clara posible. Modificaremos este planteamiento más tarde pero antes es provechoso discutir los tipos de movimiento que quedan no operativos cuando el polímero se enfría por debajo de su T_g.

La dinámica de las cadenas poliméricas es un tema importante pero excesivamente complicado para ser discutido de forma adecuada en un tratamiento introductorio. Discutiremos de forma cualitativa algunos aspectos del tema más adelante, al discutir la reología de polímeros fundidos. Aquí haremos notar simplemente que una molécula polimérica puede cambiar su forma y que su centro de gravedad puede moverse como consecuencia de rotaciones en torno a los enlaces. Una rotación en torno a un enlace sencillo, como la que muestra la siguiente figura,

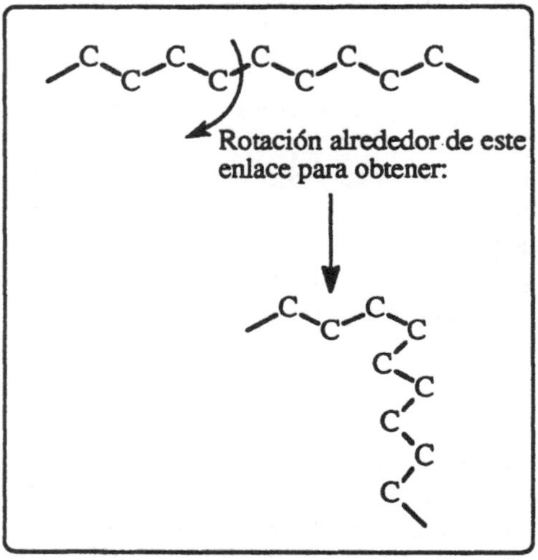

conduciría, sin embargo, a enormes desplazamientos que estarían prohibidos por el relativamente compacto empaquetamiento de las cadenas en el fundido (es lo mismo que decir que se requeriría una enorme cantidad de energía para empujar a otras cadenas fuera del camino que va a seguir la que está rotando). Consiguientemente, se han propuesto diversos tipos de rotaciones acopladas de enlaces adyacentes o, casi adyacentes, que permiten desplazamientos relativamente pequeños de los segmentos de cadena sin un desplazamiento de la cadena como un todo. Vamos a retrasar la discusión de cómo se mueve la cadena para más tarde, pero tal movimiento no puede ocurrir a no ser que los segmentos de cadena tengan una cierta movilidad, lo que, de alguna forma, está relacionado con el volumen libre.

Estas consideraciones nos llevan a otra relación importante de carácter empírico, la ecuación WLF. Las iniciales WLF provienen de Williams, Landel y

Ferry, quienes encontraron que los tiempos de relajación mecánica* a una cierta temperatura T, y los encontrados a otra temperatura, digamos T_s, pueden estar relacionados a través de la definición de un factor de desplazamiento a_T;

$$\log a_T = -\frac{C_1 (T - T_S)}{C_2 + T - T_S} \tag{8.49}$$

donde a_T se relaciona con el cociente entre los tiempos de relajación en consideración y C_1 y C_2 son constantes propias para un polímero en particular (a pesar de que hay variaciones de polímero a polímero, se suelen usar habitualmente los valores $C_1 = 17{,}44$ y $C_2 = 51{,}6$ como constantes). Esta ecuación sólo se aplica a temperaturas por encima de la T_g y Williams, Landel y Ferry usaron una definición arbitraria de T_s para un sistema (243°K para poliisobutileno de alto peso molecular) como punto de referencia. Representaciones de datos de relajaciones mecánicas (relajación bajo tensión, "creep") para varios polímeros amorfos en función de la temperatura pueden desplazarse sobre el gráfico y superponerse sobre los datos del polímero usado como referencia, poliisobutileno, tras aplicar a los otros datos el factor de desplazamiento correspondiente, a_T. Probablemente en este punto el lector no se haya enterado muy bien de qué es lo que esto pueda significar pero no debe preocuparse mucho porque volveremos sobre el tema más adelante, describiendo en más detalle el empleo de la ecuación WLF, cuando discutamos las propiedades viscoelásticas y el principio de superposición tiempo-temperatura. Lo que si debe retener es que existe una conexión entre las teorías de volumen libre, las relaciones empíricas que describen la viscosidad de líquidos de moléculas pequeñas (Doolittle), y el comportamiento de relajación en polímeros descrito por un factor de desplazamiento, a_T.

La primera cuestión se refiere a cómo relacionar este factor a_T con la viscosidad. El punto de arranque está en las teorías que predicen una proporcionalidad directa entre la viscosidad y el tiempo de relajación. Consiguientemente, si hacemos que nuestra temperatura de referencia sea T_g más que un valor arbitrario como T_s, entonces en primera aproximación:

$$a_T = \frac{\eta}{\eta_g} \tag{8.50}$$

donde η y η_g son las viscosidades a las temperaturas T y T_g, respectivamente (recuerde que a_T se define como el cociente entre el tiempo de relajación a la temperatura T dividido por el tiempo de relajación a la temperatura de referencia que nosotros hemos tomado igual a T_g).

La segunda cuestión que vamos a plantearnos es cómo se relacionan las constantes C_1 y C_2 de la ecuación WLF con el volumen libre. Williams y colab. suponen que el volumen libre es una función lineal de la temperatura que puede describirse mediante la ecuación:

---

* De forma aproximada, el tiempo de relajación puede entenderse como el tiempo que se toma el polímero para adaptarse a una nueva posición configuracional. Consideraremos una definición más precisa en el Capítulo 11.

$$V_f = V_g\left[0{,}025 + \Delta\alpha\,(T - T_g)\right] \tag{8.51}$$

donde $\Delta\alpha$ es la diferencia entre los coeficientes de expansión térmica del líquido y del vidrio:

$$\Delta\alpha = \alpha_c - \alpha_g \tag{8.52}$$

y V_g el volumen libre a la temperatura T_g. Usando la ecuación de Doolittle y sustituyendo en la ecuación 8.51 es posible obtener la siguiente relación:

$$\log a_T = \frac{\left(-B/2{,}303\,f_0\right)\left(T - T_g\right)}{f_0/\Delta\alpha + T - T_g} \tag{8.53}$$

donde f_0 es la fracción de volumen libre a T_g, V_g/V. (La forma general de la ecuación WLF se puede recuperar si volvemos a sustituir una temperatura de referencia arbitraria T_s ($T_s > T_g$) en lugar de T_g). Las constantes C_1 y C_2 pueden entonces identificarse con los correspondientes términos en la ecuación 8.53, estando así relacionadas con el volumen libre. De nuevo, se predice un rápido crecimiento de la viscosidad a medida que nos aproximamos a T_g y el volumen libre decrece.

Esto es cuanto queríamos decir sobre el volumen libre sin entrar en teorías más complicadas. El punto importante es que la aproximación sencilla del volumen libre que hemos considerado proporciona una buena comprensión del problema y puede unirse con ecuaciones empíricas firmemente establecidas que describen muy bien el comportamiento real de los sistemas.

Factores que afectan a la temperatura de transición vítrea

Tal y como también hicimos en la discusión del punto de fusión cristalino y habiendo considerado la naturaleza fundamental de la transición, nos vamos a centrar en la interesante cuestión de los factores que hacen que un polímero tenga diferente T_g que otro. Veremos que consideraciones sencillas de volumen libre permiten una buena comprensión cualitativa de la mayor parte de estos factores.

El efecto del peso molecular

La figura 8.15 nos muestra los valores experimentales de las T_g's de diversas fracciones de poliestireno representadas en función del peso molecular. Puede observarse que para cadenas relativamente cortas la T_g crece de forma abrupta cuando el peso molecular crece pero posteriormente el comportamiento parece aproximarse de forma asintótica a un valor límite. La aproximación del volumen libre es capaz de explicar este hecho de forma fácilmente comprensible. Hemos mencionado en la sección precedente que aunque el concepto de volumen libre no es fácil de definir, puede en principio asociarse con movimientos cooperativos de las cadenas. Los extremos de cadena tienen más libertad de movimientos que los segmentos situados en el centro de la misma (piense en el chasquido de un látigo donde el extremo se mueve mucho más rápidamente que las partes del centro y de hecho puede romperse la barrera del sonido) y, dicho de forma cruda, puede pensarse en ellos como si tuvieran "más volumen libre". Las cadenas de bajo peso molecular tienen más extremos de cadena por unidad de volumen que las cadenas largas, disponiendo por tanto de más volumen libre, con lo que la T_g será más baja. Fox y Flory* usaron argumentos de volumen libre tan sencillos como los que acabamos de exponer para deducir la siguiente ecuación:

$$T_g = T_g^{\infty} - \frac{K}{\overline{M}_n} \tag{8.54}$$

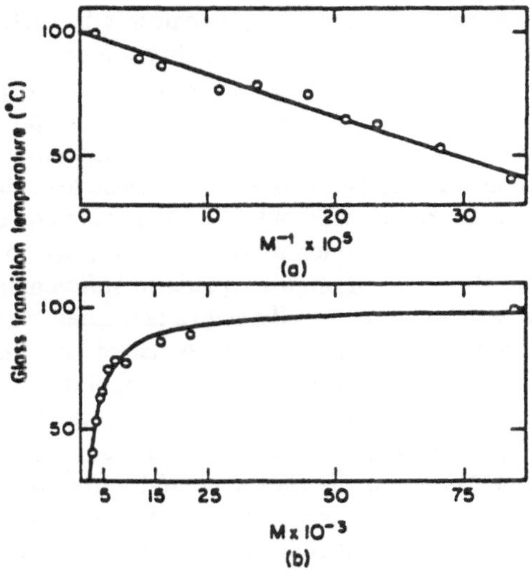

Figura 8.15 *Transiciones vítreas de diferentes fracciones de poliestireno en función de su peso molecular, M (gráfica inferior)) y M^{-1} (gráfica superior). Reproducción permitida tomada de T. G. Fox and P. J. Flory,* J. Appl. Phys., *21, 581 (1950).*

donde T_g^{∞} es la temperatura de transición vítrea que tendría un polímero de peso molecular infinito, mientras que K es una constante relacionada con parámetros que describen el volumen libre. La ecuación funciona bien para la mayor parte de los polímeros, tal y como demuestra la figura 8.15, pero hay excepciones y no explica la dependencia de la T_g con el peso molecular en el caso de polímeros que forman ciclos (es decir, que no tienen extremos). El lector interesado puede acudir de nuevo al artículo antes mencionado de McKenna y a las referencias en él incluidas para una mayor profundización en el asunto.

El efecto de la estructura química

Dado que estamos tratando con polímeros de alto peso molecular, ¿cuál es el efecto de la estructura química, que ya hemos visto que afecta a la rigidez de cadena, a las interacciones intermoleculares, etc. en la T_g?. Se podría esperar

---

* T. G. Fox and P. J. Flory, *J. Appl. Phys.*, **21**, 581 (1950) y *J. Polym Sci.*, **14**, 315 (1954).

intuitivamente que la T_g estuviera afectada de forma parecida a como lo está la T_m. Cadenas más rígidas y con interacciones intermoleculares más fuertes deberían tener temperaturas de transición vítrea más elevadas. Eso es lo que en general ocurre pero a la hora de explicar el efecto en la T_g, vamos a usar argumentos basados en el volumen libre y en la movilidad molecular más que un argumento de termodinámica de equilibrio, como usamos en el caso de la T_m.

Ya que la rigidez de cadena afecta a su movilidad o, en otras palabras, a la facilidad de rotación en torno a los enlaces de la cadena central del polímero, su efecto en la T_g puede comprenderse fácilmente de forma cualitativa. Si se dan grupos voluminosos, por ejemplo anillos bencénicos, en esa espina dorsal del polímero, eso es tanto como decir que existen barreras energéticas elevadas para las rotaciones, que sólo pueden tener lugar a altas temperaturas. (El problema puede relacionarse con modelos de volumen libre a través de argumentos basados en los movimientos cooperativos). De forma similar, la presencia de grupos laterales voluminosos unidos a la cadena central provoca también elevaciones en la T_g, a través de impedimentos estéricos a la rotación de los enlaces. El efecto se ilustra claramente con ejemplos en la tabla 8.1. A medida que el grupo lateral es más grande, la T_g crece. El crecimiento tiene, sin embargo, un límite ya que, en un cierto momento, el grupo voluminoso queda lo suficientemente lejos de la cadena principal como para que el impedimento a la rotación no sea tan operativo. Compare, por ejemplo, las T_g's del poliestireno atáctico con las del poli(1-vinil naftaleno) y poli(vinil bifenilo). Añadir un grupo metilo a la cadena principal, para formar el poli(α-metil estireno), tiene más efecto en la temperatura de transición vítrea que incrementar el tamaño de la unidad aromática, ya que la mayor proximidad de ese grupo a la cadena central introduce un grado más alto de impedimento estérico. Los grupos laterales que estamos considerando en los ejemplos anteriores son especies sencillas o, como en el caso del poli(vinil bifenilo), unidades muy rígidas. ¿Qué ocurre, sin embargo, si unimos cadenas laterales flexibles a la cadena principal como es el caso, por ejemplo, de los metacrilatos?.

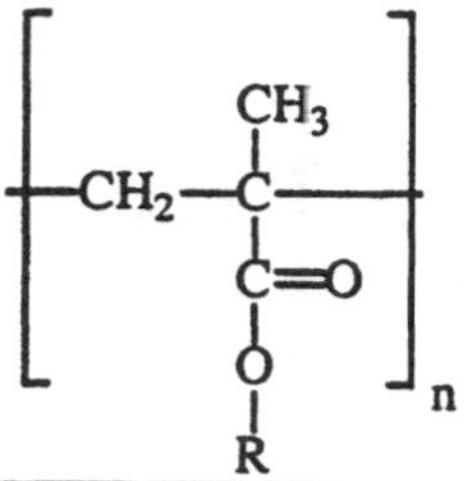

donde:

R = Metilo —CH_3
= Etilo —CH_2—CH_3
= Propilo —CH_2—CH_2—CH_3
= Butilo —CH_2—CH_2—CH_2—CH_3
etc.

Aquí, la T_g *desciende* al crecer la longitud de cadena lateral, como se ilustra en la figura 8.16, lo que, de nuevo, es fácil de entender. Los sustituyentes más próximos a la cadena, como es el caso del grupo metilo, $-CH_3$ y del grupo COO (éster), dan lugar al volumen necesario para un efecto estérico. El resto de las cadenas laterales consideradas pueden quedarse fuera del espacio requerido por los movimientos de la cadena principal a través de rotaciones en torno a los enlaces de las cadenas laterales. Ya que estas cadenas laterales incrementan el volumen libre a través de su efecto en el empaquetado de las cadenas (y también a través de su movilidad) la T_g desciende.

Tabla 8.1 Temperaturas de transició vítrea.

Polímero	Estructura química	T_g
Polietileno	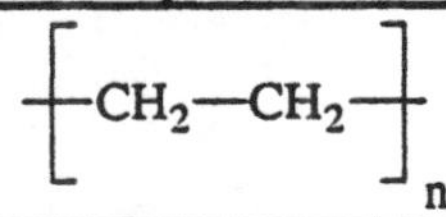	≈ - 80°C *
Polipropileno atáctico	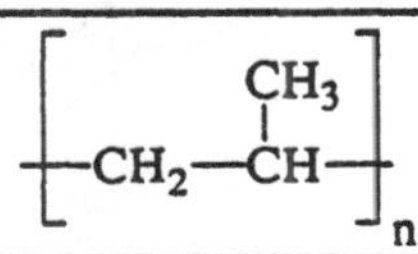	≈ - 10°C
Poliestireno atáctico	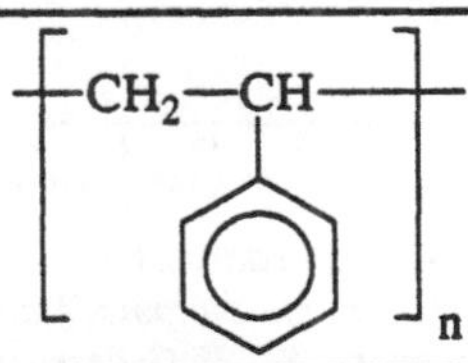	≈ 100°C
Poli(α-metil estireno) atáctico	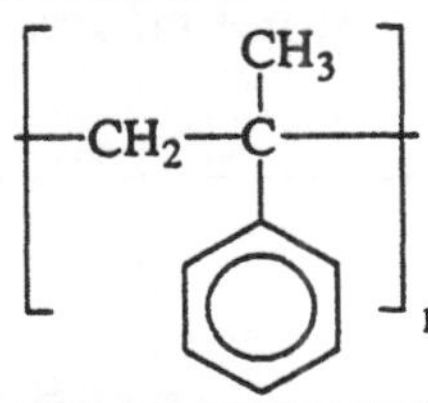	≈ 175°C
Poli(1-vinil naftaleno) atáctico	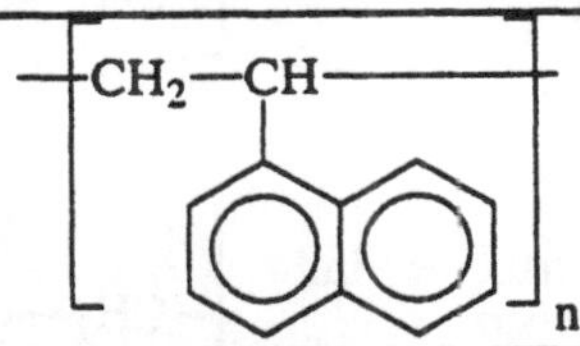	≈ 135°C
Poli(vinil bifenilo) atáctico	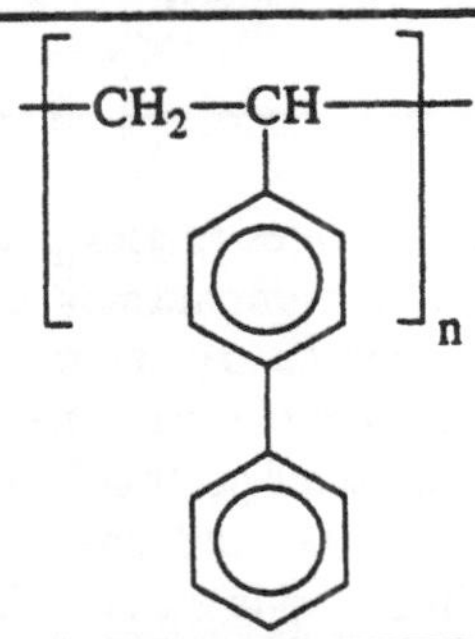	≈ 145°C

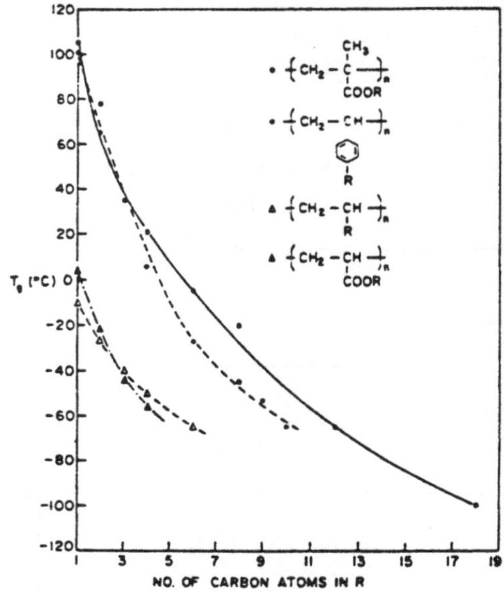

Figura 8.16 Efecto de la longitud de cadena lateral en la temperatura de transición vítrea de varios polímeros. Reproducción permitida tomada de A. Eisenberg, en Physical Properties of Polymers, *J. E. Mark, A. Eisenberg, W. W. Graessley, L. Mandelkern and J. L. Koenig, Eds., American Chemical Society, Washington, DC, 1984.*

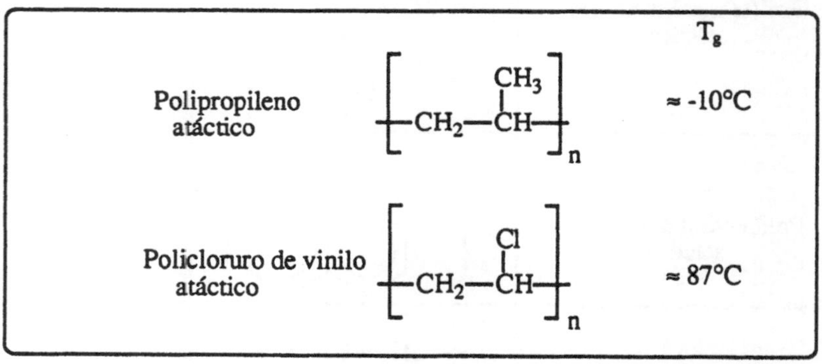

Interacciones intermoleculares fuertes pueden también dar lugar a ascensos en la T_g. Por ejemplo, si comparamos las T_g's del polipropileno y del poli(cloruro de vinilo), podemos argumentar que el átomo de cloro y el grupo metilo tienen aproximadamente el mismo efecto en las rotaciones en torno a los enlaces. Sin embargo, el carácter polar del átomo de cloro da lugar a fuerzas de atracción más fuertes entre las cadenas lo que a su vez significa que, en promedio, esos grupos implicados en tales interacciones están más próximos entre sí. Por tanto, el volumen libre es menor y la T_g más alta (la realidad es probablemente algo más complicada, pero esta sencilla explicación da una buena aproximación al efecto principal).

El efecto de los diluyentes y la copolimerización

Intuitivamente, uno debiera esperar que si un polímero con T_g en torno a 100°C se mezcla con un segundo componente, ya sea un polímero o un compuesto de bajo peso molecular con una T_g digamos en torno a -50°C, la T_g de la mezcla debiera estar situada en alguna temperatura entre ambas y, además, debiera depender de las proporciones relativas de los componentes presentes en la mezcla. Esto es, en efecto, lo que generalmente se observa, aunque hay una o dos excepciones (por ejemplo, en el caso de mezclas en las que se dan interacciones intermoleculares muy fuertes, donde la T_g de la mezcla puede ser más alta que cualquiera de las de los componentes). La adición de materiales de bajo peso molecular a un polímero para convertirlo en más flexible se conoce como plastificación y al diluyente se le denomina plastificante. Un punto clave aquí es si el sistema (ya sea una mezcla de dos polímeros o una mezcla polímero/plastificante) es o no miscible. Miscible quiere decir que el sistema forma una única fase con una mezcla íntima de los componentes a nivel molecular. Avanzando algo más podemos decir que si el sistema forma fases separadas debería esperarse la aparición de dos T_g's, cuyos valores dependiesen de la composición de los dominios separados en fases.

La T_g de una mezcla puede comprenderse de forma sencilla sobre la base de argumentos de volumen libre. Por ejemplo, la adición de un compuesto de bajo peso molecular incrementa el volumen libre del sistema y, por tanto, rebaja la T_g. Es posible avanzar más y suponer una relación entre el volumen libre de la mezcla y los volúmenes libres de los componentes (por ejemplo, suponer que sean puramente aditivos). Ello permite derivar ecuaciones que relacionan la T_g de la mezcla con las de sus componentes. No profundizaremos mucho en el tema y lo dejaremos en uno de los resultados más ampliamente utilizados, la llamada ecuación de Fox*,

$$\frac{1}{T_g} = \frac{W_1}{T_{g_1}} + \frac{W_2}{T_{g_2}} \tag{8.55}$$

donde T_{g_1} y T_{g_2} son las T_g's de los componentes puros y W_1 y W_2 las respectivas fracciones en peso presentes en la mezcla (esta ecuación se derivó originalmente para describir la T_g de los copolímeros al azar, problema en el que se pueden emplear los mismos argumentos sencillos de volumen libre).

El efecto de la reticulación y la cristalización

Una vez más, está fuera de los objetivos de este tratamiento introductorio el dar excesivos detalles, de forma que diremos simplemente que tanto la reticulación como la cristalización incrementan la T_g. El efecto de la reticulación

* T. G. Fox, *Bull. Am. Phys. Soc.*, 1, 123 (1956).

se puede explicar de forma cruda sobre la base de sencillos argumentos de volumen libre. La reticulación disminuye el volumen libre, ya que partes enteras de las cadenas están enlazadas entre sí, por lo que la T_g se incrementa.

El efecto de la cristalización puede también comprenderse cualitativamente en términos de argumentos sencillos. (El lector debe ser cuidadoso y no confundirse; estamos sólo hablando de la T_g, que es una propiedad ligada a las zonas amorfas del material). Si tomamos un polímero cristalizable y lo enfriamos bruscamente desde el fundido hasta una temperatura por debajo de la T_g, de forma que el material permanezca como amorfo, observaremos un cierto valor de T_g. Si ahora hacemos un tratamiento térmico (templado) manteniendo la muestra a una temperatura por encima de la T_g un cierto tiempo, de forma que el material tenga oportunidad de cristalizar, la T_g medida posteriormente es más alta. Ello es debido, presumiblemente, a que las regiones cristalinas actúan como puntos de anclaje de las zonas amorfas, limitando la movilidad de las cadenas pertenecientes a ellas. El nivel al que puede llegar este efecto depende del grado de cristalinidad y de la morfología de la muestra (en ciertos sistemas la T_g puede incluso resultar enmascarada por la cristalización).

G. TEXTOS ADICIONALES

(1) R. N. Haward, *The Physics of Glassy Polymers*, John Wiley & Sons, New York, 1973.

(2) R. Zallen, *The Physics of Amorphous Solids*, John Wiley & Sons, New York, 1983.

(3) J. D. Hoffman, G. T. Davis and J. I. Lauritzen, Jr., en *Treatise on Solid State Chemistry*, N. B. Hannay, Ed., Vol. 3, Capítulo 7, Plenum Press, New York, 1976.

(4) L. Mandelkern and G. McKenna, Artículos en *Comprehensive Polymer Science*, C. Booth and C. Price, Eds., Vol. 2, Pergamon Press, Oxford, 1989.

CAPITULO 9

Termodinámica de Disoluciones y Mezclas de Polímeros

"The development of solution theory has resembled the flow of the Gulf Stream across the Atlantic —a meandering course with eddies that disappear."
—Joel Hildebrand*

A. INTRODUCCION

Al comienzo del capítulo anterior recordábamos algunos principios básicos de termodinámica y de mecánica estadística que no le vendría mal volver a releer antes de seguir con este capítulo. Lo que vamos a considerar ahora es el problema de las mezclas, que es tanto como decir que estamos abordando la cuestión de si un determinado polímero se disuelve o no cuando se mezcla con un disolvente particular o con un polímero distinto. La termodinámica nos permite dar respuesta a tal interrogante recordándonos que, en el equilibrio, la energía libre debe alcanzar un mínimo, lo que a su vez significa que la *variación de energía libre* como consecuencia de la formación de la mezcla entre los participantes en los que estamos interesados, digamos un disolvente y un polímero, debe ser negativa. Si representamos el cambio de energía libre de Gibbs como consecuencia del proceso de mezcla por ΔG_m, podemos entonces escribir que:

$$\Delta G_m < 0 \tag{9.1}$$

Este cambio de energía libre a una temperatura determinada está, por supuesto, relacionado con los cambios de entropía y entalpía a través de:

$$\Delta G_m = \Delta H_m - T\Delta S_m \tag{9.2}$$

de forma que necesitamos determinar el signo del lado derecho de esta ecuación. Como veremos posteriormente, lo establecido por la ecuación (9.1) es la condición necesaria para que la mezcla tenga lugar aunque no es condición suficiente. La otra condición que debe cumplirse se refiere a la segunda derivada de la energía libre con respecto a la composición, lo que igualmente requiere que comencemos por la ecuación 9.2.

Simplemente como recordatorio al lector, mencionaremos que la termodinámica es un campo del saber que describe las relaciones existentes entre

* J. H. Hildebrand, *Ann. Rev. Phys. Chem.*, 1, 32 (1981).

variables macroscópicas tales como P, V, las cantidades de la ecuación 9.2, etc. Todo funciona muy bien cuando se usa para describir cosas como el rendimiento de máquinas térmicas pero para los problemas a los que nos estamos refiriendo aquí la termodinámica sólo proporciona un punto de partida. Para obtener una expresión teórica útil necesitamos relacionar las magnitudes que aparecen en la ecuación (9.2), ΔH_m y ΔS_m, con propiedades moleculares o, lo que es igual, con interacciones entre moléculas y con la organización y empaquetamiento de esas moléculas en la mezcla. Esto nos obliga a emplear la mecánica estadística, aunque afortunadamente podemos obtener resultados sencillos y útiles sin profundizar demasiado.

B. LA ENERGIA LIBRE DE MEZCLA

Como mencionábamos al principio del Capítulo 7, la entropía puede relacionarse con el número de ordenaciones o configuraciones disponibles para el sistema. A la hora de contar esas configuraciones en una mezcla o disolución necesitamos construir un modelo y, entre todos los posibles, aquel que ha mostrado ser extremadamente útil a pesar de su simplicidad es el llamado *modelo o teoría de las disoluciones regulares*, que supone que estamos mezclando moléculas esféricas de idéntico tamaño. Este modelo supone un principio razonable para nuestras discusiones ya que, como veremos, a partir de sus suposiciones uno puede obtener una provechosa teoría sobre las disoluciones de polímeros.

Teoría de las disoluciones regulares

Aunque muchos grandes científicos han realizado relevantes contribuciones al tema, la teoría de las disoluciones regulares está inseparablemente unida al nombre de Hildebrand, y la versión de 1950 del libro del que es coautor con Scott* sigue siendo un clásico y debiera ser un excelente punto de partida para aquellos estudiantes que quisieran acercarse al tema en mayor detalle. Esta teoría establece como principal suposición el que las contribuciones entálpicas y entrópicas a la energía libre pueden ser tratadas de forma separada y aditiva. De cara a entender la naturaleza de esta suposición y a introducir un modelo particularmente sencillo que cuente las configuraciones, usaremos lo que se ha venido en llamar un modelo reticular. En este planteamiento se supone que las moléculas se colocan en un retículo, tal y como el ilustrado en la figura 9.1 para una mezclas de "bolas" (moléculas) de color negro y color blanco de igual tamaño. Por supuesto, este planteamiento es completamente artificial en el sentido que, en disoluciones reales, no existe el grado de orden que implícitamente estamos reconociendo en esta organización regular de las moléculas pero es necesario volver a recalcar que mediante este modelo disponemos de un dispositivo útil para contar el número de configuraciones disponibles para el sistema.

---

* J. H. Hildebrand and R. L. Scott, *The Solubility of Non-Electrolytes*, *Tercera Edición*, American Chemical Society Monograph Series, 1950.

La representación que aparece en la figura 9.1 debe considerarse como una especie de foto instantánea de la situación existente en un determinado momento. Si el sistema es un líquido (es decir, no ha cristalizado, ni ha sido "congelado" para dar un material vítreo), las moléculas intercambian constantemente sus posiciones, de forma que el número de ordenaciones posibles es muy grande.

Puesto que queremos conocer el número total de posibles ordenaciones, Ω, podemos usar la ecuación:

$$S = -k \ln \Omega \tag{9.3}$$

para calcular la entropía. (En el capítulo 7, usábamos W en lugar de Ω para representar el número de configuraciones, ya que tal es la fórmula original grabada en la tumba de Boltzmann. Muchos textos modernos, sin embargo, prefieren usar el símbolo Ω, como hacemos nosotros aquí).

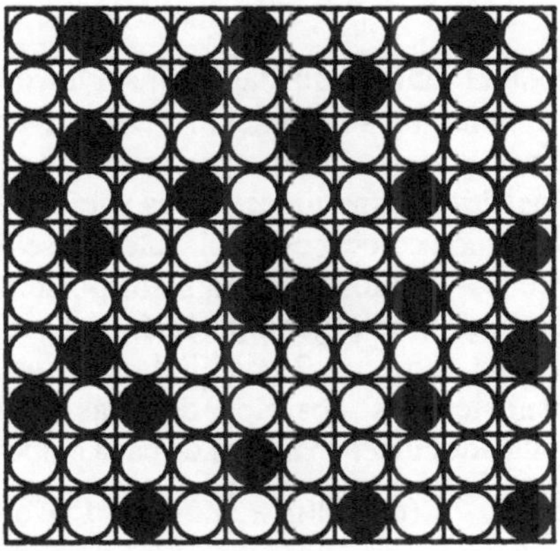

***Figura 9.1** Representación esquemática de un modelo reticular para el mezclado de moléculas de igual tamaño.*

El problema es que el número de configuraciones disponibles para el sistema está limitado por la energía de las interacciones entre las moléculas de los componentes (y, por supuesto, la composición). Si, por ejemplo, las moléculas del mismo tipo se atraen entre sí de forma más intensa que entre moléculas distintas, podemos esperar que ordenaciones en las que las moléculas negras estén más cerca de otras negras y las blancas estén adyacentes a otras blancas serán disposiciones preferidas. Esto complica en gran manera el número de configuraciones (de hecho, es un problema que todavía no se ha resuelto). La simplificación que hace la teoría de las disoluciones regulares, y una de las que subsiguientemente emplearemos al abordar las mezclas de polímeros, es suponer que la energía de interacción experimentada por una molécula cualquiera es simplemente la media tomada sobre todas las configuraciones posibles. Esta llamada aproximación de campo medio corresponde a situaciones en las que cada molécula se mueve en un campo de potencial (es decir, experimenta fuerzas debidas a interacciones intermoleculares) que no se ve afectado por variaciones locales en la composición, sino que es un valor promedio global. En otras palabras, estamos considerando una perfecta mezcla al azar. Esta suposición es buena en tanto que las interacciones entre moléculas sean débiles en comparación con kT, de forma que esa energía térmica mantenga al sistema esencialmente distribuido al azar.

Con esta suposición podemos tratar las partes entálpica y entrópica de la energía libre de forma separada. Además, el modelo reticular proporciona una forma particularmente sencilla de calcular las configuraciones. Si consideramos un sistema binario (dos componentes) tal y como el ilustrado en la figura 9.1, podemos entonces comenzar imaginando que sacamos todas las moléculas del retículo y nos ponemos a calcular el número de formas en las que sucesivamente las podemos ir colocando hasta volver a ocupar todos los lugares del retículo. Si tenemos n_A moléculas del tipo A, y n_B moléculas del tipo B, necesitaremos un número total de espacios en el retículo, n_0, que viene dado por:

$$n_0 = n_A + n_B \tag{9.4}$$

Ello supone que todo el retículo queda lleno, sin huecos o sitios vacíos (ya consideraremos esto también en su momento). Al volver a poner la primera molécula en el retículo, y no nos vamos a preocupar de si es A o B, podemos elegir cualquiera de los sitios disponibles, todos vacíos, de forma que hay n_0 diferentes maneras de volver a colocar esa molécula en ese retículo. La segunda, sin embargo, sólo tiene $n_0 - 1$ sitios vacíos a su disposición ya que la primera molécula ha ocupado un sitio en alguna posición del retículo. De la misma forma, la tercera molécula tiene $n_0 - 2$ posibilidades y así sucesivamente. El número total de disposiciones posibles de esas moléculas se obtiene multiplicando las posibilidades independientes de cada colocación, es decir:

$$(n_0)(n_0 - 1)(n_0 - 2)(n_0 - 3) - - - - - 1 = n_0! \tag{9.5}$$

En principio, el resultado puede ser el que el lector esperaba, pero le invitamos a que reconsidere la figura 9.1. Resulta obvio que si intercambiamos entre sí las posiciones de dos moléculas blancas o, similarmente, la posición de dos moléculas negras, la configuración resultante es la misma, ya que las moléculas del mismo tipo son indistinguibles. Sólo si cambiamos una molécula blanca por una negra obtenemos una nueva configuración. Sin embargo, al contar las formas en las que podemos colocar todas las moléculas en el retículo, contamos *todas* las posibles, como si las moléculas estuvieran marcadas (ésta es la número 1, ésta la 2, etc.) y pudieran ser distinguidas de cualquier otra. Consiguientemente debemos eliminar de nuestra respuesta aquellas configuraciones en las que las moléculas del mismo tipo intercambian sus posiciones.

Usando el mismo tipo de argumentos que hemos dado anteriormente a la hora de contar el número total de configuraciones, puede demostrarse que hay $n_A!$ maneras de intercambiar las posiciones de moléculas del tipo A (supongamos que sean las negras) y $n_B!$ formas de que las blancas (o B) intercambien entre ellas mismas sus posiciones, de forma que el número total de configuraciones resulta ser, tras esta consideración:

$$\Omega = \frac{n_0!}{n_A!\, n_B!} \qquad (9.6)$$

Podemos inmediatamente obtener una expresión para la entropía de mezcla usando la ecuación 9.3 y la aproximación de Stirling, que dice que si N es un valor grande, entonces el logaritmo de su factorial, N!, está dado por:

$$\ln N! = N \ln N - N \qquad (9.7)$$

La sustitución en la ecuación 9.3 y algo de álgebra elemental se deja como ejercicio, resultando como respuesta final que*:

$$\Delta S_m = -k\,(n_A \ln x_A + n_B \ln x_B) \qquad (9.8)$$

donde x_A and x_B son las fracciones molares de los componentes:

$$x_A = \frac{n_A}{n_A + n_B} \qquad x_B = \frac{n_B}{n_A + n_B} \qquad (9.9)$$

Si ahora queremos que n_A y n_B sean el número de moles de A y B, en lugar del número de moléculas, basta con dividir las cantidades que aparecen en (9.8) por el número de Avogadro, multiplicando al mismo tiempo k por la misma cantidad, con lo que obtendremos:

$$\Delta S_m = -R\,(n_A \ln x_A + n_B \ln x_B) \qquad (9.10)$$

donde R es la constante de los gases. En el futuro no siempre especificaremos si estamos tratando con moléculas o moles, pero es fácil darse cuenta con sólo considerar la constante que estemos empleando (si se trata de la constante de los gases, R, nuestras variables de concentración estarán en moles; si se trata de la constante de Boltzmann, k, nuestras variables de concentración estarán en términos del número de moléculas).

Antes de proseguir deberíamos dar alguna vuelta más a la ecuación 9.10. Se trata de un interesante resultado. Hemos tomado un concepto, la entropía, que muchos estudiantes encuentran difícil de asimilar y hemos encontrado que usando un modelo sencillo podemos relacionarla con algo que conocemos y comprendemos, la composición de la mezcla que estamos considerando. Damos por supuesto que nuestro modelo reticular de un líquido no es muy real y, de hecho, hay otros cambios de entropía que nacen del hecho de mezclar. Sin embargo, el resultado obtenido es una razonable primera aproximación. El cambio de entropía calculado a partir de la estimación del número de configuraciones es denominado habitualmente entropía combinatorial y, en los tratamientos sencillos, se prefiere no tener en cuenta el resto de posibles cambios en la entropía. Discutiremos algunos de estos otros factores más tarde. Ahora vamos a fijarnos en el cambio de entalpía generado por el hecho de mezclar.

Al discutir las interacciones intermoleculares en el Capítulo 7 introdujimos el concepto de densidad de energía cohesiva, que era igual a $\Delta E^v / V$, donde ΔE^v es

---

* Para obtener el cambio de entropía por el hecho de mezclar, necesitamos calcular la entropía de los componentes A y B en estado puro y restarlas de la entropía de la mezcla, calculada con la ecuación 9.6. Esto es fácil de hacer ya que la entropía de mezclar A con A es cero.

el calor o energía de vaporización de un volumen V de líquido. Si consideramos a nuestras moléculas de A y B en estado puro, la densidad de energía cohesiva debe estar relacionada con las interacciones entre moléculas iguales. Y ello es así porque son precisamente estas fuerzas de interacción las que deben ser "vencidas" a la hora de extraer una molécula desde el estado líquido, donde dicha molécula está rodeada de otras del mismo tipo, y colocarla en la fase gas o vapor, donde las moléculas, en promedio, se encuentran mucho más alejadas unas de otras (y, en primera aproximación, uno puede despreciar las interacciones entre ellas). Consiguientemente, si llamamos C_{AA} a la densidad de energía cohesiva entre las moléculas tipo A y C_{BB} a la correspondiente entre moléculas B, podemos decir que las interacciones entre moléculas A son proporcionales a C_{AA} y las que se dan entre moléculas B cuando B está puro son proporcionales a C_{BB}. (Hemos ocultado algunas suposiciones acerca de interacciones entre vecinos más próximos y sobre aditividad por parejas, etc. que quien quiera profundizar en el tema deberá tener en cuenta). Tras la anterior explicación, podemos definir un parámetro de densidad de energía cohesiva que describa las interacciones entre moléculas de A y B que vamos a denotar como C_{AB}.

Lo que ahora queremos conocer es el cambio de entalpía que surge como consecuencia de mezclar ciertas cantidades de A y B, cambio que está relacionado con el cambio en la energía de interacción. Comenzaremos únicamente con las interacciones entre un par de moléculas de A y un par de moléculas de B y consideraremos el cambio que ocurre cuando esos contactos se transforman en contactos del tipo AB, como muestra esquemáticamente la figura 9.2. El cambio de energía es proporcional a:

$$C_{AA} + C_{BB} - 2C_{AB}$$

donde el factor 2 es una consecuencia de que dos contactos del tipo AB se generan a partir de un contacto AA y un contacto BB que se rompen (véase la figura 9.2)*. Podemos conocer o determinar C_{AA} y C_{BB} a partir de medidas de la energía de vaporización.

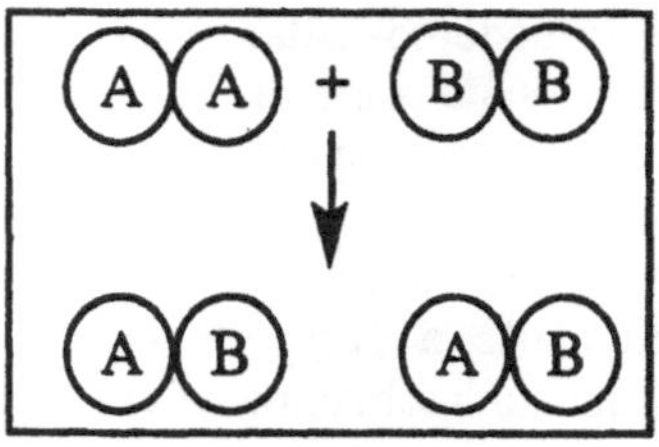

***Figura 9.2** Representación esquemática de la formación de contactos AB a partir de contactos AA y BB.*

* Quizás se esté preguntando por qué no hemos escrito el cambio de energía justo en el sentido contrario, es decir $2C_{AB} - C_{AA} - C_{BB}$, lo cual puede parecer más lógico (es decir, mezcla menos componentes puros). Ello es debido a que la energía cohesiva está relacionada con -E, donde E es la energía potencial de interacción; véase Hildebrand y Scott.

Lo que no conocemos es C_{AB} y el número de contactos AB existentes en la mezcla. Para una mezcla al azar, sin embargo, puede demostrarse que el número de contactos AB es proporcional al producto de las fracciones en volumen de los dos componentes, $\Phi_A\Phi_B$. La cantidad C_{AB} es mucho más difícil de determinar, pero si suponemos que en nuestra mezcla las moléculas interaccionan sólo a través de fuerzas de dispersión, entonces podemos emplear una fórmula del tipo media geométrica:

$$C_{AB} = (C_{AA})^{1/2}(C_{BB})^{1/2} \qquad (9.11)$$

Esta aproximación, debida originalmente a Berthelot, es más que una simple suposición derivándose de la dependencia de las fuerzas de dispersión con el volumen de las moléculas que están interaccionando (y que se suponen esféricas). Parece también funcionar razonablemente bien para muchas moléculas no esféricas e incluso para moléculas ligeramente polares, lo que permite escribir el cambio de energía por pareja de moléculas en forma muy sencilla, sin más que sustituir la ecuación 9.11 en la ecuación 9.10:

$$C_{AA} - 2(C_{AA})^{1/2}(C_{BB})^{1/2} + C_{BB} = \left[(C_{AA})^{1/2} - (C_{BB})^{1/2}\right]^2 \qquad (9.12)$$

Tras hacer la suposición de que la energía de interacción es igual a la suma de las interacciones entre todas las parejas de moléculas, es posible derivar una expresión para la entalpía de mezcla:

$$\Delta H_m = V_m \Phi_A\Phi_B (n_A + n_B)\left[(C_{AA})^{1/2} - (C_{BB})^{1/2}\right]^2 \qquad (9.13)$$

donde V_m es el volumen molar de la mezcla y $V_m\Phi_A\Phi_B$, multiplicado por el número $n_A + n_B$, es una medida del cambio en el número de contactos entre parejas al pasar de los dos componentes puros por separado al estado en el que están mezclados al azar*.

Hildebrand definió una cantidad llamada parámetro de solubilidad, que para un líquido A viene dado por:

$$\delta_A = (C_{AA})^{1/2} = \left(\frac{\Delta E_A^v}{V_A}\right)^{1/2} \qquad (9.14)$$

y que, empleado en lugar de la densidad de energía cohesiva, permite llegar a una expresión del cambio de energía libre:

$$\frac{\Delta G_m}{RT}\left[\frac{1}{n_A + n_B}\right] = x_A \ln x_A + x_B \ln x_B + \frac{V_m}{RT}\Phi_A\Phi_B(\delta_A - \delta_B)^2 \qquad (9.15)$$

* Para obtener la ecuación 9.13 es necesario considerar la energía de interacción entre todas las parejas de moléculas en los líquidos A y B en estado puro y luego restar la suma de esas cantidades a la energía de interacción entre todas las parejas de moléculas existentes en una mezcla al azar de los dos componentes.

donde ambos lados de la ecuación han sido divididos por el número total de moles para dar una expresión de la energía libre por mol, $\Delta G_m / (n_A+n_B)$.

A pesar de algunas de las drásticas suposiciones realizadas, la teoría funciona razonablemente bien. Mencionaremos brevemente dónde falla tras considerar la teoría Flory-Huggins para las disoluciones poliméricas. Antes de llegar a ello, es esencial que el lector retenga dos puntos fundamentales que se derivan de la ecuación 9.15. La primera es que la entropía combinatorial de mezcla, es decir, los dos primeros sumandos de la parte derecha de la ecuación, es una cantidad negativa pues el logaritmo de una fracción en volumen (siempre inferior a uno) es negativo y, por tanto, favorable a la mezcla, ya que como recordará la condición *necesaria* para la mezcla es que ΔG_m debe ser negativa. El segundo punto es que si estamos tratando únicamente con fuerzas dispersivas (o como mucho fuerzas polares débiles), como es el caso de mezclas de hidrocarburos, la entalpía de mezcla es entonces positiva y desfavorable a la mezcla, ya que es proporcional a la diferencia *al cuadrado*, $(\delta_A - \delta_B)^2$. Consiguientemente, si los líquidos que vamos a mezclar son similares (δ_A tiene un valor próximo a δ_B de forma que la entalpía de mezcla es pequeña), entonces A se mezclará con B o, como habitualmente decimos, formarán una *mezcla miscible*. Esto es así porque la entropía que resulta de mezclar moléculas pequeñas es grande, por lo que este término domina en la energía libre. Sin embargo, si los dos líquidos son muy distintos, como el agua y el aceite, la entalpía de mezcla puede hacerse suficientemente grande como para que la energía libre sea positiva. Tales líquidos no se mezclarán y diremos que son *inmiscibles*. Le hacemos notar que en la forma en la que hemos escrito la energía libre, el término entálpico está dividido por T, de forma que al elevar la temperatura ese término se hace más pequeño y los dos líquidos tienen más posibilidades de mezclarse. Este resultado refleja el conocimiento intuitivo que se deriva de la experiencia diaria; si algo no se va a disolver en otra cosa, caliéntelo y a veces conseguirá que lo haga.

Finalmente, si el lector profundiza en la teoría de las mezclas encontrará algunas de las limitaciones de la aproximación de las disoluciones regulares, pero ello no obsta para que tal aproximación sea extremadamente poderosa y proporcione los componentes más esenciales de cualquier otra teoría.

La Teoría Flory-Huggins

La ecuación que da la energía para disoluciones de polímeros, derivada independiente y casi simultáneamente por Flory y Huggins, emplea muchas de las suposiciones de la teoría de disoluciones regulares y tiene una forma muy parecida al resultado obtenido para una disolución regular entre líquidos monoméricos:

$$\frac{\Delta G_m}{RT} = n_s \ln \Phi_s + n_p \ln \Phi_p + n_s \Phi_p \chi \qquad (9.16)$$

donde los subíndices s y p se refieren al disolvente y al polímero, respectivamente. Los dos primeros términos dan, otra vez, la entropía combinatorial y puede verse que los símbolos Φ_s y Φ_p, que representan las *fracciones en volumen* del disolvente y del polímero, reemplazan a las fracciones molares usadas en la teoría de disoluciones regulares. El tercer término emplea el parámetro χ para describir las interacciones entre los componentes y, como ocurría en el modelo de disoluciones regulares, está relacionado con el cambio en energía cuando los contactos disolvente/disolvente y polímero/polímero (y por tanto las interacciones correspondientes) se reemplazan por los contactos polímero/disolvente (en términos de las densidades de energía cohesiva eso está relacionado con $C_{ss} + C_{pp} - 2C_{sp}$). Las mismas suposiciones sobre aditividad de interacciones entre parejas e interacciones sólo con los vecinos más próximos están igualmente implícitas en este tratamiento, de la misma manera que se empleaban en las disoluciones regulares, de forma que es obvio que el parámetro χ puede relacionarse con la diferencia de parámetros de solubilidad. Discutiremos esto en la siguiente sección.

La derivación de la entropía combinatorial de la mezcla de un polímero y un disolvente es un problema más complicado que el simple mezclado de moléculas esféricas iguales que hemos considerado en cierto detalle en la sección precedente, incluso si seguimos usando la simplificación que, en orden a contar configuraciones, nos permite el modelo reticular. Para empezar con el problema, debemos preguntarnos cómo se coloca un polímero en el retículo. Obviamente ocupa un volumen mucho más grande que la molécula de disolvente. La esencial suposición implícita en el modelo que Flory y Huggins desarrollaron implica que el polímero es una cadena flexible constituida por diferentes *segmentos*, cada uno de los cuales es igual en tamaño a la molécula del disolvente, tal y como se ilustra en la figura 9.3, donde puede verse que el polímero ocupa una serie de retículos adyacentes. Es evidente que esta suposición puede llevarse, si se quiere, aún más lejos, considerando que el disolvente pueda estar constituido por dos o más segmentos unidos entre sí. De esta forma, la extensión a mezclas de polímeros, cada uno de los cuales se consideran como cadenas de un gran número de segmentos, resulta evidente. No queremos complicarnos ahora con esa extensión, ya que incluso el sencillo modelo que ilustra la figura 9.3 presenta un buen número de problemas cuando tratamos de hacer el recuento del número de

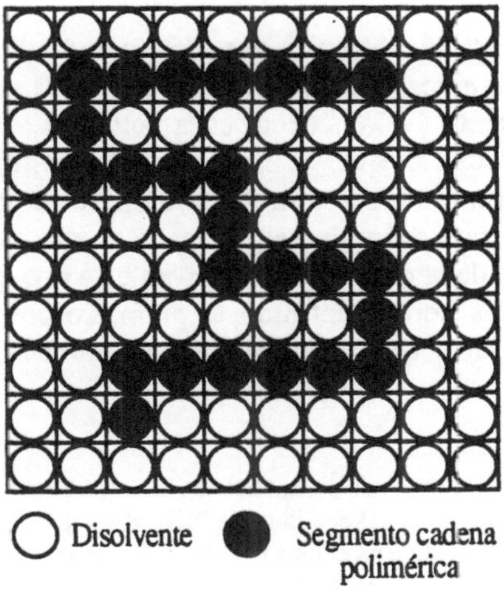

***Figura 9.3** Representación esquemática de una cadena polimérica en un retículo.*

configuraciones. Las soluciones obtenidas por Flory y Huggins representan en realidad diferentes niveles de aproximación y la parte entrópica combinatorial de la ecuación:

$$-\frac{\Delta S}{R} = n_s \ln \Phi_s + n_p \ln \Phi_p \tag{9.17}$$

es el resultado más sencillo obtenido originalmente por Flory, aunque difiere del obtenido por Huggins en una aparentemente despreciable cantidad, ligada a las diferentes aproximaciones realizadas en ese modelo. Discutir el detalle de dichas derivaciones está más allá de los propósitos de este texto*, aunque hay tres puntos relativos a la ecuación 9.17 que necesitan de una más detallada elaboración. El primero de ellos es la sustitución de las fracciones molares que se encuentran en los términos logarítmicos de la teoría de las disoluciones regulares por fracciones en volumen. Dichas fracciones en volumen tienen en cuenta el volumen de las moléculas de polímero en relación con el volumen de las del disolvente. La fracción molar de las moléculas de polímero viene dada simplemente por:

$$x_p = \frac{n_p}{n_p + n_s} \tag{9.18}$$

y usar este tipo de concentración sería equivalente a asumir que tanto las moléculas de polímero como las de disolvente ocupan una celda del retículo. En contraste, la fracción en volumen del polímero viene dada por:

$$\Phi_p = \frac{n_p M V_s}{n_p M V_s + n_s V_s} = \frac{n_p M}{n_p M + n_s} \tag{9.19}$$

mientras la fracción en volumen del disolvente es:

$$\Phi_s = \frac{n_s V_s}{n_s V_s + n_p M V_s} = \frac{n_s}{n_s + n_p M} \tag{9.20}$$

donde $n_p M V_s$ es el número de moléculas de polímero multiplicado por el número de segmentos existentes en cada molécula polimérica (M), multiplicado por el volumen de cada segmento (V_s) (es decir, cada polímero ocupa M lugares del retículo). Hay que recalcar que M no es (necesariamente) el grado de polimerización del polímero en términos del número de unidades químicas repetidas, sino que se trata del volumen ocupado por la cadena de polímero dividido por el volumen de la molécula de disolvente ya que, para los propósitos de la teoría de mezclas, hemos definido al polímero como una cadena de segmentos, cada uno de los cuales tiene el mismo volumen que la molécula de disolvente.

---

* Recomendamos a aquellos que traten de profundizar en el tema el trabajar directamente sobre los artículos originales, citados en el clásico libro de Flory *Principles of Polymer Chemistry*. Por otro lado, la aplicación del modelo reticular a polímeros se discute en profundidad en el libro de Guggenheim *Mixtures*, que aunque es más viejo que la mayoría de los estudiantes actuales, suele poderse encontrar (algo usado y maltratado) en las bibliotecas de la mayor parte de las buenas universidades.

El segundo punto a considerar es algo más sutil. El número de moléculas de polímero por unidad de volumen es más pequeño que el número de moléculas "pequeñas" que ocupan un volumen equivalente. En otras palabras, si tomáramos la cadena mostrada en la figura 9.3 y rompiéramos los enlaces, formando así M moléculas, la entropía de mezcla de esas pequeñas moléculas con el disolvente sería entonces mucho más grande, ya que cada uno de esos pequeños segmentos podría estar ahora en cualquier sitio del retículo en lugar de solicitárseles que se colocaran en situaciones adyacentes a otros como consecuencia de estar unidos entre sí por enlaces covalentes (es decir, ahora tendrían más configuraciones disponibles). La entropía combinatorial de mezcla de pequeñas moléculas es, por tanto, más grande que la entropía de mezcla de un polímero y un disolvente que, a su vez, es más grande que la entropía de mezcla de dos polímeros. Reorganizaremos posteriormente nuestra ecuación para la energía libre para demostrar estos extremos de forma más explícita.

El punto final relativo a la ecuación 9.17 que queremos mencionar es la relación entre solubilidad y flexibilidad de cadena. Es nuestra experiencia que, de alguna forma, muchos estudiantes se quedan con la idea de que si un polímero es más flexible que otro, tiene mayores probabilidades de disolverse en un disolvente particular. En cierta manera ello parece tener sentido ya que una cadena flexible puede tomar un número mayor de disposiciones geométricas que una rígida y, por tanto, tiene más configuraciones disponibles. Al determinar la entropía de mezcla, sin embargo, nosotros evaluamos *el cambio de entropía* al pasar de los componentes puros a la mezcla. Si las conformaciones disponibles para la cadena no se ven afectadas por interacciones intermoleculares, no existirá *cambio de entropía* (el polímero tiene disponibles las mismas configuraciones en el estado puro que en la mezcla). Si el estudiante hace el esfuerzo suplementario de repasar la derivación que hace Flory hasta llegar a la ecuación 9.17, se dará cuenta entonces que hay un término explícito, que Flory denomina entropía de desorientación, que resulta eliminado antes de llegar a la ecuación final. *En general*, las propiedades termodinámicas de las disoluciones poliméricas son independientes de la flexibilidad de cadena. Las excepciones a la regla son aquellos sistemas en los que los polímeros son varillas rígidas y aquellos otros en los que se dan interacciones específicas tipo puente de hidrógeno.

En el tratamiento original de Flory y Huggins la entalpía se describe por medio del parámetro χ, que, de forma similar a la teoría de disoluciones regulares, se relaciona con las interacciones entre parejas, pero aquí las parejas no son de dos moléculas sino de una molécula de disolvente y un *segmento* de cadena polimérica. Si denominamos ω_{ss}, ω_{pp} y ω_{sp}* a los parámetros que describen las interacciones entre parejas de moléculas de disolvente, parejas de segmentos de polímero y parejas molécula de disolvente/segmento de polímero, respectivamente, el cambio de energía que describe la formación de un contacto disolvente-polímero, $\Delta\omega_{sp}$, viene dado entonces por:

---

* Debe recalcarse que usamos la definición de Flory para las energías entre parejas y no las energías cohesivas usadas por Hildebrand. Veremos más tarde que χ y los parámetros de solubilidad están relacionados.

$$\Delta\omega_{sp} = \omega_{sp} - \frac{1}{2}\left(\omega_{ss} + \omega_{pp}\right) \qquad (9.21)$$

(Si ya se le ha olvidado de dónde sale el factor 1/2, retroceda a la figura 9.2 y piense sobre ella). Flory argumenta posteriormente que el número de contactos entre segmentos y moléculas de disolvente es aproximadamente igual a $zn_s\Phi_p$, donde z es el número de coordinación del retículo (o número de vecinos de una determinada celda del mismo), con lo que finalmente obtiene:

$$\Delta H_m = z\,\Delta\omega_{sp}\,n_s\,\Phi_p \qquad (9.22)$$

El parámetro χ se introduce ahora, definiéndolo como:

$$\chi = \frac{z\,\Delta\omega_{sp}}{kT} \qquad (9.23)$$

con lo que:

$$\Delta H_m = kT\,\chi\,n_s\,\Phi_p \qquad (9.24)$$

Combinando esta expresión con la de la entropía combinatorial (ecuación 9.17), se llega a la ecuación Flory-Huggins dada al principio de esta sección (ecuación 9.16). Debe desde ahora tener claro que, en posteriores modificaciones, el parámetro χ tiene significados diferentes, por cuanto que se empleó para incluir en él otros factores entrópicos no tenidos en cuenta en la entropía puramente combinatorial, pero por ahora no nos meteremos en ello. Por el contrario, abordaremos la situación en la que en lugar de considerar la mezcla de un polímero y un disolvente, mezclamos dos polímeros, A y B, formando una mezcla polimérica. Esto requiere definir un volumen de referencia, V_r, que en el modelo reticular es igual al tamaño de la celda unidad del retículo. Sin embargo, en lugar de hacerlo igual al volumen molar de una molécula de disolvente, el citado volumen de referencia puede hacerse ahora igual al volumen molar de la unidad repetitiva de uno de los polímeros (o a cualquier volumen que arbitrariamente decidamos).

La cantidad V/V_r, volumen total (molar) del sistema, V, dividido por el volumen de referencia (molar), V_r (recordar que para disoluciones de polímeros usamos $V_r = V_s$, o volumen molar de la molécula de disolvente), es igual al número de moles de sitios en el retículo. Podemos dividir ambos lados de la ecuación 9.16 para la energía libre por V/V_r obteniendo*, tras usar la definición de la fracción en volumen, la ecuación:

$$\frac{\Delta G_m'}{RT} = \left[\frac{\Delta G_m}{RT}\right]\left[\frac{V_r}{V}\right] = \frac{\Phi_A}{M_A}\ln\Phi_A + \frac{\Phi_B}{M_B}\ln\Phi_B + \Phi_A\Phi_B\chi \qquad (9.25)$$

donde hemos vuelto a usar los subíndices A y B, en lugar de s y p usados para designar al disolvente y al polímero, respectivamente. La ecuación 9.25 da la

* Para determinar posteriormente el comportamiento de fase resulta irrelevante el emplear energías libres, energías libres por unidad de volumen, energías libres por mol de lugares del retículo, etc.

energía libre de mezcla por mol de lugares del retículo y esta forma de la ecuación resulta muy esclarecedora ya que nos ilustra inmediatamente algunos de los puntos relativos a la entropía de mezcla que hemos comentado cualitativamente más arriba. Las cantidades M_A y M_B pueden contemplarse como "grados de polimerización" de A y B en tanto que mantengamos en mente la idea de que esta definición está en términos del volumen de referencia que es necesario definir previamente.

La ecuación 9.25 tiene un carácter general y si A y B fueran moléculas pequeñas de idéntico tamaño e igual a V_r, M_A y M_B serían ambas iguales a 1 y la entropía de mezcla tendría que ser relativamente grande. Si A es un disolvente y B un polímero, es entonces más conveniente hacer que V_r sea igual al volumen molar del disolvente, de forma que M_A resultará ser igual a 1 pero M_B se hará muy grande (>10000) en el caso de un polímero de alto peso molecular. Consiguientemente, la entropía de mezcla será significativamente menor que para el caso de dos compuestos de moléculas pequeñas (aproximadamente, para una mezcla 50/50 en volumen será la mitad). Finalmente, si tanto A como B son polímeros, podríamos hacer que V_r fuera igual al volumen molar de una cualquiera de las unidades repetitivas, siendo entonces grandes tanto M_A como M_B con lo que la entropía de mezcla sería muy pequeña. Ya que χ es positivo para la mayor parte de moléculas de hidrocarburos (no polares), la mayoría de los polímeros no se mezclan entre sí. Esto constituye un importante problema en el reciclado de estos materiales, ya que se recogen juntos polímeros de diverso tipo como polietileno, polipropileno, poliestireno, PVC, nylons, etc. No podemos, entonces, mezclarlos físicamente en conjunto y meterlos en una extrusora para producir un nuevo objeto útil. Los componentes de una mezcla de esa calaña se separarán en fases dando lugar a dominios separados, como ocurre con el agua y el aceite, y el objeto que estemos tratando de fabricar presentará puntos débiles a cualquier agresión precisamente a través de las fronteras de dichas fases. (Este problema es mucho más complejo de lo que simplemente hemos explicado aquí y, entre otras cosas, depende del tamaño de los dominios separados en fases. El lector tendrá que considerar estas complicaciones si quiere profundizar más en el tema).

Parámetros de solubilidad y parámetro de Flory-Huggins χ

Si estamos tratando con mezclas de hidrocarburos sencillos, donde podemos hacer la suposición de la media geométrica de las interacciones, uno puede anticipar que debe existir algún tipo de relación entre χ y las diferencias en los parámetros de solubilidad de los componentes. Comparando directamente las ecuaciones 9.15 y 9.25 podemos obtener* :

$$\chi_{AB} = \frac{V_r}{RT}\left(\delta_A - \delta_B\right)^2 \tag{9.26}$$

---

* Haremos notar que las ecuaciones 9.15 y 9.25 tienen que estar escritas sobre la misma base para obtener este resultado. Esto se puede conseguir multiplicando la ecuación 9.15 por el número total de moles, $(n_A + n_B)$, y la ecuación 9.25 por V/V_r.

donde el subíndice AB indica que estamos considerando interacciones entre segmentos (o moléculas) A y B. Tal y como se formuló originalmente, χ es un parámetro ajustable que puede obtenerse a partir de medidas experimentales (por ejemplo, medidas de presión osmótica, como las que discutiremos en el Capítulo 10). Lo que ocurre es que sería muy ventajoso el poder usar los parámetros de solubilidad para obtener, al menos, una estimación de χ y, de hecho, los parámetros de solubilidad han sido tradicionalmente empleados en la industria de pinturas y recubrimientos. Sin embargo, el empleo de la ecuación 9.26 nos plantea dos problemas. Primero, si uno (o los dos) componentes de la mezcla son polímeros, ¿cómo determinamos sus energías cohesivas?. Los polímeros no pueden ser evaporados por calentamiento de cara a obtener el calor latente de vaporización, ya que se descomponen mucho antes de poder alcanzar el nivel térmico necesario para vaporizarlos. El segundo problema es que la ecuación 9.26 no funciona bien con *disoluciones* de polímeros. Comparando cálculos teóricos y resultados experimentales se ha propuesto una ecuación de la forma:

$$\chi_{sp} = 0,34 + \frac{V_r}{RT}\left(\delta_s - \delta_p\right)^2 \qquad (9.27)$$

como la más apropiada para reproducir los datos experimentales (indicaremos que hemos vuelto a los subíndices s y p para enfatizar que esta ecuación sólo se aplica a disoluciones poliméricas). Vamos a considerar inicialmente cómo se calculan parámetros de solubilidad para polímeros para tratar de explicar después el origen del término extra introducido en la ecuación 9.27 (en algunos textos se usa 0,30 en lugar de 0,34). Esto nos conducirá a una consideración general sobre las limitaciones de la teoría Flory-Huggins, limitaciones que se discutirán en el contexto del comportamiento de fases.

Hay dos métodos, esencialmente, para determinar parámetros de solubilidad de polímeros. Uno es experimental y supone el hinchamiento de un polímero ligeramente reticulado en una serie de escogidos disolventes. Se supone que el disolvente de igual parámetro de solubilidad es el disolvente capaz de proporcionar el máximo hinchamiento*. El problema de este método es de precisión experimental (basta con comprobar el intervalo de valores de parámetros de solubilidad que para cada polímero dan las tablas del bien conocido libro de van Krevelen**) y de pura conveniencia, en tanto que preparar polímeros ligeramente reticulados no es tarea fácil, existiendo otras complicaciones como cristalinidad, etc. Finalmente, el parámetro de solubilidad puede ser significativamente diferente del del disolvente que consigue el máximo hinchamiento a causa de factores y complicaciones que no hemos considerado todavía, como puede ser el caso de las diferencias de volumen libre***.

Consiguientemente, el segundo método para determinar parámetros de solubilidad es el más común y supone su cálculo a través de las llamadas

* Esta idea se deriva de la teoría de hinchamiento de retículos poliméricos, donde se demuestra que las cadenas se hinchan más en "buenos" disolventes donde (δ_p - δ_s) ---> 0.

** P. W. van Krevelen, *Properties of Polymers*, Elsevier, Amsterdam, 1972.

*** Hay una excelente discusión de este problema en un artículo de revisión de D. Patterson, *Rubber Chem. Technol.*, **40**, 1, (1967).

contribuciones de grupo. La esencia de esta aproximación es suponer que una molécula puede "descuartizarse" en una serie de grupos funcionales. Una parafina sencilla tal y como:

$$CH_3—(CH_2)_n—CH_3$$

está constituida por grupos CH_2 y CH_3. Usando la energía de vaporización de una serie de parafinas de este tipo (cambiando el valor de n), se pueden calcular las denominadas *constantes molares de atracción*, o contribución de los grupos CH_2 y CH_3 al parámetro de solubilidad. Incluyendo hidrocarburos ramificados y moléculas que contengan otros grupos funcionales (oxígenos de éter, ésteres, nitrilos etc.), se puede llegar a una tabla de constantes que pueden ser utilizadas para calcular los parámetros de solubilidad de un polímero dado. Datos de este tipo se muestran en la Tabla 9.1, y se han tomado de algunos de nuestros propios trabajos.

***Tabla 9.1** Contribuciones al volumen molar y constantes de atracción molares.*

Grupo	Contribución al volumen molar V* ($cm^3\ mol^{-1}$)	Constante atracción molar F* ($(cal.\ cm^3)^{0,5}\ mol^{-1}$)
$-CH_3$	31,8	218
$-CH_2-$	16,5	132
>CH-	1,9	23
>C<	-14,8	- 97
C_6H_3	41,4	562
C_6H_4	58,5	652
C_6H_5	75,5	735
$CH_2=$	29,7	203
-CH=	13,7	113
>C=	-2,4	18
-OCO-	19,6	298
-CO-	10,7	262
-O-	5,1	95
-Cl	23,9	264
-CN	23,6	426
$-NH_2$	18,6	275
>NH	8,5	143
>N-	-5,0	- 3

Calcular el parámetro de solubilidad de un polímero requiere emplear la sencilla relación:

$$\delta = \frac{\sum_i F_i^*}{\sum V_i^*} \quad (\text{cal. cm}^{-3})^{0,5} \tag{9.28}$$

donde F_i^* es la constante de atracción molar del grupo i, mientras V_i^* es la correspondiente contribución al volumen molar de ese grupo i.

Por ejemplo, supongamos que queremos calcular el parámetro de solubilidad del poli(metacrilato de metilo) (PMMA):

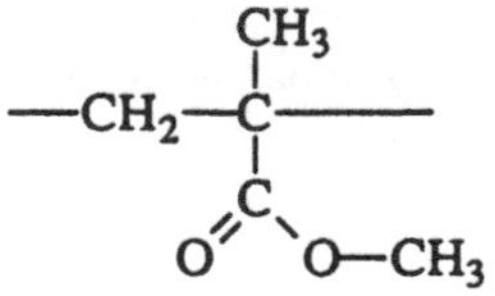

lo que necesitamos simplemente es la suma de las constantes de atracción molar de un CH_2, dos CH_3, un >C< y un –OCO– (132 + 436 - 97 + 298 = 769) dividido por la suma de las contribuciones al volumen molar de cada uno de los grupos anteriores (16,5 + 63,6 - 14,8 + 19,6 = 84,9). Con esos datos, el valor del parámetro de solubilidad para el PMMA resulta ser 769/84,9 = 9,1 (expresado en cal. $cm^{-3})^{0,5}$.

Este tipo de aproximación funciona razonablemente bien en aquellas circunstancias donde el empleo del concepto del parámetro de solubilidad resulta más apropiado, es decir, en sistemas donde las interacciones son fundamentalmente de tipo no polar. Pero se viene abajo cuando lo que tenemos son interacciones fuertemente polares o interacciones específicas como los puentes de hidrógeno. Existe una literatura abundante sobre el uso (y abuso) del parámetro de solubilidad pero no ocultamos nuestra debilidad por un libro titulado *Specific Interactions and the Miscibility of Polymer Blends* * al que dirigimos al lector interesado.

Para concluir esta sección vamos a considerar las razones por las que la ecuación 9.26 no funciona bien para *disoluciones* de polímeros, requiriendo el auxilio del factor 0,34 (ecuación 9.27). Originalmente se propuso que dicho factor nacía como consecuencia de la aproximación empleada por Flory para contar el número de configuraciones. Sin embargo, en una serie de artículos publicados en los años 70, Patterson y sus colaboradores mostraron que el origen más plausible de dicho término descansaba en los llamados efectos de volumen libre que no habían sido tenidos en cuenta en el tratamiento Flory-Huggins. Como hace poco discutíamos en nuestra consideración de la transición vítrea, el movimiento y las vibraciones de las moléculas en el estado líquido lleva

* M. M. Coleman, J. F. Graf and P. C. Painter, Technomic Publishing Co., Lancaster, PA (1991).

a la existencia de fluctuaciones de densidad que denominamos volumen libre (una forma de simular este efecto es dejar huecos vacíos en el retículo). El volumen libre asociado con un compuesto de bajo peso molecular es generalmente más grande que el de un polímero, de forma que en mezclas de ambos hay una falta de acoplamiento entre los respectivos volúmenes libres. Ello conduce al término adicional de la ecuación 9.27. De hecho, una forma más general de escribir el término χ de Flory, sería ponerlo en la forma:

$$\chi = a + \frac{b}{T} \tag{9.29}$$

donde la cantidad 'a' puede contemplarse como la parte entrópica de χ, que tiene en cuenta los cambios de entropía no combinatoriales tales como los asociados al volumen libre, mientras 'b' sería la parte entálpica (debe recalcarse que 'a' y 'b' no necesitan ser constantes, sino que pueden depender de la composición y la temperatura).

En general, sin embargo, para mezclas de moléculas pequeñas o para mezclas de dos polímeros, hay una mayor similitud entre los parámetros de volumen libre de los componentes y la ecuación 9.26 puede funcionar bien sin necesidad del factor de corrección (o, lo que es igual, a = 0 en la ecuación 9.29). Todo este razonamiento nos conduce al siguiente apartado, el comportamiento de fases, que incluirá una breve discusión sobre las limitaciones del tratamiento Flory-Huggins.

C. COMPORTAMIENTO DE FASES DE DISOLUCIONES Y MEZCLAS DE POLIMEROS

El potencial químico y las condiciones de la separación de fases

Hasta ahora sólo hemos mencionado una condición necesaria para que la miscibilidad ocurra y se forme una única fase donde los componentes estén íntimamente mezclados a nivel molecular. Tal condición es que el cambio en energía libre debe ser negativo. Sin embargo, esa no es una condición suficiente, como podemos demostrar sin más que considerar una gráfica como la de la figura 9.4 en la que representamos dicho cambio de energía libre en función de la composición de la mezcla. El ejemplo muestra una curva que parte de un valor cero para una composición de A puro (la energía libre de mezcla de moléculas de A consigo mismas es cero) y termina también en cero para el componente B puro (por idénticas razones), mientras que entre ambos valores la curva presenta una concavidad que mira hacia la parte superior de la página. La forma de la curva de la energía libre es crucial, y si la curva fuera siempre cóncava hacia arriba la mezcla sería miscible (una fase) en todas las composiciones. Ello se debe a que cualquier punto de esa curva, por ejemplo Q, tiene una energía libre más baja que cualquier sistema separado en dos fases que tuviera la misma composición global. Para entender esto bien considere los puntos B_1 y B_2 en la figura 9.4, que representan mezclas de composición x_{B_1} y x_{B_2}, respectivamente, donde x_B es la fracción molar de las unidades B (podríamos también usar fracciones en volumen como variables de composición, pero el uso de fracciones molares nos permitirá introducir el potencial químico de una forma más directa). Imagine ahora que esas dos mezclas están contenidas en el mismo recipiente aunque separadas por una barrera. ¿Qué ocurre si la barrera se elimina?. Si las dos mezclas permanecen como dos fases bien diferenciadas, su energía libre vendría dada por el promedio de sus valores, teniendo en cuenta las cantidades relativas de una y otra. Por ejemplo, un punto como Q* corresponde a una mezcla 50/50 en fracción molar y la energía libre del sistema constituido por las dos fases separadas sería 0,5 veces la energía libre de B_1; 0,5 ΔG_{B_1}, más 0,5 ΔG_{B_2}.

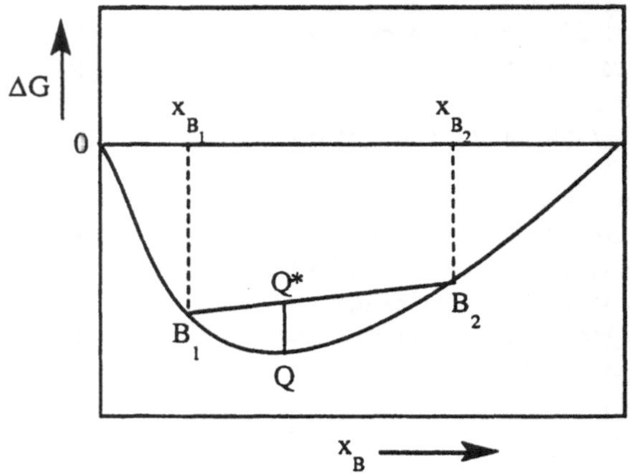

Figura 9.4 Diagrama esquemático de la energía libre en función de la composición.

Sin embargo, la figura 9.4 también muestra que si las mezclas B_1 y B_2 forman una nueva y única fase, ello conduciría a una energía libre más baja, dada por la del punto Q. Por tanto, esas dos mezclas se mezclarán entre sí, de la misma forma que lo harían cualesquiera otras dos composiciones cuya energía libre estuviera descrita por una curva cóncava hacia arriba como la mostrada en la figura 9.4.

Consideremos ahora una curva de energía libre distinta, tal y como la mostrada en la figura 9.5. La energía libre sigue siendo negativa a lo largo de todo el intervalo de composiciones posibles pero hay regiones en las que la concavidad es hacia abajo en lugar de hacia arriba. Hemos exagerado la forma de la curva en la figura, de manera que resulte más fácil comprender lo que estamos considerando, pero curvas de energía libre de este tipo dependen de cómo varían las componentes entálpicas y entrópicas de la energía libre con la composición. Puede verse que los puntos B_1 y B_2 pueden conectarse por una línea recta que es la tangente común a la curva en ambos puntos. Esa línea representa en realidad la energía libre de una mezcla separada en fases, en la que las composiciones de ambas fases estuvieran dadas por x_{B_1} y x_{B_2}, y cada posición sobre esa línea representa diferentes proporciones de las dos mezclas separadas en fases (por ejemplo, en B_1 todo lo que tenemos es una mezcla de única fase de composición x_{B_1}, y a medida que adicionamos más componente B encontraremos más mezcla de composición x_{B_2} que está en equilibrio con la mezcla separada en fase de composición x_{B_1} hasta que, finalmente, en el punto B_2 hay una única fase de composición x_{B_2}). El punto clave es que la energía libre de cualquier mezcla hipotética en fase única entre las composiciones x_{B_1} y x_{B_2} es menos negativa que la energía libre de las mezclas separadas en fases, de forma que el sistema es *inmiscible* a lo largo de ese intervalo de composición.

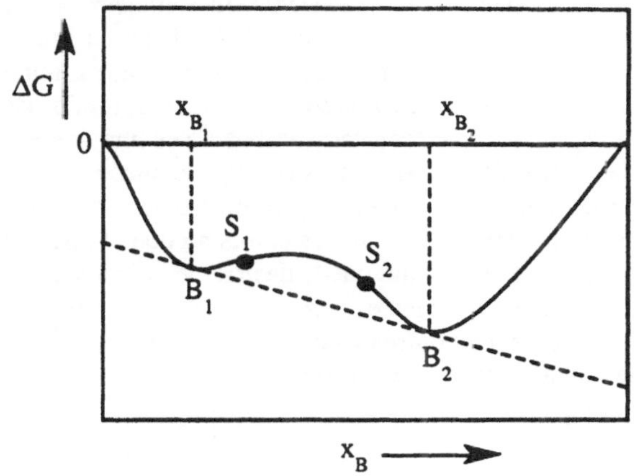

Figura 9.5 *Diagrama esquemático de la energía libre frente a la composición.*

El intervalo de composiciones en el que la separación de fases tiene lugar se define por los puntos de contacto de la curva con la tangente común y, recordando que la pendiente de esa línea puede definirse como la primera derivada de la energía libre con respecto a la composición, podemos escribir:

$$\left[\frac{\partial \Delta G}{\partial x_B}\right]_{x_{B_1}} = \left[\frac{\partial \Delta G}{\partial x_B}\right]_{x_{B_2}} \tag{9.30}$$

donde la derivada evaluada a composición x_{B_1} se iguala a la derivada a composición x_{B_2}. En lugar de emplear fracciones molares, suele ser más común expresar esas derivadas en términos del número de moles, n_B:

$$\left[\frac{\partial \Delta G}{\partial n_B}\right]_{n_{B_1}} = \left[\frac{\partial \Delta G}{\partial n_B}\right]_{n_{B_2}} \tag{9.31}$$

siendo ambos resultados (ecuaciones 9.30 y 9.31) idénticos (compruébese usando la definición de fracción molar). Si ahora usamos los símbolos μ_B^1 y μ_B^2 para representar a las derivadas evaluadas en los puntos B_1 y B_2 (con respecto a n_B) podemos entonces escribir:

$$\mu_B^1 = \mu_B^2 \tag{9.32}$$

o, si elegimos el número de moles de A como variable de composición, podemos llegar a un resultado equivalente:

$$\mu_A^1 = \mu_A^2 \tag{9.33}$$

Esperamos que recuerde de sus cursos básicos en Química Física que esas derivadas son las importantes cantidades conocidas con el nombre de *potenciales químicos*. Las ecuaciones 9.32 y 9.33 establecen esencialmente que el potencial químico de los componentes A y B en una de las fases es igual a su potencial químico en la otra. Si ha olvidado lo que eso significa, examine la figura 9.6, que muestra una disolución polimérica separada en un dominio rico en disolvente y en otro pobre en él. La interfase entre ambos no es una barrera impermeable, de forma que las moléculas de polímero y disolvente pueden moverse a un lado y otro de ella pero, en el equilibrio, el número de moléculas de disolvente que se están moviendo de la fase 1 a la fase 2 es el mismo que el que se está moviendo en dirección contraria (y lo mismo puede decirse de las moléculas de polímero). Decimos que el potencial químico es el mismo cuando no hay un flujo neto entre las dos fases. Si el potencial químico de ambas fases fuera diferente, existiría un flujo neto entre ambas hasta que se alcanzara el equilibrio.

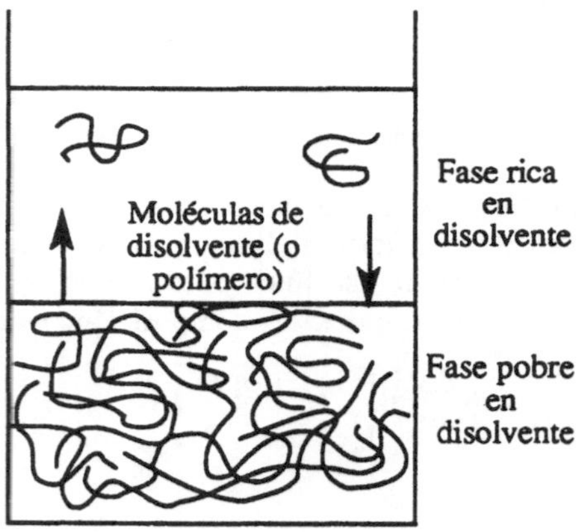

Figura 9.6 *Diagrama esquemático de una disolución polimérica separada en fases.*

La ecuación 9.32 (o la 9.33) pueden ser usadas para definir los límites de composición, x_{B_1} y x_{B_2}, para la separación de fases. Si empleamos la ecuación de Flory-Huggins para la energía libre (ecuación 9.16), cambiamos nuestros subíndices por los s y p para designar al disolvente y al polímero, respectivamente, y diferenciamos, podemos obtener* :

$$\frac{\mu_s - \mu_s^o}{RT} = \ln(1 - \Phi_p) + \left(1 - \frac{1}{M}\right)\Phi_p + \Phi_p^2 \chi \tag{9.34}$$

* Al llevar a cabo la diferenciación, hay que recordar que tanto Φ_p como Φ_s dependen de n_s, o número de moléculas de disolvente; vuelva hacia atrás y compruebe la definición de fracción en volumen.

donde $\Phi_s = (1 - \Phi_p)$, μ_s^o es el potencial químico en el estado de referencia (generalmente el disolvente puro) y μ_s es el potencial químico de la mezcla. La ecuación 9.34 puede escribirse para la fase 1 (es decir, en términos de las concentraciones Φ_s^1 y Φ_p^1) y también para la fase 2 (Φ_s^2 y Φ_p^2) tras lo cual las ecuaciones pueden igualarse y resolverse (aunque la solución no es analítica y el problema debe resolverse por iteración).

Los puntos B_1 y B_2 representan las composiciones de las dos fases que estarían presentes en el equilibrio. Sin embargo, si examinamos la forma de la curva de la energía libre en las proximidades de B_1 y B_2, podemos apreciar que es todavía *localmente* cóncava hacia arriba hasta que se alcanzan los puntos de inflexión S_1 y S_2, donde la curva cambia de orientación. Lo que esto significa es que aquellas mezclas que tienen composiciones comprendidas entre los puntos B_1 y S_1 (y entre B_2 y S_2), son estables frente a separaciones de fases provocadas por fluctuaciones *locales* de composición. La mezcla sigue queriendo separarse en fases, con dominios de composición x_{B_1} y x_{B_2}, pero ahora está en una región metaestable donde se necesita cierto esfuerzo (energía) para acometer ese proceso (en estos intervalos de composición la separación de fases tiene lugar mediante un proceso de nucleación y crecimiento). Esos puntos de inflexión están caracterizados matemáticamente por la condición de que la segunda derivada de la energía libre con respecto a la composición es igual a cero:

$$\frac{\partial^2 \Delta G}{\partial x_B^2} = 0 \tag{9.35}$$

Aquí, sin embargo, podemos obtener una solución analítica de forma más fácil, como veremos más adelante.

En cualquier caso, la segunda derivada de la energía libre cambia de positiva a negativa en el punto de inflexión y si quisiéramos resumir los criterios necesarios para formar una mezcla estable en una sola fase o disolución deberíamos concluir que:

a) La energía libre debe ser negativa.
b) La segunda derivada de la energía libre con respecto a la composición debe ser positiva (lo que significa que la curva de la energía libre debe tener la concavidad hacia arriba).

Las composiciones de los dominios separados en fases obtenidas tras igualar los potenciales químicos (ecuación 9.32) y las composiciones que definen la región metaestable se refieren a una temperatura específica. Las ecuaciones pueden resolverse a diferentes temperaturas (recuerde que χ varía con $1/T$) para obtener un *diagrama de fases*, tal y como se ilustra en la figura 9.7. La línea obtenida al resolver las ecuaciones del potencial químico se denomina *binodal*, mientras que la línea que define el límite de la región metaestable se llama *espinodal* (es decir, la región metaestable es la comprendida entre la binodal y la espinodal). Puede verse que el diagrama de fases se parece a una "U" invertida. El punto que define el máximo de esa "U" invertida es un punto crítico y se denomina temperatura consoluta superior (en forma abreviada se la representa por UCST que proviene de las iniciales de su denominación en inglés como upper critical solution temperature), ya que se encuentra en la parte más alta de la región de dos fases. La curva binodal y la espinodal confluyen en este punto, marcado con la letra C en la figura 9.7, lugar en el que puede demostrarse que la tercera derivada de la energía libre con respecto a la composición es igual a cero,

$$\frac{\partial^3 \Delta G}{\partial x_B^3} = 0 \qquad (9.36)$$

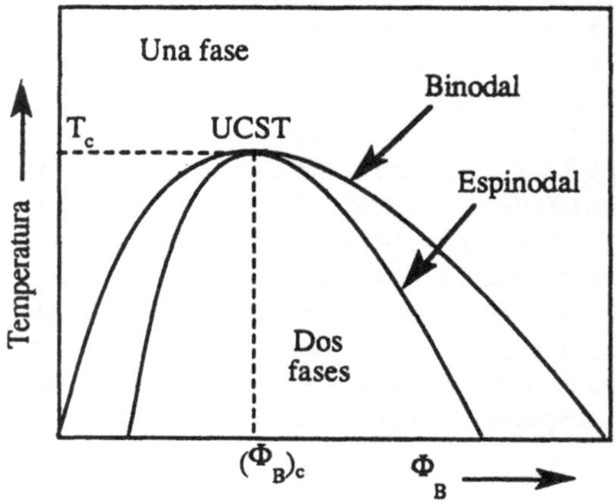

Figura 9.7 Representación esquemática de un diagrama de fases.

Podemos usar el criterio de que tanto la segunda como la tercera derivadas de la energía libre son iguales a cero en el punto crítico para, con la ecuación de Flory-Huggins, obtener un valor teórico de χ en el punto crítico, χ_c, y predecir el valor de composición al que tiene lugar el punto crítico. Al calcular la espinodal y la tercera derivada de la energía libre podemos usar la variable de composición que nos parezca. El cálculo resulta más sencillo si usamos fracciones en volumen y si escribimos la energía libre según Flory-Huggins en la forma de la ecuación 9.25, que reproducimos aquí por conveniencia*:

$$\frac{\Delta G_m'}{RT} = \left[\frac{\Delta G_m}{RT}\right]\left[\frac{V_r}{V}\right] = \frac{\Phi_A}{M_A}\ln\Phi_A + \frac{\Phi_B}{M_B}\ln\Phi_B + \Phi_A\Phi_B\chi$$

Diferenciando ambos lados de la ecuación con respecto a Φ_A (lo podemos hacer igualmente con respecto a Φ_B) y recordando que $\Phi_B = (1 - \Phi_A)$, podemos obtener:

$$\frac{\partial^2(\Delta G_m'/RT)}{\partial \Phi_A^2} = \frac{1}{\Phi_A M_A} + \frac{1}{\Phi_B M_B} - 2\chi = 0 \qquad (9.37)$$

---

* Debe recordarse que ésta es una forma general de la ecuación Flory-Huggins, aplicable tanto a disoluciones como a mezclas de polímeros.

$$\frac{\partial^3(\Delta G'_m/RT)}{\partial \Phi_A^3} = -\frac{1}{\Phi_A^2 M_A} + \frac{1}{\Phi_B^2 M_B} = 0 \tag{9.38}$$

que puede resolverse para concluir que en el punto crítico (subíndice c):

$$(\Phi_A)_c = \frac{M_B^{1/2}}{M_A^{1/2} + M_B^{1/2}} \tag{9.39}$$

y:

$$\chi_c = \frac{1}{2}\left(\frac{1}{M_A^{1/2}} + \frac{1}{M_B^{1/2}}\right)^2 \tag{9.40}$$

Para una disolución polimérica, podemos hacer que A sea el disolvente, con lo que $M_A = 1$ y $M_B = M$, de forma que el valor crítico de χ viene dado por:

$$\chi_c = \frac{1}{2}\left(1 + \frac{1}{M^{1/2}}\right)^2 \tag{9.41}$$

Para polímeros de alto peso molecular ($M >> 1$) χ_c es, por tanto, próximo a 0,5. En otras palabras, valores de χ superiores a 0,5 conllevan una separación de fases (que depende de la composición), pero a valores de χ inferiores a 0,5, el sistema debe estar formando una única fase con lo que el polímero debe disolverse en el disolvente. Si estamos implicados en sistemas de dos polímeros, sin embargo, la ecuación 9.40 nos dice que χ_c es muy pequeño (si quiere comprobarlo calcule χ_c para $M_A = M_B = 1000$). Esto significa que la mayor parte de los polímeros que interaccionan a través de débiles fuerzas dispersivas no se mezclarán, ya que el valor de χ para la mayor parte de esas mezclas es superior a χ_c.

El valor crítico de χ puede transformarse en un valor crítico para la diferencia entre los parámetros de solubilidad de los componentes empleando la ecuación 9.28, de forma que para una disolución de polímero ($\chi_c \approx 0{,}5$),

$$\chi_c = 0{,}34 + \frac{V_r}{RT}\left(\delta_A - \delta_B\right)_c^2 = 0{,}5 \tag{9.42}$$

y tomando para RT el valor a temperatura ambiente (2 x 300 = 600 cal/mol), y para V_r un valor del orden de 100 cm^3/mol, el valor crítico para la diferencia de parámetros de solubilidad que resulta es próximo a 1. Esto nos proporciona una guía muy útil para decidir si un polímero se disolverá o no en un disolvente particular. Y así, por ejemplo, si el parámetro de solubilidad de un polímero que nos interesa disolver está en torno a 9 $(cal.\ cm^{-3})^{0,5}$, podríamos esperar disolverlo en disolventes cuyo parámetro de solubilidad caiga en el intervalo comprendido entre 8 y 10 (9 ± 1) $(cal.\ cm^{-3})^{0,5}$. Esta regla semiempírica se usa habitualmente en la industria de los recubrimientos para predecir la solubilidad de polímeros, pero debe recordarse que sólo es aplicable a mezclas polímero/disolvente en las que las fuerzas que estén operando sean de carácter dispersivo (o como mucho de débil carácter polar). En cuanto intervengan fuerzas más fuertes, como por ejemplo puentes de hidrógeno, cualquier predicción puede resultar un fiasco.

Comparativa entre comportamientos de fases teóricos y experimentales. Las limitaciones del modelo Flory-Huggins

El modelo Flory-Huggins funciona bien cuando tratamos de extraer conclusiones de carácter general sobre el comportamiento de las disoluciones poliméricas y las características de las mezclas de polímeros. Por ejemplo, medidas experimentales de diversas disoluciones han mostrado que es cierto que χ_c es una cantidad próxima a 0,5. También es cierto que la mayor parte de los polímeros hidrocarbonados más simples no se mezclan entre sí. Un examen más detallado de los diagramas de fases muestra, sin embargo, que existen serias desviaciones entre lo predicho por la teoría y lo encontrado experimentalmente.

Al estudiar disoluciones poliméricas, es habitual hacer experimentos de dispersión de luz a la hora de determinar la aparición de turbidez en la disolución como consecuencia de la separación de fases ya que, en general, los dominios en los que la disolución se separa tienen diferentes índices de refracción y dispersan de forma distinta la luz incidente. La temperatura (y, por tanto, el valor de χ) a la que esto ocurre se supone que corresponde a la binodal (este experimento es mucho más complicado de aplicar a mezclas de dos polímeros, ya que la velocidad a la que las moléculas difunden para separarse unas de otras y formar dominios es mucho más lenta). Por otro lado, pueden utilizarse experimentos de dispersión de neutrones para construir una curva espinodal experimental. Aquí sólo consideraremos los resultados de uno o dos experimentos clásicos de cara a ilustrar algunas de las limitaciones de la aproximación Flory-Huggins.

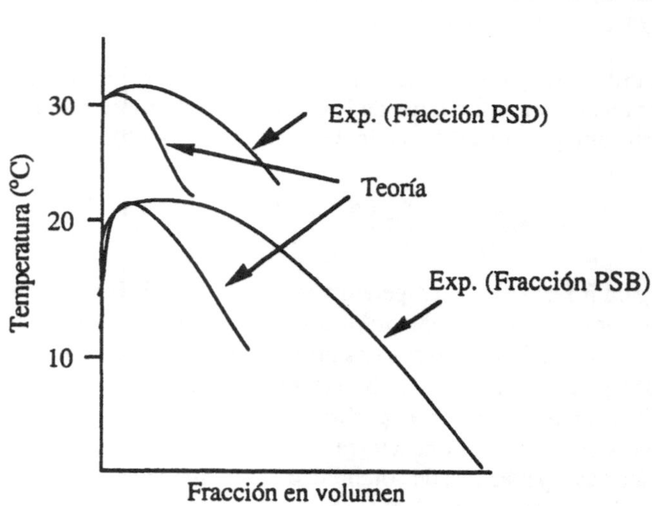

Figura 9.8 Comparativa de medidas experimentales y predicciones teóricas de diagramas de separación de fases. Figura realizada a partir de los datos de A. R. Schultz and P. J. Flory. JACS, 74, 4760 (1952).

A principios de los años cincuenta Schultz y Flory* compararon binodales calculadas teóricamente con datos experimentales de las temperaturas a las que las disoluciones se volvían turbias en una serie de disoluciones de fracciones de poliestireno de diversos pesos moleculares disueltos en ciclohexano. Los resultados se ilustran en la figura 9.8 donde puede verse que la forma de la curva está descrita cualitativamente bien por la teoría aunque las concentraciones críticas calculadas, $(\Phi_B)_c$, son demasiado pequeñas y las curvas teóricas y experimentales se separan mucho a altas concentraciones. De alguna forma, sin embargo, esta comparación no hace justicia a la teoría Flory-Huggins. Tal y como hemos presentado aquí las ecuaciones, estamos suponiendo implícitamente que las muestras de poliestireno son monodispersas (esto es, todas las cadenas poliméricas tienen la misma longitud o peso molecular). Schultz y Flory realizaron sus experimentos antes de que se conociera la posibilidad de realizar polimerizaciones aniónicas sin terminación y tuvieron por tanto que emplear muestras provenientes de fraccionamientos por precipitación. Este método sigue proporcionando muestras con distribuciones relativamente anchas. Posteriormente se ha demostrado que las binodales dependen de la distribución de pesos moleculares de una forma bastante compleja, que tiene que determinarse numéricamente. El efecto general es que distribuciones anchas de peso molecular ensanchan y hacen más planas las binodales calculadas, lo que proporciona un mejor acuerdo entre predicciones teóricas y resultados experimentales. Sin embargo, esa consideración no corrige todas las deficiencias y en orden a mejorar el ajuste es necesario suponer que χ es dependiente de la concentración, según la forma:

$$\chi = \chi_1 + \chi_2\Phi_p + \chi_3\Phi_p^2 + \text{---------} \qquad (9.43)$$

Sin embargo, si las únicas discrepancias entre diagramas de fases calculados y observados fueran las encontradas entre las binodales teóricas y los diagramas experimentales obtenidos a partir de condiciones de turbidez, la teoría Flory-Huggins podría tomarse como satisfactoria. Sin embargo, el hecho de que experimentalmente se hayan observado temperaturas consolutas inferiores (o *lower critical solution temperature*, LCST) que mostraremos más adelante, tanto en disoluciones como en mezclas de polímeros, plantea una dificultad mucho más dramática que no puede resolverse mediante pequeños reajustes del modelo Flory-Huggins tal y como es el de hacer que χ sea dependiente de la composición.

La observación experimental realizada por Freeman y Rowlinson** según la cual existían diagramas tipo LCST en disoluciones de poliisobutileno en distintos disolventes de carácter no polar, constituyó el inicio de una nueva etapa en el estudio de las disoluciones de polímeros. Los autores mencionados no presentaron diagramas de fases en su artículo, por lo que hemos optado por reproducir aquí los diagramas de puntos de turbidez obtenidos algo más tarde por Siow y otros en su ya clásico estudio del sistema poliestireno/acetona, diagrama

* A. R. Schultz and P. J. Flory, *JACS*, **74**, 4760 (1952).

** P. I. Freeman and J. S. Rowlinson, *Polymer*, **1**, 20 (1959).

mostrado en la figura 9.9. Para muestras de poliestireno de bajo peso molecular (por ejemplo, M = 4800) observamos que la separación de fases se produce no sólo al enfriar, sino que también ocurre cuando la disolución se calienta. La línea que marca la frontera superior se parece a una "U" muy plana y el punto crítico en la parte más baja de la "U" es la LCST*. A medida que el peso molecular de poliestireno se hace mayor puede verse que los correspondientes diagramas se van acercando entre sí, hasta que a un cierto peso molecular (19800) confluyen para formar un diagrama de fases del tipo "reloj de arena". El origen molecular de este comportamiento que parece ir contra la intuición, según el cual las disoluciones poliméricas (y también las mezclas) pueden separarse en fases diferenciadas cuando se calientan, tiene que ver con ciertos factores que el modelo Flory-Huggins no había tenido en cuenta. Para disoluciones y mezclas de polímeros no polares el factor más importante se refiere a las diferencias de volumen libre entre los componentes de la mezcla. A medida que la temperatura se incrementa esas diferencias crecen y, dado que resultan ser desfavorables para la mezcla, se produce la separación de fases al alcanzar una cierta temperatura.

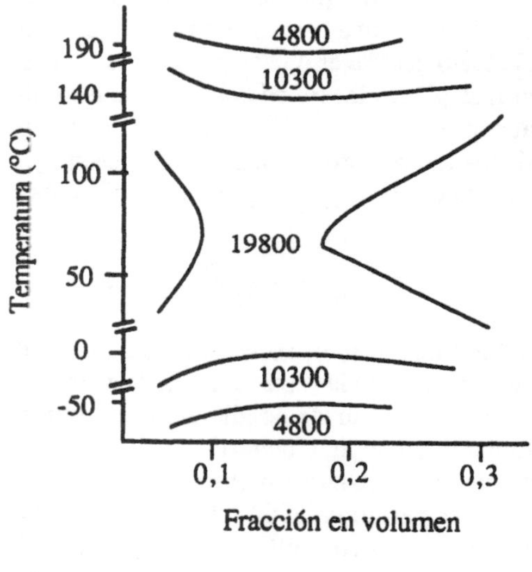

Figura 9.9 Diagrama de fases de poliestireno en acetona. Dibujado a partir de los datos de K. S. Siow, G. Delmas and D. Patterson, Macromolecules, *5, 29 (1972).*

En mezclas de moléculas polares, y particularmente en aquellas en las que se dan enlaces de hidrógeno, la LCST puede también tener su origen en cambios entrópicos asociados con la formación de interacciones específicas fuertes. Una discusión completa de estos efectos se sale de los propósitos de este libro y puede encontrarse en textos más avanzados. Concluiremos esta parte haciendo

---

* Esta denominación puede resultar confusa ya que la temperatura consoluta *inferior* es una temperatura más alta que la *superior*, o punto más alto del diagrama con forma de "U" invertida mostrado en la misma figura. Recordar que la UCST corresponde al punto más alto de una región de dos fases, mientras la LCST corresponde a un mínimo en una región de dos fases.

una lista resumida de las limitaciones de la teoría Flory-Huggins (la lista no es completa), algunas de las cuales no hemos tocado pero que nos llevarán al apartado final de este capítulo. En plan resumen, por tanto, el tratamiento de Flory y Huggins:

a) Usa un modelo reticular para contar las configuraciones, existiendo varios niveles de aproximación.
b) No se aplica a sistemas con interacciones específicas fuertes.
c) No tiene en cuenta efectos de volumen libre.
d) No se aplica a disoluciones diluidas o semi-diluidas.

A pesar de estas limitaciones la teoría ha sido muy útil y puede considerarse como uno de los logros más importantes de la ciencia de los polímeros.

D. DISOLUCIONES DILUIDAS, VOLUMEN EXCLUIDO Y TEMPERATURA THETA

Una suposición implícita al tratar las interacciones en el modelo Flory-Huggins es que estamos en presencia de una perfecta mezcla al azar entre los segmentos de polímero y las moléculas de disolvente (o, en el caso de una mezcla de polímeros, con segmentos del segundo polímero). Al contrario que en los materiales de bajo peso molecular donde puede suponerse que en disoluciones diluidas las moléculas continúan estando dispersas a lo largo de la disolución, en una disolución diluida de polímeros existen regiones en las que la concentración de segmentos es muy diferente. Ello es debido a que los segmentos de cada cadena están conectados entre sí y, por tanto, constreñidos a estar situados en un volumen particular que puede definirse aproximadamente mediante la distancia extremo-extremo de la cadena o, de forma más precisa, mediante su radio de giro (que es la media de los cuadrados de las distancias desde cada segmento al centro de gravedad del ovillo estadístico; hay que decir que entre radio de giro y distancia extremo-extremo hay una relación sencilla). Entre esas cadenas, que en promedio se encuentran muy alejadas unas de otras en una disolución diluida, no hay segmentos, por lo que el sistema puede contemplarse como una serie de "nubes" de segmentos pequeñas y separadas ampliamente entre sí, tal y como ilustra la figura 9.10.

La derivación de la ecuación de Flory-Huggins descansa sobre la suposición de que existe una distribución uniforme de segmentos, suposición que no se aplica a las disoluciones diluidas. Debemos, por tanto, emplear una aproximación diferente. Desafortunadamente, tratamientos más rigurosos requieren el empleo de herramientas matemáticas más difíciles. Flory (en su libro *Principles of Polymer Chemistry*) proporciona un tratamiento aproximado pero útil que tiene en cuenta las principales características de este tipo de disoluciones. Sin embargo, incluso este tratamiento aproximado requiere más trabajo que el que queremos imponer al lector en este texto introductorio. Consiguientemente, lo que vamos a hacer es presentar una descripción en gran parte cualitativa pero que incluye un tratamiento simple y algo edulcorado de uno de los principales resultados.

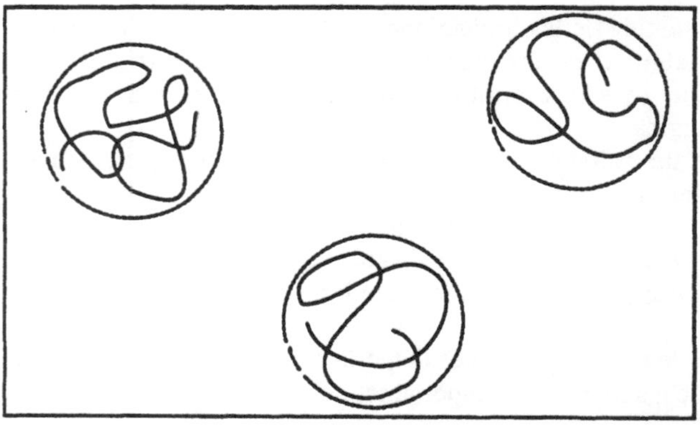

Figura 9.10 Diagrama esquemático de ovillos poliméricos en una disolución diluida.

Un resultado importante del tratamiento de Flory es la predicción de un efecto de *volumen excluido* en un buen disolvente (donde usualmente $\chi << 0,5$). Esto significa que pueden contemplarse las cadenas poliméricas como "repeliéndose" entre ellas, de forma que las "nubes" de segmentos representadas esquemáticamente en la figura 9.10 excluyen a las demás de la posibilidad de estar en el volumen que ellas ocupan (es decir, se comportan como si fueran esferas rígidas). Por supuesto que, en la realidad, no se repelen pero los segmentos de una cadena particular pueden contemplarse como si tuvieran una preferencia más acusada por el disolvente que por otros segmentos de polímero, de forma que existe una consistente fuerza conductora que inclina a las moléculas a estar suficientemente alejadas como para que no se solapen*. Este tipo de fuerza conductora juega también su papel en el interior de cada ovillo individual. Los segmentos de cada cadena prefieren alejarse de otros segmentos lo más posible pero el grado en el que lo pueden hacer está limitado por el hecho de encontrarse unidos entre sí por enlaces covalentes. El efecto neto es que la cadena se hincha con relación a las dimensiones que tendría estando rodeada de otras cadenas poliméricas o incluso con las dimensiones que tendría en una disolución concentrada (donde se solapan segmentos de diferentes cadenas).

A primera vista este tipo de argumento puede resultar confuso por la siguiente razón. Hemos visto en nuestra discusión del comportamiento de fase que el valor crítico de χ es aproximadamente 0,5 (si χ es un valor mayor, tiene lugar la separación de fases). Si tenemos un sistema donde, pongamos por ejemplo, χ vale 0,1, decimos que el disolvente es "bueno". No sólo disuelve al polímero, sino que en disolución diluida las cadenas están hinchadas (véase arriba). Sin embargo, un valor positivo de χ significa que las interacciones entre parejas de

* Debe recordarse que también mencionamos el "volumen excluido" cuando discutimos las conformaciones de cadenas individuales. En aquel contexto, sin embargo, queríamos decir que los segmentos de una misma cadena no pueden colocarse de forma que solapen unos con otros. Aquí nos referimos al solapamiento del volumen ocupado por *diferentes* cadenas poliméricas en disolución diluida (véase la figura 9.10), un efecto de volumen excluido de carácter intermolecular y no intramolecular, como es el que se da entre segmentos de una cadena individual.

segmentos de polímero y las que se dan entre parejas de moléculas de disolvente están favorecidas sobre las que se dan entre segmentos de polímero y moléculas de disolvente. En nuestra discusión de más arriba y en otros textos sobre el tema, está implícita la idea de que son las "interacciones" las que conducen el efecto del volumen excluido. En realidad, la fuerza conductora es principalmente de carácter entrópico (hay más configuraciones disponibles para las cadenas si no se solapan) y muchos autores incluyen implícitamente este efecto en la definición de "interacciones".

Este tipo de fuerza conductora de carácter entrópico opera igualmente en el volumen ocupado por un ovillo aislado. Los segmentos individuales que lo constituyen tenderán a expandirse y ocupar tanto volumen como les sea posible pero el grado en el que lo puedan hacer está limitado por el hecho de que están conectados mediante enlaces covalentes. Como antes comentábamos, el efecto neto es que la cadena se hincha si comparamos sus dimensiones con las que tendría exclusivamente rodeada de otras cadenas o en disoluciones concentradas (donde existe solapamiento entre diferentes cadenas).

Es posible calcular la extensión en la que se produce el hinchamiento de las cadenas, usando una suposición debida a Flory, en el sentido de que la cadena se hincha más o menos como consecuencia del balance entre las "interacciones" (con componentes entrópico y entálpico) polímero/disolvente y la pérdida de entropía que resulta de que la cadena se estire más y, por tanto, disponga de menos configuraciones a su disposición. Flory acomete el cálculo imaginando a la cadena polimérica como un "enjambre" de segmentos que se distribuyen de forma gaussiana alrededor del centro de gravedad de la molécula (lo que quiere decir que la concentración de segmentos es máxima cerca del centro de gravedad y decrece de forma exponencial con la distancia a ese centro). Consideraremos otra aproximación diferente debida a Di Marzio*, donde para describir las interacciones se supone que los segmentos de polímero están uniformemente distribuidos en una esfera que definiremos en términos de la distancia extremo-extremo de la cadena. A pesar de ser una suposición más simple, dicha aproximación sigue dando una idea sobre lo esencial de los principales resultados.

A la hora de obtener una expresión para la energía libre del sistema definido por una esfera "ocupada" por una cadena polimérica, podemos escribirla como la suma de dos contribuciones: la debida al mezclado de segmentos de polímero y moléculas de disolvente y la debida a la deformación elástica de las cadenas. Para la primera no tenemos más que utilizar la teoría de Flory-Huggins (ya que hemos supuesto una distribución uniforme de segmentos dentro del volumen local definido por las dimensiones de la cadena), pero no nos enfrentaremos al problema de la elasticidad del caucho y la deformación de cadena hasta el Capítulo 11. Consiguientemente, vamos a escribir aquí una expresión para esa contribución a la energía libre y pediremos al lector su confianza.

La energía libre de mezcla de una molécula de polímero con un gran número de moléculas de disolvente que están dentro de la esfera definida por la distancia extremo-extremo de la cadena viene dada por:

---

* E. A. Di Marzio, *Macromolecules*, **17**, 969 (1984).

$$\frac{\Delta F_m}{kT} = 1 \ln\Phi_p + n_s \ln\Phi_s + n_s \Phi_p \chi \qquad (9.44)$$

Ya que $n_s >> 1$, el primer término se puede omitir y escribir:

$$\frac{\Delta F_m}{kT} = n_s \ln\Phi_s + n_s \Phi_p \chi \qquad (9.45)$$

La expresión para la entropía de la deformación elástica de una cadena viene dada, de forma simple y aproximada, por la expresión:

$$\frac{\Delta S}{k} = -\frac{1}{2}\left(\lambda_1^2 + \lambda_2^2 + \lambda_3^2 - 3\right) \qquad (9.46)$$

donde λ_1, λ_2 y λ_3 son relaciones de extensión en direcciones paralelas a los ejes cartesianos (es decir, $\lambda_1 = x/x_0$, etc. donde x es la proyección sobre el eje x de la distancia extremo-extremo cuadrática media de la cadena perturbada y x_0 la componente en el eje x, pero no perturbada, de la misma distancia). Si no hay cambio de entalpía al estirar la cadena y si la expansión de la cadena es isotrópica, podemos igualar entonces $\alpha = \lambda_1 = \lambda_2 = \lambda_3$, con lo que* :

$$\frac{\Delta F_{el}}{kT} = -\frac{\Delta S}{k} = \frac{3}{2}\left(\alpha^2 - 1\right) \qquad (9.47)$$

La energía libre global de nuestro sistema se supone que es la suma de los términos elástico y de mezcla por lo que, por lo tanto, viene dada por:

$$\frac{\Delta F}{kT} = n_s \ln\Phi_s + n_s \Phi_p \chi + \frac{3}{2}\left(\alpha^2 - 1\right) \qquad (9.48)$$

Nuestra tarea es ahora evaluar la expansión de la cadena α que hace mínima la energía libre (es decir, el valor que compensa exactamente dos términos que se oponen como son los de mezcla que conducen la expansión de la cadena y los elásticos que se oponen a dicha extensión). Esto se consigue, por supuesto, diferenciando la energía libre con respecto a α e igualando el resultado a cero. A la hora de hacer esa derivada debe tenerse en cuenta que el número de moléculas de disolvente que deben considerarse cambia con α. Recuerde que nuestro sistema está definido en términos de una esfera cuyo diámetro se establece a partir de la distancia extremo-extremo cuadrática media de una cadena. Si la distancia extremo-extremo (en promedio) crece, la esfera será entonces más grande y podrá contener más moléculas de disolvente. El número de segmentos de polímero permanece inalterado pero su fracción en volumen Φ_p decrece, ya que el volumen de la esfera se incrementa. Consiguientemente, necesitamos una expresión que relacione Φ_p (y, por tanto, n_s y Φ_s) con α. Dicha expresión puede obtenerse por meras consideraciones geométricas. La figura 9.11 muestra el volumen ocupado por una única cadena. El diámetro de esta esfera está definido por la distancia extremo-extremo cuadrática media de la cadena, que es igual a

---

* Hay que tener en cuenta que Flory obtiene un término logarítmico en esta expresión de la energía libre de deformación ($\ln \alpha^3$) que no está incluido aquí. Este término ha sido durante años tema de controversia y, en nuestra opinión, debería incluirse en tratamientos más rigurosos del hinchamiento.

$M^{1/2}\ell$ en el estado no perturbado (véase el Capítulo 7) y $\alpha M^{1/2}\ell$ en el estado hinchado. Si consideramos a la cadena como una colección de segmentos esféricos de diámetro ℓ, la fracción en volumen de los segmentos de polímero vendrá entonces dada por:

$$\Phi_p = \frac{\text{Volumen segmentos poliméricos}}{\text{Volumen esfera}} = \frac{\pi/6\, M \ell^3}{\pi/6\, (\alpha M^{1/2} \ell)^3} \tag{9.49}$$

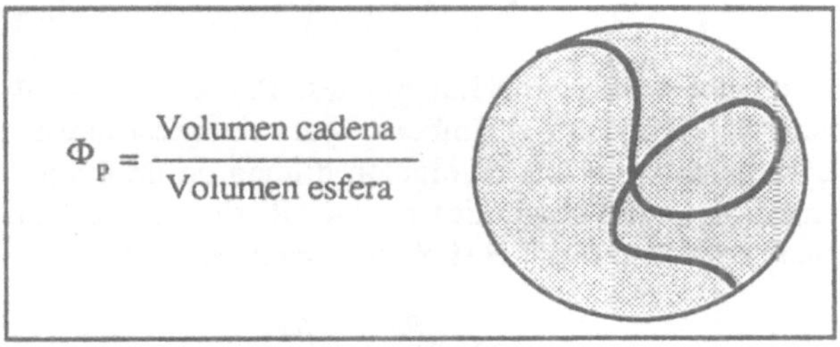

Figura 9.11 *Diagrama esquemático del volumen ocupado por una cadena.*

o:

$$\Phi_p = \frac{1}{\alpha^3 M^{1/2}} \tag{9.50}$$

Es fácil obtener:

$$\frac{\partial \Phi_p}{\partial \alpha} = -\frac{3}{\alpha^4 M^{1/2}} \tag{9.51}$$

Y dado que $\Phi_s = (1 - \Phi_p)$:

$$\frac{\partial \Phi_s}{\partial \alpha} = \frac{3}{\alpha^4 M^{1/2}} \tag{9.52}$$

La otra derivada que necesitamos es $\partial n_s / \partial \alpha$ y usando:

$$\Phi_p = \frac{M}{M + n_s} \tag{9.53}$$

(es decir, asumiendo que una molécula de disolvente ocupa el mismo volumen que un segmento de polímero) podemos obtener:

$$\frac{\partial n_s}{\partial \alpha} = \frac{\partial n_s}{\partial \Phi_p} \cdot \frac{\partial \Phi_p}{\partial \alpha} = \frac{M}{\Phi_p^2} \cdot \frac{3}{\alpha^4 M^{1/2}} \tag{9.54}$$

Dejamos al lector la derivación como un ejercicio a realizar y empleando:

$$\ln \Phi_s = \ln (1 - \Phi_p) = - \Phi_p - \frac{\Phi_p^2}{2} - \frac{\Phi_p^3}{3} - \ldots\ldots\ldots \qquad (9.55)$$

junto con:

$$\frac{n_s}{M} = \frac{\Phi_s}{\Phi_p} \qquad (9.56)$$

obtenemos:

$$\alpha^5 = M^{1/2}\left(\frac{1}{2} - \chi\right) + \frac{\Phi_p}{3} + \ \ldots\ldots \qquad (9.57)$$

El resultado nos dice dos cosas importantes. Primero, ya que Φ_p es pequeño $\alpha \sim M^{0,1}$ (recuerde que usamos el símbolo ~ para significar que es proporcional a). Consiguientemente, en una disolución diluida en un buen disolvente, la distancia extremo-extremo cuadrática media $<R^2>^{1/2}$ varía en función de $M^{0,6}$ (habíamos usado en el Capítulo 7 el símbolo N en lugar del M).

$$<R^2>^{1/2} \sim \alpha\, M^{0,5} \sim M^{0,6} \qquad (9.58)$$

Hemos obtenido así, usando un tratamiento simplificado y muchas injustificadas suposiciones, un resultado que ya presentamos antes en nuestra discusión sobre la estadística del vuelo al azar (Capítulo 7, Sección C). Afortunadamente, tratamientos más rigurosos proporcionan la misma respuesta y sería bueno que ahora volviera algo hacia atrás y leyera de nuevo aquellas páginas ya que los argumentos que allí empleábamos le pueden resultar más claros si en un principio se le resistieron un poco. La característica fundamental de este resultado es que en un "buen" disolvente (χ << 0,5) la cadena se expande (por ejemplo, con una cadena de 10000 unidades, $M^{0,5}$ es igual a 100, mientras que $M^{0,6}$ es aproximadamente 250 o, lo que es igual, la distancia extremo-extremo se hace más del doble para una cadena de este tamaño).

El segundo aspecto que se deriva de la ecuación 9.57 es que el factor de expansión de la cadena α varía claramente con χ, de forma que cuando χ se aproxima al valor 0,5, α tiende a cero. En otras palabras, la cadena alcanza su dimensión ideal o no perturbada. Ya que χ varía con 1/T, esto permite la definición de una temperatura llamada temperatura theta (θ), a la que las desviaciones con respecto a la idealidad desaparecen. (Flory discutió este asunto de forma diferente, de cara a demostrar que la temperatura θ es aquella a la que la energía libre en exceso desaparece. El lector interesado puede consultar su libro *Principles of Polymer Chemistry*). En resumen, a temperaturas elevadas donde χ es pequeño, una cadena polimérica en disolución se expande variando su distancia extremo-extremo en función de $M^{0,6}$. Cuando la temperatura se reduce, χ crece y a la temperatura θ donde χ = 0,5, la cadena es ideal. Cuando χ > 0,5 tiene lugar una separación de fases con una fase rica en polímero y otra pobre. En la fase rica en polímero la cadena tiene casi sus dimensiones ideales. En disoluciones muy diluidas y en la fase rica en disolvente las cadenas pueden "colapsar"*, pero este es un tema para estudios más avanzados.

---

* P. G. de Gennes, *Scaling Concepts in Polymer Physics*, Cornell University Press, 1979.

E. TEXTOS ADICIONALES

(1) P. J. Flory, *Principles of Polymer Chemistry*, Cornell University Press, Ithaca, New York, 1953.

(2) E. A. Guggenheim, *Mixtures*, Clarendon Press, Oxford, 1952.

(3) J. H. Hildebrand y R. L. Scott, *The Solubility of Non-Electrolytes, Third Edition*, Reinhold Publishing Co., New York, 1950.

(4) H. Yamakawa, *Modern Theory of Polymer Solutions*, Harper and Row, New York, 1971.

CAPITULO 10

Peso Molecular y Ramificación de Cadena

"Drop the idea of large molecules. Organic molecules with a molecular weight higher than 5000 do not exist."
—Advertencia a Hermann Staudinger*

A. INTRODUCCION

Tal y como sugiere la cita que encabeza este capítulo, el esfuerzo por establecer el concepto de polímero como moléculas muy largas de sucesivos enlaces covalentes fue largo y difícil. El desarrollo de diferentes métodos físicos de caracterización y la irrupción simultánea de varias evidencias experimentales culminaron el empeño. Tal y como decía von Bayer, cada teoría finalmente triunfante pasa a través de tres estados; primero es rechazada como falsa; después es repudiada como contraria a la religión; finalmente es aceptada como un dogma y todos y cada uno de los científicos proclaman que su fe en la veracidad de la misma viene de lejos. La prueba concluyente de la existencia de una macromolécula es, por supuesto, la medida experimental de su tamaño molecular. Sin embargo, como veremos posteriormente en este capítulo, la medida del peso molecular de un polímero no es precisamente una cuestión baladí. Desde un punto de vista histórico, el trabajo de Staudinger sobre la viscosidad de disoluciones** y el de Svedberg sobre el desarrollo de la ultracentrífuga resultaron cruciales.

El concepto macromolecular está hoy firmemente establecido, pero la determinación de distribuciones de peso molecular y sus correspondientes pesos moleculares promedios en materiales poliméricos permanece como algo esencialmente importante, dada la dependencia de muchas propiedades finales de estos materiales con el tamaño de cadena.

En el capítulo 1 empleamos algún tiempo en definir los pesos moleculares promedios en número y en peso y mencionamos brevemente el promedio z (si el lector lo ha olvidado o no tiene muy asentados los conceptos sería bueno que

---

*Tomado de H. Morawetz, *Polymers. The Origin and Growth of a Science*, Wiley, New York, 1985.

** Staudinger supuso en realidad que los polímeros se comportaban como varillas rígidas y no como ovillos flexibles en disolución de forma que los números que obtuvo eran incorrectos. Sin embargo, su trabajo fue trascendental para avanzar en el desarrollo de la ciencia de polímeros.

volviera hacia atrás y los repasara). Como veremos, la medida de diversas propiedades en disolución puede emplearse en la obtención directa de estos promedios (y es por lo que ponemos este capítulo tras el de las disoluciones poliméricas, más que al principio del libro). Sin embargo, aunque la determinación del peso molecular promedio en número ($\bar{M}_n$), promedio en peso ($\bar{M}_w$) y promedio z ($\bar{M}_z$) proporciona una "idea" de la forma de la distribución de pesos moleculares (usualmente medida en forma de la polidispersidad, $\bar{M}_w / \bar{M}_n$, véase el Capítulo 1), ello es a menudo insuficiente para reflejar de forma precisa las propiedades de muestras con distribuciones altamente asimétricas, o aquellas de carácter multimodal (es decir, aquellas que parecen provenir de la superposición de varias distribuciones, quizás porque la muestra de interés es, en realidad, una mezcla que resulta de dos o más polimerizaciones consecutivas). Lo que realmente nos interesa es conocer la forma estricta de la distribución de pesos moleculares, lo que puede conseguirse mediante una técnica conocida como cromatografía de exclusión molecular, (SEC), también denominada cromatografía de permeabilidad en gel, (GPC). Sin embargo, esto no quiere decir que debamos enviar al resto de técnicas de caracterización al cubo de la basura de la historia, ya que como veremos la SEC/GPC es un método *indirecto o relativo* de medida. Dado ese carácter indirecto es necesario un procedimiento de calibrado, para lo que se requieren muestras lo más monodispersas posibles de peso molecular conocido, peso que debe determinarse por métodos digamos "absolutos", ejemplos de los cuales están resumidos en la tabla 10.1. En otras palabras, los métodos absolutos dan una medida directa de algún peso molecular promedio, sin necesidad de calibrado. Instrumentos de SEC/GPC más

***Tabla 10.1** Métodos empleados para medir pesos moleculares absolutos.*

Peso molecular promedio	Símbolo	Técnica
Promedio en número	$\bar{M}_n$	Análisis de grupos finales Descenso de la presión de vapor Ebullometría (elevación del p. ebullición) Crioscopía (descenso del p. congelación) Osmometría (presión osmótica)
Promedio en peso	$\bar{M}_w$	Dispersión de luz Dispersión de neutrones Ultracentrifugación
Promedio z	$\bar{M}_z$	Ultracentrifugación

modernos suelen estar acoplados a dispositivos de medida absoluta de peso molecular (tales como un dispersor de luz), para proporcionar pesos moleculares absolutos de las mezclas que están eluyendo. Por tanto, aunque sólo sea desde este exclusivo punto de vista, es necesario que conozcamos algo sobre estos métodos absolutos. Por otro lado, además de servir para obtener pesos moleculares promedios, estos métodos pueden proporcionar información sobre otras propiedades en disolución, tales como parámetros de interacción polímero/disolvente, el tamaño de la cadena en disolución en forma de radios de giro o volúmenes hidrodinámicos, etc. Por tanto, tales métodos resultan de un interés bastante general.

En el presente capítulo nos centraremos en cuatro métodos. Los dos primeros serán la medida de presiones osmóticas y la dispersión de luz. El primero es la medida de una propiedad coligativa, que depende del número de moléculas presentes y proporciona por lo tanto una medida de M_n. La dispersión de luz, sin embargo, depende del tamaño o masa de las moléculas, proporcionando una medida de M_w. Posteriormente volveremos nuestra atención a medidas de viscosidad y GPC/SEC que pueden proporcionar, en ambos casos, una medida del radio hidrodinámico y que pueden ser combinadas para producir una curva de calibrado universal de las columnas GPC/SEC. Concluiremos el capítulo con una discusión sobre la ramificación de cadena y sobre cómo puede emplearse la GPC/SEC, en colaboración con medidas de viscosidad intrínseca, a la hora de determinar la cantidad de ramificación de cadena larga existente en algunos materiales poliméricos.

B. PRESION OSMOTICA Y DETERMINACION DEL PESO MOLECULAR PROMEDIO EN NUMERO

Los experimentos de presión osmótica pertenecen a la familia de técnicas que se suelen agrupar bajo la denominación genérica de *medidas de propiedades coligativas*. El método resulta sumamente útil para caracterizar polímeros ya que, al contrario de otras medidas de este tipo, tales como el descenso en el punto de congelación o el ascenso en el punto de ebullición, las disoluciones diluidas de materiales de alto peso molecular proporcionan presiones osmóticas detectables, mientras que el cambio en las otras propiedades coligativas es demasiado pequeño como para ser medido con precisión (por ejemplo, un polímero de M_n del orden de 1×10^6 elevaría el punto de ebullición de un disolvente en una cantidad del orden de 5×10^{-5} °K, a 1 atmósfera).

Una presión osmótica es la consecuencia de tener dos disoluciones de diferente concentración (en nuestro caso se tratará de una disolución y el disolvente puro) separadas por una membrana semipermeable, sobre las que sin lugar a dudas el lector habrá oído hablar en introducciones a la biología realizadas en estudios anteriores. Idealmente, la membrana debiera ser totalmente selectiva, permitiendo por ejemplo el paso del disolvente pero de nada más. Las membranas biológicas están maravillosamente adaptadas a este tipo de comportamiento, permitiendo de forma eficiente el transporte de agua desde el suelo a las raíces de las plantas, o la separación de desechos de la sangre u otras cosas por el estilo. Aunque las membranas sintéticas ahora existentes son casi igualmente eficientes (tras haber sido mejoradas durante años) siguen teniendo un límite inferior en lo que a peso molecular se refiere, ya que moléculas de bajo peso molecular son capaces de pasar a través de ellas con la misma facilidad con que lo hace el disolvente. El límite superior a las medidas de presión osmótica está por supuesto condicionado por la precisión con la que se puedan hacer dichas medidas. Los osmómetros modernos pueden medir pesos moleculares entre 5 x 10^3 y 5 x 10^5 g/mol. Las preguntas que vamos a contestar ahora son: ¿qué es lo que exactamente medimos?, ¿cómo está esa medida relacionada con el peso molecular?. Comenzaremos con una descripción del experimento.

Osmometría: La naturaleza del experimento

Los principios básicos de la osmometría de membrana se ilustran esquemáticamente en la figura 10.1. La figura 10.1(A) muestra una disolución de polímero contenida en un tubo que se ha sumergido en un depósito que contiene disolvente puro. En la parte inferior del tubo tenemos una tapa que cubre la membrana e impide cualquier intercambio entre la disolución y el recipiente que contiene el disolvente. Se coloca el tubo en una posición tal que los niveles de la disolución y del disolvente puro sean los mismos tras lo cual comenzaremos el experimento eliminando la tapa que protege a la membrana. El disolvente comenzará a fluir a través de ella en dirección a la disolución, tal y como ilustra la figura 10.1(B). La fuerza conductora de este flujo es de naturaleza termodinámica. Si vuelve la vista atrás y repasa nuestra discusión del comportamiento de fases (Capítulo 9) podrá recordar que, en el equilibrio, los potenciales químicos de un determinado componente en ambas fases son iguales.

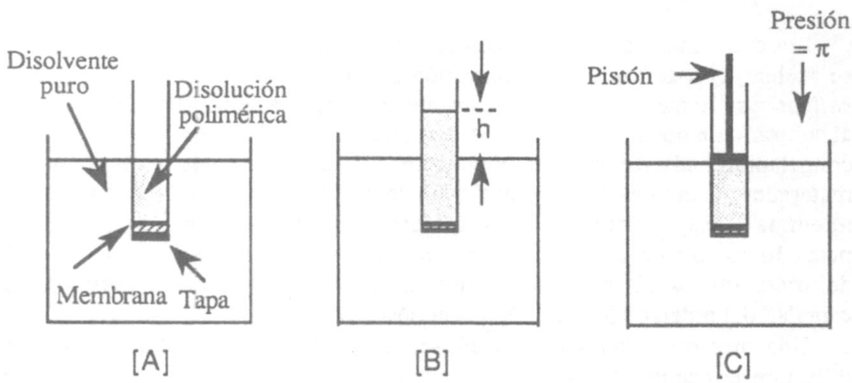

***Figura 10.1** Diagrama esquemático de un experimento de presión osmótica.*

En este caso sólo tiene sentido considerar el potencial químico del disolvente (ya que el soluto polimérico está físicamente impedido para pasar a través de la membrana). Para que el potencial químico del disolvente a ambos lados de la membrana fuera igual, *a la misma temperatura y presión*, lo que se requeriría es que el disolvente continuara fluyendo indefinidamente hasta que la disolución se diluyera infinitamente (suponiendo que estamos ante un recipiente de tamaño infinito relleno de disolvente). En la práctica, sin embargo, la presión a cada lado de la membrana no permanece constante. La solución es forzada a ascender a lo largo del tubo que contiene la disolución, alcanzando una determinada altura h por encima del nivel del recipiente del disolvente hasta que el exceso de presión sobre la membrana, provocado por el peso de la disolución diluida, contrarresta exactamente la presión que surge de la diferencia de potenciales químicos.

Hay aquí dos problemas. Primero, la difusión del disolvente a través de la membrana es lenta, de forma que podemos necesitar horas o incluso días para alcanzar el equilibrio en este tipo de experimentos que, en contraposición a los que veremos más tarde, llamaremos estáticos. Ya que es necesario hacer medidas de presión osmótica en función de la concentración de la disolución, esta metodología experimental resulta verdaderamente tediosa. Mucho más importante resulta ser, sin embargo, el constatar que en este tipo de experiencias pueden cometerse errores muy grandes*, motivados por el hecho de que especies poliméricas de bajo peso molecular pueden difundir desde el lado de la disolución al lado del disolvente. Esto ocasiona una variación en el gradiente de potencial existente a ambos lados de la membrana, cambiando por tanto el valor de presión osmótica que debiéramos medir.

Este tipo de problemas han sido sustancialmente aliviados llevando a cabo los experimentos de manera distinta. La figura 10.1(C) ilustra un método en el que se aplica una presión, π, que siendo igual a la presión osmótica y siendo ejecutada en el lado de la disolución, impide el paso neto de disolvente (lo que no quiere decir que las moléculas no continúen fluyendo a uno y otro lado de la membrana). Alternativamente, la alteración que sufre la membrana como consecuencia de la presión puede emplearse para una estimación inicial y directa de la presión osmótica. Ambos métodos proporcionan medidas precisas de π en unos pocos minutos, antes de que haya podido existir una difusión apreciable de soluto o disolvente.

Relación con el peso molecular

Suponiendo que somos capaces de medir presiones osmóticas, π, de forma precisa, la siguiente pregunta es cómo relacionamos esa cantidad con el peso molecular del soluto polimérico. Si el lector domina la termodinámica de disoluciones poliméricas (ardua labor) será capaz de recordar inmediatamente que la expresión para el potencial químico del disolvente contiene un término en 1/M, donde M es el peso molecular del polímero (supuesto monodisperso en el Capítulo 9). Pero en lugar de dirigirnos directamente al empleo de la ecuación Flory-Huggins, es más útil comenzar nuestra discusión considerando inicialmente una analogía con las propiedades de un gas ideal, lo que nos permite desarrollar la idea de las ecuaciones del virial en lo que entendemos que es una forma fácil de abordar el problema.

Las propiedades termodinámicas de un gas ideal se describen mediante la ley de los gases ideales:

$$PV = NRT \tag{10.1}$$

* Véase H. P. Frank and H. F. Mark, "Report on Molecular Weight Measurements of Polystyrene Standards", *J. Polym. Sci.*, **16**, 129 (1953); ibid., **17**, 1 (1955).

donde P, V, R y T tienen sus habituales significados y N es el número de moles del gas. La ecuación puede también escribirse como:

$$\frac{PV}{NRT} = 1 \qquad (10.2)$$

Si cambiamos ahora la presión y medimos, por ejemplo, V a temperatura constante, al representar PV/NRT frente a P obtendríamos una línea recta horizontal, tal y como esquemáticamente ilustra la figura 10.2.

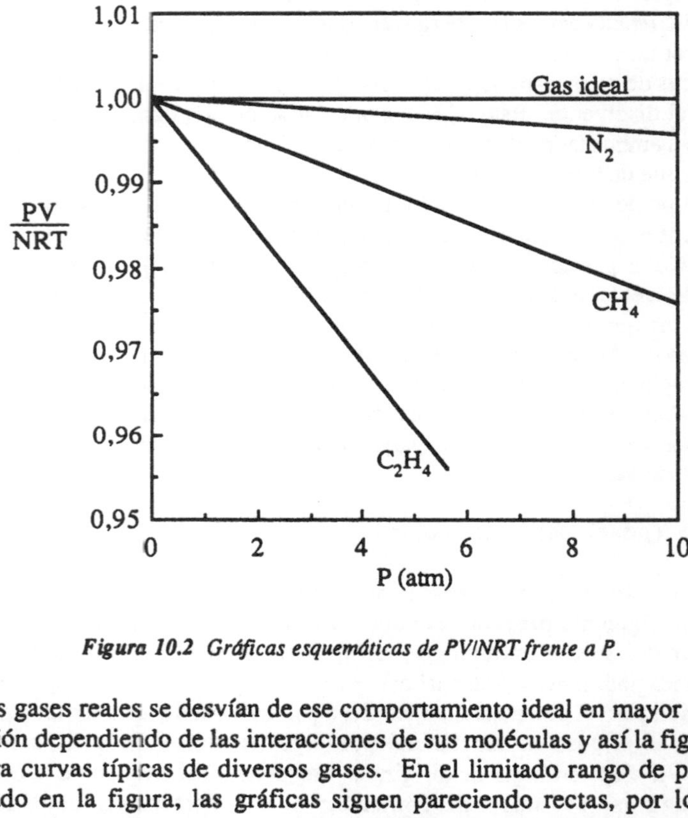

***Figura 10.2** Gráficas esquemáticas de PV/NRT frente a P.*

Los gases reales se desvían de ese comportamiento ideal en mayor o menor extensión dependiendo de las interacciones de sus moléculas y así la figura 10.2 muestra curvas típicas de diversos gases. En el limitado rango de presiones mostrado en la figura, las gráficas siguen pareciendo rectas, por lo que el comportamiento de esos gases reales pudiera describirse aproximadamente mediante ecuaciones de la forma:

$$\frac{PV}{NRT} = 1 + B'P \qquad (10.3)$$

donde B' es una constante a una determinada temperatura. Cuando se consideran intervalos de presión más grandes, las líneas se toman claramente curvadas, pero su comportamiento puede todavía ser convenientemente expresado, utilizando ahora un polinomio que se denomina *ecuación del virial*:

$$\frac{PV}{NRT} = 1 + B'P + C'P^2 + D'P^3 + \text{-------} \tag{10.4}$$

donde los coeficientes B', C', D', etc., son los segundo, tercero, cuarto, etc., *coeficientes del virial*. (Usamos una prima aquí para distinguir los coeficientes del virial de un gas de los de una disolución).

Podemos escribir una ecuación para una disolución ideal de forma muy similar a la ecuación que describe el comportamiento de un gas ideal. Tal comportamiento puede expresarse en términos de la energía libre pero antes de hacerlo pensamos que la comprensión será mayor si describimos una disolución ideal en términos de la presión osmótica, π, como:

$$\frac{\pi V}{NRT} = 1 \tag{10.5}$$

Anote que esta ecuación depende de N, el número de moles (o de moléculas). Consiguientemente, cuando consideramos polímeros con una distribución de pesos moleculares, calcularemos un promedio en número (véase más adelante).

La cantidad N/V, el número de moles de soluto por unidad de volumen, es la concentración molar, m, de forma que esta ecuación puede reescribirse en la forma:

$$\pi = mRT \tag{10.6}$$

conocida como ecuación de van't Hoff (hay más de una ecuación debida a van't Hoff así que no las mezcle). Y es aquí donde aparece el peso molecular. Si medimos la concentración de la disolución en términos del peso de soluto por unidad de volumen del disolvente (disolución diluida) c, entonces:

$$m = \frac{N}{V} = \frac{c}{M} \tag{10.7}$$

(recuerde que el número de moles de soluto es simplemente el peso dividido por el peso molecular, M), con lo que podemos obtener:

$$\frac{\pi}{c} = \frac{RT}{M} \tag{10.8}$$

Por supuesto, y como ocurre con los gases, las disoluciones no se comportan idealmente (complicándonos la vida) pero, de nuevo, podemos expresar sus desviaciones en términos de un polinomio en c:

$$\frac{\pi}{c} = \frac{RT}{M} + Bc + Cc^2 + Dc^3 + \text{------} \tag{10.9}$$

o, en forma alternativa:

$$\frac{\pi}{c} = \left(\frac{\pi}{c}\right)_{c \to 0}\left[1 + \Gamma_2 c + \Gamma_3 c^2 + \Gamma_4 c^3 + \text{------}\right] \tag{10.10}$$

donde:

$$\left(\frac{\pi}{c}\right)_{c \to 0} = \frac{RT}{M} \tag{10.11}$$

y ese valor puede obtenerse por extrapolación de la representación de π/c frente a c a concentración cero. En otras palabras, debemos medir π en función de c y hacerlo a bajas concentraciones, de forma que los términos de orden elevado en el polinomio (es decir, los términos en c^2, c^3, etc.) puedan despreciarse (a veces con dificultades), obteniendo así una línea recta de pendiente B y ordenada en el origen RT/M.

Esta derivación se ha hecho por simple analogía, tratando de dar al lector una idea de la ecuación en términos de algo con lo que suele sentirse más o menos confortablemente identificado (la ley de gases ideales). Consideraremos ahora una derivación más formal así como lo que ocurre con una distribución de peso molecular. Para los que sólo quieran tener una idea del asunto esto puede resultar demasiado, por lo que les recomendaríamos que pasaran directamente a la sección que describe el cálculo de $\bar{M}_n$.

Una disolución ideal se diferencia de un gas ideal en que, en lugar de suponer que no existen interacciones entre las moléculas, se supone que las interacciones entre los componentes de la disolución (soluto/soluto, soluto/disolvente, etc.) son idénticas. En otras palabras, no hay un cambio de entalpía como consecuencia de producirse la mezcla. En sus clases de química física, el lector habrá aprendido que la entropía que se produce al mezclar gases ideales o un soluto ideal con un disolvente depende de las fracciones molares de los componentes. Si lo hubiera olvidado le recomendamos volver a leer nuestra discusión sobre la teoría de disoluciones regulares en el capítulo 9 (Sección B) que, en efecto, supone una entropía ideal de mezcla (aunque obtuvimos una expresión usando el modelo reticular más que una aproximación termodinámica, generalmente usada en textos de química física). La energía libre de mezcla puede por tanto expresarse como:

$$\frac{\Delta G_m}{RT} = n_A \ln X_A + n_B \ln X_B \qquad (10.12)$$

donde X_A, X_B, son las fracciones molares de los componentes A y B.

Si denominamos A al disolvente, su potencial químico, definido como:

$$\frac{\partial \Delta G_m}{\partial n_A} = \mu_A - \mu_A^0 \qquad (10.13)$$

(donde μ_A^0 es el potencial químico en algún estado elegido como referencia) está dado por la ecuación:

$$\frac{\mu_A - \mu_A^0}{RT} = \ln X_A \qquad (10.14)$$

La actividad del disolvente se define como:

$$\frac{\mu_A - \mu_A^0}{RT} = \ln a_A \qquad (10.15)$$

de forma que para una disolución ideal:

$$a_A = X_A \qquad (10.16)$$

Estamos ahora en disposición de obtener la expresión de la presión osmótica que dedujimos previamente por analogía (ecuación 10.4). Usaremos una expresión termodinámica clásica para el cambio de la actividad con la presión:

$$\left(\frac{\partial \ln a_A}{\partial P}\right)_{T,N_A} = \frac{\overline{V}_A}{RT} \tag{10.17}$$

donde $\overline{V}_A$ es el volumen molar parcial del disolvente que, para una disolución diluida, puede igualarse al volumen molar del disolvente puro, V_A. Integrando la ecuación 10.17:

$$\int_{a_A}^{1} d \ln a_A = \int_{0}^{\pi} \left(\frac{V_A}{RT}\right) dP \tag{10.18}$$

donde los límites de integración describen la diferencia en actividad a través de la membrana (desde $a_A = X_A$ en el lado de la disolución hasta $a_A^0 = X_A = 1$ en el lado del disolvente puro) y la diferencia en presión osmótica al atravesar la membrana ($0 \rightarrow \pi$). Si suponemos que la disolución es incompresible (es decir, V_A independiente de P), o prácticamente incompresible dadas las pequeñas presiones típicas en experimentos de osmometría, podemos obtener:

$$-\ln a_A = \frac{\pi V_A}{RT} \tag{10.19}$$

Sustituyendo $a_A = X_A$ y teniendo en cuenta que para disoluciones diluidas $X_A \approx 1$, de forma que puede emplearse la aproximación*, $(-\ln X_A) \approx (1 - X_A) = X_B$ podemos escribir:

$$X_B = \frac{\pi V_A}{RT} \tag{10.20}$$

Para un mol de disolución, la concentración del soluto (en peso por unidad de volumen) c, puede relacionarse con X_B en la forma:

$$c = \frac{\text{Peso}}{V_m} = \frac{M X_B}{V_m} \cong \frac{M X_B}{V_A} \tag{10.21}$$

donde pueden identificarse el volumen molar de una disolución diluida, V_m, y el volumen molar del disolvente V_A. Tras sustituir en la ecuación 10.20, obtenemos que, para una disolución ideal:

$$\frac{\pi}{c} \approx \frac{RT}{M} \tag{10.22}$$

Como antes, puede emplearse un desarrollo en coeficientes del virial para tener en cuenta posibles desviaciones del comportamiento ideal, obteniéndose la ecuación 10.8, que reproducimos aquí por conveniencia:

$$\frac{\pi}{c} = \frac{RT}{M} + Bc + Cc^2 + Dc^3 + \text{------} \tag{10.23}$$

---

* A partir de $\ln x = (x - 1) + 1/2\,(x - 1)^2 + 1/3\,(x - 1)^3 + \ldots$ y usando sólo el primer término cuando $x \approx 1$.

Esta ecuación supone que el soluto es una sustancia de peso molecular bien definido, M. Debemos considerar ahora el efecto de una distribución en el peso molecular, lo cual puede hacerse simplemente a partir de nuestra definición de la concentración de soluto:

$$c = \frac{\text{Peso total moléculas polímero}}{\text{Volumen disolución (V)}} \quad (10.24)$$

El peso total de polímero es la suma de los pesos de todas las especies presentes (o lo que es igual de todas las longitudes de cadena) igual a $\Sigma N_i M_i$. Recordando la definición del peso molecular promedio en número:

$$\overline{M}_n = \frac{\sum N_i M_i}{\sum N_i} \quad (10.25)$$

tenemos que:

$$c = \frac{\sum N_i M_i}{V} = \frac{\overline{M}_n \sum N_i}{V} \quad (10.26)$$

El término ΣN_i es simplemente el número de moles de polímero (podríamos usar número de moléculas en lugar de número de moles, cambiando los términos apropiadamente). Si lo expresamos en términos por mol de disolución (compare con la ecuación 10.21) podemos escribir:

$$c = \frac{\overline{M}_n X_B}{V_A} \quad (10.27)$$

Sustituyendo en la ecuación 10.20 y llevando a cabo una expansión en coeficientes del virial obtenemos:

$$\frac{\pi}{c} = \frac{RT}{\overline{M}_n} + Bc + Cc^2 + Dc^3 + \text{------} \quad (10.28)$$

mostrando que experimentos de presión osmótica pueden proporcionar una medida del peso molecular promedio en número.

Si se llevan a cabo medidas experimentales de π en función de la concentración y en un régimen de disoluciones diluidas de polímero (donde podamos despreciar términos en c^2 y superiores) podremos obtener $\overline{M}_n$ a partir de la ordenada en el origen de representaciones de π/c frente a c. Antes de entrar a discutir algunos datos reales sería, sin embargo, interesante considerar una derivación a partir de la ecuación de Flory-Huggins, ya que puede decirnos algo sobre el significado de B y de los otros coeficientes de rango superior que aparecen en la ecuación (10.28), demostrando que las ecuaciones en desarrollos del virial no son meros subterfugios matemáticos para ajustar datos experimentales sino que tienen su significado dentro de la teoría.

Medidas de presión osmótica y ecuación de Flory-Huggins

Hemos visto ya que, en el caso de disoluciones ideales, la presión osmótica está relacionada con la actividad del disolvente por medio de la ecuación 10.19:

$$- \ln a_A = \frac{\pi V_A}{RT}$$

que, a su vez, está relacionada con el potencial químico del disolvente a través de la ecuación 10.15:

$$\frac{\mu_A - \mu_A^0}{RT} = \ln a_A$$

Si no hubiera leido cuidadosamente la última parte del Capítulo 9 podría pensar que todo lo que tenemos que hacer es usar la teoría Flory-Huggins para obtener el potencial químico y, por lo tanto, una expresión para π. Siguiendo ese camino tenemos que:

$$\frac{\mu_s - \mu_s^0}{RT} = \ln \Phi_s + \left(1 - \frac{1}{\overline{M}_n}\right)\Phi_p + \Phi_p^2 \chi \qquad (10.29)$$

Tenga en cuenta que para ser consistentes con la nomenclatura empleada en el Capítulo 9 (vea, por ejemplo, la ecuación 9.34), hemos sustituido los subíndices A y B por s y p que corresponden a disolvente y polímero, respectivamente. Así mismo y aunque no lo desarrollamos en el Capítulo 9, Flory demostró que para un polímero con una distribución de pesos moleculares, $\overline{M}_n$ reemplaza a M en la expresión del potencial químico del disolvente*.

Con estas premisas, la presión osmótica viene dada por:

$$\pi = -\frac{RT}{V_s}\left[\ln \Phi_s + \Phi_p\left(1 - \frac{1}{\overline{M}_n}\right) + \Phi_p^2 \chi\right] \qquad (10.30)$$

usando:

$$\ln \Phi_s = \ln\left(1 - \Phi_p\right) = -\Phi_p - \frac{\Phi_p^2}{2} - \frac{\Phi_p^3}{3} - \text{-------} \qquad (10.31)$$

podemos obtener:

$$\pi = \frac{RT}{V_s}\left[\frac{\Phi_p}{\overline{M}_n} + \Phi_p^2\left(\frac{1}{2} - \chi\right) + \frac{\Phi_p^3}{3} + \text{------}\right] \qquad (10.32)$$

Examinando esta ecuación cuidadosamente y comparándola con la ecuación en coeficientes del virial 10.28, puede apreciarse una forma similar, aunque usando la variable de concentración Φ_p en lugar de c (si el lector es un poco lento de reflejos o tiene un mal día y todavía no ha caído en la cuenta divida ambos lados de la ecuación 10.32 por Φ_p). Podemos sustituir siempre un término en c por el correspondiente en Φ_p ya que ambas formas de concentración están relacionadas mediante expresiones sencillas, aunque no vamos a aburrir al lector con estas precisiones. El punto importante a señalar aquí es que una ecuación en

* P. J. Flory, *J. Chem. Phys.*, **12**, 425 (1944).

desarrollo del virial no es una forma arbitraria de tratar datos experimentales sino que puede ser deducida mediante una teoría bien fundada. Los coeficientes que en ella aparecen tienen un significado físico directo y así, por ejemplo, el segundo coeficiente del virial B puede relacionarse con ($1/2 - \chi$), mientras que los coeficientes de rango más alto serían constantes si la ecuación 10.32 fuera correcta. Pero desafortunadamente no lo es. En primer lugar, cuando se deriva la ecuación Flory-Huggins se supone que sólo se dan interacciones entre parejas de moléculas o segmentos. Los coeficientes de orden superior (C, D, etc. en la ecuación 10.30) dependen de formas más complicadas de interacción. Sin embargo, lo que todavía es más importante es que la teoría de Flory-Huggins no se aplica en el rango de bajas concentraciones o disoluciones diluidas, precisamente en el rango en el que habitualmente se hacen las medidas de presión osmótica. Como ya discutimos en el Capítulo 9 (Sección D), cuando tengamos

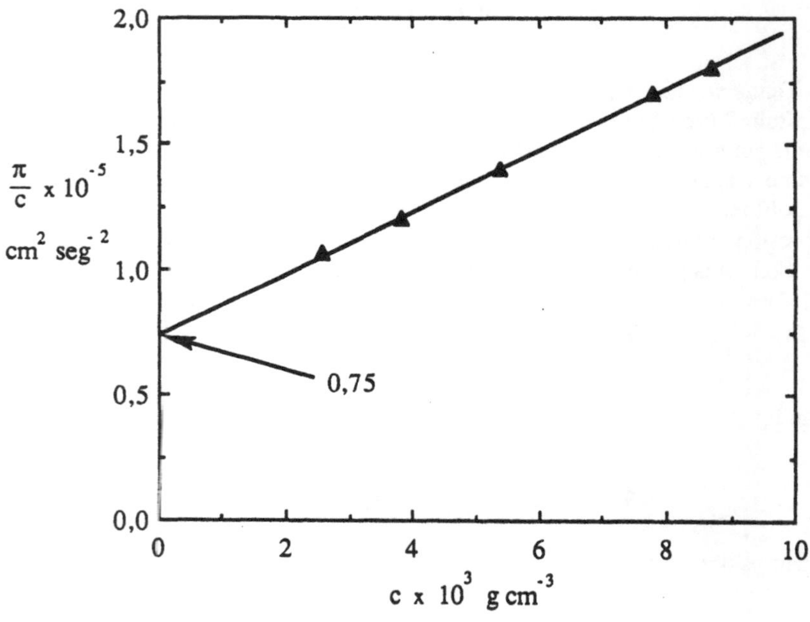

*Figura 10.3 Representación de π/c frente a c para el sistema poliestireno en tolueno. Gráfica a partir de datos de Bawn et al.**

que considerar *disoluciones diluidas* deberemos aplicar teorías más complejas que implican a las configuraciones o al tamaño de las moléculas, así como a las interacciones polímero/disolvente. (Estas interacciones pueden también describirse de forma distinta para así tener en cuenta factores como la

* Los resultados experimentales fueron obtenidos por C. E. H. Bawn, R. F. J. Freeman y A. R. Kamaliddin, *Trans. Faraday Soc.*, 46, 862 (1950) y están también recogidos en un primoroso libro de D. Margerison y G. C. East, *Introduction to Polymer Chemistry*, Pergamon Press, Oxford (1967).

conectividad de cadena y las variaciones en la concentración de segmentos en función de la distancia desde el centro de gravedad de cada ovillo estadístico polimérico). Si el lector profundiza más en la teoría de las disoluciones de polímeros encontrará que acaba obteniendo ecuaciones en forma de desarrollos del virial aunque cada vez va siendo más complicado relacionar los coeficientes del virial con cosas que queramos conocer tales como χ o α, el factor de expansión de la cadena. Podemos dejar aquí estos problemas ya que si todo lo que buscamos es conocer $\overline{M}_n$, nos basta con emplear ecuaciones como, por ejemplo, la ecuación 10.32 y no preocuparnos excesivamente por el significado físico de los coeficientes del virial. Examinaremos ahora cómo puede llevarse esto a cabo.

Cálculo del peso molecular promedio en número a partir de datos de presión osmótica

El cálculo de $\overline{M}_n$ a partir de datos osmóticos puede parecer una tarea bastante sencilla. Por ejemplo, la figura 10.3 muestra una representación de la presión osmótica, π, frente a la concentración en g/cm^3, c, para una muestra de poliestireno en tolueno a 25°C. Las presiones osmóticas se daban en el trabajo original en términos de la altura de una columna de tolueno (véase la figura 10.1) en centímetros. Para convertir este dato en unidades convencionales de presión (dina cm^{-2}) hay que multiplicarlo por la densidad del tolueno (0,862 g/cm^3) y por la aceleración de la gravedad g (981 cm seg^{-2}). Comentamos esto aquí porque si estudia el problema con otros datos o si se encuentra con un endiablado problema para resolver como ejercicio por su cuenta, puede equivocarse en el uso correcto de unidades. La representación de π/c frente a c le proporciona una deliciosa línea recta (como todo químico-físico desea) con una ordenada en el origen de valor 0,75 x 10^5 cm^2 seg^{-2} (la escala del eje y en la figura 10.3 ha sido convenientemente reducida multiplicándola por 10^{-5}). El peso molecular promedio en número viene consiguientemente dado mediante el empleo de la ecuación:

$$\overline{M}_n = \frac{RT}{0{,}75 \times 10^5 \text{ cm}^2 \text{ seg}^{-2}} = \frac{8{,}314 \times 10^7 \times 298}{0{,}75 \times 10^5}\left[\frac{\text{erg. mol}^{-1}\ {}^\circ\text{K}\ {}^\circ\text{K}^{-1}}{\text{cm}^2 \text{ seg}^{-2}}\right]$$

$$= 330000 \text{ g mol}^{-1}.$$

No todos los datos son tan sencillos de tratar como los que acabamos de describir. Una buena pregunta en torno a datos de este tipo es la siguiente: ¿a qué concentración concreta podemos decir que dejamos de estar en presencia de una disolución diluida y pasamos a una disolución moderadamente concentrada?. Considere, por ejemplo, los datos de presión osmótica obtenidos por Leonard y Doust que hemos presentado en forma de la figura 10.4. Estos datos se extienden hasta concentraciones que son aproximadamente un orden de magnitud mayores que los mostrados en la figura 10.3, evidenciando en ese rango más amplio una pronunciada curvatura. (De hecho, los datos de Leonard y Doust se extendían a rangos de concentración aún más elevados pero al presentarlos aquí los hemos mutilado arbitrariamente)*. Hemos ajustado esos datos a un polinomio de tercer orden que de esa forma proporciona los coeficientes de los tres primeros términos de un desarrollo en coeficientes del virial:

$$\frac{\pi}{c} = \frac{RT}{\overline{M}_n} + Bc + Cc^2 \qquad (10.33)$$

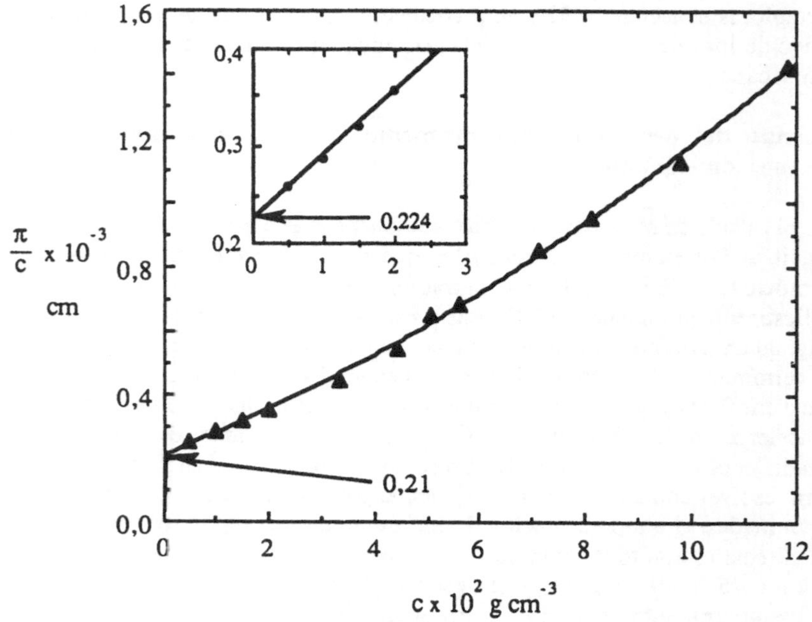

Figura 10.4 Representación de π/c frente a c para disoluciones de poliisobutileno en clorobenceno. Representación realizada a partir de datos de Leonard y Doust. (Obsérvese que las unidades de π están dadas en g/cm².)

y hemos obtenido un aparentemente buen ajuste con una ordenada en el origen de valor 0,210 x 10^3 cm (que corresponde a un M_n de 1,20 x 10^6 g/mol, una vez que usemos las apropiadas unidades para π).

Sin embargo, si consideramos solamente los primeros puntos, como se muestra en el pequeño gráfico insertado, esos datos se ajustan aceptablemente a una ecuación lineal (los dos primeros términos de la ecuación 10.33), pero ahora la ordenada en el origen así determinada es 0,224 x 10^5 cm^2 seg^{-2} (lo que corresponde a un $\overline{M}_n$ de 1,18 x 10^6 g/mol). Hay así una diferencia de más de un

---

* J. Leonard and H. Doust, *J. Polym. Sci.*, **57**, 53 (1962). El lector perspicaz habrá notado que nos gusta usar datos de artículos más o menos "vetustos". Y ello es así porque sus autores tenían la buena costumbre, casi olvidada hoy en día, de dar los resultados en forma de tablas. Muchos artículos recientes dan sólo gráficas de sus datos, que nadie duda de que serán buenos, pero que no sirven a quien, como nosotros, quiera recalcularlo todo.

6%, que puede ser irrelevante para muchas cuestiones, pero que si lo que necesitamos son resultados muy precisos habrá que tomar previamente alguna decisión sobre qué tipo de ajuste realizamos y cuántos términos introducimos en el desarrollo del virial y ajuste correspondiente. En otras palabras, habría que conocer a qué concentraciones los términos superiores del desarrollo en coeficientes del virial contribuyen apreciablemente a π y deben tenerse en cuenta.

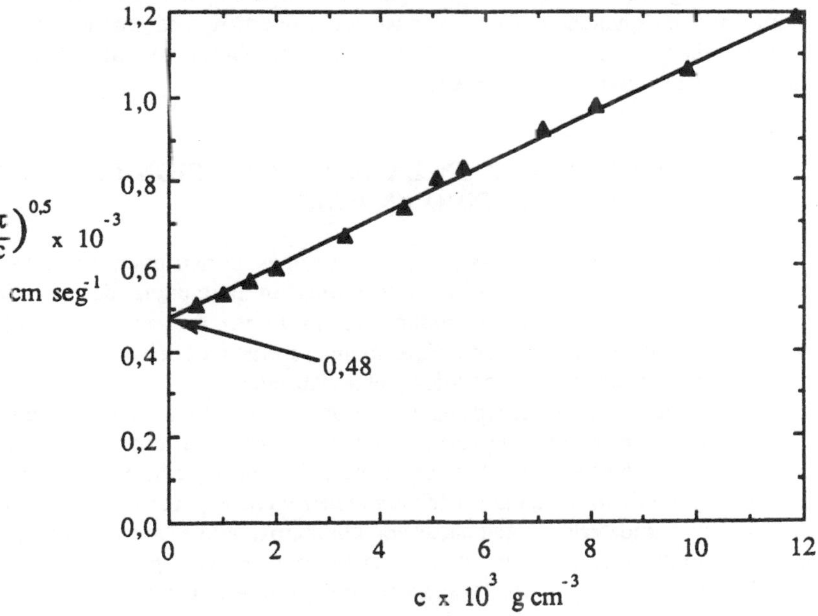

Figura 10.5 *Gráfica de $(\pi/c)^{0,5}$ frente a c para disoluciones de poliisobutileno en clorobenceno (los datos son los de la figura 10.4, pero con las unidades de π convertidas a dinas /cm²).*

Stockmeyer y Casassa* sugirieron emplear la ecuación en desarrollos del virial en forma de la ecuación 10.9:

$$\frac{\pi}{c} = \left(\frac{\pi}{c}\right)_{c\to 0}\left[1 + \Gamma_2 c + \Gamma_3 c^2 + \Gamma_4 c^3 + \text{------}\right]$$

Si para la mayoría de los usos cortamos el desarrollo a partir del término en Γ_3 y hacemos la suposición,

$$\Gamma_3 = 0{,}25\ \Gamma_2^2 \qquad (10.34)$$

(suposición para la que existe cierta base teórica) podemos entonces llegar a obtener la siguiente ecuación:

---

* W. H. Stockmayer and E. M. Casassa, *J. Chem. Phys.*, **20**, 1560 (1952)

$$\left(\frac{\pi}{c}\right)^{0.5} = \left(\frac{\pi}{c}\right)^{0.5}_{c\to 0}\left[1 + \left(\frac{\Gamma_2}{2}\right)c\right] \tag{10.35}$$

Se puede entonces realizar una representación en la que $(\pi/c)^{0.5}$ se enfrente a c, tal y como se muestra en la figura 10.5, obteniéndose un buen ajuste de datos experimentales a una línea recta con una ordenada en el origen equivalente a 0,23 x 10^5 cm^2 seg^{-2} (que corresponde a un peso molecular $\overline{M}_n$ de 1,08 x 10^6 g/mol). Yamakawa* ha apuntado que una representación de este tipo es generalmente más satisfactoria que las usuales de π/c frente a c, particularmente para muestras de pesos moleculares suficientemente altos.

C. DISPERSION DE LUZ EN LA DETERMINACION DEL PESO MOLECULAR PROMEDIO EN PESO

La dispersión de luz, rayos X o neutrones constituyen métodos de caracterización extremadamente importantes en la ciencia de materiales poliméricos. En este texto introductorio no vamos a discutir más que la dispersión de luz, haciéndolo además a un nivel elemental, dejando el grueso de este tema para tratados más avanzados y especializados.

Como ocurre con la termodinámica, el problema fundamental al discutir la dispersión de luz, incluso de forma limitada, consiste en ajustar el nivel de conocimiento que se supone al lector medio del tratado que se está elaborando. La mayor parte de los estudiantes debieran tener un nivel razonable de física a la hora de abordar materias relacionadas con polímeros, pero es nuestra experiencia que ese tipo de conocimientos suele ser generalmente mal digerido por muchos de ellos y, como resultado, la aparente complejidad de las ecuaciones que explican la dispersión de luz producida por disoluciones diluidas de polímeros resulta terrorífica para casi todos ellos. Sin embargo, si no perdemos la calma, comprobaremos que las ecuaciones finales no dejan de ser desarrollos del virial parecidos a los que daban la presión osmótica en la sección precedente, en el sentido de que expresan la dependencia con la concentración de la intensidad dispersada, dependencia superpuesta a una segunda expansión que da la dependencia de la intensidad de luz dispersada con el ángulo de observación. Si esta explicación es suficiente para sus propósitos, entonces podría dar un considerable salto y plantarse sin más en la expresión final dada por la ecuación 10.59. Si lo que trata es de tener algo más que un conocimiento superficial del tema, debería seguir leyendo lo que sigue y cuando sea necesario refrescar sus conocimientos básicos de física en los adecuados textos. Comenzaremos con una descripción del fenómeno de la dispersión de luz y dejaremos la discusión de los experimentos hasta que los vayamos a aplicar al caso de los polímeros.

Dispersión de luz debida a gases

Empezando casi desde el principio con una situación extremadamente simple,

* H. Yamakawa, *Modern Theory of Polymer Solutions*, Harper and Row, New York (1971).

consideremos una única y pequeña molécula esférica localizada en el vacío (al decir pequeña la consideramos en relación con la longitud de onda de la luz incidente). Hacemos incidir un rayo de luz en esa molécula y de cara a mantener el análisis tan elemental como sea posible imaginemos que esta luz está polarizada en un plano; en otras palabras, el campo eléctrico de la luz está confinado en un plano. Si pudiéramos situarnos en un punto de la molécula (a la que suponemos estacionaria por el momento) y "mirar" el campo en función del tiempo, éste variaría sinusoidalmente, tal y como ilustra esquemáticamente la figura 10.6. Las flechas de la figura indican la magnitud del campo eléctrico, siendo E_0 su máximo valor. Un movimiento de este tipo se describe usualmente mediante una frecuencia angular, ω (en radianes/segundo) y puede escribirse en la forma:

$$E = E_0 \cos \omega t \tag{10.36}$$

El campo eléctrico oscilará así entre E_0 y - E_0 pasando por el valor cero. Las oscilaciones del campo eléctrico corresponden a la proyección de un vector ejecutando un movimiento circular, tal y como ilustra la figura 10.6. La frecuencia angular es, por supuesto, la variación del ángulo por segundo (dϕ/dt, véase la figura 10.6). El período de una oscilación o tiempo necesario para dar una vuelta completa es:

$$\text{Período} = \frac{2\pi}{\omega} \tag{10.37}$$

Un período completo se define también en términos de la longitud de onda λ, (véase la figura 10.6), de forma que período es también la distancia recorrida por la luz dividida por su velocidad*, $\tilde{c}$. Por tanto:

$$\frac{\lambda}{\tilde{c}} = \frac{2\pi}{\omega} \tag{10.38}$$

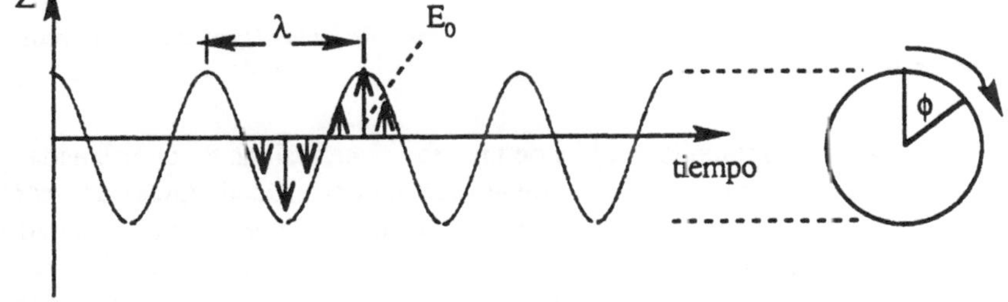

Figura 10.6 *Representación esquemática del carácter sinusoidal de una onda de luz y su relación con el movimiento circular.*

---

* Desafortunadamente, c es el símbolo empleado para representar tanto la velocidad de la luz como la concentración, de forma que nos hemos visto obligados a emplear una tilde para distinguirlas.

o:

$$\omega = \frac{2\pi}{\lambda} \bar{c} \tag{10.39}$$

de forma que la magnitud del campo eléctrico puede escribirse:

$$E = E_0 \cos\left(\frac{2\pi\bar{c}t}{\lambda}\right) \tag{10.40}$$

Debemos considerar ahora la forma en la que este campo eléctrico interacciona con la molécula. Por decirlo de una forma sencilla, el campo eléctrico induce movimientos oscilatorios de los electrones. El grado en el que esto ocurre depende de los detalles de la estructura atómica y molecular y puede describirse en términos de un parámetro denominado ***polarizabilidad*** de la molécula, α. La magnitud del momento dipolar inducido, p, viene dado por:

$$p = \alpha E = \alpha E_0 \cos\left(\frac{2\pi\bar{c}t}{\lambda}\right) \tag{10.41}$$

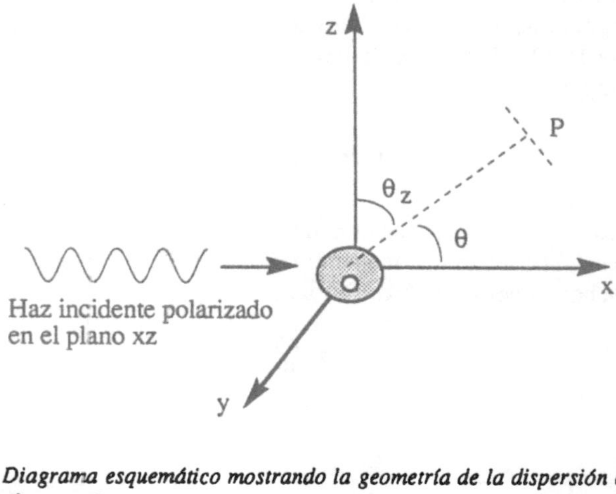

Figura 10.7 *Diagrama esquemático mostrando la geometría de la dispersión de luz causada por una molécula pequeña.*

Si la luz viaja siguiendo el eje x de un sistema cartesiano de coordenadas y está polarizada en el plano xz, el momento dipolar correspondiente es un vector que sigue el eje z. Debe recordar ahora que, de acuerdo con sus viejos tratados de física, una carga acelerada produce un campo eléctrico que varía inversamente con la distancia r desde el oscilador y es proporcional a la aceleración de la carga proyectada en el plano de observación. En otras palabras, las oscilaciones forzadas en los electrones como consecuencia de la acción del rayo incidente de luz en la molécula, generan una nueva fuente de radiación que tiene la misma frecuencia que la radiación incidente. La luz que parte del oscilador se emite en todas las direcciones, incluyendo la que se dirige de vuelta hacia la fuente así como en la propia dirección del rayo incidente. En este caso, la intensidad dispersada en la propia dirección del rayo incidente se combina con éste y el campo resultante tiene un desplazamiento de fase o retardo con respecto a la radiación incidente, origen de lo que denominamos *índice de refracción*, n (la luz parece viajar a una velocidad $\bar{c}/n$). Nuestro interés se centrará en la luz dispersada a un cierto ángulo con respecto a la radiación incidente.

Como hemos mencionado antes, el campo eléctrico de la luz dispersada por la molécula que estamos considerando es proporcional a 1/r y a la aceleración de la carga proyectada en el plano de observación. La geometría de este hecho se muestra en la figura 10.7. Si la molécula causante de la dispersión se coloca en el origen de un sistema cartesiano y observamos la luz dispersada en P, donde la línea OP forma un ángulo θ_z con el eje z, entonces la proyección de la aceleración de la carga perpendicular a P y en el plano PZ (véase la figura 10.7) se obtendrá simplemente multiplicándola por el sen θ_z. Si confía en nosotros cuando le decimos que la amplitud de la onda dispersada en la dirección OP está dada por la amplitud de:

$$\left(\frac{1}{\bar{c}^2}\right)\left(\frac{d^2p}{dt^2}\right)$$

entonces la simple diferenciación de la ecuación 10.41 y la posterior multiplicación por (sen θ_z)(1/r) conduce a:

$$E_{SC} = \left(\frac{\alpha E_0}{r}\right)\left(\frac{2\pi}{\lambda}\right)^2 \text{sen}\,\theta_z \qquad (10.42)$$

La intensidad de la luz dispersada es igual al cuadrado de la amplitud, de forma que podemos obtener nuestro primer resultado, esto es, una expresión para la luz dispersada por una única partícula a partir de un rayo de luz polarizada, i'_z:

$$i'_z = \frac{16\pi^4}{r^2\lambda^4} I_{0,z}\,\alpha^2 \text{sen}^2\theta_z \qquad (10.43)$$

donde $I_{0,z} = E_0^2$ es la intensidad del rayo incidente.

En una segunda fase complicaremos algo más el problema considerando qué ocurre si el rayo incidente no está polarizado. Esto puede llevarse a cabo de manera adecuada descomponiendo la intensidad incidente I_0 en dos componentes polarizados a lo largo de los ejes y y z. La intensidad total del rayo incidente es simplemente la suma de esos dos componentes:

$$I_0 = I_{0,z} + I_{0,y} \qquad (10.44)$$

como así mismo ocurre con la intensidad dispersada:

$$i' = i'_z + i'_y$$

$$= \left(\frac{8\pi^4 I_0 \alpha^2}{r^2\lambda^4}\right)\left(\text{sen}^2\theta_z + \text{sen}^2\theta_y\right) \qquad (10.45)$$

Es una cuestión de pura geometría el demostrar que el término que contiene dos senos entre paréntesis puede reemplazarse por $(1 + \cos^2\theta)$, donde θ es el ángulo que OP forma con el eje x (véase la figura 10.7). Antes de hacer esto vamos a generalizar algo más la cuestión suponiendo que si tenemos N moléculas en un volumen V, la dispersión por unidad de volumen viene dada simplemente por la superposición o suma de todas las dispersiones producidas por las unidades de dispersión existentes en esa unidad de volumen, N/V, pudiendo obtener*:

$$i'_\theta = \left(\frac{N}{V}\right)\left(\frac{I_0\, 8\pi^4}{\lambda^4}\right)(\alpha^2)\left(\frac{1 + \cos^2\theta}{r^2}\right) \qquad (10.46)$$

Esto puede parecer complicado a primera vista, pero si considera el desarrollo parte por parte esperamos que tenga una cierta idea de dónde nace la forma de la ecuación y el origen de los diferentes términos. El primer término entre paréntesis tiene en cuenta, fundamentalmente, el número de osciladores (moléculas) existentes por unidad de volumen. El segundo término depende de la intensidad y la longitud de onda. El tercer término es una propiedad molecular (la polarizabilidad), mientras que el término final depende de la geometría de la observación. Todos contribuyen a la intensidad de la luz dispersada. De hecho, el único desconocido es la polarizabilidad, α, pero ya que el cambio en el índice de refracción del conjunto de partículas que aquí consideramos (ahora es un gas, más tarde será una disolución diluida) es pequeño con respecto a la concentración, α puede escribirse como:

$$\alpha = \frac{1}{2\pi}\left(\frac{dn}{dc}\right)\frac{M}{A} \qquad (10.47)$$

donde M es el peso molecular y A el número de Avogadro (es decir, α depende del peso de una molécula, M/A). Sustituyendo en la ecuación 10.46 y reorganizándola, podemos escribir:

$$\frac{i'_\theta r^2}{I_0} = R_\theta = 2\pi^2\left(\frac{dn}{dc}\right)^2\frac{1}{\lambda^4}\left(1 + \cos^2\theta\right)\frac{N}{V}\frac{M^2}{A^2} \qquad (10.48)$$

donde R_θ es la intensidad reducida o relación de Rayleigh, que es la intensidad de luz dispersada por unidad de volumen, unidad de radiación incidente, unidad de ángulo y segundo (!). Debe darse cuenta que la intensidad de la luz dispersada es proporcional al cuadrado del peso molecular, lo que finalmente conduce a una dependencia de R_θ con M_w cuando consideremos polímeros con distribución de pesos moleculares.

---

* Hay un montón de detalles sobre los que pasamos en una derivación de este tipo. Si va a estar muy interesado por los experimentos de dispersión más le vale considerar en detalle la física subyacente en este proceso.

Líquidos y disoluciones de moléculas pequeñas

Una vez en posesión de nuestro primer resultado básico, necesitamos modificar nuestros argumentos de cara a poder describir primero la dispersión generada por líquidos y disoluciones de moléculas pequeñas (esto es, mucho más pequeñas que la longitud de onda λ), para posteriormente y en la siguiente sección, ser capaces de abordar las disoluciones poliméricas. Vamos de nuevo a pasar por alto algunas cuestiones de física fundamental, tratando de dar una visión sobre los puntos más importantes sin necesidad de embarcarnos en un desarrollo matemático en profundidad.

La primera cuestión a tener en cuenta es que un gas es muy diferente de un líquido en lo que se refiere a la escala de sus discontinuidades. En un gas hay sólo unas pocas moléculas dispersadas al azar a lo largo del volumen del recipiente que las contiene. Un líquido es algo más denso y en él las moléculas entran continuamente en contacto con otras al azar y si, de hecho, uno considera un rayo de luz incidiendo en un líquido "teóricamente" continuo (uno cuya densidad fuera la misma en cualquier punto) llegaríamos al final a la predicción de que no existe dispersión alguna. Una forma simplificada de considerar este extremo es reexaminar la ecuación 10.48 y tener en cuenta la dependencia de la intensidad dispersada con dn/dc. Adicionando moléculas de un gas al recipiente (a volumen constante) el índice de refracción cambiaría considerablemente ya que el número de osciladores por unidad de volumen también cambia. Si consideramos un líquido "incompresible", sin embargo, dn/dc debiera ser cero. Adicionando más moléculas no puede cambiarse la densidad o concentración de osciladores, lo único que hacemos es incrementar el volumen de la muestra.

Experimentalmente, sin embargo, la dispersión se produce en el caso de recipientes con líquidos*. El origen de esta dispersión en líquidos descansa en las fluctuaciones de densidad. Los líquidos no son, en realidad, incompresibles (recuerde nuestra discusión sobre el volumen libre). De hecho y en general, podemos pensar en la dispersión como consecuencia de las discontinuidades o fluctuaciones de varios tipos. Por ejemplo, en un gas, las propias moléculas son las discontinuidades al tratarse de puntos de dispersión aislados en el vacío. En un líquido, donde todas las moléculas son idénticas, lo importante son las fluctuaciones de densidad o, lo que es lo mismo, el hecho de que en un cierto instante de tiempo haya unas pocas más moléculas por unidad de volumen en un cierto elemento de volumen que en otro. En una disolución, donde el soluto suele tener generalmente diferentes propiedades (polarizabilidad, peso molecular, etc.) a las del disolvente, existirán fluctuaciones en la concentración del soluto de unas posiciones a otras. Uno puede imaginar una disolución *diluida* de forma no muy diferente a un gas, excepto en el hecho de que tendremos que sustraer la dispersión causada por las fluctuaciones de densidad del disolvente, es decir, lo que conoceremos como background o dispersión de base (que en disolución diluida será aproximadamente igual a la que proporciona el disolvente en estado puro). Finalmente, existen así mismo fluctuaciones en las orientaciones

---

* Quizás lo haya observado poniéndose a los ángulos adecuados en una celda que contiene un líquido y sobre la que se hace incidir un rayo láser. El hecho de que vea el rayo significa que hay dispersión.

moleculares que pueden igualmente dar lugar a dispersión. En nuestro tratamiento de un gas hemos supuesto que las moléculas son isotrópicas, de forma que la luz resulte emitida (dispersada) por igual en todas las direcciones. Las moléculas reales, sin embargo, suelen tener formas extrañas que conducen a distribuciones anisótropas de la densidad de electrones. Como las moléculas rotan con el movimiento térmico, existirán fluctuaciones en la distribución y organización de los osciladores con respecto al rayo incidente. Ya que las moléculas de polímeros flexibles se ovillan de forma irregular, podemos tratarlas como isotrópicas, de forma que no debemos preocuparnos sobre este tipo de fluctuaciones en el caso de nuestro interés, a no ser que estemos implicados en problemas en los que se vean envueltos polímeros en forma de varilla rígida o polímeros cristales líquidos (lo que no vamos a hacer aquí, que bastantes problemas tenemos ya para salir airosos).

Aunque los polímeros simplifican nuestro tratamiento al ser considerados como isotrópicos, existe, en su caso, una complicación adicional introducida por el tamaño de tales moléculas. En nuestra discusión previa hemos supuesto implícitamente que las moléculas son fuentes de radiación puntuales una vez que han sido forzadas a ello por la radiación incidente. Esta suposición es razonable cuando las moléculas tienen dimensiones inferiores a $\lambda'/20$, donde λ' es la longitud de onda de la luz en el medio (λ/n, donde n puede hacerse igual al índice de refracción del disolvente, dado que estamos tratando con disoluciones diluidas). Para una luz de longitud de onda igual a 5145 Å (la usual de una luz láser de color verde) y un índice de refracción del disolvente del orden de 1,5, esto significa que el radio de giro de la cadena polimérica no debiera ser más grande que 170 Å de cara a satisfacer la condición arriba reseñada. Vamos a suponer por ahora que esa condición se cumple y ya consideraremos más tarde (la siguiente sección) el caso general de moléculas más grandes.

Como se mencionaba más arriba, la dispersión provocada por el soluto de una disolución puede tratarse como la debida a un gas, en el sentido que la intensidad puede considerarse debida a la superposición o suma de las contribuciones generadas por las moléculas individuales. Superpuesta a ella se encontrará la dispersión provocada por las fluctuaciones de densidad existentes en la disolución considerada como un todo, pero vamos a suponer que estas dos contribuciones son independientes. Supondremos también que, en el caso de una disolución diluida, las fluctuaciones de densidad son las mismas que las existentes en el disolvente puro, por lo que podremos escribir que la intensidad total de la luz dispersada, $i^0_{\theta,t}$ por unidad de volumen es:

$$i^0_{\theta,t} = i^0_{\theta,c} + i^0_{\theta,s} \tag{10.49}$$

donde los subíndices c y s indican las contribuciones de las fluctuaciones de concentración del soluto y las que nacen de las fluctuaciones de densidad en el disolvente, respectivamente. El superíndice 0 indica que estamos considerando moléculas que son mucho más pequeñas que λ'.

Nuestra primera modificación a la ecuación 10.48 es, por tanto, muy simple en el sentido de reemplazar

$$i'_\theta \text{ por } i^0_{\theta,c} \;(= i^0_{\theta,t} - i^0_{\theta,s})$$

y, por conveniencia, eliminaremos el subíndice c; es decir, la intensidad medida que vamos a usar es la relativa al disolvente puro.

Hay unas pocas modificaciones más a hacer a la hora de conseguir que la ecuación 10.48 pueda aplicarse a las disoluciones diluidas. La polarizabilidad α se convierte ahora en el exceso de polarizabilidad del soluto sobre la del disolvente y, para el caso de disoluciones diluidas, reemplazaremos la ecuación 10.47 por:

$$\alpha = \frac{n_0}{2\pi}\left(\frac{dn}{dc}\right)\frac{M}{A} \tag{10.50}$$

donde n_0 es el índice de refracción del disolvente puro y dn/dc es ahora el cambio de índice de refracción de la disolución con la concentración de la misma. La relación de Rayleigh (véase la ecuación 10.48) puede entonces escribirse como:

$$R^0_\theta = K\,(1 + \cos^2\theta)\left(\frac{M^2}{A}\frac{N}{V}\right) \tag{10.51}$$

donde, por simplicidad, todos aquellos parámetros que son conocidos o pueden ser medidos directamente (por ejemplo, dn/dc) se agrupan en la constante K:

$$K = \frac{2\,\pi^2\, n_0^2}{A\,\lambda^4}\left(\frac{dn}{dc}\right)^2 \tag{10.52}$$

Terminaremos con nuestras modificaciones a la ecuación 10.48 teniendo en cuenta otros dos factores. Primero, las disoluciones que estamos considerando no son ideales, existiendo interacciones entre los componentes que no pueden ignorarse. El tratamiento de estas interacciones y su efecto en el índice de refracción puede abordarse analizando las fluctuaciones. Es un tema complicado para los que no tengan una buena base en mecánica estadística, de forma que daremos solamente el resultado. Puede esperarse, sin embargo, de forma intuitiva, que haya cierta forma de dependencia con el potencial químico y este es el caso:

$$R^0_\theta = K\,(1 + \cos^2\theta)\left(\frac{M}{A}\frac{N}{V}\right)\left(\frac{RTV_s}{(-\partial\mu_s/\partial c)}\right) \tag{10.53}$$

donde, como antes, V_s es el volumen molar del disolvente, siendo $(\partial\mu_s/\partial c)$ el cambio en el potencial químico del disolvente con la concentración, c. A partir de nuestra discusión de la presión osmótica conocemos lo suficiente como para sustituir en la anterior ecuación (véase la ecuación 10.9):

$$-\frac{\partial\mu_s}{\partial c} = V_s\frac{\partial\pi}{\partial c} = V_s\frac{RT}{M}\left(1 + 2\Gamma_2 c + \text{--------}\right) \tag{10.54}$$

obteniendo así:

$$R_\theta^0 = K(1+\cos^2\theta)\left(\frac{M^2}{A}\frac{N}{V}\right)\left(\frac{1}{1+2\Gamma_2 c+ \text{------}}\right) \tag{10.55}$$

A continuación vamos a considerar el efecto de la distribución de peso molecular para el caso en el que el soluto sea un polímero. Dado que en una disolución diluida asumimos que la intensidad dispersada a un cierto ángulo θ es la suma de las contribuciones por separado de cada especie, podemos reemplazar el término NM^2 en la ecuación 10.55 por $\sum N_i M_i^2$. A partir de la definición del peso molecular promedio en peso que dimos en el Capítulo 1, tenemos que:

$$\sum N_i M_i^2 = \overline{M}_w \sum N_i M_i \tag{10.56}$$

El término $\sum N_i M_i$ es justamente el peso total de todas las moléculas poliméricas y si, además, usamos:

$$c = \frac{\sum N_i M_i}{VA} \tag{10.57}$$

podemos obtener:

$$R_\theta^0 = K(1+\cos^2\theta)\left(\frac{\overline{M}_w c}{1+2\Gamma_2 c+ \text{------}}\right) \tag{10.58}$$

nuestro resultado final para la dispersión causada por disoluciones donde las moléculas son más pequeñas que $\lambda'/20$. Debe observarse que la dispersión de luz depende de M_w, de términos que contienen el ángulo de observación θ y de un desarrollo en coeficientes del virial de la concentración.

Hasta aquí no hemos discutido lo que realmente se mide en un experimento de dispersión de luz, aunque una simple consideración de la ecuación 10.58 puede clarificar el tema. Hay que medir la intensidad de la luz dispersada por la disolución, considerándola con relación a la del disolvente, a diferentes concentraciones y ángulos de observación. Hay constantes que dependen del instrumento (r, λ, etc.) o del disolvente o la disolución (n_0, dn/dc; esta última cantidad puede tener que ser determinada de forma separada en experimentos independientes). En la mayor parte de los textos la descripción del instrumental que se da corresponde a la de los antiguos equipos de dispersión de luz, vigentes cuando los autores de este texto eran jóvenes licenciados (justo después de la caída de Constantinopla). No lo haremos así en nuestro libro, porque la tecnología ha cambiado mucho y los modernos instrumentos son poco más que una caja unida a un ordenador. Dentro de la caja hay un láser y una serie de detectores dispuestos a ángulos determinados con respecto a la luz incidente. Lo que interesa aquí es que con ese sistema podemos hacer medidas de la intensidad de luz dispersada en función de θ y c. Cuando el tamaño de la molécula es menor que $\lambda'/20$, la llamada envolvente del exceso de dispersión (relativa a la del disolvente puro) o distribución de la intensidad dispersada en función del ángulo se parece a la mostrada en la figura 10.8(B). Se trata, en este caso, de una representación en dos dimensiones, pudiéndose obtener la figura tridimensional por simple rotación de la misma en torno al eje x. Si las medidas se hacen a ciertos ángulos (por ejemplo, 90°) con respecto al rayo incidente y la ecuación 10.58 se reorganiza en la forma:

$$\frac{K\,(1+\cos^2\theta)\,c}{R_\theta^0} = \frac{1}{\overline{M}_w}\left(1 + 2\Gamma_2 c + \text{------}\right) \qquad (10.59)$$

una representación del término a la izquierda de la igualdad frente a c debiera proporcionar una línea recta con una ordenada en el origen igual a $1/\overline{M}_w$. No daremos un ejemplo de tal representación, sin embargo, ya que debemos tener en cuenta lo que ocurre cuando las dimensiones del ovillo estadístico polimérico se aproximan a la longitud de onda de la luz incidente.

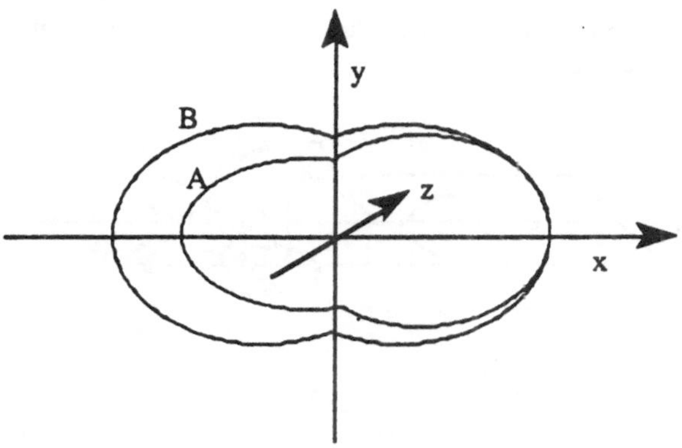

Figura 10.8 Diagrama que muestra la envolvente de dispersión para una disolución de un polímero de alto peso molecular (A) relativa a la calculada (B) para la misma disolución en ausencia de interferencias.

Dispersión de luz producida por disoluciones diluidas de polímeros de alto peso molecular

Cuando el soluto polimérico tiene dimensiones superiores a λ'/20, no puede considerarse como un oscilador puntual de radiación. En otras palabras, la luz dispersada desde diferentes partes de la molécula no se encuentra en fase y hay que considerar los efectos debidos a las interferencias. Si el experimento se organiza como el mostrado en la figura 10.9, puede verse que las diferencias en la trayectoria son mayores en sentido contrario al de la luz incidente que en el propio sentido de la luz, aumentando las interferencias destructivas con el ángulo de dispersión θ (son cero cuando θ = 0°). Consiguientemente, la envolvente de dispersión es ahora asimétrica como se muestra en la figura 10.8. Para tener esto en cuenta se hace necesario introducir un nuevo término en nuestras ecuaciones. Este término P(θ), llamado factor de dispersión de partícula, se introduce en la ecuación 10.59, que ahora toma la forma:

$$\frac{K\,(1+\cos^2\theta)\,c}{R_\theta} = \frac{1}{\overline{M}_w\,P(\theta)}\left(1 + 2\Gamma_2 c + \text{------}\right) \qquad (10.60)$$

El problema radica en que el factor P(θ) varía con la forma de la molécula, dependiendo de que sea globular (como las proteínas), una varilla rígida, un ovillo estadístico, etc. Aquí nos interesa particularmente la situación general que implica el cálculo del peso molecular de un polímero que se comporta en disolución como un ovillo estadístico flexible. Para esa situación P(θ) puede expresarse en forma de un desarrollo en serie del ángulo θ. Es habitual el no ir en ese desarrollo más allá del segundo término con lo que:

$$\frac{K\,(1+\cos^2\theta)\,c}{R_\theta} = \frac{1}{\overline{M}_w}\left(1+2\Gamma_2 c+ \cdots\right)\left(1+S\,\mathrm{sen}^2\left(\frac{\theta}{2}\right)\right) \qquad (10.61)$$

donde el término S depende de varios factores entre los que se encuentra el radio de giro de la molécula.

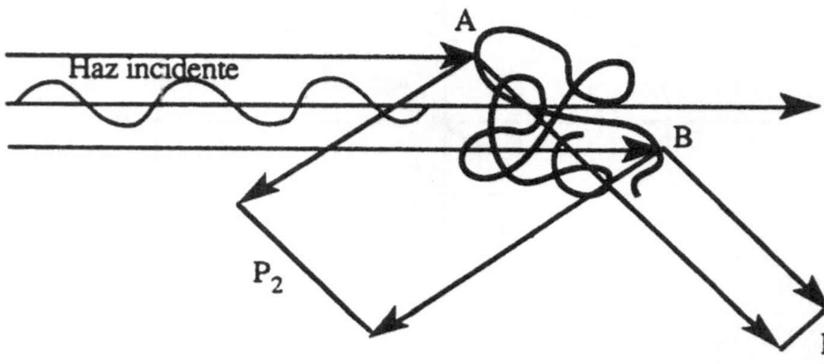

Figura 10.9 Diagrama ilustrativo de la dispersión de luz generada por diferentes partes de una molécula polimérica.

La ecuación 10.61 es nuestro resultado final y puede usarse de diferentes maneras, de las que mencionaremos dos. La primera, conceptualmente simple, no lo es tanto desde un punto de vista de realización de experimentos. Cuando θ = 0, P(θ) = 1, ($\mathrm{sen}^2(\theta/2) = 0$) y $\cos^2\theta = 1$, de forma que :

$$\frac{2\,Kc}{R_0} = \frac{1}{\overline{M}_w}\left(1+2\Gamma_2 c+ \cdots\right) \qquad (10.62)$$

Medidas de la dispersión en función de la concentración debieran permitirnos la determinación de M_w. Medidas de dispersión a ángulo cero son imposibles de realizar, pero a pequeños ángulos cosθ y P(θ) son ambos muy próximos a la unidad (por ejemplo, a 6°, cosθ = 0,994 y $\mathrm{sen}^2(\theta/2)$ = 0,003). Consiguientemente, pesos moleculares promedios en peso de polímeros se han determinado de forma rutinaria suponiendo que se introducían pequeños errores si se igualaba el valor de $2Kc/R_\theta$ a ángulos bajos con el correspondiente al ángulo cero que no se podía medir. Incluso a esos ángulos bajos las medidas no son fáciles de hacer por lo que, muchas veces, se suele recurrir a otro método atribuido a Bruno Zimm* y que funciona como sigue.

Un cuidadoso examen de la ecuación 10.61 revela que una representación de:

$$\frac{K\,(1+\cos^2\theta)\,c}{R_\theta} \quad \text{versus} \quad \operatorname{sen}^2\left(\frac{\theta}{2}\right)$$

para una disolución de una cierta concentración proporciona $1/\overline{M}_w$ como ordenada en el origen a $\operatorname{sen}^2(\theta/2) = 0$. (La pendiente de tal tipo de representación también proporciona S que, a su vez, está relacionada con el radio de giro a través de unas pocas y sencillas constantes. Sin embargo, determinar el tamaño de un ovillo estadístico polimérico por este método no es muy preciso para pesos moleculares inferiores a 80000 g/mol).

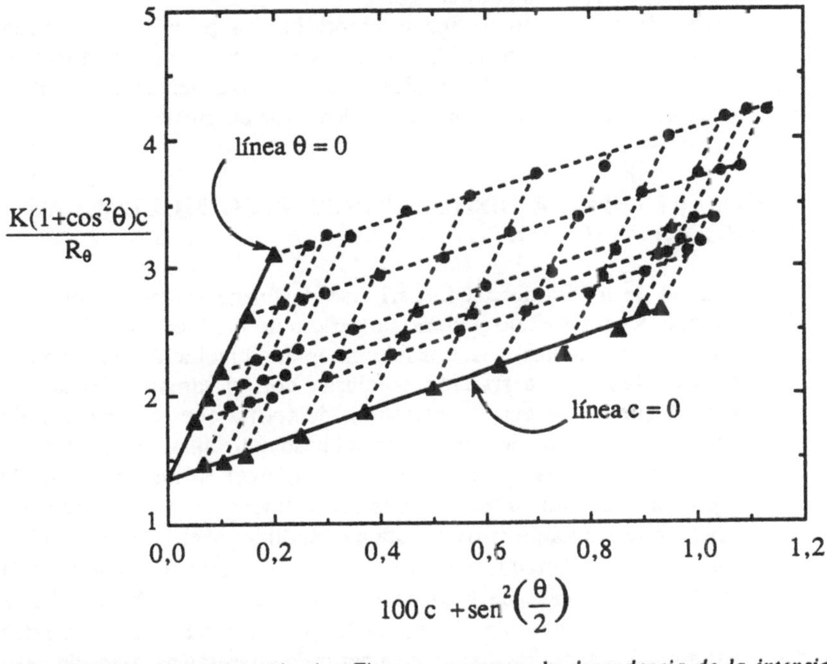

Figura 10.10 *Representación tipo Zimm que muestra la dependencia de la intensidad dispersada tanto con el ángulo como la concentración para disoluciones de poliestireno en benceno. Diagrama dibujado a partir de un listado de datos publicados por D. Margerison y G. C. East,* Introduction to Polymer Chemistry, *Pergamon Press, Oxford, 1967.*

Si de forma similar y en lugar de mantener la concentración constante, optamos por hacer las medidas de la intensidad dispersada a ángulo θ constante, variando la composición de la disolución, una extrapolación a c = 0 vuelve a proporcionarnos $1/\overline{M}_w$. En la práctica se suelen realizar medidas tanto en función de la concentración c como del ángulo θ empleándolos en una doble

* B. H. Zimm, *J. Chem. Phys.*, **16**, 1093 (1948).

extrapolación a $c = 0$ y $\theta = 0$, en un mismo diagrama, tal y como se ilustra en la figura 10.10. La cantidad $K(1 + \cos^2\theta)c / R_\theta$ se representa frente a $\text{sen}^2(\theta/2) + 100c$ (el factor 100, o a veces 1000, es una constante arbitraria que sirve simplemente como una forma de ajustar el diagrama de forma y manera que pueda resultar más claro de ver). En el diagrama hay dos series de líneas, una de ellas correspondiente a medidas realizadas a c constante y diversos valores de θ, mientras la otra serie es justamente lo contrario en lo que a constancia de c y θ se refiere. Esas dos series de datos permiten construir el característico diagrama de Zimm en forma de enrejado. (Una pregunta que puede resultar obvia pero que se deja como ejercicio a resolver por el lector es la siguiente: ¿cómo se trazan las líneas correspondientes a $c = 0$ y $\theta = 0$?. En nuestra experiencia, pocos estudiantes comprenden realmente el diagrama de Zimm a menos que lo hagan por sí mismos). Las líneas correspondientes a $c = 0$ y las relativas a $\text{sen}^2(\theta/2) = 0$ deben confluir en el mismo punto del eje y, punto que corresponde al valor de $1/\overline{M}_w$, tal y como se muestra en la figura 10.10.

Resumiendo, la dispersión de luz proporciona (en principio) un buen conjunto de datos, ya que además de $\overline{M}_w$, podemos obtener el radio de giro y el segundo coeficiente del virial (Γ_2), siendo una de las herramientas más importantes de caracterización utilizadas por la ciencia de polímeros.

D. VISCOSIMETRIA DE DISOLUCIONES. PESO MOLECULAR PROMEDIO VISCOSO.

La viscosidad de un fluido puede definirse de forma sencilla como una medida de su resistencia al flujo y como un reflejo de las fuerzas de fricción existentes entre las moléculas*. Si consideramos una disolución, uno podría esperar que tales fuerzas de fricción crecieran con el tamaño del soluto (simplemente porque habrá más "contactos"), de forma que las medidas de viscosidad debieran proporcionar una medida del peso molecular. Y de hecho lo proporcionan, como fue capaz de comprender Staudinger en los albores de la ciencia macromolecular. Sin embargo, y desafortunadamente, no hay una clara relación teórica entre los parámetros medidos o medibles y el peso molecular, cosa que si hemos demostrado que ocurría en el caso de la presión osmótica o la dispersión de luz. En el caso de la viscosidad, la ecuación fundamental que usaremos es de corte semiempírico. Como tal, los parámetros en ella contenidos deben ser determinados experimentalmente a partir de muestras patrones de peso molecular conocido, es decir, se trata de un método *relativo* a diferencia de los que hemos visto hasta ahora y que pueden conceptuarse como *absolutos*. No obstante, la teoría que se ha desarrollado para las medidas viscosimétricas proporciona una buena perspectiva sobre la dependencia de la viscosidad con el tamaño efectivo o radio hidrodinámico de un ovillo estadístico de tipo polimérico.

---

* Consideraremos los aspectos macroscópicos de este asunto con algo más detalle en el Capítulo 11, cuando discutamos las propiedades mecánicas y reológicas. Resulta interesante hacer notar aquí, sin embargo, que para los llamados fluidos newtonianos la viscosidad es igual al esfuerzo de cizalla dividido por la velocidad de deformación, con unidades de dina seg. cm^{-2}, o *poise*.

Tales medidas son además muy útiles por varias razones, como veremos posteriormente en la discusión de la cromatografía GPC/SEC y cuando hablemos de ramificación de cadena. Por tanto, comenzaremos nuestra discusión de la viscosimetría describiendo primero la naturaleza de los experimentos y el tratamiento de datos. Posteriormente, y de forma sustancialmente cualitativa, consideraremos la teoría de las propiedades friccionales de las moléculas poliméricas para, finalmente, examinar las relaciones empíricas ya mencionadas antes y la definición del llamado peso molecular promedio viscoso.

Medida de la viscosidad de disoluciones poliméricas

El método habitual de medida de la viscosidad de una disolución de polímero consiste en medir el tiempo que tal disolución se toma para fluir, entre dos marcas predeterminadas realizadas en un tubo capilar, bajo los únicos efectos de la gravedad. La velocidad (volumen) de flujo, υ, puede relacionarse con la viscosidad por medio de la ecuación de Poiseuille*:

$$\upsilon = \frac{\pi P r^4}{8 \eta l} \tag{10.63}$$

donde P es la diferencia de presión que genera el flujo, r y l son el radio y la longitud del capilar, respectivamente, y η es la viscosidad del líquido.

La viscosidad de una disolución polimérica depende de las fuerzas de fricción entre las moléculas de disolvente, las de polímero y disolvente y también de las que se dan entre moléculas de polímero. Para obtener una relación sencilla que describa la viscosidad en términos del peso molecular del polímero necesitamos un parámetro que esté relacionado con las fuerzas de fricción polímero/disolvente. Como probablemente habrá pensado, el efecto de las interacciones polímero/polímero puede eliminarse realizando las medidas en disolución diluida y extrapolando a dilución infinita (es decir, $c \rightarrow 0$, lo mismo que hacíamos en las medidas de osmometría y dispersión de luz). Para conseguir este efecto, la primera cosa que necesitamos medir es en realidad la *viscosidad relativa*, η_{rel}, que no es más que la viscosidad de la disolución polimérica (η) dividida por la viscosidad del disolvente puro (η_0). Si lo que estamos midiendo es el tiempo de paso entre dos marcas de un tubo capilar, la aplicación de la ecuación de Poiseuille tanto al disolvente puro como a la disolución permite, tras dividir convenientemente, llegar a la expresión:

$$\eta_{rel} = \frac{\eta}{\eta_0} = \frac{t \rho}{t_0 \rho_0} \tag{10.64}$$

donde t es el tiempo necesario para que un cierto volumen V de disolución (para la que no usaremos subíndice) o de disolvente (subíndice 0) fluya entre las marcas consideradas en el tubo capilar. (Para este tipo de medidas se utiliza un

---

* Poiseuille fue un físico francés que a partir de su interés por el estudio de la sangre acabó estudiando el flujo de fluidos en capilares. Las unidades que usamos para describir la viscosidad se llaman así en su honor.

tipo de viscosímetro conocido como viscosímetro Ubbelohde). La presión P que mantiene el flujo es proporcional a las densidades de solución y disolvente (ρ y ρ_0) para una misma cantidad de líquido usada en cada experimento. En disoluciones diluidas es posible suponer que $\rho = \rho_0$ de forma que la viscosidad relativa se determina simplemente a partir de la relación entre los tiempos de flujo de la disolución y el disolvente puro.

$$\eta_{rel} = \frac{\eta}{\eta_0} \approx \frac{t}{t_0} \qquad (10.65)$$

Si representamos la viscosidad relativa de diversas disoluciones poliméricas en función de sus respectivas concentraciones, tal y como se muestra con el ejemplo de la figura 10.11, es posible observar una cierta desviación con respecto a la linealidad. Para ajustar tales datos es habitual emplear un desarrollo en serie, similar al empleado en el tratamiento de los datos osmóticos o de dispersión de luz:

$$\eta_{rel} = \frac{\eta}{\eta_0} = 1 + [\eta]\, c + k\, c^2 + \ldots\ldots \qquad (10.66)$$

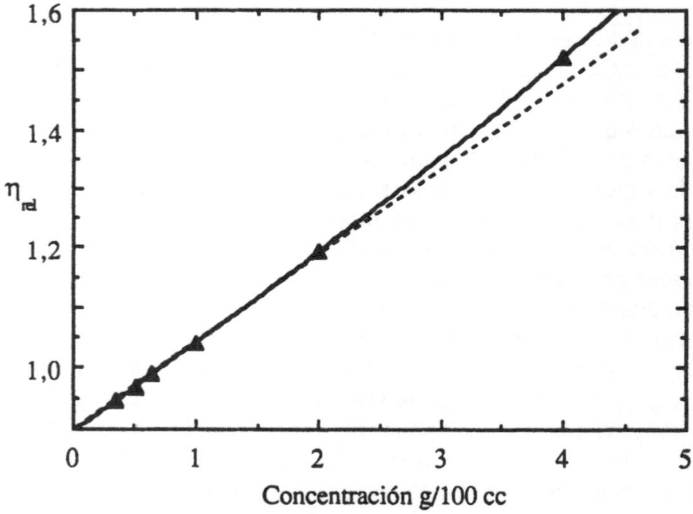

Figura 10.11 Representación de η_{rel} frente a la concentración c para disoluciones de polimetacrilato de metilo en cloroformo. Representación a partir de datos publicados por G. V. Schultz and F. Blaschke, J. für Prakt. Chemie, *158, 130 (1941).*

donde tanto $[\eta]$ como k son constantes. A $[\eta]$ se le denomina *viscosidad intrínseca** y tiene una significación relevante como veremos enseguida (los corchetes forman parte de la manera de representar a esta constante). Debe

* La viscosidad relativa no tiene dimensiones, de forma que la viscosidad intrínseca tendrá dimensiones de 1/c, o cm^3/g, para que la ecuación sea consistente. En muchas publicaciones, sin embargo, se usan como unidades 100 cm^3/g (o dl/g) de modo que tenga cuidado y no se líe.

anotarse que esta ecuación viene a decir que a concentración cero de polímero η debe revertir a η_0.

Si las medidas de viscosidad se realizan en el ámbito de las disoluciones diluidas, de forma que podamos olvidarnos de los términos del desarrollo en serie iguales o superiores a c^3, la ecuación 10.66 podría arreglarse de la siguiente forma:

$$\left(\frac{\eta_{rel} - 1}{c}\right) = \frac{1}{c}\left(\frac{\eta - \eta_0}{\eta_0}\right) = [\eta] + k\,c \qquad (10.67)$$

El término en viscosidades del lado izquierdo:

$$\eta_{rel} - 1 = \left(\frac{\eta - \eta_0}{\eta_0}\right) = \eta_{sp} \qquad (10.68)$$

mide el incremento en la viscosidad del disolvente como consecuencia de la adición de polímero con relación a (o lo que es igual, dividido por) la viscosidad del disolvente puro. Este cociente recibe el nombre de viscosidad específica, η_{sp}. La ecuación 10.67 permite observar también que cuando c tiende a cero (dilución infinita), la ordenada en el origen de una representación de (η_{sp}/c) frente a c es de nuevo la *viscosidad intrínseca*, $[\eta]$:

$$[\eta] = \left(\frac{\eta_{sp}}{c}\right)_{c \to 0} \qquad (10.69)$$

***Tabla 10.2** Definiciones empleadas en medidas de viscosidad de disoluciones.*

Nombre	Símbolo y definición
Viscosidad relativa Relación de viscosidades (IUPAC)	$\eta_{rel} = \frac{\eta}{\eta_0} = \frac{t}{t_0}$
Viscosidad específica	$\eta_{sp} = \eta_{rel} - 1 = \frac{\eta - \eta_0}{\eta_0} = \frac{t - t_0}{t_0}$
Viscosidad reducida Número de viscosidad (IUPAC)	$\eta_{red} = \frac{\eta_{sp}}{c}$
Viscosidad inherente Número de viscosidad logarítmico (IUPAC)	$\eta_{inh} = \frac{\ln \eta_{rel}}{c}$
Viscosidad intrínseca (Indice de Staudinger) Número límite de viscosidad (IUPAC)	$[\eta] = \left(\frac{\eta_{sp}}{c}\right)_{c=0} = \left(\frac{\ln \eta_{rel}}{c}\right)_{c=0}$

y, para complicarle aún más la vida, también η_{sp}/c tiene su nombre, denominándose *viscosidad reducida* η_{red}. La viscosidad intrínseca es el parámetro que andábamos buscando ya que describe solamente las fuerzas friccionales existentes entre el polímero y el disolvente (una vez que se han eliminado las interacciones entre moléculas de polímero y las que se dan entre moléculas de disolvente). La viscosidad intrínseca es la cantidad que relacionaremos con el peso molecular.

En este punto comenzará ya a estar harto de tanto tipo de viscosidad como las que hemos ido introduciendo. Hemos optado por resumirlas todas en la tabla 10.2. Como ve (para todavía empeorar las cosas) hay dos formas de nombrar a los diferentes tipos de viscosidad. Las que usa todo el mundo y las que la IUPAC ha propuesto para que todo el mundo las use, aunque en la práctica no las usa nadie (¡reglamente usted para esto!).

En la práctica, la ecuación 10.67 es usada habitualmente en una forma semiempírica propuesta por Huggins*, quien hizo notar que la pendiente de las representaciones de η_{sp}/c frente a c (es decir, k) para una determinada pareja polímero/disolvente parece ser proporcional a $[\eta]^2$, de forma que puede escribirse:

$$\frac{\eta_{sp}}{c} = [\eta] + k'[\eta]^2 c \tag{10.70}$$

Hay otras ecuaciones que han sido igualmente empleadas para analizar datos viscosimétricos, la más común de las cuales es una debida a Kraemer, que se usa muchas veces en conjunción con la ecuación de Huggins. Si en lugar de definir la viscosidad intrínseca como:

$$[\eta] = \left(\frac{\eta_{sp}}{c}\right)_{c\to 0} \tag{10.71}$$

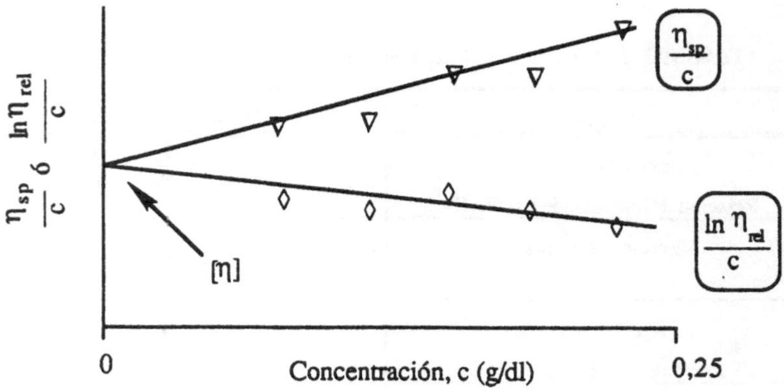

Figura 10.12 Diagrama que ilustra la determinación gráfica de la viscosidad intrínseca.

se define como:

$$[\eta] = \left(\frac{\ln \eta_{rel}}{c}\right)_{c\to 0} \tag{10.72}$$

* M. L. Huggins, *J. Am. Chem. Soc.*, **64**, 2716 (1942).

donde $\ln \eta_{rel}/c$ es la denominada viscosidad inherente, η_{inh}, podemos esperar un desarrollo en serie similar al de la ecuación de Huggins:

$$\frac{\ln \eta_{rel}}{c} = [\eta] + k''[\eta]^2 c \tag{10.73}$$

Uno podría también anticipar que debiera existir algún tipo de relación entre la constante k" de la ecuación de Kraemer y la constante k' de la ecuación de Huggins, relación que puede obtenerse desarrollando el término logarítmico:

$$\ln \eta_{rel} = \ln (1 + \eta_{sp}) = \eta_{sp} - \frac{\eta_{sp}^2}{2} - \text{------} \tag{10.74}$$

Comparando las ecuaciones 10.70, 10.73 y 10.74 es fácil concluir que k" = k'-1/2. Ya que las ecuaciones de Huggins y Kraemer conducen por extrapolación al mismo valor, [η], es una práctica común emplear ambas ecuaciones en una misma representación, tal y como se muestra esquemáticamente en la figura 10.12. (No se requieren datos experimentales suplementarios, es sólo cuestión de hacer unos pocos cálculos más).

Aunque el uso conjunto de las ecuaciones de Huggins y Kraemer aumenta la confianza del procedimiento de extrapolación, debe tenerse en cuenta que hay muchos casos, especialmente en sistemas con interacciones intermoleculares polímero/disolvente relativamente grandes, en los que tales extrapolaciones pueden conducir a grandes errores. Un caso extremo lo constituyen las disoluciones de polímeros iónicos o polielectrolitos. Un resultado típico, y no excepcional, que puede encontrarse es el ilustrado esquemáticamente en la figura 10.13. Ninguna de las ecuaciones mencionadas es estrictamente válida a cualquiera de las concentraciones experimentalmente consideradas.

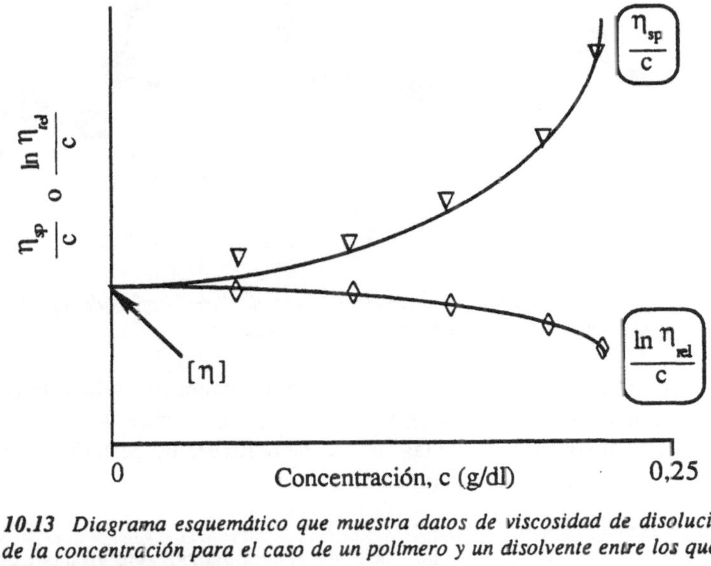

Figura 10.13 *Diagrama esquemático que muestra datos de viscosidad de disoluciones en función de la concentración para el caso de un polímero y un disolvente entre los que se dan interacciones intermoleculares fuertes.*

Esto nos lleva a un punto importante. Desafortunadamente muchas de las extrapolaciones a concentración cero tienen serias limitaciones para su correcta aplicación. Por lo tanto, lo razonable sería realizar las medidas a concentraciones lo más bajas posible, pero es generalmente en ese intervalo donde más error puede cometerse en las medidas.

Propiedades friccionales de polímeros en disolución

Vamos a mencionar brevemente dos modelos que han sido usados para describir las propiedades friccionales de moléculas de polímero en disolución. El primero de ellos es el llamado modelo de drenaje libre que supone, esencialmente, que el polímero es como un collar de bolas esféricas y que la fuerza de fricción en cada bola puede describirse mediante la ley de Stokes. La peculiaridad que caracteriza a este modelo es que la velocidad del medio resulta poco afectada por la presencia del polímero, de forma que el disolvente pasa o drena a través del polímero de manera que sus líneas de flujo no se ven perturbadas, tal y como ilustra la figura 10.14. Considerando las fuerzas de cizalla que se dan en la molécula de polímero como resultado del flujo viscoso, la viscosidad puede entonces calcularse como suma de las contribuciones a la energía de disipación provenientes de todas y cada una de las bolas*. Esto conduce a predecir que la relación entre la viscosidad intrínseca y el peso molecular tiene la forma:

$$[\eta] \approx M^{(1+\Delta)} \tag{10.75}$$

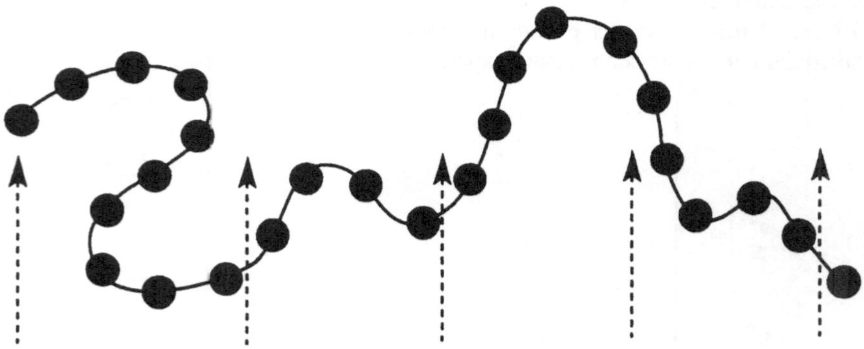

Figura 10.14 Diagrama esquemático del modelo de drenaje libre. Las flechas representan el flujo de disolvente, poco perturbado por la presencia de la cadena.

donde Δ es una pequeña fracción. Como veremos experimentalmente $[\eta]$ varía con M^a, donde el factor 'a' tiene generalmente un valor entre 0,5 y 0,8. Parece claro pues que el considerar que las "bolas" de polímero no perturban el flujo de disolvente no es una buena aproximación.

---

* El problema se trata en detalle en el libro de Flory, al que dirigimos al lector interesado en las matemáticas subyacentes.

Marchándonos al otro extremo, podemos asumir que el disolvente se mueve con la misma velocidad que las bolas en las proximidades del centro de gravedad del ovillo estadístico polimérico, de forma que el mencionado ovillo se comporta como una esfera prácticamente impenetrable para el disolvente. Es claro que esa suposición es difícilmente mantenible ya que la densidad de los segmentos poliméricos decrece con la distancia al centro de gravedad (vea si no el Capítulo 9). Pero esta modelización es un buen punto de partida ya que conduce al concepto de una *esfera hidrodinámica equivalente*, que tuviera las mismas propiedades que el ovillo polimérico. El problema de la viscosidad de una disolución de partículas sólidas de diversa forma fue tratado por Einstein y Simha que obtuvieron la relación:

$$\eta_{rel} = 1 + \gamma\phi \tag{10.76}$$

donde ϕ es la fracción en volumen de las partículas y γ es una constante cuyo valor para el caso de partículas esféricas es 2,5.

La fracción en volumen de los ovillos poliméricos o de las esferas viene dada por el número de moléculas de polímero, N, multiplicado por el volumen hidrodinámico de cada una de ellas, V_h, y dividido por el volumen total, V:

$$\phi = \frac{N\,V_h}{V} \tag{10.77}$$

Recordando que la concentración es un peso por volumen:

$$c = \frac{N}{V}\left(\frac{M}{A}\right) \tag{10.78}$$

donde A es el número de Avogadro, entonces:

$$\phi = V_h\left(\frac{A}{M}\right)c \tag{10.79}$$

de forma que:

$$\eta_{rel} - 1 = \eta_{sp} = 2,5\,\phi = 2,5\ V_h\left(\frac{A}{M}\right)c \tag{10.80}$$

Cuando $c \rightarrow 0$:

$$\left(\frac{\eta_{sp}}{c}\right)_{c\rightarrow 0} = [\eta] = \frac{2,5\ V_h\,A}{M} \tag{10.81}$$

El volumen ocupado por una esfera de diámetro igual a la distancia extremo-extremo cuadrática media de un ovillo estadístico polimérico se puede escribir:

$$V' = \frac{4\pi}{3}\left(<R^2>^{0.5}\right)^3 \tag{10.82}$$

Para un polímero en una disolución diluida hemos visto ya con anterioridad que ($<R^2>^{0,5}$) es proporcional a $M^{0,5}\,\alpha$, donde α es el factor de expansión de la cadena (puede comprobarlo en el Capítulo 9; recuerde también que previamente hemos relacionado ($<R^2>^{0,5}$) con el número de segmentos, número que puede calcularse a partir del peso molecular de la cadena, M, dividido por el peso molecular de un segmento, M_0). Consiguientemente, si suponemos que V_h es proporcional a V', la viscosidad intrínseca puede relacionarse entonces con el peso molecular a través de la ecuación:

$$[\eta] = K'\,M^{0,5}\,\alpha^3 \tag{10.83}$$

donde las distintas constantes de proporcionalidad se han integrado en la constante K'. Para un buen disolvente α varía en relación a $M^{0,1}$, mientras que en un disolvente theta $\alpha = 1$, de forma que la ecuación 10.83 puede reescribirse en la forma:

$$[\eta] = K\,M^a \tag{10.84}$$

donde a es una constante que varía entre 0,5 y 0,8, dependiendo de la calidad del disolvente y de la temperatura. Sorprendentemente, y a pesar de la simplicidad del modelo, una relación de esta forma proporciona una buena descripción de los datos, suministrando así mismo la base que permite calcular pesos moleculares de polímeros y el coeficiente de expansión (α), lo que da una idea de las dimensiones moleculares en ese medio y esas condiciones. No iremos más lejos, sin embargo. El modelo no puede ser demasiado fiable en tanto que no parece lógico suponer que las moléculas del disolvente que se encuentran dentro del ovillo viajen exactamente con la misma velocidad con la que lo hace el ovillo. En otras palabras, parece lógico que el ovillo resulte permeable en alguna extensión al disolvente. Si K y a se tratan como parámetros que varían con el polímero, el disolvente y la temperatura (lo que es tanto como decir que dependen de las interacciones polímero-disolvente), se puede conseguir, sin embargo, una ecuación semiempírica sumamente útil que discutiremos a continuación.

La ecuación Mark-Houwink-Sakurada

Si el logaritmo de la viscosidad intrínseca de diversas muestras que cubren un cierto intervalo de pesos moleculares se representa frente al logaritmo de sus respectivos pesos moleculares, se pueden obtener representaciones lineales que obedecen la ecuación 10.84:

$$[\eta] = KM^a$$

como se ilustra en la figura 10.15, construida usando datos de Grubisic y col. Dicha ecuación fue originalmente establecida de forma empírica y hoy en día se conoce como ecuación de Mark-Houwink-Sakurada*.

* En textos antiguos, dicha ecuación es conocida simplemente como ecuación de Mark-Houwink.

Como hemos visto, esta relación tiene cierta justificación teórica. Se ha encontrado experimentalmente que K no es una constante universal, sino que, como el exponente "a", varía con la naturaleza del disolvente, la del polímero y la temperatura.

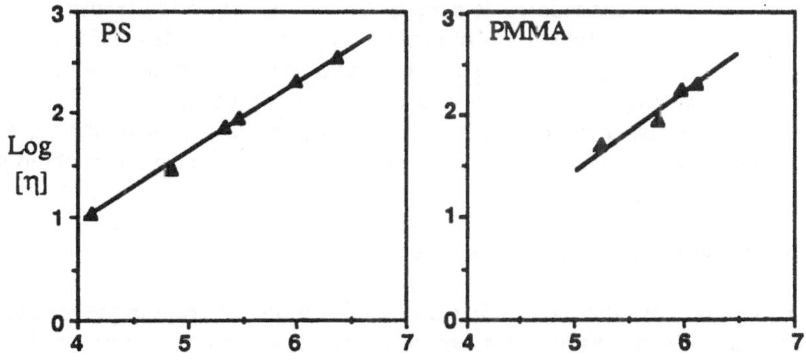

Figura 10.15 *Representaciones del log [η] frente a log M para poliestireno y polimetacrilato de metilo. Dibujadas a partir de datos de Z. Grubisic, P. Rempp and H. Benoit,* J. Polym. Sci. Polym. Letters, *5, 753 (1967).*

La ecuación Mark-Houwink-Sakurada proporciona la base para determinar pesos moleculares a partir de medidas de viscosidad en disolución. Aún a pesar de resultar reiterativos, debemos volver a señalar que los valores de M así obtenidos no son absolutos ya que la interpretación teórica de las constantes K y a es incompleta. Habitualmente, dichas constantes se determinan gráficamente

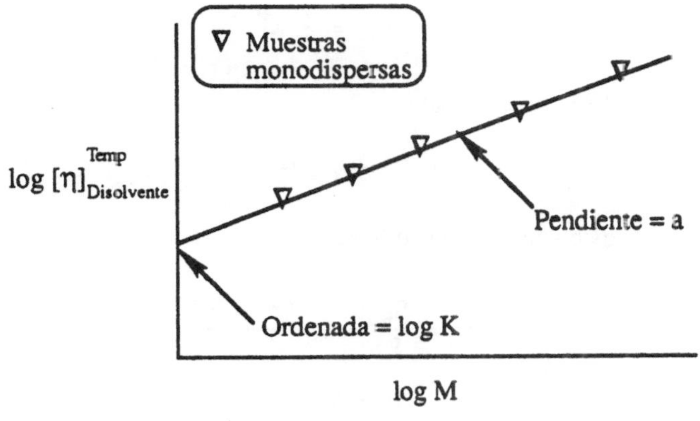

Figura 10.16 *Diagrama esquemático que muestra la determinación gráfica de las constantes k y a de Mark-Houwink.*

(como ilustra la figura 10.16) midiendo viscosidades intrínsecas de un cierto número de muestras monodispersas de polímero (o fracciones con distribuciones de peso molecular muy estrechas) cuyos pesos moleculares hayan sido determinados por experiencias independientes empleando técnicas absolutas como la osmometría o la dispersión de luz.

Existen numerosos valores de parejas K y a descritas en la literatura para un gran número de sistemas polímero/disolvente a variadas temperaturas. Advertimos al lector, sin embargo, que muchos de los valores publicados han sido obtenidos empleando fracciones o muestras de polímero que no son en absoluto monodispersas, empleándose por tanto en la representación gráfica algún tipo de peso molecular promedio, por lo que uno debe estar preparado para apreciables errores al usar esos valores.

El peso molecular promedio viscoso

Ya vimos al estudiar la presión osmótica y la dispersión de luz que existía una nítida relación entre las medidas experimentales y algún tipo de peso molecular promedio ($\overline{M}_n$ o $\overline{M}_w$). Dado que las medidas de viscosidad están relacionadas con el peso molecular a través de relaciones semiempíricas, tenemos que considerar un nuevo promedio para el caso de muestras polidispersas de polímero, promedio al que denotaremos por $\overline{M}_v$. Dicho promedio puede obtenerse suponiendo que la disolución es tan diluida que la viscosidad específica es simplemente la suma de las contribuciones provenientes de todas las cadenas poliméricas de diferente longitud (lo que es tanto como suponer que no interaccionan entre ellas):

$$\eta_{sp} = \sum_i (\eta_{sp})_i \tag{10.85}$$

donde $(\eta_{sp})_i$ es la contribución de todas las cadenas de tamaño i. Sustituyendo:

$$\frac{(\eta_{sp})_i}{c_i} = K M_i^a \tag{10.86}$$

en la ecuación 10.85 podemos obtener:

$$\eta_{sp} = K \sum_i M_i^a c_i \tag{10.87}$$

Dado que la disolución es muy diluida:

$$[\eta] = \frac{\eta_{sp}}{c} = \frac{K \sum_i M_i^a c_i}{c} \tag{10.88}$$

donde:

$$c = \sum_i c_i \tag{10.89}$$

El término c_i/c es simplemente la fracción en peso de i, w_i, en la muestra global de polímero y puede escribirse, por definición, como:

$$w_i = \frac{N_i M_i}{\sum_i N_i M_i} \tag{10.90}$$

Sustituyendo en la ecuación 10.88:

$$[\eta] = \frac{K \sum_i N_i M_i^{(a+1)}}{\sum_i N_i M_i} \tag{10.91}$$

Recordando que:

$$[\eta] = KM^a$$

parece pertinente definir un peso molecular promedio *viscoso* en la forma:

$$\overline{M}_v = \left[\frac{\sum_i N_i M_i^{(a+1)}}{\sum_i N_i M_i} \right]^{\frac{1}{a}} \tag{10.92}$$

Por tanto, $\overline{M}_v$ es una función del disolvente a través del parámetro "a" de Mark-Houwink. En un disolvente theta, a = 0,5 y $\overline{M}_v$ está situado entre $\overline{M}_n$ y $\overline{M}_w$, es decir:

$$\overline{M}_v = \left[\frac{\sum_i N_i M_i^{1,5}}{\sum_i N_i M_i} \right]^2_\theta \tag{10.93}$$

Para la distribución más probable (recuerde el Capítulo 4) en un disolvente θ puede demostrarse que:

$$\overline{M}_n : \overline{M}_v : \overline{M}_w = 1 : 1{,}67 : 2 \tag{10.94}$$

Finalmente, en el caso de un buen disolvente, "a" se aproxima a la unidad y $\overline{M}_v$ se acerca a $\overline{M}_w$. Sin embargo, en tales disolventes, la gráfica que enfrenta a (η_{sp}/c) con c tiene mayor pendiente y además, a menudo, se curva, de forma que la extrapolación a c = 0 es menos fiable (uno no puede tener todo en esta vida).

E. CROMATOGRAFIA DE EXCLUSION POR TAMAÑO (O DE PERMEABILIDAD EN GEL)

La Cromatografía de Permeabilidad en Gel (GPC), una técnica que ha resultado fundamental en el desarrollo de la ciencia de polímeros, es una técnica analítica tradicional que ahora se incluye dentro de una clasificación más general de técnicas de separación bajo la denominación de Cromatografía de Exclusión Molecular o de Exclusión por tamaño (SEC). La figura 10.17 proporciona una visión esquemática de un típico cromatógrafo de exclusión.

En un experimento SEC, esferas que contienen poros de variado tamaño y distribución, generalmente preparadas a partir de diferentes tipos de sílice (o de poliestireno reticulado con divinil benceno, debido a lo cual, incidentalmente, toma el nombre GPC la palabra gel), se empaquetan dentro de una columna. Esta columna, o lo que es más habitual un conjunto de varias, es, de hecho, como un filtro para las moléculas. Un disolvente, o mezcla de disolventes, se bombea a través de la columna o del juego de columnas y a través de uno o más detectores. Una pequeña muestra de una disolución de un polímero que vaya a ser analizado, disolución preparada en el mismo disolvente que está fluyendo a través de la columna, se introduce en el flujo general a través del adecuado inyector. Las moléculas de diferente tamaño eluyen a diferentes tiempos y los detectores miden las cantidades de las diferentes especies a medida que van pasando por ellos.

Este no es lugar para discutir los mecanismos que se han postulado sobre la compleja separación de moléculas en un instrumento SEC, o para debatir problemas como el ensanchamiento de picos en un cromatograma, la capacidad de resolución de un juego concreto de columnas, la respuesta del detector, etc. (el lector interesado puede recurrir a un artículo de Balke para una discusión más detallada*).

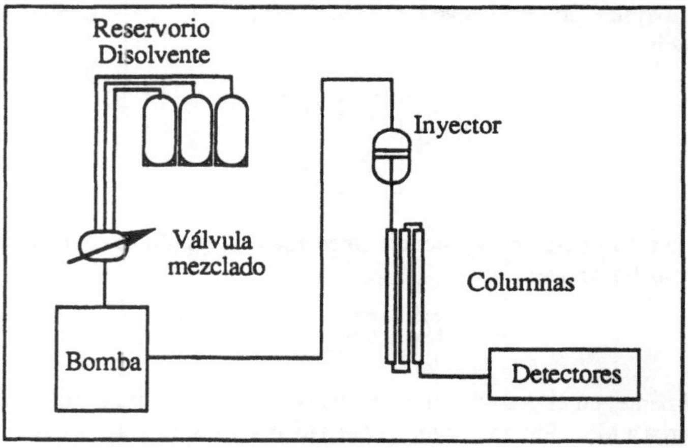

Figura 10.17 Esquema de un cromatógrafo SEC.

En este texto vamos a presentar sólo una descripción cualitativa que puede resumirse en lo mostrado por la figura 10.18. El principio fundamental es que las moléculas pequeñas pueden permear y difundir en los poros de las esferas de forma mucho más fácil que las moléculas más grandes. La trayectoria de las moléculas pequeñas es algo así como pasear con un cachorro curioso que olfatea y mete el morro en cada agujero que encuentra. Las moléculas más largas, por su parte, no pueden entrar en los poros de los que son excluidas físicamente. En

* S. T. Balke, "Characterization of Complex Polymers by Size Exclusion Chromatography and High Performation Liquid Chromatography", en *Modern Methods of Polymer Characterization*, Editado por H. G. Barth and J. J. Mays, Wiley, New York (1991).

nuestra forma de ver las cosas, esto correspondería a un perro viejo que está aburrido, que se lo sabe todo y que no puede esperar para llegar a casa a echarse una siesta. Las moléculas de tamaño intermedio pueden permear en algunos de los poros pero no en todos. En resumen, para un determinado volumen de disolvente fluyendo, las moléculas de diferentes tamaños recorren diferentes trayectorias por el interior de la columna. Las más pequeñas recorren mayores distancias que las grandes, debido a su permeación a lo largo de los poros. Consiguientemente, *las moléculas más grandes eluyen primero*, seguidas de las más pequeñas en orden progresivamente inferior de tamaños de las mismas.

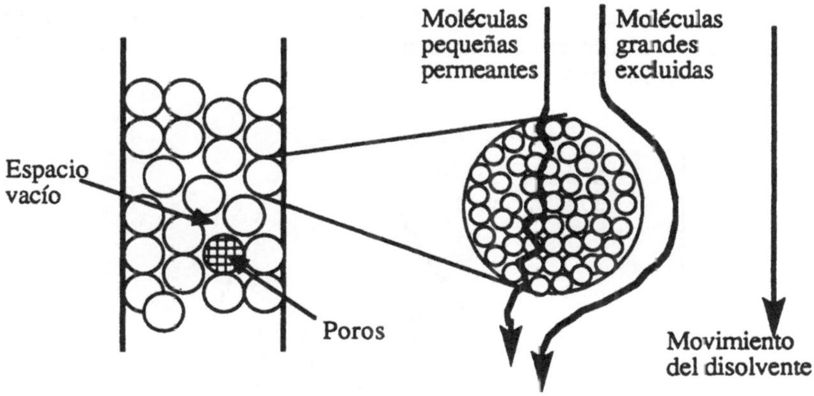

***Figura 10.18** Esquema que ilustra la separación de moléculas de diferente tamaño en un instrumento SEC.*

Cálculo de pesos moleculares promedios por SEC

La cromatografía GPC-SEC no es un método absoluto para la determinación de pesos moleculares, requiriendo de un calibrado previo del instrumento que nos proporcione una relación entre el tiempo o cantidad de disolvente eluido (llamado volumen de elución) y el tamaño molecular. Patrones de poliestireno esencialmente monodispersos, de pesos moleculares conocidos, se venden comercialmente y si disoluciones de esos patrones se hacen pasar a través de un particular juego de columnas, con un determinado disolvente y a una cierta temperatura, podemos generar una curva de calibrado para poliestireno en las condiciones experimentales seleccionadas. La curva de calibrado se suele preparar representando el logaritmo del peso molecular frente al volumen de elución, tal y como muestra la figura 10.19. Debe hacerse notar que un particular juego de columnas sólo tiene un limitado intervalo en el que la permeación selectiva tiene lugar. Por tanto, el subsiguiente análisis que se haga con ese juego debe de caer dentro de ese limitado rango si queremos que sea preciso. Fuera del intervalo lo que ocurre es una exclusión total para las moléculas más grandes que un determinado tamaño crítico propio de ese juego de columnas. Justo lo contrario es lo que ocurre con las especies de tamaño inferior al valor crítico inferior del juego de columnas; todas ellas tendrán la posibilidad de penetrar estadísticamente en cuantos poros se les ofrezcan en su camino, saliendo al mismo tiempo.

Comencemos por el caso más sencillo y supongamos que tenemos datos SEC correspondientes a una muestra polidispersa de un poliestireno amorfo del que queremos determinar sus pesos moleculares promedio en peso y promedio en número. La curva experimental que proporciona un experimento SEC puede parecerse mucho a la que hemos dibujado en la figura 10.20. Dicha curva puede ser despiezada en una serie de "rodajas" a incrementos constantes del volumen de elución (ΔV) dibujadas también en la figura. Tomando un número suficiente de "rodajas", cada una de ellas puede ser considerada como monodispersa y el área total de la curva puede identificarse, sin un error significativo, con la suma de las alturas de las "rodajas" individuales .

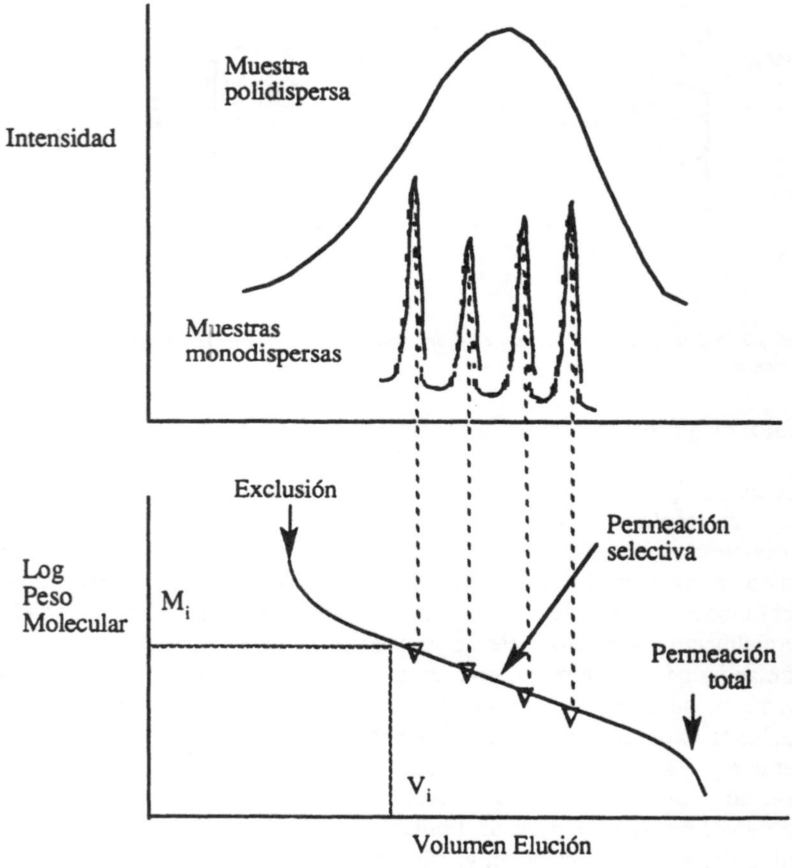

Figura 10.19 Diagrama esquemático que muestra la obtención de una curva de calibrado SEC.

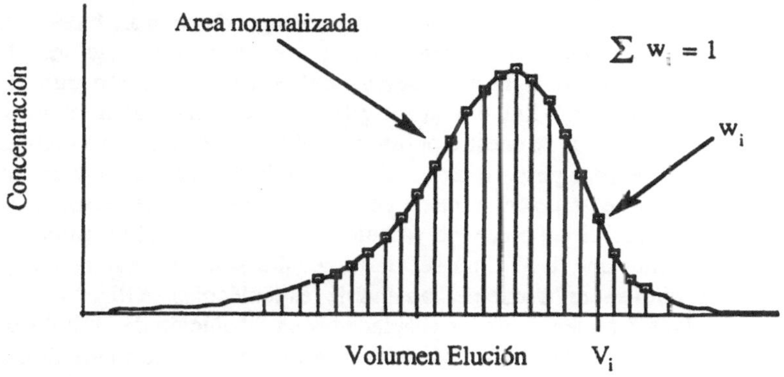

Figura 10.20 *Diagrama de una típica curva SEC.*

La fracción en peso de una "rodaja" cualquiera i viene dada por:

$$w_i = \frac{h_i}{\sum h_i} \quad (10.95)$$

El peso molecular de las especies i, M_i, se obtiene directamente de la curva de calibrado con el correspondiente valor del volumen de elución V_i (véase la figura 10.19). Los pesos moleculares promedios pueden entonces calcularse a partir de las ecuaciones:

$$\overline{M}_n = \frac{1}{\sum \frac{w_i}{M_i}} \quad (10.96)$$

$$\overline{M}_w = \sum w_i M_i \quad (10.97)$$

Obsérvese que en la ecuación 10.96 el peso molecular promedio en número se ha expresado en términos de w_i y M_i. Esto facilita el cálculo ya que se usan así los mismos datos que los necesarios para calcular el promedio en peso mediante la ecuación 10.97. Dejamos como ejercicio la comprobación de que la ecuación 10.96 es válida (y, de paso, puede ser interesante para los estudiantes aplicados el conocer que este pequeño problema suele ser una cuestión que puede aparecer en los exámenes). Debe anotarse también que la viscosidad intrínseca de la muestra polidispersa de poliestireno puede ser calculada mediante la ecuación:

$$[\eta] = \sum w_i [\eta_i] = K \sum w_i M_i^a \quad (10.98)$$

donde K y el exponente 'a' son las constantes de Mark-Houwink-Sakurada para el poliestireno en el mismo disolvente y a la misma temperatura que los empleados en la experiencia SEC descrita (cuestión importante, como veremos pronto).

Generalizando lo visto hasta ahora, la metodología descrita arriba es correcta para calcular pesos moleculares promedios a partir de un cromatograma SEC si disponemos de patrones monodispersos del *mismo* polímero que el que pretendemos analizar. Sin embargo, ¿de qué nos sirve el método si no disponemos de patrones de nuestro polímero problema o no pueden sintetizarse?. A veces se suelen dar pesos moleculares promedios *basados en patrones de poliestireno*, pero esta práctica puede conducir a considerables errores si esos pesos moleculares se emplean en cálculos posteriores. Para comprenderlo debemos recordar que la SEC no separa moléculas sobre la base de sus pesos moleculares sino sobre la base del tamaño de las moléculas en disolución y eso supone fundamentalmente que las propiedades en disolución de la molécula en cuestión son las mismas que las del poliestireno. La termodinámica de disoluciones nos ha enseñado que ese no suele ser el caso habitual lo que nos conduce a los clásicos estudios de Benoit y sus colaboradores.

Curva de Calibrado Universal

Si el peso molecular de poliestirenos monodispersos bien caracterizados y de diferente arquitectura molecular (es decir, lineales, en estrella, en forma de peine, etc.) se representa frente al volumen de elución correspondiente, los datos no suelen caer dentro de una única curva de calibrado. En otras palabras, si tenemos tres poliestirenos *monodispersos*, uno lineal, uno en estrella y otro en forma de peine, *todos con el mismo peso molecular*, no saldrán de la columna al mismo tiempo o volumen de elución. De forma similar, polímeros monodispersos *diferentes* con *el mismo peso molecular* eluirán a diferentes tiempos. Y así, por ejemplo, muestras monodispersas de poliestireno y polimetacrilato de metilo, con el *mismo peso molecular*, pueden salir de la columna a tiempos diferentes, lo que significa que requerimos curvas de calibrado diferentes para polímeros diferentes y, aún en el caso de un mismo polímero, podemos necesitar curvas de calibrado diferentes dependiendo de la arquitectura molecular de la muestra en cuestión. Todo ello se ilustra esquemáticamente en la figura 10.21.

Para comprender la razón de este problema, consideremos un polímero lineal y monodisperso, poliA, en un buen disolvente a una temperatura determinada. Para un particular peso molecular, M, el polímero eluiría a un particular volumen de elución, V_L^A . Si, por otro lado, poliA fuera un polímero monodisperso en forma de estrella con, por ejemplo, seis brazos pero el mismo peso molecular que su análogo lineal con un volumen de elución V_S^A , resulta intuitivamente obvio que este polímero tendrá un menor tamaño en el mismo disolvente y temperatura (muchos de los segmentos estarán muy juntos en el centro de la molécula donde los brazos de la estrella confluyen). Eluirá, por lo tanto, algo después que su homólogo lineal. Finalmente, consideremos el polímero poliB, una muestra monodispersa y lineal de naturaleza química muy distinta a la de poliA, pero para quien el disolvente que estamos considerando resulta pobre. Para un mismo peso molecular de poliA y poliB, el tamaño de este último en disolución será más pequeño que el de poliA , eluyendo también más tarde que él, V_L^B .

Benoit y sus colaboradores*, en el que es probablemente el más importante descubrimiento en este campo, hicieron notar que la técnica SEC no separa moléculas sobre la base del peso molecular sino sobre la base del volumen hidrodinámico de la molécula en disolución.

Debe recordar aquí que si expresamos las propiedades de un ovillo estadístico polimérico en términos de la esfera hidrodinámicamente equivalente, podemos entonces relacionar la viscosidad intrínseca, [η], y el volumen hidrodinámico, V_h, por medio de la ecuación:

$$[\eta] = \frac{2.5\, A\, V_h}{M} \qquad (10.99)$$

donde A es el número de Avogadro y M el peso molecular. Benoit y sus colaboradores, sobre la base de esa ecuación, emplearon el hecho de que el producto de la viscosidad intrínseca por el peso molecular es directamente proporcional al volumen hidrodinámico, por lo que fueron capaces de razonar que todos los polímeros, con independencia de su estructura química y arquitectura, debían cumplir el mismo tipo de relación entre log [η]M y el volumen de elución como curva de calibrado alternativa. Tal tipo de representación se conoce como *curva de calibrado universal.*

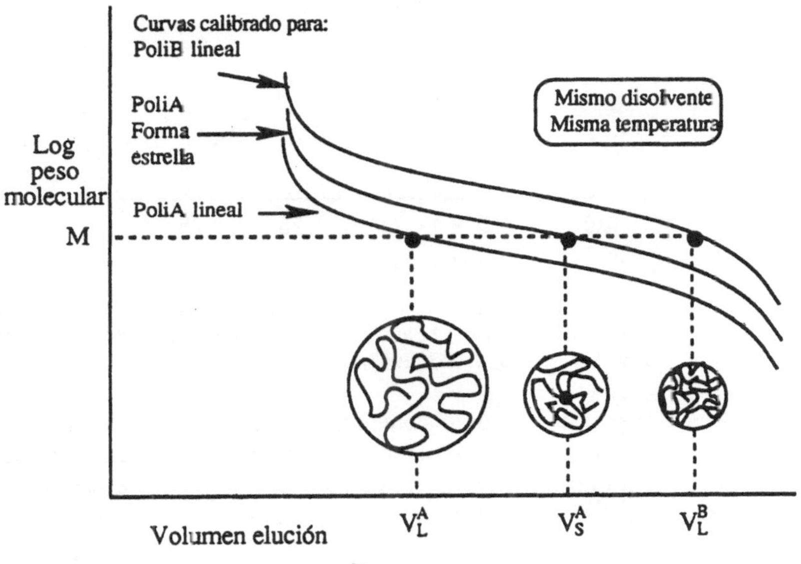

Figura 10.21 Curvas de calibrado esquemáticas representando el logaritmo del peso molecular frente al volumen de elución para polímeros de diferente estructura química y arquitectura.

---

* H. Benoit, Z. Grubisic, P. Rempp, D. Decker and J. G. Zilliox, *J. Chim. Phys.*, **63**, 1507 (1966); Z. Grubisic, P. Rempp and H. Benoit, *J. Polym. Sci., Part B*, **5**, 753 (1967).

Como siempre ocurre, las cosas no son tan perfectas como uno quiere y existen excepciones a la regla que acabamos de mencionar (por ejemplo, el caso de cadenas centrales muy rígidas) pero, en general, el concepto de calibrado universal ha sido capaz de pasar el test del tiempo y ha probado ser una herramienta muy importante así como un descubrimiento provechoso. La figura 10.22 muestra una representación de log [η]M frente al volumen de elución para distintos polímeros.

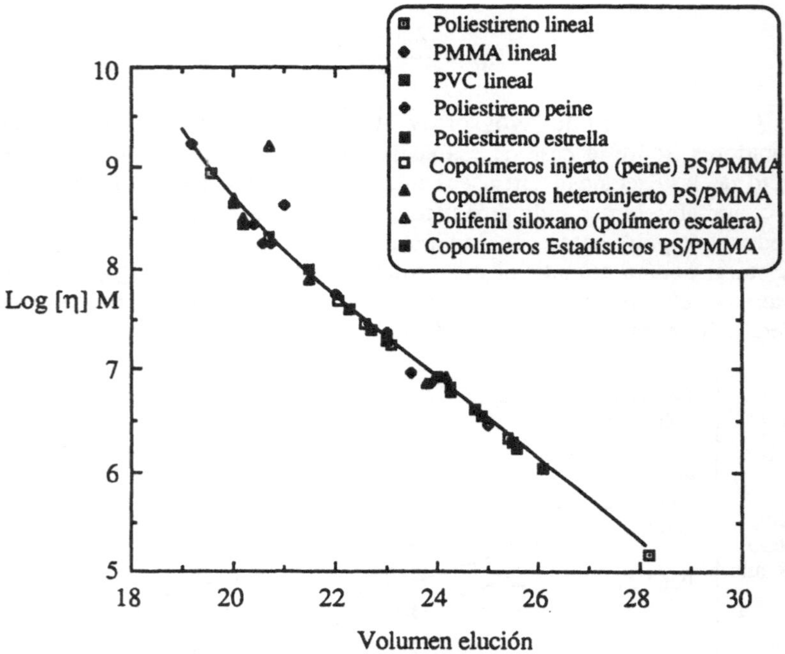

Figura 10.22 *Curva de calibrado universal obtenida tras representar log [η]M frente al volumen de elución para varios polímeros. Dibujada a partir de datos de Z. Grubisic, P. Rempp and H. Benoit,* J. Polym. Sci., *Part B, 5, 753 (1967).*

La pregunta siguiente es cómo podemos usar el concepto de calibrado universal para calcular pesos moleculares promedios de una muestra heterodispersa si no disponemos de patrones monodispersos de ese mismo polímero. Para ello, definiremos primero:

$$J_i = [\eta]_i\, M_i \qquad (10.100)$$

y prepararemos una curva de calibrado universal empleando patrones monodispersos de poliestireno, tal y como ilustra la figura 10.23.

No olvide que podemos determinar experimentalmente la viscosidad intrínseca de los patrones lineales de poliestireno en el disolvente y temperatura que hayamos seleccionado para nuestras medidas (vea la sección anterior), o podemos calcular simplemente esas viscosidades intrínsecas si disponemos, por la literatura, de las constantes de Mark-Houwink-Sakurada, K_{PS} y a_{PS}, para el poliestireno en el mismo disolvente y a la misma temperatura que en el experimento SEC que vayamos a realizar con nuestro polímero problema.

Recordando que:

$$[\eta]_i = KM_i^a \tag{10.101}$$

podemos escribir:

$$J_i = [\eta]_i M_i = K_{PS}\left[M_i\right]^{(1+a_{PS})} \tag{10.102}$$

que, organizado de forma distinta, nos conduce a:

$$M_i = \left[\frac{J_i}{K_{PS}}\right]^{1/(1+a_{PS})} \tag{10.103}$$

Este es un resultado importante ya que relaciona el peso molecular de las especies i con el volumen hidrodinámico de tales especies.

Para continuar con la discusión, supongamos que los datos SEC mostrados en la figura 10.20 fueron obtenidos para una muestra polidispersa de polimetacrilato de metilo (PMMA) mediante un instrumento SEC y usando el mismo disolvente y temperatura empleados para preparar la curva de calibrado universal mediante patrones de Poliestireno (es decir, medimos V_i y obtenemos J_i de la figura 10.23).

Si disponemos de las constantes de Mark-Houwink-Sakurada para el PMMA en el mismo disolvente y temperatura, K_{PMMA} y a_{PMMA}, podemos entonces calcular los "verdaderos" pesos moleculares para el PMMA polidisperso a partir de:

$$M_i = \left[\frac{J_i}{K_{PMMA}}\right]^{1/(1+a_{PMMA})} \tag{10.104}$$

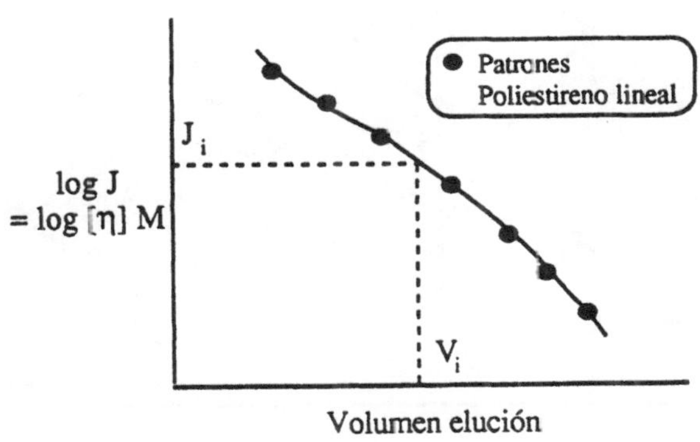

***Figura 10.23** Representación esquemática de la curva de calibrado universal preparada a partir de patrones de poliestireno.*

usando de nuevo las conocidas fórmulas:

$$\overline{M}_n = \frac{1}{\sum \frac{w_i}{M_i}} \tag{10.105}$$

$$\overline{M}_w = \sum w_i M_i \tag{10.106}$$

De forma similar, la viscosidad intrínseca del PMMA polidisperso puede calcularse a partir de:

$$[\eta] = \sum w_i [\eta_i] = \sum w_i \left(\frac{J_i}{M_i}\right) \tag{10.107}$$

F. SEC EN LA DETERMINACION DE RAMIFICACION DE CADENA LARGA

En mayor o menor grado, todos los polímeros contienen ramas que penden de la cadena principal. El efecto de dichas ramificaciones en las propiedades químicas, físicas, mecánicas y reológicas depende del *número, tipo y distribución* de las ramas. Como mencionábamos en el capítulo 1, se debe distinguir entre ramas *cortas* y *largas* . La ramificación de cadena corta, aquella en la que las ramas son pequeñas en comparación con la longitud de la cadena que constituye la espina dorsal del polímero, afecta principalmente a la cristalinidad, ya que las ramas alteran el empaquetamiento de las cadenas. Ya hemos mencionado, en el Capítulo 6, diversos métodos espectroscópicos para medir dichas ramas. En esta sección nos vamos a centrar en la ramificación de cadena larga, que viene definida como aquella en la que la longitud de las ramas es del mismo orden de magnitud que la longitud de la cadena principal.

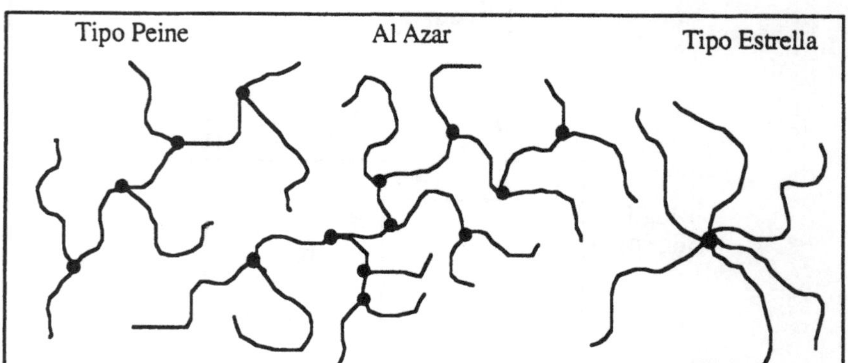

Figura 10.24 Representación esquemática de ramificación de cadena larga de diversa extensión.

La ramificación de cadena larga puede tener lugar al azar, en forma de moléculas en T (o ramas trifuncionales que pueden aparecer, por ejemplo, debido al efecto de la transferencia de cadena intermolecular) o en forma de X (ramas tetrafuncionales que se pueden formar por adiciones de cadena a través de un doble enlace que resulte activo). Además, las ramas de cadena larga pueden aparecer en forma de moléculas tipo peine (sintetizadas generalmente mediante injerto en la cadena principal), o en forma de estrella (sintetizadas ya sea mediante iniciadores que generan varias cadenas simultáneamente o mediante procesos de terminación en polimerizaciones aniónicas sin terminación con un reactivo multifuncional que acopla las cadenas en crecimiento). Todas ellas se muestran de forma esquemática en la figura 10.24.

La presencia de la ramificación de cadena larga puede tener un efecto sustancial en las propiedades reológicas y en disolución de los polímeros, pero no es fácil determinar cuantitativamente la cantidad de ramificación de cadena larga existente en una muestra de polímero mediante técnicas analíticas convencionales como puedan ser la RMN o la espectroscopía vibracional. Ello se debe, fundamentalmente, a la baja concentración de las especies que puedan identificarse como ramas largas. Por ejemplo, supongamos que tenemos una cadena de poliA con un grado de polimerización tal y como 1000, en la que hemos injertado una cadena larga de poliB con un similar grado de polimerización (1000).

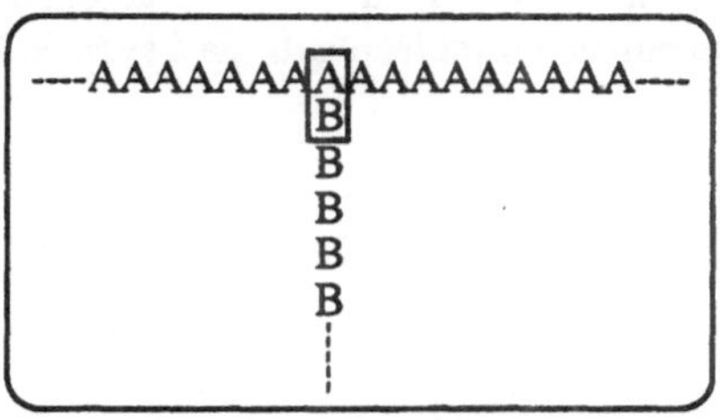

Sólo una unidad, o una en mil, ya sea en PoliA o PoliB se ve afectada por el problema y es muy difícil de detectar. Sin embargo, el efecto de la ramificación de cadena larga en las propiedades en disolución es muy marcada y podemos sacar alguna ventaja de ello.

La introducción de sólo uno o dos puntos de ramificación de cadena larga conduce a un significativo descenso en las dimensiones cuadráticas medias de las macromoléculas si se las compara con las de las lineales del *mismo peso molecular*. Este hecho puede expresarse, siguiendo la terminología de Stockmayer y Fixman, en términos del cociente de los respectivos radios de giro, cociente que se denota mediante la letra g.

$$g = \frac{\langle \overline{S}^2 \rangle_b}{\langle \overline{S}^2 \rangle_l} \quad \text{(para el mismo peso molecular)} \qquad (10.108)$$

donde los subíndices b y l denotan moléculas ramificadas y lineales, respectivamente, y g es una función del número y tipo de puntos de los que nacen ramas de cadena larga en la molécula.

Si se dispone de polímeros monodispersos, tanto lineales como ramificados, del mismo peso molecular, el parámetro g puede determinarse experimentalmente mediante técnicas de dispersión. Además, el cálculo de las dimensiones no perturbadas (o dimensiones en un disolvente theta) de moléculas ramificadas de diverso tipo se ha llevado a cabo por muchos autores, entre los que destacan Zimm y Stockmayer* o Zimm y Kilb**. El cálculo de la relación entre los radios de giro cuadráticos medios de polímeros *ligeramente* ramificados y lineales del mismo peso molecular se ha realizado sobre criterios puramente geométricos. Cuando el número de puntos de ramificación es alto deben emplearse métodos estadísticos. En el caso, por ejemplo, de moléculas en forma de estrella con *brazos de igual longitud* se demostró que si el punto de ramificación tiene una funcionalidad, f, entonces:

$$g = \frac{3}{f} - \frac{2}{f^2} \quad \text{(para polímeros en estrella)} \qquad (10.109)$$

Por tanto, para estrellas trifuncionales g = 7/9 y para el caso de las tetrafuncionales g = 5/8.

En este texto, estamos más interesados en la ramificación *al azar*. En un fundamental trabajo, Zimm y Stockmayer demostraron que para polímeros *monodispersos y ramificados al azar*, con puntos de ramificación tri- o tetrafuncionales, *en un disolvente theta*, g está relacionado con el promedio en número del número de ramas por molécula, $\overline{m}_n$, a través de las ecuaciones:

$$g_3 = \left[\left(1 + \frac{\overline{m}_n}{7}\right)^{1/2} + \frac{4\,\overline{m}_n}{9\pi} \right]^{-1/2} \quad \text{(trifuncional)} \qquad (10.110)$$

$$g_4 = \left[\left(1 + \frac{\overline{m}_n}{6}\right)^{1/2} + \frac{4\,\overline{m}_n}{3\pi} \right]^{-1/2} \quad \text{(tetrafuncional)} \qquad (10.111)$$

La cromatografía SEC tiene, con respecto a otras técnicas, la importante ventaja de que separa polímeros polidispersos en componentes que pueden considerarse, quizás de forma simplista, como fracciones monodispersas. Por tanto, es posible emplear las arriba mencionadas funciones de ramificación para determinar el grado de ramificación, usando el concepto de calibrado universal. Debemos advertir, sin embargo, que dado el número de suposiciones y aproximaciones que vamos a hacer, la metodología sólo puede emplearse para proporcionar un número relativo de ramas de cadena larga. Aún y así, ello puede resultar sumamente útil para los laboratorios industriales.

Comenzaremos relacionando g con la viscosidad intrínseca. Zimm y Kilb introdujeron otro parámetro de ramificación, g', definido como:

---

* B. H. Zimm and W. H. Stockmayer, *J. Chem. Phys.*, 17, 1301 (1949).
** B. H. Zimm and R. W. Kilb, *J. Polym. Sci.*, 37, 19 (1959).

$$g' = \frac{[\eta]_b}{[\eta]_l} \quad \text{(para el mismo peso molecular)} \tag{10.112}$$

Naturalmente g' < 1, siendo además su valor función del tipo y número de ramas de cadena larga. Debe también mencionarse que la ecuación 10.112 fue introducida para cadenas de polímero ramificadas y lineales bajo condiciones theta y una suposición que habitualmente se hace es que la ecuación es también válida para disolventes buenos (que son, generalmente, los empleados en los experimentos SEC). Para el caso de polímeros tipo estrella Zimm y Kilb calcularon que:

$$g' = g^{0,5} \quad \text{(polímeros estrella)} \tag{10.113}$$

Para la mayor parte de las otras arquitecturas de cadena polimérica, no se han desarrollado relaciones teóricas sencillas entre g' y g con lo que los experimentalistas han tenido que recurrir a relaciones empíricas basadas en ecuaciones de la forma:

$$g' = g^x \tag{10.114}$$

donde los exponentes x toman generalmente valores en el intervalo entre 0,5 y 1,5. Por ejemplo, para el caso del polietileno de baja densidad, se ha publicado que x toma un valor de 1,2 ± 0,2. Para nuestra discusión nos dejaremos guiar por los estudios de Kurata y colab.* quienes, para polímeros ramificados al azar, determinaron que:

$$g' = g^{0,6} \quad \text{(ramificación al azar)} \tag{10.115}$$

En un segundo artículo, Kurata y colaboradores** describieron un ingenioso y práctico método para determinar la extensión *relativa* de la ramificación de cadena larga en polímeros polidispersos usando un programa de ordenador. En la base de ese trabajo está el hecho de que, para un polímero ramificado, el valor de la viscosidad intrínseca determinada experimentalmente $[\eta]_{obs}$, será menor que la calculada a partir de datos SEC, $[\eta]_{cal}$, empleando la curva de calibrado universal y la ecuación 10.107 (que implícitamente supone que las cadenas poliméricas son perfectamente lineales). Estos autores introducían una función de ramificación, g'(λ, M), conteniendo un parámetro de ramificación, λ, tal que:

$$[\eta]_b = g'(\lambda, M)\,[\eta]_l = g'(\lambda, M)\,KM^a \tag{10.116}$$

Por ejemplo, para el caso de un polímero ramificado al azar con puntos de ramificación tetrafuncionales, Kurata y colab. usaron la relación:

$$g'(\lambda, M) = \left[\left(1 + \frac{\lambda M}{6}\right)^{0,5} + \frac{4\,\lambda M}{3\,\pi}\right]^{-0,3} \tag{10.117}$$

---

* M. Kurata, H. Okamoto, M. Iwama, M. Abe and T. Homma, *Polym. J.*, **3**, 729 (1972).
** Ibid, **3**, 739 (1972).

combinación de las ecuaciones 10.111 y 10.115, con la suposición adicional de que:

$$\lambda = \frac{\overline{m}_n}{M} \qquad (10.118)$$

y donde λ se define como el número de puntos de ramificación por unidad de peso molecular. Cuando $\lambda = 0$ en la ecuación 10.118, $g'(\lambda, M) = 1$ y $[\eta]_b = [\eta]_l$ tratándose del caso lineal. Tenemos, por tanto, una relación aproximada que describe la viscosidad intrínseca de un polímero ramificado al azar, conteniendo puntos de ramificación tetrafuncionales, en función del peso molecular, M, y el parámetro de ramificación, λ, con dos constantes, K y 'a' que no son sino las constantes Mark-Houwink-Sakurada del polímero *lineal* en el mismo disolvente y temperatura.

Para un polímero de grado de ramificación desconocido, la metodología empleada por Kurata y colaboradores usaba las ecuaciones básicas siguientes:

$$\log J_i = f(V_i) \qquad (10.119)$$

$$J_i = [\eta_i]\, M_i = K\, M_i^{(1+a)} \left[\left(1 + \frac{\lambda M_i}{6}\right)^{0,5} + \frac{4\lambda M_i}{3\pi} \right]^{-0,3} \qquad (10.120)$$

y:

$$[\eta]_b = \sum_i w_i\, [\eta_i] = K \sum_i w_i M_i^a \left[\left(1 + \frac{\lambda M_i}{6}\right)^{0,5} + \frac{4\lambda M_i}{3\pi} \right]^{-0,3} \qquad (10.121)$$

Para ilustrar cómo funciona el programa, volvamos de nuevo a nuestro polidisperso polímero poliA y supongamos que hemos determinado experimentalmente su viscosidad intrínseca en un disolvente concreto a una temperatura determinada, $[\eta]_{obs}$. Supongamos que también tenemos datos SEC, similares a los mostrados previamente en la figura 10.20, para un juego de columnas concreto en el mismo disolvente y a la misma temperatura. Podemos, de nuevo, normalizar esta curva y partirla en "rodajas" a pequeños incrementos en el volumen de elución, V_i, de fracciones en peso, w_i. Como antes, a partir de la curva de calibrado universal (figura 10.23) es posible obtener J_i para cada V_i (ecuación 10.119). Comenzando con un valor $\lambda = 0$, correspondiente al caso lineal, podemos usar la ecuación 10.120 para expresar M_i en función de J_i, y calcular así $[\eta]_{\lambda=0}$, como hacíamos antes, a partir de la ecuación 10.121. Observe que necesitamos las constantes Mark-Houwink-Sakurada para el homólogo lineal de nuestro poliA en idénticas condiciones de disolvente y temperatura a las usadas al obtener los datos SEC. Comparamos ahora la viscosidad intrínseca calculada $[\eta]_{\lambda=0}$ con el valor experimental $[\eta]_{obs}$. Si ambos valores son idénticos, dentro del error experimental, estamos en condiciones de asegurar que poliA es esencialmente un polímero lineal.

Sin embargo, si el valor de $[\eta]_{\lambda=0}$ es significativamente más grande que $[\eta]_{obs}$, podemos sospechar que poliA es un polímero ramificado. Empezando de nuevo, seleccionaremos un valor particular de λ (un valor como 1×10^{-6} puede ser apropiado) y lo sustituimos en la ecuación 10.120. Al revés que en el caso lineal, donde simplemente reorganizábamos la ecuación 10.103 para dar M_i en función de J_i, esto no es posible para la expresión en la que se encuentra involucrada la ramificación de cadena (ecuación 10.120) y esta última ecuación tiene que ser resuelta mediante un programa de iteración donde M_i se determina para diferentes valores de J_i suponiendo un valor particular de λ. Es ahora fácil calcular la viscosidad intrínseca $[\eta]_{\lambda=\lambda}$ a partir de la ecuación 10.121 (donde el simbolismo $\lambda = \lambda$ indica que se ha empleado en el cálculo un valor particular de λ). De nuevo, ese valor calculado de la viscosidad intrínseca $[\eta]_{\lambda=\lambda}$ se compara con el valor experimental $[\eta]_{obs}$. Si $[\eta]_{\lambda=\lambda} = [\eta]_{obs}$, dentro del error experimental, hemos encontrado entonces el apropiado valor de λ que describe la extensión de la ramificación en el polímero poliA. Si, sin embargo, $[\eta]_{\lambda=\lambda} \neq [\eta]_{obs}$ es necesario entonces seleccionar un valor diferente de λ, $(\lambda + \Delta\lambda)$, y repetir el proceso. Es obvio que todo esto es realizado automáticamente por el programa de ordenador hasta que consigue que $[\eta]_{\lambda=\lambda} = [\eta]_{obs}$. Los valores de M_i, correspondientes al valor finalmente determinado para λ se almacenan en una matriz en el programa de ordenador y los pesos moleculares promedios de los polímeros ramificados se determinan como antes, a partir de las ecuaciones:

$$\overline{M}_n = \frac{1}{\sum \frac{w_i}{M_i}} \tag{10.122}$$

$$\overline{M}_w = \sum w_i M_i \tag{10.123}$$

Ramificación de cadena larga en Policloropreno

Para ilustrar el método combinado de SEC y $[\eta]$ utilizable en la determinación de ramificación de cadena larga y que se ha descrito en la sección anterior, describiremos los resultados obtenidos por uno de los autores de este texto sobre muestras de policloropreno. Durante la obtención de policloropreno mediante polimerización en emulsión e iniciación por radicales libres, aparece ramificación de cadena como consecuencia de la adición de una cadena en crecimiento a un doble enlace contenido en las pequeñas cantidades de isómeros 1,2- y 3,4- existentes en la ya casi terminada cadena polimérica. Esta reacción de ramificación está favorecida cuando la concentración de monómero se está reduciendo en el proceso, es decir, a altos grados de conversión. De hecho, en procesos comerciales, el polímero se aísla antes de que el porcentaje de conversión sobrepase el 70%, ya que de lo contrario se produciría una gelificación. El hecho de que la ramificación de cadena larga crezca en función de la conversión nos permite comprobar cualitativamente la fiabilidad del método SEC–$[\eta]$, aislando muestras a diferentes tiempos de polimerización.

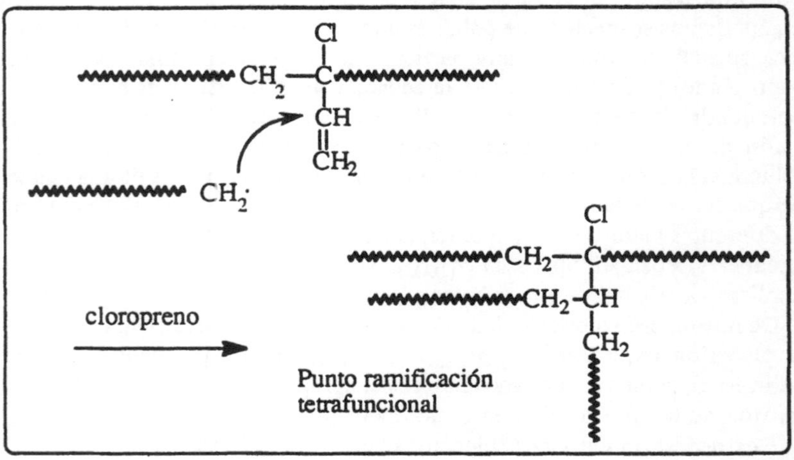

La metodología experimental está lejos de ser trivial y suponía:

1) Síntesis de policloroprenos polidispersos y *lineales*. Esto se conseguía polimerizando cloropreno a bajas temperaturas (≤ -20°C) y aislando el polímero antes de conseguir el 5% de conversión.

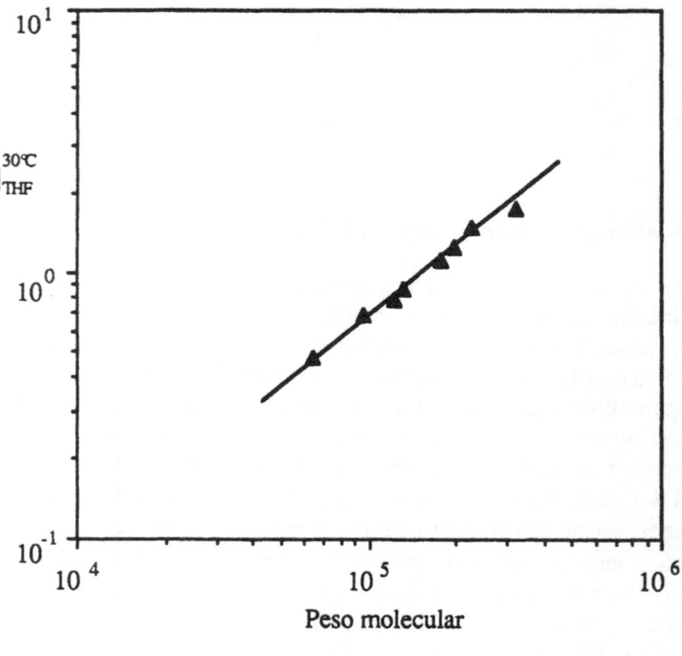

Figura 10.25 *Determinación de las constantes Mark-Houwink para policloroprenos lineales en THF a 30°C.*

2) Fraccionamiento de los policloroprenos lineales polidispersos en una serie de patrones con polidispersidades relativamente pequeñas. Este proceso se realizaba en un dispositivo de fraccionamiento desarrollado en la estación experimental de DuPont.

3) Caracterización de los policloroprenos lineales y con distribución de pesos moleculares relativamente estrechas. Se empleaba dispersión de luz para determinar su peso molecular y viscosimetría capilar para conocer su viscosidad intrínseca en THF a 30°C, el mismo disolvente y temperatura que posteriormente se empleaba en las experiencias SEC.

4) Determinación de las constantes Mark-Houwink, K y "a" para el policloropreno lineal en THF a 30°C realizando un típico diagrama de log [η] frente al logaritmo del peso molecular (figura 10.25). Se obtuvieron así, para el policloropreno lineal, los valores 4,18 x 10^{-5} dl/g y 0,83 de la ordenada en el origen y la pendiente, respectivamente.

5) Se confirmaba que los patrones de policloropreno se ajustaban a la curva de calibrado universal preparada a partir de patrones de poliestireno (véase la figura 10.26).

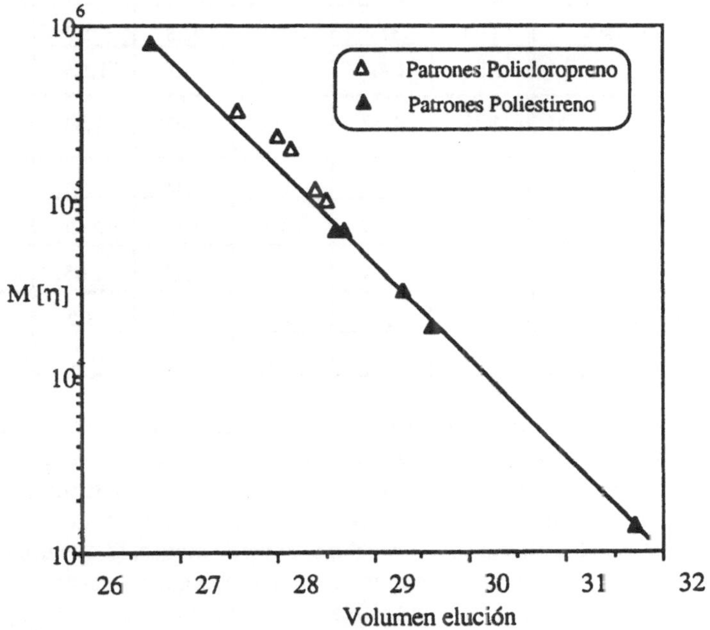

Figura 10.26 Curva de calibrado universal SEC.

6) Preparación de un programa de ordenador para calcular el parámetro de ramificación λ y los diversos promedios de peso molecular, de forma similar a lo realizado por Kurata y colaboradores. La curva SEC era digitalizada para obtener la fracción en peso, w_i, en función del volumen de elución, V_i. Los valores de J_i se determinaron a partir de la curva de calibrado universal por interpolación a partir de un archivo de interpolación no lineal. Una subrutina calculaba el peso

molecular, M_i, para un determinado valor de λ y J_i (ecuaciones 10.119 y 10.120). Otra subrutina comparaba el valor observado $[\eta]_{obs}$ con el calculado (partiendo de un valor inicial $\lambda = 0$) y posteriormente iteraba hasta encontrar un valor de λ para el que $[\eta]_{cal} = [\eta]_{obs}$. A partir de ese valor, el ordenador calculaba los diferentes promedios de peso molecular.

7) Se estudiaban diversas muestras de policloroprenos polidispersos obtenidos a diferentes conversiones en un proceso de polimerización en emulsión con iniciación radicalaria a 40°C, determinando la extensión de la ramificación de cadena larga en cada una. Los resultados se han resumido en la tabla 10.3.

Se aislaron seis muestras de policloropreno a conversiones comprendidas entre 11,7 y 82,3%. Obsérvese que los valores experimentales de la viscosidad intrínseca de las muestras exhiben un mínimo en función de la conversión, mostrando el efecto competitivo de los dos factores que influyen en $[\eta]$; el crecimiento en el peso molecular, que hace crecer a $[\eta]$, se contrapone al crecimiento en la ramificación de cadena larga que tiende a disminuir $[\eta]$.

***Tabla 10.3** Caracterización de las muestras de Policloropreno.*

% Conversión	11,7	33,6	55,9	62,8	71,9	82,3
$[\eta]_{THF}^{30°C}$	$1{,}50_0$	$1{,}49_2$	$1{,}47_8$	$1{,}49_0$	$1{,}52_8$	$1{,}54_1$
Valor calculado $[\eta]_{\lambda=0}$	1,49	1,48	1,60	1,67	1,82	1,92
$\lambda \times 10^5$	-	-	0,15	0,23	0,36	0,52
$\overline{M}_w \times 10^{-5}$	3,25	3,25	4,05	4,44	5,49	6,15
$\overline{M}_n \times 10^{-5}$	1,44	1,44	1,19	1,07	1,05	1,26
Polidispersidad	2,3	2,3	3,4	4,2	5,2	4,9
γ	0	0	0,38	0,50	0,66	0,76

La tercera fila de la tabla 10.3 muestra el valor calculado de $[\eta]_{\lambda=0}$ a partir de las curvas SEC de las muestras de policloropreno *suponiendo que el polímero es totalmente lineal*; esto es, $\lambda = 0$. Observe que las muestras obtenidas tras 11,7 y 33,6% de conversión tienen valores de $[\eta]_{\lambda=0}$ que, dentro del error experimental, son las mismas que los valores experimentales, lo que implica que dichas muestras son esencialmente lineales. Sin embargo, a altas conversiones, los valores de $[\eta]_{\lambda=0}$ son significativamente más grandes que los experimentalmente determinados, lo que sugiere la presencia de ramificación de cadena larga. Tras incorporar la función de ramificación descrita arriba, se determinaron valores de λ para cada muestra, de forma que los valores calculados y los valores experimentales de $[\eta]$ fueran los mismos. Los resultados se muestran gráficamente en la figura 10.27. Como era de esperar, observamos que a conversiones superiores a, aproximadamente, el 40%, el

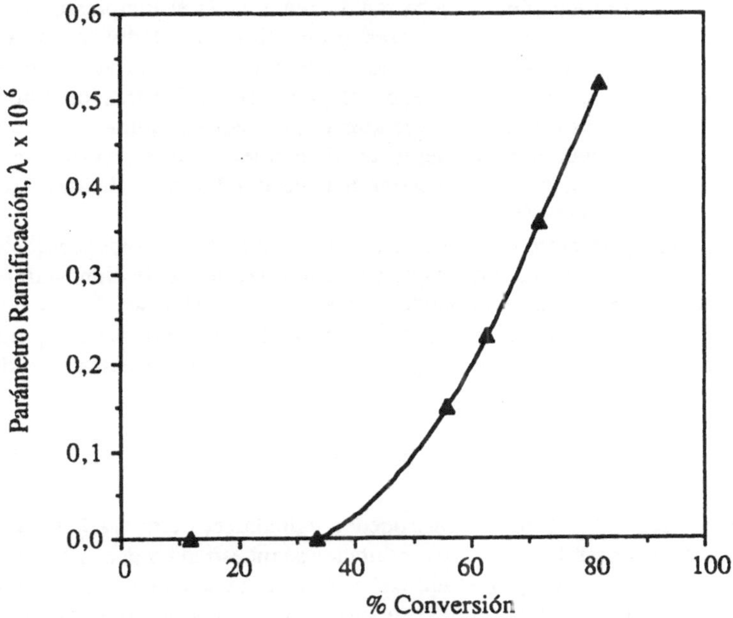

Figura 10.27 *El parámetro de ramificación, λ, para muestras de policloropreno aisladas a diferentes conversiones.*

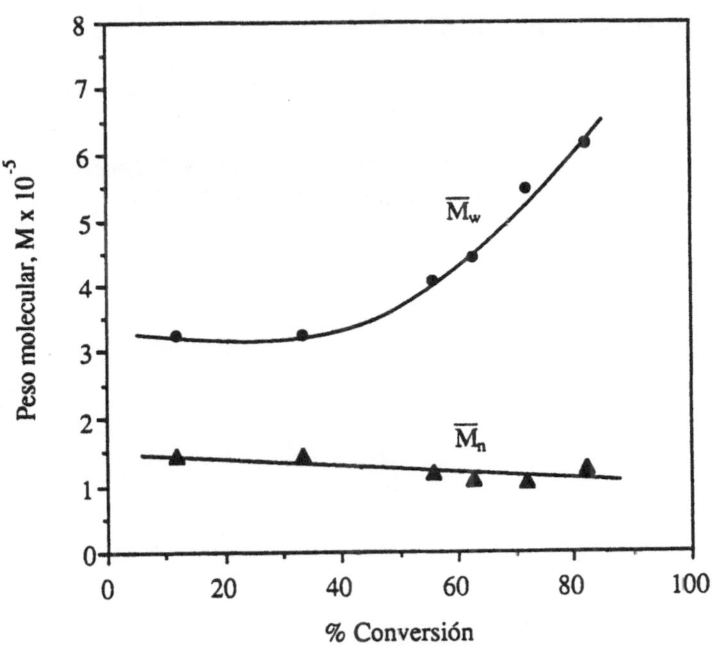

Figura 10.28 *Promedios de pesos molecular calculados para muestras de policloropreno aisladas a diferentes conversiones.*

parámetro de ramificación, λ, crece rápidamente hacia el incipiente punto de gelificación. Los pesos moleculares promedios calculados se muestran gráficamente en la figura 10.28. Como era de anticipar, se produce un rápido incremento en el promedio en peso del peso molecular tras un ≈40% de conversión, mientras que el correspondiente promedio en número permanece esencialmente constante. Evidentemente ello conlleva el que la polidispersidad crezca con la conversión (desde un valor de alrededor 2 hasta 5 al pasar desde un 40 a un 80% de conversión).

Existe otro parámetro de ramificación descrito de forma independiente por Stockmayer y Kilb que es interesante en polimerizaciones de dienos, donde el inicio de la gelificación tiene importantes repercusiones prácticas. Este parámetro de ramificación, denominado γ, oscila entre valores de cero para el polímero completamente lineal y uno en el punto de incipiente gelificación. Se define como:

$$\overline{m}_w = \lambda \, \overline{M}_w = \frac{\gamma}{1 - \gamma} \tag{10.124}$$

Ya que los valores de λ y $\overline{M}_w$ pueden calcularse, como ya hemos visto, podemos calcular también γ, cuyos resultados se muestran en la última fila de la tabla 10.3. Observe que γ es un indicador muy útil de cuánto cerca estamos del punto gel, pudiéndose ver que este sistema se acerca rápidamente a su gelificación.

G. TEXTOS ADICIONALES

(1) D. Margerison and G. C. East, *Introduction to Polymer Chemistry*, Pergamon Press, Oxford, 1967.

(2) H. G. Barth and J. W. Mays, *Modern Methods of Polymer Characterization*, Wiley-Interscience, New York, 1991.

CAPITULO 11

Propiedades Mecánicas y Reológicas

"Man's mind, stretched to a new idea,
never goes back to its original dimension"
—Justice O. W. Holmes
"When all else fails, use bloody great nails"
—J. E. Gordon

A. INTRODUCCION Y PERSPECTIVA GENERAL

Cuando se abordan las propiedades mecánicas y reológicas de los materiales existen diferentes formas de aproximarse al problema. Quizás la más común es la que podemos denominar "ingenieril" o "de medios continuos", que esencialmente ignora la naturaleza atómica o molecular de la materia, tratando el comportamiento mecánico de los sólidos en términos de las leyes de la elasticidad mientras que las propiedades reológicas de los líquidos se abordan en términos de las leyes de la dinámica de fluidos y del flujo viscoso. Las propiedades de sólidos y líquidos se consideran a menudo de forma separada, separación que, en principio, es completamente razonable y sumamente útil para muchos tipos de materiales. Los polímeros constituyen, por el contrario, un problema algo más peliagudo, exhibiendo comportamientos tanto de tipo elástico como viscoso a temperaturas y velocidades de aplicación de carga convencionales. La importancia relativa de cada comportamiento depende de la temperatura, la escala de tiempos elegida para el experimento, la estructura y morfología del polímero y unas cuantas cosas más. Consiguientemente, introduciremos para estos materiales lo que denominamos *propiedades viscoelásticas*. Inicialmente dividiremos todavía el tema en dos apartados, el primero de ellos centrado en propiedades más propias de un sólido y que hacen de los polímeros materiales muy útiles para diversas aplicaciones. El segundo apartado se centrará más en comportamientos parecidos a los de un líquido y que los polímeros exhiben fundamentalmente cuando se encuentran en estado fundido, el estado en el que se procesan la mayor parte de ellos. Pero ambas categorías tienen una tendencia casi natural a superponerse y lo que debe recordarse desde ahora es que aunque para un profano un polímero en particular pueda dar la sensación de comportarse como un sólido, ciertos aspectos de su comportamiento pueden recordar mucho a los de un líquido (aunque, a veces, podamos despreciarlos). De forma similar, un polímero en estado fundido tiene en su comportamiento ciertos aspectos elásticos además de los viscosos.

Comenzaremos nuestra discusión sobre las propiedades mecánicas y reológicas de los polímeros recordándole algunas leyes y definiciones básicas.

Permaneciendo dentro de la que hemos denominado aproximación de medios continuos, mostraremos en qué medida pueden aplicarse esas leyes a los polímeros y cómo pueden combinarse para tener en cuenta las propiedades viscoelásticas bajo cargas no destructivas. Esta es una forma de empezar muy útil y necesaria para este tipo de tema pero (al menos desde nuestro punto de vista) resulta incompleta sin una adecuada discusión de la relación entre estructura y morfología, que nosotros conceptuamos como aproximación "fisicoquímica" al problema y donde la discusión se centra en los mecanismos moleculares que apuntalan el comportamiento mecánico observado. Tal discusión nos llevará hasta el apartado final, en el que estudiaremos las condiciones bajo las cuales un polímero se rinde ante la agresión mecánica que sobre él se realiza, considerando también la forma en la que este proceso de fallo mecánico o, en última instancia, de rotura tiene lugar.

B. BREVE RESUMEN DE ALGUNAS CUESTIONES FUNDAMENTALES

Esfuerzos y deformaciones

Cuando nos enfrentamos a las propiedades mecánicas de un polímero se nos plantean unas cuantas cuestiones básicas:

1) ¿Cuánto se puede deformar bajo una determinada carga?.
2) Tras el cese de la acción de una determinada carga, ¿recupera el material su forma original o la deformación provocada será permanente?.
3) ¿Cuánta carga puede aguantar un polímero antes de romperse?.
4) ¿Cómo se comporta el material frente a un impacto?. ¿Es algo distinto
a su comportamiento frente a cargas estáticas?.

Trataremos cuestiones relacionadas con el fallo mecánico de los materiales más tarde, empezando aquí por la cuestión de la deformación bajo carga.

Comenzaremos primero con las definiciones de esfuerzo y deformación. Como Gordon* ha puesto de manifiesto, estos conceptos se confunden en la mente de muchos estudiantes que no han recibido una formación básica en comportamiento mecánico. Esfuerzo y deformación tienen significados claros y distintos y son la llave para distinguir entre las propiedades intrínsecas del material y aquellas otras que son función de su tamaño y forma. Por ejemplo, deberíamos esperar que una barra de acero de media pulgada de diámetro aguantara antes de romperse una carga más grande que una que sólo tiene un diámetro de una décima de pulgada. De forma similar, es predecible que un trozo largo de hilo se deforme o estire más bajo una determinada carga que un trozo más corto del mismo hilo. También es esperable que una fibra de caucho con el mismo diámetro y longitud que el hilo mencionado se deforme más bajo la misma carga. Si queremos comparar las propiedades del caucho con las del acero,

---

* J. E. Gordon, *The New Science of Strong Materials or Why You Don't Fall Through the Floor, Second Edition*. Penguin Books, (1976).

debemos buscar una forma de tener en cuenta el efecto de la forma y el tamaño. Comenzaremos definiendo el esfuerzo (σ) como:

$$\sigma = \frac{F}{A} \tag{11.1}$$

esto es, una fuerza (F) por unidad de área (A). La deformación (ε), es el cambio en longitud (Δl) dividida por la longitud original (l_0):

$$\varepsilon = \frac{\Delta l}{l_0} \tag{11.2}$$

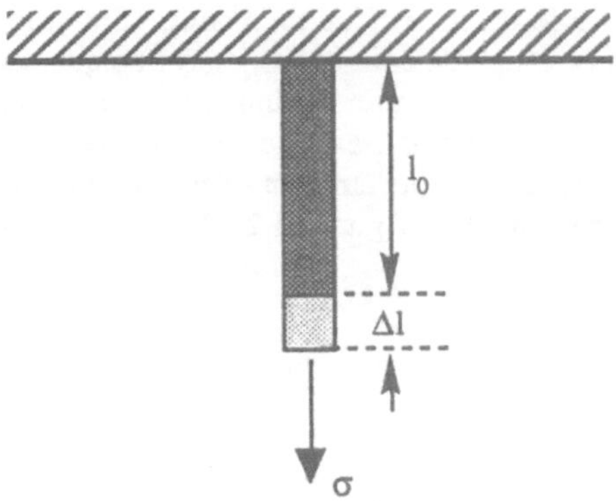

***Figura 11.1** Alargamiento uniaxial.*

Hooke fue el primero en darse cuenta (o al menos el primero en ponerlo por escrito) que el alargamiento de un material es aparentemente proporcional a la carga que se le ha aplicado (es decir, si un hilo se estira una cierta longitud bajo una carga de 100 kilos, bajo una carga de 200 kilos se estirará el doble). Como veremos, esta afirmación es sólo una aproximación válida para pequeñas deformaciones, pero nos olvidaremos de esta imprecisión por el momento. De mucho mayor interés para nosotros es que la variación real no sólo es proporcional a la carga, sino que depende del material que está bajo esfuerzo.

Todas estas cuestiones fueron resumidas de forma más explícita por Young, quien entendió que la ley de Hooke puede escribirse en la forma:

$$\frac{\text{Esfuerzo}}{\text{Deformación}} = \text{constante} \tag{11.3}$$

donde la constante, que representaremos por la letra E, es una característica del material y no del tamaño o forma sujeto a esfuerzo. Habitualmente escribiremos la ley de Hooke en la forma:

$$\sigma = E\varepsilon \tag{11.4}$$

donde E es el denominado módulo de Young. En esta discusión inicial de las propiedades elásticas hemos confinado nuestra atención en el *alargamiento uniaxial*, gráficamente resumido en la figura 11.1, así como en el cambio en las dimensiones del objeto a lo largo de esa única dimensión.

Aquellos estudiantes que tengan una base razonable sobre las propiedades elásticas lineales saben que este planteamiento es el más sencillo que uno puede realizar en esta disciplina y que si lo queremos complicar, las matemáticas se vuelven endiabladamente complejas. El principio básico sigue siendo, sin embargo, la ley de Hooke y el resto del tema es una extensión a situaciones en las que tenemos fuerzas de cizalla o cortadura, el material no es isotrópico (es decir, tiene diferentes propiedades dependiendo de la dirección considerada), y así sucesivamente. En nuestra discusión, nos ceñiremos fundamentalmente a alargamientos simples y, por tanto, a situaciones en las que podamos explicarnos en términos del módulo de elasticidad de Young. Sin embargo, en uno y otro lado necesitaremos otro tipo de cantidades, de forma que será necesario revisar brevemente algunas definiciones antes de introducirnos en el flujo viscoso.

Cuando estiramos un material, éste no se deforma sólo en la dirección del esfuerzo o carga aplicada, sino que también se contrae en dirección perpendicular al estiramiento, como ilustra la figura 11.2. La extensión de esta contracción

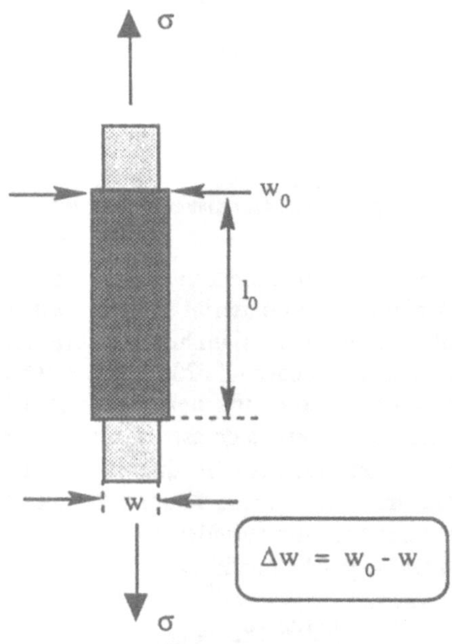

Figura 11.2 Contracción en dirección perpendicular a un estiramiento.

es proporcional al alargamiento en la dirección del estiramiento, de forma que si denominamos Δw a la variación en la anchura del material y w_0 a la anchura original:

$$\frac{\Delta w}{w_0} = - \upsilon \frac{\Delta l}{l_0} \tag{11.5}$$

donde υ es la llamada *constante o relación de Poisson.*

Si estamos considerando materiales homogéneos o isotrópicos, el módulo de Young E y la constante de Poisson υ son las únicas constantes que necesitamos de cara a caracterizar completamente las propiedades elásticas. Por ejemplo, si queremos examinar qué le ocurre a un material cuando se le somete a una presión hidrostática uniforme P, tal y como se ilustra en la figura 11.3, podemos entonces definir un *módulo de compresión* B:

$$P = -B\frac{\Delta V}{V_0} \tag{11.6}$$

donde ΔV es el cambio de volumen. Como intuitivamente pudiera esperarse, es posible demostrar que existe una relación sencilla entre E, B y υ;

$$B = \frac{E}{3(1 - 2\upsilon)} \tag{11.7}$$

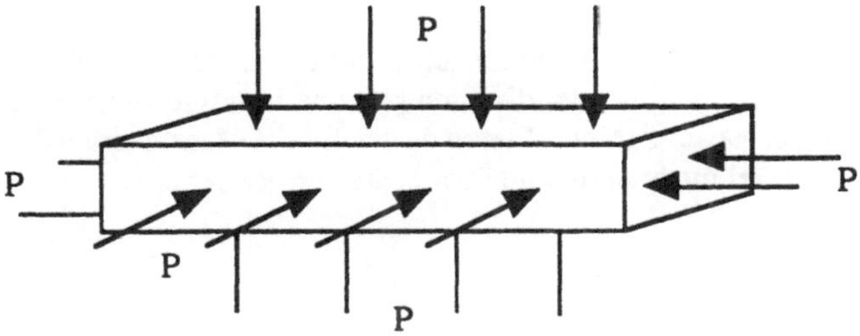

Figura 11.3 Esquema de un material sujeto a una presión hidrostática uniforme.

De forma similar, si necesitamos considerar lo que le ocurre a un material sujeto a una fuerza de cizalla, tal y como ilustra la figura 11.4, podemos entonces definir un *módulo de cizalla*, G, que se relaciona con E y υ a través de la ecuación:

$$G = \frac{E}{2(1 + \upsilon)} \tag{11.8}$$

El salto desde un alargamiento simple a una compresión por efecto de una presión uniforme es directo pero de cara a definir el módulo de cizalla, debemos comenzar fijándonos en la dirección de nuestras fuerzas y desplazamientos, cuestión en la que comienzan a atascarse muchos estudiantes, dada la necesidad de emplear irritantes conceptos como el álgebra de matrices o los tensores. La fuerza de cizalla que hemos ilustrado en la figura 11.4 es paralela a un plano y, arbitrariamente, vamos a hacer que ese plano sea el x-y de un sistema cartesiano. Esto plantea la cuestión de cómo se definen las deformaciones, ya que tanto las dimensiones "verticales" como las "horizontales" del objeto de simetría cúbica mostrado en la figura están cambiando. La forma más conveniente es expresar la deformación en términos del ángulo de deformación del material:

$$\tan \theta = \frac{\delta}{l_0} = \gamma_{xy} \qquad (11.9)$$

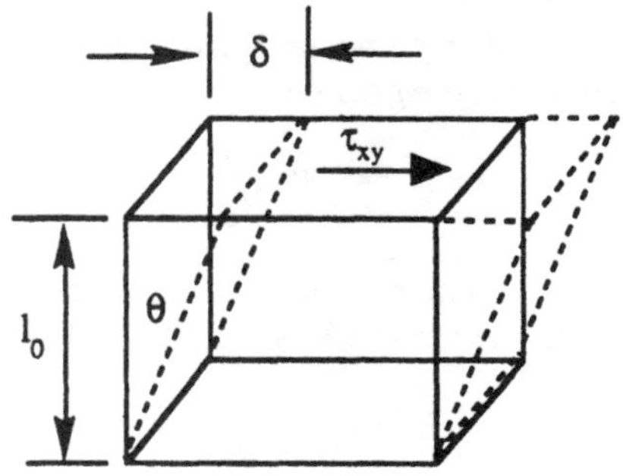

Figura 11.4 Material sujeto a un esfuerzo de cizalla.

Observe que nuestra γ_{xy}, se define ahora como una deformación *paralela* a la dirección de la fuerza aplicada, dividida por una longitud *perpendicular* a esa dirección. De forma similar, el esfuerzo de cizalla es la fuerza aplicada *paralela* a la cara o plano en el material dividida por el área de esa cara:

$$\tau_{xy} = \frac{F}{A_{xy}} \qquad (11.10)$$

(compare esta definición con el alargamiento simple, donde el esfuerzo es igual a la fuerza *perpendicular* a esa cara, dividido por el área de la cara). Consiguientemente, es posible definir G como:

$$\tau_{xy} = G\,\gamma_{xy} \qquad (11.11)$$

Las ecuaciones que describen los esfuerzos normales y de cizalla pueden ahora combinarse para describir la deformación de un pequeño elemento cúbico de un material bajo esfuerzo. La forma más conveniente de plantearlo es en términos de matrices y por tanto de representaciones de tensores que algunos de los lectores pueden haber sufrido en otros textos. Este planteamiento es particularmente necesario en materiales no-isotrópicos, ya que los módulos elásticos de tales materiales son distintos en direcciones diferentes. En el caso de materiales cristalinos hipotéticamente perfectos, este hecho puede ser una consecuencia de la estructura, ya que las fuerzas de atracción entre átomos y moléculas pueden depender del modo de empaquetamiento y organización en el cristal (es decir, es posible que sean diferentes a lo largo de sus diferentes planos cristalográficos). Cualquier tipo de defecto en el cristal introduce consiguientemente todo tipo de problemas adicionales. En polímeros, la alineación de cadenas en una dirección particular provoca que las propiedades elásticas en dirección paralela a la de alineación sean completamente diferentes de las que se dan en dirección perpendicular, ya que los enlaces covalentes son más fuertes que cualquier tipo de débil fuerza intermolecular. Afortunadamente, si uno quiere sólo obtener una visión general de las propiedades mecánicas de polímeros no tenemos por qué seguir mucho más lejos en la descripción de la mecánica de medios continuos. Nos basta con saber diferenciar entre esfuerzo normal y esfuerzo de cizalla, entre módulo de Young, módulo de cizalla y módulo de compresión.

La ley de Hooke se aplica únicamente a pequeñas deformaciones de sólidos ideales, especie raramente existente en la vida real. Sin embargo, dicha ley funciona razonablemente bien para muchos materiales, siempre que no sobrepasemos un cierto punto. Más allá comienzan a constatarse desviaciones sobre el (aparente) comportamiento ideal y el material se rompe o se deforma irreversiblemente. Sin embargo, dado que habitualmente estamos más interesados en emplear materiales dentro del intervalo en el que ni se deforman permanentemente ni se rompen, la ley de Hooke es extraordinariamente útil y constituye un pilar fundamental en las ciencias ingenieriles.

Viscosidad

Existe una ley sencilla para describir el flujo de un líquido, ley que es una aproximación pero que no deja de constituir una adecuada manera de formular las propiedades de muchos líquidos. Dicha ley, debida a Newton, relaciona el esfuerzo de cizalla y la velocidad de deformación:

$$\tau_{xy} = \eta \dot{\gamma}_{xy} \tag{11.12}$$

siendo η una constante de proporcionalidad denominada coeficiente de viscosidad o, más habitualmente, simplemente viscosidad del fluido.

Hemos definido ya lo que entendemos por esfuerzo de cizalla [fuerza dividida por el área sobre la que (paralela a la que) dicha fuerza actúa] pero, sin embargo, no hemos definido la velocidad de deformación, algo que, por otro lado, es muy fácil de hacer. Consideremos que nuestro fluido ha sido colocado entre dos placas situadas entre si a una distancia (y), tal y como muestra la figura 11.5. Manteniendo quieta la placa inferior, dejamos que la superior se mueva a una

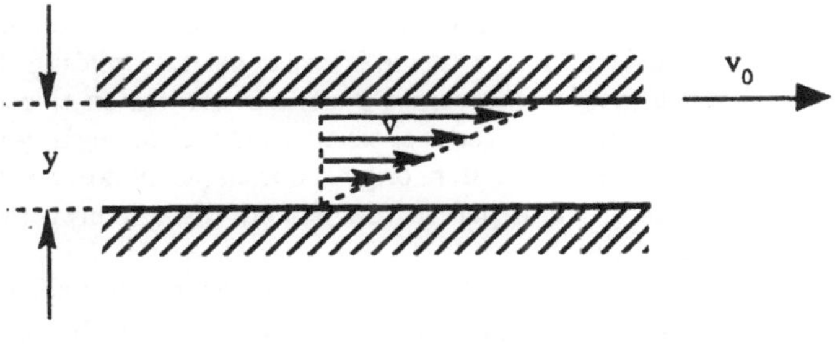

***Figura 11.5** Perfil de velocidad en un fluido ideal sometido a un esfuerzo de cizalla.*

velocidad v_0. La velocidad del fluido *con relación a cada placa* es cero justo en la superficie (lo cual constituye, además, un hecho experimental y no una mera hipótesis). Ello significa que en el fluido y entre las placas existe un perfil de velocidad, ya que las partículas de dicho fluido situadas justo en la parte inferior están quietas, mientras que las situadas justo en la parte superior se mueven con una velocidad v_0. Vamos a suponer que el fluido es ideal y que, por tanto, tal perfil de velocidad es lineal, tal y como muestra la figura 11.5. Recordemos ahora que de cara a definir el módulo de cizalla, colocamos un objeto cúbico bajo esfuerzo, deformando horizontalmente la superficie superior en una cantidad δ. El esfuerzo de cizalla γ_{xy} es igual a la cantidad δ/l_0, donde l_0 es la distancia entre las superficies superior e inferior de nuestro cubo. Estamos aquí moviendo la superficie superior en una cantidad de v unidades por segundo (x/t, si la superficie superior se mueve una cantidad x en t segundos) de forma que nuestra definición de la *velocidad* de deformación es simplemente v/y, donde y es la distancia entre placas. De forma más general, podemos considerar una deformación infinitesimal, denominando dv a la diferencia de velocidad entre dos capas de líquido situadas entre sí a una distancia dy dentro de un flujo laminar, de forma que la velocidad de deformación viene dada por:

$$\frac{dv}{dy} = \frac{d}{dt}\left(\frac{dx}{dy}\right) = \dot{\gamma}_{xy} \qquad (11.13)$$

Con todo lo visto estamos más o menos en condiciones de presentar un cuadro general de las propiedades reológicas y mecánicas de los polímeros. Consideraremos antes brevemente el asunto de las unidades para después discutir aquellas propiedades elásticas que son características del estado sólido.

Un repaso a las unidades

Vaya por delante una confesión de los autores; en lo que se refiere a las unidades somos ingleses y de la vieja ola y como tales nos sentimos más cómodos con unidades como las libras por pulgada cuadrada (psi), que con modernidades como el pascal (newtons/m^2). Ello es, sin duda alguna, un residuo de nuestra educación como antiguos escolares ingleses a los que poco afectaba la Revolución Francesa. Estábamos convencidos de que no había sido capaz de cruzar el canal y, por tanto, poco nos importaba que hubiera dado lugar a tres cuestiones fundamentales en la reforma de cualquier tipo de medida: el sistema métrico decimal, el calendario y las unidades de tiempo. Aunque ahora reconocemos que el moderno SI o "Système International des Unités" es la lógica extensión del sistema métrico, no vamos a ser consistentes en el uso de las unidades, saltando de libras y pulgadas al sistema cgs y al SI según y como se hayan dado los resultados en la literatura original que emplearemos. Así que para no confundir aún más al lector parece conveniente discutir brevemente las equivalencias entre unidades.

Se ha definido previamente el esfuerzo como una fuerza por unidad de área, lo que nos proporciona el primer problema, ya que tenemos que distinguir entre unidades de masa y de peso. Originalmente, un kilogramo fue una unidad de peso (fuerza), correspondiente a un cilindro patrón de platino e iridio almacenado bajo tres llaves en Sèvres, Francia (y que a pesar de todas las precauciones parece que se está volviendo más pesado como consecuencia del crecimiento en su superficie de ciertas trazas de porquería). Lo que llamamos *peso* es en realidad la fuerza ejercida por acción de la gravedad sobre la *masa* de un material, de forma que debemos diferenciar entre un Kg de masa y uno de fuerza. Por supuesto, los que deciden estas cosas han ideado un sistema basado en unidades gravitacionales pero no hemos visto nunca que se use. Como se podía esperar, el sistema SI, basado en la superior lógica gala, usa la masa, de forma que un newton (N) es un kg m/sg^2 y las correspondientes unidades de esfuerzo son simplemente $newtons/m^2 = 1$ Pa (pascal). Los anticuados sistemas inglés o americano usan las libras como unidad de *peso*, de forma que las unidades de esfuerzo serían libras/pulgada cuadrada (psi).

El sufrido lector se encontrará a veces con un prefijo como M o G que provienen de las palabras mega o giga (es decir, MPa, GPa; megapascales y gigapascales, iguales a 10^6 y 10^9 Pa, respectivamente). Para realizar conversiones entre las diversas unidades deberá aplicar simplemente las siguientes igualdades:

$$1 \text{ Pa} = 10 \text{ dinas/cm}^2$$
$$1 \text{ MPa} = 145 \text{ psi}$$

Las unidades de deformación son más sencillas, ya que no hay tales, al ser una longitud dividida por una longitud. Consiguientemente, el módulo de Young tendrá unidades de esfuerzo.

En lo que se refiere a la viscosidad, ya hicimos notar en nuestras discusiones sobre las medidas de peso molecular (capítulo anterior) que es habitual expresarla en términos del poise, P, donde:

$$1 \text{ P (poise)} = 1 \text{ dina seg/cm}^2$$

Hay una unidad equivalente en el sistema SI de unidades, N seg/m^2, el llamado poiseuille, Pl, siendo:

$$1 \text{ Pl (poiseuille)} = 10 \text{ P (poise)}$$

C. COMPORTAMIENTO ESFUERZO-DEFORMACION

Para muchas aplicaciones de corte ingenieril, sería interesante conocer únicamente unas pocas cosas sobre el material que estamos empleando. Por ejemplo, ¿cuán rígido es dicho material o, en otras palabras, cuánto se deforma bajo un determinado esfuerzo o carga? ¿Cuál es la resistencia de ese material o cuál es el nivel de esfuerzo que puede soportar sin deformarse irreversiblemente o romperse?. Incluso si el material parece resistente bajo cargas estáticas, ¿es quebradizo?, ¿se rompe fácilmente ante un impacto? (es decir, bajo una alta *velocidad* de carga)?. Además de estas preguntas, existen otras propiedades tales como la dureza, la capacidad de soportar esfuerzos cíclicos (fatiga), la resistencia a la carga en presencia de un disolvente orgánico, etc. Se trata de propiedades que también son importantes pero en este tratamiento general sólo nos centraremos en algunas de las principales características mecánicas de los materiales poliméricos. Existe, sin embargo, una propiedad crucial sobre la que no vamos a entrar ahora y es la respuesta de un polímero a una carga estática que se mantiene durante un tiempo prolongado. Como veremos, los polímeros bajo esas condiciones pueden deformarse irreversiblemente (fluencia bajo carga o "creep"). La extensión de esta deformación depende del tamaño del esfuerzo aplicado, del tiempo, de la temperatura y, por supuesto, de la estructura y morfología del polímero. Consideraremos más tarde este problema bajo el epígrafe de propiedades viscoelásticas y comenzaremos aquí nuestra discusión con la aproximación clásica a las propiedades mecánicas, que esencialmente supone colocar la muestra en una máquina de ensayos (usualmente una máquina Instron®), donde se estira la probeta a una velocidad controlable hasta que ésta se rompe. La máquina registra la deformación en función del esfuerzo aplicado y los gráficos esfuerzo-deformación suministran información concerniente a las cantidades que hemos detallado previamente tales como rigidez, resistencia y, en cierto grado, tenacidad.

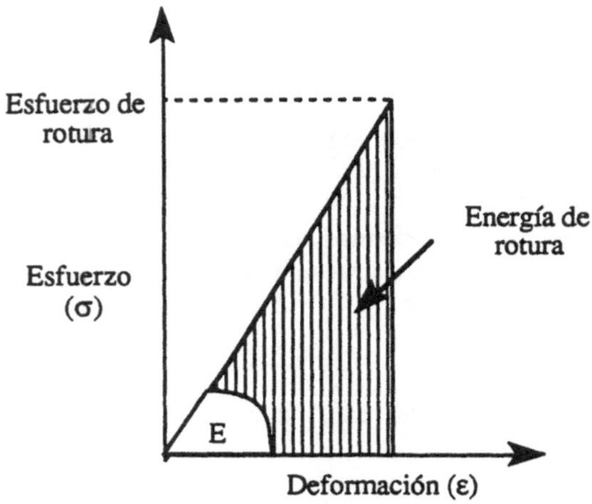

Figura 11.6 Curva esfuerzo-deformación de un material hipotético.

Para un hipotético material ideal, podemos esperar un tipo de gráfico como el que ilustra la figura 11.6, donde se produce un comportamiento lineal hasta un punto en el que el material falla o se rompe sin deformación plástica. Si ésta existiera, las curvas esfuerzo-deformación tendrían formas extrañas como las que pronto veremos. La curva, o en este caso la línea recta, proporciona otros elementos de información, como el esfuerzo de rotura, que puede identificarse con la resistencia del material; su rigidez, medida por el módulo de Young y dada por la pendiente de la recta (es decir, esfuerzo dividido por deformación) y, finalmente, la energía de rotura, proporcional al área bajo la curva y que puede identificarse como una medida de la tenacidad.

A los materiales reales, como suele ser habitual, no les da por comportarse de esta forma. Sin embargo, algunos no se apartan mucho de ese comportamiento, mostrando una línea que se curva un poco pero que es casi recta hasta el punto de rotura. Volveremos sobre esto y lo explicaremos más en detalle cuando discutamos la base molecular del comportamiento mecánico observado pero por ahora confinaremos nuestra atención en los tipos de curvas esfuerzo-deformación que habitualmente se obtienen con polímeros. Estas curvas dependen de la estructura y la morfología del polímero o, lo que es igual, dependen de si estamos en presencia de un material vítreo o de un elastómero, de si es semicristalino o no o de si se trata de algún tipo de sistema multifásico (por ejemplo, copolímeros de bloque). Curvas típicas se muestran en la figura 11.7. Se trata de una figura de corte esquemático con el único propósito de ilustrar diferentes tipos de comportamiento. La forma exacta de la curva, el valor del esfuerzo de rotura, etc. dependerá del polímero concreto que estemos considerando.

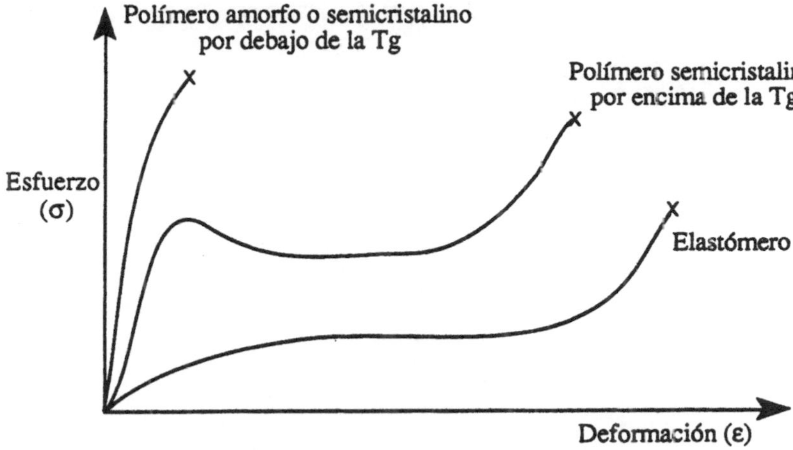

***Figura 11.7** Curvas típicas esfuerzo-deformación en materiales poliméricos.*

Como probablemente el sagaz lector podrá anticipar, polímeros en estado vítreo o que tienen regiones amorfas en estado vítreo, tienen valores más altos del módulo (pendiente de la curva esfuerzo-deformación) que aquellos polímeros que se encuentren por encima de su T_g a las temperaturas a las que los estemos considerando (es decir, aquellos con regiones amorfas de tipo elastomérico).

Ya que muchas de las gráficas esfuerzo-deformación no son lineales sino más o menos curvadas en cierta extensión, solemos definir el módulo como la pendiente inicial de la representación o tangente a la curva en el origen. Estos polímeros vítreos, rígidos, tienen a menudo representaciones esfuerzo-deformación ligeramente curvadas y no hacen habitualmente nada extraño antes de romperse. Este comportamiento contrasta con polímeros amorfos de tipo elastómero o polímeros semicristalinos cuyas regiones amorfas están por encima de sus T_g. Fijemos nuestra atención en primer lugar en los elastómeros y consideremos uno que se encuentre ligeramente reticulado, de forma que no tengamos que preocuparnos mucho sobre la posibilidad de que el material fluya durante la escala de tiempos en la que realizamos el experimento esfuerzo-deformación. Ya que mucha gente considera a los elastómeros como materiales casi perfectamente elásticos, lo más probable es que piense que las curvas esfuerzo-deformación debieran ser perfectamente rectas o casi, pero con un pequeño valor en la pendiente. La curva esfuerzo-deformación realmente observada es una curva inusual, tal y como ilustra la figura 11.8. Y este comportamiento no es debido a deformaciones plásticas u otro tipo de problema, sino que se trata de una característica "elástica" inherente a estos materiales.

Parece claro que debemos distinguir entre *materiales altamente elásticos*, entendiendo por tales aquellos que se deforman reversiblemente en gran extensión bajo un cierto esfuerzo o carga y el normal *comportamiento elástico*, término por el que entendemos el de un material que (más o menos) obedece la ley de Hooke, incluso aunque pueda deformarse sólo en un uno o un dos por ciento. El punto clave es que para el caso de los elastómeros ya no nos preocupan

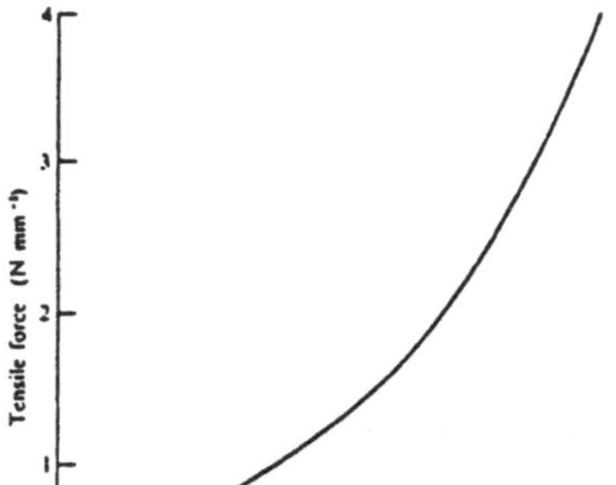

Figura 11.8 *Curva esfuerzo-deformación típica de un elastómero. Reproducción permitida tomada de L. R. G. Treloar,* The Physics of Rubber Elasticity, *Clarendon Press, Oxford, 1975.*

las pequeñas deformaciones características de los vidrios poliméricos sino las deformaciones mucho más importantes, digamos de órdenes de magnitud que pueden llegar hasta un 1000%. Trataremos la base molecular de la elasticidad del caucho más tarde pero debemos adelantar ya que este tipo de comportamiento puede también entenderse desde el punto de vista del modelo de los medios continuos, eliminando las restricciones impuestas por la ley de Hooke (implicando que el esfuerzo es una función lineal de la deformación) y pequeñas deformaciones.

No entraremos en la derivación de todo esto, ya que supone el empleo de las llamadas invariantes de deformación, lo que hace que la derivación se desarrolle a través de ecuaciones para la energía de deformación. Sin embargo, debe estar al tanto del resultado, la llamada ecuación de Mooney-Rivlin, que se ha empleado extensamente en el análisis del comportamiento esfuerzo-deformación de los materiales elastoméricos:

$$\sigma = 2C_1\left[\lambda - \frac{1}{\lambda^2}\right] + 2C_2\left[\lambda - \frac{1}{\lambda^3}\right] \qquad (11.14)$$

o, alternativamente,

$$\sigma = 2\left[C_1 + \frac{C_2}{\lambda}\right]\left[\lambda - \frac{1}{\lambda^2}\right] \tag{11.15}$$

donde λ es la relación de alargamientos, l/l_0 (que no es lo mismo que la deformación que viene dada por $(l - l_0)/l_0$). Veremos más tarde que la teoría molecular de la elasticidad del caucho proporciona el primer término de la ecuación 11.14, pero no el segundo. Como corresponde a un modelo que contiene un parámetro adicional de ajuste (C_2), las ecuaciones 11.14 o 11.15 proporcionan una buena correlación con los datos experimentales. Consiguientemente, se han realizado varios intentos para proporcionar una base molecular a la ecuación Mooney-Rivlin. Sin embargo, los resultados han sido poco satisfactorios.

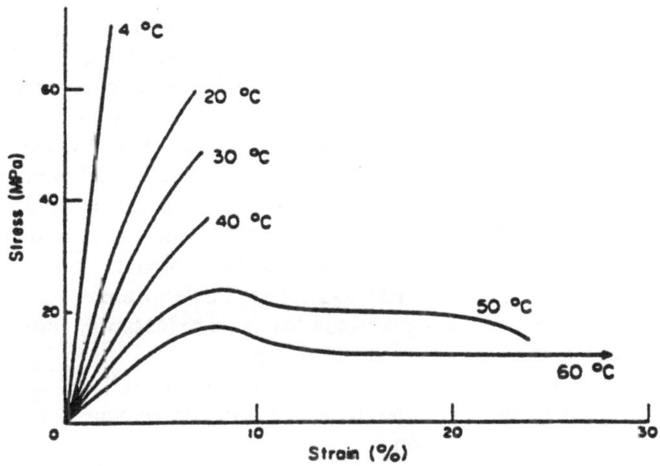

Figura 11.9 *Curvas esfuerzo deformación de un polímero vítreo como el polimetacrilato de metilo en función de la temperatura. Reproducción permitida tomada de T. S. Carswell y H. K. Nason,* Symposium on Plastics, *American Society for Testing Materials, Philadelphia, 1944.*

El comportamiento esfuerzo-deformación de los polímeros vítreos y los elastómeros se ilustra en la figura 11.7, representando obviamente dos extremos de un intervalo. Se pueden obtener diversos comportamientos intermedios si tomamos un polímero vítreo y medimos su comportamiento esfuerzo-deformación en función de la temperatura, tal y como se muestra en la figura 11.9. El mismo tipo de comportamiento puede obtenerse adicionando un plastificante al polímero vítreo (bajando así la T_g de la mezcla resultante, más que elevar la temperatura de la muestra sin plastificante).

Finalmente, si queremos cerrar nuestra discusión de las curvas genéricas esfuerzo-deformación necesitamos considerar el caso de polímeros flexibles de naturaleza semicristalina. En este caso, si la velocidad de deformación no es muy rápida, existe la posibilidad de un punto de flujo o yield point. El material se deforma (más o menos) elásticamente hasta ese punto, en el que se forma un "cuello" en la probeta y, repentinamente, el material se estira considerablemente. A continuación parece volver a ganar cierta resistencia al esfuerzo aplicado para, finalmente, romperse a altas cargas. Existe una razón molecular sencilla para este aparentemente extraño comportamiento sobre el que volveremos más tarde cuando describamos las condiciones de fallo mecánico. Observe que este pequeño "salto" en el punto de flujo se debe a que el material, gracias al "cuello" formado, cambia su área transversal. En representaciones como las que vamos a emplear consideraremos habitualmente el llamado esfuerzo "nominal", tomado con respecto al área transversal inicial de la muestra.

D. VISCOSIDAD DE POLIMEROS FUNDIDOS

En los párrafos previos hemos descrito brevemente las propiedades elásticas de los polímeros sin mencionar la componente viscosa de sus respuestas mecánicas. Haremos ahora justamente lo contrario, estudiando la viscosidad de polímeros fundidos (esto es, a temperaturas suficientemente por encima de sus T_m y T_g) sin decir mucho sobre la componente elástica del comportamiento del fundido. No es que la componente elástica deba despreciarse, ya que conduce a efectos tales como el hinchamiento post-extrusión (el polímero en estado fundido, al salir de un capilar, tiende a aumentar su radio, a hincharse) y a la fractura de fundido, ambos de mucha importancia en los procedimientos de procesado de polímeros. Estamos ahora simplemente confinando nuestra discusión en la componente viscosa del comportamiento, de cara a ilustrar algunos puntos importantes y ciertas relaciones. Posteriormente, en la siguiente sección, discutiremos las propiedades viscoelásticas, considerando conjuntamente los dos puntos de vista anteriores.

Comenzaremos recordándole la definición característica de un fluido newtoniano, que relaciona el esfuerzo de cizalla con la velocidad o gradiente de deformación, mediante la ecuación:

$$\tau = \eta \dot{\gamma} \tag{11.16}$$

donde la constante de proporcionalidad η es la viscosidad. Este sencillo comportamiento se ilustra en la figura 11.10, donde también se recogen los dos tipos de desviación al comportamiento newtoniano que caracterizan a los llamados fluidos *pseudoplásticos* y a los (menos habituales) fluidos *dilatantes*. Los polímeros en estado fundido (y las disoluciones) tienen habitualmente un comportamiento pseudoplástico (sólo algunos polímeros que cristalizan bajo esfuerzo se comportan de forma dilatante). Como el nombre puede sugerir y, sobre todo la figura 11.10 indica, por el término pseudoplástico entendemos el de un material cuya viscosidad disminuye al ir aumentando la velocidad de deformación, lo que es de obvia importancia durante el procesado de un polímero. Aunque discutiremos la base molecular de las propiedades reológicas y mecánicas más adelante, es útil mencionar aquí que este tipo de comportamiento es debido al cambio que se produce en el número de entrelazamientos existentes entre las cadenas al ir aumentando la velocidad de deformación. Parece lógico deducir, con esa explicación, que la viscosidad de fundido sea una función del peso molecular (y también de la temperatura, que afecta a los movimientos moleculares), lo que veremos que es cierto en breve plazo. Antes de dedicarnos a esos menesteres necesitamos definir, sin embargo, una medida de la viscosidad que pueda emplearse como base de comparación de diferentes comportamientos.

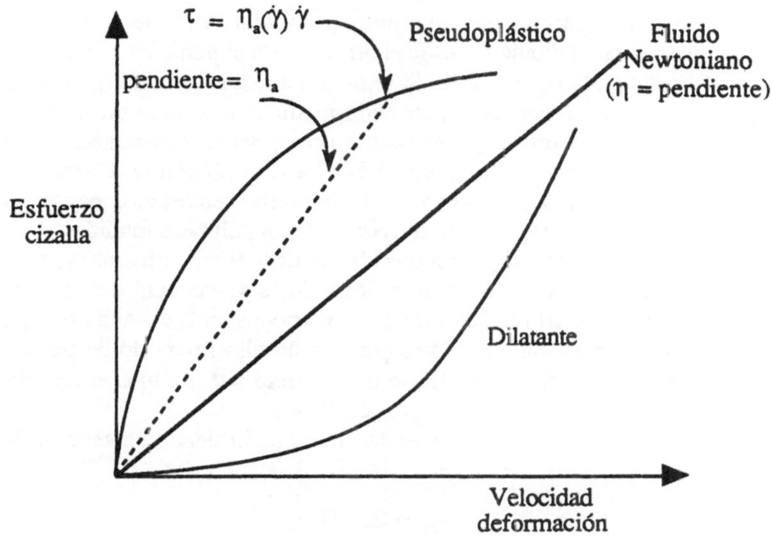

***Figura 11.10** Representación esquemática del esfuerzo de cizalla frente a la velocidad de deformación para fluidos newtonianos y no newtonianos.*

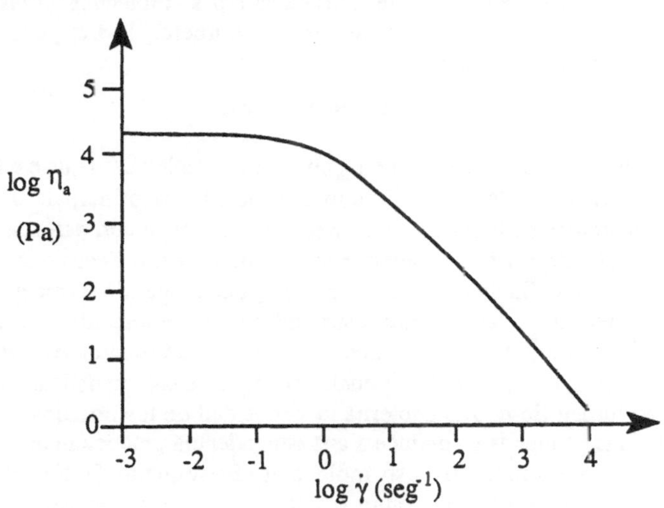

***Figura 11.11** Representación esquemática de η_a frente a $\dot{\gamma}$, para un polímero fundido.*

Para fluidos no newtonianos, la viscosidad depende de la velocidad de cizalla, de forma que es posible definir una viscosidad aparente, $\eta_a\dot{\gamma}$, de acuerdo con la ecuación:

$$\tau = \eta(\dot{\gamma})\ \dot{\gamma} \tag{11.17}$$

La viscosidad aparente en un punto particular, η_a, viene dada por la pendiente de la secante dibujada desde el origen hasta el punto en cuestión, como también se ilustra en la figura 11.10. Si tomamos ahora valores de η_a obtenidos a partir de tales representaciones (a menudo medidas mediante un instrumento denominado reómetro capilar), podemos entonces obtener representaciones de η_a frente a $\dot{\gamma}$, lo que se ilustra en la figura 11.11. La *viscosidad a gradiente cero* (es decir, el valor límite de η_a cuando $\dot{\gamma} \rightarrow 0$), que representaremos por η_m, es el valor que se usa como parámetro característico de un polímero fundido.

La variación de η_m con el peso molecular no deja de ser intrigante y, en algún sentido, mal comprendida. Si el logaritmo de la viscosidad del fundido se representa frente al logaritmo del número de carbonos en la cadena principal, se pueden obtener curvas muy similares para un amplio intervalo de polímeros, como se muestra en la figura 11.12, lo que sugiere que algún tipo de relación teórica subyacente debe existir entre estas cantidades.

Para muestras de bajo peso molecular, la relación tiene una sencilla forma lineal:

$$\eta_m = K_L (DP)_w^{1,0} \tag{11.18}$$

donde $(DP)_w$ es el número promedio en peso de átomos de carbono en la cadena principal y K_L es sólo una constante. Flory* fue quien encontró, ya en 1940, una relación de este tipo para poliésteres de bajo peso molecular. Más tarde, sin embargo, se llegó a la conclusión de que los polímeros de alto peso molecular obedecen una relación diferente.

$$\eta_m = K_H (DP)_w^{3,4} \tag{11.19}$$

El cambio en la dependencia de η_m con el peso molecular ocurre a longitudes de cadena del orden de 300-500 átomos en la cadena principal. Aunque las gráficas mostradas en la figura 11.12 hacen que la transición parezca ser nítida, algo que resulta de ajustar los puntos experimentales a dos líneas rectas, lo cierto es que el cambio en la dependencia con $(DP)_w$ tiene lugar de forma gradual pero sobre un intervalo relativamente estrecho de peso molecular. Siguiendo a Graessley**, es muy útil suponer que la viscosidad de fundido está relacionada con dos factores, el primero de los cuales depende de características locales tales como el volumen libre, que gobierna la viscosidad de los líquidos constituidos por moléculas pequeñas y conduce a una dependencia prácticamente lineal de la viscosidad con respecto al peso molecular. El segundo factor depende del entrelazamiento de las cadenas entre sí y se torna importante a partir de un valor

---

* P. J. Flory, *J. Am. Chem. Soc.*, **62**, 1057 (1940).
** W. W. Graessley, *Adv. Polym. Sci.*, **16**, 1 (1974).

crítico del peso molecular (o de la longitud de cadena). Volveremos sobre esto y su soporte molecular en breve (aunque sólo de forma introductoria, dadas las dificultades que presenta para este nivel un tratamiento matemático riguroso), pero terminaremos esta sección con algunos comentarios sobre las implicaciones prácticas de estas relaciones.

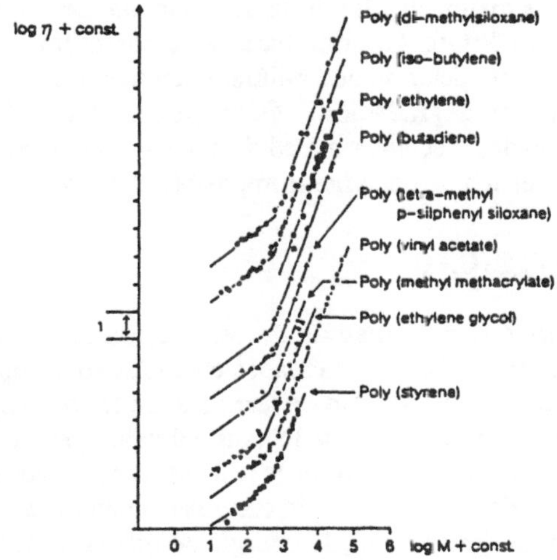

Figura 11.12 *Representación del logaritmo de la viscosidad de fundido frente al logaritmo del peso molecular para distintos polímeros. Reproducción permitida tomada de G. C. Berry and T. G. Fox,* Adv. Polym. Sci., *5, 261 (1968).*

Si se examina la ecuación 11.19 y se considera el efecto de duplicar el peso molecular, resulta obvio que la viscosidad de fundido del polímero crecerá en un factor de $2^{3.4}$, o lo que es igual, alrededor de 10. Esto parecería indicar que el procesado en fundido de polímeros de alto peso molecular pudiera resultar una

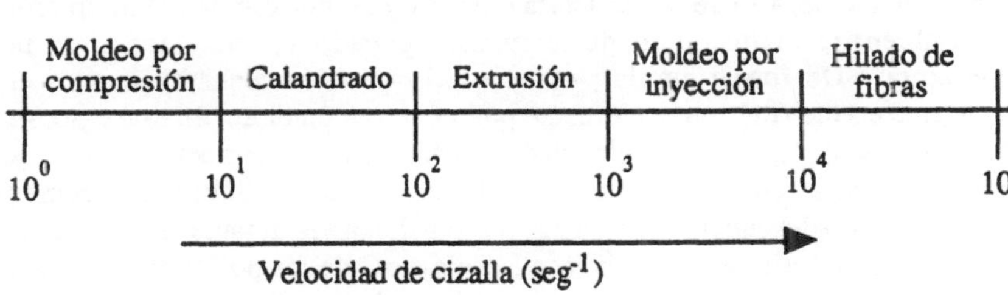

Figura 11.13 *Intervalo aproximado de velocidades de deformación en equipos convencionales de procesado.*

tarea casi imposible. Hay dos aspectos, sin embargo, que nos libran de esa dificultad. Debemos recordar primero que, en la relación exponencial que manejamos, estamos utilizando viscosidades a gradiente cero. A velocidades de deformación más elevadas la viscosidad de fundido debe ser considerablemente más baja. El intervalo aproximado de velocidades de deformación características de los procedimientos comerciales de procesado se ha resumido en la figura 11.13.

Segundo, la viscosidad en fundido también decrece con el aumento de la temperatura. Esta dependencia con la temperatura puede describirse mediante la ecuación WLF que ya mencionamos en nuestra discusión sobre la T_g y sobre la que discutiremos en mayor detalle en la subsiguiente sección. Sin embargo, existe claramente un límite superior para la temperatura de procesado que podemos emplear con un determinado polímero, temperatura que viene impuesta por su temperatura de degradación. Consiguientemente, los polímeros se procesan con dificultades crecientes a medida que su peso molecular va creciendo y, a ciertos niveles, resulta prácticamente imposible el hacerlo.

E. VISCOELASTICIDAD

Cuando estiramos o deformamos de otra forma un sólido cristalino, la energía elástica se almacena en los enlaces estirados (o comprimidos), lo que proporciona al material la posibilidad de recuperar su forma original una vez que la causa de la deformación ha cesado (suponiendo que la carga no sea lo suficientemente grande como para romper enlaces, para provocar deslizamientos a lo largo de planos cristalinos, etc.). En contraste, cuando se aplica un esfuerzo de cizalla a un fluido newtoniano, la energía se disipa inmediatamente como consecuencia del propio flujo. Al cesar el esfuerzo aplicado no hay lugar para una recuperación elástica. En cierta medida todos los materiales son viscoelásticos, mostrando algún tipo de comportamiento intermedio entre estos dos polos, aunque los fenómenos viscoelásticos son particularmente aparentes en el caso de los polímeros. En otras palabras, tenemos que considerar la posibilidad de que un material polimérico, aparentemente sólido a temperatura ambiente, esté realmente sujeto a un proceso que le haga fluir o deformarse irreversiblemente. Tal proceso puede necesitar años para ser observable y va a ser dependiente no sólo de la estructura química y la morfología del polímero, sino también de la magnitud del esfuerzo aplicado y, sobre todo, de la temperatura. De forma similar, es necesario también tener en cuenta el componente elástico del comportamiento polimérico en fundido. En este caso, su dependencia se concreta en la velocidad de deformación (y temperatura, etc.) y puede dar lugar a fenómenos que, como la fractura de fundido que veremos brevemente más adelante, resultan francamente indeseables durante el procesado.

De cara a discutir las propiedades viscoelásticas de los polímeros vamos a dividir esta sección en cuatro partes bien diferenciadas. Primero revisaremos diferentes e importantes métodos de medida de propiedades viscoelásticas. A continuación, consideraremos las propiedades viscoelásticas de los materiales amorfos, seguido de una breve discusión sobre los efectos de la cristalinidad y, finalmente, las transiciones secundarias. Hacemos esta separación porque para el caso de los polímeros amorfos es posible emplear modelos sencillos a la hora de explicar el comportamiento mecánico. Estos modelos no son aplicables a polímeros semicristalinos, de forma que nos limitaremos a una breve discusión cualitativa.

Métodos experimentales en la medida del comportamiento viscoelástico

Comenzaremos con un experimento que es el más fácil de comprender, el denominado *creep o fluencia bajo carga.* En él, sometemos a la muestra a un *esfuerzo constante* y vamos midiendo la deformación en función del tiempo. Un sólido perfectamente elástico debería deformarse instantáneamente en una cantidad dada por la ley de Hooke, tras lo cual no debería producirse una posterior deformación. En un sólido viscoelástico, sin embargo, la deformación cambiará con el tiempo. Consideremos, como ejemplo, un experimento clásico, llevado a cabo con acetato de celulosa hace más de cincuenta años. La figura 11.14 muestra la deformación, medida en forma de tanto por ciento de alargamiento, dibujada en función del tiempo. Para esfuerzos o cargas del orden de mil psi, la respuesta no es muy grande, aunque crece dramáticamente al ir incrementando la carga. Observe la escala de tiempos del experimento (7000 horas), casi un año. Lo que el experimento nos enseña es que si usamos el polímero en una aplicación técnica donde sus dimensiones deben permanecer dentro de unos ciertos límites durante su estimado tiempo de vida, uno debe tener en cuenta su respuesta en experimentos como el que acabamos de describir.

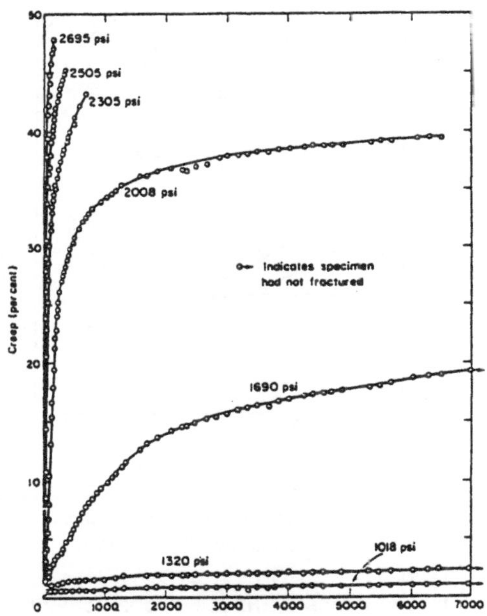

Figura 11.14 *Fluencia bajo carga (creep) de acetato de celulosa a 25 ºC en función del esfuerzo aplicado. Reproducción permitida tomada de W. N. Findley,* Modern Plastics, ***19****, 71 (Agosto 1942).*

El segundo tipo de medida experimental de la viscoelasticidad es la llamada *relajación del esfuerzo.* Aquí, en lugar de aplicar un esfuerzo constante a una muestra y medir su deformación en función del tiempo, el polímero se deforma (usualmente mediante estiramiento) hasta un cierto valor de deformación y se mide el esfuerzo necesario para mantener esa deformación en función del tiempo. A medida que la muestra se relaja (esto es, a medida que las cadenas cambian sus conformaciones, se desenganchan unas de otras, se deslizan unas sobre las otras, etc.), el esfuerzo disminuye. Los experimentos de relajación del esfuerzo son algo más fáciles de llevar a cabo que los de creep y podemos ver resultados típicos en la figura 11.15. Los resultados se dan en forma del módulo de relajación, E_r (igual al esfuerzo, cambiante en el tiempo, dividido por la deformación, que es constante) y los valores obtenidos a diferentes temperaturas se suelen representar en función del tiempo. Veremos posteriormente que estas curvas, en forma de escala doble logarítmica, pueden desplazarse y superponerse para producir una única curva maestra tiempo-temperatura.

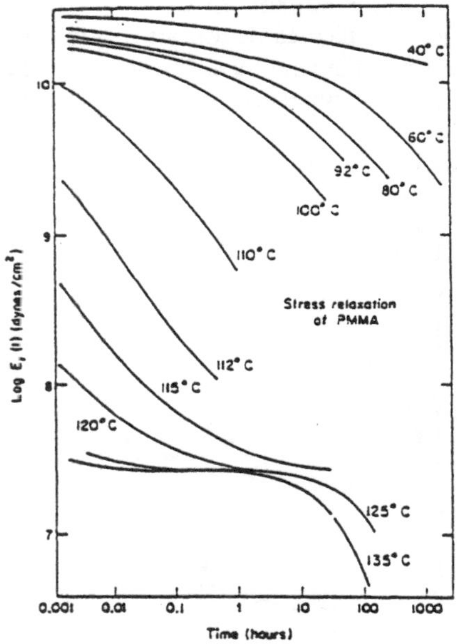

***Figura 11.15** Gráfica mostrando la relajación del esfuerzo en forma de log $E_r(t)$ frente al log del tiempo (t) para el caso del polimetacrilato de metilo. Reproducción permitida tomada de J. R. McLoughlin and A. V. Tobolsky,* J. Colloid Sci., *7, 555 (1952).*

Finalmente, el método más utilizado probablemente para determinar propiedades viscoelásticas es la medida de *propiedades mecano-dinámicas*. En este tipo de experimentos se aplica a la muestra un esfuerzo oscilante. La frecuencia de la oscilación puede variarse a lo largo de un extenso intervalo pero, como pudiera esperarse, son necesarios distintos instrumentos para diferentes intervalos de frecuencia. Si la muestra fuera perfectamente elástica y si el esfuerzo aplicado variara sinusoidalmente, la deformación resultante estaría completamente en fase con el esfuerzo aplicado, variando de acuerdo con la ecuación:

$$\gamma = \gamma_0 \operatorname{sen}(\omega t) \tag{11.20}$$

donde ω es la frecuencia angular del esfuerzo aplicado en radianes/segundo, igual a 2πf, donde f es la frecuencia en ciclos/segundo. Si estamos considerando experimentos que supongan esfuerzos de cizalla y deformaciones (alternativamente podríamos haber considerado experimentos en los que se vieran implicadas tracciones oscilatorias simples), y si estamos ante pequeñas amplitudes de vibración, podemos usar la ley de Hooke:

$$\tau(t) = G\,\gamma_0 \operatorname{sen}(\omega t) \tag{11.21}$$

donde usamos el símbolo τ(t) para indicar que el esfuerzo de cizalla aplicado varía con el tiempo.

Para un líquido viscoso de carácter newtoniano, la deformación resultante estaría exactamente en fase de 90° con respecto al esfuerzo, ya que:

$$\tau(t) = \eta\,\dot{\gamma}(\tau) = \eta \frac{d}{dt}\left[\gamma_0 \operatorname{sen}(\omega t)\right] \tag{11.22}$$

o:

$$\tau(t) = \eta\,\gamma_0\,\omega \cos(\omega t) \tag{11.23}$$

Evidentemente, debemos esperar que un material viscoelástico cualquiera tenga una respuesta con un ángulo de desfase con respecto al esfuerzo que tome algún valor entre 0° y 90°. Lo habitual es definir un módulo de almacenamiento G'(ω), que corresponde a la componente en fase con el esfuerzo y un módulo de pérdidas G"(ω), relacionado con la componente del esfuerzo desfasado en 90° de forma que:

$$\tan\delta = \frac{G''(\omega)}{G'(\omega)} \tag{11.24}$$

Los valores medidos de los módulos de cizalla G' and G" dependen de la frecuencia, tal y como ilustra esquemáticamente la figura 11.16. A bajas frecuencias y pequeñas deformaciones G' domina y el material elastomérico es casi perfectamente elástico. El valor de G' es próximo al que podría determinarse mediante medidas esfuerzo-deformación (pequeñas deformaciones). Tanto G' como G" aumentan al aumentar la frecuencia, pero no a la misma velocidad, de forma que a ciertas frecuencias G" es casi igual a G'. Obviamente, tan δ, una medida de la disipación de energía con relación a su almacenamiento (véase la ecuación 11.24) crecerá también y pasará por un máximo.

A frecuencias más altas los valores del módulo elástico G' se aproximan al valor que corresponde al vidrio. Esto es importante, ya que cambiando la frecuencia o escala de tiempos del experimento, podemos cambiar el valor medido en experimentos de cizalla del módulo elástico de almacenamiento desde un valor que es próximo al módulo de cizalla del elastómero hasta un valor que se aproxima al módulo de cizalla del vidrio. Obtendríamos resultados similares llevando a cabo nuestros experimentos a bajas frecuencias y cambiando la temperatura. Un resultado típico se muestra en la figura 11.17 donde se ha preferido representar un decremento logarítmico Δ (≈ π tan δ) más que tan δ pero puede verse que tan δ pasa por un máximo en T_g (la posición del pico variará con la frecuencia, reflejando la dependencia con la velocidad de los valores medidos de T_g, discutidos previamente).

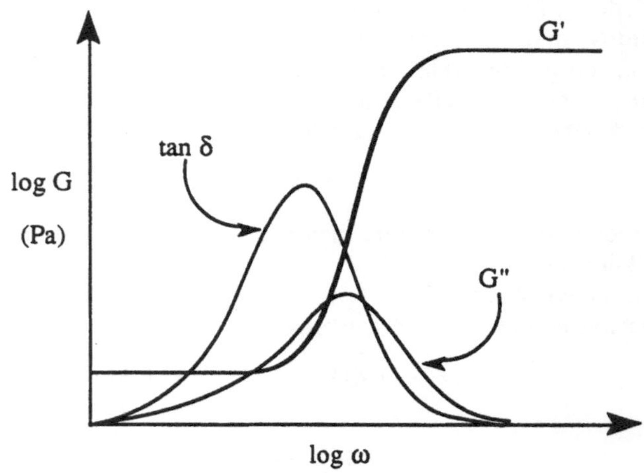

Figura 11.16 Diagrama esquemático de la dependencia con la frecuencia de los módulos G', G" y su relación tan δ.

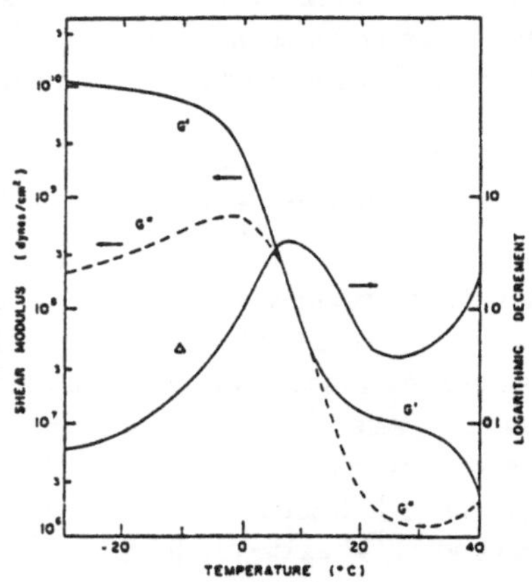

Figura 11.17 Dependencia con la temperatura de G', G" y del decremento logarítmico para un copolímero de estireno y butadieno. Reproducción permitida tomada de L. E. Nielsen, Mechanical Properties of Polymers, *Reinhold, New York, 1962.*

La razón de este máximo cerca de la T_g es simple. A temperaturas suficientemente por debajo de la T_g las cadenas están "congeladas" y las deformaciones son fundamentalmente elásticas. Por el contrario, a temperaturas suficientemente por encima de la T_g las cadenas no tienen problemas para relajarse y deslizarse unas sobre otras sin grandes pérdidas. Las pérdidas friccionales alcanzan un máximo cuando las cadenas están más "perezosas" y no siguen a una deformación aplicada; en otras palabras, cuando existe un desajuste entre las escalas de tiempo de los tiempos de relajación molecular y la frecuencia de las oscilaciones impuestas.

Otras transiciones muestran igualmente picos de tan δ y de ellas diremos algo más un poco más adelante. Pero, habiendo mencionado la T_g, éste es un buen momento para dirigir nuestra atención a las propiedades viscoelásticas de los polímeros amorfos. Antes de hacerlo debemos mencionar que hay muchas más propiedades mecano-dinámicas que las que hemos cubierto aquí. Se trata de un tema extenso e importante que el lector debe explorar más detalladamente si quiere alcanzar algo más que una simple visión general.

Propiedades viscoelásticas de polímeros amorfos

Los polímeros amorfos varían en su comportamiento desde materiales rígidos y duros (es decir, vidrios) hasta los que se comportan prácticamente como líquidos (fundidos), dejando una región intermedia en la que podemos denominarlos elastómeros. La anchura de este intervalo de propiedades puede quizás apreciarse mejor en una representación del logaritmo del módulo frente a la temperatura, tal y como se ha hecho en la figura 11.18.

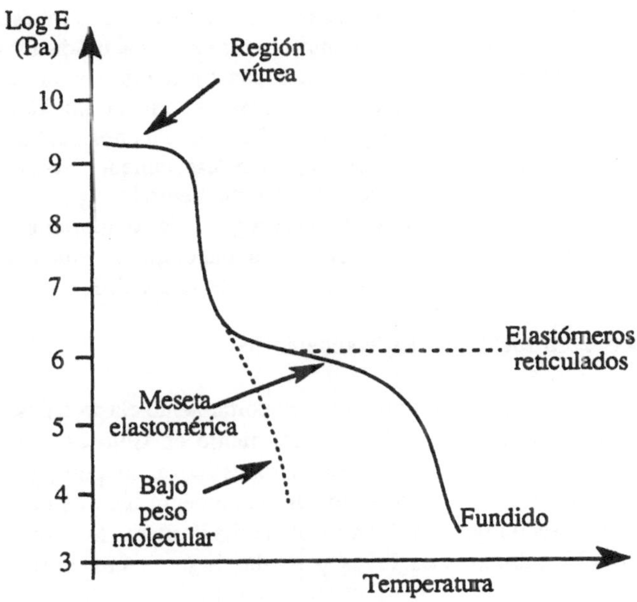

Figura 11.18 Representación esquemática del logaritmo del módulo frente a la temperatura para un hipotético polímero amorfo.

Para empezar con el tema, centraremos nuestra atención en la línea continua que representa el comportamiento de un polímero no reticulado de alto peso molecular. Consideraremos un módulo esfuerzo-relajación (módulo de Young) medido a lo largo de algún período arbitrario de tiempo tal y como unos diez segundos*. El estado vítreo se da a "bajas" temperaturas (es decir, suficientemente por debajo de la T_g del polímero que estemos considerando) y está caracterizado por un módulo que habitualmente es más grande que 10^9 Pa. A medida que la temperatura aumenta entramos en la región de la transición vítrea, donde el módulo disminuye en varios órdenes de magnitud. Dentro de este intervalo el polímero tiene propiedades similares al cuero. Cuando la temperatura va más allá de la transición vítrea pueden ocurrir tres cosas diferentes, dependiendo del peso molecular de la muestra y de si el polímero está reticulado o no. Polímeros con bajo peso molecular, con cadenas lo bastante cortas como para que no se den fenómenos de entrelazamiento entre ellas de forma significativa, comienzan rápidamente a comportarse como líquidos, tal y como muestra la línea de puntos de la figura 11.18. Polímeros con alto peso molecular muestran una zona elastomérica en la que el módulo se mantiene prácticamente constante a lo largo de un intervalo de temperatura que depende del peso molecular del polímero. En esta zona el material se comporta en mayor medida como un sólido, manteniendo su forma y mostrando (dentro de la escala de tiempos de diez segundos) propiedades típicamente asociadas a la elasticidad del caucho. Si la muestra está ligeramente reticulada, este comportamiento puede extenderse (como muestra la línea discontinua de la figura 11.18) hasta un punto en el que el material comienza a degradarse. Finalmente, si la muestra no está reticulada, el módulo comienza a disminuir de forma más acusada a medida que la temperatura crece, el material no es capaz de mantener su forma y su comportamiento es más parecido a lo que conocemos como un líquido.

Esta gama de comportamientos puede explicarse, al menos cualitativamente, en términos de la dinámica de las cadenas poliméricas, aunque retrasaremos tales placeres hasta las siguientes secciones. En este momento lo lógico es seguir con una óptica de medios continuos y ver cómo esta gama de comportamientos puede entenderse con las herramientas que tenemos a mano, que no son sino la ley de Hooke para la elasticidad y la ley de Newton para la viscosidad.

Modelos de comportamiento viscoelástico

Hasta este momento hemos tratado el comportamiento elástico desde el punto de vista de la ley de Hooke y el comportamiento en flujo usando la ley de Newton. Ya sabemos que se trata de relaciones inexactas pero, para muchos sólidos y fluidos simples, funcionan lo suficientemente bien como para poder emplearse en el diseño ingenieril (dentro de ciertos límites). Mostraremos ahora que es posible combinar esas leyes para dar lugar a una descripción del comportamiento viscoelástico. Consideraremos sólo los llamados modelos viscoelásticos lineales. Se han desarrollado modelos no lineales más complicados pero el modelo sencillo es el más adecuado para una correcta comprensión de la respuesta viscoelástica. Si, en lugar de la cizalla, estamos

---

* J. J. Aklonis, and W. J. MacKnight, *Introduction to Polymer Viscoelasticity, Second Edition*, Wiley Interscience (1983).

considerando alargamientos uniaxiales sencillos o flujos en tracción, tenemos las siguientes ecuaciones para explicar el comportamiento puramente elástico o puramente viscoso:

$$\sigma = E\varepsilon \quad \text{y} \quad \sigma = \eta \frac{d\varepsilon}{dt} \tag{11.25}$$

Sin embargo, la mera combinación de tales expresiones matemáticas en distintas formas no proporciona a la mayoría de la gente una idea cualitativa de lo que está ocurriendo, de forma que usaremos modelos sencillos para representar cada uno de estos tipos de comportamiento. Usaremos un muelle para aproximarnos a la respuesta elástica ideal y un amortiguador como representación del comportamiento viscoso ideal, tal y como muestra la figura 11.19. El muelle puede deformarse instantáneamente y, al deformarse, almacena energía reversiblemente. El émbolo se mueve lentamente en el seno del líquido y en su movimiento disipa energía proporcionalmente a la rapidez con que se desplaza.

El asunto del muelle es fácil de asimilar intuitivamente y lo único que debemos hacer es imaginar que tenemos un suministro ilimitado de muelles, cada uno con un diferente valor del módulo, de forma que con ellos podamos simular

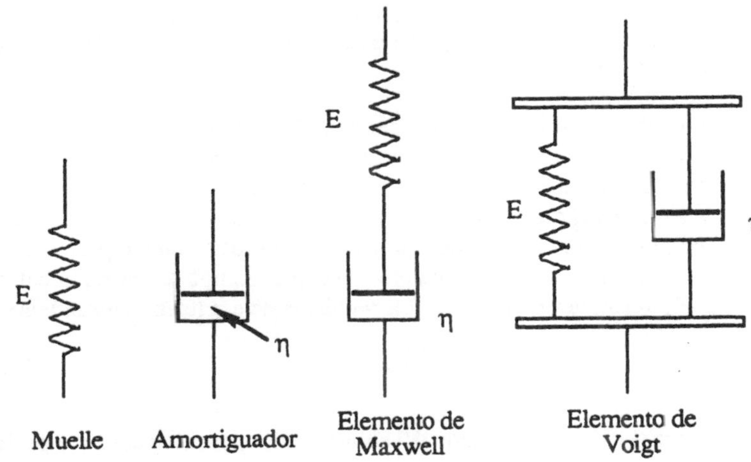

***Figura 11.19** Representaciones esquemáticas de los modelos de comportamiento elástico simple, viscoso y viscoelástico.*

un comportamiento que vaya desde el de una cinta de caucho (pero recuerde, sólo a bajas deformaciones) hasta el de una viga de acero. Al contrario de lo que ocurre con el muelle, algunos estudiantes encuentran oscuro el asunto del amortiguador. Piense para ello en un pistón que se mueve a lo largo de un cilindro que puede llenarse con diferentes líquidos newtonianos de variada viscosidad. Si queremos considerar flujos sobre extensos períodos de tiempo habría que elegir un cilindro muy grande, pero no vamos a considerar el asunto aquí literalmente. Se trata de representaciones que nos van a permitir visualizar cómo podemos combinar ecuaciones matemáticas. Es más o menos lo mismo que diseñar un circuito eléctrico empleando representaciones sencillas para denotar el punto en el que colocamos una resistencia o un voltímetro. Aquellos lectores a los que les haya tocado de cerca estos problemas vislumbrarán inmediatamente dos posibilidades iniciales, combinando el muelle y el amortiguador bien en serie bien en paralelo, tal y como se muestra en la figura 11.19. Al primero se le denomina *modelo de Maxwell* (*o elemento de Maxwell*) mientras que al último se le conoce como *modelo o elemento de Voigt*.

Vamos a considerar el comportamiento de estos dispositivos sobre la base de representaciones de la deformación frente al tiempo. Si aplicamos un cierto esfuerzo a nuestro muelle hipotéticamente perfecto, éste se deformaría

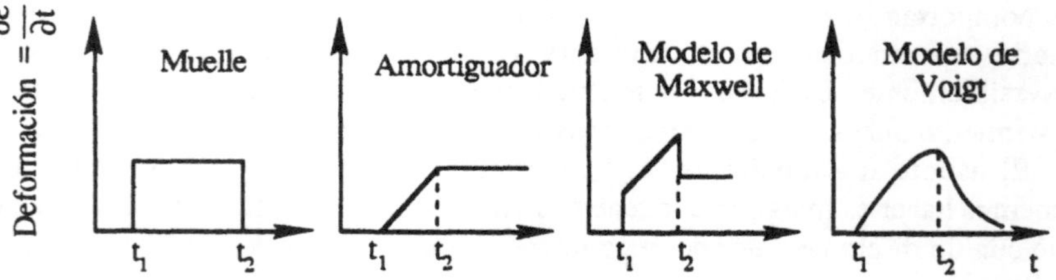

Figura 11.20 Deformación frente al tiempo para los modelos que previamente se han mostrado en la figura 11.19. El punto t_1 corresponde al punto en el que se aplica el esfuerzo, siendo t_2 el instante en el que se elimina.

instantáneamente en una cantidad que dependerá del módulo que adscribamos a ese muelle concreto. La deformación producida se mantendrá hasta que el esfuerzo que la originó desaparezca, momento en el que el muelle volverá instantáneamente a sus dimensiones originales, como se ve en la figura 11.20.

Por el contrario, el amortiguador mostrará un comportamiento perfectamente viscoso, de forma que la deformación crecerá con el tiempo de forma lineal, tal y como también ilustra la figura 11.20. La pendiente de esa línea es justamente:

$$\frac{d\varepsilon}{dt} = \frac{\sigma}{\eta} \tag{11.26}$$

Al eliminar el esfuerzo, el pistón del amortiguador permanecerá en la posición en la que esté, sin volver hacia su posición original, de forma que obtenemos deformaciones permanentes que dependen de la escala de tiempos del experimento.

Como podría anticiparse, el modelo de Maxwell muestra un comportamiento en cuanto a deformación que es, simplemente, la suma de ambos efectos anteriores, tal y como igualmente ilustra la figura 11.20, donde el muelle se deforma instantáneamente, lo que es seguido por una deformación lineal del amortiguador a lo largo del tiempo. Cuando el esfuerzo cesa, el muelle recupera instantáneamente sus dimensiones originales mientras que el amortiguador no lo hace, proporcionando así al conjunto una deformación permanente.

El modelo de Maxwell es demasiado sencillo como para proporcionar una representación cuantitativa precisa de las propiedades viscoelásticas reales pero, sin embargo, permite una buena aproximación a lo que es el comportamiento de relajación, permitiendo, así mismo, la definición de un parámetro importante, el llamado tiempo de relajación τ_t*. Para introducir esta definición, escribiremos previamente una sencilla ecuación que nos da la velocidad de deformación, $d\varepsilon/dt$. La parte correspondiente al amortiguador viene dada por:

$$\frac{d\varepsilon}{dt} = \frac{\sigma}{\eta} \tag{11.27}$$

mientras que hay que diferenciar la ecuación 11.4 para obtener la parte correspondiente al muelle:

$$\frac{d\sigma}{dt} = E\frac{d\varepsilon}{dt} \tag{11.28}$$

En el modelo de Maxwell $d\varepsilon/dt$ es justamente la suma de dos contribuciones:

$$\frac{d\varepsilon}{dt} = \frac{\sigma}{\eta} + \frac{1}{E}\frac{d\sigma}{dt} \tag{11.29}$$

En un experimento sencillo de relajación de esfuerzo, la muestra se estira hasta una determinada longitud y se mantiene en ese alargamiento, lo que significa que:

$$\frac{d\varepsilon}{dt} = 0 \quad \text{(esfuerzo-relajación)} \tag{11.30}$$

pudiéndose integrar la expresión resultante para obtener σ en función del tiempo:

$$\int_0^t \frac{E}{\eta}dt = -\int_{\sigma_0}^{\sigma}\frac{d\sigma}{\sigma} \tag{11.31}$$

donde el esfuerzo inicial (esto es, a t = 0) es igual a σ_0. Por tanto:

$$\ln\left(\frac{\sigma}{\sigma_0}\right) = -\left(\frac{E}{\eta}\right)t \tag{11.32}$$

o también:

$$\sigma = \sigma_0 \exp\left[-\left(\frac{E}{\eta}\right)t\right] = \sigma_0 \exp\left[-\frac{t}{\tau_t}\right] \tag{11.33}$$

donde τ_t es igual a η/E y se le designa como tiempo de relajación (un lector perspicaz que conozca como funcionan las exponenciales se dará cuenta de que este tiempo es el necesario para que el esfuerzo alcance $1/e$ de su valor original).

Como ya se ha mencionado, lo usual en un experimento de relajación de esfuerzo es representar el módulo de relajación, E_r, frente al tiempo en un diagrama doble logarítmico. (Recuerde que E_r es igual a $\sigma(t)/\varepsilon$, donde $\sigma(t)$ cambia con el tiempo pero ε permanece constante). El modelo de Maxwell predice el comportamiento que se muestra en la figura 11.21. A cortos períodos

---

* En páginas anteriores hemos seguido el habitual formulismo de usar el símbolo τ para representar el esfuerzo de cizalla. Desafortunadamente se usa también τ para representar al tiempo de relajación, de forma que hemos optado por añadir un subíndice t a este último para indicar la diferencia entre ambos.

de tiempo el material es sobre todo elástico, pero visto desde la óptica de tiempos más largos ($t >> \tau_t$) el comportamiento global parece más o menos puramente viscoso. Para un tiempo $t \approx \tau_t$ la respuesta es una combinación entre ambos, lo que hemos denominado viscoelástico. La curva de la figura 11.21 puede compararse con algunos resultados experimentales previamente presentados en la figura 11.15. El modelo reproduce las principales características pero son evidentes sus incapacidades para reproducir cuantitativamente el comportamiento observado. Esto requiere modelos más complicados que proporcionen un espectro de tiempos de relajación, aunque nosotros no iremos tan lejos.

El modelo de Maxwell puede también emplearse en un intento de simular los experimentos de fluencia bajo carga (creep), donde el esfuerzo aplicado σ_0 se mantiene constante, de forma que empleando la ecuación 11.29 obtenemos:

$$\frac{d\varepsilon}{dt} = \frac{\sigma_0}{\eta} \tag{11.34}$$

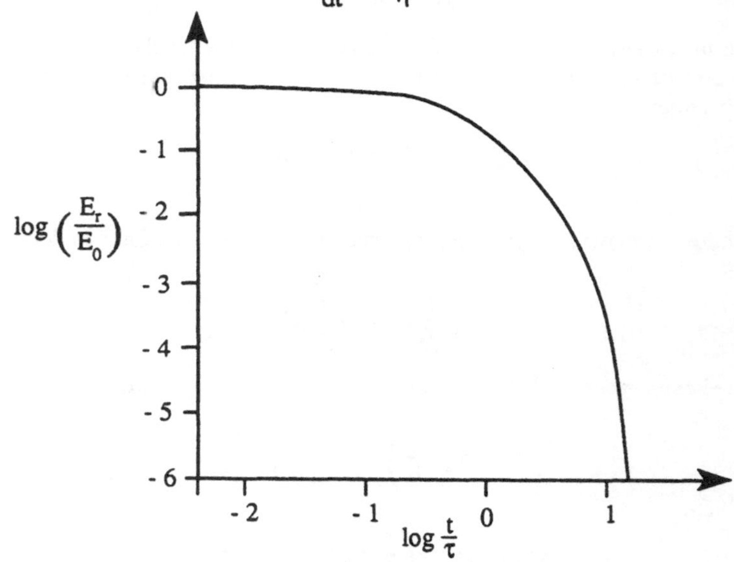

Figura 11.21 *Representación esquemática del comportamiento del modelo de Maxwell. (Obsérvese que E_0 es el módulo inicial).*

Puede también emplearse para simular el comportamiento mecano-dinámico, donde las componentes en fase y desfase de dicho comportamiento pueden expresarse en términos de las partes reales e imaginarias de una representación compleja:

$$\sigma(t) = \sigma_0 e^{i\omega t} \tag{11.35}$$

No entraremos tampoco en esto, pero sí haremos notar que es un buen punto de partida para algunas engorrosas cuestiones que se proponen a los estudiantes como tarea a realizar.

Pasemos ahora a considerar el modelo de Voigt, que combina en paralelo los mecanismos del muelle y el amortiguador, como ya ilustramos en la figura 11.19. Debemos imaginar que dichos elementos se encuentran conectados por medio de barras perfectamente rígidas, de forma que la deformación en ambos elementos sea idéntica; si el muelle se estira una cantidad ε, lo mismo debe hacer el amortiguador. Debiera ser obvio que este modelo representará un tipo de comportamiento elástico *retardado*. Cuando se aplica el esfuerzo, el muelle quiere deformarse instantáneamente pero se encuentra impedido para hacerlo por efecto de su conexión con el amortiguador. De forma similar, cuando se elimina la carga, el muelle quiere volver de forma inmediata a sus dimensiones originales pero, de nuevo, no puede hacerlo porque está empujando al amortiguador que le hace retrasarse. Matemáticamente, esto puede expresarse observando que la deformación (o las velocidades de deformación) en ambos elementos son las mismas y que el esfuerzo total aplicado al sistema debe ser la suma de los esfuerzos en cada uno de los dos elementos. Esto nos conduce a poder escribir:

$$\sigma(t) = E\,\varepsilon(t) + \eta \frac{d\varepsilon(t)}{dt} \tag{11.36}$$

En los experimentos de fluencia bajo carga (creep) el esfuerzo σ_0, es constante, de forma que:

$$\frac{d\varepsilon(t)}{dt} + \frac{\varepsilon(t)}{\tau_t} = \frac{\sigma_0}{\eta} \tag{11.37}$$

donde, de nuevo, hemos sustituido el tiempo de relajación τ_t por η/E. Ello nos proporciona una ecuación diferencial lineal que tiene la siguiente solución:

$$\varepsilon(t) = \frac{\sigma_0}{E}\left(1 - e^{-t/\tau_t}\right) \tag{11.38}$$

ecuación que proporciona representaciones de la deformación en función del tiempo con forma exponencial, como las ya mostradas en la figura 11.20. La deformación se aproxima a su valor máximo (σ_0/E) a una velocidad que depende de τ_t (al cual, ahora, es mejor llamarle tiempo de retardo que tiempo de relajación, pero que está dado por el cociente de los mismos parámetros, η/E) y comienza a disminuir exponencialmente desde ese valor a lo largo del tiempo a partir de la eliminación del esfuerzo.

En muchos experimentos de fluencia bajo carga o creep existe una respuesta elástica retardada que se parece mucho a lo que acabamos de describir, pero hay también algún tipo de deformación permanente. Consideraremos este caso en breve plazo. Antes, parece lógico mencionar las posibilidades del modelo de Voigt a la hora de explicar los comportamientos en medidas mecano-dinámicas y de relajación de esfuerzo. En el primer caso ello es fácil de conseguir, aunque no así en el segundo ya que, desde un punto de vista estricto, los experimentos de relajación de esfuerzo requieren que la muestra se deforme instantáneamente al inicio del experimento. El amortiguador en serie con el muelle impide tal tipo de deformación instantánea.

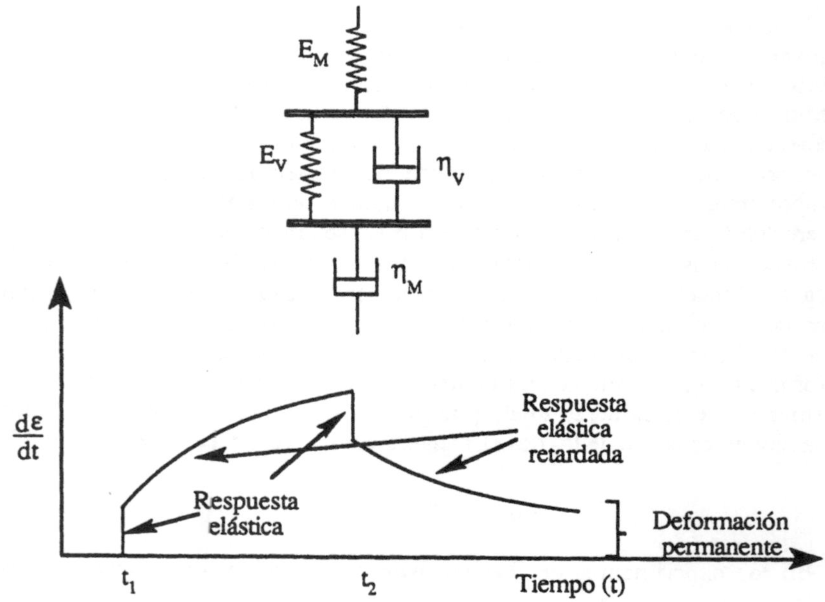

Figura 11.22 Ilustración esquemática del modelo de cuatro parámetros.

Hemos visto que los dos modelos sencillos de los que por ahora disponemos tienen, en cada caso, alguna seria deficiencia. El modelo de Maxwell no tiene en cuenta el componente elástico retardado de un experimento de fluencia bajo carga, mientras que el modelo de Voigt no permite la posibilidad de una deformación permanente y no puede explicar razonablemente los experimentos esfuerzo-deformación. Parecería lógico combinar ambos, lo que se ha hecho en el denominado modelo de cuatro parámetros, que coloca en serie los modelos de Maxwell y Voigt, tal y como se muestra en la figura 11.22. Los cuatro parámetros son el módulo de Maxwell del muelle E_M y la viscosidad del amortiguador η_M junto con los equivalentes parámetros de Voigt E_V y η_V. Representaciones de la deformación frente al tiempo aparecen igualmente en la figura 11.22. Podemos ahora simular experimentos viscoelásticos usando la aproximación que acabamos de describir. El experimento de creep (a carga constante), por ejemplo, viene dado por la suma de los términos correspondientes a las componentes de Maxwell y Voigt:

$$\varepsilon = \frac{\sigma}{E_M} + \frac{\sigma t}{\eta_M} + \frac{\sigma}{E_M}\left(1 - e^{-t/\tau_V}\right) \tag{11.39}$$

y así sucesivamente, aunque no iremos más lejos. Lo que hemos tratado de dar aquí es una simple introducción al modelo y, siendo optimistas, una idea sobre el tipo de respuesta viscoelástica.

Hay dos cosas más que nos gustaría mencionar antes de cerrar esta sección. En primer lugar, debemos recordar que hemos considerado alargamientos sencillos de carácter uniaxial. En lugar de ello, podríamos haber considerado la cizalla, pero habríamos terminado simplemente con ecuaciones en las que aparecerían τ y G en lugar de σ y E. Finalmente, los polímeros reales exhiben un comportamiento que puede describirse mejor en términos de un espectro o distribución de tiempos de relajación y tiempos de retardo y, si todavía lo queremos complicar más, en términos de un comportamiento no lineal. Si el lector estuviera interesado en seguir por esta vía, no nos queda sino desearle suerte.

El principio de superposición tiempo-temperatura

Hemos presentado previamente una representación esquemática del módulo en función de la temperatura (véase la figura 11.18). El módulo alcanza su valor más alto a bajas temperaturas, lo que es característico del estado vítreo, y posteriormente se produce una brusca caída en torno a la T_g, después de la cual viene una zona más o menos constante propia del comportamiento elastomérico, etc. El mismo tipo de comportamiento puede obtenerse si en lugar de cambiar la *temperatura* cambiamos el *tiempo* del experimento, tal y como se muestra en la figura 11.23.

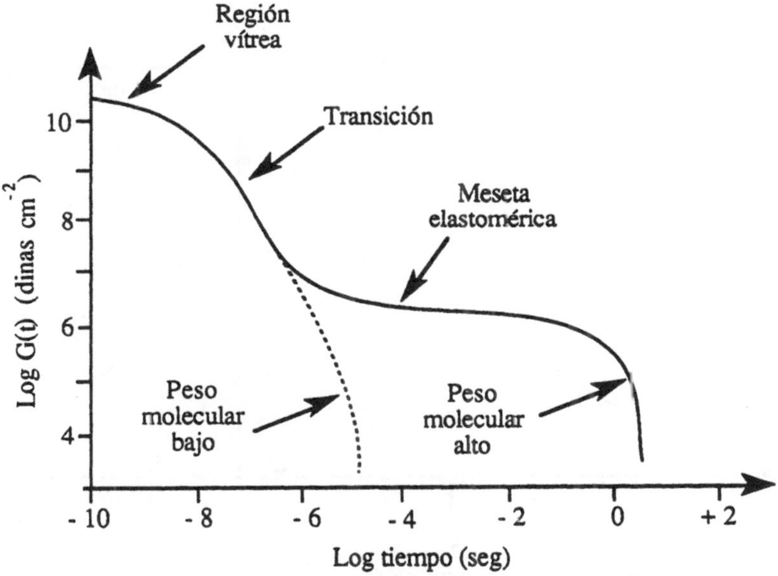

Figura 11.23 *Representación esquemática del módulo en función de la escala de tiempos del experimento.*

Por tanto, si tomamos un polímero fundido y lo sometemos a una deformación muy rápida, la respuesta elástica que obtenemos es la propia de un vidrio (es decir, un alto módulo). Ello se debe a que la escala de tiempos de la carga es mucho más rápida que la velocidad a la que las cadenas pueden moverse y evolucionar, de forma que la respuesta instantánea tiene más de material vítreo que de fundido, con una respuesta elástica que nace de las deformaciones intermoleculares y de los enlaces.

A medida que la escala de tiempos del experimento va cambiando con respecto a la relajación molecular, vemos que el módulo atraviesa el intervalo de valores que también observábamos con el concurso de la temperatura. Esta equivalencia no es sólo interesante por sí misma, sino que tiene una utilización de mucho interés práctico. Por ejemplo, si vamos a examinar la fluencia bajo carga (creep) de un determinado polímero, obtendremos curvas que se parecen a las mostradas en la figura 11.24. Las cantidades representadas son la deformación dividida por el esfuerzo (constante) aplicado en el experimento y multiplicada por

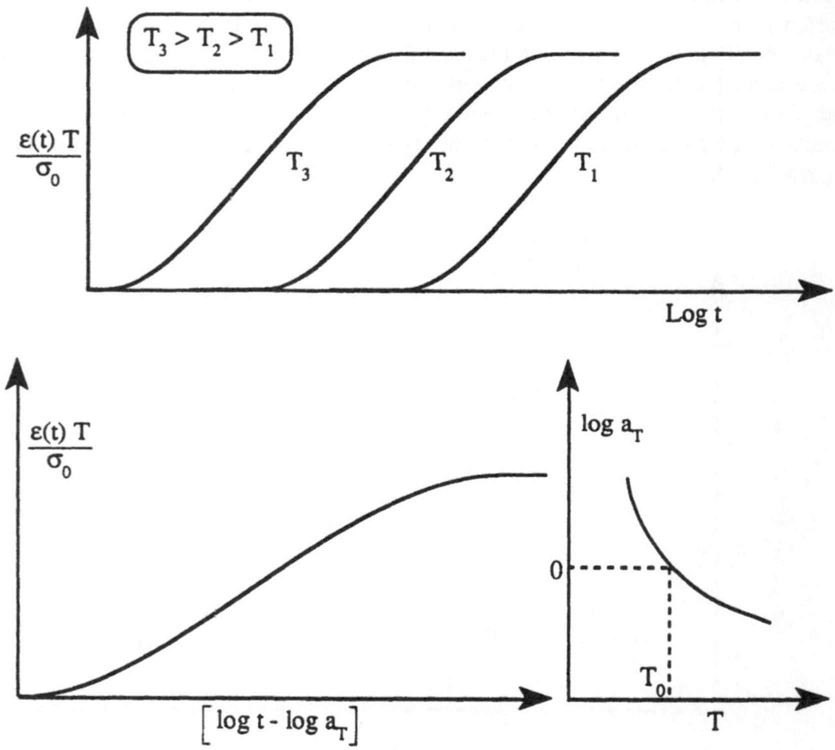

Figura 11.24 Parte superior: Curvas de fluencia bajo carga obtenidas a diferentes temperaturas. Parte inferior: Curva maestra de fluencia bajo carga obtenida mediante la superposición de curvas obtenidas a diferentes temperaturas y representación del factor de desplazamiento, a_T, en función de la temperatura.

la temperatura (para así tener en cuenta la ligera dependencia con la temperatura del módulo elástico), $[\varepsilon(t)/\sigma_0]T$, frente al log t (t = tiempo). Se muestran las representaciones correspondientes a tres diferentes temperaturas y, como sin ninguna duda el lector perspicaz esperaría, la fluencia es más rápida a altas temperaturas. Para muchos materiales poliméricos tales curvas pueden necesitar meses o incluso años de trabajo, particularmente las obtenidas a bajas temperaturas. Lo interesante es que todas ellas tienen la misma forma y pueden superponerse mediante simples desplazamientos a lo largo del eje de tiempos, tal y como se ilustra en la figura 11.24. Consiguientemente, si dispusiéramos de una expresión para el factor de desplazamiento que conectase estas curvas, podríamos usar, por ejemplo, datos obtenidos a alta temperatura, que pueden obtenerse en un razonable tiempo de medida, para determinar fluencias bajo carga (o, como veremos, otras propiedades viscoelásticas) a temperaturas más bajas, que necesitarían de protocolos experimentales mucho más tediosos.

Los factores de desplazamiento se pueden obtener experimentalmente y representar sus valores en función de la temperatura. Como ya comentamos en nuestra discusión sobre la T_g, fueron Williams, Landel y Ferry los que demostraron que a temperaturas comprendidas entre T_g y $T_g + 100°C$ (más o menos) los datos pueden ajustarse empíricamente a una ecuación de la forma:

$$\log a_T = \frac{-C_1(T - T_s)}{C_2 + T - T_s} \tag{11.40}$$

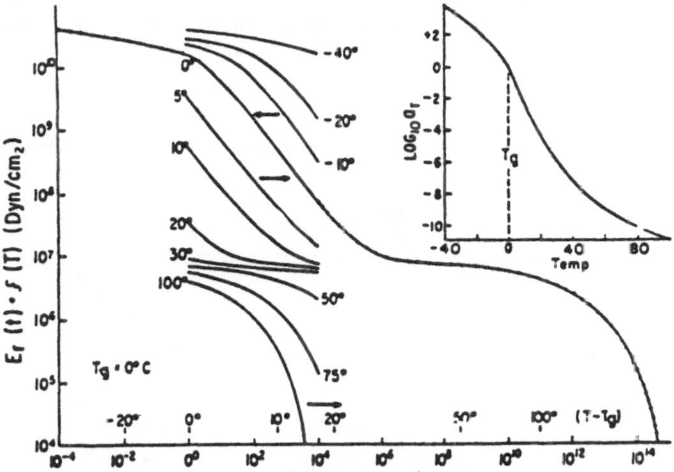

Figura 11.25 Construcción de una curva maestra de relajación de esfuerzo para un polímero hipotético con una T_g de 0°C. Reproducción permitida tomada de L. E. Nielsen, Mechanical Properties of Polymers and Composites, Vol. 1, *Marcel Dekker, New York, 1974.*

donde T_s puede ser cualquier temperatura tomada arbitrariamente como referencia, aunque lo habitual es hacerla igual a T_g. El factor de desplazamiento a_T es la relación entre cualquier tiempo de relajación mecánico a la temperatura T y el correspondiente a la temperatura de referencia T_s. Hicimos también notar en nuestra discusión de la T_g que esta ecuación para el factor de desplazamiento puede relacionarse con la ecuación empírica de Doolittle y con teorías del volumen libre. No iremos más allá en nuestra discusión y remitimos al lector interesado en profundizar en el tema al clásico libro de Ferry*. Es suficiente, para nuestros propósitos de simple ilustración, concluir esta sección mostrando la forma en la que datos esfuerzo-relajación a diferentes temperaturas pueden colocarse en una única curva maestra. Los datos de partida a diferentes T, pero en una escala de tiempos limitada, se muestran en la parte izquierda de la figura 11.25 (estos datos deben corregirse en lo referente a densidad y temperatura). Estas curvas son diferentes secciones de una curva maestra que podría obtenerse a alguna temperatura de referencia (en este caso 25°C), si dispusiéramos del tiempo suficiente como para llevar a cabo los experimentos. La curva maestra se construye por simple desplazamiento de todas las curvas obtenidas a otras temperaturas, usando sus correspondientes factores de desplazamiento, de forma que se solapen y superpongan para formar la curva maestra. Una representación de log a_T frente a la temperatura se muestra igualmente en la figura 11.25.

El efecto de la reticulación y de la cristalinidad en las propiedades viscoelásticas

Como pudiera esperarse, la reticulación actúa generalmente en el sentido de disminuir la componente viscosa del comportamiento viscoelástico, ya que las cadenas se encuentran impedidas o inhibidas para deslizarse unas sobre otras (es evidente que esto dependerá de la extensión y distribución del número de puntos de reticulación).

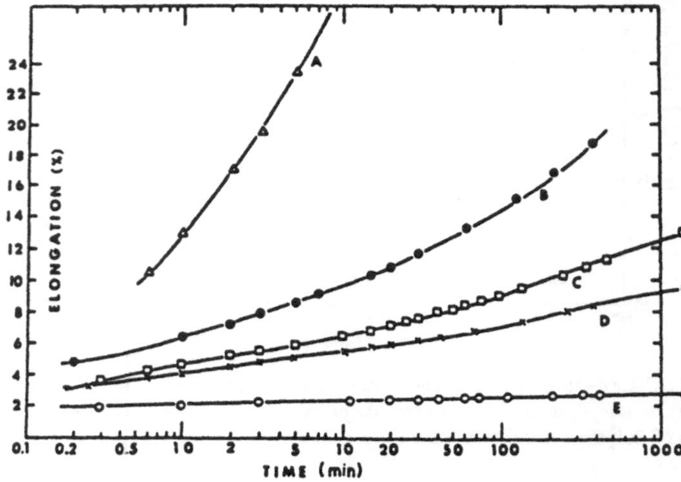

Figura 11.26 Curvas de fluencia bajo carga para cauchos SBR a 24°C en función del grado de reticulación. A, no reticulado; B, ligeramente reticulado C y D, moderadamente reticulado y E, altamente reticulado. Reproducción permitida tomada de L. E. Nielsen, Mechanical Properties of Polymers and Composites, Vol. 1, *Marcel Dekker, New York, 1974.*

* J. D. Ferry, *Viscoelastic Properties of Polymers, 3rd Edition*, Wiley, New York (1980).

La figura 11.26 ilustra este hecho. En ella mostramos la fluencia bajo carga (creep), representada en forma sencilla como porcentaje de alargamiento frente al logaritmo del tiempo, en el caso de muestras de un caucho que habían sido reticuladas en extensión variable. Sin embargo, si la variación de la T_g con el grado de reticulación se tiene en cuenta, el tratamiento general desarrollado en líneas previas para el caso de los polímeros amorfos (esto es, en términos de la ecuación de Williams, Landel y Ferry) se sigue aplicando.

La situación no es sin embargo la misma si consideramos el caso de los polímeros con carácter semicristalino. Estos materiales siguen siendo viscoelásticos y las curvas maestras que representan, por ejemplo, el comportamiento de fluencia bajo carga pueden seguirse construyendo pero los modelos empleados para describir el comportamiento de polímeros amorfos no se aplican en este caso, no pudiéndose describir además los factores de desplazamiento en términos de la ecuación WLF, sino que hay que describirlos de manera puramente empírica y, en muchos casos, muy complicada. No existen en este caso principios generales que podamos discutir, de forma que simplemente haremos observar que por encima de la T_g la cristalinidad hace disminuir la fluencia bajo carga y la velocidad de relajación bajo esfuerzo. Incluso pequeños porcentajes de cristalinidad afectan dramáticamente a estas propiedades, aunque de forma diferente dependiendo del polímero concreto.

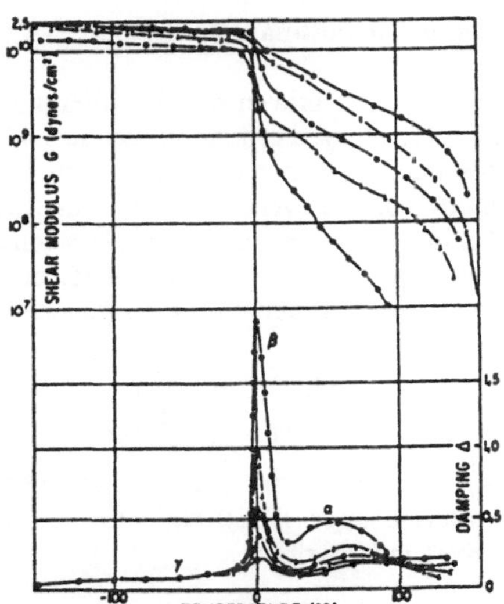

Figura 11.27 Representación del módulo de cizalla (G) y decremento logarítmico(≈ π tan δ) del polipropileno en función del grado de cristalinidad. La muestra menos cristalina (símbolo o*) tiene el pico* $\beta\,(T_g)$ *más intenso. Reproducción permitida tomada de L. E. Nielsen,* Mechanical Properties of Polymers and Composites, Vol. 1, *Marcel Dekker, New York, 1974.*

Transiciones secundarias

Al discutir las propiedades mecánicas, mencionábamos que la tan δ alcanzaba un valor máximo cuando el polímero atravesaba la zona de la transición vítrea. Existen, sin embargo, otros picos observables en las representaciones de tan δ tanto en polímeros amorfos como semicristalinos y que se relacionan con las denominadas transiciones secundarias.

Un ejemplo típico para el caso de un polímero semicristalino se muestra en la figura 11.27. Las transiciones secundarias observadas por debajo de la T_g se asocian habitualmente con movimientos de segmentos cortos de cadena o de grupos sustituyentes, mientras que los observados por encima de la T_g en polímeros semicristalinos se asocian a menudo con el movimiento de pliegues de cadena o defectos del retículo. Tales transiciones secundarias pueden afectar a propiedades mecánicas tales como la resistencia al impacto, proporcionando un mecanismo para la disipación de energía. Las transiciones de este tipo se denotan habitualmente por las letras griegas α, β, γ, etc., llamando transición α a la transición que se da a la temperatura más alta y una determinada frecuencia o a la frecuencia más baja para una determinada temperatura. Para polímeros amorfos la transición α es la transición vítrea, pero en el caso de polímeros semicristalinos la transición α se asocia habitualmente con movimientos en las regiones cristalinas.

F. FUNDAMENTO MOLECULAR DEL COMPORTAMIENTO MECANICO

Introducción. Revisión termodinámica

Una vez que hemos descrito brevemente los diferentes comportamientos mecánicos de los polímeros, vamos a centrar nuestra atención en su fundamento molecular. Y aunque pueda resultar extraño o incluso irritante, vamos a comenzar la discusión revisando brevemente ciertos conceptos termodinámicos que ya vimos en el Capítulo 8. A partir de la consideración de los dos primeros principios de la Termodinámica y a partir de la definición del trabajo realizado en un alargamiento simple (dw = f dl) obtuvimos la siguiente expresión (ecuación 8.10):

$$f = \left[\frac{dE}{dl}\right]_{T,P} - T\left[\frac{dS}{dl}\right]_{T,P} \qquad (11.41)$$

Al usar esta ecuación estamos asumiendo implícitamente que no existe un cambio de volumen causado por el estiramiento. Si tal condición no se cumpliera, entonces deberíamos escribir:

$$dw = f\,dl - P\,dV \qquad (11.42)$$

Recordaremos la definición de entalpía:

$$H = E + PV \qquad (11.43)$$

que diferenciada a presión constante proporciona:

$$dH = dE + PdV \qquad (11.44)$$

con lo que se puede escribir una forma alternativa de la ecuación 11.41 por simple sustitución:

$$f = \left[\frac{dH}{dl}\right]_{T,P} - T\left[\frac{dS}{dl}\right]_{T,P} \tag{11.45}$$

El punto importante en esta ecuación es la existencia de dos componentes que contribuyen a la relación entre fuerza y alargamiento. El primero implica a la energía interna (o a la entalpía), mientras que el segundo implica a la entropía. Si estamos empleando un material perfectamente cristalino, debemos esperar que el primer término sea el predominante. Al estirar un material de ese tipo lo que cambia es la distancia media entre los átomos del retículo pero no existe (a menos que se dé un proceso de flujo o "yielding") una apreciable ordenación o desorganización, de forma que el cambio de entropía puede despreciarse (estamos simplificando mucho el planteamiento, ya que hay varias posibles contribuciones a la entropía, pero para pequeñas deformaciones dS/dl no será grande). Además, si tomamos una pieza de metal, o una fibra polimérica altamente alineada, la colocamos bajo esfuerzo y calentamos, la deformación crecerá de forma natural ya que el material se expansionará.

Por el contrario, si tomamos una cinta de caucho y la estiramos, digamos que hasta un 200% (no lo suficiente como para deformar o romper enlaces), será entonces el segundo término de la ecuación 11.41 el que dominará, ya que, en promedio, deformaremos las cadenas desde su distancia extremo-extremo más probable hasta un estado estirado menos probable, simplemente mediante un cambio en la distribución de sus estados rotacionales. (Estamos asumiendo una cadena de rotación libre y que las cadenas se deforman la misma cantidad que el material como un todo. Diremos algo más sobre esto más adelante). Como resultado del estiramiento, la entropía decrece o, en otras palabras, dS/dl es negativa. Sin embargo, si ahora calentamos esta cadena estirada, el resultado es que se contrae (!). Este comportamiento se deduce directamente de la ecuación 11.41. Cuando T crece, la cantidad -T(dS/dl) también crece (recuerde que (dS/dl) es negativa), por tanto la fuerza de retracción crece y las cadenas se contraen en lugar de expandirse. Resulta que si hemos estirado la cadena sólo una pequeña cantidad, la normal expansión térmica con la temperatura dominará, de forma que todavía mediremos una expansión, pero más allá de un estiramiento hasta un cierto porcentaje la contracción debida a la entropía predominará. Los elastómeros son materiales especiales y diferentes a todos los demás sólidos en el sentido que el término entrópico domina el comportamiento elástico (son análogos en su comportamiento a los gases, piense si no en la ley de los gases perfectos PV = nRT y consulte sus viejas notas de clase sobre la teoría cinética de los gases).

Como podría esperarse, la termodinámica de la elasticidad del caucho es algo más que lo que acabamos de describir y así, a partir de medidas termoelásticas, uno puede clasificar contribuciones derivables de cambios en la energía interna y cosas similares. Vamos a dejar estos extremos para textos más avanzados y especializados*. Aquí tenemos un propósito más simple, cual es el de

---

*Véase L. R. G. Treloar, *The Physics of Rubber Elasticity, Third Edition* (1975).

proporcionar una comprensión general de los fundamentos moleculares del comportamiento mecánico que hemos descrito en secciones anteriores. Comenzaremos con lo que pueden denominarse propiedades estáticas, el fundamento molecular de la ley de Hooke y una discusión sobre las razones por las que los materiales son resistentes. Lo anterior se aplica a materiales en los que la energía interna o la entalpía determinan las propiedades elásticas. Discutiremos después la elasticidad del caucho, en la que el término entrópico es el dominante. Terminaremos nuestra discusión considerando las propiedades dinámicas, los fundamentos del flujo y del comportamiento de relajación.

Sólidos elásticos, ley de Hooke y resistencia de materiales

De cara a tener una idea del fundamento molecular de la ley de Hooke y comprender por qué sólo se trata de una aproximación aún y en el caso de un hipotéticamente perfecto sólido cristalino, consideraremos un modelo muy sencillo tal y como la organización unidimensional de átomos que muestra la figura 11.28. Podemos imaginar que se trata de una única cadena polimérica estirada y que nosotros estamos tirando de los extremos. Despreciaremos la energía cinética asociada con las vibraciones de las moléculas en torno a sus posiciones intermedias, de forma que la única contribución a la energía interna que consideraremos será la energía potencial asociada con los enlaces químicos que mantienen unidos a los átomos en este retículo. Para una pareja de átomos esta energía tiene la forma que trata de representar la figura 11.29. A pequeñas distancias los átomos se repelen fuertemente, a largas distancias las fuerzas atractivas son pequeñas, existiendo una posición de equilibrio correspondiente a la situación de mínima energía. Ya que cada átomo está unido a sus dos vecinos más próximos, sobre cada átomo actúa un potencial que es la suma de dos potenciales de ese tipo, como también ilustra la figura 11.29. A pequeños desplazamientos esta curva de energía puede aproximarse por una función de la forma:

$$PE = k'x^2 \tag{11.46}$$

donde x es el desplazamiento tomado a partir de la posición de mínima energía, que definiremos como origen de nuestro sistema de coordenadas unidimensional. El factor k' es una constante y de cara a obtener nuestra conclusión en una forma sencilla (y habitual) la reemplazaremos por un factor k/2, de forma y manera que*:

$$PE = \frac{k}{2}x^2 \tag{11.47}$$

Es claro que a desplazamientos importantes habrá algún tipo de desviación, que podremos aproximar mediante un desarrollo en serie:

---

* Aquellos lectores que se encuentren familiarizados con la espectroscopía vibracional reconocerán en la ecuación 11.46 la forma de expresar el potencial usado para calcular los modos normales de vibración en la aproximación del armónico simple.

$$PE = \frac{1}{2} kx^2 + \frac{1}{3} k''x^3 + \text{------} \qquad (11.48)$$

Dado que:

$$f = \frac{d(PE)}{dx} \qquad (11.49)$$

se puede deducir que

$$f = kx + k''x^2 + \text{------} \qquad (11.50)$$

o, volviendo a nuestra antigua nomenclatura y usando Δl como una forma de representar los desplazamientos:

$$f = k\,\Delta l + k''(\Delta l)^2 + \text{------} \qquad (11.51)$$

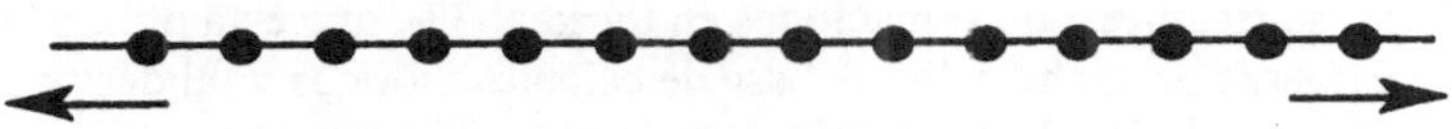

Figura 11.28 *Organización unidimensional de átomos.*

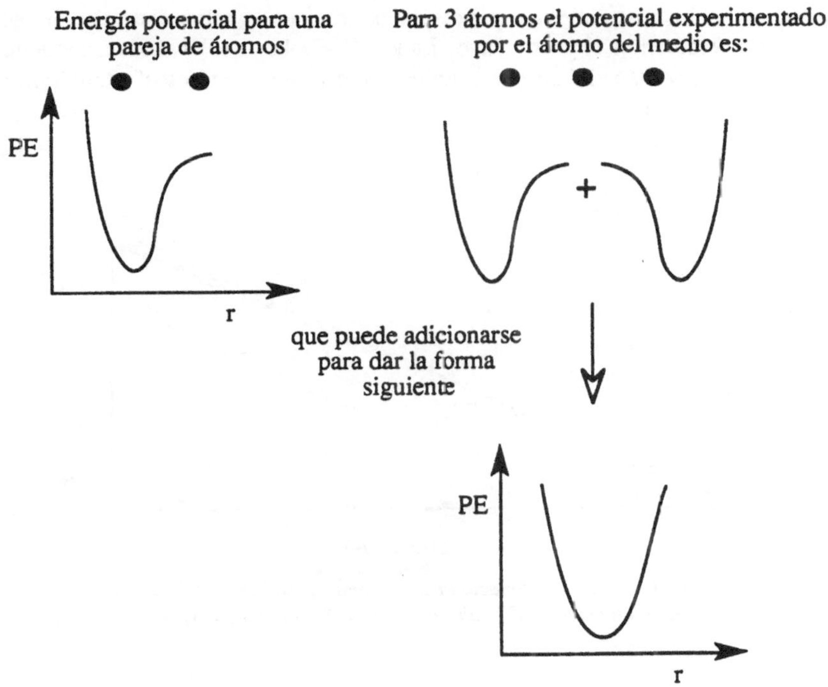

Figura 11.29 *Diagramas de energía potencial.*

Para pequeños valores de Δl podemos despreciar términos superiores [por ejemplo, si $\Delta l = 0{,}02$ (2% deformación), $(\Delta l)^2 = 0{,}0004$ etc.]. Pero, a deformaciones importantes, debiéramos esperar desviaciones de la ley de Hooke. Y de hecho las encontramos, pero hay también desviaciones a la ley de Hooke que provienen de determinadas imperfecciones existentes en el material que estemos estudiando. Separar ambos efectos es realmente complicado. Una de las aproximaciones es contemplar la posibilidad de emplear materiales que sean tan perfectos como uno pueda preparar, lo que usualmente implica la preparación de monocristales. Para el caso de los materiales poliméricos esto es una tarea francamente difícil, pero existe una familia muy particular de materiales poliméricos denominados polidiacetilenos que se preparan mediante polimerización de monómeros en condiciones similares a como se encuentran cuando están situados en una red cristalina. Los resultados obtenidos en experimentos esfuerzo-deformación empleando una fibra en forma de monocristal de polímeros de este tipo se muestra en la figura 11.30. La contemplación de la misma permite deducir que la ley de Hooke se cumple a pequeñas deformaciones, hasta un 2%, pero más allá se producen desviaciones. El material se fractura a deformaciones en torno al 3%, que está por debajo del nivel de esfuerzo predicho sobre la base de cálculos teóricos y tal desviación es probablemente debida a la existencia de defectos. Esto nos hace plantearnos la cuestión de cuán resistente puede ser un material y qué podemos hacer, si podemos hacer algo, para mejorar la resistencia (y también la rigidez o la tenacidad) de los materiales de que disponemos. Para concluir esta sección, sin embargo, reiteraremos el punto clave. La ley de Hooke es sólo válida a pequeñas deformaciones y más allá de ellas, incluso en cristales "perfectos", debiéramos esperar desviaciones.

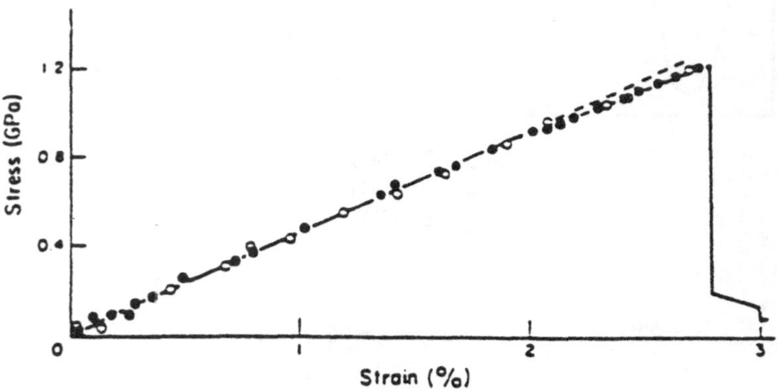

Figura 11.30 *Curvas esfuerzo-deformación para un monocristal de polidiacetileno. Reproducción permitida tomada de C. Galiotis and R. J. Young,* Polymer, ***24****, 1023 (1983).*

Resistencia teórica de los materiales poliméricos

Estamos acostumbrados a pensar en los diferentes materiales como poseedores de una resistencia que les es inherente y que sólo depende de su carácter químico y así, mucha gente cree que los metales, por el mero hecho de ser metales, son más resistentes que los polímeros. El problema con este punto de vista es que los materiales con los que habitualmente tenemos contacto pueden estar llenos de defectos y ninguno de ellos exhibe la resistencia que uno pudiera esperar. Como ya Gordon hizo notar en su excelente libro sobre estructuras y materiales resistentes*, nuestra comprensión de los fundamentos de la cohesión y la fractura es relativamente reciente, pudiéndose fechar un punto de partida en el temprano trabajo de Griffiths (~1920), aunque dicha comprensión no se sustanció hasta los años cincuenta, cuando los aviones comenzaron a caerse del cielo con una frecuencia alarmante. Hasta entonces los ingenieros se las veían con cosas llamadas "esfuerzos permitidos", concepto basado empíricamente en la realización de un gran número de ensayos. Griffiths se planteó la cuestión fundamental, ¿cuán resistente debe ser un material?, llevando a cabo una serie de cálculos sencillos sobre el vidrio, determinando la fuerza necesaria para romper los enlaces que mantienen juntas a dos capas adyacentes de átomos. Eligió el vidrio porque no sólo se rompe en la requerida forma limpia, propia de su carácter quebradizo, sin la aparición de un significativo proceso de flujo o "yielding" que hubiera complicado el proceso, sino también porque es relativamente sencillo medir su tensión superficial. Griffiths quería hacerlo porque tuvo la brillante idea de relacionar la energía de fractura de superficies con la energía de deformación existente en las dos capas de enlaces en las que se supone que la fractura ocurre. Ello le permitió calcular que la resistencia del vidrio debería estar entre 0,7 x 10^4 y alrededor de 2 x 10^4 MPa (o, en otras unidades, entre 1 x 10^6 y 3 x 10^6 psi). Encontró, sin embargo, que fibras de vidrio con un espesor aproximado de 1 mm se rompían a esfuerzos que, en promedio, rondaban los 170 MP (≈ 25000 psi), un valor que supone el 1% de la resistencia que deberían tener.

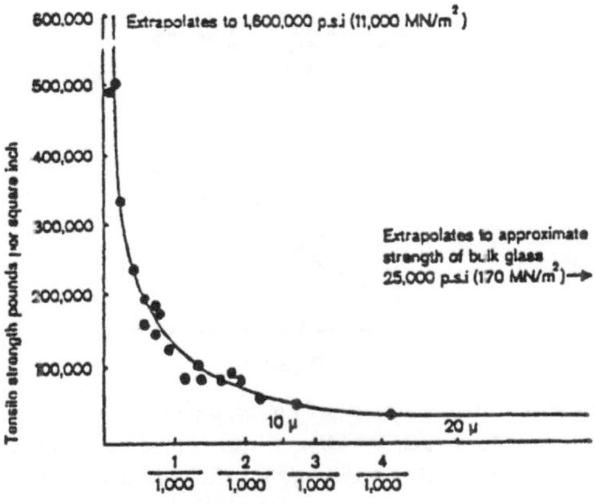

***Figura 11.31** Resistencia tensil frente al diámetro de la fibra de vidrio. La extrapolación a diámetros muy pequeños proporciona resistencias en buen acuerdo con las calculadas teóricamente por Griffiths (ver texto). Reproducción permitida tomada de J. E. Gordon,* The New Science of Strong Materials, Second Edition, *Penguin Books (1976).*

---

* J. E. Gordon, *The Science of Structures and Materials*, Scientific American Library (1988); *The New Science of Strong Materials, Second Edition*, Penguin Books (1976).

Cuando Griffiths consiguió hacerse con fibras de vidrio de diámetros progresivamente menores ocurrió algo interesante. Sus esfuerzos de rotura crecieron. Una representación de la resistencia tensil frente al diámetro, tomada del libro de Gordon previamente citado, se reproduce en la figura 11.31, pudiéndose ver que, en realidad, las fibras delgadas son mucho más resistentes a la rotura. Extrapolando la curva, podemos obtener valores que se encuentran muy próximos a los teóricamente calculados.

Ahora sabemos que la razón que condiciona la debilidad del vidrio se debe fundamentalmente a defectos, cuyo número se reduce en gran medida cuando las fibras son más delgadas. No vamos a seguir con este tema porque lo que nos interesa son los polímeros (¡materiales mucho más interesantes!). La disponibilidad de monocristales de polidiacetileno ha permitido realizar recientemente experiencias del tipo de las realizadas por Griffiths, usando polímeros de diferentes espesores y extrapolando los resultados para dar la resistencia teórica, tal y como ilustra la figura 11.32.

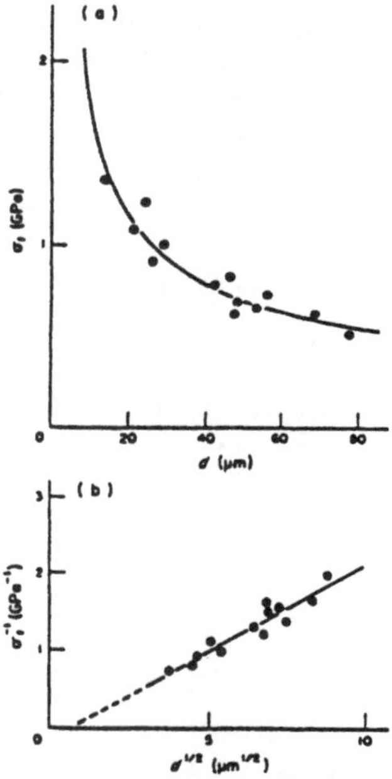

Figura 11.32 Parte superior: dependencia del esfuerzo de fractura, σ_f, con el diámetro de la fibra, d, para fibras de monocristales de polidiacetileno. Parte inferior: representación de $1/\sigma_f$ frente $d^{0.5}$. Reproducción permitida tomada de C. Galiotis and R. J. Young, Polymer, *24, 1023 (1983).*

La resistencia teórica así determinada era del orden del GPa, algo más baja que la resistencia teórica calculada para el polietileno y algunos otros polímeros (≈10 a 40 GPa) listados en la tabla 11.1. Ello pudiera deberse a que muchos polidiacetilenos tienen cadenas laterales muy largas, pero esto no es importante en este momento. La cuestión crucial es que los polímeros son mucho más débiles que lo que deberían ser. En el caso de las fibras de vidrio, los defectos son generalmente grietas superficiales mientras que en el polidiacetileno los defectos están generalmente incluidos dentro del cristal. Si ahora nos fijamos en polímeros más habituales, como por ejemplo el polietileno, no estaremos tratando con estructuras más o menos homogéneas sino con unas donde se dan cristales formados a partir de cadenas plegadas, inmersos en zonas amorfas, etc., tal y como ya vimos en su momento.

Tabla 11.1 *Valores teóricos del módulo de Young y de la resistencia tensil de polímeros lineales*.*

Polímero	Módulo teórico (GPa)	Resistencia tensil teórica (GPa)
Polietileno	182-340	19-36
Nylon 6,6	196	-
Poli (etilen tereftalato)	122	-
Politetrafluoretileno	160	15-16
Celulosa (en dirección paralela a las cadenas)	56,5	12-19

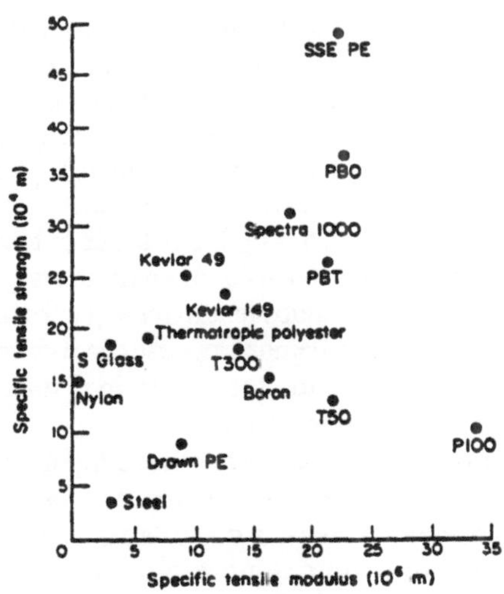

Figura 11.33 *Variación de la resistencia tensil específica con el módulo tensil específico para fibras de altas prestaciones. T300, T50 y P100 son fibras de carbono: spectra 1000 es un polietileno hilado desde el gel y SSE PE se refiere a un polietileno extruido en estado sólido. Reproducción permitida tomada de S. J. Krause et al.,* Polymer, *29, 1354 (1988).*

---

* Con datos tomados de R. J. Young en *Comprehensive Polymer Science, Vol. 2*, C. Booth and C. Price, Editores, Pergamon Press, Oxford, 1989.

Si queremos preparar un material resistente, es obvio que tenemos que buscar la forma de alinear las cadenas en la dirección del esfuerzo, tan perfectamente como sea posible, de forma que sean los enlaces covalentes y no las débiles fuerzas intermoleculares las que se opongan a la deformación. Sería también deseable contar con longitudes de cadena tan grandes como fuera posible. Lo ideal, teóricamente hablando, sería conseguir que las cadenas se extendieran desde un extremo al otro de la muestra a investigar; sin embargo, a altos pesos moleculares podemos contar con el trabajo adicional de los numerosos contactos intermoleculares y entrelazamientos que se puedan producir de cara a proporcionar una alta cohesión y resistencia. El problema de esos entrelazamientos es que también se dan en el fundido y, como hacíamos observar previamente, la viscosidad del polímero es proporcional al peso molecular elevado a una potencia 3,4, de forma que es difícil producir fibras altamente orientadas de polímeros a partir de pesos moleculares muy altos. En pasados años se han ido desarrollando una serie de ingeniosos métodos (hilado en gel, extrusión ultra rápida) para tratar de conseguirlo, habiéndose producido fibras de polietileno con resistencias en torno a 4 GPa. Se trata de un valor todavía considerablemente inferior a la resistencia teóricamente esperada, pero es bastante bueno, como puede verse a partir de una comparación de los valores de las resistencias tensiles específicas y módulos representados en la figura 11.33 para una serie de polímeros y otros materiales.

Elasticidad del caucho

Giraremos ahora nuestra atención desde las propiedades elásticas y la resistencia de materiales (donde las propiedades mecánicas han estado sobre todo determinadas por la energía interna) a la clase de materiales donde dichas propiedades dependen fundamentalmente de factores entrópicos, materiales que agrupamos bajo el epígrafe de elastómeros o cauchos. Vamos a discutir los fundamentos moleculares de la elasticidad del caucho, pero sólo de forma simplificada. Aunque las características principales de la teoría están claras, hay toda una larga historia de amargas discusiones en torno a algunos de los detalles y de cara a tratar algunos de esos puntos tendríamos que ir mucho más allá de las limitaciones matemáticas que nos hemos impuesto en este tratado introductorio que estamos escribiendo. Por tanto, nos seguiremos manteniendo dentro de límites relativamente sencillos de comprender.

Comenzaremos considerando una única cadena hipotética, análogamente al tratamiento sencillo que hicimos de la ley de Hooke, donde considerábamos una organización unidimensional de átomos que estaban estirados. En el presente caso, sin embargo, nuestros átomos no estarán confinados en una cierta posición, sino que daremos libertad a la cadena para tomar toda una variedad de formas gracias a giros en torno a los enlaces. La distribución de conformaciones disponibles para esta cadena fue considerada en el Capítulo 7 y allí observábamos que, en primera aproximación, esta situación podía describirse por medio de una función gaussiana, tal y como ilustra la figura 11.34. Consiguientemente, la distribución para la distancia extremo-extremo P(R), que no es sino una medida del número de configuraciones, viene dada por:

$$P(R) = \left(\frac{\beta}{\sqrt{\pi}}\right)^3 \exp(-\beta^2 R^2) \qquad (11.52)$$

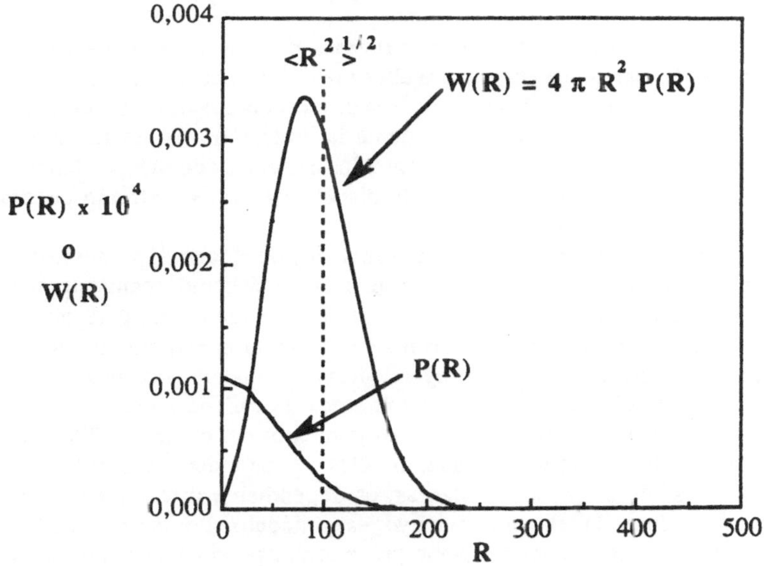

Figura 11.34 *Funciones de distribución para la distancia extremo-extremo R de una cadena de 2500 unidades, cada una de ellas de 2 Å de longitud.*

donde:

$$\beta^2 = \frac{3}{2Nl^2} \qquad (11.53)$$

siendo $(Nl^2)^{0,5}$ la distancia extremo-extremo de la cadena no estirada.

Recordará (¡seguro!) que la entropía está dada por:

$$s = k \ln W(R) \qquad (11.54)$$

de forma que podemos obtener el sencillo resultado:

$$s = \text{constante} - k\beta^2 R^2 \qquad (11.55)$$

(Hemos usado una s minúscula para denotar aquí el que estemos describiendo una única cadena. Una S mayúscula será posteriormente empleada para describir la entropía de un conjunto de tales cadenas).

Si vuelve otra vez a nuestra discusión de algunas magnitudes termodinámicas básicas (ecuación 8.10) recordará que:

$$f = \left(\frac{dE}{dl}\right) - T\left(\frac{dS}{dl}\right) \qquad (11.56)$$

de forma que si despreciamos los cambios en energía interna, podemos obtener la siguiente relación entre la fuerza y el desplazamiento en una cadena gaussiana (sustituimos R por l y diferenciamos):

$$f = 2kT\beta^2 R \tag{11.57}$$

La ecuación nos dice que si los extremos de cadena se encuentran a una distancia R, la fuerza que actúa sobre ellos viene dada por la ecuación 11.57. La fuerza es cero si R es cero (recuerde que la distancia promedio entre los extremos de cadena es cero si tomamos en cuenta la dirección. Si, en lugar de ello, determinamos la distancia promedio entre los extremos con independencia de la dirección, el resultado es entonces la distancia extremo-extremo cuadrática media).

Lo que acabamos de obtener no es sino la ley de Hooke, F proporcional a R, excepto en que, al considerar esta correspondencia, debemos mantener en mente unas cuantas cosas. Primero, esta relación debe ser buena para un amplio intervalo de deformaciones, mucho mayores que un porcentaje de unas pocas unidades. Deberá sólo fallar a alargamientos a los que no podamos describir la distribución de distancias entre los extremos de cadena mediante funciones gaussianas (puede que esto ocurra a alargamientos del orden del 300% o más, dependiendo de la longitud de cadena). Observe también que el módulo viene dado por $2kT\beta^2$ o, en otras palabras, es dependiente directamente de la T. Cuanto más alta es la temperatura mayor es el módulo. Por tanto, si calentamos una cadena estirada, debemos esperar que se contraiga (si aumentamos el módulo el alargamiento se vuelve más pequeño para una carga determinada). Esto es lo que se observa realmente para un caucho real (que consiste en una serie de cadenas) y, como ya mencionábamos previamente, este comportamiento contrasta con el de aquellos materiales en los que la deformación depende sobre todo de su energía interna. Finalmente, deberá mantener en mente que R no es un valor constante, sino que fluctúa en torno a un valor promedio. Consiguientemente, si sujetamos los extremos de una cadena y los estiramos hasta una cierta distancia, la fuerza de retracción fluctuará. Afortunadamente, no tenemos que preocuparnos por esto cuando promediamos sobre millones y millones de cadenas, que es lo que debemos hacer cuando queramos considerar el comportamiento de muestras reales de caucho, lo que abordaremos a continuación.

Para aplicaciones prácticas de estos materiales tenemos que entrecruzar sus cadenas para formar un retículo tridimensional, de forma que no fluyan o se deslicen unas sobre otras al aplicar una carga. Ello introduce todo tipo de complicaciones en el tratamiento teórico, ya que no podemos controlar de forma precisa ese proceso de entrecruzamiento. Habrá extremos de cadena que estarán colgando sin formar parte del retículo y habrá tamaños de cadena muy diferentes entre los puntos de entrecruzamiento. Por si esto no fuera suficiente, las cadenas pueden entrelazarse y estos puntos de entrelazamiento actuar casi como puntos de entrecruzamiento adicionales (excepto en que las cadenas siguen manteniendo su capacidad de deslizarse unas sobre otras en cierta extensión). Algunas de esas posibilidades se ilustran en la figura 11.35. Es posible, sin embargo, preparar sistemas modelo en forma de retículo mediante cuidadosas síntesis de cadenas monodispersas (en realidad cuasi monodispersas) y unirlas, en disolución, por sus extremos (para así evitar entrelazamientos), pero nada es perfecto en este mundo (excepto una soleada mañana primaveral en un campo de golf rabiosamente verde). A pesar de ello, y de cara a la construcción de un modelo útil, supondremos que podemos preparar un retículo perfecto, veremos cuáles son sus propiedades y compararemos estas predicciones con el comportamiento de los elastómeros reales.

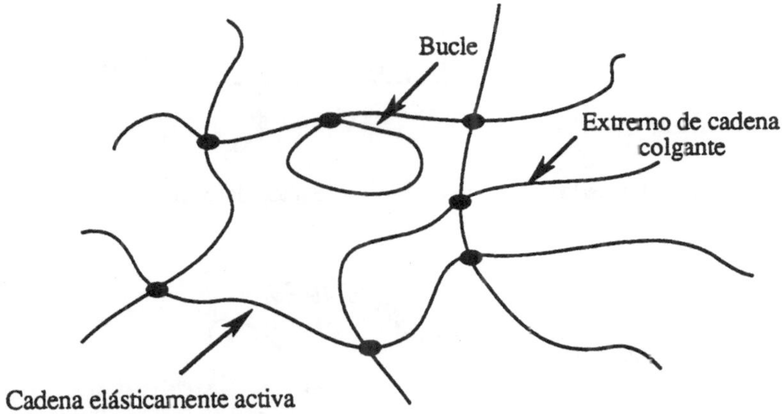

Figura 11.35 *Esquema de una estructura en forma de retículo y defectos.*

Consideraremos un bloque cúbico de un caucho ligeramente reticulado que sufre una deformación a lo largo de una serie de ejes paralelos a los de un sistema cartesiano, de forma que las relaciones de alargamiento en el sistema x, y, z sean iguales a λ_1, λ_2 y λ_3, tal y como ilustra la figura 11.36 (observe que las relaciones de alargamiento son iguales a l/l_0, mientras la deformación viene dada por $(l - l_0)/l_0$).

Si no hay cambio de volumen, entonces:

$$\lambda_1\lambda_2\lambda_3 = 1 \tag{11.58}$$

Nos vamos a centrar ahora en una cadena individual dentro de este bloque y vamos a comparar su entropía en el estado estirado (s) con la que se da en el estado no estirado (s_0). En lugar de usar la distancia extremo-extremo R, necesitamos considerar deformaciones paralelas a los ejes cartesianos. Las definiciones que vamos a usar se encuentran ilustradas en la figura 11.36. Un extremo de la cadena está en el origen de nuestro sistema cartesiano (0, 0, 0), mientras el otro extremo pudiera estar en un punto tal y como x_0, y_0, z_0 en el estado no deformado, de forma que la distancia extremo-extremo R_0 viene dada por:

$$R_0^2 = x_0^2 + y_0^2 + z_0^2 \tag{11.59}$$

Consiguientemente, la entropía podrá escribirse como:

$$s_0 = c - k\beta^2 R_0^2 = c - k\beta^2 (x_0^2 + y_0^2 + z_0^2) \qquad (11.60)$$

donde c es una constante (observe la ecuación 11.55).

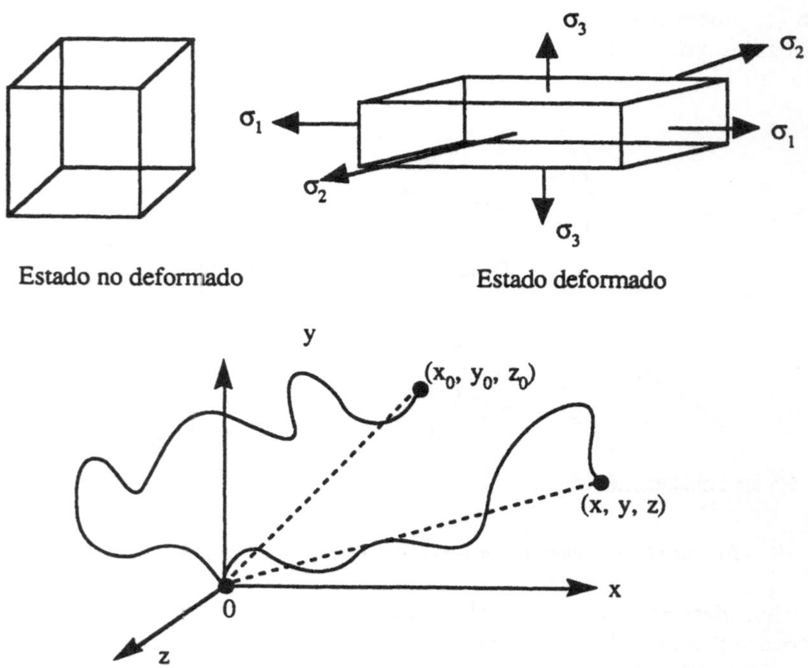

Figura 11.36 Ilustración esquemática de una deformación homogénea (parte superior) y una deformación afín (inferior) para una cadena.

Asumamos ahora que esta cadena se deforma en proporción exacta al cubo al que pertenece (esto es lo que se denomina suposición *afín*), de forma que si el extremo de la cadena que está en x_0, y_0, z_0 se coloca en x, y, z entonces, a partir de la definición de las relaciones de alargamiento:

$$x = \lambda_1 x_0 \, ; \; y = \lambda_2 y_0 \, ; \; z = \lambda_3 z_0 \qquad (11.61)$$

La entropía de la cadena deformada viene dada por:

$$s = c - k\beta^2 (x^2 + y^2 + z^2) = c - k\beta^2 (x_0^2 \lambda_1^2 + y_0^2 \lambda_2^2 + z_0^2 \lambda_3^2) \qquad (11.62)$$

de forma que el cambio de entropía como consecuencia de la deformación será:

$$\Delta s = - k\beta^2 \{ (\lambda_1^2 - 1) x_0^2 + (\lambda_2^2 - 1) y_0^2 + (\lambda_3^2 - 1) z_0^2 \} \qquad (11.63)$$

En nuestro retículo perfecto vamos a suponer ahora que las longitudes de cadena, definidas por el peso molecular entre puntos de entrecruzamiento, son todas idénticas (ello significa que el parámetro β es una constante, vea la ecuación 11.53), pudiendo así obtener la entropía total debida a la deformación, al sumar sobre todas las cadenas.

$$\Delta S = \sum \Delta s = -k\beta^2 \{(\lambda_1^2 - 1)\sum x_0^2 + (\lambda_2^2 - 1)\sum y_0^2 + (\lambda_3^2 - 1)\sum z_0^2\} \quad (11.64)$$

$\sum x_0^2$, $\sum y_0^2$, $\sum z_0^2$ son las sumas de los cuadrados de las posiciones de los extremos de cadena, *relativas a las posiciones de cada uno de los otros extremos*. Si en el estado no deformado existe una distribución perfectamente al azar de los vectores extremo-extremo, entonces:

$$\sum x_0^2 + \sum y_0^2 + \sum z_0^2 = \sum R_0^2 \quad (11.65)$$

y

$$\sum x_0^2 = \sum y_0^2 = \sum z_0^2 = \frac{1}{3}\sum R_0^2 \quad (11.66)$$

(Recuerde que hay una distribución al azar de los extremos en todas las direcciones).

Por definición, el promedio de las distancias extremo-extremo al cuadrado $< R_0^2 >$ debe ser igual a la suma de todos los cuadrados de las distancias extremo-extremo dividido por el número de cadenas, N, o lo que es igual:

$$\sum R_0^2 = N < R_0^2 > \quad (11.67)$$

con lo que obtenemos:

$$\Delta S = -\frac{1}{3} Nk\beta^2 < R_0^2 > (\lambda_1^2 + \lambda_2^2 + \lambda_3^2 - 3) \quad (11.68)$$

Sin embargo:

$$\beta^2 = \frac{3}{2 < R_0^2 >} \quad (11.69)$$

luego:

$$\Delta S = -\frac{1}{2} Nk(\lambda_1^2 + \lambda_2^2 + \lambda_3^2 - 3) \quad (11.70)$$

Para un alargamiento simple en la dirección x:

$$\lambda_2 = \lambda_3 \quad y \quad \lambda_1 = \frac{1}{\lambda_2 \lambda_3} \quad (11.71)$$

por tanto:

$$\Delta S = -\frac{1}{2} Nk\left(\lambda_1^2 + \frac{2}{\lambda_1} - 3\right) \quad (11.72)$$

Recordando que si despreciamos la energía interna:

$$f = -T\frac{dS}{dl} \quad (11.73)$$

o, si usamos λ como variable:

$$f = -T\frac{dS}{d\lambda_1} \tag{11.74}$$

de forma que:

$$f = NkT\left(\lambda_1 - \frac{1}{\lambda_1^2}\right) \tag{11.75}$$

podemos escribir:

$$f = E\left(\lambda_1 - \frac{1}{\lambda_1^2}\right) \tag{11.76}$$

donde el módulo E es igual a NkT. Esto es equivalente al primer término de la ecuación Mooney-Rivlin, discutida previamente.

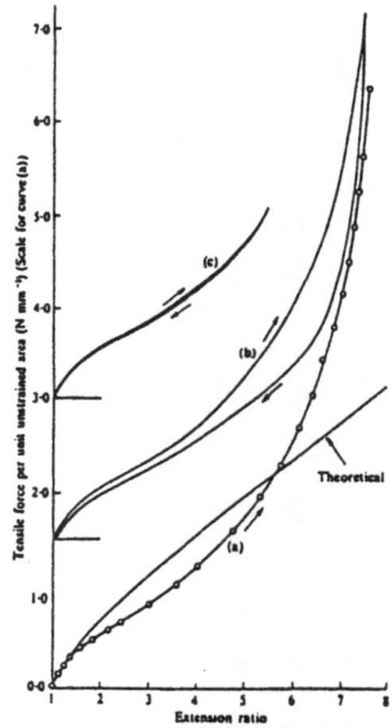

Figura 11.37 Comparación de la curva esfuerzo-deformación del caucho natural con predicciones experimentales (a). Las curvas (b) y (c) muestran fenómenos de reversibilidad a "bajos" alargamientos e histéresis a altos alargamientos. Reproducción permitida tomada de L. R. G. Treloar, The Physics of Rubber Elasticity, Third Ed., *Clarendon Press, Oxford, 1975.*

Existen, sin embargo, ciertos aspectos relacionados con este sencillo resultado que deben ser considerados en relación con las simplificaciones introducidas en la derivación (que sigue la dada por Treloar) y las suposiciones que se han hecho en el modelo. Antes de considerarlos, sin embargo, será provechoso comprobar el nivel de acuerdo entre la ecuación 11.76 y los resultados experimentales. Tal comparación se muestra en la figura 11.37. No parece ser muy convincente pero tampoco es tan mala como parece a primera vista. La mayor desviación se produce a altos alargamientos y hay dos razones para ello. Primero, elastómeros que como el caucho natural tienen una estructura muy regular de cadena pueden cristalizar a esas grandes deformaciones, lo que motiva la desviación observada. La segunda razón es que a partir de un cierto alargamiento (~ 500% en la figura 11.37) la aproximación gaussiana se viene abajo. No es, por tanto, un fallo conceptual de la teoría sino una limitación impuesta por una de las suposiciones que hemos empleado para obtener una solución sencilla del problema. Otras teorías que tienen en cuenta el carácter finito de las longitudes de cadena son capaces de mostrar la tendencia hacia arriba de la curva a altos alargamientos, tal y como ilustra la figura 11.38.

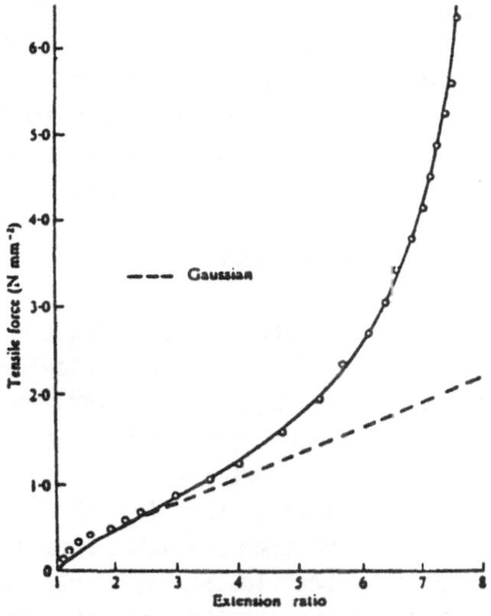

Figura 11.38 *Resultado del ajuste de datos experimentales fuerza-alargamiento mediante una relación no gaussiana. Reproducción permitida tomada de L. R. G. Treloar,* The Physics of Rubber Elasticity, Third Ed., *Clarendon Press, Oxford, 1975.*

El hecho de que la curva experimental siga cayendo por debajo de la teórica en el intervalo intermedio de deformaciones es, sin embargo, algo más difícil de explicar y requiere aplicar tratamientos algo más complicados. No lo haremos aquí, pero debe conocer los siguientes puntos importantes:

1) Para obtener la deformación total sumábamos simplemente las contribuciones provenientes de todas las cadenas (ecuación 11.64). Flory ha descrito un tratamiento mecánico-estadístico más riguroso que proporciona un término adicional en la ecuación 11.75. Este término, que no juega ningún papel en los experimentos de alargamiento simple, es importante, sin embargo, en el caso de los experimentos de hinchamiento.

2) La suposición afín fue usada originalmente por Flory y en tal suposición los puntos de entrecruzamiento se mueven en proporción a la deformación de la muestra. Un modelo alternativo, originalmente propuesto por James y Guth,

permite que estos puntos de unión fluctúen significativamente en torno a sus posiciones intermedias. Este modelo es el llamado "retículo fantasma" y lo único que cambia es el coeficiente de la ecuación 11.75, de manera que ambas aproximaciones proporcionan una ecuación de la forma:

$$f = FkT\left(\lambda_1 - \frac{1}{\lambda_1^2}\right) \tag{11.77}$$

para los alargamientos simples.

3) Hay un posterior modelo de Flory que, de forma más complicada, describe el comportamiento de estos sistemas permitiendo que haya fluctuaciones en los puntos de unión, teniendo en cuenta los entrelazamientos, etc.

En conclusión, podemos decir que las principales características de la teoría estadística son correctas y el punto clave que el lector debe retener es la naturaleza entrópica de la elasticidad del caucho. Teorías relativamente sencillas realizan un buen papel a la hora de describir datos esfuerzo-deformación hasta deformaciones del orden del 300% o más, pero se necesitan tratamientos más complicados para reproducir con exactitud ciertos matices de los datos.

Dinámica de las cadenas poliméricas

En nuestra discusión de las propiedades viscoelásticas hemos visto que la respuesta de un polímero depende de la velocidad a la que se deforma. A un nivel cualitativo el asunto es fácil de entender. Si deformamos de forma lenta, las cadenas tienen mucho tiempo para responder y observamos una respuesta principalmente viscosa. Si, por el contrario, deformamos rápidamente, las cadenas no tienen tiempo para responder (en términos de cambios de conformaciones, flujo, etc.) y la respuesta es fundamentalmente elástica, similar a la de un sólido vítreo. Entre ambas situaciones, la cosa está menos clara. Las preguntas que hay que hacerse son dos: ¿cuál es exactamente la escala de tiempos de las relajaciones poliméricas?. ¿Podemos describirlas en términos de los movimientos de las cadenas de polímero?.

Las relajaciones en líquidos de pequeñas moléculas son muy rápidas ($\sim 10^{-10}$ segundos $T \gg T_g$), pero apreciablemente más lentas en polímeros (del orden de segundos), aunque dependen del peso molecular. Las reorganizaciones locales pueden ser incluso rápidas, pero estamos hablando de relajaciones a un nivel de tamaño correspondiente al de la cadena. Por ejemplo, Maconnachie y col.* usaron la técnica de dispersión de neutrones para determinar la rapidez con la que relaja un poliestireno estirado ($M_w \approx 144000$), encontrando que necesita del orden de cinco minutos para que ello ocurra de forma casi completa.

La comprensión de la dinámica de cadenas poliméricas requiere una importante dosis de matemáticas, lo que está más allá de la intención de este texto introductorio. Los lectores que traten de profundizar en este tema necesitarán consultar los libros de Bueche, Ferry, de Gennes, o el de Doi y Edwards. Los dos primeros libros tienen que ver con la teoría más antigua, la teoría Rouse-

---

* A. Maconnachie, G. Allen and R. W. Richards, *Polymer*, **21**, 1157 (1981).

Bueche, mientras que conceptos más modernos se emplean en los libros de de Gennes y Doi-Edwards. Presentaremos a continuación una breve descripción cualitativa, limitándonos a los polímeros fundidos e ignorando las disoluciones.

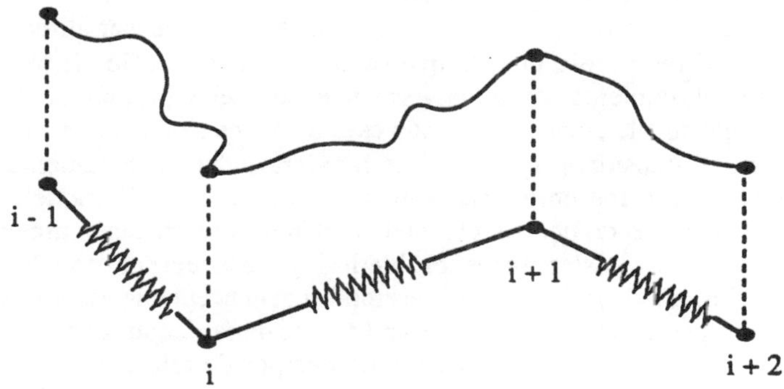

***Figura 11.39** Representación esquemática del modelo de cadena empleado en la teoría Rouse-Bueche.*

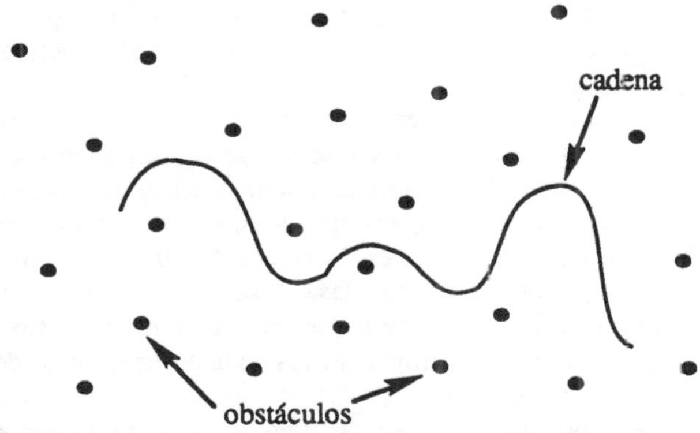

***Figura 11.40** El modelo de reptación de de Gennes; la cadena se mueve entre obstáculos fijos con un movimiento de reptación, sin poder atravesarlos.*

La teoría Rouse-Bueche está basada en un modelo en el que se supone que una cadena de polímero se comporta como una serie de bolas unidas por muelles, como ilustra la figura 11.39. Los muelles vibran con frecuencias que dependen de la rigidez o constante de fuerza del muelle, pero estas vibraciones se consideran modificables por las fuerzas friccionales entre la cadena y el medio que la rodea. Hay varios tipos de vibraciones en una cadena de este tipo, llamados modos normales de la cadena, cada uno caracterizado por una cierta frecuencia (véase el Capítulo 6 sobre espectroscopía; la naturaleza de los modos espectroscópicos normales es diferente, pero la idea es la misma). Esos modos pueden calcularse de forma directa mediante mecánica clásica. Hay un tiempo de relajación característico asociado con cada uno de esos modos normales, cada uno de los cuales contribuye a las propiedades viscoelásticas. Se ha encontrado que el comportamiento de flujo de los polímeros fundidos está dominado por el modo vibracional de mayor tiempo de relajación, correspondiente al movimiento coordinado de la molécula como un todo.

La teoría de Rouse predice que la viscosidad debe ser directamente proporcional al peso molecular, lo que se ha visto que es sólo cierto hasta el límite de entrelazamiento, donde la viscosidad se vuelve proporcional al peso molecular elevado a la potencia 3,4. Ello es debido a que en el modelo de Rouse cada cadena es considerada como si se moviera independientemente de las demás, con lo que los entrelazamientos se desprecian. El modelo puede modificarse permitiendo que ciertos modos estén más fuertemente impedidos o disminuidos, pero existen otros problemas y desacuerdos con los datos experimentales. P. G. de Gennes se cuestionó si el concepto de modos discretos es el más apropiado, dado que efectos no lineales darían lugar a una mezcla de tales modos proporcionando un espectro de tiempos de relajación. El modelo tiene problemas pero no piense por ello que no sirve para nada. De hecho, durante muchos años ha sido una excelente herramienta de análisis de datos experimentales, proporcionando los fundamentos para que las modernas teorías hayan podido concretarse. Ayudó, así mismo, a establecer firmemente la idea de que el movimiento de las cadenas es el responsable del comportamiento de fluencia bajo carga (creep), de los fenómenos de relajación de esfuerzo y otras propiedades viscoelásticas.

Uno de los problemas principales de la aproximación Rouse-Bueche es que, en efecto, permite a las cadenas "pasar sobre otra" para alcanzar una nueva posición y olvida los efectos de los entrelazamientos. La aproximación propuesta por de Gennes tiene en cuenta estos problemas a través del concepto de reptación. Tal concepto se ilustra en la figura 11.40 donde una cadena se encuentra "atrapada" por otras cadenas a las que se considera que actúan como si fueran obstáculos. A la cadena no se le permite que atraviese esos obstáculos sino que, mediante movimientos similares a los de una serpiente, se deslice entre ellos (de ahí el nombre de reptación).

Usando los denominados argumentos de escala, de Gennes encontró que el coeficiente de difusión D de una cadena en el fundido debería depender en forma inversa del cuadrado del peso molecular, lo cual es cierto.

$$D \propto \frac{1}{M^2} \tag{11.78}$$

Obtuvo, así mismo, una relación entre la viscosidad del fundido y el peso molecular que no es del todo correcta ($\eta_0 \approx M^{3,4}$).

$$\eta_0 \propto M^3 \tag{11.79}$$

En el presente momento no está del todo claro si se trata de un problema menor que puede arreglarse jugando con el modelo o se trata de una dificultad de carácter fundamental. Cualquiera que sea, lo que es claro es que el modelo de reptación ha jugado un papel fundamental en nuestra comprensión de la dinámica de polímeros y el lector debiera quedarse, por lo menos, con esa idea.

G. FALLO MECANICO

Hasta ahora hemos considerado fundamentalmente las propiedades mecánicas y reológicas de polímeros sujetos a ensayos no destructivos. Para completar nuestra discusión necesitamos considerar las condiciones bajo las cuales un polímero falla ante la solicitación a la que es sometido. Cuando hablamos de fallos mecánicos, mucha gente los identifica con roturas, pero en realidad el concepto es más amplio y abarca a todas aquellas condiciones bajo las que el material ya no cumple los propósitos para los que se diseñó, quizás porque ha cambiado irreversiblemente sus dimensiones más allá de un cierto valor crítico.

Este fallo puede ocurrir bajo varias circunstancias, por ejemplo, bajo el esfuerzo de una carga, por efecto de un impacto, como resultado de un esfuerzo aplicado continuamente en forma oscilatoria (ensayos de fatiga, la razón por la que los aviones se caían del cielo en los cincuenta), y otros. La forma en la que un material falla ante una solicitación depende también de la velocidad de aplicación de la carga. Por ejemplo, aunque no podamos pensar en el fallo de un líquido de la misma forma que para un sólido, si se extruye un polímero fundido a través de un orificio demasiado rápidamente, no sale hacia fuera como una corriente continua, sino como fragmentos discontinuos de materia. A este hecho se le conoce como *fractura de fundido* y la describiremos con mayor detalle un poco más adelante. De forma similar, si tomamos un trozo de polietileno y tiramos de él lentamente, el trozo se irá deformando considerablemente tras alcanzar un valor crítico del esfuerzo, como ya la curva esfuerzo-deformación presentada en la figura 11.7 indica. Si la estiramos más rápidamente, sin embargo, la pieza fallará sin una deformación excesiva, en un comportamiento a la manera de un material quebradizo*.

Es interesante pensar en estos fallos de comportamiento en términos de los llamados comportamientos frágil y dúctil, aunque en realidad se trata de una división arbitraria en el sentido que el comportamiento de un material real habitualmente cae entre ambos. Sin embargo, si el lector piensa en el comportamiento de un trozo de vidrio de ventana, entonces está claramente ante lo que pudiéramos considerar un material frágil. Una grieta bien definida se propaga a través del material, dando lugar a una fractura en la que no se observan evidencias de trozos de material deformados previamente a la rotura. Por el contrario, el comportamiento dúctil supone a menudo (aunque no siempre) la formación de una especie de cuello y deformaciones a gran escala. El material que falla mecánicamente de esta forma es considerado generalmente como tenaz, ya que esa deformación absorbe una considerable cantidad de energía. Echaremos ahora un vistazo a otras formas de fallo mecánico en el comportamiento de los polímeros en términos de esta división general que acabamos de hacer. No vamos a hacer un tratamiento extenso del tema, sino que consideraremos sólo las principales características de los fallos mecánicos que se dan en polímeros, tratando de dar al lector una visión general del asunto.

---

* Puede hacer el experimento usted mismo estirando trozos del plástico que suele envolver los conjuntos de seis botellas o latas de bebidas, viendo lo que ocurre si lo estira primero lentamente y luego si lo hace rápidamente.

Grietas y microgrietas

Al discutir la resistencia teórica de los polímeros hemos mencionado el pionero trabajo de Griffiths, que esencialmente empezó con cuestiones relativas a la mecánica de las fracturas. Griffiths, que estaba sobre todo intrigado por el crecimiento y propagación de grietas en materiales inorgánicos de carácter vítreo, tal y como mencionábamos en su lugar, relacionó la resistencia de los materiales con la energía superficial. Hizo la interesante observación de que los materiales no son nunca tan resistentes como debieran ser debido a la influencia de las grietas y otras imperfecciones. En modernas versiones de la aproximación de Griffiths sus resistencias reales pueden relacionarse con la energía desprendida durante la formación de grietas (que proporciona la energía necesaria para crear una nueva superficie) o, alternativamente, en términos de las concentraciones de esfuerzo en los extremos de las mismas. De una forma u otra, a algún esfuerzo crítico, la propagación de la grieta se vuelve catastrófica y el material se rompe.

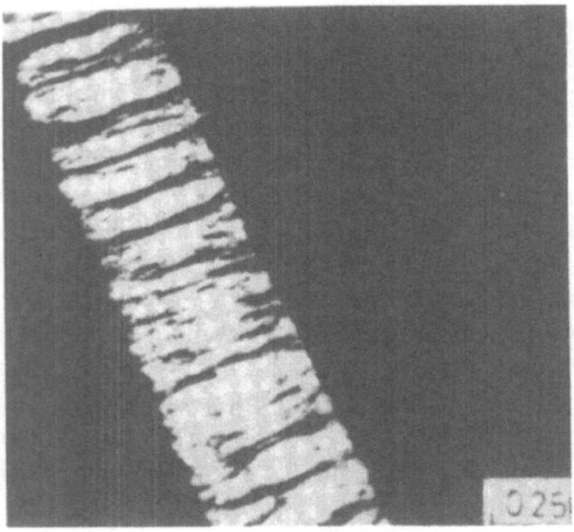

Figura 11.41 *Microgrietas en poliestireno. Reproducción permitida tomada de P. Beahan et al.,* Proc. Roy. Soc. London, ***A343****, 525 (1975).*

Para vidrios inorgánicos frágiles la aproximación funciona bien pero, para polímeros vítreos, la energía superficial calculada de acuerdo con las ecuaciones de Griffiths es 100 o 1000 veces la que uno podía esperarse (es decir, los polímeros son más tenaces de lo esperado). La razón estriba en que existen ciertos mecanismos ligados a la tenacidad de los polímeros que están relacionados con el flujo viscoelástico (yielding) en las proximidades de las grietas. Existen básicamente dos mecanismos para esto, la formación de microgrietas y la rendición por cizalla. En la formación de microgrietas, aparecen entidades parecidas a las grietas pero de carácter pequeño o microscópico en dirección perpendicular al esfuerzo aplicado. Estas minúsculas grietas dispersan la luz, lo que da al material una apariencia opaca y si se examina bajo el microscopio se pueden ver minúsculas fibrillas pasando de un lado a otro de las grietas y ayudando a mantenerlas juntas, como muestra la figura 11.41. La formación de estas minúsculas grietas y fibrillas absorbe obviamente cierta cantidad de energía pero, a un cierto valor crítico del esfuerzo, se forman grietas macroscópicas que se propagan a lo largo del material, que se rompe.

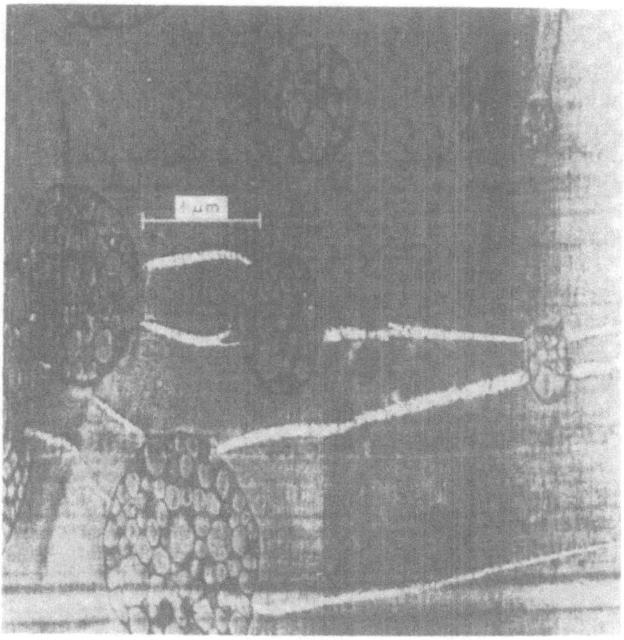

Figura 11.42 *Microgrietas en poliestireno modificado con caucho. Reproducción permitida tomada de R. P. Kambour and D. R. Russell,* Polymer, *12, 237 (1971).*

Esta evidencia sugiere dos posibles mecanismos para hacer más tenaces polímeros cuya resistencia falla de esta manera. El primer método promueve la formación de microgrietas adicionando una pequeña cantidad de caucho, ya sea por copolimerización o mezclado, a un polímero rígido. Si las partículas de caucho se encuentran presentes como pequeños dominios separados en fases, pueden actuar entonces como puntos de concentración del esfuerzo, ya que existe un cierto desajuste entre el módulo del caucho y el de la matriz rígida, lo que promueve la formación de microgrietas a lo largo de todo el conjunto de la muestra y no en los extremos de las grietas, lugar donde habitualmente suelen formarse en el caso de polímeros homogéneos rígidos. Este hecho se ilustra en la figura 11.42. Este tipo de refuerzo mediante caucho se utiliza para producir materiales plásticos resistentes al impacto.

El segundo mecanismo supone parar el crecimiento de la grieta y se suele dar en materiales tales como polímeros rígidos reforzados con fibra de vidrio. Si la adhesión entre la matriz polimérica y la fibra es menor que la que se da en el material puro, la matriz se puede despegar cuando la grieta se aproxima a la fibra, redondeando la grieta y absorbiendo la energía. Esto viene de perillas en el caso de barcos con casco de fibra de vidrio que, a menudo, son golpeados contra los lugares de amarre merced a las inexpertas maniobras de borrachos barqueros de fin de semana.

Rendición por cizalla

En polímeros en estado vítreo pueden también ocurrir algunas deformaciones previas a la fractura mediante la llamada rendición por cizalla o "shear yielding", donde las cadenas poliméricas "fluyen" de cierta manera y se colocan orientadas 45° con respecto al esfuerzo aplicado. Este hecho da lugar a las características bandas de cizalla que pueden observarse bajo microscopía de luz polarizada, tal y como las que muestra la figura 11.43.

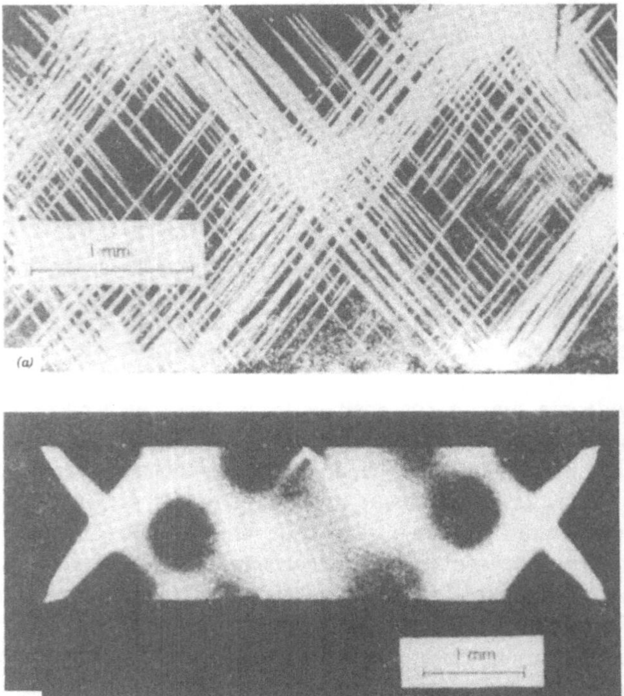

Figura 11.43 Rendición por cizalla en polímeros vítreos (a) poliestireno y (b) polimetacrilato de metilo. Reproducción permitida tomada de P. B. Bowdon, Philos. Mag., *22, 455 (1970).*

Se han elaborado varias teorías moleculares para tratar de explicar este fenómeno. Algunas de ellas suponen la creación de un volumen libre nuevo bajo la carga tensil (pero no pueden explicar el hecho de que el fenómeno también tenga lugar en experimentos de compresión), mientras que otras suponen diferentes tipos de movimientos moleculares. Hasta donde nosotros sabemos, ninguna de ellas es enteramente satisfactoria.

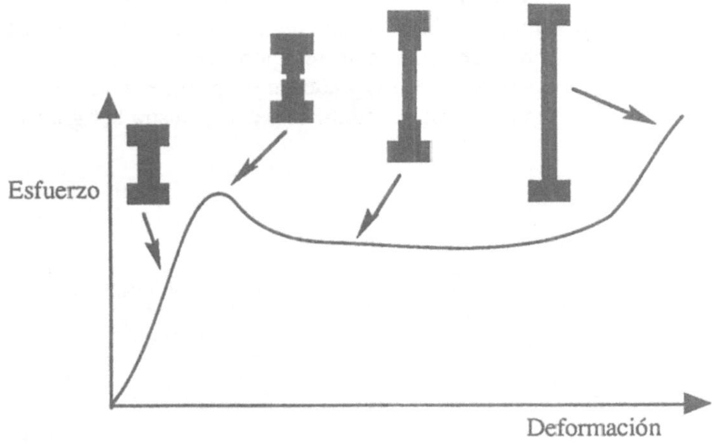

Figura 11.44 Representación esquemática de una curva esfuerzo-deformación de un polímero semicristalino, tal como el polietileno, mostrando el punto de flujo y el desarrollo de un "cuello" como fase previa a la posterior rotura.

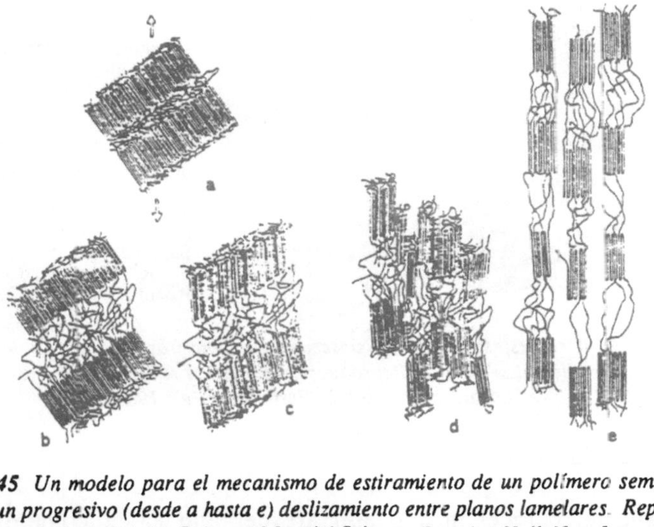

Figura 11.45 Un modelo para el mecanismo de estiramiento de un polímero semicristalino mostrando un progresivo (desde a hasta e) deslizamiento entre planos lamelares. Reproducción permitida tomada de J. Schultz, Polymer Material Science, *Prentice-Hall, New Jersey, 1974.*

En contraste con los polímeros vítreos, los polímeros flexibles de carácter semicristalino (es decir, aquellos cuyas regiones amorfas son elastoméricas) pueden mostrar importantes cantidades de flujo o "hilado en frío" antes de que fallen. Hemos reproducido un diagrama típico esfuerzo-deformación para tales polímeros en la figura 11.44 de cara a ilustrar la característica aparición de un cuello de deformación. Puede verse que para pequeñas deformaciones se da un comportamiento elástico de tipo Hooke, pero más allá de un cierto esfuerzo, conocido como punto de flujo, tiene lugar una deformación de carácter irreversible. Este comportamiento se relaciona con un complejo proceso de deslizamiento entre planos lamelares y ulterior despliegue de las cadenas para dar lugar a una morfología en forma de fibra, tal y como ilustra la figura 11.45.

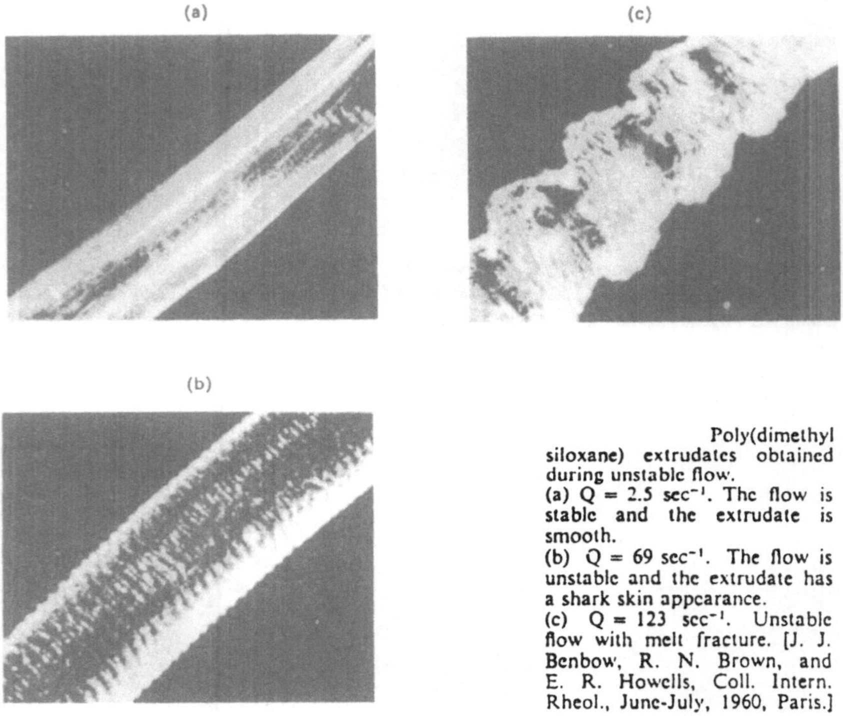

Poly(dimethyl siloxane) extrudates obtained during unstable flow.
(a) Q = 2.5 sec^{-1}. The flow is stable and the extrudate is smooth.
(b) Q = 69 sec^{-1}. The flow is unstable and the extrudate has a shark skin appearance.
(c) Q = 123 sec^{-1}. Unstable flow with melt fracture. [J. J. Benbow, R. N. Brown, and E. R. Howells, Coll. Intern. Rheol., June-July, 1960, Paris.]

Figura 11.46 *Diferentes estados en la consecución de una fractura en fundido durante la extrusión de poli (dimetil siloxano). Reproducción permitida tomada de J. J. Benbow, R. N. Browne and E. R. Howells,* Coll. Intern. Rheol., Paris, *June-July 1960.*

Fractura en fundido

Finalmente, bajo el mismo epígrafe de fallo en el comportamiento, consideraremos la fractura en fundido. Por encima de un cierto valor crítico del esfuerzo de cizalla, los polímeros no extruyen suave y regularmente. El problema comienza con defectos superficiales apenas visibles, pero a altos esfuerzos de cizalla el polímero extruido puede tener un carácter mate, con pérdida de brillo superficial, y una apariencia física denominada "piel de tiburón". La inestabilidad puede seguir creciendo con el esfuerzo de cizalla y la distorsión puede llegar a desarrollar una estructura en bandas y, eventualmente, una pérdida de cohesión, como ilustra la figura 11.46. La razón de todo ello es simple. Por encima de ciertas velocidades de cizalla las cadenas poliméricas carecen del tiempo suficiente para relajarse y el fundido se comporta casi como un sólido vítreo, distorsionándose y finalmente rompiéndose.

H. TEXTOS ADICIONALES

(1) P. J. Flory, *Principles of Polymer Chemistry*, Cornell University Press, Ithaca, New York, 1953.

(2) L. R. G. Treloar, *Physics of Rubber Elasticity, Third Edition*, Clarendon Press, Oxford, 1975.

(3) J. J. Aklonis and W. J. MacKnight, *Introduction to Polymer Viscoelasticity* , *Second Edition*, Wiley Interscience, New York, 1983.

(4) J. D. Ferry, *Viscoelastic Properties of Polymers, Third Edition*, John Wiley & Sons, New York, 1980.

(5) R. J. Young, "Strength and Toughness", en *Comprehensive Polymer Science, Vol. 2, Polymer Properties*, C. Booth and C. Price, Editores, Pergamon Press, 1989.

INDICE